装备科技译著出版基金

# 化学火箭推进用新型含能材料

## Chemical Rocket Propulsion
## ——A Comprehensive Survey of Energetic Materials

[意] Luigi T. De Luca     [日] Toru Shimada

[俄] Valery P. Sinditskii [法] Max Calabro     著

庞维强 樊学忠 胡松启 李军强 赵凤起 等译

国防工业出版社

·北京·

著作权合同登记　图字：军-2018-069 号

**图书在版编目（CIP）数据**

化学火箭推进用新型含能材料 /（意）路易吉·T·卢卡等著；庞维强等译. 一北京：国防工业出版社，2019.5
书名原文：Chemical Rocket Propulsion —— A Comprehensive Survey of Energetic Materials
ISBN 978-7-118-11830-8

Ⅰ. ①化… Ⅱ. ①路… ②庞… Ⅲ. ①火箭推进剂－火箭燃料－化学燃料－研究 Ⅳ. ①V511

中国版本图书馆 CIP 数据核字（2019）第 040632 号

First published in English under the title

Chemical Rocket Propulsion: A Comprehensive Survey of Energetic Materials

edited by Luigi T. De Luca, Toru Shimada, Valery P.Sinditskii and Max Calabro

Copyright © Springer International Publishing Switzerland, 2017

This edition has been translated and published under licence from

Springer Nature Switzerland AG.

※

国防工业出版社 出版发行

（北京市海淀区紫竹院南路 23 号　邮政编码 100048）

三河市腾飞印务有限公司印刷

新华书店经售

*

开本 710×1000　1/16　印张 29　插页 12　字数 548 千字

2019 年 5 月第 1 版第 1 次印刷　印数 1—1500 册　**定价 219.00 元**

**（本书如有印装错误，我社负责调换）**

国防书店：(010) 88540777　　　发行邮购：(010) 88540776

发行传真：(010) 88540755　　　发行业务：(010) 88540717

# 译 者 序

    由意大利米兰理工大学 Luigi T. De Luca 教授、日本航空航天开发部空间航空科学研究所 Toru Shimada 教授、俄罗斯门捷列夫化工大学 Valery P. Sinditskii 教授和法国普瓦西 Max Calabro 教授主编的《化学火箭推进用新型含能材料》(*Chemical Rocket Propulsion—A Comprehensive Survey of Energetic Materials*) 一书，系统论述了推进用含能材料的国际研究现状，确定可用于新型火箭推进配方中有前景的含能材料，对世界先进实验室正在研究的具有很大发展潜力的新型含能配方提出深刻见解，并从化学推进及其含能材料应用角度建议未来广泛关注的方向，另外，讨论了几个鲜为人知的推进主题，如催化技术和纳米材料等。

    全书由分别来自俄罗斯、美国、德国、意大利、法国、以色列、日本、韩国、印度、土耳其及中国的全球从事含能材料、纳米技术、固体推进、固液混合推进、航空航天推进等领域的知名专家撰写。这些作者结合自身多年的科学研究成果，详细阐述了他们对含能材料的设计、制备、表征及在航空航天推进中应用和燃烧的卓越的科学见解、精湛的理论知识和丰富的实践经验。此书反映了作者在含能材料及在航空航天推进中应用领域最新的理论和实践的现代水平，是一本能够提供指导和非常实用的著作。

    为了扩大和加强与国外学者的技术交流，在国防工业出版社的领导和老师的指导、支持和帮助下，经瑞士 AG Springer 国际出版社的许可和授权，我们组织翻译了此书（部分章节），现以中文版出版，希望读者能从书中发现新型含能材料及其在化学推进领域中应用以及燃烧的精髓，并从中获益。

    本书由庞维强、樊学忠、胡松启、李军强、赵凤起、毕福强、秦钊、黄海涛、闫宁、杨燕京、翟连杰、汪营磊、姚二岗、裴江峰、张伟、郑启龙、梁导伦、伍秋子、李国峰、刘长义等译；全书由庞维强整理、校核。

    值此书中文版出版之际，作为译者，在此首先要感谢全书的译者和校核者，感谢他们所付出的艰辛劳动和始终如一的热情；非常感谢原著作者意大利米兰理工大学 Luigi T. De Luca 教授欣然为本译著作序，并给予支持；感谢多位原著作者在翻译过程中给予的帮助；在整个翻译过程中得到了南京理工大学沈瑞琪教授的鼎力支持和对本译著提出的宝贵意见，在此表示衷心地感谢；感谢国防工业出版社的领导，感谢他们为出版此书所做的努力；最后感谢西安近代化学研究所的各级领导同事对本译著所提供的指导、帮助和建议。

限于译、校者的水平，加上书中内容涉及的知识面广而新，译文中不妥甚至错误之处势难避免，期望读者斧正。

译　者

2018 年 12 月于西安

# 序（中文版）

如今，中国已成为继美国和俄罗斯之后太空探索领域的世界第三大国。中国不久前发射了第六个载人火箭（"神舟"十一号，搭载两名航天员），这是中国持续时间最长的一次载人飞行任务，总飞行时间长达 33 天。同时，"天空"二号空间实验室为几年后中国空间站的建成铺平道路。对于任何太空探索任务而言，化学推进系统是目前唯一一个逃离重力场的途径。含能材料是所有航天发射器的重要组成部分，该领域的发展主要取决于含能材料在性能、成本、安全性、相容性等方面的进步。

中国最早发明黑火药和烟火制造术，同样在中国出现了最初形式的固体火箭推进系统和世界首次太空探索（据记载，公元 1500 年左右，明代的万户是世界航天第一人）。因为钱学森的缘故，中国得以间接了解冯·卡门（钱学森的导师）领导实施的加利福尼亚理工学院航空实验室（GALCIT）计划，该计划是美国火箭技术迅猛发展的基础。1955 年钱学森回国，为中国的航天发展和所取得的瞩目成就做出巨大贡献。中国目前也是世界太空探索领域的一个重要参与者。鉴于中国在太空探索上的悠久传统和当代的非凡成就，开展了从近地轨道航天活动到太阳表面探索，将本书的英文原版翻译成中文版十分有益。

但是，根据实际需求，中国出版方对原书进行了缩减，仅选取原书中在含能材料领域更符合中国科研兴趣的章节进行翻译。因此，本书的中文版最终从原来的 11 个主题下的 45 章缩减为 6 个主题下的 23 章，主题包括：推进动力用含能材料简介、化学推进新组分、金属粉作为化学推进含能燃料、固体火箭推进、固液混合推进、新型化学火箭推进。

在此感谢参与此项目的所有中国同事，是他们的悉心工作和宝贵付出使此译本得以完成。尤其感谢庞维强博士，他首先提出翻译本书，并在之后的翻译项目中负责整个团队的协调管理。

本书的主编之一 Luigi T. DeLuca 从意大利米兰理工大学退休后，在教学、研究和学术编辑方面与中国多个机构建立了具有建设性、有益的专业合作关系，尤其与以下机构合作紧密：

● 南京理工大学；

● 西安近代化学研究所；

- 西北工业大学;
- 北京理工大学;
- 中国工程物理研究院（四川绵阳）;
- 北方工业公司;
- 中国兵工学会。

感谢以上单位一直以来的热情邀请及日常提供积极帮助。

希望这个国际通力合作的项目能够帮助在相关领域活跃的中国科学家、研究人员和学生加深对含能材料的理解，让他们与国际化学推进领域的专业人员有更多富有成效的联系。

Luigi T. De Luca

2017 年 1 月 15 日

# 前　　言

这本书来源于第 12 届燃烧和推进国际系列研讨会（The International Workshop on Combustion and Propulsion，IWCP），主题为"新型含能材料的空间探索"，此次研讨会探讨了含能材料及其在化学火箭推进剂中的应用。此次会议在意大利米兰理工大学 Bovisa 校区于 2014 年 6 月 9 日~10 日举行，约 200 名来自 20 个国家的科技人员参加了会议，共提供了 37 篇技术论文，包括 28 篇口头报告论文和 9 篇展板论文。此次研讨会是一个独特的机会，参会者可自由讨论未来化学火箭推进和空间推进的发展，来自高校、政府和工厂的著名的科学家和推进工程师受邀参会。

本书包括筛选的研讨会上的高质量论文和一些国际上相关科研团队的约稿。根据大多数高质量出版物相同的广泛的审稿过程，所有收录的文章都经过严格的 2~5 名匿名国际专家的审稿过程，每一篇印刷的文章均有 DOI 参考文献。因此，这一卷不应被认为是会议论文集的整理，而应该是对在学术或研究中心的毕业生、讲师、教师和科学家以及工程师和工业工作者的完善读物。

IWCP 由意大利米兰理工大学空间推进实验室（SPLab）于 1990 年发起，发起之初是想尝试拉近东西两大阵营的研究人员之间的距离，在此之前两方在推进与火箭推进的燃烧应用领域互不往来。意大利地处两大阵营之间，有着地理优势，一直努力保持美国和俄罗斯科学家之间沟通渠道畅通，即便在全球竞争的艰难时期也未放弃。IWCP 旨在营造轻松的氛围，推动技术和知识的自由交流。会议安排是希望参会的领先国际研究人员能在各自感兴趣的领域进行细致的讨论，而非让论文作者就范围较广的话题对其研究成果做正式的演示。部分杰出发言人会做全体讲座，就特定主题做重要的全面论述，为之后作者之间的细致讨论和所有参会人员的一般性讨论奠定基础。为了确保会议质量，讲师/发言人/观察员一般限定在少数来自世界各地的受邀人员，他们不仅技术能力过硬，还拥有创新视野或颠覆性的方法。会议组织者也尽最大努力确保会议结果能够及时便捷地面向国际读者，从论文展示到论文发表的各阶段对技术准确性都遵照最高专业标准。

虽然有些会议特色可能随着时间的推进有所淡化或改变，但基本性质不变。从 IWCP 可以看到来参会的都是国际知名作者，讨论的话题与时俱进，反映出系列研讨会在推动含能材料燃烧和加强火箭推进的理解方面所取得的效果和成果。

第 12 届 IWCP 的主题是含能材料领域的现状和未来发展，就火箭推进等应用的推进剂配方及其相关话题对此进行了讨论。研讨会也想从用于化学火箭推进的含能材料相关的许多领域中找到给人启发的新研究角度。

本书将：

- 全面介绍推进用含能材料的国际现状；
- 确定可用于新型含能材料配方的有前景的材料；
- 对世界先进实验室正在研究的具有高潜力的新型含能配方提出深刻见解；
- 提供一些难以获得的来自俄罗斯和中国的信息；
- 从化学推进及其应用到含能材料发展角度建议未来广泛关注的方向；
- 讨论公开文献中比较分散的几个共同来源话题的进展；
- 讨论几个鲜为人知的推进话题，如膏体推进、催化技术和纳米材料。

本书旨在从含能材料角度对化学火箭推进做综合论述。因此，书中涵盖了含能材料的整个"寿命"：从配方设计概念到实际生产，包括理论和实验弹道学研究、性能特性、实验室规模和全尺寸研究、管理问题（处理、储存、老化、危险、撞击、处理和整形）等，每一章针对一个主题，但不会忽视它与其他问题之间的可能联系。所有话题都从国际视野来考虑。为了向读者提供一份关于当前技术问题的全面介绍，本书的编辑人员由太空推进先驱时代的知名专家和来自当今国际最先进实验室的技术专家组成，他们对此项目提供了大量支持。

入选的 23 篇论文分到 6 章内，共同的主题是"通过解决与推进剂相关的各方面问题来改进化学推进系统"（摘自一位匿名审稿人的评语）。

本书的第 1 章对大主题下的所有章节进行了概述，说明这些不同的章节如何凸显主题并相互配合完成最终的目标。第 1 章由主题突出的论文的简要介绍组成，撰写者都是国际公认的相关领域的专家。第 1 章能够引发潜在读者的兴趣，指引他们去详细阅读自己感兴趣的章节或论文。

我们非常感谢以下国际审稿者对本书的高质量出版提供的帮助，没有他们的付出，这本书就不会出版。

S. Anand, H. Aoki, H. Asakawa, V.A. Babuk, M. Balduccini, Y. Batonneau, L. Boccaletto, M.A. Bohn, Ch. Bonhomme, Ch. Bonnal, M. Calabro, L.H. Caveny, S.M. Celin, N. Cesco, H. Ciezki, A. Cumming, B. D'Andrea, E. D'Aversa, W.P.C. de Klerk, L.T. DeLuca, Y. Fabignon, G. Fujii, L. Galfetti, S. Gallier, A. Gany, N.G. Glumac, T.I. Gorbenko, J.F. Guéry, D. Haeseler, O. Haidn, S.D. Heister, K. Hori, N. Ierardo, C. Kappenstein, A. Karabeyoglu, T. Klapötke, M.J. Klopfstein, A. Korotkikh, B.M. Kosowski, C.J. Lee, D.B. Lempert, F. Maggi, A.P. Manzara, K. Menke, H. Nagata, I. Nakagawa, B. Natan, A. Neri, J. Neutz, O. Orlandi, B.A. Palaszewski, D. Pavarin, W.Q. Pang, P. Pempie, A. Pivkina, S. Peters, S. Petitot, S. Rashkovskiy, T. Sakurai, K.

Sawada, H. Schöyer, T. Shimada, Y.J. Shu, I. Simakova, V.P. Sinditskii, H. Singh, V.I. Trushlyakov, R. Tunnell, D. Yagodnikov, N. Wingborg, Q.L. Yan, V.E. Zarko, F.Q. Zhao.

另外，许多非英语国家作者的语言表达由 Adam Cumming 博士、Anthony P. Manzara 博士、Bryan A. Palaszewski 先生和 Ruth Tunnell 博士进行了润色，非常感谢他们耐心的帮助，我们还要感谢所有作者的投稿和按照施普林格国际出版社 AG 的要求进行的排版所做的工作。

I.G. Assovskiy（谢苗诺夫化学物理研究所，俄罗斯）、P. Bellomi（Avio，意大利）、E. Bucci（Avio，意大利）、Helmut Ciezki（DLR，德国）、Charles Kappenstein（普瓦提埃大学，法国）、Bernard M. Kosowski（MACH I，美国）、K.K. Kuo（宾夕法尼亚州立大学，美国）、Z. Mansurov（燃烧问题研究所，哈萨克斯坦）、M. Persson（ECAPS，瑞典）、S. Schlechtriem（DLR，德国）和 N. Wingborg（FOI，瑞典）等在研讨会上做的更高质量的汇报，可惜本书不能包含这些作品，但非常感谢这些参会的作者。另外，非常感谢 I. Palmucci 女士、D. Trache 先生、庞维强博士和 G. Colombo 先生在整个研讨会的组织和材料的准备中的付出。

这本书由其中的著者之一（Luigi T. De Luca）在意大利米兰理工大学发起，退休后在韩国首尔建国大学继续，在中国南京理工大学完成。衷心感谢建国大学和南京理工大学提供的优越的环境和专业支持。除了前言中列出的一些章节的作者，张朝阳博士（四川绵阳中国物理工程研究院）、张庆华博士（四川绵阳中国物理工程研究院）、冯昊博士（陕西西安近代化学研究所）也提供了一些研究成果。

我们衷心地希望这一国际的共同努力的作品能帮助所有读者对错综复杂的事物、含能材料吸引人的秘密和令人费解的困难获得更好的理解，拓宽引人入胜的空间推进视野。

Luigi T. De Luca, Toru Shimada, Valery P. Sinditskii, Max Calabro
2015.9.30

# 目　　录

# 第1章 推进动力用含能材料简介

**摘要**：本书汇集了来自 13 个国家的作者的优秀论文，他们中有些人参与过重大太空探索任务。本章对整本书的结构和主题进行了综述，在众多论文作者和含能材料领域国际专家的支持下得以完成，概括了诸多领域的最新和未来需求的重点，包括化学推进（固体、液体、固液混合、膏体推进）的典型应用、非常规应用的相关领域和含能材料寿命管理等。本章还讨论了未来的新型含能材料和化学推进领域的新理念及相关实际问题，如质量控制、老化、危险、环境影响、废物处理和正在使用或不久的将来即将使用的含能材料的修复问题。本章对书中的每一章都给出了简要介绍，旨在帮助读者根据自己的需求或兴趣确定最适合自己的论文。本书的最后一章对俄罗斯在固体火箭推进的发展进行了历史综述。从理论和试验角度来看，其发展令人惊叹，但出于各种原因，人们对其仍然知之甚少。

## 1.1 本书背景和简介

本章[1]对书中的内容所讨论的话题做了整体介绍，共分为 10 节，在众多论文作者和推进剂含能材料领域国际专家的支持和协作下得以完成。美国航空航天局（NASA）所绘制的图 1-1 详细总结了当前推进领域的最新发展。该图利用不同的颜色来区分拥有不同技术成熟水平（TRL）的不同类别的发动机（7～9 级表示可完全操作的系统）。另外，从表示功率密度（kW/kg）的参数化直线可以清楚地看到，在 $10^{-2}$～$10^4$ 范围上，化学发动机相对电发动机更有优势。当今，化学推进是唯一一条通往太空的途径，并且在未来几十年间都将如此。化学推进的选择包含两种公认已经成熟的技术（固体和液体推进）和两种潜力巨大的技术（固液混合和膏体推进）。图 1-1 强调了目前化学推进的独特性：推重比（T/W）大于 1，但与其他推进装置比，化学推进的比冲表现平平。提高比冲的主要方法是从众多高能量密度材料（HEDM）中找到合适的组分。

**本章的各节内容**

本章概述了各领域的重要内容和未来需求，包含以下小节：化学推进剂新组分（1.2 节，参考文献[2-7]），金属作为化学推进剂的含能燃料（1.3 节，参考文献[8-12]），固体火箭推进剂配方（1.4 节，参考文献[13-17]），固液混合火箭推进

（1.5节，参考文献[22-25]），新概念化学推进包括催化作用（1.6节，先进含能材料、材料基因组的含能材料创制、原子层沉积技术、含能离子液体、含能材料寿命原理，等。参考文献[26-29]），无论现实状况好坏，目前航天项目都是基于本书所讨论的固体和液体推进剂的，如图1-2所示。

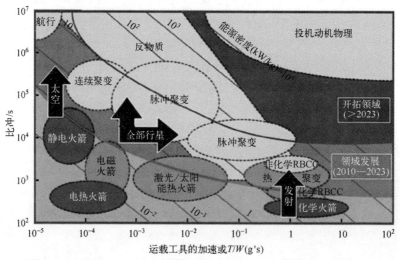

图 1-1　对比几种装置在比冲 VS.装置加速度或推重比方面的表现，
说明推进领域最新进展（由 NASA 提供）

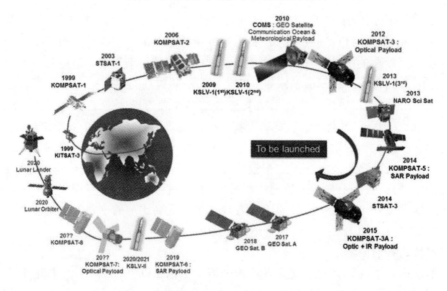

图 1-2　截至 2015 年 5 月，韩国 1999—2020 年太空探索战略计划（来源：KARI）

# 1.2　化学推进剂新组分

人类已经实现了抵达月球、太空行走、将探测漫游车送入火星以及深空探测。随着探索距离变得更遥远、任务复杂程度加大，对火箭推进的要求也更高。因此，军事和民间机构都在研究寻找能够满足当前和未来要求的新组分。首要要求是化合物能够更为环境所接受，尤其是表面和大气应用——导弹、近地轨道探测或为了更远的发射距离，这也要求化合物的合成过程、储存和燃烧产物都应更加绿色环保或对环境无害。减少烟雾量不仅只为环保，一次烟和二次烟还会影响制导和控制系统。射程变远就需要材料能量更高、密度更大，以节省空间，因此就需要更加有效的高能量密度材料。最后，还需要性价比更高的化合物来推动火箭或导弹。迄今为止，只有靠热化学反应推进的火箭能够进入太空，核能、电能和辐射（光束能量或太阳能）推进系统尽管适合太空航行，但由于种种原因，还未能实现进入近地轨道。

一方面，各国都在投入巨大努力来改善和优化专门为所使用的新组分而设计的推进系统，这是工程师所面临的挑战；另一方面，为火箭推进研究出新组分是化学领域的挑战。其努力的方向是为液体、固体、膏体和固液混合推进系统中的燃料、氧化剂、聚合物基体、增塑剂和添加剂设计出新型高科技材料。与常规推进剂组分或组成（从性价比角度考虑，原材料占固体阶段成本的不到 5%）相比，在考虑环保和经济效益的同时，最重要的目标就是提高性能，这方面的开发尤其涉及被公认为有毒或有害的组分家族，以及那些需要被替换掉的常规不含能组分。固体和固液混合推进剂的一大限制是保持安全性（1.3 级别），这样就会排除许多新的候选含能组分，使得改善产品性能变得非常困难。

高能量密度材料推进剂中有几类已经得到确认，例如以高氮化合物为基础的配方（详见 1.7 节）、八硝基立方烷 $C_8(NO_2)8$、金属氢、原子基团、亚稳态氦等。但出于大规模生产、长时间储存、安全性和成本方面的考虑，多数在短期内还无法得到实际应用。本章总结实验室水平的新组分在可能的现场应用时所面临的要求和挑战。随着纳米材料[①]的发展，燃速提高、燃烧效率也可能提高，但同时活性金属含量降低，还发现生产过程中颗粒团聚现象增多。为了提高能量和改善燃速压强指数，各国正在对金属氢化物，如三氢化铝作为固体推进剂中的新型燃料进行研究，研究还包括新型不含高氯酸盐的氧化剂，如二硝酰胺铵（ADN）和硝酸羟胺（HAN）以及多硝基化合物作为氧化剂或富氧含能填充剂。另外，新型炸药添加剂，如 CL-20 和高氮化合物，如四唑或四嗪可作为环保导弹混合推进剂，其表现优于常规添加剂，如黑索金（RDX）和奥克托今

---

① 火箭推进中最理想的尺寸是直径约为 100nm。

（HMX）。但是有些化合物，如硝仿肼（HNF）一开始看起来非常有前景，但经过大量试验，已经失去吸引力。金属氧化物如 MgO、$B_2O_3$、NiO 或 CuO 作为新型催化剂也处于研究中或已投入使用，能够对推进剂配方的燃速进行精确调节。通过对包括固化剂和增塑剂在内的含能聚合物的不断研究，应该会发现用于固体和固液混合推进系统的新型材料和基体，它们的感度更低、与其他推进剂组分的相容性更好，且不会降低配方的能量。在液体推进剂领域，ADN 基液体推进剂（如 LMP-103S）和 HAN 基液体推进剂（如 AFM-315）在比冲、密度和毒性方面已证明非常有优势。对于低温推进剂（包括液氧、液氢或氟加液体氧混合剂（FLOX）），新型激光点火系统、燃烧室内壁材料和几何构型的研究使得设备更易于调节，效率更高，使用安全性也提高。在火箭系统中使用凝胶，配方中就可以添加含能金属微粒和催化剂/反应性颗粒以实现常规、无毒燃料和氧化剂的自燃点火。新型胶凝剂和纳米级金属的引入更能凸显冲压发动机用凝胶碳氢燃料的优势。

由于世界各国对固体推进剂和固体燃料进行了大量研究，第 2 章以固体推进剂和固体燃料为主，详细介绍常规有毒或惰性组分，如高氯酸铵、含铅材料和不含能聚合物的替代化合物，介绍并讨论了新配方中的一些最新化合物，还有固体复合推进剂的新组分和混合物。

## 第 2 章全部论文

第 2 章由 6 篇论文组成，在 Kettner 和 Klapötke、Sinditskii 等、Singh、Karabeyoğlu、樊学忠等和翟连杰等的论文中，介绍了对新型材料的研究及其在推进剂中的可能应用。

Kettner 和 Klapötke 的论文论述了新型不含高氯酸盐的氧化剂在化学火箭推进中的潜在应用，还介绍了以下化学种类的氧化剂的合成方法和性质：原碳酸、2,5-双取代四嗪、联 1,2,4-恶二唑衍生物、氨基甲酸酯和硝氨基甲酸酯、2,2,2-三硝乙基氨基甲酸酯和硝氨基甲酸酯。近年来，各国很关注对高氮含能材料的研究和开发。Sinditskii 等的论文旨在分析不同类型的 1,2,4,5-四嗪基含能材料的可能应用领域，这类化合物的燃烧和热分解特性很独特，文中还指出了四嗪基含能材料的特性和缺点。H. Singh 的论文主要介绍了能够提高固体推进剂性能，使其更加环保的成分。A. Karabeyoğlu 的论文关注的是如何利用性能添加剂（金属、金属氢化物或硼化合物）来提高混合火箭固体燃料的退移速率。

樊学忠等和翟连杰等的论文讨论了诸如四唑盐和呋咱衍生物的高氮含能材料的合成和表征。樊学忠等的论文介绍了四唑盐作为火箭推进剂的含能组分，通过研究 2-偕二硝甲基-5-烷氧基四唑（HADNMNT）和 5,5'-联四唑-1,1'-二氧二羟铵（TKX-50，也称 HATO）这两种羟铵盐，一个作为固体复合推进剂的不含氯氧化剂，另一个作为高能填充剂，研究发现，含有 HATO 的复合推进剂的优势是燃速高、对机械刺激敏感度低。翟连杰等的研究结果表明，含能增塑剂是火箭推进剂和发射药的重要成分，能够提高药柱的力学性能。呋咱醚类化合物因其高能量密度、良好的热稳定性和正生成焓的特点得到了广泛的关注。论文称已经合成出一种新型含有氟偕二硝基的 3,4-二（3-氟偕二硝基-4-氧）呋咱（BFF），并介绍了其特性，从密度、感度和爆轰参数等多个方面说明这种物质远比硝化甘油（NG）有优势。

## 1.3 金属作为化学推进剂的含能燃料

火箭和冲压发动机推进剂应具有高能量特征，能量越高越好，即可提供高比冲（$I_s$）。因此，金属颗粒通常在推进剂（火箭发动机）和燃料（冲压发动机）配方中用作含能添加剂。

它们的吸引人之处是热值高和密度大。配方中使用金属可提高单位质量和单位体积推进剂的热值，这样就可以降低推进系统的质量和体积。

加入金属氢可使比冲值达到 500～2000s，但离实际使用还有很远的距离（详见 1.7 节）。此类能源成分中最具吸引力的是可用于火箭推进的铍，以及铝和可用于冲压发动机推进剂的硼。但目前只有铝得到了广泛应用，它的优势是来源广、易于处理、与推进剂中的其他主要组分相容性好并且价格低。铍及其化合物因其较强的毒性而被禁止应用。

使用铝有一个明显的缺点，就是会形成凝相燃烧产物（$Al_2O_3$），这会降低比冲，使燃烧室内部情况更加复杂，这也是金属燃料的普遍问题。但是，凝相燃烧产物在抑制发动机燃烧不稳定性方面有积极作用。

提高推进剂质量的一个有效途径就是添加金属氢化物。在配方中加入氢可提高燃烧热值和比冲，同时不会提高燃烧产物的温度。它还有一个优点，就是燃烧气体中水含量较低，对喷嘴的腐蚀性低很多，而且通过水煤气反应减缓碳氧化过程，可能会降低内部的隔热需求。难题是氢的脱附问题，这会使燃烧过程中分子不稳定，尤其在实际应用中。在俄罗斯，稳定的氢化铝（$AlH_3$）是一种常用的化学品，但还不可商用。

使用金属添加剂需要研究这些物质在燃烧过程中各方面的特性，可以确定以下现象，掌握并研究这些现象对成功使用性能添加剂至关重要。

（1）金属的点燃。研究金属的点燃通常要确定点燃温度，这可以确定燃烧区域中点燃区的空间位置。点燃温度取决于保护氧化膜的性质、周围环境的氧化电势和环境与金属微粒互动的条件。

（2）凝相产物的形成和正在燃烧的推进剂表层的黏结过程。凝相产物是金属燃烧和黏结过程结束造成的结果，这些产物的性质取决于推进剂的组成和燃烧条件。必须了解各方面因素对颗粒大小、化学组成及其内在结构的影响。

（3）金属燃烧的过程。对金属微粒燃烧过程的描述关系到对燃烧动力学的描述（颗粒的燃烧时间），对确定燃烧产物的性质也十分重要。

（4）金属的燃烧对推进剂燃烧过程的总体影响。表层金属颗粒的点燃和燃烧对实际推进剂的点燃条件和燃速规律有着重大影响。金属燃料的性质及所需量取决于推进剂的燃速、对初始温度和压力的要求。

（5）两相流（2P）损失。这是所有含金属固体推进剂中最主要的损失，因此对推进剂的实际性能至关重要。最终结果不仅取决于表层附近的燃烧细节，还取决于喷嘴喉部区域的液滴和颗粒的动力学和流体动力学现象。针对常规配方，评估损失最常用的是经验法则，但高能量或新配方需要更细致的研究。总体来看，研究人员针对近表面现象，应降低燃烧室内生成的凝相产物的量，减少发生黏结的凝相产物，最重要的是减小最终黏结团的平均大小和粒径分布。针对黏结现象，降低颗粒点燃温度、提高燃烧表面的热释放速度或去除近表面的热释放可能会有所帮助。通过降低背景火焰厚度、使用活性更强的金属颗粒（纳米铝、MgB、镍涂层等）、球磨常规的微米铝以制造纳米尺寸的物料、纳米组分和铝"合金"与聚四氟乙烯（PTFE）组合等方法可以帮助达到上面提到的效果，最终结果仍取决于喷嘴喉部的结果。

（6）残渣的形成造成的损失。这种现象源于凝相产物在发动机部件上的不断积累，影响火箭发动机质量的理想状态（惰性质量和推进剂质量之比）。该现象的出现和重要性主要取决于黏结过程的特性（最初的金属发生黏结的程度、黏结团大小、结构和化学组成）。

### 第3章全部论文

第3章包含5篇论文，作者分别是 DeLuca 等、Vorozhtsov 等、Weiser 等、赵等和 Gafni 等。论文介绍了金属燃烧的基本机理，讨论了使用新型含金属配方（纳米级组分、化学或机械活化的铝、稳定的 $AlH_3$）的前景。Vorozhtsov 等的论文介绍了配方中使用纳米材料所面临的机遇和挑战。虽然纳米材料有潜力，但仍需要大量研究来开发，甚至确认这些潜力。赵等的论文讨论了热辐射脉冲下含纳米级金属的推进剂的点火延迟问题，表明包覆纳米铝粉的表面点火有一个激光功率密度的临界值。Gafni 等的最后一篇论文讨论了含铝凝胶燃料在冲压发动机推进上的应用。

# 1.4　固体火箭推进剂配方

固体火箭推进剂可分为复合推进剂和高能推进剂，还可以分为含金属推进剂或微烟推进剂。混合火箭推进剂和吸气式固体火箭冲压发动机不在这部分讨论范围内。

要提高固体火箭推进剂的性能，目前有以下几个目标：

（1）提高比冲 $I_s$ 或密度 $I_v$ 以获得更高的性能。基于常规组分（AP、Al、HTPB、酯类增塑剂）的复合固体推进剂和基于常规组分（AP、Al、RDX、HMX、聚酯或聚醚胶黏剂、硝酸酯增塑剂）的高能推进剂的性能在不断地改善。在过去 40 年里，这两类推进剂的性能特征都不断接近自己的最佳水平。胶黏剂、氨基甲酸乙酯固化催化剂和燃速催化剂的创新使用让配方设计者能够在机械特性和能量两方面对推进剂进行不断完善。通过改善制备工艺或使用添加剂来提高工艺特性，还可能会提高比冲，但固体火箭推进剂性能的大幅提升取决于新组分的来源范围和合理的配比。纳米铝、AlH$_3$、CL-20、ADN、含能胶黏剂和双环戊二烯聚合物替代胶黏剂等材料在一些配方中能够达到提高性能的效果，但因成本问题、在某些条件下的适用性尚不确定，以及所需的特定配方技术发展还不完善等问题，它们还未纳入很多标准系统中。另外，因为通过组合配比熟悉的材料可以满足新的需求，对"尚未得到证明"的组分存在"偏见"。

（2）降低烟雾的"特征信号"。含金属（一般是指含铝）的火箭推进剂能够提供更高的比冲，但同时也会产生大量白烟，它会暴露发射点，也可能会干扰控制信号。起初，如果燃烧产物不可见，火箭发动机（无液滴）划分为"无烟"或"微烟"发动机，如果液滴不立刻形成或不总是明显可见（如 HCl 在潮湿的空气中），称为"少烟"发动机。有一小部分特定的用来防止燃烧不稳定的推进剂添加剂（如铝、氧化铝、碳化硅等）会产生可见的羽烟。近来，还有一些能够产生烟雾信号的材料在特定的应用中变得重要起来，如阻挡雷达信号的材料、干扰导引头性能的材料或能发射红外光表明发射情况，甚至可能提示反导系统响应的材料，这就要求减少特定化学元素在推进剂中的含量，因为它们产生的火箭烟雾有追踪价值。

（3）降低感度和降低在工艺过程及最终的配方中危险级别。过去 25 年研究人员一直致力于将成品发动机的爆炸危险从 1.1 级降到 1.3 级，甚至更安全的等级。工艺中降低危险性的相关问题不很突出，但也是业界关注的一个问题。为此，出台了一些衡量和控制火箭发动机危险性的监管机制，如 TB7002 和标准化协定（STANAG）指南。对于常规组分和配方的变化对衡量推进剂危险等级的影响，在这方面的了解也有了重大进步。更重要的是，火箭发动机的安全性常与发动机壳体造成的密闭空间的量有关，因为它和更加危险的刺激反应有关联，如加热（快速烤燃和慢速烤燃）、高速动力试验（子弹冲击、碎片冲击、殉爆）。火箭发动机壳体材料和制造技术的改进使以前"过于危险"的推进剂配方组成和发动机设计在成品发动机中的危险级别降低。最初认为将发动机感度降到所需水平会使其性能降低到所需水平以下，事实证明，很多情况并非如此。在维持可接受的性能同时接近或实现相关的低感度目标方面已经取得积极的进展，但该领域的问题仍未彻底解决。无疑，我们还要找到更多创新的方法来进一步降低火箭发动机制造、储存、处理和使用过程中的危险等级。

降低危险性对小型战术导弹而言是很有必要的。在民用方面，成品发动机必须达到1.3级，确保在任何情况下（坠落、高速冲击等）都没有大规模爆炸危险。

（4）在特定的储存条件下延长使用寿命。针对一般制造后两年内发射的航天发射助推器，在一定的储存条件下保存，它的使用寿命不是问题，但使用高度吸湿的新型氧化剂时，储存期就是个问题了。战略武器（固定陆基洲际弹道导弹发射器（ICBM）和潜射弹道导弹）的火箭推进组分在一定的温度和湿度储存条件下要确保至少十几年的使用寿命，期间不受激烈振动或热循环影响。战术导弹推进剂组分，道路-机动或特别是搭载空气的，对条件要求最高，包括+65℃到-45℃温度循环和大量振动试验。海军舰艇战术系统相比之下要求没有这么严格。解决这些问题的方法主要围绕提高胶黏剂稳定性以防止老化，提高初始力学性能，在不损坏发动机的前提下使其能够承受更大压力和张力。

（5）降低成本。大家都希望火箭发动机制造成本低。影响成本的主要因素是获得所需性能的开发周期长、研究研制定型后规格会出现变化、需要采购和生产技术成本高的少数特定的发动机、使用每年需求会出现变化、需少量采购的特别组分。还有，在研制时需要大容量设备和大量人力，但对它们的应用通常都不充分，平均到每项上的花费就更高了。随着新型组分的逐步引入，它们的成本比"传统"组分（AP、Al、HTPB、塑化剂）会高很多，而在广泛使用前，它们的产量非常小。

（6）特性更一致。据说，统计过程控制技术的使用源于康格里夫制造固体火箭推进剂的过程，该技术的应用改善了推进剂和发动机的一致性。获得高质量推进剂的工艺出现过失败的情况，原因是组分发生变化。在这些案例中发现推进剂组分满足现有规格，但却出乎意料地发生变化。业界都在关注这个问题，特别是对于那些产量受年度大幅变化影响的组分，或只偶尔生产的组分，或其生产设备与含能材料组分的生产有关的问题不相符。性能不一致的另一个原因是使用对组分重量细微变化、对组分特性细微规格内变化没有强烈反应的配方，或对细微工艺变化没有强烈反应的配方。这些原因可能难以识别，更难以在配方中进行设计，它们需要多维试验来明确相关的反应表面。推进剂研发项目一般都没有足够的资金来支撑必要的前期工作。

（7）环境问题。高氯酸铵（AP）是非常理想的氧化剂，它含氧量高、稳定性好、在所关注的温度范围内没有相变、密度合适、吸湿速度较慢、固态分解时能够通过粒度调整进行弹道控制、成本较低、能大量生产。但它的燃烧产物中含有

HCl，高氯酸盐阻碍生物系统中碘化物的吸收，因此引起环境组织的关注。有人也提出其他氧化剂并进行试验，但还没有一个能经得住时间的考验成为高容量的"主力"氧化剂。硝酸铵的优势在于成本低、燃烧产物无害，已经被添加到一些有用的推进剂中。但它的含氧量少，在分解前先熔化，消除了基于粒径的燃速影响。纯硝酸铵会造成相变问题，相变稳定剂也引发了其他问题。二硝酰胺铵（ADN）不会产生氯气或抑制碘化物，但它成本高、不便于和一些固化系统发生化学反应、在很多应用中熔化速度过慢、没有表现出简单的弹道控制。生产硝酸酯产生大量必须治理的废水。一定的含金属元素的燃速催化剂可能给燃烧产物带来毒性。另外，开发资金的自由使用可以解决一些问题，但要想实现大量、低成本的生产目前仍无法实现。

（8）寿命周期讨论。关于推进剂的研发和寿命周期内的生产，也就是从组分合成到发动机淘汰处理所带来的成本和副作用已经有了大量讨论。文中也介绍了拆解发动机时回收利用部分组分，尤其是 AP 和铝，在一些要求不高的应用中可以再利用。一些高能推进剂被回收利用到简单的炸药中。在露天矿内燃烧推进剂这种传统方法仍在沿用，不过这样的地点很少，也需要获得诸多许可。一些研究人员提出使用可以重新混合推进剂热塑胶黏剂，或使用皂化后可以恢复原形态的水解胶黏剂，或在分离和重新使用组分后用溶剂软化的胶黏剂。考虑成本效益问题，这些方法需要回收利用大量单组元推进剂（或很多密切相关的推进剂）。

### 第 4 章的全部论文

第 4 章包含 5 篇论文，主要研究了推进剂配方对凝相燃烧产物的影响，全面探讨了基于不同惰性、含能胶黏剂（HTPE、BAMO-GAP）和不同氧化剂（AP、HMX、ADN）的复合推进剂的燃烧机理。根据 AP 对 HMX 分解的协同效应，Pivkina 等提出了一个将 HMX 添加到复合推进剂的新方法。Rashkovskiy 等在论文中介绍了一个新效应：燃烧表面曲度对固体均相含能材料燃速的影响（如双基推进剂、含能胶黏剂等）及其在基于不同的含能胶黏剂和不同填充剂（AP、HMX、CL-20）的二元配方的燃烧中发挥的作用。庞维强的论文研究了使用 AP 基双氧化剂提高对主要弹道性能的控制。通过用含能填料（ADN、CL-20、GUDN、HMX）取代部分 AP 可以大幅改变燃烧性能。含有 ADN 或 CL-20 填料的配方在比冲、爆热、燃速和密度方面的性能更好，但同时也表现出对撞击和摩擦更加敏感。裴江峰等的论文研究了用 3,3-双叠氮甲基氧丁环-聚叠氮缩水甘油醚（BAMO-GAP）共聚物作为含能胶黏剂的配方的能量和燃烧特性。用二硝酰胺铵（ADN）和三氢化铝分别取代 AP 和铝时，能量特性大幅提高。配方中添加催化剂可以提高燃速和表面温度。

# 1.5　固液混合火箭推进

近年来，通信和地球观测越来越多地使用轻量级卫星，对相应的专用发射系统的需求也在不断增加，这些发射系统对火箭的发射窗口、轨道选择及其他相关任务和系统的要求都更加灵活自由。实现这种空间运输的关键就是经济效益。解决方法之一就是利用更加经济、操作便捷的非爆炸性火箭。固液混合推进便是理想之选。固液混合推进相对简单，安全性高，燃料裂解对任务成功和推进性能影响小，因此，固液混合火箭可以利用工业级原材料、生产方法和检验方法。除此之外，可以更高效地完成质量保证和质量控制，也可以适当减少发射前的安全检查。

固液混合火箭的推进性能取决于非均质燃烧（边界层燃烧）的内部流体动力学。因为燃烧发生在燃料表面的边界层，火焰热反馈会影响燃料的退移速率，燃烧室凹槽长径比（$L/D$）越小，燃烧室的燃烧效率越低。另外，燃料颗粒的长度越短，氧化剂燃料比（$O/F$）越大。氧化剂燃料比过大会导致无法充分利用由氧化剂和燃料组成的推进剂的潜在性能。这样看来，发动机喷口的长径比应该略大于发动机额定推力下的某一值。燃料汽化、燃料退移速率或燃速取决于氧化剂的质量通量，$G_{ox}$ 通常为 0.6~0.8。这意味着发动机额定推力越大，喷口的长径比应尽可能大，与氧化剂燃料比保持相同，因为燃料的增加比氧化剂增强速率慢。长径比过大会导致结构重量过大，推进剂加注效率降低，从而降低系统的推进性能。

对于向燃料（如端羟基聚丁二烯（HTPB）、聚乙烯等）氧化剂轴向喷注这样的常规设置而言，使问题最小的方法是采用多喷口燃料。但是，当需要较高的初始推力时，这就需要非常复杂的设计，如运载火箭的第一级。因为这个难题，近来进行了液化燃料（如含石蜡燃料、金属添加剂或金属氢化物添加剂的燃料）的研究。研究表明，这种燃料进入火焰区的速率比常规燃料快 3 倍。生成气体燃料，并快速进入燃烧过程的另一个方法，是利用气态氧化剂的旋流喷注。为了确保旋流喷注的效果，应该在这种固液混合型火箭中注入气态氧化剂，这需要在喷注之前先汽化液态氧化剂。目前，已经提出了一些可行的解决方法，并进行了试验。

一般情况下，太空推进的关键设计目标是更高的质量分数和比冲，因此需要优化权衡分析。对于上面级的应用，需要掌握重启/多次点火。

除了研究系统，还应该在更大的发动机额定推力下试验最有潜力的推进剂配方（含铝的、退移速率高的燃料、石蜡、添加剂、涡流、多喷口/多层结构等），以确定推进缩放比例和燃烧效率。需要进行缩比试验并进行综合分析，确定候选系统，增强发动机高推力下的组件表现。值得注意的是，固液混合火箭燃烧易出现低频不稳定性（小于 100Hz)，但触发机理至今仍无法完全解释。

**第 5 章的全部论文**

第 5 章包括 4 篇论文。由 Shimada 所撰写的论文，介绍了为什么要利用固液混合推进系统制造专用、经济、轻量化的卫星运载火箭，以及如何实现这一目标。文中提到日本正在研发像低熔点（LT）燃料和旋涡氧化剂流型（SOFT）固液混合火箭的新技术，还谈到同时控制推力和氧化剂燃料比的挑战，以及固液混合火箭内部弹道和流动特性的计算流体力学（CFD）模拟和可视化诊断的挑战。

Park 等所撰写的论文详细介绍了在固液混合火箭燃烧过程中，火箭内部的流体动力学是如何影响退移速率以及低频不稳定燃烧（LFI）。文中利用大涡模拟（LES）和本征正交分解（POD）分析法，探讨了墙壁吹入和（或）隔膜插入燃烧室会对湍流特性带来多大影响，还讨论了低频不稳定燃烧的启动机理。

由 Hu 等撰写的论文，分析了石蜡燃料和含不同氧化剂的端羟基聚丁二烯燃料（HTPB）的性能，说明了这些双组元推进组合的效果，并且测量它们的热分解特性和熔化特性，进行了试验和数字模拟，验证了固液混合发动机中石蜡燃料的退移速率特性。

由 Galfetti 等撰写的论文，主要关注的是提高退移速率，文中提到了意大利米兰理工大学空间推进实验室（SPLab）利用不同的诊断方式分析了准稳态和瞬态工况燃烧条件下 HTPB 和石蜡燃料配方的发射响应，详细介绍了在降低氧化剂质量通量敏感度、提高退移速率和提升力学性能方面更好的配方，以及 HTPB 对于减少燃料供给降低动力的瞬间发射响应。

# 1.6　新概念化学推进

除 2 篇论文，第 6 章还收录了几位公认的专家的文章。选取化学推进这个话题一方面是因为化学推进本身就极其重要，另一方面是因为在实际应用中，化学推进被认为很有前途。这些文章由多位作者所撰写，由于某些原因，部分文章无法提供全文。

## 1.6.1　先进的含能材料

几十年来，研究人员一直在提出化学火箭推进的新理念，并在不同发动机推力下进行试验。第 6 章介绍多种先进的化学燃料理念。出于储存限制、安全性或开发成本的考虑，一些新型推进剂通常无法实际使用。

含氟化合物的高能氧化剂有三氟化氯（$CIF_3$）、五氟化氯（$CIF_5$）和二氟化氧

（$OF_2$）。这些氧化剂经过了长时间的试验，最近一次是在 20 世纪 80 年代，在战略防御倡议（SDI）指导下进行的，为使用联氨/五氟化氯的飞行测试而创造了拦截器分级。

金属氢是一种理论上的高含能材料（但目前仍未成功制取）。技术成熟水平未达到 1 级，因为金属氢目前仍处于理论计算阶段。在环境条件下密度约为 $7g/cm^3$，是液态氢的 10 倍。当温度超过临界温度（约 1000K）时，金属氢会变得不稳定，变成分子相，释放复合能（216MJ/kg）（参考：航天飞机主发动机（SSME）中 $H_2 + O_2$ 释放 10MJ/kg 能量，$LO_x$/RP1 释放 6MJ/kg 能量）。现在，研究人员在实验室利用金刚石压砧和短脉冲激光技术，跟踪氢的热熔线，把握金属状态的条件，比冲（$I_s$）的预期值为 500～2000s。

要想合成和表征少量的金属氢，需要升级现有试验设备。此外，生产量级的提升也很有必要。必须开发出适合金属氢的发动机组件，研发测试发动机来验证多种稀释剂和混合比率的预期操作和性能。很可能需要能在储存压强高达几千兆帕下工作的容器。

几十年来，研究人员一直在研究原子态硼/碳/氢推进剂。原子态硼/碳/氢燃料是一种高能量密度的自由基推进剂。这些原子储存质量百分比为 0.2%～2%的液态制冷剂中（氖等）。原子态氢可提供 600～1500s 的比冲。在过去几十年中，原子储存密度的提高取得了重大进步。实验室研究证明在固态氢分子基质中有质量百分比为 0.2%和 2%的原子态氢。如果原子储存能达 10%～15%的质量百分比，比冲就可以达到 600～750s。要想推进效果好，原子储存应达到 10%、15%或 50%的质量百分比。

高氮化合物（$N_4$、$N_5^+$、$N_5^-$、$N_8$ 等）可能是有史以来最强的化学炸药。美国空军科学研究局（AFOSR）的高能量密度材料项目和瑞典对 $N_5^+$ 和 $N_5^-$ 离子都进行过研究。实验室已经制备出几克含有（$N_5^+$）的离子盐[46,47]。理论研究表明这些材料可以应用在空间推进领域。这些化合物在实际使用中有很多挑战，主要由于这些材料对冲击十分敏感，其他挑战还包括制备、运输、地面处理、人员安全等。目前，还没有任何运载火箭使用这种推进剂，美国乃至全球仍在继续研究该领域。

## 1.6.2　材料基因组计划指导下的含能材料创制

### 1．概念和意义

先进的材料几乎是所有现代各领域、各行业创新发展的基础，它涉及先进的制造业、信息网络技术、人类的幸福和利益及国家安全等。为了提高先进材料的开发效率，前美国总统奥巴马签署了名为《材料基因组计划》的白皮书。该计划希望整合理论、计算、试验和数据库的方法，加快先进材料的制造。材料基因组计划旨在将新材料的开发周期（从发现和设计、合成和制备，再到应用阶段）从大约 20 年平均缩减至 10 年，并大幅缩减开发成本。

含能材料（EM）是国防和民生的关键材料。如果材料基因组计划的模式能用在开发含能材料中，制造含能材料的效率将会大大提升，这将造福社会，这就是含能材料基因组计划（EMGI）。含能材料基因组（EMG）是指决定宏观特性和行为的基本的微观结构基因及基因间的关联；含能材料基因组计划是指根据要设计与合成的含能材料，发现决定含能材料的特性的"基因组"的过程。EMGI 强调发挥交叉效应，在理论指导下加强数据库、计算和试验间的合作。EMGI 的最大优点是将各种数据放入数据库并进行管理，通过多次迭代操作形成巨大的含能材料数据，从而获取材料基因；同时，通过理论建模和计算及试验技术的验证来进行预测，大幅提升含能材料的制备效率。详细内容如图 1-4 所示，含能材料基因组包括原子、原子基团、分子、晶体、晶体/晶体表面和界面、晶体缺陷、晶体/相对表面和界面等[48-52]。这可以是研究含能材料基因组的切入点。例如：在分子结构的尺度上，低感度含能材料的含能材料基因组的特点为平面共轭结构、相对较强的分子内氢键和较大的键离解能；对于晶体结构而言，应该有分子间氢键协助的 $\pi$-$\pi$ 堆积[51,52]。实际上，找到含能材料基因组并非易事，必须以大量数据为基础。

含能材料基因组计划的意义在于，它反映了含能材料的本质，将改变含能材料的研发模式，改变人们传统的封闭观念，让它们更加开放。1000 多年前，中国人发明了黑火药。从黑火药、近代含能材料，再到现代含能材料，含能材料经历了 3 个时期。特别是最近 100 年来，含能材料取得了很大的进展。然而，含能材料的发展仍存在许多问题，如研发速度慢，组成和结构单一，能量-感度矛盾尚未解决，能量存储和释放受限等。在材料基因组计划模式的帮助下，即实行含能材料基因组计划，含能材料有望实现重大进步。材料基因组计划摒弃传统的试错型逐步迭代法，强调高吞吐量的并行迭代法，逐渐将"经验指导型试验"，转变成新的"理论预测和试验验证"的研究模式，并最终实现材料的"需求设计"。这个过程高度整合了试验、计算和数据库方法以及跨领域信息。含能材料的研究基于先前的研究成果，也为含能材料基因组计划奠定了一定基础。

**2. 含能材料基因组计划发展的初步计划**

含能材料基因组计划的中期和长期目标是实现"需求设计"，通过理论计算和数字模拟，完成先进含能材料的数字化制备。EMGI 的当前目标是含能材料的创新，包括建立高流量计算平台、建立高通量的制备检验的平台以及建立材料数据库。这些基础设施的设立与现有的综合计算材料项目相连，实现多学科的交叉与融合，可加快发现并应用含能材料的进程。因此，可以设计并合成具有所需特性的含能材料。

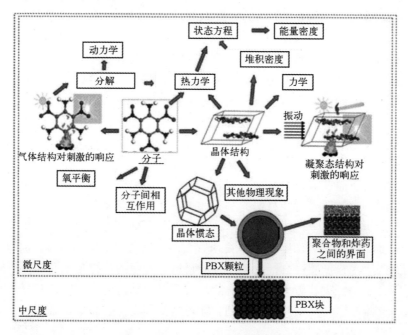

图 1-4　含能材料的典型微观结构，其中包括原子、分子、晶体、微粒子、界面等。这些结构可以称作含能材料的基因。含能材料基因组计划任务之一就是确认这些结构与宏观特性和性能之间的关系

为了实现这些目标，应采取具体措施，包括：①开发含能材料的计算工具和计算方法，降低试验成本，减少试验时间，加快含能材料的设计和选择；②开发高通量的含能材料试验工具，选定并验证备选的含能材料；③发展并完善含能材料数据库/信息学工具，有效管理从发现到应用含能材料整个过程的数据链；④改变含能材料的封闭工作模式，形成新型开放协同合作模式。

材料基因组计划包含四部分：

（1）含能材料数据库。包括三部分内容：①收集并处理含能材料的相关基本数据，并建立含能材料数据标准；②选择数据库的设计方法和设计工具，并设计数据库模型；③应用软件工程技术，设计和开发数据库系统，并进行平台管理。

（2）含能材料的设计和计算。计算含能材料的相关研究包括：①结构方面，包括多尺度和多层次的含能材料结构，如分子结构、晶体结构、表面和界面结构、成分的几何结构等；②性能方面，包括能源、安全、力学特性、相容性、老化特性等；③计算方法方面，包括分子模拟、细胞模拟和数字模拟。此外，考虑到例

14

如加热和外力的环境刺激，在计算阶段进行试验验证也尤为重要。EMGI 高性能计算机以及对国家先进装备的需求涉及如下学科：含能材料科学的科学理解、含能材料设计、含能材料工程应用和设计。通过上述研究，就可以形成 EMGI 科学工程的高性能研究平台，涵盖含能材料计算理论和方法、含能材料数据库、硬件和软件。

（3）含能材料的制备和表征。基于 EMGI 模式的含能材料制备和表征具有高效的特点，如多尺度、"全过程"和高通量。对于制备含能材料，包括 3 个级别的内容：找到含能分子、含能晶体可控制备和像推进剂这样的复合含能材料的制备。根据设计和计算，应选择合适的平台来进行试验，应考虑对结晶和复合含能材料的制备进行平行和批量试验。针对含能分子、含能晶体和含能复合材料，应建立分析技术和方法，确定分子结构、晶相、表面和界面、组成、热特性及安全性的分析标准和方法也应建立，这样才能确保对含能材料制备进行高效分析，应设计好"全过程"监控系统以实现快速分析。

（4）含能材料应用和老化评估。在研究含能材料的老化和相容性方面，我们可以研究含能材料的化学反应、热力学、分子降解机理和微观结构，掌握成分材料的微观变化机理；在样本和组件方面，可以试验研究老化、界面特性、质量、密度、机械特性、释放气体的种类和成分，了解宏观特性的改变，以及老化和相容性研究过程中从样本到成分的尺度影响，提高老化和相容性研究的效率；同时，可以建立数字模型，实现从微观变化机制到宏观特性的有机结合。

此外，还应注意 EMGI 理论及其数据库、计算和试验的协调发展。EMGI 的理论发展与相关数据库、计算和试验紧密相连：理论是数据库、计算和试验方法的基础和纽带，同样还指导着研发新型含能材料的全过程。

综上所述，我们希望利用基因组概念开发含能材料，目前也有望在含能共晶体和含能盐等方面实现突破。更重要的是，EMGI 会很大程度上改变含能材料研发的理念，即更加开放、更重合作，从而大幅度提升含能材料的制备效率。

## 1.6.3　原子层沉积技术下含能材料的表面工程

在推进剂和炸药的应用方面，含能材料的表面特性是重要的考虑因素。例如，含能材料的感度与其表面组成和表面形态密切相关。应用多种含能材料，表面制备通常十分必要。对于含能材料的表面制备来说，需要对其表面特性进行有效调节，同时保证不能过多牺牲其能量密度。然而，由于缺乏有效控制，利用传统的表面制备技术（如机械搅拌、聚合物封装、湿浸法等）所制备的表面涂层质量一般，会导致能量密度大幅损失。

近年来，原子层沉积（ALD）作为一种有效的技术，将精准、保形的薄膜应用到了大表面积载体[53]。在原子层沉积过程中，两种气态反应物前驱体会交替振动，每种气体会与之前振动产生的表面官能团反应，产生沉积循环。这种独特的薄膜形成模式有效地避免了多孔系统中的通道阻断，并保证在任何基底上薄膜都很均匀。此外，原子层沉积法能够制备几乎任意厚度的薄膜，甚至可以到原子级厚度[53]。因此，这项技术适合一些含能材料的表面制备。

利用原子层沉积制备含能材料第一步就是合成亚稳态分子间复合物（MIC），目的就是直接将氧化剂包覆在纳米级铝颗粒上，让燃料和氧化剂直接接触。Ferguson 等率先试验了此法的可行性[54]。他们利用流化床原子层沉积反应器，将 $SnO_2$ 沉积在纳米铝颗粒上。但由于接触不够，原子层沉积表面反应不饱和，导致产生的薄膜很少，氧化剂燃料的比值和预期产生了较大偏差。Qin 等详细研究了铝纳米颗粒上原子层沉积表面反应的饱和条件[55]。饱和条件下，与在平面基底上形成的相比，实现了预期的纳米铝颗粒表面薄膜的形成速率。合成的分子间复合物表现出了良好的核-壳结构（图 1-5）。纳米铝颗粒上沉积的氧化层保形能力强，而且可以通过调整原子层沉积循环次数精确控制其厚度。在激光点火试验中，核-壳结构的分子间复合物的反应速率要比纳米粉末混合物的反应速率快几倍[55]。核-壳纳米结构以及极好的氧化剂薄膜的成形使得燃料和氧化剂紧密接触，从而提高了反应速率。

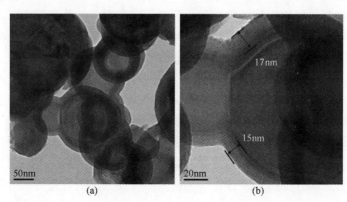

图 1-5　透射电镜下的核-壳结构的亚稳态分子间复合物

（a）原子层沉积法合成铝核-$SnO_2$ 壳纳米粒子；（b）放大透射电镜图像显示出纳米铝颗粒上的均匀 $SnO_2$ 层（从文献[50]获得许可复制，版权归（2013 年）Springer Science + Business Media Dordrecht 所有）。

最近，一份会议报告指出，可将原子层沉积应用于制备锆微米级和纳米级颗粒，以解决其静电敏感的问题[56]。将金属氧化物或有机聚合物（这个过程称为分子层沉积，有机聚合物是在原子层沉积的逐层薄膜形成过程中合成的）的原子层沉积在锆粉上，均匀、较薄的 $Al_2O_3$、ZnO、聚酰胺或碳层可以将锆颗粒封装。封装层的厚度可以得到精确控制，沉积材料占金属颗粒的质量百分比少于 3%。锆颗粒的静电敏度系数可以通过改变原子层沉积涂层的种类和厚度进行调整。原子层沉积的 $Al_2O_3$ 涂层表面密封效果十分独特：纳米级原子层沉积的 $Al_2O_3$ 涂层可以抑制 700℃ 以下的锆颗粒的氧化过程。

原子层沉积 $Al_2O_3$ 涂层也可用于包覆二硝酰胺铵（ADN）表面[57]。该研究的目的是在 ADN 表面建立一个水分子扩散障碍层，改善其在潮湿空气中的稳定性。$Al_2O_3$ 原子层沉积涂层可以完全封装 ADN 表面。在电镜扫描下，原子层沉积 $Al_2O_3$ 的表面薄膜并未观察到任何缺陷。在环境适应性测试中，原子层沉积 $Al_2O_3$ 涂层包覆 ADN 颗粒暴露在空气中 48h 后，其形状及构造仍未发生改变。但气相吸附试验结果表明，被 $Al_2O_3$ 原子层沉积涂层包覆的 ADN 的吸湿性没有改善。表面密封效果不好的原因主要是 $Al_2O_3$ 原子层沉积薄膜上不可见的缺陷导致的。ADN 的熔点非常低，因此，原子层沉积试验必须在相对更低的温度下进行，这必然会导致表面反应不完全，从而导致 $Al_2O_3$ 薄膜出现缺陷。因此，虽然原子层沉积 $Al_2O_3$ 涂层完全包覆了 ADN 的表面，维持 ADN 颗粒的球体形状，但是原子层沉积 $Al_2O_3$ 薄膜的微小缺陷却可透过水分子。

$Al_2O_3$ 和 ZnO 的原子层沉积涂层也已用于奥克托今（HMX）中，用于降低其感度[58]。微米级 HMX 粒子可以被原子层沉积的 $Al_2O_3$ 完全密封；而 ZnO 的原子层沉积直接应用于奥克托今时，却无法实现表面的完全包覆。需要用原子层沉积 $Al_2O_3$ 的籽晶层来对 HMX 进行 ZnO 的完全封装。热重分析表明，无机涂料与 HMX 相容，因为 HMX 的热分解行为不会受到这些原子层沉积薄膜的影响。有趣的是，在 193.7 ℃时，原子层沉积涂层可以抑制奥克托今的晶体相变。测量感度后发现，无机原子层沉积涂层可以降低 HMX 的静电感度，但无法降低机械感度。未来，可以使用分子层沉积制备的有机聚合物来降低机械感度问题。

原子层沉积或分子层沉积的最大优点在于能够精确控制表面结构。利用这种技术可以将理想的物理或化学特性引入到不同含能材料的表面，同时尽可能降低能量密度的损耗。原则上来说，通过对表面的恰当处理，可缓解或解决大部分的含能材料表面特性问题。原子层沉积表面工程是一个十分有效的工具，能够提供高质量、精确可控的表面处理。

作为一种新兴的技术，含能材料原子层沉积的表面工程仍然面临诸多挑战。第一，虽然大多数原子层沉积和分子层沉积反应可以在较低温度下（100～200℃）进行，但是，这个温度范围对于许多含能材料仍然偏高，需要在更加温和的条件下进行原子层沉积和分子层沉积流程来制备更多含能材料。第二，利用原子层沉积大批量制造粉末样本的技术仍未成熟。虽然已经研发出几种旋转原子层沉积原型反应堆和流化床原子层沉积反应堆，但单次最大产量不超过 100g[59,60]。此外，利用原子层沉积技术大规模制备含能材料的安全问题仍有待探索。最后，同样值得注意的是，利用原子层沉积法制备含能材料十分昂贵。除了要投资购买原子层沉积设备，前驱物也十分昂贵。应努力降低原子层沉积技术的成本，研发更廉价的原子层沉积/分子层沉积前驱物，改进反应堆设计，安装回收系统以重复利用未反应的前驱物，从而促进原子层沉积反应的效能。

### 1.6.4 航天推进用含能离子液体推进剂

目前，含能材料的研究主要集中在设计和合成新型低敏含能材料上，用于火箭推进或军事应用。该领域的挑战是如何将高能量和低敏度以及环保融入一种推进剂或单个炸药分子中。最近，出现了一类新的称为"含能离子液体（EIL）"的材料，它由离子组成，例如富氮正离子和含能富燃料阴离子[61]。自 2005 年以来，已经研发出包含一个或多个-NO$_2$基、-N$_3$基或-CN 基的高能离子液体，并初步探索了将其应用于化学推进燃料或是烈性炸药的可能性。的确，含能离子液体的概念为开发新型离子类含能材料带来了机遇，也可以合理设定目标材料的特性和性能[62]。

含能离子液体的出现是离子液体化学和含能材料之间跨学科研究的成果。显然，将含能离子液体作为新型含能材料有诸多优点：①离子液体的传统设计理念让含能离子液体具有了独特的模块化特征，可更好地控制目标含能材料的物理、化学和能量特性；②含能离子液体极低的挥发性避免了使用中的挥发问题，因此降低了安全隐患和对环境的影响；③含能离子液体的低感度使储存、处理、运输和加工更安全便捷[63]。更重要的是，凭借含能离子液体概念，将离子液体的特性（如不易挥发、热稳定性高、低熔点）与推进剂或炸药的含能特性（如高能量密度、自燃性、高比冲等）结合在一起，可以带来多种新型含能材料，同时改善相关的安全和环境问题。从这个意义上来说，含能离子液体为新型含能材料提供了一个新的研发平台，特别是自燃液体推进剂和熔铸炸药。

根据不同的用途，含能离子液体可分为两类，即绿色推进剂和新型炸药。用作炸药时，含能离子液体主要设计为有前景的熔铸炸药，其功能是在熔铸炸药中代替 TNT[64]。众所周知，在化学推进的领域中，尽管联氨毒性大、挥发性强，但是其衍生物仍然广泛应用于单元液体推进剂和可储存双元推进系统中，尤其是应用在需要脉冲操作模式和多次重启的航天器控制推进系统中。人们对环境和安全问题越来越重视，研究人员一直致力于合成新型含能离子液体的绿色推进剂。与联氨类燃料相比，自燃含能离子液体推进剂燃料更具优势：挥发性低、装填密度高（如 0.9～1.2g·cm$^{-3}$）、热稳定性持续时间长（分解温高达 300℃）、点火时间短（低至 2ms）、比冲高（与偏二甲肼相比，在标准操作条件下，比冲可达 198s）等。2008 年以来，科研人员试验了多种含能离子液体，尝试用作自燃推进燃料。该领域中，来自美国爱德华空军基地的 S. Schneider 和 T. Hawkins 率先论证了将二氰化胺基的含能离子液体用作自燃燃料的可行性[65]。之后，来自爱达荷州大学（美国）的 J. M. Shreeve 也在开发新型自燃含能离子液体方面做了大量工作，尤其关注的是富油硼烷类含能离子液体[66]。一个典型的例子就是 N-烯丙基-N,N-二甲基肼二氰胺自燃离子液体，熔点小于-80℃、热分解温度为 189℃，密度为 0.93g·cm$^{-3}$，黏度为 35cP[①]，点火时间低至 4ms[67]。毫无疑问，含能离子液体的设计特点让实现一种理想的自燃燃料成为可能,含能离子液体的特性和性能可以根据任务设定，可与联氨燃料的特性相比,为未来的离子液体推进剂材料提供了一个独特的建设平台。原则上来说，含能离子液体类似联氨，可以用作单元推进剂或自燃燃料。图 1-6 所示的是自燃点火。

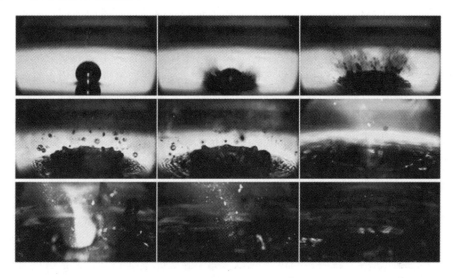

图 1-6　计算高能离子燃料液滴从喷射器注入白色发烟硝酸（WFNA）
的自燃点火延迟时间

　　本质上，化学推进是通过将化学反应的热能转化为燃烧产物的受控动能。因此，在实际应用中评估含能离子液体的性能时，其物理、工程、经济和燃烧特性都是非常重要的评价指标。这些重要因素包括其正常的液态操作范围、能量密度、黏度、点火时间、比冲、密度和成本等。具体来说，较广的液体操作范围，也就是熔点低、分解温度高，含能离子液体在实际应用中十分有利，尤其是考虑到其严苛的操作条件。特别是在很多情况下，推进剂的意外热分解可能会导致产物沉积（导致局部"热点"并烧毁），甚至引发意外爆炸。含能离子液体较高的热稳定性（分解温度一般高于 150℃）很好地解决了这个问题。此外，密度决定燃料箱的大小。因此，密度通常大于 0.9g·cm$^{-3}$（远大于偏二甲

① 1P=0.1Pa·s。

肼的 $0.793g \cdot cm^{-3}$）的含能离子液体可以带来更高的有效载荷，减少运载火箭的结构重量和空气阻力。点火延迟短、燃烧效率高能有效消除含能离子液体的沉积，沉积可能会导致局部过热和烧毁，同时避免发射过程中的意外爆炸。在燃料注入、加压、点火和燃烧时，较低的黏度对于含能离子液体的传质要求也十分有利，尽管多数含能离子液体的黏度（大于 20cP，25℃）会比联氨类燃料的黏度（0.51cP，25℃）要高。将含能离子液体作为火箭燃料更加经济，因为其原料更易获得，合成成本更低，对运输和储存的设备要求更低。在这一点上，含能离子液体的高合成成本和难以解决的提纯问题将会成为妨碍其大规模应用的最重要问题。

虽然在含能材料领域，含能离子液体的研究取得了重大进展，但仍有很多挑战有待攻克。一段时间以来，大多数研究一直在按照"试错"的方法进行，而深度研究含能离子液体的合理设计和合成技术仍未提上日程。未来的研究应集中在更加深入地了解这些有趣的含能离子液体材料，尤其要研究它的结构、特性和性能之间的关联，这对推动它在行业中的应用有重大意义。此外，应进一步综合利用多种理论和技术，如利用计算模拟实现结构筛选和性能预测。目前，对含能离子液体材料大规模储存、相容性和老化特性等问题的研究还很少。但是我们相信，将含能离子液体用作新型燃料仍有很大潜力待挖掘。正如在文献[68,69]中所述，含能离子液体代表了一个充满各种机遇的新技术领域。

## 1.6.5　化学推进中的催化剂

化学火箭推进剂的催化剂开发一直在沿着不同方向进行：

（1）用于新型含能材料的化学合成。使用固体催化剂的异相催化可以改善合成条件、减少反应步骤、避免形成副产品。合成过程中参数的新发展对于扩大未来生产十分必要。

（2）通过影响凝聚相时的热释放速率，控制固体推进剂燃烧率及其压力依赖性。将新型纳米级催化材料用作速率调节剂可提高弹道精度（参见文献[45]）。

（3）用于催化分解液态单元推进剂，或液态双元推进剂的混合剂的点火。压力下降减少，机械阻力和热阻增大，可以提高新发动机的性能。可以通过先进的催化床实现。

（4）用新型结构的催化剂载体，如蜂巢、泡沫或微机电系统（MEMS）取代传统的片粒状氧化铝。基底可以是基于陶瓷、金属或纳米级石墨烯/金属氧化物复合材料，如 $Fe_2O_3$/石墨烯和 $TiO_2$/石墨烯等。这种新型催化剂基底已经在分解各种单组元推进剂（肼、过氧化氢、氧化亚氮和离子液体推进剂）和冷氢-氧混合物的点火方面得到试验。根据应用的不同取得了不同的结果。

关于第二个话题，由于各国对固体火箭推进在军事应用上的巨大兴趣，固体火箭推进成为主要的关注点。过去几十年里，固体推进剂的主要发展目标就是提高能量含量和密度、降低感度，同时降低特征信号和对环境的影响。导弹和弹药用含能材料需要具有在广泛的燃速范围内可良好控制的特性并使压力指数保持较低值，可在基础固体推进剂配方中添加燃烧催化剂以更好满足以上需求。为此，开发出了多种燃烧推进剂，如金属氧化物、有机金属化合物、金属混合物、纳米级燃烧催化剂、含能催化剂和双金属催化剂等。由于特性独特，纳米级燃烧催化剂、含能催化剂和双金属催化剂在化学推进催化剂领域已经成为热门研究话题，引起了各国研究人员的关注。

例如，文献[70]介绍了非晶体纳米 $Fe_2O_3$ 催化下高氯酸铵的热分解，文献[71]介绍了纳米氧化钕催化下 NC/NG 和黑索金的热分解，不同纳米成分在同样的配方中的相互作用能带来很强的协同效应，所引发的催化反应比单一成分强。在这方面，对比了纳米 $CuO \cdot Cr_2O_3$ 复合物、纳米 $CuFe_2O_4$ 粉和纳米 $Bi_2O_3 \cdot SnO_2$ 对黑索金的热分解影响，结果显示纳米 $CuO \cdot Cr_2O_3$ 混合物的催化效果最佳[72]。文献[72,73]介绍了纳米氧化钛对奥克托今的热分解和燃烧的影响。

含能催化剂是包含金属原子和含能基团（硝基、叠氮基、偶氮基等）的化合物，分解时能够释放能量。在分子中获取这些基团能提高含金属材料的含能特性，通常能够使化合物燃烧[74]。含能催化剂的燃烧伴随着原子或分子形式的催化剂的形成，因此能够提高催化效率。AP 基推进剂的最佳燃烧催化剂是二茂铁衍生物，它的效率靠的是 AP 对二茂铁的快速氧化从而形成分子形式的 $Fe_2O_3$[75,76]。目前，已经合成并研究了用于支持燃烧或作为含能催化剂的大量金属化合物[77,78]。但是，应该注意，推进剂的燃烧提升不仅归功于催化剂的燃烧，还有燃烧面上的焰口效应的影响，这是由快速燃烧的添加剂颗粒的极快的分解或燃烧造成的[79]。

赵凤起等制备并试验了针对推进剂燃烧的新型含能复合催化剂[80]。结果发现2-羟基-3,5-二硝基吡啶铅盐（2HDNPPb）/2-羟基-3,5-二硝基吡啶铜盐（2HDNPCu）和 4-羟基-3,5-二硝基吡啶铅盐（4HDNPPb）/2HDNPCu 复合催化剂的催化效果更好，能够明显降低 RDX-CMDB 推进剂的压力指数。与单一含能铅盐或铜盐相比，羟基吡啶铅盐和铜盐的混合物在催化剂含量相同的条件下能够提高催化效率。

3-硝基-1,2,4-三唑-5-酮（NTO）是一种低感高能炸药，NTO 的金属盐被认为是有潜力的 AP/HTPB 基和 AN/HTPB 基的含能固体推进剂弹道调节剂。来自印度普那高能材料研究实验室（HEMRL）的 Singh 等介绍了一些 NTO 过渡金属盐的制备、表征和热分解[81]。结果显示 NTO、$Cu(NTO)_2$ 和 $Fe(NTO)_3$ 增强了 AP/HTPB 基固体推进剂的燃速稳定性，在同样的金属含量下，表现优于 CuO 和 $Fe_2O_3$。NTO 和 NTO 盐的活性在改性推进剂凝相热分解过程中也很明显。

Singh[82]进一步系统分析表明,在各自的化合物中,金属离子能催化 NTO 部分的氧化过程,其中 Cr 在试验的金属中催化作用最好。铁和铬化合物是有效的氧化催化剂,它们的 NTO 盐对撞击和摩擦的感度非常低。因此,这些盐是十分有前景的高能固体推进剂弹道调节剂。

关于第四个话题,石墨烯是一种特殊的只有一层原子厚度的碳。近年来,由于自身的特性(如导电、光学、催化和机械等特性)[83, 84],石墨烯引起了广泛的重视。近来,石墨烯片已成功用于基底,帮助稳定和分散纳米级颗粒($Fe_3O_4$、$TiO_2$、$Fe_2O_3$、CdS、CdSe、$Co_3O_4$ 等)。在稳定纳米颗粒的同时,这种分散还有助于提高催化活性。研究发现,石墨烯/氧化铁纳米复合材料(GINC)在 AP 热分解中有着出色的催化活性,大幅提高了相关推进剂的燃速。可以预见,其他金属/石墨烯纳米复合材料和石墨烯基金属/金属氧化物可用于 AP 和 AP 基复合推进剂的催化剂。

过去 40 年里,俄罗斯科学院西伯利亚分院博列斯科夫催化研究所在流化床燃料的催化燃烧方面取得了更多研究成果,详见文献[85,86]。与其他类型的燃烧相比,催化燃烧的一个特别之处是在固体催化剂表面燃料的氧化占主要优势,而不管是否有明火。表明在催化剂表面出现燃料成分和表面氧的化学反应,接着气相氧还原减少的表面。在整个氧化过程中,催化活性主要取决于表面氧的成键能量。与传统的燃料燃烧方式相比,催化剂的加入能够降低对结构材料热化学特性的严苛要求、减少室壁的热损失、简化流程控制、消除能形成有毒物质的二次吸热过程。另外,使用催化剂还可降低爆炸危险,提高整个流程的能量密度。最后,加入催化剂还可大幅减少结构大小和金属消耗,降低热氧化物(空气中含有的氮气造成)和燃料氧化物(含氮的燃料成分造成)的氮氧化物的浓度。

## 1.6.6　高性能/低成本固体火箭发动机

固体火箭推进可以使用低成本的设备,但缺点是与液体火箭推进的比冲相比性能低、对环境的影响大。美国和德国(Lo,TU 柏林)的研究表明,氢气和氧气的冷冻混合物可作为平行平面的传统固体药柱,这样可以结合低温推进剂的高性能和固体推进剂的低成本优势。

作为中间环节,也是更加现实的一步,要继续在制冷领域进行研究。在一定的温度范围内工作可让固体推进中的传统硬件经过少许适应改进(如复合材料壳体、活性密封)便得以使用。在环境温度到-10℃的初始温度间,目前的技术无需改变可直接应用。现在已经有解决方案并用过氧化氢作为氧化剂和比常规固体提供更高比冲的铝或氢化铝对其进行过试验。详见法国国家火药和炸药公司(SNPE,现为 Safran Herakles)[87]和美国探空火箭 ALICE 的相关研究[88]。

## 1.6.7　太空商业化

上述技术有多种应用，不过，可能会首先应用于新型太空商业化运载火箭。随着美国航天飞机退役，太空探索又有了新的发展方向。一直以来，美国国家航空航天局主要关注机器人和人类探索行星任务，同时也开始培养商业公司将更多近地轨道的货物和人员送往国际空间站。实际上，太空商业化已经经历了较长时间的发展，大约有几十年的历史，但太空服务（如用于电信、地球观测、气象预报、导航等的系统）的发展却很有限。仅在近些年才找到更安全的途径以更低的成本前往太空，而这是实现太空商业化的关键因素。美国的太空探索技术公司（SpaceX）、轨道科学公司（Orbital）和波音公司（Boeing）以及一些初创公司都正在制造或研发将货物、航天员，或同时将两者送往国际空间站的航天器。此外，其他公司正在计划微重力环境下的短途太空旅行，如维珍银河公司（Virgin Galactic）（一家英美合资企业）。所有这些应用都受益于更先进的化学推进：改进的高比冲（$I_s$）推进剂可用于太空旅行，更高密度的推进剂可用于一级火箭推进。现在，在许多国家，商业化的火箭发射公司和发射场不断涌现，只有在保证化学推进剂安全可靠、性能高效的前提下，一切才有意义。

## 1.6.8　含能材料的寿命管理

谈及管理含有各种形式的含能材料的储存系统时，通常会用到寿命管理这一术语。在过去 10 年中，这个话题越来越普遍，也成为了研发和运用含能系统时主要考虑的问题。

这个话题涉及多方面内容，很多都在第 6 章中有所介绍，因为寿命管理并没有我们想得那么简单。这个话题的关键都涵盖在"寿命"一词中，它必须涉及系统的方方面面，从最初的制造到最终的处置。其范围之广，还涵盖了储存或使用时系统的维护，但不能只限于定期检查。科学家和监管机构也越来越清晰地认识到这一点。在某些情况下，这种认识是对立法的回应，而立法又由事件驱动。

应该注意的是，要想做好寿命管理，就需要一个可靠并易于理解的基准线。因此，原料生产的可持续进程以及推进剂的正确表征成为有效寿命管理（质量控制）的重要前提。如果不进行此步骤，可能会带来很多危险的不确定性。

### 第 6 章的全部论文

第 6 章共包含 2 篇论文，分别是沈瑞琪等人和 Boln 等人撰写，介绍了一些新概念化学推进和含能材料 ADV 的寿命管理。沈瑞琪等在文中指出新型化学推进剂的新方向：利用外部激光束撞击提高性能。图 1-7 定性描述了中国"嫦娥探月"任务。Bohn 等举了一个例子，说明有多个研究机构都在开发新型 ADV 基推进剂，他们在文中介绍了针对弹性胶黏剂损失率的新型建模技术，以协助含能材料 ADV 的寿命管理，该方法已取得广泛应用。

图 1-7　（2004—2020）："嫦娥" 1 号，2007 年 10 月 24 日；"嫦娥" 2 号，2010 年 10 月 1 日；"嫦娥" 3 号，2013 年 12 月 2 到 14 日；"嫦娥" 4 号，待发射（来源：CNSA）

图 1-8　2011 年 5 月 5 日联合运载火箭（Soyuz）2 火箭携带 Meridian 卫星从普列谢茨克航天发射场发射后在叶卡捷琳堡观察到的光学现象。照片拍摄于黄昏，可以看到气体尘埃云的结构，前部似冲击波，尾部像发动机羽流（http://my.mail.ru/bk/vesti.ru/video/society/50252.html）

# 1.7 　 火箭系统推进

## 1.7.1 　 运载火箭推进

运载火箭最初可以追溯到德国的 V2 火箭，当时除了使用液氧/液氢和固体火箭助推器，运载火箭的推进再无其他解决方案，针对这种导弹需要一种具有即时准备和按需启动特性的推进技术。目前，设计新一代运载火箭有至少两个原因：

（1）要不断提高进入太空的成本效益，包括：降低对环境的影响；使用无毒的推进剂；提高可靠度，避免发射过程中出现灾难性故障；在给定的发射质量前提下，提高进入轨道的有效载荷。

从所有正在服役的运载火箭来看，最小的运载火箭在推进阶段使用的是固体推进技术（如图 1-9 所示的雅典娜运载火箭和"织女星"号运载火箭），较大型的发射器主要使用液体推进，有的携带固体助推器，有的不携带，初始的固体阶段有的持续时间不是很长。对于更为大型的发射器，推进剂使用液氧/液氢目前较为普遍。

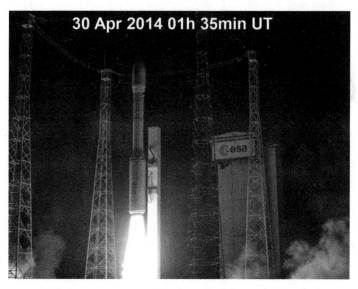

图 1-9 　 2014 年 3 月 30 日第三次发射"织女星"（Vega）（来源：ESA）

（2）灾难性故障的后果。即便已经设计出运载火箭，试验结果也良好，发射时仍可能碰到不可预见的故障。通过历史研究法可以看到，失败通常出现在新运载火箭的前几次发射，但在 2013 年 7 月 2 日，一个经过 360 次飞行的"质子号"火箭升空不久发生爆炸。虽然这次发射失败不是推进故障造成的，爆炸地点也不在发射台附近，没有造成直接伤亡，但运载火箭被毁，向周边空气中释放液体推进剂。例如，"阿丽亚娜" 4 运载火箭（ARIANE 4）第 36 次发射失败，火箭在空中爆炸，造成具有毒性和潜在爆炸性的 3-硝基-1, 2, 4-三唑-5 酮（NTO）、偏二甲肼（UDMH）和氢气扩散。但由于事先有预测分析，并定义了一条安全走廊，为库鲁市居民避免了爆炸带来的风险。关键是要禁止未来使用 NTO 和 UDMH 推进剂。另外，肼类化合物有潜在致癌作用（NIOSH REL C（上限值）肼类不可超过约 0.03ppm，UDMH 不可超过约 0.06ppm），吸入毒性强的 NTO 蒸气会造成肺水肿（NIOSH REL，$NO_2$ 短时间接触量不可超过 1ppm），但规定还很不严格。使用 NTO/UH25（75% UDMH + 25% $N_2H_4$）的"阿丽亚娜" 4 系列运载火箭已不再服役，取而代之的是使用固体助推器和低温芯级的"阿丽亚娜" 5 型火箭。从库鲁航天发射场发射的联合运载火箭使用的是液氧/煤油。

至今仍有一些运载火箭系列正在使用这些可储存推进剂，如"质子号"系列火箭、"长征" 2 号和 3 号火箭，虽然有些项目正在研究更方便使用的推进剂来取代它们，可能仅有印度会在未来 10 年在主要阶段的推进仍使用具有毒性的推进剂。

开发新一代运载火箭推进技术需要巨额投资（从人力和财力两方面），因此在短期内，推进系统仍会在助推阶段使用现成的技术：

（1）液氧/煤油或液氧/液氢。

（2）固体推进剂：HTPB 胶黏剂、AP 和铝，表现最佳，相容性最好，能够满足安全、燃速和成本效益方面的要求。

在一次性使用的运载火箭液体推进领域，一大趋势是新的发射器采用俄罗斯液氧/煤油分级燃烧技术（如"宇宙神"系列运载火箭（Atlas V）、"长征"系列运载火箭、韩国型运载火箭（KSLV）、"安加拉"火箭（Angara）），以及用甲烷或 LNG 取代煤油开发新型发动机（如 RD-192），因为所有系统研究都表明这样的改变能提高性能。针对可重复使用的火箭，目前正在开发几种带燃气发生器循环的煤油/液氧动力发动机（欧洲和日本），这种燃气发生器循环更适用于飞机。

针对用于最后阶段轨道和离轨机动的一次性发射器末助推级（PBV，又称弹头母舱），正在寻找毒性较低的可能推进剂方案来取代肼和 MMH/NTO 组合。例如，单元推进剂，ADN 或 HAN 基的离子液体，HTP（高浓度过氧化氢）基新型二元推进剂或一氧化二氮混合物。

在固体推进领域研究的重点是能够提供更高比冲、对环境影响较小的新型含能材料，挑战是找到一种比 AP 更强的氧化剂，并且找到一种满足安全性（1.3 级）要求、燃速可控、成本较低的与 HTPB 进行组合的推进剂。

## 1.7.2　固体火箭发动机（SRM）系统

研究工作还在系统层面上继续进行，提高用于太空、战略和战术推进的固体发动机性能。固体发动机技术已经经历了 70 多年的发展，目前已经非常成熟。发动机金属壳体提供已知性能，研究正在取得新的进展，也找到以聚合物基石墨纤维为基础的高比强复合材料。美国在固体发动机方面有资金支持的研究工作很少。衬层和绝缘技术的发展相近，但想在一些应用中取消石棉基绝缘体的使用的研究工作仍在继续。石棉已在多数欧洲国家不再使用，优先的替代方法是在很多应用中使用充满微粒的三元乙丙橡胶（EPDM）。另外一个不断受到重视的领域是发动机在一般处理和老化过程中的安全性和检查方面的问题，无损评价技术也正在发展中。

很多目前的发动机系统使用碳/酚醛材料和碳/碳复合材料，相应的喷管技术也较为成熟。在喷管喉部使用针栓来控制发动机流量和推力水平，使得固体发动机成为一个可调系统，该技术在未来可能有更广泛的应用，至少在中小型固体火箭发动机中有应用前景。大型固体火箭发动机不太需要针栓技术，因为通过合理设计固体药柱几何形状即可，这个级别的发动机的推进任务针对每个系统一般是固定的。但是针栓对行星着陆可能有用，因为那时推力必须减小，但不能停止（不停地释放负荷）。

对新型固体推进剂配方来说，弹道学家预测第一次点火试验表现时，需要预测喷管腐蚀速度和推进剂药柱的未知行为，这是一大挑战。陶瓷涂层技术在改善喷管性能上可能会发挥作用。固体推进也用于很多燃气发生器应用中，热气阀性能不断提高，可以实现根据需要来控制推力矢量或气体路径。

美国近年来在固体发动机方面的研究主要是 NASA 正在开发的新的空间发射系统（SLS）。近年来，ATK 已经对给 SLS 系统提供一级推力的 5 节固体火箭助推器进行了演示和点火。与发射逃逸系统（LAS）相关的 3 个发动机的研发工作也正在进行中[89]。发射逃逸系统使用固体推进，用于抛射、姿态控制和逃逸。逃逸和抛射发动机属于固体推进的非常规应用，因为发动机要置于乘员舱上方，有效地把运载火箭从下方的助推器拉开。这些发动机都使用由一个燃烧室供能的 4 个独立喷管，均匀分配燃烧气体并保持过程中燃烧稳定是两大挑战。发射失败时要求快速将乘员舱从助推器分离，逃逸发动机是一个大推力系统，能产生超过 400000 磅推力（1.8MN）[90]。姿态控制系统使用燃气发生器和 8 个成比例的热气阀，提供高达 7000 磅推力（30kN）的控制力。

在欧洲，研究的重点是提高对高性能固体火箭助推器技术的掌握程度（和工业化），这种助推器用于大型发射器（石墨复合壳体、EPDM 绝缘材料、Flex Seal 液体橡胶、碳/碳编织的小型整体的喉衬和入口段（I.T.E）、HTPB 推进剂、翼柱型药柱）。

## 1.8　含能材料的应用

含能材料（EM）在推动许多国家的经济发展方面都起到了关键作用。没有含能材料，包括太空探索的很多工程项目都无法实施。但是，公众常把含能材料看成恶魔，因为它们能造成破坏。含能材料的应用使挖掘地下深处的丰富矿藏，如不同种类的煤和矿石变得可能。在土木工程领域，含能材料在拆除和爆破的应用中十分常见。控制河流路径、移除大山或其他阻碍施工建筑作业的物体时，也常用到含能材料。它还在石油勘探时用于油井爆破装药，使用燃气发生器时甚至可以从废油井中挖出石油。含能材料还广泛应用于灭火材料中。在农业上，这些材料还可以帮助移除巨石以便于植树等。

在外科手术领域，含能材料可用于移除肾结石，药品中使用硝化甘油（NG）和季戊四醇四硝酸酯（PETN）用于控制心绞痛也很常见。含能材料还用于压实超导粉末。废弃的含能材料可用于制备高海拔燃料，高海拔意味着空气密度低，而含能材料不需要大气空气来进行完全燃烧。在民用和军用领域，含能材料还可用于飞行器上的弹射座椅和将处于危险中的飞行员弹射出去的舱盖微爆索破裂系统（CSS）。航天运载器的级间分离是通过以含能材料为基础的柔性线型聚能装药（FLSC）实现的。不久的将来，爆炸驱动发电机将成为现实，市场上也会找到以这种发动机为基础的几种装置。

太空探索使用了各种推进剂，尤其是固体、液体和固液混合推进剂。在固液混合推进剂中，燃料一般是固体，氧化剂是液体。在不久的将来，许多太空推进装置都会使用膏体推进剂。具有热稳定性的炸药如三氨基三硝基苯（TATB）和六硝基芪（HNS）可用于对热稳定性要求高（大于 300℃）的应用。

金属成型是为了提高金属的机械特性或焊接不同金属，在这样的工业应用中也常用到含能材料。由于这些工艺，使用外层带有厚钢板、内部为薄金属板的复合板就可以不再那么昂贵。如今，可以通过快速压缩、加热和冷却来使钢硬化，通过使用含能材料可使金属成型为特定形状。利用冲击波造成的高压、高温可将石墨转化为小的金刚石晶体，从而制造出工业金刚石。由于这种金刚石在研磨材料中应用越来越广，该技术的应用正在增多。俄罗斯已经掌握了通过使用含能材料中的能量将石墨转化为人工金刚石的技术。可以看到，含能材料在民用和军事领域用途非常多，也在不断向我们证明它们对人类社会有益，绝非大家认为的恶魔。

# 1.9　俄罗斯固体火箭推进技术发展调查

固体推进剂火箭已经达到了一个重要并且在多方面都很有效的发展阶段。俄罗斯第一个固体火箭出现于 1928 年，当时在列宁格勒市附近的试验场展示了火箭增程弹（RAP）与一般的同质炮弹相比的优越性[91,92]。这种火箭增程弹的发动机使用的是第一个在火箭发动机应用较广的固体推进剂（基于硝化纤维 NC）。这种硝化纤维-三硝基甲苯推进剂由开依洛夫斯科伊炮兵学院（列宁格勒）的教授 S.A. Brouns 在 1925 年发明（1863—1933）。该推进剂含有 76% 的硝化纤维（一种高度易燃的硝化纤维混合物），23.5% 的三硝基甲苯（非挥发性溶剂）和 0.5% 的中定剂（稳定剂）。

1933 年，这种推进剂被能量更加有效的双基推进剂 N 取代，新配方也由 S.A. Brouns 发明，他的学生 A.S. Bakayev 又进一步把他的想法发展为一个可行的系统。于是，首批航空火箭弹 RS-82 和 RS-132（1937）和地面火箭弹 M8 和 M13 应用于 Salvo 点火系统（1941），其中使用的是推进剂 N（硝化棉 57%、硝化甘油 28%、二硝基甲苯 11%、中定剂 3%、凡士林 1%）。所有上述火箭弹都是无制导火箭弹。

在最初发展阶段，技术输出参数水平相对较低。火箭质量优化系数（火箭惰性质量与推进剂质量比）是 2，发动机体积载荷系数不到 0.7，推进剂在标准条件下（燃烧室压强为 4MPa，喷嘴出口压力为 0.1MPa）的比冲为 202s，这些就是苏联在第二次世界大战中所使用的导弹的技术性能。

第二次世界大战后，固体推进剂火箭继续发展[45]，在 20 世纪 60 年代中期，固体复合推进剂也取得了一定发展。当时理论研究已经让研究人员了解到凝相阶段的化学反应、高氯酸铵（AP）基推进剂组分的部分蒸发和颗粒粒度分布等的重要作用。

20 世纪下半叶，经过大量科学研究以及设计和技术工作，推进剂领域已经取得重大进展：

（1）开发出了各类型固体推进剂导弹的制导系统；

（2）质量优化系数值降低到了 0.08 以下；

（3）发动机体积载荷超过 0.93；

（4）固体推进剂在标准条件下的比冲超过 250s。

目前，固体火箭开发研究人员关注的是如何提高推进剂能量，使比冲损失降至最低。造成比冲损失的原因是铝颗粒燃烧后在燃烧产物中有凝结颗粒。在推进剂配方中添加铝是为了提高其能量特性。研究人员的任务就是引导凝结颗粒在发动机自由体积中的移动以尽量减少小颗粒的凝结和残渣的形成，除此之外，还要通过设计推进剂配方来尽可能减少燃烧面上大团聚体的形成。燃烧面上金属粘结团的密度取决于表面液体-黏性产物反应区的特性。

设计新型推进剂配方的另一个研究方向是推进剂中添加有活性（含能）的含氧胶黏剂。这种情况下，胶黏剂不仅需要含有非均质推进剂成分（所需质量比为0.10～0.12），还要能有效提高固体推进剂的比冲。像以往一样，难点在于燃速调节剂的选择，用它来控制燃烧规律，能够提高或降低燃速以使压力指数保持在 0.3 以下。

但问题不止这些。就像放烟花时，烟花设计者希望它在可见限度内燃烧期间展示其初始结构状态下出其不意的色彩。对于一般的火箭而言，它们的性能需要满足各种各样的要求和规格。因此，每当有新的组分加入到新配方中时就需要开展大量研究工作。目前，基础研究和发展研究都在积极进行中，本书中的一些论文对此进行了清晰的介绍。

## 1.10 火箭和冲压发动机用膏体推进剂

NASA 在 20 世纪 80 年代末首先开始对膏体推进剂进行研究，主要负责人是 Bryan Palaszewski，主要研究机构是 TRW 和 Aerojet。研究人员确定膏体推进剂为非牛顿流体，并对其雾化特性进行了研究。当时由于推进学界缺乏必要的相关基础知识来解释这类推进剂的复杂问题，因此对膏体推进剂的了解非常少。但研究表明膏体推进剂能提供更好的安全性，也有其自身的性能优势，从而得到了广泛的研究关注。

膏体是指通过添加胶凝剂后流体性质可以发生改变的液体，无外力时，它是固体，在工作时它可以雾化，像液体一样燃烧。这种半固体特性意味着更好的安全性，因为出现事故时，如果发生泄漏，它的泄漏率有限。由于存在屈服应力，金属颗粒在散布时几乎不会出现沉积，能够提高推进剂含能潜力和能量密度。

20 世纪 90 年代中期和 21 世纪初，Natan 在以色列理工学院带领团队开展了基础研究，确定了膏体推进剂的科学三角图的 3 条边，即流变、雾化和燃烧，他们的研究涵盖了所有这些领域，首次为解释相关问题提供了深刻的见解。经证明，胶液的流变特性对工质在管道和推助器、雾化和燃烧过程中的流动起着至关重要的作用。研发出的新型推进器可以降低注料压力、达到较好的雾化效果。还通过使用有机和无机胶凝剂研究了凝胶燃料液滴的燃烧情况，也从试验和理论角度对凝胶燃料的燃烧机理进行了研究，揭示了一些新的现象。

在 1999 年 3 月，TRW（美国）首次成功试射了一枚 TOW 导弹，导弹使用碳负载甲基肼（MMH）凝胶和抑制红烟硝酸（IRFNA）凝胶。此次试验非常重要，证明了膏体推进的概念。

德国航空太空中心（DLR）与以色列理工学院的合作始于 2000 年，为取得进一步科学成就开辟了道路。由 Roland Pein（直到退休）和 Helmut Ciezki 领导的 DLR 团队掌握了在流变特性、喷气速度、Reynolds 数和 Weber 数基础上的雾化特性（片、带、线和液滴的形成），还研究了使用各种胶凝剂的膏体推进剂的流变特性。

在以色列 Rafael 公司，Shai Rahimi 和 Arie Peretz 主导的研究在联氨基膏体推进剂的制备和表征方面做出了贡献。

在印度，几名研究人员（Varma、Mishra 和 Varghese 等）研究了特定膏体推进剂的流变性与合成，在膏体推进剂的各种特性方面提供了重要信息。

德国弗朗霍夫化工研究所的 Ulrich Teipel、Volke Weiser 等在用凝胶硝基甲烷作为单组元推进剂方面取得了重大进展。另外，Karl Naumann 在报告中称在2009 年 Bayern Chemie 成功发射了一枚膏体单组元推进剂火箭。

2008 年，在美国，美国国防部跨学科大学研究计划（MURI）把两个奖项颁发给了在膏体方面进行基础研究的两所顶尖大学。在普渡大学，Stephen Heister 联合来自几个学科的科学家，如 William Anderson、Steve Son、Timothee Pourpoint、Osvaldo Campanella 和 Paul Sojka 带领团队在所有膏体推进剂相关领域进行了重要研究，为膏体推进剂的发展带来了重要影响。宾夕法尼亚州立大学的 Richard Yetter 研究了凝胶燃料的雾化特性。

中国近年来也开始对膏体推进剂进行研究。

以色列提出了含有催化剂/活性颗粒和过氧化氢的煤油凝胶的自燃点火的想法，这些组分都是无毒的，凝胶作用使颗粒悬浮，从而实现自燃点火，可取代联氨用于太空应用。

德国和以色列研究了含金属的凝胶燃料冲压发动机，煤油凝胶能使金属颗粒悬浮，如硼，在一定条件下，金属能够在发动机内有效燃烧。对带有固体火箭助推器的此类发动机性能的理论评估表明，1500kg（总重）的空面导弹可在 20min 内达到 1000km 的射程，比冲为 2000s。

未来会如何呢？

膏体推进技术还未成熟，仍需要更多的研究，但已出现示范者。有几个国家会使用火箭用过氧化氢凝胶化，以提高安全性并利用其自燃优势。但欧洲正尽力避免使用过氧化氢。单组元膏体推进剂也会得到使用，很可能在不久的将来我们会看到无毒、自燃的膏体推进剂。使用硼的凝胶燃料冲压发动机似乎也很有前景。

在太空探索方面，实验室主要试验的是膏体低温推进剂，但还未应用于具有代表性的太空环境中。低温液体的管理，包括蒸发及其在含有胶凝剂的燃料中的移动是亟待解决的问题。可储存的 NTO /MMH/铝、液氧/RP-1/铝和低温液氧/液氢/铝推进剂是目前的主要研究对象。使含铝颗粒的低温燃料凝胶化显然是个挑战，必须对大型（推力高达 5000N）RP-1/Al 和氢气/Al 发动机及其组分进行试验。

最后，膏体推进会在固体、液体和固液混合推进中找到自己的位置。

**致谢**

本书的完成除了感谢撰写论文的作者外，我们几位编辑还要向 D. Lempert 博士、A. Pivkina 博士和 R. Tunnell 博士表达衷心的谢意，感谢他们为本章的编写提供的大力支持和宝贵建议。

# 参 考 文 献

1. DeLuca L T, Shimada T, Sinditskii V P, Calabro M, Manzara A P (2016) An introduction to energetic materials for propulsion. In: DeLuca L T, Shimada T, Sinditskii V P, Calabro M (eds) Chemical rocket propulsion: A comprehensive survey of energetic materials. Springer, Cham.

2. Kettner M A, Klapotke T M (2016) Synthesis of new oxidizers for potential use in chemical rocket propulsion. In: DeLuca L T, Shimada T, Sinditskii V P, Calabro M (eds) Chemical rocket propulsion: A comprehensive survey of energetic materials. Springer, Cham.

3. Sinditskii V P, Egorshev V Y, Rudakov G F, Filatov S A, Burzhava A V (2016) High‐nitrogen energetic materials of 1,2,4,5‐tetrazine family: thermal and combustion behaviors. In: DeLuca L T, Shimada T, Sinditskii V P, Calabro M (eds) Chemical rocket propulsion: A comprehensive survey of energetic materials. Springer, Cham.

4. Singh H (2016), Survey of new energetic and eco‐friendly materials for propulsion of space vehicles. In: DeLuca L T, Shimada T, Sinditskii V P, Calabro M (eds) Chemical rocket propulsion: A comprehensive survey of energetic materials. Springer, Cham.

5. Karabeyo̊glu A (2016) Performance additives for hybrid rocket engines. In: DeLuca L T, Shimada T, Sinditskii V P, Calabro M (eds) Chemical rocket propulsion: A comprehens-ivesurvey of energetic materials. Springer, Cham.

6. Xuezhong Fan, Fuqiang Bi, Min Zhang, Jizhen Li, Weiqiang Pang, Bozhou Wang, ZhongxueGe (2016) Introducing tetrazole salts as energetic ingredients for rocket propulsion. In: DeLucaL T, Shimada T, Sinditskii V P, Calabro M (eds) Chemical rocket propulsion: A comprehensivesurvey of energetic materials. Springer, Cham.

7. Lianjie Zhai, Bozhou Wang, Xuezhong Fan, Fuqiang Bi, Jizhen Li, Weiqiang Pang (2016). Synthesis and characterization of 3,4‐bis(3‐fluorodinitromethylfurazan-4-oxy)furazan. In:

DeLuca L T, Shimada T, Sinditskii V P, Calabro M (eds) Chemical rocket propulsion: A comprehensive survey of energetic materials. Springer, Cham.

8. DeLuca L T, Maggi F, Dossi S, Fassina M, Paravan C, Sossi A (2016) Prospects of aluminum modifications as energetic fuels in chemical rocket propulsion. In: DeLuca L T, Shimada T, Sinditskii V P, Calabro M (eds) Chemical rocket propulsion: A comprehensive survey of energetic materials. Springer, Cham.

9. Vorozhtsov A B, Zhukov A, Ziatdinov M, Bondarchuk S, Lerner M, Rodkevich N (2016) Novel micro- and nano-fuels: production, characterization, and applications for HEMs. In: DeLuca LT, Shimada T, Sinditskii V P, Calabro M (eds) Chemical rocket propulsion: A comprehensive survey of energetic materials. Springer, Cham.

10. Weiser V, Gettwert V, Franzin A, DeLuca L T et al. (2016) Combustion behavior of aluminum particles in ADN/GAP composite propellants. In: DeLuca L T, Shimada T, Sinditskii V P, Calabro M (eds) Chemical rocket propulsion: A comprehensive survey of energetic materials. Springer, Cham.

11. Fengqi Zhao, Ergang Yao, Siyu Xu, Xin Li, Huixiang Xu, Haixia Hao (2016) Laser ignition of aluminum nanopowders for solid rocket propulsion. In: DeLuca L T, Shimada T, Sinditskii V P, Calabro M (eds) Chemical rocket propulsion: A comprehensive survey of energetic materials. Springer, Cham.

12. Gafni G, Kuznetsov A, Natan B (2016) Experimental investigation of an aluminized gel fuel ramjet combustor. In: DeLuca L T, Shimada T, Sinditskii V P, Calabro M (eds) Chemical rocket propulsion: A comprehensive survey of energetic materials. Springer, Cham.

13. Babuk V A (2016) Propellant formulation factors and properties of the condensed combustion products. In: DeLuca L T, Shimada T, Sinditskii V P, Calabro M (eds) Chemical rocket propulsion: A comprehensive survey of energetic materials. Springer, Cham.

14. Jiangfeng Pei, Fengqi Zhao, Ying Wang, Siyu Xu, Xiuduo Song, Xueli Chen (2016) Energy and combustion characteristics of composite propellants based on BAMO-GAP copolymer. In: DeLuca L T, Shimada T, Sinditskii V P, Calabro M (eds) Chemical rocket propulsion: A comprehensive survey of energetic materials. Springer, Cham.

15. Pivkina A, Muravyev N, Monogarov K, Ostrovsky V, Fomenkov I, Milyokhin Yu M, Shishov N I (2016) Synergistic effect of ammonium perchlorate on HMX thermal stability and combustion behavior of compositions with active binder. In: DeLuca L T, Shimada T, Sinditskii V P, Calabro M (eds) Chemical rocket propulsion: A comprehensive survey of energetic materials. Springer, Cham.

16. Rashkovskiy S A, Milyokhin Yu M, Fedorychev A V (2016) Combustion of solid propellants

with energetic binders. In: DeLuca L T, Shimada T, Sinditskii V P, Calabro M (eds) Chemical rocket propulsion: A comprehensive survey of energetic materials. Springer, Cham.

17. Weiqiang Pang, DeLuca LT, Huixiang Xu, Xuezhong Fan, Fengqi Zhao, Wuxi Xie (2016) Effects of dual oxidizers on composite solid propellant burning. In: DeLuca L T, Shimada T, Sinditskii V P, Calabro M (eds) Chemical rocket propulsion: A comprehensive survey of energetic materials. Springer, Cham.

18. Haeseler D, Haidn O J (2016) Russian technologies in liquid rocket engines. In: DeLuca L T, Shimada T, Sinditskii V P, Calabro M (eds) Chemical rocket propulsion: A comprehensive survey of energetic materials. Springer, Cham.

19. Asakawa H, Nanri H, Aoki K, Kubota I, Mori H, Ishikawa Y, Kimoto K, Ishihara S, Ishizaki S (2016) The status of the research and development of LNG rocket engines in Japan. In: DeLuca L T, Shimada T, Sinditskii V P, Calabro M (eds) Chemical rocket propulsion: A comprehensive survey of energetic materials. Springer, Cham.

20. Fujii L G, Hatai K, Masuoka T, Nagata T, Masuda I, Kagawa H, Ikeda H (2016) Research and development activities on JAXA's spacecraft propulsion. In: DeLuca L T, Shimada T, Sinditskii V P, Calabro M (eds) Chemical rocket propulsion: A comprehensive survey of energetic materials. Springer, Cham.

21. Varma M (2016) High shear rheometry of UDMH gel. In: DeLuca L T, Shimada T, Sinditskii V P, Calabro M (eds) Chemical rocket propulsion: A comprehensive survey of energetic materials. Springer, Cham.

22. Shimada T, Yuasa S, Nagata H, Aso S, Nakagawa I, Sawada K, Hori K, Kanazaki M, Chiba K, Sakurai T, Morita T, Kitagawa K, Wada Y, Nakata D, Motoe M, Funami Y, Ozawa K, Usuki T (2016) Hybrid propulsion technology development in Japan for economic space launch. In: DeLuca L T, Shimada T, Sinditskii V P, Calabro M (eds) Chemical rocket propulsion: A comprehensive survey of energetic materials. Springer, Cham.

23. Kyung-Su Park, Yang Na, Changjin Lee (2016) Internal flow characteristics and low frequency stability in hybrid rocket combustion. In: DeLuca L T, Shimada T, Sinditskii V P, Calabro M (eds) Chemical rocket propulsion: A comprehensive survey of energetic materials. Springer, Cham.

24. Songqi Hu, GuanjieWu, Noor Fatima Rashid (2016) Performance analysis of paraffin fuels for hybrid rocket engines. In: DeLuca LT, Shimada T, Sinditskii V P, Calabro M (eds) Chemical rocket propulsion: A comprehensive survey of energetic materials. Springer, Cham.

25. Galfetti L, Boiocchi M, Paravan C, Toson E, Sossi A, Maggi F, Colombo G, DeLuca L T (2016) Paraffin blends and energetic additives for regression rate enhancement in hybrid

rocket propulsion. In: DeLuca L T, Shimada T, Sinditskii V P, Calabro M (eds) Chemical rocket propulsion: A comprehensive survey of energetic materials. Springer, Cham.

26. Palaszewski B A, Meyer M, Johnson L, Goebel D, White H, Coote D (2016) NASA in-space propulsion systems roadmap. In: DeLuca L T, Shimada T, Sinditskii V P, Calabro M (eds) Chemical rocket propulsion: A comprehensive survey of energetic materials. Springer, Cham.

27. Zare A, Harriman T, Lucca D A, Roncalli S, Kosowski B M, Paravan C, DeLuca L T (2016) Mapping of aluminum particle dispersion in solid fuel formulations. In: DeLuca L T, Shimada T, Sinditskii V P, Calabro M (eds) Chemical rocket propulsion: A comprehensive survey of energetic materials. Springer, Cham.

28. Ruiqi Shen, Lizhi Wu, Zhao Qin (2016) New concept of laser-chemical hybrid propulsion. In: DeLuca L T, Shimada T, Sinditskii V P, Calabro M (eds) Chemical rocket propulsion: A comprehensive survey of energetic materials. Springer, Cham.

29. Simakova I L, Parmon V N (2016) New catalytic aspects in the synthesis of a promising energetic material. In: DeLuca L T, Shimada T, Sinditskii V P, Calabro M(eds) Chemical rocket propulsion: A comprehensive survey of energetic materials. Springer, Cham.

30. Cumming A S (2016) Environmental aspects of energetic materials use and disposal. In: DeLuca L T, Shimada T, Sinditskii V P, Calabro M (eds) Chemical rocket propulsion: A comprehensive survey of energetic materials. Springer, Cham.

31. Tunnell R (2016) Overview and appraisal of analytical techniques for ageing of solid rocket propellants. In: DeLuca L T, Shimada T, Sinditskii V P, Calabro M (eds) Chemical rocket propulsion: A comprehensive survey of energetic materials. Springer, Cham.

32. Bohn M A, Cerri S (2016) Ageing behavior of ADN solid rocket propellants using their glassto - rubber transition characteristics. In: DeLuca L T, Shimada T, Sinditskii V P, Calabro M (eds) Chemical rocket propulsion: A comprehensive survey of energetic materials. Springer, Cham.

33. Hori K (2016) Lessons learnt in the thruster tests of HAN. In: DeLuca LT, Shimada T, Sinditskii VP, Calabro M (eds) Chemical rocket propulsion: A comprehensive survey of energetic materials. Springer, Cham.

34. Platov Yu, Nikolayshvili S (2016) Optical phenomena in the upper atmosphere associated with the operation of rocket engines. In: DeLuca L T, Shimada T, Sinditskii V P, Calabro M (eds) Chemical rocket propulsion: A comprehensive survey of energetic materials. Springer, Cham.

35. Anand S, Mary Celin S (2016) Green technologies for the safe disposal of energetic materials in the environment. In: DeLuca L T, Shimada T, Sinditskii V P, CalabroM(eds)

Chemical rocket propulsion: A comprehensive survey of energetic materials. Springer, Cham.

36. Chandradathan S M (2016) Challenges in manufacturing large solid boosters. In: DeLuca L T, Shimada T, Sinditskii V P, Calabro M (eds) Chemical rocket propulsion: A comprehensive survey of energetic materials. Springer, Cham.

37. Calabro M (2016) Evaluating the interest of new solid propellants for the VEGA launch vehicle. In: DeLuca L T, Shimada T, Sinditskii V P, Calabro M (eds) Chemical rocket propulsion: A comprehensive survey of energetic materials. Springer, Cham.

38. Yoshida M, Kimura T, Hashimoto T, Moriya S, Takada S (2016) Overview of research and development status of reusable liquid rocket engines. In: DeLuca L T, Shimada T, Sinditskii V P, Calabro M (eds) Chemical rocket propulsion: A comprehensive survey of energetic materials. Springer, Cham.

39. Bozic V, Jankovski B (2016) Some civilian applications of solid propellants. In: DeLuca LT, Shimada T, Sinditskii VP, Calabro M (eds) Chemical rocket propulsion: A comprehensive survey of energetic materials. Springer, Cham.

40. Date S (2016) Novel ammonium nitrate based formulations for airbag gas generation. In: DeLuca L T, Shimada T, Sinditskii V P, Calabro M (eds) Chemical rocket propulsion: A comprehensive survey of energetic materials. Springer, Cham.

41. Tadini P, Tancredi U, Grassi M, Pardini C, Anselmo L, Shimada T, DeLuca L T (2016) Active debris removal by chemical propulsion modules. In: DeLuca L T, Shimada T, Sinditskii V P, Calabro M (eds) Chemical rocket propulsion: A comprehensive survey of energetic materials. Springer, Cham.

42. DeLuca L T (2016) Highlights of solid rocket propulsion history. In: DeLuca L T, Shimada T, Sinditskii V P, Calabro M (eds) Chemical rocket propulsion: A comprehensive survey of energetic materials. Springer, Cham.

43. Lipanov A M, Zarko V E (2016) Survey of solid rocket propulsion in Russia. In: DeLuca L T, Shimada T, Sinditskii V P, Calabro M (eds) Chemical rocket propulsion: A comprehensive survey of energetic materials. Springer, Cham.

44. Berlin A A, Frolov Y V, Isaevich Y G (2016) The contribution of the Semenov Institute of Chemical Physics to the science of combustion: a historical review. In: DeLuca L T, Shimada T, Sinditskii V P, Calabro M (eds) Chemical rocket propulsion: A comprehensive survey of energetic materials. Springer, Cham.

45. Manelis G B (2016) The Russian missile saga: personal notes from a direct participant. In: DeLuca L T, Shimada T, Sinditskii V P, Calabro M (eds) Chemical rocket propulsion: A comprehensive survey of energetic materials. Springer, Cham.

46. Ostmark H, Wallin S (2003) Detection of pentazolate anion (cyclo N5-) from laser ionization and decomposition of solid p-dimethylaminophenyl pentazolate. J Chem Phys Lett 379: 539-546.

47. Vij A, Wilson W W, Vij V, Tham F S, Sheehy J A, Christe K O (2001) Polynitrogen chemistry. Synthesis, characterization, and crystal structure of surprisingly stable fluoroantimonate salts of N5C. J Am Chem Soc 123(26):6308-6313.

48. Zhang C Y, Shu Y J, Huang Y G, Zhao X D, Dong H (2005) Investigation of correlation between impact sensitivities and nitro group charges in nitro compounds. J Phys Chem B 109:8978-8982.

49. Zhang C Y, Wang X C, Huang H (2008) -stacked interactions in explosive crystals: buffers against external mechanical stimuli. J Am Chem Soc 130:8359-8365.

50. Zhang C Y (2009) Review of the establishment of nitro group charge method and its applications. J Hazard Mater 161:21-28.

51. Ma Y, Zhang A, Xue X G, Jiang D J, Zhu Y Q, Zhang C Y (2014) Crystal packing of impactsensitive high-energy explosives. Cryst Growth Des 14:6101-6114.

52. Ma Y, Zhang A, Zhang C H, Jiang D J, Zhu Y Q, Zhang C Y (2014) Crystal packing of lowsensitivity and high-energy explosives. Cryst Growth Des 14:4703-4713.

53. George S M (2010) Atomic layer deposition: an overview. Chem Rev 110:111-131.

54. Ferguson J D, Buechler K J, Weimer A W, George S M (2005) SnO$_2$ atomic layer deposition on ZrO$_2$ and Al nanoparticles: pathway to enhanced thermite materials. Powder Technol 156(2/3):154-163.

55. Qin L, Gong T, Hao H, Wang K, Feng H (2013) Core-shell structured nanothermites synthesized by atomic layer deposition. J Nanopart Res 2150:1-15.

56. Feng H. Surface engineering of metal nanoparticles by atomic layer deposition and molecular layer deposition. 2015 Inter. Autumn seminar on propellants, explosives and pyrotechnics, Tsingtao, China, 16-18 Sept 2015.

57. Gong T, Qin L, Yan R, Hu L, Ji Y, Feng H (2014) Alumina thin film coated ammonium dinitramide fabricated by atomic layer deposition. J Inorg Mater 29(8):869-874.

58. Qin L, Gong T, Hao H, Wang K, Feng H (2015) Influences of metal oxide encapsulation by atomic layer deposition on the sensitivities of octogen. Chem J Chin Univ 36(3):420-427.

59. Hakim L F, Blackson J, George S M, Weimer A W (2005) Nanocoating individual silica nanoparticles by atomic layer deposition in a fluidized bed reactor. Chem Vap Depos 11: 420-425.

60. McCormick J A, Cloutier B L, Weimer A W, George S M (2007) Rotary reactor for atomic layer deposition on large quantities of nanoparticles. J Vac Sci Technol A 25(1):67-74.

37

61. Qinghua Zhang, Shreeve J'n M (2014) Energetic ionic liquids as explosives and propellant fuels: a new journey of ionic liquid chemistry. Chem Rev 114:10527−10574.

62. Qinghua Zhang, Shreeve J'n M (2013) Ionic liquid propellants: future fuels for space propulsion. Chem Eur J 19:15446−15451.

63. Sebastiao E, Cook C, Hu A, Murugesu M (2014) Recent developments in the field of energetic ionic liquids. J Mater Chem A 2:8153−8173.

64. Klapotke T M, Mayer P, Schulz A, Weigand J J (2005) 1,5−diamino−4−methyltetrazolium dinitramide. J Am Chem Soc 127:2032−2033.

65. Schneider S, Hawkins T, RosanderM, Vaghjiani G, Chambreau S, Drake G (2008) Ionic liquids as hypergolic fuels. Energy Fuel 22:2871−2872.

66. Zhang Y, Gao H, Joo Y−H, Shreeve J'n M (2011) Ionic liquids as hypergolic fuels. Angew Chem Int Ed 50:9554−9562.

67. Zhang Y, Shreeve J'n M (2011) Dicyanoborate−based ionic liquids as hypergolic fluids. Angew Chem Int Ed 50:935−937.

68. Fahrat Kamal, Batonneau Yann, Brahmi Rachid, Kappenstein Charles (2011) Application of ionic liquids to space propulsion, applications of ionic liquids in science and technology. In: Handy S (ed) ISBN: 978−953−307−605−8, InTech, doi: 10.5772/23807. Available from: http://www.intechopen.com/books/applications−of−ionic−liquids−in−scienceand−technolog y/application−of−ionic−liquids−to−space−propulsion.

69. Klapotke T M (2015) Chemistry of high − energy materials, 3rd edn. Walter de Gruyter GmbH, Berlin/Boston, pp 221−224, Chapter 9.3.3 Ionic Liquids.

70. Ma Z Y, Li F S, Ye M Q et al. (2004) Structure and property characterization of nanoparticles of ferric oxide/oleic acid composites. J Nanjing Univ Sci Technol 25(4): 436−444.

71. Xu H, Cai H H, Luo Z K et al. (2003) Preparation and catalytic properties of nano neodymium oxide. J Inorg Chem 19(6):627−630.

72. Hong W L, Liu J H, Tian D Y, et al. (2003) Catalysis of nanocomposite CuO_Cr2O3 on thermal decomposition of RDX. J Propuls Technol 24(1):83−86.

73. Muravyev N, Pivkina A, Schoonman J, Monogarov K (2014) Catalytic influence of nanosized titanium dioxide on the thermal decomposition and combustion of HMX. Int J Energ Mater Chem Propuls 13(3):211−228.

74. Fogelzang A E, Sinditskii V P, Egorshev V Y, Serushkin V V (1995) Effect of structure of energetic materials on burning rate. In: Brill T B, Russell T P, Tao W C, Wardle R B (eds) Decomposition, combustion, and detonation chemistry of energetic materials, MRS proceedings, vol 418. Materials Research Society, Pittsburgh, pp 151−161.

75. Sinditskii V P, Chernyi A N, Marchenkov D A (2014) Mechanisms of combustion catalysis by ferrocene derivatives. 1. Combustion of ammonium perchlorate and ferrocene. Combust Explosion Shock Waves 50(1):51-59.

76. Sinditskii V P, Chernyi A N, Marchenkov D A (2014) Mechanism of combustion catalysis by ferrocene derivatives. 2. Combustion of ammonium perchlorate-based propellants with ferrocene derivatives. Combust Explosion Shock Waves 50(2):158-167.

77. Sinditskii V P, Fogelzang A E (1997) Energetic materials based on coordination compounds. Russ J Chem 41:74-80.

78. Sinditskii V P, Egorshev V Y, Serushkin V V (2000) Design and combustion behavior of metal - containing energetic materials. Proc. Sino - Russian Inter. Academic Conference on 60th Anniversary of the Founding of BIT, Beijing, 20-21 Sept 2000, pp 174-190.

79. Fogelzang A E, Denisyuk A P, Serushkin V V, Egorshev V Y, Sinditskii V P, Margolin A D (2000) Burning behavior of composite propellants with fast-burning inclusions. J Propuls Power 16(2):374-376.

80. Zhao F Q, Gao H X, Luo Y et al. (2007) Effect of novel energetic composite catalysts on combustion properties of minimum smoke propellant. Chin J Explos Propellants 30(2):1-5.

81. Singh G, Felix S P (2003) Studies of energetic compounds, part 29: effect of NTO and its salts on the combustion and condensed phase thermolysis of composite solid propellants, HTPB-AP. Combust Flame 132:422-432.

82. Singh G, Felix S P (2003) Studies on energetic compounds: part 36: evaluation of transition metal salts of NTO as burning rate modifiers for HTPB-AN composite solid propellants. Combust Flame 135(1-2):145-150.

83. Dey A, Nangare V, More P V et al (2015) A grapheme titanium dioxide nanocomposite (GTNC): one pot green synthesis and its application in a solid rocket propellant. RSC Adv 5:63777-63785.

84. Dey A, Athar J, Varma P et al (2015) Graphene-iron oxide nanocomposite (GINC): an efficient catalyst for ammonium perchlorate (AP) decomposition in and burn rate enhancer for AP based composite propellant. RSC Adv 5:1950-1960.

85. Boreskov GK (1986) Heterogeneous catalysis. Nauka, Moscow [in Russian].

86. Parmon V N, Simonov A D, Sadykov V A, Tikhov S F (2015) Catalytic combustion: achievements and problems. Combust Explosion Shock Waves 51(2):143-150.

87. Franson C, Orlandi O, Perut C, Fouin G, Chauveau C, Gokalp I, Calabro M (2007) Al/$H_2O$ and Al/$H_2O$/$H_2O_2$ frozen mixtures as examples of new composite propellants for space application. EUCASS, Brussels.

88. Risha G A, Connell T L, Jr, Weismiller M, Yetter R A, Sundaram D S, Yang V, Wood T D,

Pfeil M A, Pourpoint T L, Tsohas J, Son S F. Novel energetic materials for space propulsion. AFOSR, Final Report No. FA9550-07-1-0582, 30 Apr 2011.

89. http://www.nasa.gov/sites/default/files/files/orion_las_fact_sheet.pdf.

90. https://youtu.be/JLdP-L7D58g.

91. Lipanov A M (2002) Brief history of development of solid propellant rockets in Russia in XX century. Inst Appl Mech, Ural Div Russ Acad Sci, Izhevsk, pp 84.

92. Lipanov A M(2003) Historical survey of solid-propellant rocket development in Russia. J Prop Power 19(6):1067-1088.

# 第 2 章　化学推进用新组分

## 2.1　可用于化学火箭推进剂的新型氧化剂的合成

摘要：高氯酸铵（AP）是固体火箭推进剂最为常用的氧化剂，但对人类甲状腺、两栖动物色素沉着和增长以及大部分水体生物都有毒害作用。目前，测试或使用的无氯替代物如硝酸铵、二硝酰胺铵尽管克服了对生命体的毒害，但又带来了新的问题，如多晶型、吸湿性或者热稳定性差等，这就迫使我们开发环境友好的新型强氧化剂，其中一个策略就是开发新型 CHON 基中性氧化剂。本文总结了近几年我们课题组开发的一些高能氧化剂，主要是含有高氧含量的三硝甲基的化合物。另外，也合成了氟二硝甲基类似物作为对比研究。对这些制备的材料不仅进行了化学表征，还测试了撞击感度、摩擦感度和静电火花感度。同时，使用 EXPLO5 程序，计算了这些化合物的含铝推进剂配方的比冲。

### 2.1.1　固体火箭推进剂

根据燃料、氧化剂和其他组分物质形态或火箭燃料箱结构的不同，化学火箭推进剂主要分为液体、固体、混合以及膏体推进剂。尽管固体推进剂在发射模式下可调性差，但在简易性、稳定性和价格方面要优于混合推进剂和液体推进剂。

固体推进剂可以分为复合推进剂和双基推进剂。复合推进剂主要基于金属粉如铝粉（火箭）或者镁粉（烟火）和富氧的氧化剂如高氯酸铵组成，其中氧化剂为燃料燃烧提供氧。燃料和氧化剂通过胶黏剂结合在一起，如聚丁二烯衍生物，胶黏剂可以调节推进剂的燃烧特性和保护其他组分，同时本身就是燃料。基本上所有的大型火箭助推器都是用基于高氯酸铵的推进剂。相对地，双基推进剂在小型发射装置中，如枪炮中，主要由硝化甘油和硝化棉组合。为了阻止膛管侵蚀和炮口火焰，加入硝基胍可以减少燃烧温度，又称为三基推进剂，主要在大口径武器中使用。

材料中含有的氧与氧化所有物质所需要氧之比称为氧平衡（$\Omega$）。通常氧化剂具有正的氧平衡，表示 CHONX（X 为卤素）材料中除了完全氧化生成 $H_2O$、$N_2$、HX、CO 或 $CO_2$ 后剩余的氧。对于组成为 $C_xH_yO_aN_nX_z$ 的氧平衡可以通过以下公式计算：

$$\Omega_{CO_2} = nO - 2xC - 1/2(y-zX)H(1600/M) \tag{2-1}$$

$$\Omega_{CO} = nO - xC - 1/2(y-zX)H(1600/M) \tag{2-2}$$

当铝（$\Delta H_C$ (Al) = -834kJ·mol$^{-1}$）作为燃料（$\Delta H_{f0}$ (Al$_2$O$_3$) = -1676kJ·mol$^{-1}$）时，燃烧温度会大幅提高，根据 Boudouard 方程，燃烧产物大部分为 CO。一般地，任何一个推进剂都需要测定实际的燃烧产物来确定真实氧平衡，但是这个值往往介于理论 $\Omega_{CO_2}$ 和 $\Omega_{CO}$ 之间。

推进剂性能取决于其比冲 $I_s$[5]，比冲是燃烧时间 $t_b$ 内推力 $F$ 除以推进剂质量和标准地球重力因子 $g_0$。如式（2-3）所示，因此它的单位是秒。对于化合物用燃烧温度 $T_c$ 除以燃烧气体产物的平均分子量 $M$ 来衡量比冲 $I_s$ 更为合适，如式（2-4）所示。

$$I_s = \frac{1}{m \cdot g_0} \int_0^{t_b} F(t) \mathrm{d}t_b \tag{2-3}$$

$$I_s \propto \sqrt{\frac{T_c}{M}} \tag{2-4}$$

### 2.1.2 高氯酸铵：用途与危害

如上所述，高氯酸铵基推进剂在所有的火箭中使用。当前，高氯酸铵是火箭助推剂中最为常用的氧化剂，它的氧平衡是 34%，常用的组成是 15%～20%的铝粉、10%～15%胶黏剂（CTPB、PBAN、HTPB），比冲可达 262s，这相当于真空下比冲 285s。除了高能外，高氯酸铵还具有制备简单、可靠性强以及高比冲特点，也常常被用作焰火装置中，如警告照明弹、焰火表演、气袋充气筒以及航空弹射器等。另外，在生产化肥时高氯酸铵是其中的杂质。

设计新型氧化剂，首先要考虑氧的来源。表 2-1 所列阴离子具有明显的缺点，形成的盐也会溶于水。中性的硝基化合物也存在各种各样的问题，但可以运用稳定的碳骨架来修饰和限制。与离子盐相比，这些化合物微溶或不溶于水。相较于二硝甲基阴离子和硝仿根形成盐稳定性差的问题（像硝仿肼），含有二硝甲基和三硝甲基的中性化合物可以通过碳骨架来提升稳定性。因此，未来一段时间开发新型氧化剂将主要集中在 CHON 基含能化合物。

表 2-1　设计氧化剂可能的酸根氧源

| | 分 子 式 | 缺 点 |
|---|---|---|
| 碳酸根 | $CO_3^{2-}$ | 不含能 |
| 硫酸根 | $SO_4^{2-}$ | 不含能 |
| 高氯酸根 | $ClO_4^-$ | 有毒 |
| 高碘酸根 | $IO_4$ | 重 |
| 过氧根 | $O_2^{2-}$ | 不稳定/易爆 |
| 臭氧负离子 | $O_3^-$ | 不稳定/易爆 |
| 硝酸根 | $NO_3^-$ | 不稳定/吸水 |
| 二硝酰胺根 | $N(NO_2)^{2-}$ | 不稳定/价格高 |
| 氙酸盐 | $XeO_4$ | 不稳定/价格高 |
| 硝基化合物 | $C-NO_2$ | 差异大 |

但是，通过增加硝基的个数来增加分子的氧平衡，会大大降低化合物的稳定性。通过硝基甲烷类化合物及相似物很明显能观察到这种现象，这些化合物要么是液体，要么室温下不稳定。此外，四硝基甲烷是这种策略中含有硝基个数最多分子，却具有极强毒性。再看下类似的全硝基含能化合物，如六硝基乙烷，虽然具有高的氧含量，但长储稳定性差和高的蒸汽压。因此，全硝基化合物问题比较多。但是如上所说，二硝甲基和三硝甲基可以作为设计中性氧化剂分子的有效基团，这两类基团具有高的氧平衡和密度。

以三硝基甲烷和甲醛水溶液为原料，通过两步反应很容易合成三硝基乙醇（TNE）。相比硝仿只能在溶液中稳定存在，纯净的 TNE 为固体，还可以作为新型氧化剂的前驱体[18]。采用硝基甲烷或二硝甲烷钾盐[19]可以合成类似物 2,2-二硝基-1,3-丙二醇。另外一个有效构建物是 2-氟-2,2-二硝-乙醇（FDNE），相比三硝基乙醇具有更好的稳定性，从结构和安全性可以替代 TNE 研究；如果燃烧时能够形成氟气，也可以作为强氧化剂。FDNE 可以使用 Selectfluor 装置[20]，以二硝甲烷钾盐为原料合成，如图 2-1 所示。

综上所述，新型氧化剂的主要途径是合成含有二硝甲基和三硝基甲基的芳香结构化合物。CHON 含能化合物基本上在水中不溶，燃烧的产物为 $H_2O$、$N_2$、$CO$ 或 $CO_2$ 和 $O_2$，清洁无污染（当然，含氟二硝甲基化合物燃烧时产物是个例外）。CHON 含能化合物缺点有蒸气压低、感度高和稳定性差等问题。

## 2.1.3　合成的氧化剂

由于含有二硝甲基、三硝甲基或者二硝乙基、三硝乙基，化合物分子具有高的氧平衡和生成焓，我们课题组主要在这方面开展研究工作。将以上基团连接到碳链、杂环以及其他含能基团中可以形成大量新的或文献报道的化合物，其中一些是我们和其他课题组合作得到的（图 2-2）。

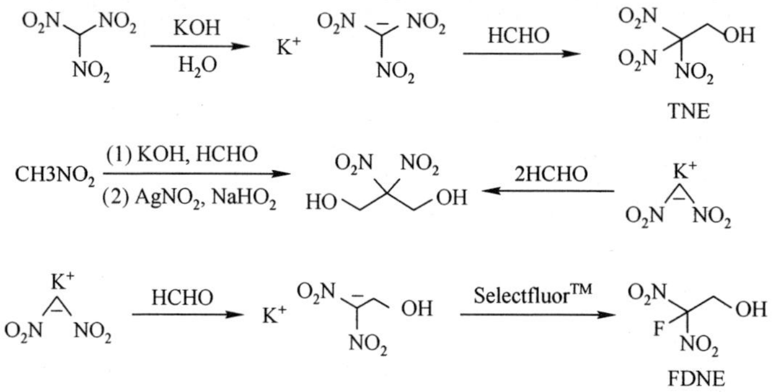

图 2-1　三硝基乙醇、2,2-二硝基-1,3-丙二醇和 2-氟-2,2-二硝-乙醇合成路线

对于所有三硝基化合物，其氟二硝基化合物也几乎都能合成得到。同时还报道了一些同时含有三硝甲基和氟二硝甲基基团的化合物（图 2-2(l) (n) (o)）[31, 32]。含氟的中性含能化合物不仅增加了热稳定性，而且由于分解产物氟化物剧毒还可以作为太空用固体氧化剂和有毒炸药。下面我们选择性能优异、含有三硝基甲基不同母体氧化剂，并与含氟二硝甲基类似物进行对比。

所有化合物均通过单晶表征。对于含能特性，使用 BAM 方法测试了撞击感度、摩擦感度和静电火花感度。熔点和分解点通过 DSC 测试，加热速率为 5℃·min$^{-1}$。室温下密度通过排气体法测试，生成焓 $\Delta H_f^0$ 基于 CBS-4M 计算。采用 EXPLO5（版本 6.02）计算机程序[36]计算了纯化合物的爆轰参数以及化合物与铝和胶黏剂聚丁二烯丙烯腈（PBAN）组成配方的推进参数。我们以美国航空航天局（NASA）太空飞船项目固体助推火箭中使用的配方（70%AP、16%铝、14%PBAN）作为 AP 参考配方，因为我们这个项目是必须要替换 AP 这一组分的。PBAN 保持在 14%的水平，因为该聚合物最大的固体加量，据文献报告[7]为 86%。某些情况下，改变氧化剂/铝的比例以获得最大的比冲值 $I_{sp}$。另外，计算了不同 AP 和 ADN 比例的配方，以研究在 50/50 的混合物中使用这些新的化合物作为添加剂（10%）或者使用 AP 或 ADN 作为添加剂（10%）时对比冲值 $I_{sp}$ 的影响。

## 2.1.4　原碳酸酯[25, 38]

首先来看具有 4 个三硝甲基的原碳酸酯。由于具有最多的三硝甲基和氟二硝甲基，原碳酸酯类化合物具有极高的氧平衡。这两类化合物自 20 世纪 60 年代以来被人发现，但是文献中很少有报道。四（2,2,2-多硝基乙基）原甲酸酯化合物（1）和（2）的合成分别使用三硝基乙醇和氟二硝基乙醇与四氯化碳在催化下缩合得到，收率中等（图 2-3）。

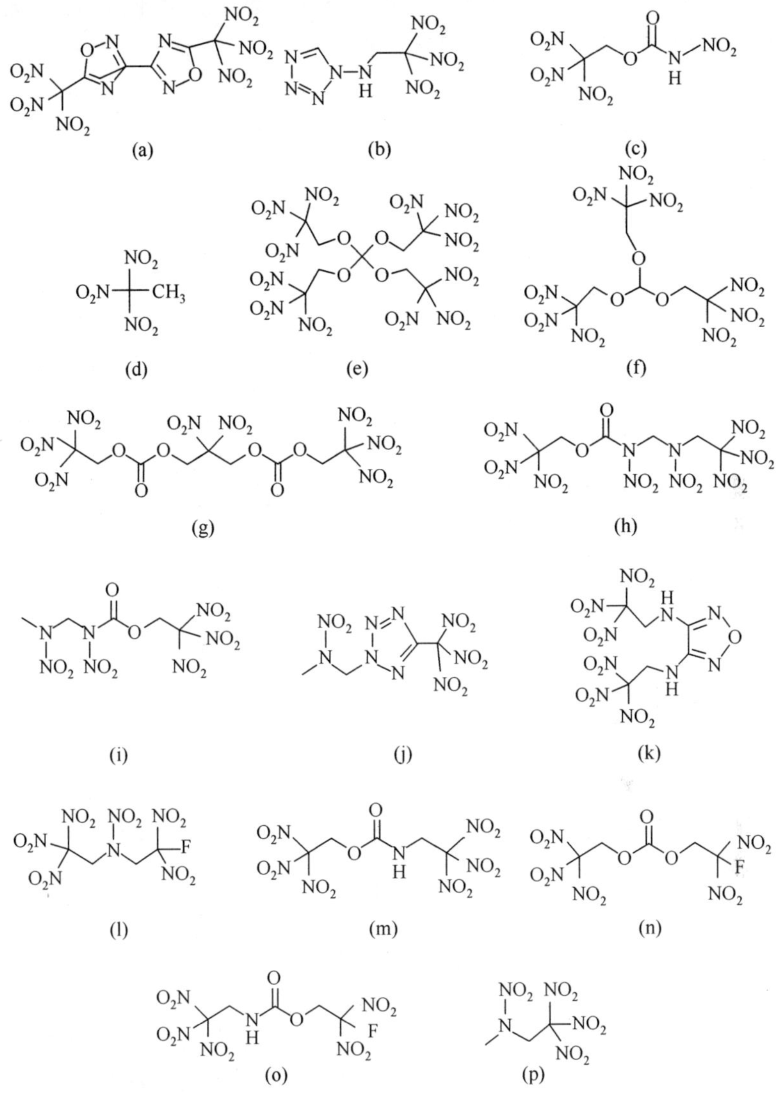

图 2-2　课题组近年合成和研究的化合物

参考文献如下：(a) [21], (b) [22], (c) [23], (d) [24], (e) [25], (f) [25], (g) [26], (h) [27], (i) [28], (j) [29], (k) [30], (l) [31], (m) [32], (n) [32], (o) [32], (p) [33]。

在四氯化碳中培养得到化合物（1）和（2）单晶结构，并在低温下观察到相变过程（图 2-4）。通过 DSC 测试，可以准确得到相变温度。化合物（1）在加热到 34℃和降低到-16℃均出现相变过程。当化合物（2）加热到-22℃和降温到-26℃

出现了一个尖锐的相变过程。这些分子的相变可能是由于分子大小引起的，也可能是不同堆积方式引起的。由于氧化剂在推进剂组分中含量较高，由转晶等问题引起的变化会引起燃速的变化，如 AN。

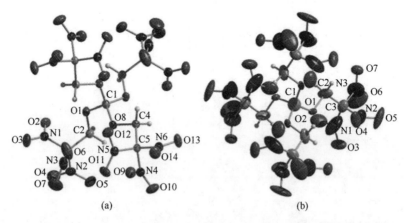

图 2-3　得到 TNE-OC（1）和 FDNE-OC（2）的催化缩合反应[25, 38]

图 2-4　化合物 1 两种相态下晶体结构

(a) 低温下结构；(b) 室温下结构。

　　表 2-2 列出了这两个化合物的物化性能。尽管化合物（1）对撞击感度敏感，对摩擦感度适中，化合物（2）感度也在预期中。就像前面提到的，化合物（2）由于氟原子引入热性能提高，但是熔点也降低，这是由于结构中大量非典型氢键引起的。因此溶化范围相应变大。假设至少生成 25% 的 CO 时，化合物（1）的氧平衡超过需要的 7%；化合物（2）的氧平衡刚好，这确保了燃烧能够完全，即生成 $CO_2$。这两种材料密度都接近 $2.0g·cm^{-3}$，生成热也与理论一致，尽管化合物（1）生成焓为负值，但化合物（2）由于 C-F 键引入，生成焓更低。

表 2-2　原碳酸酯 1 和 2 的理化属性和爆轰参数、推进参数的计算值

| | （1） | （2） | 要求 |
|---|---|---|---|
| 分子式 | $C_9H_8N_{12}O_{28}$ | $C_9H_8N_8O_{20}F_4$ | — |
| 摩尔质量（g/mol） | 732.22 | 624.20 | — |
| 根据 BAM 标准方法测得感度（1/6） | | | |
| 撞击感度 IS/J | 1 | 9 | >4 |
| 摩擦感度 FS/N | 96 | 192 | >80 |

（续）

| | （1） | （2） | 要求 |
|---|---|---|---|
| 根据 BAM 标准方法测得感度（1/6） | | | |
| 静电释放感度 ESD/J | 0.20 | 0.25 | >0.10 |
| 粒度/μm | <500 | <500 | — |
| 通过 DSC 测量进行的热分析（$T_{onset}$）（起点温度） | | | |
| 起始熔化温度 $T_{melt}$/℃ | 161 | 110 | — |
| 起始分解温度 $T_{dec}$/℃ | 191 | 216 | 150 |
| 氮氧总含量、氧平衡以及常温密度 | | | |
| N+O/% | 84.13 | 69.21 | — |
| $\Omega_{CO}$/% | 32.8 | 23.1 | >25.0 |
| $\Omega_{CO2}$/% | 13.1 | 0.0 | – |
| $\rho_{RT}$/(g/cm³) | 1.81 | 1.84 | ±2.00 |
| 以 CBS-4M 级理论计算的生成热值和生成内能 | | | AP |
| $\Delta H_f^0$ /(kJ/mol) | −748 | −1640 | −296 |
| $\Delta U_f$ /(kJ/mol) | −940 | −2548 | −2433 |
| 爆轰参数（EXPLO5，V6.02） | | | |
| $\Delta U_{EX}$ /(kJ/kg) | 5167 | 4538 | 1422 |
| $T_{EX}$/K | 3961 | 3774 | 1735 |
| $p_{CJ}$/ kbar | 278 | 367 | 158 |
| $D_V$/ (m/s) | 8224 | 8381 | 6368 |
| $V_0$(L/kg) | 734 | 677 | 885 |
| 等压燃烧参数（EXPLO5，V6.02）、比冲（氧化剂/Al/PBAN 胶黏剂），括号中为 $T_C$/ K | | | |
| $I_{sp}$（净）/s | 243（3231） | 249（3245） | 157（1403） |
| $I_{sp}$（70/16/14）/s | 266（3525） | 246（2805） | 262（3380） |
| 比冲（氧化剂/AP/Al/PBAN 胶黏剂），括号中为 $T_C$/ K | | | |
| $I_{sp}$（60/10/16/14）/s | 265（3502） | 248（2915） | — |
| $I_{sp}$（35/35/16/14）/s | 264（3447） | 258（3207） | — |
| $I_{sp}$（10/60/16/14）/s | 262（3399） | 261（3341） | — |
| 比冲（氧化剂/ADN/Al/PBAN 胶黏剂），括号中为 $T_C$/ K | | | |
| $I_{sp}$（60/10/16/14）/s | 267（3498） | 250（2855） | — |
| $I_{sp}$（35/35/16/14）/s | 268（3409） | 262（3179） | — |
| $I_{sp}$（10/60/16/14）/s | 270（3320） | 268（3261） | — |

注：1bar=10⁵Pa。

两种材料的爆轰参数计算值，与 PETN（季戊四醇四硝酸酯，俗称"太安"，$\rho_{RT}=1.78g/cm^3$，$D_V=8404m/s$，$p_{CJ}=309kbar$）接近，性能数据非常好。如果考虑将它们用作推进剂配方的组分，值得注意的是，化合物（1）和化合物（2）本身已经取得了非常高的比冲值。化合物（1）的推进剂配方，与太空飞船助推火箭中使用的具有相同的比率（70/16/14）[37]，但前者比冲值高得多，燃烧温度 $T_c$ 稍稍低于原 AP 配方。相反，含氟衍生物（2）的类似配方，则远超 AP 配方（262s）。当化合物（2）配方中加入 AP 之后，随着 AP 含量的增加，其比冲值也增加；而化合物（1）配方则相反。但是，TNE 衍生物的比冲值在加入 ADN 之后，可以进一步提高。ADN 与化合物（1）比例 1∶1 的配方，比冲值达到了 268s。ADN/Al/PBAN 以 65/21/14 比例形成的混合物，理论最大比冲值为 273s（$T_c$=3396K）。

TNM 化合物（1）和含氟衍生物（2）的对比趋势非常明显。尽管 TNM 化合物的氧平衡值非常高，而且在含铝配方中的比冲值比 AP 高得多，但其撞击感度非常高，达到 1J，使得这种化合物的实用性就非常低。而含氟化合物的比冲值比 AP 低，但其感度较好，而且热安定性相比 TNE 衍生物（1）有所提高。

**1. 2,5-二取代的四唑[29]**

四唑衍生因为是稳定的五元环体系，而且具有较高的氮含量和较高的正生成热值，在含能材料研究中占有重要地位。通常，它们考虑用在气体发生剂应用方面[2]。根据早前的文献，5-（多硝基甲基）四唑及其盐具有非常高的机械感度，所以对于推进剂配方研制而言，感度过高[40]。为了降低感度，我们研究了四唑环的烷基化。选择一个仲硝胺基基团来维持该类化合物的能量特性，并研究该基团部分与多硝基甲基基团之间的相互作用。我们使用前体 5-（多硝基甲基）四唑的氨盐在无水丙酮中合成了（图 2-5 中化合物（3）2-（2-硝基-偶氮丙基）-5-（三硝基甲基）四唑和化合物（4）2-（2-硝基-偶氮丙基）-5-（氟-二硝基甲基）四唑。氯化铵的沉淀促成反应的发生，结果得率非常高，达到 80%。

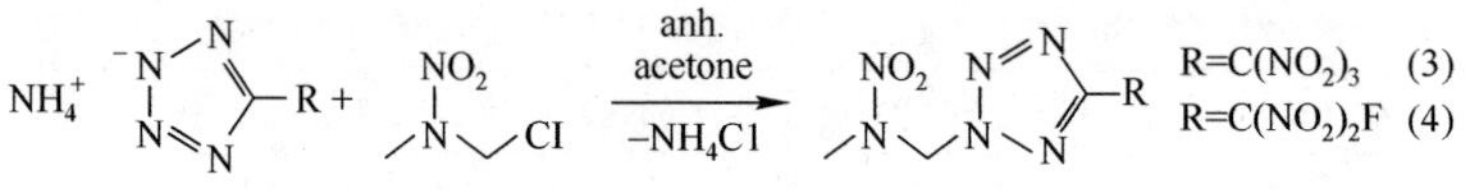

图 2-5 烷基化四唑化合物 3 和 4 的合成[29]

我们利用甲醇/二氯甲烷的混合物获得了适合 X 射线测量的单晶体，并在 100K 下测定了晶体结构。在该温度下，密度大约为 $1.83g/cm^3$（图 2-6）。

表 2-3 列出了上述材料的理化特性。相比初始原料的撞击感度（1～2J），烷基化反应所得化合物的撞击感度（2～3J），基本没有降低。这一点值得注意，因为这个结果与 Kamlet 的理论（1959）相反。根据该理论，含 TNM 的材料比其含 FDNM 的同系物具有更高的撞击感度，因为前者的 C-NO$_2$ 键旋转有限[41]。相反，

化合物（3）和（4）的摩擦感度，都因为烷基化而得到了提高[29]。但是，两种化合物的感度都过高，以致不能应用。就热安定性方面，含 TNM 或 FDNM 的材料再次观察到了预期的趋势：通过 DSC 测试发现，含氟化合物（4）的熔化点低得多，而分解温度则很高。另外，三硝基甲基衍生物（3）的 $\Omega_{CO}$ 值为正，而化合物（4）按氧化剂的定义根本算不上氧化剂。两种材料的生成热计算值都为正，符合四唑类衍生物的预期，但三硝基甲基衍生物（3）高了约 3 倍。采用常温测量密度计算的化合物（3）和化合物（4）的爆轰参数，与 RDX 的计算值相当（1,3,5-三硝基六氢-1.3.5-三嗪，$\rho_{RT}=1.80g/cm^3$，$D_V=8838m/s$，$p_{CJ}=343kbar$）。当考虑使用化合物（3）和化合物（4）作为氧化剂的等压燃烧配方时，发现把铝降低至 10%（76/10/14）的情况下，配方的比冲值最大，分别为 256s（3）和 246s（4）。在与化合物 3 和 AP 按 1:1 的混合物中，即把原太空飞船配方中的一半 AP 替换成化合物（3），达到了相同的比冲值 262s。如果把化合物（3）当作 AP 配方的添加剂加入（10%），则比冲值增加到 264s。当化合物（3）与 ADN 混合时，增加 ADN 的量，配方的比冲值可以提高到 270s。含氟衍生物（4），氧平衡为负，根本不能给配方带来任何优势。但是，化合物（1）和化合物（3）因为它们的感度高，所以并不适合推进剂装药研制。

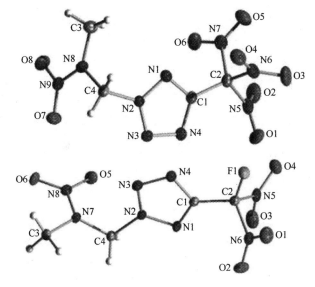

图 2-6　多硝基四唑（3）和（4）的晶体结构，其中的热椭圆体结构置信度水平为 50%[29]

表 2-3　四唑类化合物（3）和（4）的理化特性及爆轰参数和推进参数的计算值

| | （3） | （4） | 要求 |
|---|---|---|---|
| 分子式 | $C_{49}H_5N_9O_8$ | $C_{49}H_{58}N_8O_6F_4$ | — |

（续）

| | （3） | （4） | 要求 |
|---|---|---|---|
| 摩尔质量/(g/mol) | 307.14 | 280.13 | — |
| 根据 BAM 标准方法测得感度（1/6） | | | |
| 撞击感度 IS/J | 3 | 1 | >4 |
| 摩擦感度 FS/N | 40 | 36 | >80 |
| 静电释放感度 ESD/mJ | 0.10 | 0.10 | >0.10 |
| 粒度/μm | 100～500 | 100～500 | — |
| 通过 DSC 测量进行的热分析（$T_{onset}$）（起点温度） | | | |
| 起始熔化温度 $T_{melt}$/℃ | 87 | 46 | — |
| 起始分解温度 $T_{dec}$/℃ | 134 | 184 | 150 |
| 氮氧总含量、氧平衡以及常温密度 | | | |
| N+O/% | 82.71 | 74.27 | — |
| $\Omega_{CO}$ /% | 7.8 | -2.9 | >25.0 |
| $\Omega_{CO_2}$ /% | -13.0 | -25.7 | — |
| $\rho_{RT}$/(g/cm$^3$) | 1.75 | 1.83 | ±2.00 |
| 以 CBS-4M 级理论计算的生成热值和生成内能 | | | AP |
| $\Delta H_f^0$ /(kJ/mol) | 314 | 98 | -296 |
| $\Delta U_f$ /(kJ/mol) | 1111 | 439 | -2433 |
| 爆轰参数（EXPLO5，V6.02） | | | |
| $-\Delta U_{EX}$ /(kJ/kg) | 6016 | 5394 | 1422 |
| $T_{EX}$/K | 4291 | 3783 | 1735 |
| $p_{CJ}$/kbar | 334 | 342 | 158 |
| $D_V$/(m/s) | 8704 | 8773 | 6368 |
| $V_0$/(L/kg) | 774 | 728 | 885 |
| 等压燃烧参数（EXPLO5，V6.02）、比冲（氧化剂/Al/PBAN 胶黏剂），括号中为 $T_C$/K | | | |
| $I_{sp}$（净）/s | 273（3551） | 259（3328） | 157（1403） |
| $I_{sp}$（70/16/14）/s | 253（2828） | 244（2775） | 262（3380） |
| $I_{sp}$（76/10/14）/s | 256（2760） | 246（2563） | 262（3380） |
| 比冲（氧化剂/AP/Al/PBAN 胶黏剂），括号中为 $T_C$/K | | | |
| $I_{sp}$（60/10/16/14）/s | 254（2816） | 246（2641） | — |
| $I_{sp}$（35/35/16/14）/s | 262（3256） | 253（2872） | — |

（续）

| | （3） | （4） | 要求 |
|---|---|---|---|
| 比冲（氧化剂/AP/Al/PBAN 胶黏剂），括号中为 $T_C$/K | | | |
| $I_{sp}$（10/60/16/14）/s | 264（3344） | 262（3305） | — |
| 比冲（氧化剂/ADN/Al/PBAN 胶黏剂），括号中为 $T_C$[K] | | | |
| $I_{sp}$（60/10/16/14）/s | 256（2850） | 247（2721） | — |
| $I_{sp}$（35/35/16/14）/s | 265（3019） | 259（2840） | — |
| $I_{sp}$（10/60/16/14）/s | 270（3368） | 269（3229） | — |

### 2. 双-1,2,4-氧杂二唑[21]

多硝基唑类氧化剂研究的另一进展是氧杂二唑类，如双-1,2,4-氧杂二唑。与四唑类的烷基化一样，双杂环化合物克服了环形硝基唑类固有的酸性问题，而且还降低了机械感度。另外，氧杂二唑类在其分子环上还含有一个氧原子，从而比四唑类衍生物具有更高的氧平衡值。下面介绍的化合物 5—双-3,3'-（5-三硝基甲基-1,2,4-氧杂二唑）和化合物 6—双-3,3'-（5-氟二硝基甲基-1,2,4-氧杂二唑），还是无氢原子的多硝基衍生物的代表。这两种化合物，可以用双-3,3'（5-二硝基甲基二铵-1,2,4-氧杂二唑）通过氟化（6）或用四氟硼酸铵进行非氧化性硝化（5）合成。由于后者得率较低，因此我们开发了一条更加经济的合成路径，通过相应的自由羧酸的去羧基化硝化反应，取得了较高的得率，而且纯度较高（图 2-7）[21]。

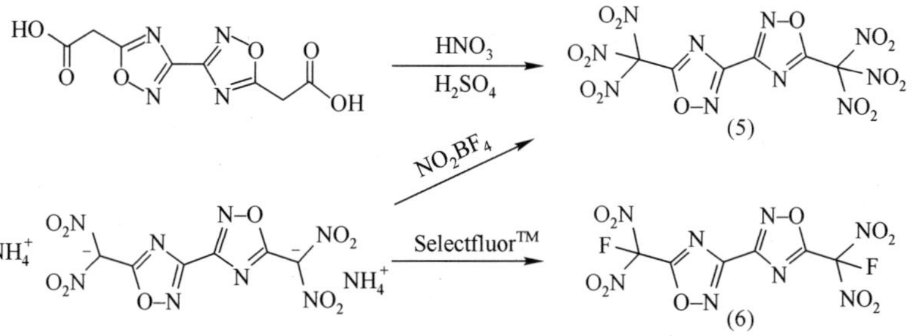

图 2-7 利用双-3,3'-（5-乙酰基-1,2,4-氧杂二唑）和双-3,3'-（5-二硝基甲基二铵-1,2,4-氧杂二唑）合成双-1,2,4-氧杂二唑[21]

化合物（5）和化合物（6）是适合 X 射线衍射的单晶体，利用二乙醚或二氯甲烷（图 2-8）获得。两种材料都显示出较高的密度，在 100K 下处于所需的 $2.00g/cm^3$ 范围。对如此高密度的解释是，受到多个分子间或分子内引力的影响，很明显符合范德华半径特点。

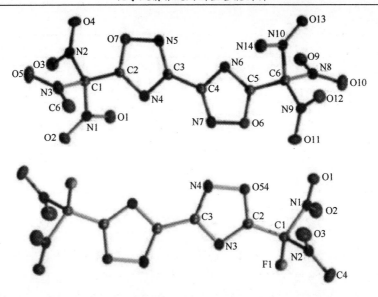

图 2-8　双-1,2,4-氧杂二唑化合物（5）和（6）的晶体结构；
其中的热椭圆体结构置信水平为 50%[21]

　　表 2-4 所列为化合物（5）和（6）测得的理化特性。看看它们的感度和热安定性，首先可以注意的是，感度在符合要求的范围内。两种化合物的撞击感度都为 10J。与四唑衍生物（3）和（4）的发现类似，这两种化合物的结果也与 Kamlet 的理论相反[21,41]。比较含 FDNM 和 TNM 的材料时发现，还是遵循热安定性的趋势。化合物（5）的降解温度为 124℃，与 ADN 非常接近。因此，它不满足要求，而它的氧平衡则超过了要求值。常温密度非常高。含氟化合物的氧平衡值 $\Omega_{CO}$ 为正，生成热的计算值典型地反映出向该类杂环体系中引入 C-F 键的影响：TNM 衍生物（5）的值为正，而含氟衍生物的生成热值为负。

　　表 2-4　双-1,2,4-氧杂二唑类化合物（5）和（6）的理化特性及
爆轰参数和推进参数的计算值

| | （5） | （6） | 要求 |
|---|---|---|---|
| 分子式 | $C_6N_{10}O_{14}$ | $C_6N_8O_{10}F_2$ | — |
| 摩尔质量/(g/mol) | 436.12 | 382.11 | — |
| 根据 BAM 标准方法测得感度（1/6） | | | |
| 撞击感度 IS/J | 10 | 10 | >4 |
| 摩擦感度 FS/N | 80 | 192 | >80 |
| 静电释放感度 ESD/mJ | 0.80 | 1.00 | >0.10 |

（续）

| | （5） | （6） | 要求 |
|---|---|---|---|
| 根据 BAM 标准方法测得感度（1/6） | | | |
| 粒度/μm | <100 | <100 | — |
| 通过 DSC 测量进行的热分析（$T_{onset}$）（起点温度） | | | |
| 起始熔化温度 $T_{melt}$/℃ | 119 | 67 | — |
| 起始分解温度 $T_{dec}$/℃ | 124 | 151 | 150 |
| 氮氧总含量、氧平衡以及常温密度 | | | |
| N+O/% | 83.48 | 71.20 | — |
| $\Omega_{CO}$ /% | 29.3 | 16.8 | >25.0 |
| $\Omega_{CO_2}$ /% | 7.3 | −8.4 | — |
| $\rho_{RT}$/(g/cm$^3$) | 1.94 | 1.96 | ±2.00 |
| 以 CBS-4M 级理论计算的生成热值和生成内能 | | | AP |
| $\Delta H_f^0$ /(kJ/mol) | 62 | −362 | −296 |
| $\Delta U_f$ /(kJ/mol) | 210 | −884 | −2433 |
| 爆轰参数（EXPLO5，V6.02） | | | |
| $-\Delta U_{EX}$ /(kJ/kg) | 5551 | 3950 | 1422 |
| $T_{EX}$/K | 4356 | 3355 | 1735 |
| $p_{CJ}$/kbar | 337 | 309 | 158 |
| $D_V$/(m/s) | 8830 | 8568 | 6368 |
| $V_0$/(L/kg) | 675 | 676 | 885 |
| 等压燃烧参数（EXPLO5，V6.02）、比冲（氧化剂/Al/PBAN 胶黏剂），括号中为 $T_C$/K | | | |
| $I_{sp}$（净）/s | 246（3466） | 238（3474） | 157（1403） |
| $I_{sp}$（70/16/14）/s | 249（2945） | 234（2890） | 262（3380） |
| $I_{sp}$（76/10/14）/s | 256（3338） | 236（2732） | 257（3228） |
| 比冲（氧化剂/AP/Al/PBAN 胶黏剂），括号中为 $T_C$/K | | | |
| $I_{sp}$（60/10/16/14）/s | 251（3142） | 238（2797） | — |
| $I_{sp}$（35/35/16/14）/s | 261（3407） | 252（3121） | — |
| $I_{sp}$（10/60/16/14）/s | 262（3394） | 260（3347） | — |
| 比冲（氧化剂/ADN/Al/PBAN 胶黏剂），括号中为 $T_C$/K | | | |
| $I_{sp}$（60/10/16/14）/s | 254（3034） | 240（2837） | — |
| $I_{sp}$（35/35/16/14）/s | 266（3357） | 256（2978） | — |
| $I_{sp}$（10/60/16/14）/s | 269（3317） | 268（3269） | — |

根据爆轰参数计算值来看，两种化合物都具有很好的性能，与 RDX（1,3,5-三硝基六氢-1.3,5-三嗪，$\rho_{RT}=1.80g/cm^3$，$D_V=8838m/s$，$p_{CJ}=343kbar$）和 PETN（太安，$\rho_{RT}=1.78g/cm^3$，$D_V=8404m/s$，$p_{CJ}=309kbar$）相近[36]。就等压燃烧而言，当铝的比率为 10%时，推进剂配方（75/10/14）获得的比冲值最高。TNM 化合物（5）的比冲，比 AP 配方的最高比冲值稍低，而 FDNM 衍生物（6）的比冲值则低得多（20～30s）。当把 16%铝配方用化合物（5）替换掉 50%的 AP 时，比冲值为 261s，在燃烧室的燃烧温度 $T_C$ 稍高。化合物（5）和 ADN 混合（1:1），则导致更高的比冲值，与前面提到的一样。含氟的氧杂二唑化合物（6），当混合 AP 或 ADN 时，比冲值出现相同的趋势，但与三硝基甲基衍生物化合物（5）相反，这些比冲值都比较低。

### 3. 氨基甲酸酯和硝氨基甲酸酯[28]

我们团队已经对氨基甲酸酯衍生物进行了大量的研究。这种构件单元比脲具有更高的氧含量，同时还有机会在氮原子上进一步硝化，从而进一步提高氧含量而且不会变得像硝基脲衍生物那样对水解呈不稳定趋势。不幸的是我们已经发现，双-O,N-（2,2,2-三硝基乙基）-氨基甲酸酯不能进一步硝化，对此的解释是——按照量子化学计算，三硝基乙基基团的电子引力造成 N-H 位置上缺乏电子密度[35]。相反，我们通过直接使相应的 2-硝基-2-氮杂异氰酸丙酯与 TNE 或 FDNE 发生加成反应，在氨基甲酸酯这一侧键接上一个仲氨基基团，从而得到所需的氨基甲酸酯化合物（7）和（8）。之后的硝化反应是通过标准的硝化方法完成，得到硝氨基甲酸酯化合物（9）和（10）（图 2-9）[28]。

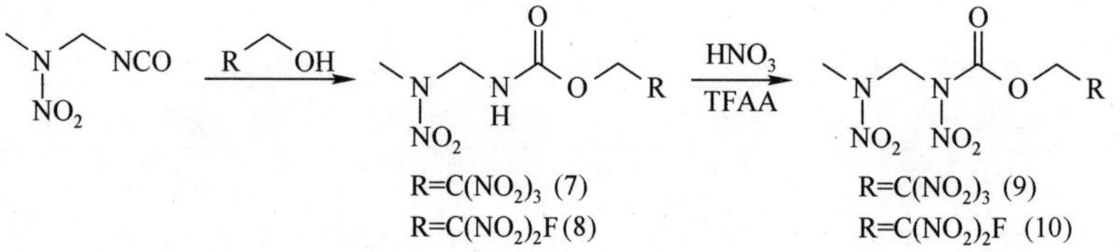

$R=C(NO_2)_3$ (7)
$R=C(NO_2)_2F$ (8)

$R=C(NO_2)_3$ (9)
$R=C(NO_2)_2F$ (10)

图 2-9 通过 2-硝基-2-氮杂异氰酸丙酯的加成反应合成氨基甲酸酯化合物（7）和（8）
随后进行 N-硝化反应得到硝氨基甲酸酯化合物（9）和（10）

图 2-10 所示为氨基甲酸酯衍生物（7）和（8）以及硝氨基甲酸酯（9）的 X 射线晶体结构。值得注意的是，硝氨基甲酸酯化合物（9）的密度很高，这或许是因为硝氨基甲酸酯分子链相对端的分子间引力（$O_2\cdots N_5$ 2.949(2)A）[①]使得分子链发生折叠。

表 2-5 总结了氨基甲酸酯化合物（7）和（8）以及硝氨基甲酸酯化合物（9）和（10）的理化特性。研究一下它们的感度值，很容易发现仅仅是通过在氨基

---

① 1Å=0.1nm。

甲酸酯中引入一个硝基基团就出现了如此大的差别。化合物（7）和（8）属于不敏感或低敏感物质；而化合物（9）和（10）对撞击或摩擦敏感，但还在要求可以接受的范围内。氨基甲酸酯的热稳定性比硝氨基甲酸酯高得多。测定了4 种化合物的最高分解温度，其中含氟的氨基甲酸酯（8）为 219℃，氨基甲酸酯（7）的最高熔化温度为 135℃。考虑这些化合物的氧平衡，只有硝氨基甲酸酯（9）可以用作推进剂配方的氧载体。

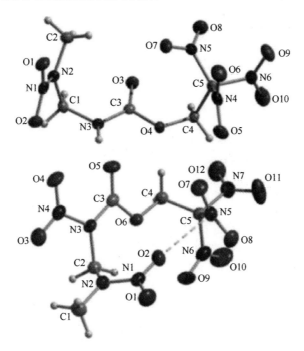

图 2-10　氨基甲酸酯（7）和硝氨基甲酸酯（9）的晶体结构；
其中的热椭圆体结构置信水平为 50%[28]

表 2-5　氨基甲酸酯（7）和（8）以及硝氨基甲酸酯（9）和（10）
的理化特性及爆轰参数和推进参数的计算值

| | （7） | （8） | （9） | （10） | 要求 |
|---|---|---|---|---|---|
| 分子式 | $C_5H_8N_6O_{10}$ | $C_5H_8N_5O_8F$ | $C_5H_7N_7O_{12}$ | $C_5H_7N_6O_{10}F$ | — |
| 摩尔质量/(g/mol) | 312.15 | 285.14 | 357.15 | 330.14 | — |
| 根据 BAM 标准方法测得感度（1/6） | | | | | |
| 撞击感度 IS/J | 30 | >40 | 6 | 8 | >4 |
| 摩擦感度 FS/N | 240 | 324 | 120 | 144 | >80 |
| 静电释放感度 ESD/mJ | 0.08 | 0.50 | 0.20 | 0.30 | >0.10 |

（续）

| | （7） | （8） | （9） | （10） | 要求 |
|---|---|---|---|---|---|
| 根据 BAM 标准方法测得感度（1/6） | | | | | |
| 粒度/μm | <100 | <100 | <100 | <100 | — |
| 通过 DSC 测量进行的热分析（$T_{onset}$）（起点温度） | | | | | |
| 起始熔化温度 $T_{melt}$/℃ | 135 | 70 | 92 | 62 | — |
| 起始分解温度 $T_{dec}$/℃ | 183 | 219 | 147 | 158 | 150 |
| 氮氧总含量、氧平衡以及常温密度 | | | | | |
| N+O/% | 78.18 | 69.45 | 81.21 | 73.92 | — |
| $\Omega_{CO}$ /% | 5.1 | -2.8 | 15.7 | 9.7 | >25.0 |
| $\Omega_{CO_2}$ /% | -20.5 | -30.9 | -6.7 | -14.5 | — |
| $\rho_{RT}$/(g/cm$^3$) | 1.74 | 1.71 | 1.82 | 1.77 | ±2.00 |
| 以 CBS-4M 级理论计算的生成热值和生成内能 | | | | | |
| $\Delta H_f^0$ /(kJ/mol) | -449 | -654 | -316 | -531 | -296 |
| $\Delta U_f$ /(kJ/mol) | -1343 | -2199 | -794 | -1517 | -2433 |
| 爆轰参数（EXPLO5，V6.02） | | | | | |
| $-\Delta U_{EX}$ /(kJ/kg) | 5018 | 4318 | 5949 | 5058 | 1422 |
| $T_{EX}$/K | 3494 | 3133 | 4061 | 3605 | 1735 |
| $p_{CJ}$/kbar | 283 | 264 | 328 | 299 | 158 |
| $D_v$/(m/s) | 8118 | 7820 | 8760 | 8234 | 6368 |
| $V_0$/(L/kg) | 754 | 735 | 751 | 722 | 885 |
| 等压燃烧参数（EXPLO5，V6.02）、比冲（氧化剂/Al/PBAN 胶黏剂），括号中为 $T_C$/K | | | | | |
| $I_{sp}$（净）/s | 246(3014) | 224(2403) | 262（3353） | 253（3222） | 157（1403） |
| $I_{sp}$（70/16/14）/s | 247(2507) | 239(2457) | 255（2818） | 247（2653） | 262（3380） |
| 比冲（氧化剂/AP/Al/PBAN 胶黏剂），括号中为 $T_C$/K | | | | | |
| $I_{sp}$（60/10/16/14）/s | 248(2563) | 241(2454) | 256（2879） | 249（2672） | — |
| $I_{sp}$（35/35/16/14）/s | 256(2958) | 249(2719) | 262（3211） | 258（3051） | — |
| $I_{sp}$（10/60/16/14）/s | 261(3286) | 260(3243) | 262（3339 | 261（3307） | — |
| 比冲（氧化剂/ADN/Al/PBAN 胶黏剂），括号中为 $T_C$/K | | | | | |
| $I_{sp}$（60/10/16/14）/s | 250(2626) | 243(2466) | 258（2842） | 251（2727） | — |
| $I_{sp}$（35/35/16/14）/s | 260(2927) | 254(2719) | 266（3180） | 261（2992） | — |
| $I_{sp}$（10/60/16/14）/s | 268(3203) | 267(3160) | 269（3259） | 268（3226） | — |

在爆轰参数的计算值方面，上述 4 种化合物都表现出较好的性能，相互比较

时与预期相符。含 FDNE 的氨基甲酸酯（8），它的值最低，与苦味酸的计算值（$\rho_{RT}$=1.77g/cm³，$D_V$=7685m/s，$p_{CJ}$=251kbar）接近[36]。含 TNE 的硝氨基甲酸酯 9，它的值最高，接近 RDX（$\rho_{RT}$=1.80g/cm³，$D_V$=8838m/s，$p_{CJ}$=343kbar）[36]。所有 4 种化合物（7～10）都考虑为等压燃烧，比冲值最高的含铝和胶黏剂的推进剂配方与 AP 标准配方具有相同的配比（70/16/14）[37]。

与预期的一样，配方比冲最高值 255s 是含 TNE 的硝氨基甲酸酯（9）取得的，它也具有最高的氧平衡值。用化合物（9）取代标准配方中 50%的 AP，比冲值维持在 262s，而 $T_c$ 也保持同样水平。化合物（9）与更多 ADN 混合，使得比冲值提高至 269s。尽管化合物（9）并不满足所有要求（如氧平衡和热稳定性），但硝氨基甲酸酯类化合物似乎为进一步研究复合固体推进剂的氧化剂设计提供了很好的基础。

### 4. 2,2,2-三硝基乙基氨基甲酸酯和 2,2,2-三硝基乙基硝氨基甲酸酯[23]

根据前面在研究以氨基甲酸酯衍生物作为不同多硝基构件单元的链接剂中发现的缺点，我们考虑研究一种更小的分子。它是我们团队中合成的最小衍生物，只有一个 TNE 基团加上硝氨基甲酸酯片段，即 2,2,2-三硝基乙基硝氨基甲酸酯（12）。我们通过 TNE 与气态碳酰氯（光气）反应，建立了获得 TNE-氯甲酸酯的非常经济的合成路径。TNE-氯甲酸酯可以分离出来，作为一种富氧构件单元，利用氨基甲酸酯和氨基甲酸酯主链进一步获得含 TNE 的新型氧化剂[32]。用液氨处理 TNE-氯甲酸酯，就获得了 TNE-氨基甲酸酯化合物（11）[42]。合成化合物（11）的一条更加"绿色"的路径，是由 TNE 与氯磺酰异氰酸酯反应[23]。这种方式，绕开了使用光气的有毒合成步骤，反应混合物用水处理即能够在"同一锅"内获得化合物（11）。化合物（11）再通过硝化，即可大量获得硝氨基甲酸酯化合物（12）（图 2-11）。

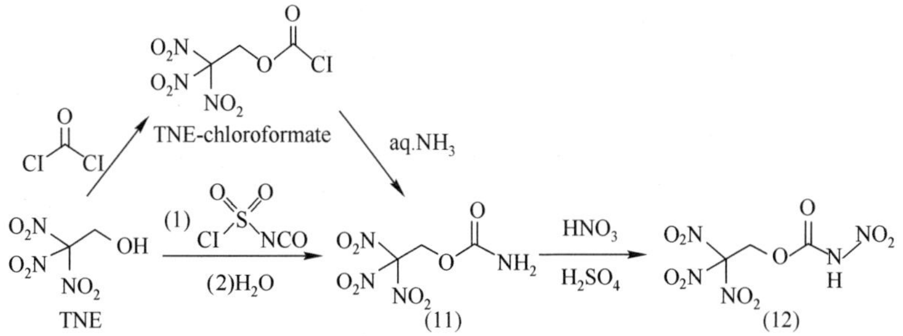

图 2-11 利用 TNE 合成 TNC（化合物（11））的合成方法以及随后 TNC-NO₂（化合物（12））的合成方法

化合物（11）和（12）的 X 射线晶体结构，参见图 2-12。显而易见，化合物

（11）和（12）的晶体结构，都以氨基甲酸酯或硝氨基甲酸酯片段几乎呈完美的对称分布。另外，即使测试在不同的温度下进行，化合物（11）还是表现出更高的密度。这或许解释为其晶体结构内存在好几个分子内吸引力。测量温度不同，是因为硝氨基甲酸酯化合物（12）在-62℃下发生了固相转变，所以这也不是什么问题。

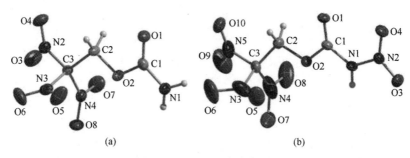

图 2-12　TNC（11）和 TNC-NO$_2$（12）的晶体结构；其中的热椭圆体结构
置信水平为 50%(a)和 30%(b)[23]

　　表 2-6 总结了化合物（11）和化合物（12）的理化特性。在比较氨基甲酸酯和硝氨基甲酸酯的感度时，这一趋势非常明显——化合物（11）对撞击不敏感，而化合物（12）对外部刺激敏感。意外的是，两者的摩擦感度正好相反。就热稳定性而言，两者都满足了要求，而且分解温度上的差异相比前面的化合物（7）～（10）来说更小。另外，密度上的差别有些意外，但可以用化合物（11）的晶体结构中观察到的多个分子内引力来解释。氨基甲酸酯和硝氨基甲酸酯的氧平衡都处于较好的范围，能够在燃烧中提供充足的氧，但化合物（12）远远超过要求，与原碳酸酯化合物（1）一样。爆轰参数计算值表明，氨基甲酸酯化合物（12）比硝氨基甲酸酯化合物（11）性能更高。对此，原因之一是化合物（12）的密度更高，对爆轰参数产生了有利的影响。

表 2-6　化合物（11）和化合物（12）的理化特性及爆轰参数和推进
参数的计算值

| | （11） | （12） | 要求 |
|---|---|---|---|
| 分子式 | $C_3H_4N_4O_8$ | $C_3H_3N_5O_{10}$ | — |
| 摩尔质量/(g/mol) | 224.09 | 269.08 | — |
| 根据 BAM 标准方法测得感度（1/6） | | | |
| 撞击感度 IS/J | >40 | 10 | >4 |
| 摩擦感度 FS/N | 64 | 96 | >80 |
| 静电释放感度 ESD/mJ | 0.15 | 0.10 | >0.10 |
| 粒度/μm | <500 | 500～1000 | — |

（续）

| | （11） | （12） | 要求 |
|---|---|---|---|
| 通过 DSC 测量进行的热分析（$T_{onset}$）（起点温度） | | | |
| 起始熔化温度 $T_{melt}$/℃ | 91 | 109 | — |
| 起始分解温度 $T_{dec}$/℃ | 169 | 153 | 150 |
| 氮氧总含量、氧平衡以及常温密度 | | | |
| N+O/% | 82.12 | 85.49 | — |
| $\Omega_{CO}$ /% | 21.4 | 32.7 | >25.0 |
| $\Omega_{CO_2}$ /% | 0.0 | 14.9 | — |
| $\rho_{RT}$/(g/cm³) | 1.82 | 1.72 | ±2.00 |
| 以 CBS-4M 级理论计算的生成热值和生成内能 | | | AP |
| $\Delta H_f^0$ /(kJ/mol) | −459 | −366 | −296 |
| $\Delta U_f$ /(kJ/mol) | −1960 | −1277 | −2433 |
| 爆轰参数（EXPLO5，V6.02） | | | |
| $-\Delta U_{EX}$ /(kJ/kg) | 5286 | 4426 | 1422 |
| $T_{EX}$/K | 3781 | 3601 | 1735 |
| $p_{CJ}$/kbar | 302 | 231 | 158 |
| $D_V$ /(m/s) | 8525 | 7685 | 6368 |
| $V_0$/(L/kg) | 761 | 750 | 885 |
| 等压燃烧参数（EXPLO5，V6.02）、比冲（氧化剂/Al/PBAN 胶黏剂），括号中为 $T_C$/K | | | |
| $I_{sp}$（净）/s | 246（3114） | 232（3032） | 157（1403） |
| $I_{sp}$（70/16/14）/s | 248（2780） | 261（3420） | 262（3380） |
| 比冲（氧化剂/AP/Al/PBAN 胶黏剂），括号中为 $T_C$/K | | | |
| $I_{sp}$（60/10/16/14）/s | 251（2945） | 261（3410） | — |
| $I_{sp}$（35/35/16/14）/s | 257（3171） | 261（3396） | — |
| $I_{sp}$（10/60/16/14）/s | 260（3327） | 261（3385） | — |
| 比冲（氧化剂/ADN/Al/PBAN 胶黏剂），括号中为 $T_C$/K | | | |
| $I_{sp}$（60/10/16/14）/s | 252（2910） | 262（3404） | — |
| $I_{sp}$（35/35/16/14）/s | 261（3126） | 266（3354） | — |
| $I_{sp}$（10/60/16/14）/s | 268（3244） | 269（3305） | — |

　　当考虑将化合物（11）和（12）用作含铝和 PBAN 胶黏剂推进剂配方的氧化剂时，原配比即氧化剂 70%、铝 16% 的配方[37]获得的比冲值最高。化合物（12）配方的比冲值，几乎与 AP 标准配方相等，AP 与化合物（12）混合则并不会使比

冲值在 261s 基础上进一步提高。比冲值只有在使化合物与 ADN 混合时才有提高。不幸的是，感度相当低的氨基甲酸酯化合物（11），在推进剂配方中就比冲而言并不能达到 AP 的效果。对硝氨基甲酸酯化合物（12）来说，因为它合成简单而且经济，它是进一步研究的良好备选物质，包括长期热分析、测试其与不同胶黏剂体系的相容性、单晶体增长以获得确定形状并最终形成聚合物包覆以改进属性、提高性能。

## 2.1.5　结论

本文提出了 4 类各不相同的分子化合物作为不同多硝基片段的主链，并对得到的中性化合物作为固体火箭推进剂中的氧载体的属性进行了详细讨论。它们在推进剂中应用的适用性，各有优缺点。研究证明，就性能而言（比冲），含氟类材料劣于其同系的三硝基甲基衍生物，但它们满足热稳定性高、感度低的要求，这一方面又优于三硝基甲基化合物。但是，这类中性 CHNO(F) 化合物的概念似乎是一种颇有希望获得高氯酸铵（AP）比冲值的方法[17]。文中提到的根据这一方法合成的有些化合物，甚至超过了 AP，但又没能满足其他要求（如感度）。硝氨基甲酸酯化合物（9）和（12）的初步燃烧测试表明，它们与微米级铝配方的燃烧性能较好。因此，我们团队将继续沿用这一概念方法去寻找连接多硝基基团的新的主链，以设计新的含能氧化剂。

化学推进领域对新氧源的需求，推动着全世界的研究团队继续研究。为 AP 找到绿色高性能的替代品，也是美国的国家前沿优先战略。这一领域众多杰出的科学家们，当然还采用了其他的概念方法。例如，应该提到南加州大学的 Karl O. Chiriste，他采用的是离子概念。他的技术方法基于大的富氧阴离子，例如被多硝基基团取代的硼酸根离子，结合燃料阳离子[43]；橡树岭国家实验室（Oak Ridge National Laboratory）的 Andrei A. Gakh 于 2000 年合成了六硝基异丁烯（HNB）二阴离子——三硝基甲基阴离子的一种更高碳同系物[44]；爱达荷州大学的 Jean'ne M. Shreeve 则集中研究基于多硝基化合物的含能材料[45]。通过不敏感炸药 FOX-7（二氨基二硝基乙烯）的硝化，研究界的同仁已经发现了一种新的三硝基甲基衍生物，即四硝基乙硝酰亚胺酸（TNAA）[46]，形式上是 2,2,2-三硝基乙基硝氨基甲酸酯（12）用甲醛进行还原（图 2-13）。

但是，就我们需要替代的组分——标准化合物高氯酸铵（AP）而言，应该强调的是，这种化合物是一种离子材料，除了其毒性外，还拥有堪称完美的属性。在火箭领域的多年应用中，其应用设计也逐步转化为 AP 属性直至我们对它产生依赖。这也是为什么要替换它如此困难的原因，而且所有与火箭领域相关的其他专业比如工程设计等，都需要拓宽思维，寻求具有不同属性和性能的新型材料，为火箭发动机用未来新型组分创新概念方法。

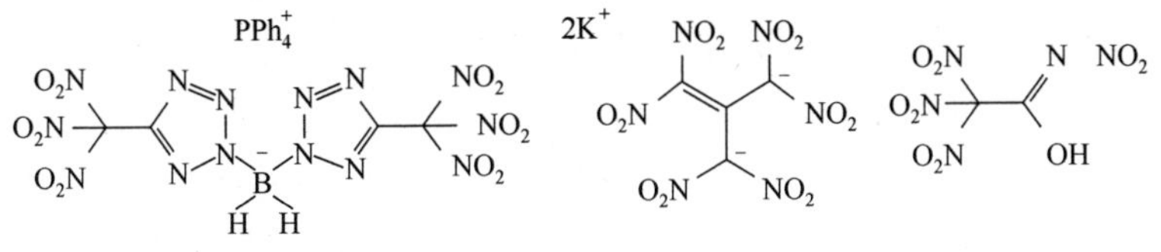

[TPP][BH₂(TNMTz)₂]　　　　K₂HNB　　　　TNAA

图 2-13　世界范围内正在进行的新型氧载体研究：双-B,B-（5-三硝基甲基四唑基）-四苯基硼酸磷鎓[PPh₄][BH₂(TNMTz)₂][43]、六硝基异丁烯二钾（K₂HNB）[44]、四硝基乙酰亚胺酸（TNAA）[46]

**致谢：**

首先感谢慕尼黑路德维格-马克西米兰大学（LMU）、美国陆军研究实验室（ARL）第 W911NF-09-2-0018 号项目、美国军械研究、发展和工程中心（ARDEC）第 W911NF-12-1-0467 号项目以及美国海军研究办公室（ONR）第 ONR. N00014-10-1-0535 号项目对本研究的资金赞助。还感谢 Mila Krupka 博士（捷克共和国 OZM 研究所）在建立含能材料新的测试方法和计算方法方面的合作、Muhamed Suceska 博士（克罗地亚 Brodarski 研究所）在预测新兴含能材料爆轰参数和推进参数的新计算程序研究方面的合作。我们与 Betsy M. Rice 博士和 Brad Forch 博士（ARL，美国马里兰州阿伯丁试验场）进行过许多讨论，他们的观点让我们大受启发。在此，我们一并表示感谢。本项目的合作者还包括如下人士的博士学位研究：Regina Scharf、Camilla Evangel isti、Quirin J. Axthammer、Sebastian F. Rest、Michael Göbel 博士、Davin Piercey 博士和 Richard Moll 博士。他们面对合成方面的挑战迎难而上，与我们组成灵活的"氧化剂团队"，在此表示感谢！

# 参 考 文 献

1. Sutton G P (2001) Rocket propulsion elements, 7th edn. Wiley, New York.

2. Klapotke T M (2012) Chemistry of high‐energy materials, 2nd edn. de Gruyter, Berlin.

3. Akhavan J (2004) The chemistry of explosives, 2nd edn. The Royal Society of Chemistry, Cambridge.

4. NIST Chemistry WebBook (2014) http://webbook.nist.gov/cgi/cbook.cgi?ID= C1344281& Mask= 2#Thermo‐Condensed. Accessed 26 Nov 2014.

5. Kubota N (2002) Propellants and explosives. Wiley-VCH, Weinheim.

6. Cooper P W (1996) Explosives engineering, 1st edn. Wiley-VCH, Weinheim.

7. (a) Ang H G, Pisharath S (2012) Energetic polymers, 1st edn. Wiley-VCH, Weinheim; (b)

Moore TL (1997) Assessment of HTPB and PBAN propellant usage in the US, American Institute of Aeronautics and Astronautics.

8.  (a) Gu B, Coates J D (2006) Perchlorate: environmental occurrence, interactions and treatment. Springer Verlag, New York; (b) Motzer W E (2001) Perchlorate: problems, detection, and solutions. Environ Forensic 4(2):301–311.

9.  Rogers W P (1986) Report of the Presidential Commission on the Space Shuttle Challenger Accident, Commission report.

10. Routley J G (1988) Fire and explosions at Rocket Fuel Plant in Henderson, Nevada, Report 021 of the Major Fires Investigation Project conducted by TriData Corporation under contract EMW–8–4321 to the United States Fire Administration, Federal Emergency Management Agency.

11. CNN interactive (2014) Unmanned rocket explodes after lift off, Jan. 17th 1997 http://edition. cnn.com/TECH/9701/17/rocket.explosion. Accessed 26 Nov 2014.

12. Holleman A F (1995) Lehrbuch der Anorganischen Chemie, 101st edn. de Gruyter, Berlin.

13. (a) McLanahan E D et al (2007) Low–dose effects of ammonium perchlorate on the. hypothalamic–pituitary – thyroid axis of adult male rats pretreated with PCB126. pp 308–317; (b) Tarone R E, Lipworth L, McLaughlin JK (2010) The epidemiology of environmental perchlorate exposure and thyroid function: a comprehensive Review. pp 653–660; (c) Dumont J (2008) The effects of ammonium perchlorate on reproduction and development of amphibians, SERDP Project ER–1236.

14. Makhijani A, Gurney K R (1995) Mending the ozone hole: science, technology, and policy. Institute for Energy and Environmental Research. MIT press, Boston.

15. Taylor J W R, Munson K (1981) Jane's all the world's aircraft 1981–82. Jane's Publishing Company Limited, London.

16. Eurenco Bofors AB (2008) Karlskoga.

17. Gobel M, Klapotke T M (2009) Development and testing of energetic materials: the concept of high densities based on the trinitroethyl functionality. Adv Funct Mater 19:347–365.

18. (a) Marans N S, Zelinski R P (1950) 2,2,2–trinitroethanol: preparation and properties. J Am Chem Soc 72(11):5329–5330; (b) Gobel M, Klapotke TM (2007) 2,2,2–trinitroethanol. Acta Crystallogr C C63:562–564.

19. Herzog L, Gold M H, Geckler R D (1951) The chemistry of aliphatic dinitro compounds. I. The Michael reaction. J Am Chem Soc 73:749–751.

20. (a) Duden P, Ponndorf G (1905) Uber aci–Dinitro–Alkohole. Ber Dtsch Chem Ges 38:2031– 2036; (b) Klapotke T M, Krumm B, Moll R (2013) Polynitroethyl– and fluorodinitroethyl substituted boron esters. Chem Eur J 19:12113–12123.

21. (a) Kettner M A, Klapotke T M (2014) 5,5'-Bis-(trinitromethyl)-3,3'-bi-(1,2,4-oxadiazole): A Stable Ternary CNO-compound with high density. Chem Commun 50(18): 2268-2270; (b) Kettner M A, Karaghiosoff K, Klapotke T M, Su'ceska M, Wunder S (2014) 3,3'-Bi-(1,2,4-oxadiazoles) featuring the fluorodinitromethyl and trinitromethyl groups. Chem Eur J 20:7622-7631.

22. Klapotke T M, Piercey D G, Stierstorfer J (2012) Amination of energetic anions: highperforming energetic materials. Dalton Trans 41:9451-9459.

23. (a) Axthammer Q J, Klapotke T M, Krumm B, Moll R, Rest S F (2014) The energetic nitrocarbamate $O_2NN(H)COOCH_2C(NO_2)_3$. derived from phosgene. Z Anorg Allg Chem 640:76.83; (b) Axthammer Q J, Krumm B, Klapotke T M (2015) Synthesis of energetic nitrocarbamates from polynitro alcohols and their potential as high energetic oxidizers. J Org Chem 80(12):6329.6335.

24. Klapoetke T M, Krumm B, Moll R, Penger A, Sproll S M, Berger R J F, Hayes S A, Mitzel N W (2013) Structures of energetic acetylene derivatives $HC \equiv CCH_2ONO_2$, $(NO_2)_3CCH_2C \equiv CCH_2C(NO_2)_3$ and trinitroethane, $(NO_2)_3CCH_3$. Z Naturforsch B 68: 719-731.

25. Klapotke T M, Krumm B, Moll R, Rest S F (2011) CHNO based molecules containing 2,2,2- trinitroethoxy moieties as possible high energy dense oxidizers. Z Anorg Allg Chem 637:2103- 2110.

26. Klapotke T M, Krumm B, Rest S F, Su'ceska M (2014) Polynitro containing energetic materials based on carbonyldiisocyanate and 2, 2-dinitropropane-1, 3-diol. Z Anorg Allg Chem 640:84-92.

27. Baumann A, Erbacher A, Evangelisti C, Klapotke T M, Krumm B, Rest S F, Reynders M, Sproll V (2013) Multiply nitrated high-energy dense oxidizers derived from the simple amino acid glycine. Chem Eur J 19(46):15627-15638.

28. Aas B, Kettner M A, Klapotke T M, Suceska M, Zoller C (2013) Asymmetric carbamate derivatives containing secondary nitramine, 2,2,2-Trinitroethyl, and 2-Fluoro-2,2-dinitroethyl moieties. Eur J Inorg Chem 35:6028-6036.

29. (a) Feierfeil J, Kettner M A, Klapotke T M, Su'ceska M, Wunder S (2014) Proceeding of the 17th seminar on new trends in research of energetic materials (NTREM), Pardubice, 9-11 Apr 2014; (b) Kettner M A, Klapotke T M (2015) New energetic polynitrotetrazoles. Chem Eur J 21(9):3755-3765.

30. Chavez D, Klapotke T M, Parrish D, Piercey D G, Stierstorfer J (2014) The synthesis and energetic properties of 3,4-Bis(2,2,2-trinitroethylamino)furazan (BTNEDAF). Propellants Explos Pyrotech 39:641-648.

31. Klapötke T M, Krumm B, Rest S F, Reynders M, Scharf R (2013) (2-Fluoro-2,2-

63

dinitroethyl)⁻ 2,2,2-trinitroethylnitramine: a possible high-energy dense oxidizer. (2013) Eur J Inorg Chem 34:5871–5878.

32. Klapotke T M, Krumm B, Moll R, Rest S F, Schnick W, Seibald M (2013) Asymmetric fluorodinitromethyl derivatives of 2,2,2-trinitroethyl N-(2,2,2-trinitroethyl)carbamate. J Fluor Chem 156:253–261.

33. Klapotke T M, Krumm B, Scherr M, Spies G, Steemann F X (2008) Facile synthesis and crystal structure of 1,1,1,3-tetranitro-3-azabutane. Z Anorg Allg Chem 634:1244–-1246.

34. (a) Bundesanstalt fur Materialforschung (BAM) (2008) http://www.bam.de; laying down the test methods pursuant to Regulation (EC) No. 1907/2006 of the European Parliament and of the Council on the Evaluation, Authorization and Restriction of Chemicals (REACH), ABl. L 142; (b) NATO standardization agreement (STANAG) on explosives, impact tests, no. 4489, 1st edn, 17 Sept 1999; (c) NATO Standardization Agreement (STANAG) on explosives, friction tests, no. 4487, 1st edn, 22 Aug 2002; (d) Klapotke TM, Krumm B, Mayr N, Steemann FX, Steinhauser G (2010) Hands on explosives: safety testing of protective measures. Saf Sci 48:28–34.

35. (a) Montgomery J J A, Frisch M J, Ochterski J W, Petersson GA (2000) A complete basis set model chemistry. VII. Use of the minimum population localization method. J Chem Phys 112:6532–6542; (b) Ochterski J W, Petersson G A, Montgomery J J A (1996) A complete basis set model chemistry. V. Extensions to six or more heavy atoms. J Chem Phys 104:2598–2619.

36. (a) Su′ceska M (2014) EXPLO5, Version 6.02, Zagreb; (b) Su′ceska M (1991) Calculation of the detonation properties of C–H–N–O explosives. Propellants Explos Pyrotech 16:197–202; (c) Su′ceska M (1999) Evaluation of detonation energy from EXPLO5 computer code results. Propellants Explos Pyrotech 24:280–285; (d) Suceska M, Ang H G, Chan H Y (2011) Modification of BKW EOS introducing density-dependent molecular covolumes concept. Mater Sci Forum 673:47–52.

37. NASA, Space shuttle news reference, 2-20–22-21, http://de.scribd.com/doc/17005716/ NASASpace-Shuttle-News-Reference-1981; (b) NASA, press release: STS-122 The Voyage of Columbus, 2008, pp 82–84, http://www.nasa.gov/pdf/203212main.sts122 presskit2.pdf.

38. Klapotke T M, Krumm B, Moll R, Rest S F, Su′ceska M (2014) Fluorodinitroethyl orthocarbonate and -formate as potential high energy dense oxidizers. Z Naturforsch B 69:8–16.

39. (a) Kamlet M J, Shipp K G, Hill M E (1968) US Patent 3388147; (b) Sheremetev AB, Yudin IL (2005) Synthesis of 2-R-2,2-dinitroethanol orthoesters in ionic liquids.

Mendeleev Commun 15:204-205; (c) Mueller K F, Renner R H, Gilligan W H, Adolph H G, Kamlet M J (1983) Thermal stability/structure relations of some polynitroaliphatic explosives. Combust Flame 50:341-349; (d) HillME (1967) US Patent 3306939; (e) HillME, Shipp K G (1970) US Patent 3526667.

40. (a) Grakauskas V, Albert A H (1981) Polynitroalkyltetrazoles. J Heterocycl Chem 18:1477-1479; (b) Fokin A V, Studnev Y N, Rapkin A I, Komarov V A, Verenikin O V, Potarina T M (1981) Synthesis and some properties of 5-fluorodinitromethyl- and 5- difluoronitromethyltetrazoles. Izv Akad Nauk SSSR Ser Khim 7:1592-1595; (c) Christe K O, Haiges R (2013) Energetic high-nitrogen compounds: 5-(Trinitromethyl)-2H-tetrazole and tetrazolates, preparation, characterization, and conversion into 5-(dinitromethyl) tetrazoles. Inorg Chem 52:7249-7260.

41. (a) Kamlet M J (1959) NAVORD Rep. 6206, US Naval Ordnance Lab, Whiteoak; (b) Agrawal J P, Hodgson RD (2006) Organic chemistry of explosives, 1st edn. Wiley, Chichester, p 33.

42. Luk'yanov O A, Pokhvisneva G V (1991) (2,2,2-Trinitroethoxy)acetic acid and its derivatives. Izv Akad Nauk SSSR Ser Khim 11:2545-2548.

43. (a) Haiges R, Jones C B, Christe K O (2013) Energetic Bis(3,5-dinitro-1H-1,2,4-triazolyl) dihydro- and dichloroborates and Bis(5-nitro-2H-tetrazolyl)-, Bis(5-(trinitromethyl)-2H- tetrazolyl) -, and Bis(5-(fluorodinitromethyl)-2H-tetrazolyl)dihydroborate. Inorg Chem 52:5551-5558; (b) Belanger-Chabot G, Rahm M, Haiges R, Christe K O (2013) [BH$_3$C(NO$_2$)$_3$].−: the first room-temperature stable (trinitromethyl)borate. Angew Chem Int Ed, 52:11002-11006; (c) Haiges R, Christe K O (2013) Energetic High-nitrogen compounds: 5-(trinitromethyl)-2h-tetrazole and - tetrazolates, preparation, characterization, and conver- sion into 5-(dinitromethyl) tetrazoles. Inorg Chem 52:7249-7260.

44. Khutoretsky V M, Matveeva N B, Gakh A A (2000) Hexanitroisobutene dianion salts. Angew Chem Int Ed 39(14):2545-2547.

45. (a) Yin P, Parrish D A, Shreeve J M (2014) Bis(nitroamino-1,2,4-triazolates): N-bridging strategy toward insensitive energetic materials. Angew Chem Int Ed 53:12889-12892; (b) Thottempudi V, Zhang J, He C, Shreeve J M (2014) Azo-substituted 1,2,4-oxadiazoles as insensitive energetic materials. RSC Adv 4:50361-50364.

46. Vo T T, Parrish D A, Shreeve J M (2014) Tetranitroacetimidic acid: a high oxygen oxidizer and potential replacement for ammonium perchlorate. J Am Chem Soc 136(34): 11934-11937.

65

## 2.2　1,2,4,5-四嗪类富氮含能材料：热和燃烧行为

**摘要**：近来，富氮含能化合物的相关研究进展备受关注。在多氮含能化合物中，1,2,4,5-四嗪类衍生物因其密度大、热稳定性好以及对静电、摩擦和撞击非常钝感的特性而格外令人感兴趣。本文意在根据不同四嗪类含能化合物的独特燃烧特性分析其可能应用的领域。四嗪类衍生物热稳定性的研究表明，在大多数情况下，化合物的稳定性是由稳定性欠佳的取代基的分解所决定的，而并非四嗪环本身。四嗪类衍生物燃烧试验及热电偶辅助燃烧试验表明，大部分四嗪化合物虽然燃面温度很高，但挥发量很少，这预示其燃烧符合凝聚相燃烧机理。四嗪类含能化合物贫氧或氧含量较低使得其燃烧产物中产生了高（生成）焓的组分，因而储存在化合物中能量不能得以完全释放。

### 2.2.1　引言

近年来，有一类含能材料被广泛关注，其所释放的能量来自于正的生成焓而非碳骨架的氧化，该类含能材料不仅可以作为炸药，由于其爆温较低，但相对能够提高比冲[1]，因而也可作为燃气发生剂或推进剂的组分。1,2,4,5-四嗪（即 S-四嗪，均四嗪）类衍生物即为其中之一。1,2,4,5-四嗪化合物是一类独特的杂环化合物，其环中所含的氮原子在可稳定存在的嗪基化合物中是最多的，而其分子中氮原子数的增多使得其生成焓增大，如 Scheme1 中所示，即使没有爆炸性取代基，四嗪环仍含有足够高的生成焓，其 TNT 系数为 0.6。

**Scheme 1**

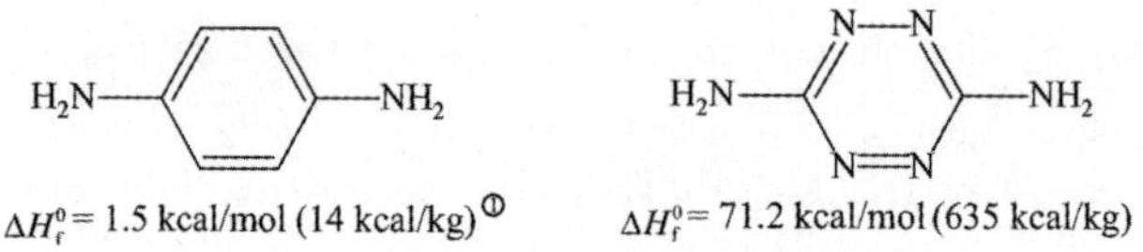

$\Delta H_{\mathrm{f}}^{\mathrm{o}} = 1.5 \ \mathrm{kcal/mol} \ (14 \ \mathrm{kcal/kg})$①　　　　$\Delta H_{\mathrm{f}}^{\mathrm{o}} = 71.2 \ \mathrm{kcal/mol} \ (635 \ \mathrm{kcal/kg})$

1975 年，Hochstrasser 提出 1,2,4,5-四嗪的光致分解机理为三键协同断裂[2]（Scheme 2），1986 年 Schaefer 在理论上证明了该机理[3]，2000 年 J.Oxley 等[4]对大量四嗪衍生物的热分解进行了研究，发现其热分解按此方式进行，但断裂过程并不协同且并非仅此一种分解方式。研究发现，四嗪主要有四嗪环上 N-N 键断裂后生成 $N_2$ 与取代基的脱离两种分解模式，有时质子转移会促进此过程的进行。四嗪环热稳定性好，典型四嗪化合物在 300℃ 以上才会分解，如二氨基四嗪。

---

① 1cal=4.18J。

**Scheme 2**

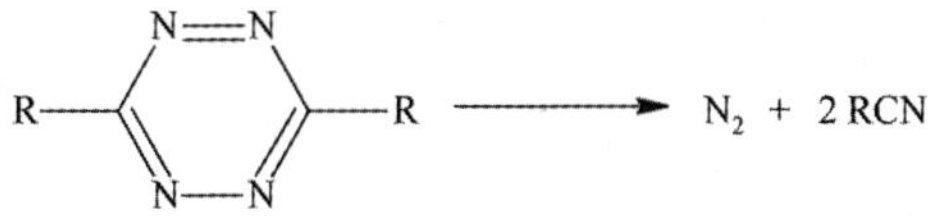

部分四嗪衍生物对撞击、摩擦和静电火花等外界刺激表现出惊人的钝感，而且部分化合物具有奇特的爆炸性能和非凡的燃烧特性，即高燃速和低燃速压力指数。低燃速压力指数被认为是发生在凝聚相的主导燃烧反应所导致的[5]，但也不尽然。低燃速压力系数是燃面温度恒定体系（如某些铝热剂）的典型。但是，若燃面（主导燃烧反应所在之处）温度由沸点所决定，则燃温便会随着压力的增大而升高，相应地，燃烧定律中的指数取值范围会很大，甚至会超过 1。

由于性能优越，四嗪类含能材料被期许应用于多个领域中，包括：不敏感"绿色"炸药，作为发射药或固体推进剂组分，作为燃气发生剂或灭火剂组分，作为微型引擎用单元推进剂或燃料。

近年来，多篇综述认为均四嗪及其含能材料属于新型功能分子[1,6]。然而，关于四嗪化合物燃烧特性及其在含能材料中所占位置的相关分析还未见报道。本研究的主要目的就是分析这类化合物的燃烧特性，尝试着建立其物化性能与燃烧机理之间的关联，并根据不同四嗪类含能材料独特的燃烧特性预计其可能应用的领域。

迄今，我们已经合成了大量的 1,2,4,5-四嗪衍生物，它们一般可以分为 4 类：①分子中不含氧元素的化合物（CHN 类四嗪）；②分子中含有活性氧元素的化合物（CHNO 类四嗪）；③四嗪的氧化性酸盐；④四嗪类金属盐和硝酸、高氯酸金属盐的四嗪络合物。

## 2.2.2　取代均四嗪的通用合成方案

均四嗪很早以前就已被发现，最早的报道可追溯至 19 世纪末。Pinner 法是合成烷基、芳基或杂环基二取代四嗪的一种简便方法，该方法为让含相应取代基的腈与肼反应成环，然后将生成的中间产物二取代氢化四嗪氧化[7]（Scheme 3）：

**Scheme 3**

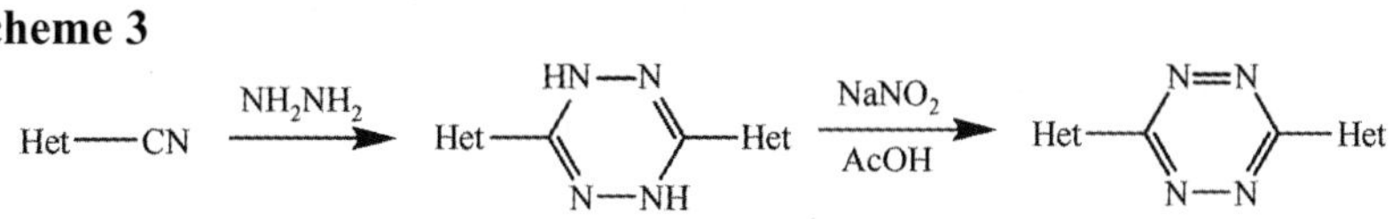

当 Livermore 实验室的美国学者提出可通过来源广泛且廉价的原材料——三氨基肼和乙酰丙酮来合成 3,6-对（二甲基吡唑）四嗪[1,8]后，四嗪化学研究在 20 世纪 90 年代达到顶峰。3,6-对（二甲基吡唑）四嗪极易发生亲核取代反应，是目前绝大多数均四嗪类高氮含能材料合成的前驱体（Scheme 4）：

**Scheme 4**

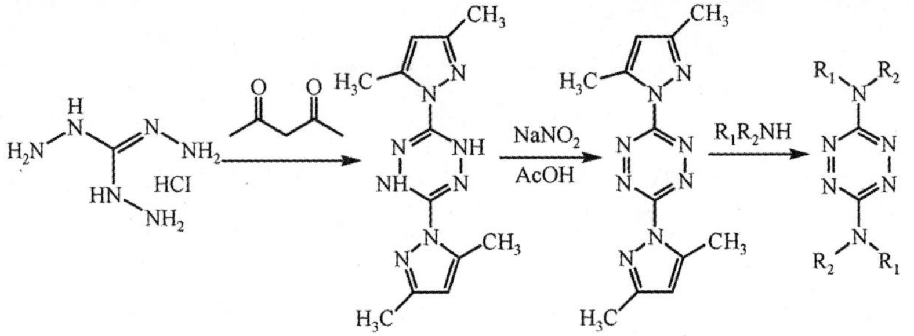

$R_1R_2N=NH_2$、$NHNH_2$、氨基四唑、胍、硝基胍等

二甲基吡唑四嗪与基体连接较弱的杂环芳胺反应可以合成 3-杂芳基-氨基均四嗪，杂环芳胺包括氨基呋咱、氨基咪唑、氨基三唑、氨基四唑或氨基四嗪[9]。二甲基吡唑四嗪还可以反应生成单取代产物，从而可以转化为环化的四嗪并唑类化合物，包括四嗪并三唑和四嗪并四唑（Scheme 5）：

**Scheme 5**

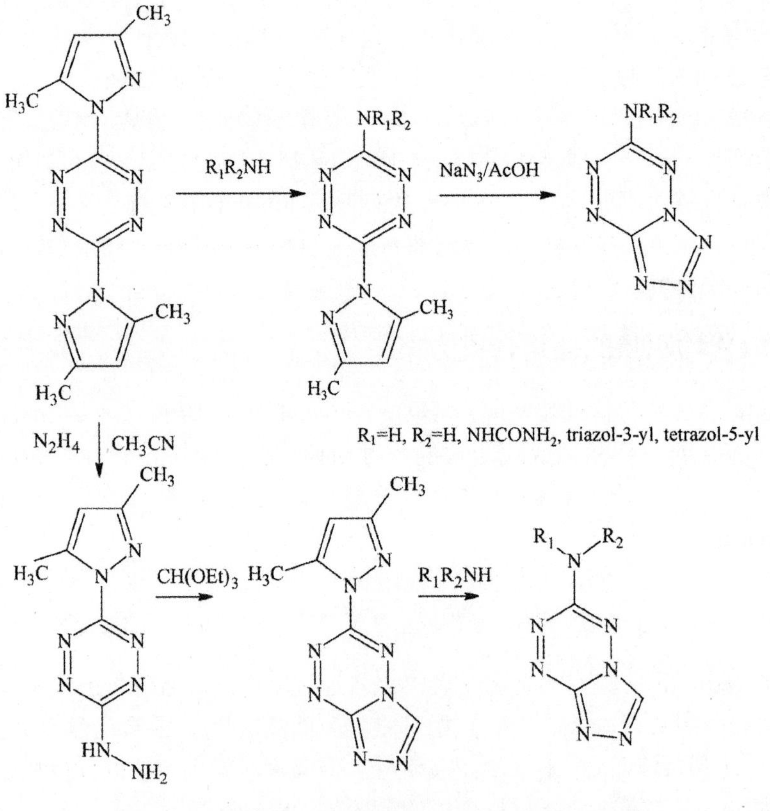

$R_1$=H, $R_2$=H, NHCONH$_2$, triazol-3-yl, tetrazol-5-yl

## 2.2.3　CHN 四嗪类含能材料

几种主要的不含活性氧的嗪基含能化合物如 Scheme 6 所示。如 Scheme 6 和表 2-7 所列，在四嗪环上引入肼基、四唑基或叠氮基等吸热取代基会使化合物生成焓增加 900～1000kcal/kg，这么高的能量使得这些化合物爆速可达 7500m/s，甚至更高。

表 2-7　部分 CHN 四嗪化合物的理化性能

| 化 合 物 | 密度（压样密度）/(g/cm$^3$) | $\Delta H_f^0$ /(kcal/mol)(kcal/kg) | DSC 放热曲线/℃（热效应，kcal/kg） | 爆速/(m/s)（密度，g/cm$^3$） |
|---|---|---|---|---|
| DHT | 1.69[17](1.59) | 128(900)[17] | 164(307)和307(196)[4]* | 7540(1.56)[18] |
| DAAT | 1.78[19]1.76(1.65)[20] | 206(936)[19,21]247(1123)[20] | >252[21]320(714)[20] | 7400(1.65)[20]7900(1.78)[22] |
| BTATz | 1.76[23]1.742[24](1.71) | 211(850)[25];170(685***)[26] | 264**[18];320(374)[27] | 7520***(1.76)[18] |
| BTT | 1.68[28] | 224(1026)[28] | 235(633)[28] | 7950***(1.68) |
| 注：*—二级分解；**—DSC 开始分解；***—评估 | | | | |

通过理论计算，二肼基四嗪（DHT）应用于发射药和推进剂中效果均很好[18]。DHT 实测生成焓为 128kcal/mol 或 900kcal/kg，被认为是一种高能燃料[9]。DHT 燃烧火焰温度高且无碳颗粒产生，作为新一代的烟火剂十分理想[10]。

3,3'-偶氮双（6-氨基-1, 2, 4, 5-四嗪）（DAAT）加 5%（质量）Kel-F 800 胶黏剂所制备的密度为 1.65g/cm$^3$ 的颗粒，实测爆速为 7400m/s，由此外推可知，理论装填密度（1.78g/cm$^3$）下的爆速可达 7900m/s。通过气体比重法测定，DAAT 密度为 1.76～1.78g/cm$^3$，略低于 Hiskey 等的报道（1.84g/cm$^{3[13]}$），而且对撞击不敏感，在静电或摩擦作用下不会起爆。

**Scheme 6**

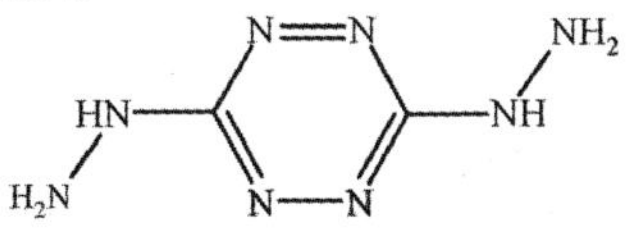

3,6二肼基-1,2,4,5-四嗪(DHT) 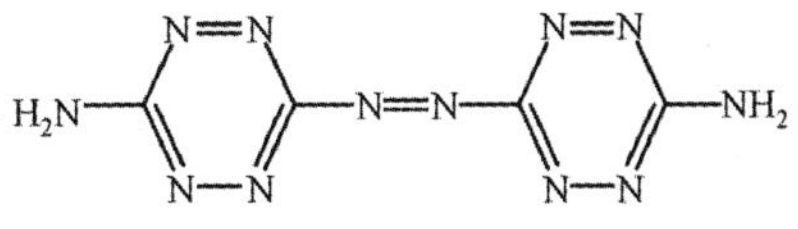　　　　3,3'-偶氮双(6-氨基-1,2,4,5-四嗪)(DAAT)

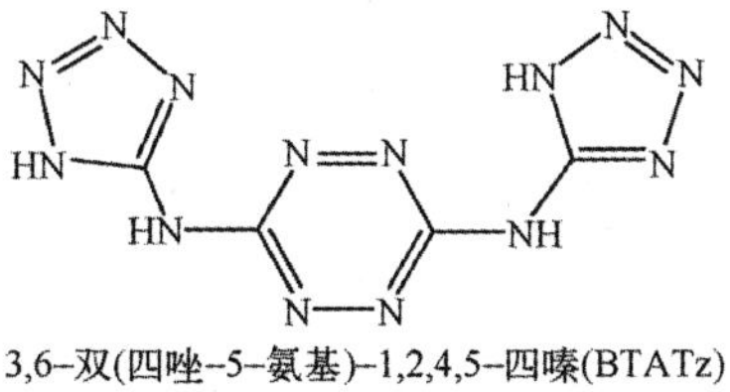

3,6-双(四唑-5-氨基)-1,2,4,5-四嗪(BTATz) 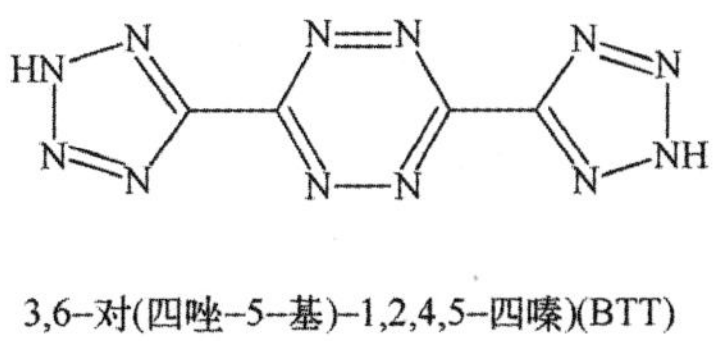　　3,6-对(四唑-5-基)-1,2,4,5-四嗪(BTT)

3,6-双(四唑-5-氨基)-1,2,4,5-四嗪(BTATz)被认为是新一代推进剂[18,23]、灭火用气体发生剂[11,12]和安全气囊[13]的关键成分。BTATz 在直径为 250μm 的玻璃管中依然可以维持燃烧，因此可以用作微型推进器的单元推进剂[14,15]。此外，BTATz 也可作为推进剂的弹道改良剂，在二硝酰胺铵（ADN）中添加 22%的 BTATz 可使其燃速增加 1.5 倍，同时还能减小压力指数[24]。当 BTATz 部分替代复合改性双基推进剂（CMDB）中的黑索今（RDX）时，也可提高燃速并降低压力指数。

与 DAAT 一样，3,6-对（四唑-5-基）-1,2,4,5-四嗪（BTT）也被认为是一种低敏感含能材料。由于氮含量较高，有望应用于安全气囊等领域中。

如前所述，四嗪环的热稳定性很好。纯的 DAAT 在其熔点 252℃之前均保持热稳定[19,21]。BTATz 的 DSC 曲线分解峰在 320℃，同样拥有优异的热稳定性[27]。有趣的是，BTT 与 BTATz 结构相似，但杂环之间无-NH 连接，其 DSC 分解峰温低了很多[28]。DHT 热分解分两步进行，分别对应 164℃和 307℃[4]。DHT 嗪环上取代基的初步热分解或基团脱离被认为是导致其热稳定较差的原因[4]。而这一解释并非显而易见的，因为肼基本身十分稳定。

我们实验室研究了该类化合物中两种，即 DHT 和 BTATz[26]。采用等温法在 110～130℃范围内，通过带有补偿模式的薄壁玻璃压力计（波尔登氏压力计）对 DHT 的热分解性能进行试验研究。DHT 在经过初期缓慢分解后气体释放量陡然增加，这是典型的自加速分解。这个现象由局部化学变化导致的，气体的快速释放很可能跟其晶体缺陷处的热分解相关。根据试验数据，采用带有自加速的一阶反应模型对反应速率常数进行了计算。采用一阶反应和自加速模型计算出的速率常数相差两个数量级。考虑到 DHT 热分解的复杂性，我们认为采用 DSC 非等温法所获得的速率常数更有意义。

在 110～130℃下，DHT 分解的最大产气量并不高（208cm$^3$/g 或每摩尔 DHT 放出 1.32mol 气体），与文献[29]的报道（0.79～0.83mol/mol）接近。研究表明，DHT 第一阶段分解并非取代基的脱离，而应该是氧化还原反应，即四嗪环被肼基降解并生成二氨基氢化四嗪和氮气分子[20]（Scheme 7）：

**Scheme 7**

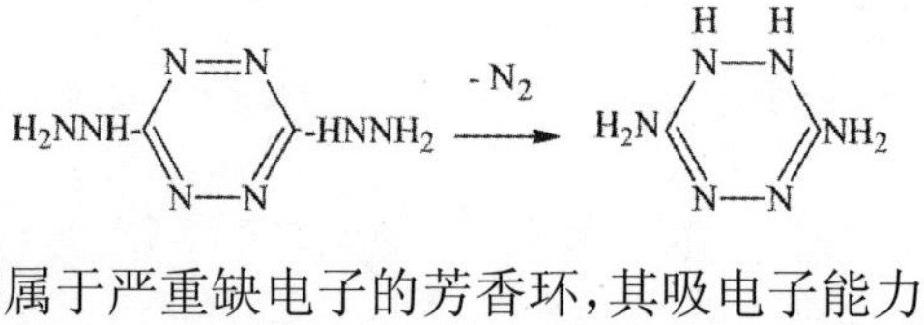

这是由于四嗪环属于严重缺电子的芳香环，其吸电子能力很强。1963 年，Stone 等就已经对此进行了报道[30]。在第二阶段中，所生成的二氨基氢化四嗪在更高的温度下进一步分解。

BTATz 的热稳定性要优越得多，在 250～285℃范围内，其热分解在等温条件下按照一阶反应进行直至较高的分解程度，且无自加速现象，最大产气量为 280cm³/g 或每摩尔 BTATz 放出 3mol 气体。通过 BTATz 的热分解研究推测，其分解过程中 3 个杂环均参与了反应。文献[27]和[31]分别通过等温和非等温法所获得的速率常数十分吻合。我们的研究[26]中，在 250～334℃范围内计算所得到的速率常数可以很好地通过阿伦尼乌斯方程描述，即 $k=2.0×10^{19}\exp(-28900/T)$，$(s^{-1})$，求得的活化能为 57.5kcal/kg。

BTATz 的分解动力学参数对于典型的一阶反应来说要高很多。四唑环的分解反应首先是 1H-异构体转化为 2H-异构体，而后按照协同反应机理消除氮气分子[32,33]，或者首先是四唑环的 1H-异构体转化为叠氮亚胺，而后从叠氮基中消除氮气分子[34-36]。由于首先进行异构化反应，所求得的表观活化能要高于消除氮气分子反应本身的活化能。

根据 Son 等[37]的研究，DHT 燃速较高，在 10MPa 下的燃速略小于 50mm/s。在我们的实验[26]中，初始压力 0.2atm①时，DHT 被压实在直径为 4mm 丙烯酸管中仍能保持稳定燃烧（图 2-14）。DHT 非稳定燃烧区域将其燃烧过程分为 0.02～2MPa 和 4～10MPa 两个压力区间，各自区间的燃速—压力方程可以分别描述为 $r_b=3.63p^{0.69}$ 和 $r_b=2.04p^{0.67}$。相关文献中的数据仅与高压区间相吻合。低压区间的差异可能是由于样品中的其他添加组分造成的，例如残留的易挥发性溶剂，其作用类似降温剂。

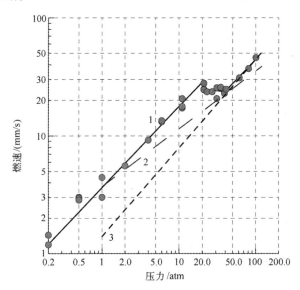

图 2-14　DHT 燃速比较

文献[26]—曲线 1 和点；文献[37]—DHT+3%estane，曲线 2；纯 DHT，曲线 3。

_____

① 1atm=101.325kPa。

BTATz 燃速很高，而现有的燃速数据差异较大。所添加的胶黏剂以及试样的提纯方式均会影响 BTATz 的燃速[18,37]。本文所求得的 BTATz 燃速（$r_b$=5.6$p^{0.49}$）与不同文献数据之间的对比如图 2-15 所示。我们所求得的燃速与 BTATz 加 3%的 Kel-F 胶黏剂时的数据[37]较为一致，略低于通过乙醇彻底洗涤试样的数据[24]（图 2-15 中点 3 和点 4）。通过二甲基酰胺（DMF）处理所得到的 BTATz 试样燃速最高（图 2-15 中点 2），这一点出乎意料。

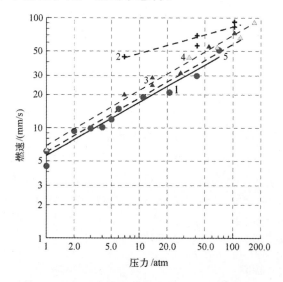

图 2-15　不同实验室获得的 BTATz 燃速值比较

文献[26]—曲线 1，实线基点；文献[24]—曲线 2、3、4，虚线基点；文献[37]—曲线 5，虚线。

低压下，通过钨-铼热电偶获得了 BTATz 和 DHT 的燃烧温度分布曲线[26]。两者燃烧过程中均无可见火焰，说明燃温较低。事实上，BTATz 所测得的最大燃温也不超过 800℃（图 2-16），比其绝热燃温低了 1060℃。DHT 的燃烧分为两个阶段，在试样表面与火焰之间的区域内，温度增加较为缓慢（图 2-17）。

DHT 所测得的最大燃温也小于其绝热燃温，这是其火焰中生成了吸热的腈类衍生物等高能产物所造成的。热电偶所得数据表明，凝聚相反应在 DHT 和 BTATz 燃烧过程中占主导地位。

压力对 DHT 和 BTATz 实测燃面温度的影响及与 HMX 的比较如图 2-18 所示。两种四嗪化合物的燃面温度均显著高于诸如 HMX 之类的低挥发性物质。DHT 也是一种低挥发性物质，沸点为 425℃，蒸发焓为 22.7kcal/mol。BTATz 是一种不挥发物质，沸点为 580℃，蒸发焓为 35.8kcal/mol。

通过比较不同炸药常压下燃面温度可以看出，DHT 和 BTATz 燃面温度分别比 HMX 高 50℃和 200℃（图 2-19）。一般认为，四嗪化合物表观燃速较高是因为在决定其燃速的区域燃烧温度比较高。

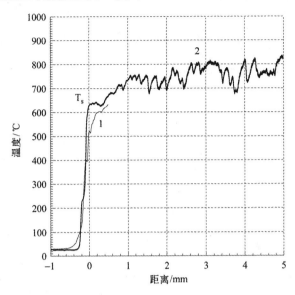

图 2-16　BTATz 在 0.2atm（曲线 1）和 4atm（曲线 2）下燃烧的温度分布

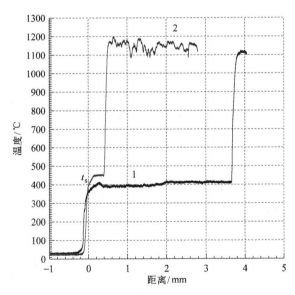

图 2-17　DHT 在 0.2atm（曲线 1）和 0.5atm（曲线 2）下燃烧的温度分布

DHT 的燃烧特性可通过其热分解机理进行解释。因为 DHT 的燃烧由其凝聚相反应所决定，如果能知道其在燃面存留时间就可以求出该反应的动力学方程[39,40]。DHT 在低压下燃烧时主导反应的动力学方程（$k=10^{12.26}\exp(-15850/T)$，（$s^{-1}$））

与其热分解第一阶段的初始反应动力学方程相符（图 2-20）。

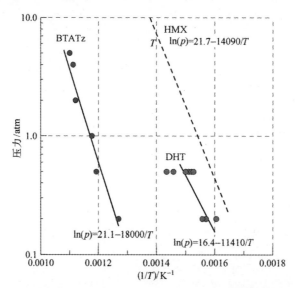

图 2-18　BTATz、DHT 和 HMX 压力—燃面温度曲线

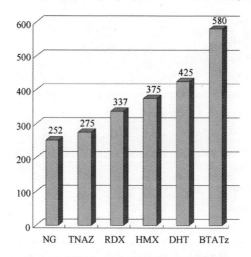

图 2-19　常压下不同炸药的燃面温度对比

　　该主导反应的平均反应热约为 280cal/g。由于燃面温度随压力增大而升高，当压力大于 2MPa 时，该反应热与将凝固相加热至燃温并使其熔化所需的能量相当。当压力进一步增加时，其热分解过程会不稳定。而当压力高于 4MPa 时，这种不稳定性消失。高压时，燃速显然由热分解第二阶段控制，这一阶段的动力学方程（$k=10^{12.33}\exp(-16830/T)$（$\text{s}^{-1}$））总反应热为 575cal/g。

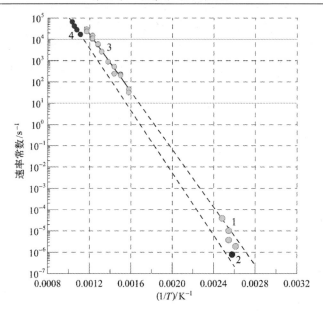

图 2-20　DHT 热分解第一（曲线 1）、第二（曲线 2）阶段反应速率常数与其
在低压（曲线 3）、高压（曲线 4）下燃烧反应动力学方程的比较

BTATz 热分解反应速率常数与燃烧反应速率常数之间的比较见图 2-21。如图所示，通过燃烧反应速率方程 $k(s^{-1})=10^{10.44}\exp(-16150/T)$ 所求得的 BTATz 的动力学参数与其凝聚相热分解过程的相应参数不一致。BTATz 燃烧反应的 $\ln k \sim 1/T$ 曲线斜率与其热分解 $\ln k \sim 1/T$ 曲线斜率差异很大，反而与 5-AT 的热分解曲线斜率

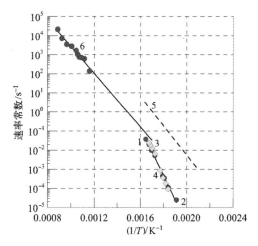

图 2-21　BTATz（1-4）、氨基四唑（5）[41]的热分解动力学方程与其燃烧反应（6）
动力学方程[26]的比较：1 和 2 来自文献[26]，3 来自文献[27]，4 来自文献[31]

较为一致[41]。如上所述，四唑环的热分解包含第一阶段的异构化反应。高温下，BTATz 第一阶段反应已经结束，在其燃面上仅为异构化产物的热分解反应。5-硝基-1,2,4-三唑-3-酮（NTO）不同温度下热分解动力学的相关研究中也观测到了与之相似的现象[42]。BTATz 燃烧反应活化能（32.1kcal/mol）与叠氮亚胺热分解活化能计算值（约 28kcal/mol[34,33]）较为一致。

图 2-21 中，通过 BTATz 燃烧反应速率常数（$k=2.8\times10^{10}\exp(-16150/T)$（$s^{-1}$））与 5-氨基四唑热分解反应速率常数（$k=1.3\times10^{13}\exp(-17680/T)$（$s^{-1}$）[41]）之间的对比可以看出，这两种杂环连接在一起可以增加氨基四唑基的稳定性。

由此可以解释 DHT 和 BTATz 燃烧过程中的低压力指数。若决定燃速的反应发生在凝聚相，则压力指数取决于活化能和蒸发焓之比[40]。DHT 和 BTATz 的活化能和蒸发焓之比分别为 0.69 和 0.45，这与两者的压力指数（分别为 0.69 和 0.49）十分相符。

CHN 类四嗪燃烧时，火焰中所产生的吸热性的腈类衍生物等高能量产物使得实测燃温低于绝热燃温。这也很可能是在探索 BTATz 应用于微型推进系统的相关研究中，其实测比冲仅为理论值约 14%的主要原因[14]。

### 2.2.4　CHN 类四嗪并唑基含能材料

近来，人们对四嗪并唑类含能材料十分关注。在所有可能的 1,2,4,5-四嗪并唑类化合物中，[1,2,4]三唑[4,3-b]并均四嗪和四唑[1,5-b]并四嗪格外引人注目。主要通过肼基衍生物与羧酸的原酸酯进行缩合反应来合成[1,2,4]三唑[4,3-b]并均四嗪[43,44]。

四唑[1,5-b]并 1,2,4,5-四嗪可以通过 3-肼基-1,2,4,5-四嗪与亚硝酸反应[1]或叠氮化钠取代四嗪环上的基团[1,45]来进行合成。所有的四唑[1,5-b]并 1,2,4,5-四嗪都存在叠氮-四唑异构现象，其中叠氮构型为主导构型[46,45,47]。但是，6-氨基-四唑[1,5-b]并 1,2,4,5-四嗪及其固态盐在室温和高温下均存在四唑构型[48,49]。这一现象显然是由于 6-氨基这一取代基团的供电子特性造成的，这是因为吸电子基团有利于开环状态的叠氮构型，而供电子基团则有利于四唑环构型[50]。

Scheme8 中列出了部分代表性四嗪并唑基含能材料。如表 2-8 所列，这些化合物的生成焓均为正值且很高，某些甚至超过了 1000kcal/kg。

**Scheme 8**

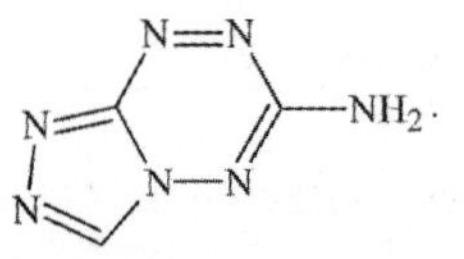

6-氨基三唑[1,5-b]-1,2,4,5-四嗪
(ATrTz)

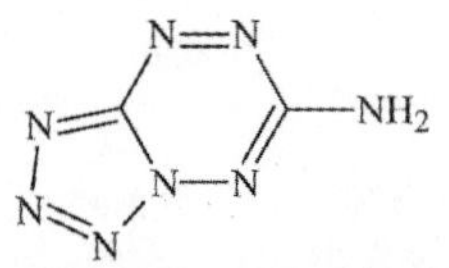

6-氨基四唑[1,5-b]-1,2,4,5-四嗪
(ATTz)

2-四唑[1,5-b]-1,2,4,5-四嗪-6-肼甲酰胺
(STTz)

6-(四唑基-5-氨基)四唑[1,5-b]-1,2,4,5-四嗪
(TzATTz)

表 2-8　主要的 CHN 类四嗪并唑化合物的物化性能

| 化 合 物 | 密度（压样密度）/(g/cm³) | $\Delta H_f^0$ /(kcal/mol) (kcal/kg) | DSC 放热曲线/℃（热效应，kcal/kg） | 爆速/(m/s)（密度，g/cm³） |
|---|---|---|---|---|
| ATrTz | 1.60[52] | 116(847)* 148(1080)**[52] | 300(159)[53] | 7200(1.60)***[52] |
| ATTz | 1.68[52] (1.6)[54] | 146(1060)*[54] 175(1268)**[52] | 203(948)[54] | 7970(1.68)*** [52] |
| STTz | 1.84(1.43)[54] | 114(584)*[54] | 215(758)[54] | 7720(1.84)***[54] |
| TzATTz | 1.52[54] | 221(1077)*[54] | 188(937)[54] | 7390(1.52)***[54] |
| 注：*—评估；**—气相；***—计算 | | | | |

　　Licht 和 Ritter[51]首先通过 NaNO₂ 将 3,6-二氨基-1,2,4,5-四嗪重氮化，而后将生成的重氮盐不经分离直接和 NaN₃ 反应合成了 6-氨基-四唑[1,5-b]并 1,2,4,5-四嗪（ATTz）（发火点约 200℃）。他们发现 ATTz 对冲击波和摩擦非常敏感，而且在热分析中其热分解表现出强烈的放热性，因而有望被用作炸药的起爆药。

　　文献[54]中指出，ATTz 具有良好的起爆性能。就起爆 RDX 来说，ATTz 在 8 号雷管的黄铜帽中所需的最小装药量小于 0.05g。值得注意的是，四嗪并三唑化合物的机械感度要低于四嗪并四唑化合物。

　　通过 B3LYP/6-311G**平台计算可知，与二氨基四唑相比，并唑环的引入使得四嗪环中 N-N 和 C-N 的键长增加、键级降低，从而使四嗪并唑的热稳定性变差。事实上，虽然 6-氨基三唑[1,5-b]并 1,2,4,5-四嗪（即表 2-8 中 ATrTz）热稳定性良好，但其 DSC 上放热峰的峰温（300℃）低于二氨基四嗪的峰温（347℃）[4]。尽管 ATrTz 和 ATTz 的键长、键级的理论计算值相近，但后者稳定性要差一些；由 DSC 数据可知，ATTz 最大放热峰的峰温很低（约 200℃）。

　　ATrTz 和 ATTz 在 230～260℃及 165～180℃区间内的等温法热分解试验数据分别见图 2-22、图 2-23，两者的热分解均按照一阶反应进行直至较高的反应程度。

　　ATrTz 热分解最大产气量并不是很大（约 130cm³/g 或每摩尔 ATrTz 释放 1摩尔气体），而 ATTz 在 165～180℃分解时产气量高达 353cm³/g 或每摩尔 ATTz

释放 2 摩尔气体，这是因其内四嗪和四唑环均发生了分解。

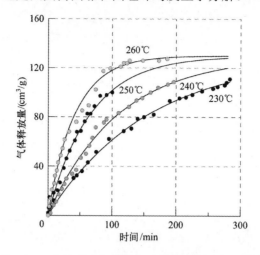

图 2-22　ATrTz 在不同温度下分解的气体释放量曲线
（实线为拟合曲线，点为实测值）

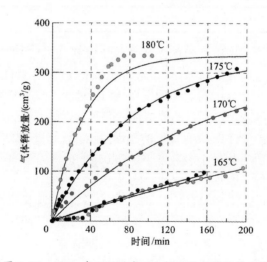

图 2-23　ATTz 在不同温度下分解的气体释放量曲线
（实线为拟合曲线，点为实测值）

　　因为 ATrTz 和 ATTz 的热分解均按照一阶反应进行直至较高的反应程度，其等温法和非等温 DSC 法分别求得的动力学参数较为一致。在较宽的温度范围内，两者的动力学方程可通过图 2-24 中的两条直线进行描述：ATrTz 为 $k(230\sim328℃)=5.8\times10^{10}\exp(-17205/T)$ （$s^{-1}$），ATTz 为 $k(164\sim221℃)=1.3\times10^{25}\exp(-29750/T)$ （$s^{-1}$）。

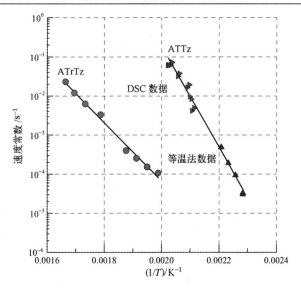

图 2-24　不同研究方法所得到的 ATrTz 和 ATTz 的热稳定对比

（实线为等温和非等温法实测数据点一起拟合所得）

由 B3LYP/6-311G**平台计算结果可知，作为最简单的四嗪并唑化合物，ATrTz 和 ATTz 热分解反应速率常数要高于最简单的四嗪化合物——二氨基四嗪的速率常数[4]。

很多研究人员倾向认为，活化能可以反映含能材料的热稳定性，而通过四嗪并四唑和四嗪并三唑热稳定性的对比可知这种关系并不总是正确的。四嗪并四唑的热稳定性一般低于四嗪并三唑（例如，ATrTz 和 ATTz 在 500K 时的热分解反应速率常数相差 3 个数量级以上），但前者活化能很高，为 57.5kcal/kg；与之相反，相对稳定的 ATTz 的活化能则低得多，仅为 34.2kcal/kg。

上述的活化能并不能直接反映任何主要分解阶段，但可以表征更为复杂的变化。众所周知，高温通常有利于该类化合物以叠氮基形式存在[55,47]。对于BTATz[26]这类四嗪并四唑化合物来说，这些变化包括：首先异构化转变为叠氮构型，然后叠氮基分解，而叠氮基的分解显然会引起四嗪环的同步分解。

因此，其表观活化能应为两个重要阶段的活化能之和：

$$E_{obs}=E_{isom}+E_{dec}$$

四嗪并三唑的分解活化能较小，这与研究光致活化的 1,2,4,5-四嗪分解时所提出的协同反应机理[2,3]相关。该反应中，氮气的消除与所生成自由基[56]的重组同步进行，导致该反应阶段在动力学上无法进一步区分：

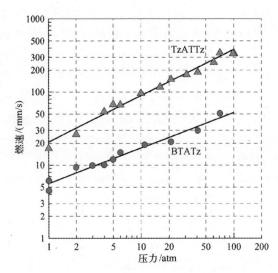

因此，其表观活化能应为键断裂所需的活化能减去后续自由基反应产生的热量：

$$E_{obs}=E_{dec}-Q_{reaction}$$

环化的四嗪并四唑的似乎比结构相似的开环四嗪衍生物燃速更高。例如，带有氨基四唑基的四嗪并四唑（TzATTz）比具有相似结构的 BTATz 燃速高 4～7 倍，如图 2-25 所示。

图 2-25　结构相似的四嗪并四唑化合物的燃速对比

高燃速使得很多四嗪并四唑化合物有望用作起爆药。部分四嗪并四唑化合物与著名的起爆药四氮烯的燃速对比如图 2-26 所示。

由于燃速较高，采用细热电偶丝很难获得四嗪并四唑类化合物燃烧时的温度分布情况。但是，假设环化的四嗪并四唑的燃面温度（沸点）比之一般四嗪变化不大，可以推测其高燃速是由于热稳定性较差导致的（图 2-27）。

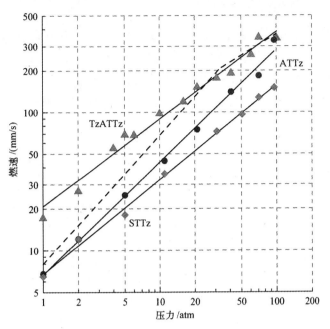

图 2-26　四嗪并四唑和起爆药四氮烯（虚线）燃速比较

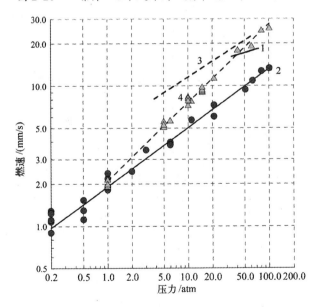

图 2-27　不同实验室制备的 NQ2Tz（曲线 1,2）和 TAG2NQ2Tz（曲线 3,4）
的燃速比较：1,3 来自文献[63]，2,4 来自文献[67]

### 2.2.5　CHNO 类四嗪含能材料

若吸热的四嗪环与活性氧元素同时组合在一个分子中便可以获得最佳的能量特性。如 Scheme9 和表 2-9 所列，含有硝基、硝胺基的 CHNO 类四嗪化合物的生成焓要低于 CHN 类四嗪化合物。尽管如此，CHNO 类四嗪化合物的理论爆速可与 RDX、HMX 相当。由于极易水解且热稳定性差，未能合成 3,6-二硝基-1,2,4,5-四嗪（DNT）[8]。

表 2-9　几种主要的 CHNO 类四嗪化合物的理化性能

| 化　合　物 | 密度/(g/cm³) | $\Delta H_\mathrm{f}^0$/(kcal/mol)(kcal/kg) | DSC 放热曲线/℃ | 爆速/(m/s)（密度，g/cm³） |
|---|---|---|---|---|
| DNT | 1.88[57] | 128(744)*[57]60(350)** | 太不稳定不能分离[8] | 9380(计算)(1.88)[57] |
| ANTDO | 1.92[58] | 53.4(307)[58] | 110[8]192[58] | 9120(计算)(1.92) |
| ANAT | 1.82[59] | 105(671)*[59] | 164[1,59] | 8230(计算)(1.82)[57] |
| DNAT | 1.83[57] | 135(670)*[57] | 不稳定[60] | 9150(计算)(1.83)[57] |
| 注：*—气相，DFT 计算；**—预估 | | | | |

由 B3LYP/6-311G**平台计算结果[57]可知，与二氨基四嗪相比，硝基取代氨基后，四嗪环中的 N-N、C-N 键的键长增加、键级降低，但最不稳定的化学键为硝基与四嗪环相连的键。需要说明的是，根据文献[58]，四嗪的单硝基取代物 3-氨基-6-硝基-1,2,4,5-四嗪及其 2,4-氧化物稳定性良好，在 190℃以上才观察到其真正的热分解。

**Scheme 9**

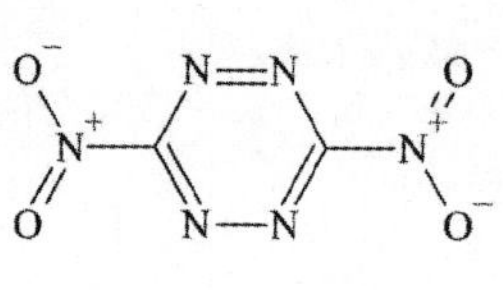

3,6-二硝基-1,2,4,5-四嗪（DNT）

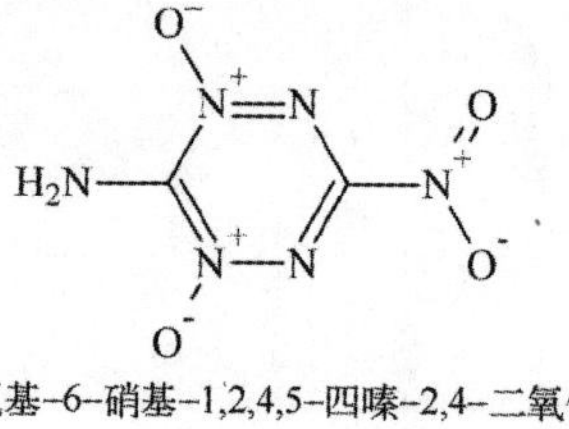

3-氨基-6-硝基-1,2,4,5-四嗪-2,4-二氧化物（ANTD0）

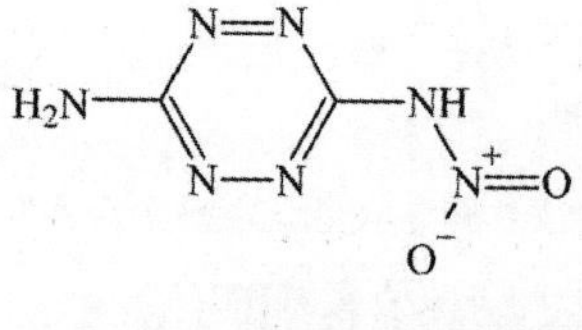

.N-硝基-3,6-二氨基-1,2,4,5-四嗪（ANAT）

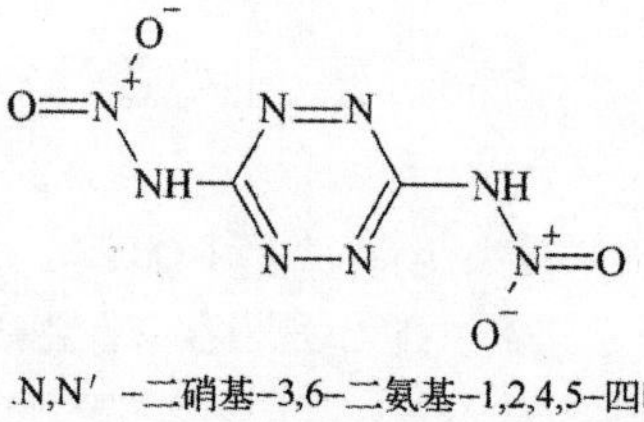

N,N′-二硝基-3,6-二氨基-1,2,4,5-四嗪（DNAT）

但硝胺基衍生物的稳定性不佳，N,N'-二硝基-3,6-二氨基-1,2,4,5-四嗪（DNAT）遇水即潮解为初始原料[1]。众所周知，硝胺基含有 $NO_2$ 和 F 等吸电子基团，易潮解且稳定性差[34]。正因如此，含四嗪环这种强亲电基团的硝胺化合物热稳定性差强人意应该也是可以理解的。不过，不同于硝胺基四嗪，其转变成阴离子后，稳定性可以得到提升。因此，作为相对致密的材料（密度大于 $1.55g/cm^3$），几种 N-硝基-3,6-二氨基-1,2,4,5-四嗪（ANAT）的盐，表现出相对较好的热稳定性（$T_d>148℃$）[59]。

在四嗪分子中引入活性氧元素的另外一种方式是在四嗪环上生成 N-氧化物，或在侧链上引入硝基（Scheme10，表 2-10）。但是，这种方式无法很好地兼顾其氧平衡。

表 2-10 部分 CHNO 类四嗪并唑的物化性能

| 化 合 物 | 密度（压样密度）/(g/cm³) | $\Delta H_f^0$ /(kcal/mol)(kcal/kg) | DSC 放热曲线/℃ | 爆速/(m/s)（密度，g/cm³） |
|---|---|---|---|---|
| LAX-112 | 1.85[51] | 48(330)[51] | 220[8]266[51] | 8786(计算)(1.85)[51] |
| DAATO3.5 | 1.88[22] | 131(440)*[14] | 177*[22] | 9000(计算)(1.88)[22] |
| NQ2Tz | 1.76(1.70)[62] | 93(330)[62] | 269[63] | 7840(1.7)[63] |
| TAG2NQ2Tz | 1.61(1.51)[62] | 300(606)[62]154(311)[67] | 175[63] | 7620(1.51)[63] |
| 注：*—化合物的混合 | | | | |

**Scheme 10**

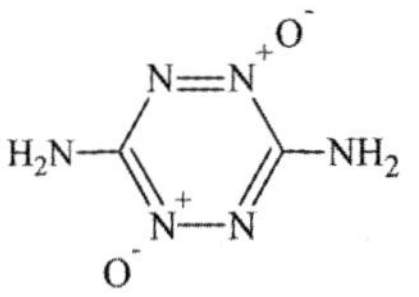

3,6-二氨基-1,2,4,5-四嗪-1,4-二氧化物
（LAX-112）

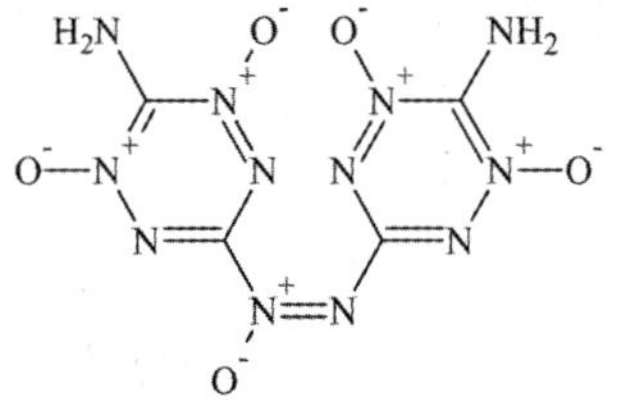

3,3′-偶氮双（6-氨基-5- N-氧化物- s-四嗪）
（DAATO₃.₅）

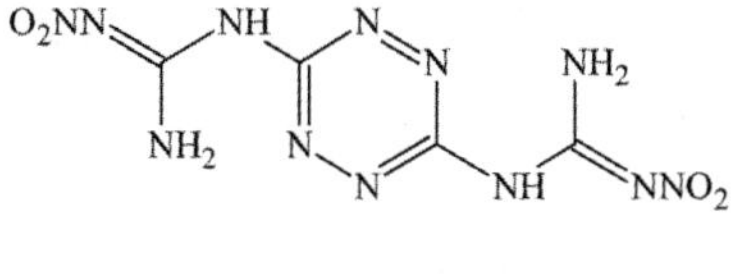

3,6-对（硝基胍-1,2,4,5-四嗪）
（NQ2Tz）

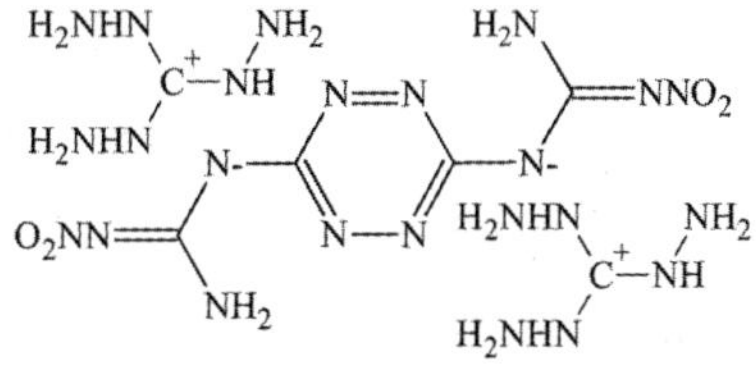

三氨基硝酸胍盐3,6-对硝基胍-1,2,4,5-四嗪
（TAG2NQ2Tz）

在 1993 年，Coburn 等[8]就报道了 3,6-二氨基-1,2,4,5-四嗪-1,4-二氧化物

（LAX-112）的合成路线。LAX-112 是一种不含硝基的芳香杂环化合物，生成焓相对较高，而且密度和爆速都很高，正因如此，对其性能的最初预估较之实测值高了很多。在 19 世纪 90 年代早期，LAX-112 被广泛认为是一种不敏感炸药，继而被认为有望用作固体燃料型数字式微型推进器的燃料[22]，然而燃速较低和燃烧过程中有固体颗粒产生，使得其作为单元推进剂的研究难以继续。

为提高 DAAT 的密度和爆轰性能，Los Alamos 的化学家们[22]将 DAAT 的各种 N-氧化物混合在一起，从而得到一种平均含氧数约为 3.5 的混合物，即 DAATO$_{3.5}$。DAATO$_{3.5}$ 在其实测密度 1.88g/cm$^3$ 下的理论爆速为 9.0km/s[22]，但对摩擦和电火花敏感。其密度相对较高，但是，奇特的颗粒形貌使得其压实后的实测密度难以达到理论最大密度的 80%以上。

DAATO$_{3.5}$ 添加 5%的聚乙烯醇和 1%的二缩三乙二醇压实后得到直径 6.35mm、密度 1.52g/cm$^3$ 的颗粒，其燃速很高（10MPa 下燃速为 58.6mm/s），压力指数很低（$r_b$=16.9$P^{0.27}$，$P$ 为大气压数），这对其在高性能推进剂中应用非常有利[14]。由于不含胶黏剂的纯 DAATO$_{3.5}$ 无法压装，而胶黏剂的存在一般会降低其燃速，所以可以推测，纯的 DAATO$_{3.5}$ 的燃速应比文献报道高。

通过氧化 3,6-对-（3-氨基呋咱-4-基胺）-均四嗪获得了 3,6-对-（3-硝基呋咱-4-基胺）-均四嗪这一硝基化合物及其嗪环一氧化物、二氧化物的混合物，混合物中三者比例为 6:2:1[61]。四嗪并三唑基取代的二氨基呋咱按照类似的方法进行氧化后可以得到结构相似的硝基化合物，该反应的副产物是四嗪并三唑基取代的二氨基呋咱和二氨基氧化呋咱的混合物，所合成的硝基化合物为 NH 类强酸，利用其酸性可制备大量的含能盐。

3,6-对硝基胍-1,2,4,5-四嗪（NQ2Tz）及其三氨基硝酸胍盐（TAG2NQ2Tz）的压力指数较低，有望应用于燃气发生剂和推进剂中[62,63]。根据 DSC 试验，NQ2Tz 在 228℃时开始分解，在 269℃时快速分解，气体比重法测得其密度为 1.76g/cm$^3$，燃烧量热法测得其生成焓为 93kcal/mol[63]。

气体比重法测得 TAGNQ2Tz 的密度为 1.61g/cm$^3$，而且通过 DSC 分析可知，TAGNQ2Tz 的热稳定性比 NQ2Tz 差，其 166℃即开始分解，175℃时快速放热。此外，通过燃烧量热法测得其生成焓非常高，为 300kcal/mol，但如此高的生成焓某种程度上令人难以置信。事实上，将 TAGNQ2Tz 组成部分（三氨基胍（68.8kcal/mol[64]）和 NQ2Tz（93kcal/mol[62]））的生成焓简单加和仅为 230.6kal/mol，考虑到成盐反应热（约 39kcal/mol，根据三氨基胍硝酸盐（-12.0kcal/mol[65]）、硝酸溶液的生成焓（-41.6kcal/mol[66]）及三氨基胍的生成焓估算而得），计算求得 TAGNQ2Tz 的生成焓约 153kcal/mol，接近文献[62]报道值的 1/2。

如文献[63]所述，NQ2Tz 和 TAGNQ2Tz 燃烧过程中的压力依赖性很低，前者是本文所知的化合物中纯物质压力指数最小的。将 NQ2Tz 压实于直径为 4mm 的有机玻璃管中，密度为 1.6g/cm$^3$，以此来研究其燃烧性能，并发现其纯度对燃速影响很大[67]。在低压（包括负压）下，其燃烧过程无火焰产生，但燃速值较为离散；当压力超过 20atm 时才有发光的火焰出现。由图 2-27 可知，不同实验室所测定的 NQ2Tz 燃速不同，本实验室所测得的压力指数（$r_b$=1.91$P^{0.42}$）[67]显著高于文献[63]（$r_b$=8.97$P^{0.16}$），不过仍低于 HMX。

TAGNQ2Tz 在直径为 4mm 的有机玻璃管中，密度为 1.55g/cm$^3$ 时的燃速略高于其原料化合物 NQ2Tz，直到压力达 100atm，该三氨基胍盐燃烧过程均无火焰出现。与 NQ2Tz 类似，本实验室所测得 TAGNQ2Tz 的压力指数（$r_b$=2.1$P^{0.56}$）[67]显著高于文献值（$r_b$=4.92$P^{0.37}$）。燃烧特性差别如此之大可能是因为材料的纯度以及试验试样的制备工艺不同。

低压下，通过钨-铼热电偶获得了 NQ2Tz 和 TAGNQ2Tz 的燃烧温度曲线，两者燃烧时均无发光火焰。在 0.2～11atm 压力范围内，所测得 NQ2Tz 的最大燃温也不超过 900℃（图 2-28），比其绝热温燃温低了 1210℃，直至 50atm 时，NQ2Tz 火焰中的化学反应未能达到热力学平衡（2115K），因而实测燃温较低，不超过 1700K。燃面之上的温度梯度较低，约为 4000K/cm，不像 NQ2Tz，TAGNQ2Tz（图 2-29）的燃面之上的温度梯度要高很多。气相中的一部分能量用于加热燃面之上游离的物质，因此并不影响凝聚相中的能量平衡，这也使得凝聚相反应占主导地位。

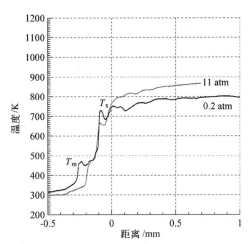

图 2-28　NQ2Tz 在不同压力下的典型温度分布

由热电偶法辅助燃烧试验可知，NQ2Tz 和 TAGNQ2Tz 燃烧过程中主导反应均为凝聚相反应。与 NQ2Tz 一样，在 0.7～15atm 压力范围内，TAGNQ2Tz 所测得的最大燃温（910～1035K）比其绝热温燃温低了 1590℃，这种差别是两者含氧量不足，导致燃烧火焰中生成了吸热的腈类衍生物等高能物质造成的。此外，T–Jump/FTIR 光谱图表明，NQ2Tz 高温分解的气相产物中有 $NO_2$ 和 $N_2O$ 生成。

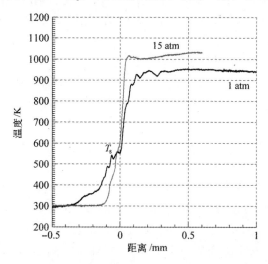

图 2-29 TAGNQ2Tz 在不同压力下的典型温度分布

NQ2Tz 是一种低挥发性物质，其沸点约 743K，蒸发焓为 44.8kcal/mol。TAGNQ2Tz 的燃面温度为 530～600K（图 2-30），显著低于其上游原材料 NQ2Tz 的燃面温度（705～805K）。NQ2Tz 具有弱酸性，因而 TAGNQ2Tz 的解离温度应该不高。燃烧时，当 TAGNQ2Tz 解离并且所生成的易挥发性三氨基胍汽化后，剩余的 NQ2Tz 酸继续在高温火焰中汽化。

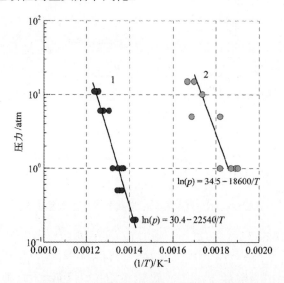

图 2-30 NQ2Tz（曲线 1）和 TAGNQ2Tz（曲线 2）的燃面温度—压力曲线

采用等温法进行 NQ2Tz 热分解试验，试验温度为 200～240℃，其产气量曲线表明反应按照一阶反应进行，直至较高的分解程度，最终产气量为 320cm³/g（4.1mol/mol）。在 $\ln k$—$1/T$ 坐标系中，通过线性拟合试验数据点，可得 $k=5.4\times10^{12}\exp(-19140/T)(s^{-1})$，而通过非等温 DSC 法得到的动力学方程与之十分吻合。根据 T–Jump/FTIR 光谱图，分解过程中有 $NO_2$ 生成，表明硝基胍取代基中 N–$NO_2$ 键的断裂应为触发反应。通过对比 NQ2Tz 和硝基胍（NQ）的分解速率常数（NQ 为 $k_1=5.9\times10^{15}\exp(-14188/T)(s^{-1})$[69]）可以发现一个有趣的现象，连接四嗪环后可以提高硝基胍基团的稳定性。

TAGNQ2Tz 的稳定性比 NQ2Tz 差很多，随升温速率的不同，其 DSC 曲线中分解峰出现在 197～230℃内。采用等温法在 150～160℃内研究了 TAGNQ2Tz 热分解性能，其产气量曲线包含有一个明显的诱发阶段，该阶段随温度升高而缩短。诱发阶段结束后，分解速率陡升，最终产气量为 365cm³/g（约 8mol/mol）。试验数据可通过含自催化的动力学方程进行描述，动力学方程为：$k_1=1.9\times10^{15}\exp(-21090/T)(s^{-1})$ 和 $k_2=3.1\times10^{17}\exp(-19460/T)(s^{-1})$。所生成的气体产物结构表明，TAG 阳离子会对分解过程产生重大影响。大量生成的 $NH_3$ 表明，TAGNQ2Tz 热分解的主导反应是 TAG 阳离子中化学键的断裂。

鉴于 NQ2Tz 和 TAGNQ2Tz 的燃速由其凝聚相的化学反应决定，该反应的动力学参数可通过燃速及热电偶测定的数据计算获得[39,40]。由 DSC 试样和压力法测产气量试验求得的分解主导反应速率常数如图 2-31 所示。NQ2Tz 的燃烧主导反应的动力学方程与分解动力学方程在低温区间非常一致。对于 TAGNQ2Tz 来说，外推至高温区间时，其燃烧主导反应动力学方程与其加速分解过程动力学方程相符。高温下，燃面上的物质处于熔融状态，燃烧反应动力学方程和自加速过程相一致，这说明加速分解是样品熔融导致的。

因此，上述试验结果表明，两种化合物的燃烧机理主要取决于凝聚相的反应，两者的燃速由其燃面温度下的分解动力学方程所决定。

## 2.2.6 四嗪的氧化性酸盐

采用硝酸、高氯酸可以合成四嗪无机氧化酸盐，从而可以将活性氧引入四嗪分子中，此时，需要四嗪分子含有某些碱性取代基，如肼基或胍基。

以往所合成的双二硝基酰胺、二高氯酸盐、硝酸盐、4,4',5,5'-四硝基-2.2'-联咪唑等 DHT 含能盐的落锤撞击感度值和分解点都相当低[1]。3,6-二胍基-s-四嗪（DGT）的硝酸盐和高氯酸盐也属于此类四嗪基炸药[22,25]（Scheme11）。

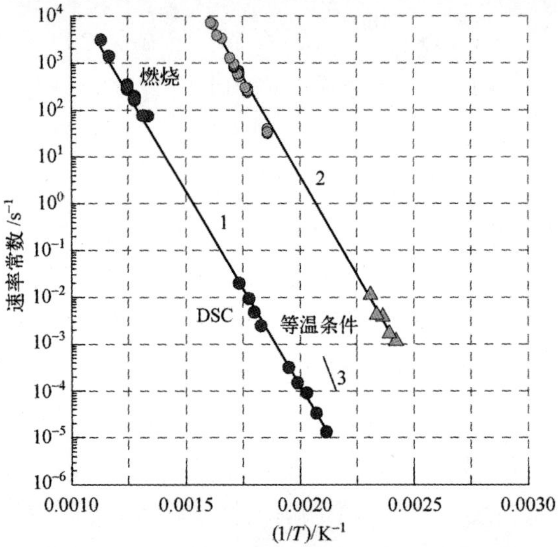


图 2-31 NQ2Tz（曲线 1）和 TAGNQ2Tz（曲线 2）的非等温法（DSC）及等温法获得的热分解速率常数与燃烧过程的主导反应速率常数对比:曲线 1 为 NQ2Tz 等温热分解数据拟合曲线，曲线 2 为 TAGNQ2Tz 燃烧主导反应的动力学方程，曲线 3 为 NQ 分解反应速率常数

**Scheme 11**

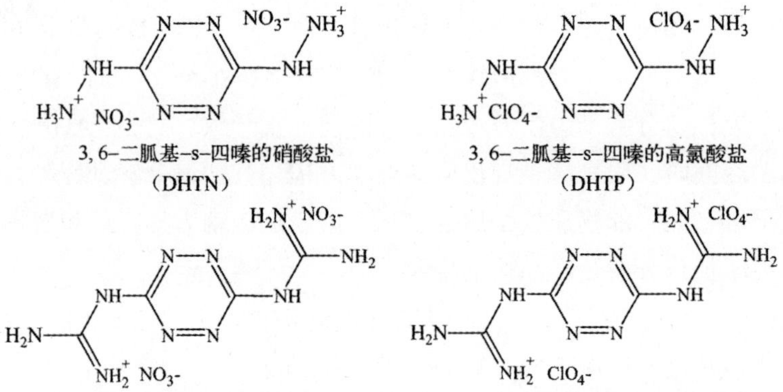

3, 6–二胍基–s–四嗪的硝酸盐（DHTN）

3, 6–二胍基–s–四嗪的高氯酸盐（DHTP）

3, 6–二胍基–1,2,4,5–四嗪硝酸盐（DGTN）

3, 6–二胍基–1,2,4,5–四嗪高氯酸盐（DGTP）

生成盐反应会降低化合物生成时的总焓。DGT 的生成热为 47kcal/mol，DGTN 和 DGTP 的生成热则是根据胍、硝酸胍和高氯酸胍的热力学数据估算而得[25]，DHTN 和 DHTP 的生成热同样是采用类似的方法进行估算。由于这些化合物具有良好的氧化剂/燃料比和高密度，它们爆轰速度很高（不小于 7.5km/s），其中也不乏钝感炸药，如表 2-11 所列。

表 2-11 一些四嗪氧化酸盐的物理化学性质

| 化 合 物 | 密度（压样密度）/(g/cm³) | $\Delta H_f^0$ /(kcal/mol)(kcal/kg) | DSC 放热曲线/℃（热效应，kal/kg） | 爆速/(m/s)（密度，g/cm³） |
|---|---|---|---|---|
| DHTN | 1.80[1](1.65)[70] | −30(−112)* | 117[1],161(1200)[29],156[70] | 8300(1.65)** |
| DHTP | 1.96(1.76)[1] | 6(18)* | 200[1], 191(67)和288(355)[29] | 7520(1.76)** |
| DGTN | 1.72(1.6)[22] | −61(−189)*[25] | 226***[22]276(200)[73] | 7310(1.6)[22,25] |
| DGTP | 1.905(1.79)[22,25]1.977(93K)[71] | −30(−75)*[25] | 272[71] | 8070(1.79)[22,25] |

注：*—预估；**—计算；***—DSC 开始分解

5-硝基四唑、3-氨基-5-硝基三唑或 4,4',5,5'-四硝基-2,2'-双咪唑[72]这些杂环化合物都包含硝基，作为酸与 DHT 反应成盐时能够提高盐的生成热，但同时会降低氧化剂/燃料比。综合而言，这种盐能量性能参数不如黑索金。

文献[29]已研究过 DHT 盐的热稳定性，结果表明，该盐与反应底物及酸之间存在可逆平衡，因此，底物 DHT 及其盐的分解速率在某些情况下是基本一致的。DHT 盐的热稳定性取决于相应酸的酸性[72]，当使用强酸时，热稳定性提高。

对 3,6-二肼基-1,2,4,5-四嗪的高氯酸盐和硝酸盐的燃烧速率和温度分布进行了研究[73]（图 2-32）。DGTN 和 DGTP 在 1~100atm 之间的燃速—压力关系分别为 $r_b=0.535p^{0.816}$ 和 $r_b=0.92p^{0.906}$。两者燃速都人于 HMX，硝基盐高了 1.5 倍，高氯酸盐高了 3 倍。DGTP 的燃温是高氯酸铵的 2 倍，因而前者的燃速可达后者的 6 倍也就不足为奇了。需要指出的是，DGTP 的燃速相对于其他含能高氯酸盐也只是处于中等水平。例如，1,5-二氨基四唑高氯酸盐[74]和碳酰肼高氯酸盐[75]在 100atm 下的燃速都接近 150mm/s。

借助钨-铼热电偶在 0.5、1、3 和 11atm 下研究了 DGTN 燃烧波的温度分布（图 2-33）。在低压力下，燃烧没有出现高温度火焰，在 100atm 压力下，最高火焰温度未超过 900℃，这比估算的绝热火焰温度（1396℃）低得多，而这 460℃的差值并非热电偶辐射热损失造成的。

无焰燃烧使得燃面温度的表征变得相对容易，即使压力达到了 100atm（图 2-34）。由试验数据拟合得到的 DGTN 的蒸气压与温度的关系式为 $\ln(p)=10860/T+16.07$，蒸发热估算为 64.8kcal/mol。比较压力对 TAGN[76]、DGTN 和 AN[77]燃面温度的影响发现，DGTN 和 TAGN 的燃面温度较为接近，但高于 AN。我们认为 DGTN 和 TAGN 含有碱性相似的肼基是两者燃面温度接近的原因。

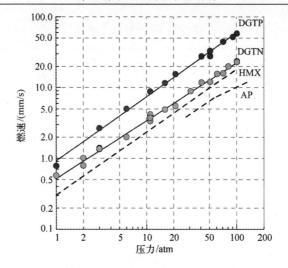

图 2-32　DGTP、DGTN、HMX 和 AP 燃速的对比

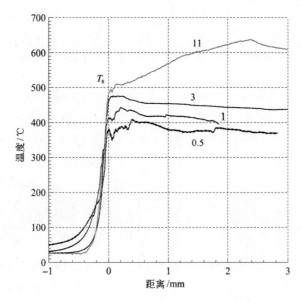

图 2-33　DGTN 在 0.5、1、3、11atm 下的温度分布

根据 DSC 的分析，在 4～16℃/min 的升温速率下，DGTN 没有熔点，但在 272～280℃有一个强烈的放热峰。采用 Kissinger 方程计算了 DGTN 热分解动力学参数，结果表明其为一阶反应，但计算所得的活化能（约 76kcal/mol）却高得离谱，这可能是因为其热分解并不符合一阶反应。

DGTN 在各个压力下的均呈无焰燃烧，显然证明其主导反应发生在固相。因此，可以通过研究燃速和燃面温度来获得主燃烧反应的动力学参数。采用固相燃烧模型获得的 DGTN 的热分解方程 $k(s^{-1})=10^{13.14}exp\ (-37200/RT)$，与根据 DSC 曲线通过 Kissinger 方程计算得到的速率常数十分一致（图 2-35）。需要说明的是，在较大温度范围下计算主燃烧反应所获得的活化能（37kcal/mol）更为接近实际。由图可知，DGTN 比硝酸胍 GuN 的稳定性差很多[78]。对比 DGTN 和 GuN 速率常数可知，将四嗪环引入胍基化合物中会降低其盐的热稳定性，与前文所述的弱酸会降低四嗪盐热稳定性[29,72]相一致。四嗪环是吸电子基团，因而会降低胍基的碱性。底物与酸之间的离子键强度越弱，平衡越向反应物方向移动，化合物热稳定性也就越差。

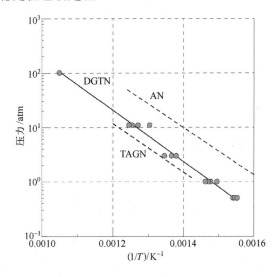

图 2-34　TAGN，DGTN 和 AN 压力对燃面温度的影响

由此，总结所做研究可知，DGTN 与其硝酸铵、高氯酸铵和二硝胺等络合盐的燃烧机理相似[79]。DGTN 的燃面温度主要取决于解离反应，而其燃速是由固相反应过程决定的。

## 2.2.7　四嗪类配位化合物

以四嗪环作为配体合成高氯酸或硝酸金属盐的配位化合物可以获得四嗪基含能化合物。四嗪环及其取代基至少可以提供 4 个配位氮原子，这使得其在配位化学领域具有很大潜力。以四嗪作为桥接配体在 1-和 4-位进行配位是四嗪环最常见的排列方式之一。分离双核桥联配合物或线性配位低聚体和高聚物是可以实现的[80]。由于呈碱性，四嗪环的配位能力较差，这就是为什么采用含供电子取代基的四嗪化合物更易获得相对稳定的四嗪配合物。基于此，作为含能材料而言，二肼基均四嗪和二胍基均四嗪最受关注。但二胍基均四嗪与高氯酸金属盐的配合物中肼基容易水解。二肼基均四嗪与硝酸镍或高氯酸镍可以形成配合物（Scheme 12），硝酸类配合物热稳定性仍较差，其点火温度仅有 130℃，而高氯酸类配合物则容易自爆[70]（表 2-12）。

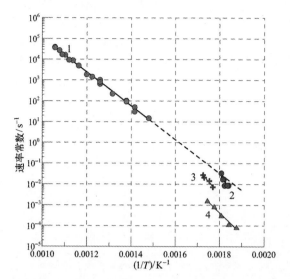

图 2-35　DGTN 燃烧的主导反应速率常数（1）、由 DSC 测量的 DGTN 分解速率常数（2）、DGT（3）和 GuN（4）的分解动力学参数的比较

表 2-12　部分爆炸性四嗪配合物的物化性能

| 化 合 物 | 密度（压样密度）/(g/cm³) | $\Delta H_f^0$ /(kcal/mol)(kcal/kg) | DSC 放热曲线/℃ | 100atm 下的火焰温度/K |
|---|---|---|---|---|
| [Ni(DHT)(NO₃)₂] | (1.85) | 29(90) | 130 | 3040 |
| [Ni(DHT)₃](ClO₄)₄ | — | 258(275) | 242 | 3290 |
| [Cu₂(DPT)₃(ClO₄)₄] | (1.65) | 175(174) | 302 | 2250 |
| [Ni(DPT)(ClO₄)₂] | (1.57) | 79(164) | 332 | 2400 |

　　因此，选用大家所熟知的吡啶基四嗪合成了稳定四嗪配合物。作为最常用的四嗪配体，2,2'-二吡啶四嗪通常以反向对称的形成进行双螯合[80]。我们实验室合成并研究了 3,6-二（2-吡啶基）-1,2,4,5-四嗪（DPT）与高氯酸镍盐、钴盐的配合物[70]。

　　爆炸性配合物（CC）被认为是一种现代推进剂，其中催化剂即中心金属离子，燃料即配体，氧化剂即阴离子，而且是分子级别均匀混合。正因如此，研究 CC 燃烧性能时可以不必考虑催化剂分布不均和颗粒尺寸对结果的影响。金属原子特性对配合物燃烧的影响可以通过对比其燃速与不含金属原子的具有相同燃料和氧化剂体系的燃速来进行研究[81,74]。

**Scheme 12**

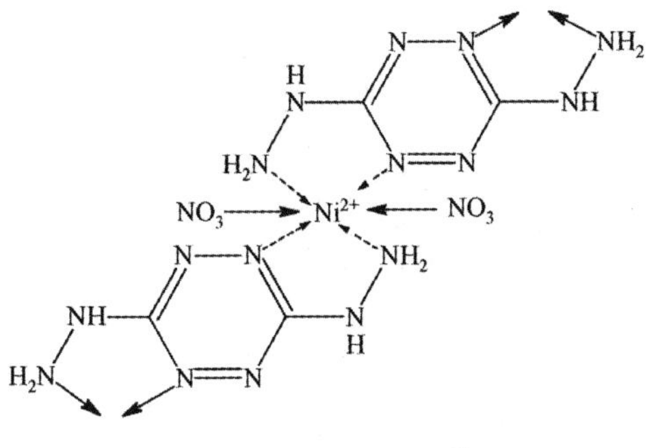

二肼基–s–四嗪硝酸镍（Ⅱ）
[Ni(DHT)(NO$_3$)$_2$]

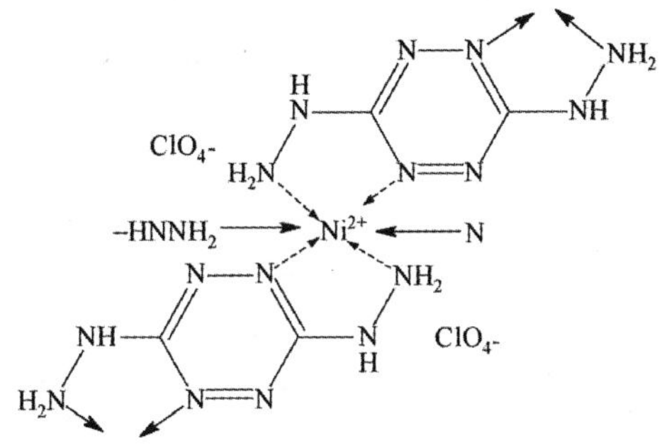

三（二肼基–s–四嗪）高氯酸镍（Ⅱ）
[Ni$_2$(DHT)$_3$](ClO$_4$)$_4$

由于固相分解度很低且火焰温度很高，推测 DPT 配合物和 DPT 高氯酸盐（DPT·2HClO$_4$）的燃烧主导反应均为气相反应[70]。根据 DPT 配合物的化学性质，主导反应为氧化还原变化。有趣的是，[Cu$_2$(DPT)$_3$] (ClO$_4$)$_2$ 燃速较之 DPT·2HClO$_4$ 高很多，这显然是因为铜离子的高效催化作用。另外，镍在其 DPT 配合的高氯酸盐中并未展现出催化活性（图 2-36）。

以含能四嗪作为配体的化合物比之不含能但结构类似的苯二胺（PhDA）配合物燃速相近甚至更低，说明四嗪衍生物在氧化还原反应中的活性很低。

例如，DHT 和肼分别同硝酸镍混合后的燃速的对比，可以用以说明四嗪衍生物的低反应活性，这相当于将占主导形态的叠氮基替换成新型爆炸基团形式[82]。尽管[Ni(DHT)(NO$_3$)$_2$]（3040K）和[Ni(N$_2$H$_4$)$_3$(NO$_3$)$_2$]（2500K）燃温相差较大，但两者燃速相同（图 2-37），此即一个证据。

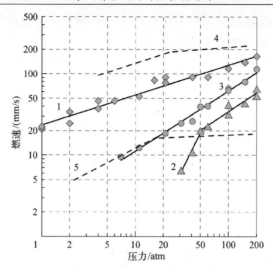

图 2-36 [Cu$_2$(DPT)$_3$](ClO$_4$)$_2$(1)，[Ni(DPT)](ClO$_4$)$_2$(2)，DPTClO$_4$(3)，
[Cu(PhDA)$_2$](ClO$_4$)$_2$(4)和[Ni(PhDA)$_3$](ClO$_4$)$_2$(5)的燃烧特性

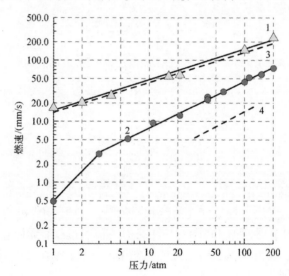

图 2-37 [Ni(DPT)(NO$_3$)$_2$]（1），DHT·2HNO$_3$（2），[Ni(N$_2$H$_4$)$_3$](NO$_3$)$_2$（3），
（N$_2$H$_4$·HNO$_3$）（4）的燃烧特性

## 2.2.8 总结

由于四嗪环生成焓高、热稳定性好，四嗪类含能材料可以用作不敏感、热稳定且环境友好的炸药，速燃推进剂或燃气发生剂组分或非金属点火药。

四嗪化合物的缺点是在有机溶剂中溶解性欠佳，而是倾向形成溶剂化产物，这使得提纯十分困难。

四嗪衍生物热分解性能研究表明，分子中稳定性最差的基团往往是四嗪环上的取代基，正是该基团的分解决定着整个分子的分解，四嗪环的供电子特性反而有利于提高其上取代基的热稳定性。

热电偶辅助燃烧试验表明，大部分四嗪化合物虽然燃面温度很高，但挥发量很少，说明很多四嗪衍生物燃烧凝聚相燃烧反应占主导地位。

四嗪环在氧化还原反应中的活性较低，导致其氧化性酸盐和配合物虽能量高但燃速有限。

四嗪类含能化合物贫氧或氧含量较低使得其燃烧产物中产生了高生成焓的组分（氰基），因而能量不能得以完全释放。

# 参 考 文 献

1. Chavez D E, Hiskey M A (1999) 1,2,4,5-Tetrazine based energetic materials. J Energy Mater 17(4):357-377.

2. Hochstrasser R M, King D S (1975) Isotopically selective photochemistry in molecular crystals. J Am Chem Soc 97(16):4760-4762.

3. Scheiner A C, Scuseria G E, Schaefer H F III (1986) Mechanism of the photodissociation of s-tetrazine: a unimolecular triple dissociation. J Am Chem Soc 108(26):8160-8162.

4. Oxley J, Smith J, Zhang J (2000) Decomposition pathways of some 3,6-substituted s-tetrazines. J Phys Chem A 104:6769-6777.

5. Chavez D E, Hiskey M A, Huynh M H, Naud D L, Son S F, Tappan B C (2006) The combustion products of novel high-nitrogen energetic materials. J Pyrotech 23:70-80.

6. Clavier G, Audebert P (2010) s-Tetrazines as building blocks for new functional molecules and molecular materials. Chem Rev 110(6):3299-3314.

7. Pinner A (1893) Action of hydrazine on imido-ethers. Ber Dtsch Chem Ges 26:2126-2135.

8. Coburn M D, Hiskey M A, Lee K Y, Ott D G, StinecipherMM(1993) Oxidations of 3,6-diamino- 1,2,4,5-tetrazine and 3,6-bis(S, S-dimethylsulfilimino)-1,2,4,5-tetrazine. J Heterocycl Chem 30(6):1593-1595.

9. Sheremetev A B, Palysaeva N V, Struchkova M I, Suponitsky K Y (2012) A mild and efficient synthesis of 3-hetarylamino-s-tetrazines. Mendeleev Commun 22(6):302-304.

10. LoPresti V (2003) Versatile explosives, Los Alamos Res Q. Summer:4-12.

11. Fallis S, Reed R, Lu YCh, Wierenga P H, Holland G F (2000) Advanced propellant/additive development for fire suppressing gas generators. Proceedings of the halon options technical working conference, pp 361-370.

12. Fallis S, Reed R, McCormick J L,Wilson K A, Holland G F (2001) Advanced propellant/ additive development for fire suppressing gas generators: hybrid systems. Proceedings of the halon options technical working conference, Albuquerque, pp 364–372.

13. Enerson J R, Lucius J H, Battat D, Battat E, Mackal G (2009) Apparatus and method for using tetrazine – based energetic material. US Patent 20090301601.

14. Ali A N, Son S F, Hiskey M A, Naud D L (2004) Novel high nitrogen propellant use in solid fuel micropropulsion. J Prop Power 20(1):120–126.

15. Wu X Z, Dong P T, Li Z Z, Li S G, Liu Q H, Xu C, Wan H (2009) Design, fabrication and characterization of a solid propellant microthruster. Proceedings of the 4th IEEE international conference on nano/micro engineered and molecular systems, pp 476–479.

16. Yi J H, Zhao F Q, Wang B Z, Liu Q, Zhou C, Hu R Z, Ren Y H, Xu S Y, Xu K Z, Ren X N (2010) Thermal behaviors, nonisothermal decomposition reaction kinetics, thermal safety and burning rates of BTATz–CMDB propellant. J Hazard Mater 181(1–3):432–439.

17. Chavez D E, Hiskey M A (1998) High nitrogen pyrotechnic compositions. J Pyrotech 7:11–14.

18. Hiskey M A, Chavez D E, Naud D L (2001) Insensitive high–nitrogen compounds. Report LAUR–01–1493, pp 1–10.

19. Hiskey M A, Chavez D E, Naud D (2002) Preparation of 3,30–azobis (6–amino–1,2,4,5–tetrazine). US Patent 6342589.

20. Kerth J, Lobbecke S (2002) Synthesis and characterization of 3,30–azobis (6–amino–1, 2,4,5– tetrazine) DAAT – A new promising nitrogen–rich compound. Prop Exp Pyrol 27(3):111–118.

21. Chavez D E, Hiskey M A, Gilardi R D (2000) 3,30–Azobis (6–amino–1,2,4,5–tetrazine): a novel high–nitrogen energetic material. Angew Chem 112(10):1861–1863.

22. Naud D L, Hiskey M A, Kramer J F, Bishop R, Harry H, Son S F. Sullivan G (2002) Highnitrogen explosives. Proc. 29th Inter. Pyro Seminar. Westminster, 14–19 July.

23. Hiskey M A, Chavez D E, Naud D L (2002) Propellant containing 3,6–bis(1H–1,2,3,4–tetrazol–5– ylamino)–1,2,4,5–tetrazine or salts thereof. US Patent 6458227.

24. Atwood A I, Bui D T, Curran P O, Ciaramitaro D A, Lee K B (2002) Burning rate studies of energetic materials. Proceedings of the 8th international workshop on Comb Prop Naples, Italy. pp 1–11.

25. Chavez D E, Hiskey M A, Naud D L (2004) Tetrazine explosives. Prop Exp Pyro 29(4):209–215.

26. Sinditskii V P, Egorshev V Y, Rudakov G F, Burzhava A V, Filatov S A, Sang L D (2012) Thermal behavior and combustion mechanism of high–nitrogen energetic materials DHT

and BTATz. Thermochim Acta 535:48–57.

27. Saikia A, Sivabalan R, Polke B G, Gore G M, Singh A, Subhananda R A, Sikder A K (2009) Synthesis and characterization of 3,6-bis(1H–1,2,3,4–tetrazol–5–ylamino)–1,2,4,5–tetrazine (BTATz): novel high–nitrogen content insensitive high energy material. J Hazard Mater 170:306–313.

28. Loebbecke S, Schuppler H, Schweikert W (2003) Thermal analysis of the extremely nitrogenrich solids BTT and DAAT. J Therm Anal Calorim 72(2):453–463.

29. Oxley J C, Smith J L, Heng C (2002) Thermal decomposition of high–nitrogen energetic compounds – dihydrazido–s–tetrazine salts. Thermochim Acta 384:91–99.

30. Stone E W, Maki A H (1963) ESR study of polyazine anions. J Chem Phys 39:1635–1642.

31. Xing X L, Zhao F Q, Xue L, Yi J H, Pei Q, Hao H X, Xu S, Gao H X, Hu R Z (2009) Study on thermal behavior of 3, 6-bis(1H–1,2,3,4–tetrazol–5–ylamino)–1,2,4,5–tetrazine (BTATz) by using microcalorimeter. Proceedings of the 8th international autumn seminar on Prop Exp Pyro. Kunming, 22–25 Sept. pp 158–160.

32. Kiselev V G, Gritsan N P (2009) Theoretical study of the 5–aminotetrazole thermal decomposition. J Phys Chem A 113(15):3677–3684.

33. Kiselev V G, Cheblakov P B, Gritsan N P (2011) Tautomerism and thermal decomposition of tetrazole: high–level ab initio study. J Phys Chem A 115(9):1743–1753.

34. Manelis G B, Nazin G M, Rubtsov Y I, Strunin V A (2003) Thermal decomposition and combustion of explosives and propellants. Taylor and Francis, London.

35. Prokudin V G, Poplavsky V S, Ostrovskii V A (1996) Mechanism of the monomolecular thermal decomposition of 1,5– and 2,5–disubstituted tetrazoles. Russ Chem Bull 45(9): 2094–2100.

36. Prokudin V G, Poplavsky V S, Ostrovskii V A (1996) Mechanism of the monomolecular thermal decomposition of tetrazole and 5–substituted tetrazoles. Russ Chem Bull 45(9):2101–2104.

37. Son S F, Berghout H L, Bolme C A, Chavez D E, Naud D L, Hiskey M A (2000) Burn rate measurements of HMX, TATB, DHT, DAAF, and BTATz. Proc Comb Inst 28:919–924.

38. Sinditskii V P, Egorshev V Y, Berezin M V, Serushkin V V (2009) Mechanism of HMX combustion in a wide range of pressures. Comb Exp Shock Waves 45(4):461–477.

39. Sinditskii V P, Egorshev V Y, Serushkin V V, Levshenkov A I, Berezin M V, Filatov S A, Smirnov S P (2009) Evaluation of decomposition kinetics of energetic materials in the combustion wave. Thermochim Acta 496(1):1–12.

40. Sinditskii V P, Egorshev V Y, Serushkin V V, Levshenkov A I, Berezin M V, Filatov S A (2010) Combustion of energetic materials governed by reactions in the condensed phase.

Int J Energy Mater Chem Prop 9(2):147-192.

41. Lesnikovich A I, Ivachkevich O A, Levchik S V, Balabanovich A I, Gaponik P N, Kulak A A (2002) Thermal decomposition of aminotetrazoles. Thermochim Acta 388:233-251.

42. Sinditskii V P, Smirnov S P, Egorshev V Y (2007) Thermal decomposition of NTO: explanation of high activation energy. Prop Exp Pyro 32(4):277-287.

43. Chavez D E, Hiskey M A (1998) Synthesis of the bi-heterocyclic parent ring system 1,2,4-triazolo4,3-b.1,2,4,5.tetrazine and some 3,6-disubstituted derivatives. J Heterocycl Chem 35(6):1329-1332.

44. Rusinov G L, Ganebnykh I N, Chupakhin O N (1999) Synthesis of triazolo4,3-b.1,2,4,5. tetrazines. Russ J Org Chem 35:1350-1354.

45. Ershov V A, Postovskii I Y (1971) Chemistry of sym-tetrazine. Chem Heterocycl Comp 7(5):668-671.

46. Huynh M H V, Hiskey M A, Chavez D E, Naud D L, Gilardi R D (2005) Synthesis, characterization, and energetic properties of diazido heteroaromatic high-nitrogen C-N compound. J Am Chem Soc 127:12537-12543.

47. Hammerl A, Klapotke T M, Rocha R (2006) Azide-tetrazole ring-chain isomerism in polyazido-1,3,5-triazines, triazido-sheptazine, and diazidotetrazines. Eur J Inorg Chem: 11:2210-2228.

48. Karpenko V O, Rudakov G F, Zhilin V F (2011) Synthesis of 6-amino-tetrazolo 1,5-b.-1,2,4,5- tetrazine. Adv Chem Chem Technol (in Russian) 25(12):61-64.

49. Kozlov I B, Karpenko V O, Rudakov G F, Zhilin V F (2012) Features azidotetrazole tautomerism in the salts of 6-(tetrazol-5-yl)tetrazole1,5-b. -1,2,4,5-tetrazine. Adv Chem Chem Technol (in Russian) 26(2):109-111.

50. Elguero J, Claramunt R M, Summers A J H (1978) The chemistry of aromatic azapentalenes. Adv Heterocycl Chem 22:183-320.

51. Licht H H, Ritter H (1994) New energetic materials from triazoles and tetrazines. J Energy Mater 12(4):223-235.

52. Wei T, Zhu WH, Zhang J J, Xiao H M (2010) DFT study on energetic tetrazolo-1,5-b. -1,2,4,5-tetrazine and 1,2,4-triazolo-4,3-b.-1,2,4,5-tetrazine derivatives. J Hazard Mater 179:581-590.

53. Sinditskii V P, Burzhava A V, Rudakov G F, Zacharova D A (2015) Thermal decomposition of triazolo- and tetrazolotetrazines. In: Frolov SM (ed) Combustion and explosion. Torus Press, Moscow, pp 453-60.

54. Rudakov G F, Egorshev V Y (2014) Synthesis and properties of derivatives of 6-aminotetrazolo1,5-b.1,2,4,5.Tetrazine. Proceedings of the 9th international high energy

materials conference, HEMSI. Thiruvananthapuram, pp 759–762.

55. Henry R A, Finnegan W G, Lieber E (1955) Kinetics of the isomerization of substituted 5-aminotetrazoles. J Am Chem Soc 77(8):2264–2270.

56. Kim R, Pedersen S, Zewail F H (1995) Direct femtosecond observation of the transient intermediate in the '–cleavage reaction of $(CH_3)_2CO$ to $2CH_3+CO$: resolving the issue of concertedness. J Chem Phys 103(1):477–480.

57. Wei T, Zhu W H, Zhang X W, Li Y F, Xiao H M (2009) Molecular design of 1,2,4,5-tetrazinebased high–energy density materials. J Phys Chem A 113:9404–9412.

58. Ovchinnikov I V, Makhova N N (2008) Synthesis of 3–amino–6–nitro–1,2,4,5–tetrazine and its 2,4–dioxide. Proceedings of the 11th seminar of the new trends in research of energetic materials, Pardubice, 10–12 April. pp 713–718.

59. Singh R P, Gao H X, Meshri D T, Shreeve J M (2007) Nitrogen–rich heterocycles. Struct Bond 125:35–83.

60. Xizeng Z, Ye T (1987) Synthesis and properties of tetrazine explosives, Proc Inter Sym on Pyro Exp. China Academic Publishers, Beijing, p 241.

61. Sheremetev A B, Palysaeva N V, Struchkova M I (2010) The first synthesis of 3–nitro–4–(stetrazin–3–yl)amino.furazans. Mendeleev Commun 20(6):350–352.

62. Chavez D E, Hiskey M A, Gilardi R D (2004) Novel high–nitrogen materials based on nitroguanyl–substituted tetrazines. Org Lett 6(17):2889–2891.

63. Chavez D E, Tappan B C, Hiskey M A, Son S F, Harry H, Montoya D, Hagelberg S (2005) New high–nitrogen materials based on nitroguanyl–tetrazines: explosive properties, thermal decomposition and combustion studies. Prop Exp Pyro 30(6):412–417.

64. Dorofeeva O V, Ryzhova O N, Sinditskii V P (2015) Enthalpy of formation of guanidine and its amino and nitro derivatives. Struct Chem 26(5–6):1629–1640.

65. Matyushin Y N, Kon'kova T S, Titova K V, Rosolovskii V Y, Lebedev Y A (1982) Enthalpies of formation of triaminoguanidinium chloride, nitrate, and perchlorate. Russ Chem Bull 31(3):446–449.

66. Wagman D D, Evans W H, Parker V B, Schumm R H, Halow I, Bailey S M, Churney K L, Nuttall R L (1982) The NBS tables of chemical thermodynamic properties. J Phys Chem Ref Data 11(Suppl. 2):1–392.

67. Sinditskii V P, Hoang C H, Filatov S A, Rudakov G F (2012) Decomposition and combustion of polynitrogen energetic materials based on nitroguanyltetrazine. In: Frolov S M (ed) Combustion and explosion, vol 5. Torus Press, Moscow, pp 269–275.

68. Tappan B C, Son S F, Ali A N, Chavez D E, Hiskey M A (2007) Decomposition and performance of new high nitrogen propellants and explosives. Int J Energy Mater Chem

Prop 6(2):255–268.

69. Lee P P, Back M H (1989) Thermal decomposition of nitroguanidine. Thermochim Acta 141:305–315.

70. Levshenkov A I, Akhapkina L E, Shebeko A A, Rudakov G F, Sinditskii V P (2011) Synthesis and combustion study of coordination compounds based on 1,2,4,5 tetrazine derivatives. In: Frolov S M (ed) Combustion and explosion, vol 4. Torus Press, Moscow, pp 298–303.

71. Li Z M, Xie S H, Zhang J G, Feng J L, Wang K, Zhang T L (2012) Two high nitrogen content energetic compounds: 3, 6–diguanidino–1,2,4,5–tetrazine and its diperchlorate. J Chem Eng Data 57(3):729–736.

72. Klapotke T M, Preimesser A, Schedlbauer S, Stierstorfer J (2013) Highly energetic salts of 3,6–bishydrazino–1,2,4,5–tetrazine. Cent Eur J Energy Mater 10(2):151–170.

73. Sinditskii V P, Serushkin V V, Egorshev V Y, Rudakov G F, Filatov S A, Smirnov S P, Nguen B N (2012) Comparative study of combustion mechanism of guanidine salts: triami-noguanidine and 3,6–diguanidino–1,2,4,5–tetrazine nitrates. Proceedings of the 15th seminar of the new trends in research of energetic materials. Pardubice, 18–21 April, Part I. pp 271–279.

74. Sinditskii V P, Egorshev V Y, Dutova T Y, Dutov M D, Zhang T L, Zhang J G (2011) Combustion of derivatives of 1,5–diaminotetrazole. Comb Exp Shock Waves 47(1):36–44.

75. Fogelzang A E, Sinditskii V P, Egorshev V Y, Serushkin V V (1995) Effect of structure of energetic materials on burning rate. In: Decomposition, combustion and detonation chemistry of energetic materials. MRS Symp Proc 418, 27–30 Nov. Boston, pp 151–161.

76. Serushkin V V, Sinditskii V P, Egorshev V Y, Filatov S A (2013) Combustion mechanism of triaminoguanidine nitrate. Prop Exp Pyro 38(3):345–350.

77. Sinditskii V P, Egorshev V Y, Levshenkov A I, Serushkin V V (2005) Ammonium nitrate: combustion mechanism and the role of additives. Prop Exp Pyro 30(4):269–280.

78. Oxley J C, Smith J L, Naik S, Moran J (2009) Decompositions of urea and guanidine nitrates. J Energy Mater 27:17–39.

79. Sinditskii V P, Egorshev V Y, Serushkin V V, Filatov S A (2012) Combustion of energetic materials controlled by condensed–phase reactions. Comb Exp Shock Waves 48(1):81–99.

80. Kaim W (2002) The coordination chemistry of 1,2,4,5–tetrazines. Coord Chem Rev 230: 127–139.

81. Sinditskii V P, Fogelzang A E (1997) Design of explosive coordination compounds. Ross Khim Zh 41(4):74–80.

82. Zhu S G, Wu Y C, Zhang W, Mu J Y (1997) Evaluation of a new primary explosive: nickel hydrazine nitrate (NHN) complex. Prop Exp Pyro 22(6):317–320.

# 2.3 空间飞行器推进的新型含能环境友好材料研究

**摘要:** 先进的环境友好含能材料的出现和应用,以获得越来越高的能量和减少脆弱性、改善力学性能、减少特征信号和延长使用寿命被已认为非常重要。应用新型含能和绿色氧化剂,如 ADN、HNF 和臭氧化铵连同含能胶黏剂,如 GAP、BAMO、BAMO-THF 共聚物可增加比冲到 320s 以上。包括含能增塑剂,如四叠氮基丙二酸和四叠氮基戊二酸可进一步增加能量。同样,含富氮化合物,如硝基脒类、N8、N10 等也可大幅增加能量性能。另外,纳米金属粉和纳米金属氢化物可能显著提高燃速。因此,需要在最近报道的新型环境友好材料以获得不可想象的提高能量和燃速方面形成可靠的详尽的技术资料。

## 2.3.1 引言

先进的含能材料的出现注重于使用含能组分,它可赋予材料增强性能和减少脆性作用。在选择一种推进剂应用前,设计的推进剂在制造、使用、储存和处理过程中,以改善力学性能、减少特征信号、延长使用寿命和对环境基本没有影响是必须考虑的。固体火箭推进剂较液体推进剂和固液混合推进剂是有优势的,由于其推进剂系统的简单性、可靠性、低成本和可用性。在固体火箭推进剂中,以 NC(硝化棉)和 NG(硝化甘油)为主要组分,并添加稳定剂、弹道改良剂和其他添加剂的双基推进剂和 AP-HTB-Al 基复合推进剂(复合推进剂)被广泛在空间推进剂和军事方面应用[1-6]。然而,含 AP 和 Al 会产生烟雾的复合推进剂,会影响武器的制导和控制系统,而且,AP 基推进剂由于 HCl 的生成会污染环境。另外,我们都知道,AP 影响甲状腺功能。空间飞行器的发射会产生 580t 的 HCl 和严重有毒的金属氧化物,从而污染了地球上空(30~50km)的大气层,包括土地和水资源。排气羽流从发射台可沉积 10km,航天飞机从两个固体助推器上散发 100t 的 HCl,发射 9 颗卫星和 6 个坦克级的汽车将导致 0.01% 的平流层酸雨和 0.024% 的臭氧消耗[7]。图 2-38 描述了目前武器使用的推进剂的烟雾水平,图 2-39 是我们今后需要发展的。

大多数早期的环保推进剂的开发是基于组分的替代,将有毒的材料替换为环保型材料。然而我们必须注意到,目前的火箭没有完全是洁净的,新型环保推进剂也称为绿色/洁净推进剂。

图 2-38  有烟羽流产品

图 2-39  无烟羽流产品

## 2.3.2  含能氧化剂

在世界各地，AP 被应用在传统的和先进的复合推进剂中。最初，部分 AP 被 PSAN（相稳定硝酸铵）替代，获得无烟或少烟推进剂，而这种方法会产生中等燃速和降低能量。目前，需要发展能量高且燃烧产物洁净的推进剂，其比冲 $I_s>300s$。燃烧产物洁净的推进剂不可能应用传统的氧化剂、惰性胶黏剂、非含能增塑剂和传统的含能添加剂，如 RDX 和 HMX，而需要使用含能环保型氧化剂、含能胶黏剂、含能增塑剂和超级含能添加剂，如 CL-20、ONC、HNC 等。基本上，绿色推进剂的发展不仅需要使用环保型含能材料，而且在制造、处理、储存和使用过程中，在不影响性能的前提下，降低危险性，防止有毒物质的产生。硝胺等，如 RDX 和 HMX，虽然产生更高能量，无烟产物排放，然而它燃速低，燃速压力指数（$n$）高。文献[8]报道了在硝胺推进剂中添加有机酸，包括 DNP 和芳烃铅盐可产生平台效应（$n=0.1\sim0.2$）。报道了推进剂配方含质量分数 20%的 AP（2μm 级）、45%的 HMX、12%的 GAP、18%的 TMETN 和 4.5%的催化剂的比冲为 242s，这时，HCl 含量降低到 4%；俄罗斯在 1993 年还报道了通过添加 ADN 代替 AP 使推进剂比冲增加 8s，因此，ADN 基推进剂是近年来非常需要的推进剂，表 2-13 列出了新型和传统的氧化剂特性。

表 2-13　传统的和先进的氧化剂特性

| 氧 化 剂 | AP | AN | RDX | HMX | CL-20 | ADN | HNF |
|---|---|---|---|---|---|---|---|
| 摩尔质量/(g/mol) | 117.7 | 80 | 222 | 296 | 438 | 124 | 183 |
| 密度/(g/cm$^3$) | 1.95 | 1.72 | 1.805 | 1.91 | 2.04 | 1.81 | 1.86 |
| 生产焓/(kJ/mol) | -296 | -396 | +70 | +84 | +372 | -150 | -72 |
| 熔点/℃ | 235 | 169 | >170 | 282 | >195 | 93 | >115 |
| 分解点/℃ | 235 | 210 | 204 | 287 | N/A | 134 | >115 |
| 氧平衡/% | 34 | 20 | -21.6 | -21.6 | -10.9 | 25.8 | 13.0 |
| 撞击感度/(N·m) | 15 | >49 | 7.5 | 7.4 | 2.5 | 3.7 | 3 |
| 摩擦感度/N | >100 | 353 | 120 | 120 | 124 | >350 | 20 |

文献[9]报道了己内酯和聚丁二烯形成的端羟基聚合物，它具有高的 NG 溶解性，当固含量为 68%时，比冲大于 260s。作者还发现另一含 25%的 HTBCP 和 20%的 HTPB（燃料）推进剂配方在冲压发动机（第二燃烧室）中的比冲为 900s，而且，还报道了含 70%的锆粉，18%的 AP 和 12%的 HTPB 的富燃料推进剂即使在低压区也可稳定燃烧，类似于传统复合推进剂，在 7MPa 下燃速为 7mm/s[10]。通过应用环境友好型氧化剂如 ADN 和 HFN（硝仿肼）与含能胶黏剂如 GAP（叠氮缩水甘油聚醚）一起，比冲可达到 300s 以上。除了 ADN（MP-90C，密度为 1.82g/cm$^3$，OB 为 25.8%）和 HNF（MP-295C，密度为 1.90g/cm$^3$，OB 为 13.1%），其他具有潜力的氧化剂包括三氧化铵（$NH_4O_3$）和二氧化铵（$NH_4O_2$）。然而，至今为止，没有报道关于氮杂类化合物和超氧化剂基推进剂的研究工作。HNF 摩擦感度较高（2kg），而通过核实的含能胶黏剂包覆，可以改善其摩擦感度到 9kg 水平，如今，推进剂可以被处理。对于含有低键合能和生成热的含能氧化剂是必须的，含有如 N-O，Cl-N 和 Cl-O 键的化合物受到研究者关注，然而，正如之前讨论的，含-Cl-O 键的化合物会污染环境[11-17]。

### 2.3.3　含能胶黏剂

在引言中介绍的早期创新工作是以 NC-NG 作为胶黏剂的复合改性双基推进剂（CMDB），其优点是胶黏剂中含有 $O-NO_2$ 基团，同时，介绍的叠氮基团（$N_3$），可释放 355kJ/$N_3$ 单位热，被认为可选作含能胶黏剂。在含能胶黏剂家族中，GAP（叠氮缩水甘油聚醚）、BAMO（双叠氮甲基氧杂环丁烷）、PGN（聚缩水甘油硝酸盐）和它们的共聚物非常受到关注。低分子量的叠氮化合物，如 1,7-叠氮-2,4,6-三硝基唑庚烷和 1,3-叠氮-2-硝基唑丙烷在固体推进剂中可扩展叠氮化合物作为含能胶黏剂的应用范围。表 2-14 列出了一些含能胶黏剂的特性。

表 2-14　含能胶黏剂

| 胶 黏 剂 | 密度/(g/cm³) | 玻璃化温度/℃ | 撞击感度/cm |
|---|---|---|---|
| GAP | 1.3 | −50 | >170 |
| Poly Glyn | 1.42 | −35 | >200 |
| Poly NIMMO | 1.26 | −30 | >90 |
| Poly AMMO | 1.06 | −35 | >90 |
| Poly BAMO | 1.3 | −45 | >200 |

可以看出，BAMO 具有更高的密度、低的玻璃化温度（$T_g$）和高的撞击感度，而它是半固体状态，在推进剂配方中不能负载更高含量的氧化剂和金属燃料。为了克服这一缺陷，我们合成了 BAMO-THF 共聚物（平均相对分子质量 2200，玻璃化温度为-50℃，OH 值为 63）。据报道，聚 NIMMO 和聚 AMMO 比 GAP 具有更低的燃速，且存在老化相关问题，而评价含能胶黏剂时，含 60%的 RDX 和 GAP/TMETN 作为胶黏剂和增塑剂的燃速为 15mm/s，而另一配方含 60%的 CL-20（六硝基六氮杂异伍兹烷）和 GAP，燃速为 20mm/s，因此，CL-20 较 RDX 和 HMX 具有优势。无氯推进剂消除了金属氧化物产生的烟和大气凝结水形成的二次烟（排气尾焰）。我们还发现，GAP 基富燃料推进剂没有任何氧化剂时可自持燃烧，比冲在冲压发动机中（第二燃烧室）可大于 1200s，因此，在含能增塑剂之中，含硝基、硝酸酯基和叠氮基化合物越来越受到研究者的关注[18-25]。

硝化 HTPB 也被认为具有发展潜力的含能胶黏剂，HTPB 硝化后得到 $N_2O_5$，硝化水平对最终产物的热稳定性和力学性能有影响，HTPB 硝化 10%水平可产生可观的能量和力学性能，并与含能增塑剂相容。

### 2.3.4　含能增塑剂

增塑剂的作用是改进高聚物胶黏剂的力学性能，使高聚物链更有柔性。这样的话，推进剂的混合黏度减少，推进剂的制备工艺更加容易，而且，增塑剂可以改进推进剂配方的燃速和氧平衡。引入含能增塑剂作为惰性增塑剂或者传统增塑剂，如 DOA、DOP、甘油醋酸酯等的替代物，是增加能量的另一种方法。关于含能增塑剂的发展进行了大量研究，叠氮基增塑剂是非常重要的一种，Ethylene glycol-bis azido acetate（EGBAA）、di ethylene glycol–bis azido acetate（DEGBAA）是典型的代表。增塑剂中的酯基团具有超润滑效果，其也具有低的蒸气压和高的 BP、低的黏度和较好的可加工性。低相对分子质量的 GAP 是众所周知的增塑剂，其广泛用于发射药和火箭推进剂、高能炸药中。从硝酸酯、叠氮化合物，叠氮酯到 N-硝铵炸药都是含能增塑剂 [26-31]。

表 2-15 列出了一些含能增塑剂特性。

表 2-15　具有发展潜力的含能增塑剂

| 增　塑　剂 | 密度/(g/cm³) | 氧平衡/% | 撞击感度/cm |
| --- | --- | --- | --- |
| TMETN | 1.46 | −34.5 | 8.8 |
| BTTN | 1.52 | −16.6 | 4.7 |
| Bu-NENA | 1.20 | −10.4 | — |
| BDNPA/F | 1.39 | — | 96 |
| TEGDN | 1.39 | −58 | — |
| DEGDN | 1.38 | −41 | — |

这个表只是说明性的，不是详尽的。DNAPE（3-nitraza 戊烷）被认为是对先进的发射药配方很具有发展前途的含能增塑剂。如硝铵炸药（RDX 和 HMX），其他高能炸药（HE）被认为在未来新型固体推进剂的助推能量是有效的。

## 2.3.5　含能添加剂

含能添加剂的加入可进一步增加推进剂的能量性能，RDX 和 HMX 已得到广泛应用。表 2-16 列出了一些高能爆炸添加剂，希望能明显增加推进剂的能量。

表 2-16　提高能量的含能添加剂

| 添　加　剂 | 密度/ (g/cm³) | VOD/ (m/s) | DP/GPa |
| --- | --- | --- | --- |
| RDX | 1.86 | 8600 | 34 |
| HMX | 1.91 | 9100 | 39 |
| HNB | 2.00 | 9400 | 42 |
| CL-20 | 2.1 | 9400 | 42 |
| 七硝基立方烷 | 1.98 | 9800 | 46 |

（续）

| 添 加 剂 | 密度/（g/cm$^3$） | VOD/（m/s） | DP/GPa |
|---|---|---|---|
| ONC | 2.0 | 10000 | 47 |
| TATB | 1.89 | 9100 | — |
| HNC-N8 | 2.65 | 15000 | 137 |
| -N60 | 2.67 | 17300 | 196 |

CL-20 和高相对分子质量的 GAP（摩尔质量为 2700）相对于 HMX 基推进剂配方的 $I_s$ 高了 5s，在 7MPa 下的燃速为 20mm/s。还有报道含 30%HNF，30%NC 和 40%NG 的推进剂配方的燃速在 7MPa 下燃速 30mm/s。同样地，另一个含 40%HNF，20%NC 和 40%NG 的推进剂配方在 7MPa 下的燃速为 36mm/s[32-34]。BDNPA/F 与 TEGDN 混合可获得较低的温度性能。HNF 被认为是 HTPB 用氧化剂，其连接着 HTPB 基体的双键，ADN 的热分解表明其在 94.5℃熔化，在 184℃ 出现放热分解，分解的主要产物包括 $NH_3$、$H_2O$、NO、$N_2O$、$NO_2$、$HNO_3$ 等，ADN 分解的总放热量是 240kJ/mol，HNF 在 123℃分解。还有报道当 HNF 在 124℃ 熔化时，其在 200℃完全分解，放出 27kJ/mol 热能。HNF 的 TG 曲线表明在 134℃ 有放热分解，60%的分解发生在 116～130℃范围，而另外的 30%分解发生在 136～166℃[32-37]。

含氮呋咱化合物被认为是先进火箭推进剂的具有吸引力的高能填料。David 等合成了高氮含能材料，如 3,3 偶氮（6-氨基 1,2,4,6-四秦），其生成热是 +872kJ/mol。三硝基苯（TNAZ）也是高度受关注的氧化剂和含能填料，由于其额外的氧，低的 MP（100℃）和良好的热稳定性（200℃），1.84g/cm$^3$ 的中等密度和低的感度。

纳米材料的出现对先进的固体推进剂、炸药和烟火药是革命性的发展。纳米材料可改进推进剂的燃烧效率，没有可检测的团聚现象形成，由于小尺寸的纳米铝片，低特征信号推进剂具有更高的力学性能并且降低燃烧残渣。有报道说，添加纳米材料，燃速可增加 10 倍并且得到低的燃速压力指数。DeLuca 研究了纳米铝粉片的快速燃烧增加表面热释放，导致更高的燃速。纳米粉分解的活化能比微米金属粉要低很多，纳米 RDX 比微米 RDX 的燃速增加 2 倍。微米 RDX 的燃速为 10mm/s，而纳米 RDX 的燃速为 17mm/s。Babuk 等研究了添加 100nm 的铝粉可使推进剂的燃速增加和压力指数的降低。李疏芬等发现添加纳米材料的 AP-HTPB 推进剂的高温分解可降低 15℃，纳米 Ni 粉和纳米氧化铜可加速 AP 的分解，另外，发现 Cu-Ni-B 基纳米复合材料是比单独铜、镍和硼更加有效的催化剂[37-41]。

基于高能氧化剂，含能胶黏剂和含能增塑剂的先进推进剂的能量性能如表 2-17 所列。

表 2-17　先进推进剂的能量

| 推进剂组分 | $I_s$/s | 密度/（g/cm$^3$） |
| --- | --- | --- |
| AP-HTPB-Al | 250 | 1.7 |
| HNF-GAP(12)-Al | 270 | — |
| ADN-GAP | 304 | — |
| HNF-BAMO | 310 | — |
| HNF-GAP | 308 | — |
| AND-GAP (70:30) | 301 | 1.62 |
| ADN-GAP (80:20) | 313 | 1.67 |
| ADN-Al-GAP (70:10:20) | 327 | 1.73 |
| ADN-Al-GAP (60:20:20) | 335 | 1.78 |

从表 2-17 结果可以看出，含纳米 Al 或 AlH$_3$ 的 HNF-GAP/BAMO 的配方是获得高能和产物洁净的非常有吸引力的候选物。同样，高氮材料，如 N$_8$、N$_{10}$ 和 N$_{60}$ 也希望明显提高能量。

喷管、衬层和绝热层也对火箭发动机的燃烧产物有贡献。硅基树脂被认为可以满足无烟需求发展的绝热层。含能氧化剂和传统的胶黏剂，如 HTPB/CTPB 或许产生的能量不高，但采用含能胶黏剂、含能增塑剂和含能填料，能量将提高很多，甚至大于 330s。在我们研究的含能增塑剂过程中，发现两个新型的四叠氮酯增塑剂，也就是四叠氮丙二酸和四叠氮戊二酸具有优良的性能（PEP-2013）。这些含能增塑剂在高达 200℃ 是稳定的，分别释放出 1752.8J/g 和 1774.3J/g 的能量。两个增塑剂在高于 250℃ 的点火温度条件下的撞击感度和摩擦感度较高，预期分别产生 3164K 和 3243K 的火焰温度，线性燃速系数为 0.117，基于这些含能增塑剂的推进剂可增加 100J/g 的能量。能量水平增加的原因是四个叠氮基团在两个叠氮酯中的存在[39]。一个叠氮基团贡献 357kJ/mol 的能量，更高能量是由于叠氮酯基的正的生成热（+581kJ/mol 和+550.7kJ/mol）。V Weiser 报道了 ADN（60%）、GAP（20%）和 Al（16%）的推进剂配方的真空比冲为 293s，密度是 1.64g/cm$^3$[41]，这个配方的燃速在 7MPa 下是 25mm/s。CuO 和 NiO 可明显增加先进推进剂的燃速，在 50～100kg/cm$^2$ 的压力范围内产生平台效应（$n=0.13$）。

我们希望含四唑、三唑、氮杂环丁烷和叠氮胍盐类衍生的化合物作为含能组分生成更高能量和洁净的燃烧产物，以适应钝感和高能推进剂的日益增加的需求。推进剂制备流程的减少（连续过程），超级含能添加剂的筛选，纳米材料的应用和严格的在线质量控制在未来几年更为重要。据报道，纳米 HMX 比微米 HMX 具有更高的性能，这是因为其安全性能提高，撞击感度、摩擦感度和爆轰波感度降低。因此，在高能推进剂中添加纳米 HMX 具有更好的性能。近年来，制备了纳米 RDX、HMX、PETN 和 TATB，然而，纳米含能炸药相对于微米高能炸药（HE）的相关信息明显不足，因此，对这一领域的研究进行了很多工作。在 HNC 中，$N_4$、$N_5$、$N_8$、$N_{10}$ 等表现出切实可行的目标分子以获得高能量。预计 $N_8$ 产生 VOD 为 15km/s，密度为 $2.65g/cm^3$。当推进剂配方中添加量较多时，这些材料将明显改变高能推进剂的现状。氮是较好的良性材料，因此，添加 HNC 材料可获得更高的能量和环境友好燃烧产物。

包含金属粉和小于 100nm 的金属氧化物的超级铝热剂产生非常高活性，是目前研究的主要任务。Al-MoO、Al-聚四氟乙烯和 Al-五氧化碘在军用和民用都受到广泛关注，它们可释放高的热量，用于不同的场合。

### 2.3.6  结论

纳米氧化剂、含能胶黏剂、含能增塑剂和纳米含能添加剂将显著增加推进剂的能量性能，并且燃烧产物洁净，因此，在这一具有挑战性的领域还有很多创新性的研究工作需要进行[42]。

# 参 考 文 献

1. Gonser B W (1968) Modern materials; advances in development and applications, vol 6. Academic, New York.

2. Shorr M, Zaehringer AJ (1967) Solid rocket technology. Wiley, New York.

3. Gold R F (1969) Propellant manufacture, hazards and testing, vol 88, Advances in chemistry. American Chemical Society, Washington, DC.

4. Warren A (1970) Solid propellant technology, vol 10, AIAA selected Reprint. AIAA, Washington, DC.

5. Kuo K K, Summerfield M (1984) Progress in astronautics and aeronautics, vol. 90. Fundamental of solid propellant combustion. AIAA, New York.

6. Williams F A, Barrere M, Huang NC (1969) Fundamental aspects of solid propellant rockets, AGARDograph 116. Technivision Services, Slough.

7. Singh H (2008) Advanced green, clean or alternate rocket propellants. International workshop on processing of composite propellants, H.E.M.R.L, Pune, Oct 18-20.

8. Pundlik S M et al (2000) Influence of dinitro pipeazine on the pressure index of extruded double base propellants. J Energetic Mater 18:61-82.

9. Bhatt V K et al (1995) Studies on block co-polymer based fuel rich propellants. International workshop on chemical gas dynamics and combustion of energetic materials, TW95. June 1995.

10. Singh H (2013) Emerging trends of R&D in the field of High Energy Materials. 9th international seminar on high energy materials and eco-friendly green applications, Simahara, Kanagawa, 7-9 Oct.

11. Borman S (1994) Advanced energetic materials for military and space applications. Chem Eng News 72:18-22.

12. Hormuz P, Mama (1996) Solid rocket propellants – latest developments promise significant advances, Spaceflight, vol 38, The British Interplanetary Magazine, London, UK.

13. David E et al (2000) A novel high nitrogen energetic material. Angew Chem Int Ed 39(10):1791-1793.

14. Chakravarthy S R (1998) Characterization of heterogeneous solid propellants. In: Krishnan S et al (eds) Propellant and explosives technology. Allied Publishers Limited, New Delhi (chapter 3).

15. Pak Z P (1993) Some ways to higher environmental safety of solid rocket propellant applications. AIAA paper 93-1755.

16. Schoyer H F R et al (1995) High performance propellants based on hydrazinium nitro-formate. J Propuls Power 11:856-869.

17. Schoyer H F R et al (1995) Advanced solid propellants based on HNF – a status report.

18. Frenkel M B et al (1992) Historical development of glycidyl azide polymer. J Propuls Power 8:560-563.

19. Vandenburg F J (1972) Polymers containing azido methyl side chains, US Patent 3,645,317.

20. Ahad E (1992) Preparation and uses of branched hydroxyl terminated azide rubbers, US Patent 5,130,381.

21. Nair J K et al (2000) Synthesis and characterization of BAMO, its precursor, polymer and copolymer with THF. In: Proceedings 3rd international conference on high energy materials, Thiruvananthapuram.

22. Frenkel M B et al (1981) Synthesis of energetic compounds, CPIA Pub.340, Jannaf propulsion meeting, England.

23. Nazare A N et al (1997) Burn rate studies of gas generator propellants containing AP/RDX. Chapter in book, "Challenges in propellant and combustion – 100 years after Noble", Published by Begell House.

24. Sanghavi R R et al (2001) Studies on thermoplastic elastomers based propellant compositions. J Energetic Mater 19:79-95.

25. Kumari D (2014) Ph.D. thesis, Synthetical approaches to novel azido esters and their applications in LOVA propellants, D.I.A.T., Pune.

26. Kumari D, Yamajala K D B, Singh H, Sanghavi R R, Asthana S N, Raju K, Banerjee S

(2013) Application of azido ester as energetic plasticizer for LOVA propellants formulations. Propellants Explos Pyrotech 38:805-809.

27. Singh H, Shekhar H (2005) Science and technology of solid rocket propellants, Print well, India.

28. Agrawal J P, Singh H (1993) Propellants Explos Pyrotech 18:106-110.

29. Ghosh K, Pant C S, Sanghavi R, Adhav S, Singh H (2009) Studies on triple base gun propellant based on two energetic azido esters. J Energ Mater 27:40-50.

30. Frankel M B et al (1984) US Patent 44,328,17.

31. Sayles D C (1991) US Patent 5059260.

32. Dendage P S et al (2003) Ecofriendly energetic oxidizers HNF and propellants based on HNF. J Indian Chem Soc 80:563-568.

33. Dendage P S et al (2000) Thermal decomposition of HNF and propellants based on HNF. In: Proc 3rd international conference on high energy materials, VSSC, Trivandrum, 6-8 Dec.

34. Nair U R et al (2004) Studies on advanced CL-20 based CMDB propellants. J Propuls Power 20:952-955.

35. Singh H (2005) Current trends of R&D in the field of high energy materials. Proc int. seminar on high energy material. Japan Explosive Society, Tokyo.

36. Talawar M B et al (2005) Novel ultra high energy materials. Combust Explosion Shock Waves 141:264-277.

37. Gartner J (2005) Military reloads with nanotech. Technol Rev MIT, USA. Accessed May 2014.

38. Brown M (2010) Nanofibres defuse explosives. Chem World, R Soc Chem, Cambridge, UK. Accessed May 2014.

39. Granier J (2009) Combustion characteristic of Al nano particles and nano composites, Ph.D. thesis, D.I.A.T., Pune.

40. Roberts G, Dreger A (2010) Advanced pyrotechnic or advanced materials discovered in WTC dust, ACS new service weekly.

41. Dadson B (2012) Most powerful military explosive for use, ACS new science weekly.

42. Weiser (2013) ADN based propellants, 9th International high energy materials (HEMs) workshop, Sagamihara, Kanagawa, Japan.

# 2.4  固液混合火箭的填料性能

**摘要**：向固液混合火箭的固体碳氢燃料中添加性能改进材料，这在学术和工业方面均有广泛的研究。最初的目的是改进推进系统的质量比冲，密度比冲和燃烧速度等。事实上，尽管混合火箭非常适合固体性能添加剂的加入，但想成功地应用还是相当难以实现的。本文中，我们评估了使用具有以下主要指标性能添加剂的可行性：①全面调研混合动力火箭的燃料添加剂（及最佳胶黏剂），以建立该领域的最新成果；②基于性能和一些重要的实际因素对这些添加剂进行排序；③为进一步评价性能，推荐部分有前景的添加剂。即使如此，这个可行性研究主要利用了公开文献中的信息，采用新的热化学计算方法建立各种推进剂系统在同一个参考状态下工作的理论性能预估（如燃烧室压力、喷管膨胀比等）。

## 2.4.1　重要燃料的性能

对于大多数应用，火箭推进剂配方活性（包括最佳燃料添加剂的确定）的基本目标是性能最大化或系统的全周期成本最小化。基于特殊应用，以下任何一个可以从成本上优化性能系统：①有效负载质量/总质量；②有效负载质量/可利用容量；③系列/总重或范围/有效容积。通过成本优化驱动应用通常有以下成本关系：①成本/有效负载质量；②成本/范围或成本/（有效负载质量+范围）。重要的是，对于大多数实际应用，成本是主要推动因素。例如，对于一个运载火箭，每有效载荷单元的质量成本是利益选择。

**1. 使用改性添加剂的优点和缺点**

燃料中含有改性添加剂的优点和缺点如表 2-18 所列。从表中可以看出，性能添加剂引入大量潜在的缺点，一种添加剂的适用性主要依赖于具体选定的应用配方。

表 2-18　含能添加剂的优点和缺点

| 优　点 | 缺　点 |
| --- | --- |
| 提高理论比冲 | 提高了原材料/加工过程的成本 |
| 提高燃料密度 | 可用性差 |
| 减少氧化剂 | 对湿/空气敏感 |
| 声模衰减 | 有限的储存期 |
| 增加质量的产生 | 更慢的化学动力学 |
| | 喷管处两相损失 |
| | 力学性能的不利影响 |
| | 增加危险性 |

例如，一种系统其定期维护的成本是关键（如战术导弹），用了如 $AlH_3$ 非常贵的燃料添加剂是不可接受的选择。即使对于运载火箭的应用，其比冲（$I_s$）性能是关键，需要评估每个有效负载单位质量作为添加剂浓度函数的发射成本。对于大多数性能添加剂来说，原材料和加工过程成本的增加导致有效载荷量增加而使比冲（$I_s$）提高的理论被打破。然而，对于一些特定的应用来说，如太空任务优选考虑性能而不是成本问题。

**2. 燃料改性添加剂的临界性质**

下面列出混合火箭用改性添加剂的一些关键特性，推进剂工程师需要在推进剂配方设计阶段考虑这些因素。

（1）比冲提高：在第一个评价中，预估理论比冲的提高可通过热化学理论计算方法进行简单的预测。然而，也应该考虑氧化剂的添加对燃料比（O/F）转换、燃烧效率和喷嘴效率（两相流动损耗）的影响。定量损失来自于 O/F 转换涉及混合动力发动机内弹道计算。对于大多数系统来说，O/F 转换对 $C^*$ 效率损失是非常小的。基于子尺度和全尺度发动机测试来确定燃烧效率。如果可行，从较早的程序可获得有帮助的数据。在喷嘴入口处，通过热化学计算预测的凝聚相质量分数是两相流动损失的首要良好的途径。

（2）密度比冲提高：高密度含能添加剂的加入可减少推进系统的体积。值得注意的是，密度比冲最优的 O/F 不同于最大 $I_s$ 的 O/F。

（3）效益：从国家或易于进口方面来说，添加剂可直接采购并长期使用是一个重要的考虑因素。如果直接采购不可行，生产技术基地和在全国范围内获得原料是重要的因素。

（4）成本：在添加剂的选择上，成本经常是一个基本的考虑因素。在选择过程中，需要考虑添加剂每千克的价格和其他物流成本因素（安全操作规程的改变、运输、处理、储存和推进剂的加工）。

（5）危险性：添加剂的急性中毒、慢性中毒或致癌性，在环境中对吸湿和氧化的敏感性及潜在的剧烈化学分解可导致爆炸都是在成本驱动中重要的危险因素。

（6）寿命：存储保存期（存储老化）及胶黏剂寿命（发动机老化）是至关重要的实际考虑因素。

（7）弹道性能影响：以下是设计者必须考虑的弹道行为的重要影响因素：①燃烧速率的影响；②燃料质量的产生速率影响；③压力与燃速相关性；④燃料力学性能的影响（延展性、黏弹性等）；⑤与衬层材料的相容性；⑥发动机内残渣的形成，金属氧化物的富集；⑦发动机稳定性的影响（尤其是声振动）；⑧喷嘴处氧化剂的质量分数；⑨喷管流中氧化剂的浓度变化对喷嘴侵蚀率的影响；⑩最优化的 O/F 转换。

## 2.4.2 候选材料

下面介绍氧化剂、改性添加剂和胶黏剂。

**1. 氧化剂**

（1）LOX：液氧可以说是在火箭推进器中最有效和最切实可用的氧化剂。其易得、价格适中并能提供高性能，唯一的问题是在地面条件下缺乏稳定性，这被列为本研究的高能量氧化剂。

（2）$N_2O_4$(NTO)：四氧化二氮（NTO）是一种地面稳定的高密度氧化剂具有适中的比冲性能。NTO 被广泛应用于早期的 ICMB 和运载火箭（如"泰坦"系统），但是由于其毒性和非环保特性不再被大规模使用。我们在本研究中涉及 NTO 是为了评估改性添加剂对适中比冲性能的高密度氧化剂的影响。

（3）$N_2O$：一氧化二氮也是一种可应用的氧化剂，具有自压性，实用性好、成本合理。然而，当在自压缩条件下使用时，它是低能量氧化剂（分子中低氧含量）和低密度。

**2. 改性添加剂**

可供火箭使用的添加剂种类很多。我们在本研究中列出的化学品只是很小的一部分。在遴选过程中，采用以下策略：

（1）这不是一个纯粹的学术研究，而是基于实用方面，我们主要感兴趣是遴选添加剂，使其在近期能够在操作系统中应用。

（2）特种材料尚未列入，是因为它们缺乏可用性，以及极度危害性等。

（3）铍及其化合物等毒性材料不包括在内。

（4）我们所选择的最实用和最有前景的添加剂，每一种添加剂都遵循以下基团原则：①金属；②金属复合物；③硼化合物和④张力碳氢化合物。硼与金属组合在一起是一种类金属化合物。

（5）微米和纳米尺寸的物质将用定性方式进行比较。

本研究中，考虑选择以下添加剂：①金属（微米尺寸）：Al, B, Mg；②金属（纳米尺寸）：Al, B；③合金：$Mg_xB_y$；④金属氢化物：$LiAlH_4$, $AlH_3$, $MgH_2$, $LiBH_4$；⑤硼化合物：$B_{10}H_{14}$, $NBH_6$；⑥有机分子：张力碳氢化合物，立方烷等[8]。

**3. 燃料胶黏剂**

尽管这项工作的主要重心是改性添加剂，但我们还对一些混合动力火箭最常用的胶黏剂进行了对比研究。

（1）石蜡：基于石蜡[1]的胶黏剂具有以下内在优势：

① 疏水性：这是一个关键性质，因为大量的改性添加剂对空气中的湿气敏感。

② 低成本：石蜡是相当符合成本效益的。

③ 容易获得：大部分石蜡可以在公共市场上购买。

④ 高性能：通常烷烃具有所有烃类最好的 H/C 比。石蜡不包含任何氧原子，还有助于比冲性能的提高。

⑤ 高燃速：液体夹带机制导致燃速比传统的聚合物燃料高 3～5 倍，这就导致了单循环燃料颗粒的设计，从而得到优异的燃料利用率，通常高于 98%。

⑥ 绿色无毒：石蜡是绿色燃料且无毒，主要燃烧产物是二氧化碳和水。

⑦ 惰性/无限寿命：由于石蜡全饱和烷烃性质，它们抵抗化学反应，其保质期几乎无限长。

⑧ 丰富的经验基础：石蜡基燃料发明于 20 世纪 90 年代晚期。在美国、日本、欧洲、巴西、中国和其他国家有大量关于石蜡基燃料的研究。直径 0.6m 的石蜡基发动机已被成功测试。

（2）HTPB：HTPB 是一种弹性材料，在全世界混合火箭燃料中被广泛应用。由于其方便（相比于包括其他弹性体的聚合物），被广泛应用于混合动力火箭。具有固体火箭背景的研究人员都知道，HTPB 作为固体火箭胶黏剂是容易获得的材料，HTPB 的一个重要的技术优势是在混合动力火箭中是一种燃烧最快的聚合物燃料。对于某些改性添加剂（如金属氢化物），HTPB 中端羟基的存在和非疏水特性使它成为一种不良胶黏剂。

（3）其他胶黏剂：本研究中也考虑了一些其他聚合物。聚甲基丙烯酸甲酯（PMMA）是混合火箭（尤其是早期）中一种常用的胶黏剂。PMMA 的最大争议是其结构中含有大量的氧，这可引起比冲性能的降低。另外一种感兴趣的聚合物是聚双环戊二烯（pDCPD），该聚合物与氢化铝锂相容。

## 2.4.3　文献检索—固液混合火箭燃料添加剂

对混合火箭的改性燃料添加剂进行一个全面的文献检索。下面将讨论文献主要结果和结论。

由于大部分含能燃料添加在室温下是固体，所有的高能氧化剂是液相，混合火箭是获得高性能水平（至少理论上）的最好的一种化学系统。在早期的论文中代表性的著作是 Rocketdyne 工程师，描述了具有高性能潜力的混合发动机[2]。这项研究涵盖了基于 $F_2/Li/H_2$ 的高性能三组元推进剂系统的评估。目标是证明通过这种推进剂结合，能实现极高的性能。该项调查包含发动机测试及理论研究。本论文表明对于这种三组元推进剂系统，其极高的理论比冲值为 542s，室压为 500psi①，面积比为 60:1。表明在所有条件下，测试 $F_2$ 为氧化剂的发动机性能，获得接近 100% C*效率值，揭示了实际的比冲与理论值相当接近。这项特殊工作

---

① 1psi=6.895kPa。

也说明了锂以液相形式被注入。在 20 世纪 70 年代早期，UTC 化学部门测试了
Li/LiH/PBAN/FLOX（真正的混合动力是从 Li/LiH/PBAN 作为固体燃料开始的）
的推进水平达到 40 千磅力（约 178kN），这个发动机得到了实测比冲大于 400s。

Risha 等[3]撰写了关于混合火箭燃料用金属和其他性能调节剂的综述。在这篇
综述中，目标是添加剂对燃料燃速的影响。正如报告中前面所述，高能添加剂的
主要目的是改善质量比冲和密度比冲性能，而不是提高燃料燃速。下面归纳由
Risha 等取得的重要成果。

金属添加剂可提高燃烧热和绝热火焰温度。期望增加气相温度和辐射离子来
提高燃速。越高的燃烧产物温度的结果是提高火箭发动机的比冲。然而，分子质
量、两相流损失和燃烧效率在评判比冲特性上是同等重要的因素，但在我们观念
中常常认为提高燃速和比冲性能不一定是同时必需的。

本文给出了金属添加剂氧化反应（本文中是与 HTPB 胶黏剂伴随使用）的重
量和容积热。对于重量热释放来说，铍是一种最好的金属添加剂，尽管如此，由
于其高毒性，不再被广泛应用。一直以来，集中在铝和硼上。对于火箭发动机，
所给出的单位质量燃料的能量性能并不是一个良好的指标，而单位质量推进剂（包
括氧化剂质量和燃料质量）的热释放是一个较好的参数。图 2-40 列出了含轻元素
的单位质量推进剂燃烧能与氧燃烧的关系。有趣的是，在推进剂质量的基础上，
锂优于硼。金属的体积热值比质量热值更有意义，因为相对于线性聚合物 HTPB
来说，它们的高密度更有意义。

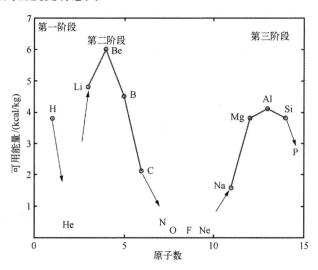

图 2-40　每单位质量推进剂可用的能量，氧化剂为氧气

美国空军在 20 世纪 60 年代有一个关于混合推进剂燃料添加剂的重要项目。
该项目的目标（一个操作的混合动力系统）是在 PMMA 燃料胶黏剂中加入 10%

（质量分数）的镁粉，他们也测试了如铝、硼甚至铍的金属粉末，但是都不能与体系相容。

大部分早期的工作都是利用微米尺寸粒子，最近的研究中引入了纳米粒子。在设计具有理想物理性能的燃料系统时，纳米粒子的优点是点火延迟期较短，燃烧时间较短和燃烧效率更高以及比表面积更大和柔顺性更大。纳米粒子也有包括高成本、高氧化含量（如果没有包覆）和不易加工等明显缺点。

除了下面的飞行计划外，所进行的含能添加剂所有相关研究仅限于地面试验。

- USAF（矶鹬导弹）：长燃烧维持发动机。尽管低燃速（PMMA 燃料中含 10%镁粉），实施了一个单口设计。
- 洛克希德·马丁海斯特探测火箭：HTPB 中铝粉含量大于 40%。液氧燃烧的 60000 磅力（约 265kN）多端口推力电机。

（1）锂基粒子添加剂：锂是一种高反应活性、轻碱金属。与其他金属添加剂相比，由于其低密度，也使其具有低的容积释热。Smoot 和 Price[4]的一个项目研究了使用锂基添加剂。小规模发动机研究了 LiH 质量分数（丁基橡胶为胶黏剂）增加至 90%的燃烧性能，氧化剂是 FOLX（基于燃料成分，优化 $F_2$ 的含量）。腔压比传统的操作范围要低，这致使较高的压力依赖性（超出了扩散限制理论）。LiH 添加剂含量的增加也提高了燃速。但是本文作者认为这种增加大部分原因是 $F_2$ 在液氧氧化剂中的增加引起的（随着 LiH 含量的增加，也增加 $F_2$ 含量来优化推进剂配方）。Osmon[5]利用 $LiAlH_4$ 和 90% $H_2O_2$ 也进行了相似研究，胶黏剂是 PE 聚合物，测试的压力水平更为真实，本研究的亮点是 $LiAlH_4$ 的重量含量增加至 95%。

（2）铝基粒子添加剂：铝是一种实用性非常强的燃料添加剂，其相对稳定、来源丰富（相对成本效益）及提供低能氧化剂合理的改进性能。因此，对微米及纳米铝粉在不同粒子形态和含量方面进行了大量研究。在 20 世纪 60 年代，加利福尼亚州森尼韦尔 UTC 点火了 8 类含有铝粉的发动机[6]，测试了不同氧化剂/燃料含量的性能，不幸的是该报告数据没有对测试结果进行彻底的评估。

Strand [7]在平板炉构型上，研究了镀铝膜 HTPB 的燃烧性能。两片构型显示了比平板构型高 40%的燃速，这说明了辐射镀铝燃料颗粒的重要性。值得注意的是，对于纯 HTPB 来说，平板和双层构型之间的差异是可以忽略不计的。测试了含有平均粒径在 40μm 到 95μm 含量为 40%铝粉燃料的性能。低通量测试条件与高辐射水平相关的铝粉燃料显示了燃速强烈依赖于腔压，也显示了粒子尺寸并不影响燃速。

George 等[8]在 20 世纪 90 年代研究了添加铝粉对 HTPB 的影响。铝粉的尺寸是 28μm，添加质量分数约为 20%。估算了铝粉的添加将燃烧效率从 93%降低至 89%，揭示了铝粉在直径 5～40cm 发动机中的不完全燃烧。

（3）硼基粒子添加剂：研究了高纯硼和分子中含硼的化合物如癸硼烷。硼的主要优点是其单位质量/体积的高燃烧热值和相对来源丰富。硼最大的争议是点火困难，这可能会导致低的燃烧效率。USAF 和 UTC 合作研究了硼在固体燃料中的燃烧性能，总共进行了 6 个含有 20%（质量分数）硼的发动机点火试验。不幸的是，报告数据不足以建立一个燃速定律。由于其高质量热的输出，对于 SFRJ 系统，硼是一种非常有效的燃料添加剂。事实上，与混合火箭燃料添加剂相比，硼是一种非常有效的 SFRJ 燃料添加剂。

环境方面可分为大气层、噪声及其他影响（制造等）。大气层的影响可通过排出的气体产物来评估。由于没有氯基化合物，相比固体火箭发动机，混合和液体火箭发动机在该方面具有明显的优势。由于改性添加剂的加入，金属氧化物对温室效应和臭氧层的影响可以接受，即认为这种影响很小，但现在尚没有具体的研究能够支持这个观点。

德国航空和太空研究发展中心 Lips 等[9-11]研究了高铝化（也和其他金属）燃料和液氧氧化剂的燃烧，研究了以下几项参数：

（1）胶黏剂类型的影响：Lips 调研了 5 种不同聚合物作为胶黏剂，测试中发现胶黏剂类型明显影响燃料的燃速。铝的质量含量达 60%，氧化剂含有 40%的 $F_2$（质量分数）。据测定是聚合物形成碳化层导致燃烧更快。

（2）金属添加剂类型的影响：测试了 PU 胶黏剂中分别含有 60%纯的铝、硅、硼、镁和 97%Al/3%Mg，惊奇地发现金属添加剂的类型对燃速的影响很小。

（3）粒子尺寸的影响：粒子尺寸（微米级）也对燃速的影响较小。将铝粉的尺寸从 32μm 增加至 200～250μm 时，燃速也没有明显变化。

（4）金属添加剂含量的影响：将铝粉的含量从 40%增加到 60%，燃速相应增加近 40%，进一步增加铝粉含量，几乎不再影响燃速的变化。原因是铝粉在表面的凝聚达到饱和状态，凝聚现象降低了表面的热生成和热传递。

（5）氧化剂类型的影响：在氧化剂中增加 $F_2$ 的含量能够严重影响燃速。将 $F_2$ 从 0%增加至 100%，燃速增加 3 倍。这被认为由两个原因引起：①$AlF_3$ 低的升华温度（1550K）使凝聚相燃烧产物在表面没有富集，而 $Al_2O_3$ 可能存在于发动机液相中；②$F_2$ 具有高的燃烧热。

宾夕法尼亚州立大学课题组在混合火箭含能添加剂领域的研究一直比较活跃。下面简要介绍 Kuo、Risha、Evans 和 Boyer[12-15]的工作。

用一个二维平面燃烧器（带适应窗口）和管式燃烧器的构型在实验室规模上进行测试。测试中所用的主要氧化剂是气态氧，大部分测试的胶黏剂是 HTPB。早期系列试验所用的纳米铝粉（Alex）的平均粒径为 100～150nm。与纯的 HTPB 相比，添加 20%纳米铝粉能使燃速和质量传播速率分别提高 43%和 70%。微米铝粉的加入量为 20%时，与纳米铝粉基配方相比，燃速（约 12%）和质量传播速率

（约 40%）提高的较少。在纳米铝粉为添加剂的情况下，纳米粒子显示出点火接近于燃料表面，但可显著提高传热。对于微米粒子来说，点火发生在远离燃料表面，限制了传热速率。

开展了两个不同规模的管式混合发动机的测试，一个较小的 LGPC 系统能够积累燃料至 40.6cm 长。较长的 XTC 系统能够容纳 120cm 长。XTC 系统用一个热固性塑料外壳来防止燃烧表面的 X 射线影响。

用小的管式系统开展了大量测试，约有 19 个燃料配方，表明粒子尺寸、粒子形态、铝粉的表面处理都严重影响着系统的燃速和燃烧效率。

两种配方显示燃速提高最大的是 SF-12：13%微米铝粉和 SF-13：13%氟橡胶（Viton A）包覆的纳米铝粉。有趣的是，在相同的质量分数下，微米和纳米铝粉提高的水平是一样的，对这种现象也没有明显的解释。氟橡胶包覆的纳米铝粉比未包覆的配方燃烧更快，说明氟橡胶是一种含氟弹性体，在聚合物裂解过程中产生的氟原子增强了金属表面的点火性能。含 13%纳米铝粉的燃料表现出不稳定的燃烧行为，认为这与燃料表面上形成熔化层并定期脱落相关。

能量较低氧化剂 $N_2O$ 的金属化配方的燃烧比 GOX 配方更慢，说明在其他非金属配方也具有相似的趋势。

测试了石蜡可作为备选胶黏剂的配方性能。Evans 等测试了与石蜡（装载有炭黑）基 PSU[16]，发现燃速高于斯坦福研究小组的数据。这项研究不同的原因被认为和以下有关：①石蜡不同；②数据还原方法上存在差异（氧化剂质量流量平均技术）。星铂联公司的铝片与石蜡混用，13%的铝片能使燃速提高约 30%。星铂联添加剂的二维性质被认为在保持熔层低黏度的关键，夹带机制消除了填料液滴在石蜡基燃料中渗出表面。对于 HTPB 胶黏剂，铝粉在表面上富集（形成团聚），直到它们从表面上脱落。

氟橡胶包覆的纳米铝粉比未包覆的体系具有更好的 $c^*$ 和 $I_s$ 效率。这说明氟橡胶产物在点火动力学上具有积极影响，纳米粒子的配方也比微米粒子系统具有更好的效率，这能用粒子燃烧时间 $d^2$ 定律解释。

当规模达到 XTC 系统（比管式燃烧器大），对于纯的 HTPB，显示出燃速的下降。在大规模的试验中，添加 13%星铂联粉的配方也没有观察到燃速的提高。值得注意的是，相同的配方，在小规模测试试验中，燃速提高了 30%，熔融金属富集在燃烧表面并定期脱落，可推测是在大规模试验中燃速没有改善的原因。正如该文作者所关注的，这种现象没有得到满意的解释，显示了金属添加剂燃烧的复杂性。金属添加剂的配方并没有遵循燃速幂次方规律。

在 21 世纪早期，Ronald Humble [17,18]研究了混合动力火箭用新型胶黏剂（二环戊二烯—DCPD）和具有潜在应用价值的性能添加剂（$Li_3AlH_6$），pDCPD 聚合物具有一系列混合动力火箭使用的有价值的特点，高生成热（230kJ/mol）使其比

RP-1 和 HTPB 具有更好的比冲性能。该聚合物有宽范围的机械状态可用，取决于其链长和交联，疏水特性使其适合于金属氢化物的使用，pDCPD 的密度比 HTPB 稍高（密度为 $0.97g/cm^3$）。已经确定的是使用此胶黏剂的最大的问题是燃速较低（约 P 为 HTPB 的 50%）。Humble 也用了不常用的金属氢化物 $Li_3AlH_6$，其具有非常高的生成热也使比冲较高。值得注意的是，使用这种氢化物，估算的生成热和比冲提高的性能预测并没有在任何发动机中测试。

文献[19]讨论了一些关于 pDCPD 和更为普通的氢化物 $LiAlH_4$ 的一些最新进展。氧化剂为 98%的双氧水，燃料的初始端口直径为 4.09cm，本研究的主要结论为：①与低密度的 PE 相比，纯的 pDCPD 具有更高的燃速；②含有金属氢化物燃料的燃烧效率较低（比冲特性降低超过 10%）。

Weismiller 等[20]研究了利用硼氨（$NH_3BH_3$）作为燃料添加剂的可行性。在这项研究中，测试了将硼氨添加至石蜡基胶黏剂的性能，气态氧作为氧化剂，在实验室规模的燃烧器（粒径 5.5 英寸①）中测试。硼氨以粉末形式加入石蜡胶黏剂中，在固定模具中制样，硼氨的加入量为 10%，缓慢地提高燃速。但是加入量超过 20%时，发现燃料的线性燃速没有提高反而下降。对于所有配方，$c^*$效率几乎接近 100%，但是比冲效率仅有 60%，喷嘴效率为 60%被认为太低，尤其对于纯石蜡配方。我们认为 $c^*$效率估算存在误差。值得注意，硼氨被公认为是潜在的储氢材料，文献[21]详细讨论了其合成、安全性和性能等。

米兰理工大学 Luigi T. DeLuca[22]发明了一种有效的光学方法来观测金属圆柱形燃料的燃烧。在该方法中，在燃烧区随着时间的推移利用可视跟踪来确定燃料燃速。利用这种技术，获得了纯 HTPB、纯石蜡和金属化配方燃速与时间的关系，本测试中最初的实测数据并没有按照经典的燃速幂规律。我们推测认为，这主要是在燃烧测试时最初的数据来自非常小的测试直径。测试了 HTPB 中各种纳米铝粉添加剂，显示出燃速能提高 20%～45%，包覆的纳米铝粉（氟+酯和酯包覆）显示出了燃速更高的提升，并且随着时间的推移，燃速提高的更均匀。

Carmicino 等[23]全面综述了欧洲 ORPHEE 项目（一个混合火箭研究项目）。在这个项目中，利用实验室规模燃烧器，测试了 HTPB 胶黏剂中含有两种性能添加剂（$MgH_2$ 和纳米 Al），纳米 Al 是 Alex 型粉末（未包覆的平均粒径为 50nm），从 Sibthermochim Russian Federation（平均直径为 47μm）获得 $MgH_2$。$MgH_2$ 和纳米 Al 的加入量分别为 5%和 15%（质量分数），氧化剂为气态氧。发动机测试结果显示，这两种粉体的加入并没有提高 HTPB 基燃料的燃速，装有铝粉的测试还产生了一些低频不稳定性。这可能与喷嘴喉部残渣的形成积累和排放有关，对于铝化燃料，$c^*$效率不高的原因也可归结于喷管喉部残渣的覆盖。使用 $MgH_2$ 的结果是

---

① 1 英寸=2.54cm。

与纯的 HTPB 相比，$c*$效率降低 5%。

Larson 等[24]研究了含有 LiAlH$_4$ 石蜡的燃烧。在这项研究中，在实验室管式燃烧器中测试了 LiAlH$_4$ 含量达到 28%与气态氧的燃烧行为，论文详细描述了成型过程的细节（含有石蜡燃料的粒粉）。事实上，采用多层旋转浇铸法可制备质量好的燃料，在低膛压下进行测试，它们有短的稳态期（由于在测试最后，需要消除长点火瞬态和长氧化剂期）。我们认为，这些不希望的优点影响了燃速数据的准确性。论文也报道了在后燃烧室区域，富集了大量未燃烧的石蜡和 LiAlH$_4$，测定其质量并矫正燃速预估值，作者指出了氢化物添加剂量增加至 28%并不能决定性地改变燃料的燃速。

文献[25]依据俄罗斯的观点很好地综述了纳米含能添加剂，指出添加剂与胶黏剂的相容性和老化是两个需要克服的主要挑战性任务。

文献[26]研究了纳米铝粉对 HTPB 的影响，氧化剂是气态氧，在一个非常小的燃烧室中测试。实现了高燃速的合理提高，原因是纳米铝粉在低氧化剂 H0-ALEX 配方中很好地分散，这种在增加通量水平上的改进更可能是因为火焰区下方氧化剂浓度的降低造成的。

Maggi 等[27]发表了另一个关于固体和混合火箭系统金属氢化物添加剂的最新研究，这个理论研究了在 HTPB 胶黏剂中添加 8 种不同金属氢化物对性能提高的影响，混合火箭的氧化剂仅限于液态氧，AlH$_3$ 是性能可以明显提高的唯一一个氢化物，文献也对发射问题有一个简短且相当有用的讨论。

## 2.4.4 热化学计算

在这部分，所讨论的热化学计算与所选定的推进剂的结果直接进行对比。在确定操作条件下，新的计算方法（相对文献中有限的数据）与不同系统进行对比是必不可少的。

本研究中，所涉及的所有混合动力火箭的膛压为 500psi（34atm），喷嘴面积比为 70:1，假设平衡转移和真空扩展，文献[28]列出了用热化学计算的所有组分的重要性能。

### 1. 计算结果

由于混合动力火箭所用的胶黏剂都具有高的 H/C 比（如石蜡），即使没有燃料添加剂的火箭也具有良好的比冲性能（与液态烃相比）。然而并不像液体发动机一样，金属添加剂很容易进入固体基体中使其尽可能地显著提高混合动力火箭的比冲。

通过比较比冲（$I_s$）、密度比冲（$I_v$）来显示化学火箭的性能，图 2-41 描绘了固体、液体和混合火箭推进剂的 $I_s$—$I_v$ 关系图，该图显示出相比于液态烃基燃料，在混合火箭中加入改性添加剂对性能的贡献。

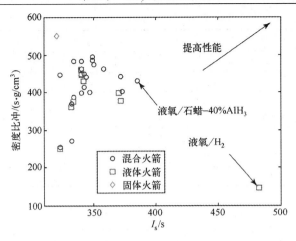

图 2-41　各种混合系统 O/F 功能化的真空比冲

## 2．添加剂类型的影响

对于所选择的改性添加剂材料，研究了添加剂类型对理论比冲和优化的 O/F 比的影响，下面介绍金属、金属氢化物、硼化物和张力碳氢物质，值得注意的是，在这部分中，所有选择的添加剂的质量含量为 40%，这是对在实际系统中固含量的一个保守值。这部分选用的胶黏剂是石蜡，其化学式为 $C_{32}H_{66}$，备选 3 种氧化剂，即高能氧化剂液氧、中能氧化剂 $NTO(N_2O_4)$ 和低能氧化剂 $N_2O$，与纯石蜡结果一起列入表 2-19、表 2-20 中，以便于比较。

表 2-19　所有添加剂比冲性能汇总表

| 添加剂（40%） | 高能氧化剂，LOX | | 中能氧化剂，NTO | | 低能氧化剂，$N_2O$ | |
|---|---|---|---|---|---|---|
| | $I_s^*/s$ | $\Delta I_s^*/s$ | $I_s^*/s$ | $\Delta I_s^*/s$ | $I_s^*/s$ | $\Delta I_s^*/s$ |
| 无添加剂 | 367.1 | 0 | 337.3 | 0 | 318.9 | 0 |
| 金属 | | | | | | |
| Al | 366.5 | −0.6 | 343.6 | +6.3 | 327.7 | +8.8 |
| B | 363.6 | −3.5 | 339.0 | +1.7 | 324.0 | +5.1 |
| Mg | 360.0 | −7.1 | | | 324.5 | +5.6 |
| $MgB_3$ | 361.5 | −5.6 | 338.3 | +1.0 | 323.7 | +4.8 |
| 金属氢化物 | | | | | | |
| $AlH_3$ | 379.1 | +12.0 | 351.2 | +13.9 | 330.5 | +12.0 |
| $MgH_2$ | 368.4 | +1.3 | 343.5 | +6.2 | 325.9 | +7.0 |
| $LiAlH_4$ | 372.8 | +5.7 | 346.5 | +9.2 | 328.1 | +9.2 |
| $LiBH_4$ | 373.9 | +6.8 | 342.9 | +5.6 | 323.4 | +4.5 |

（续）

| 添加剂（40%） | 高能氧化剂，LOX | | 中能氧化剂，NTO | | 低能氧化剂，$N_2O$ | |
|---|---|---|---|---|---|---|
| | $I_s^*$/s | $\Delta I_s^*$/s | $I_s^*$/s | $\Delta I_s^*$/s | $I_s^*$/s | $\Delta I_s^*$/s |
| 硼化合物 | | | | | | |
| $NBH_3$ | 377.2 | +10.1 | 345.7 | +8.4 | 324.7 | +5.8 |
| $B_{10}H_{14}$ | 376.3 | +9.2 | 346.9 | +9.6 | 327.4 | +8.5 |
| 张力碳氢化合物 | | | | | | |
| 立方烷 | 372.3 | +5.2 | 342.3 | +5.0 | 322.9 | +4.0 |
| Ivyane[8] | 369.7 | +2.6 | 339.7 | +2.4 | 320.9 | +2.0 |

表 2-20　所有添加剂密度比冲的列表

| 添加剂（40%） | 高能氧化剂，LOX | | 中能氧化剂，NTO | | 低能氧化剂，$N_2O$ | |
|---|---|---|---|---|---|---|
| | $I_v$/($10^5$kg·s/$m^3$) | $\Delta I_v$/% | $I_v$/($10^5$kg·s/$m^3$) | $\Delta I_v$/% | $I_v$/($10^5$kg·s/$m^3$) | $\Delta I_v$/% |
| 无添加剂 | 3.945 | 0 | 4.737 | 0 | 2.489 | 0 |
| 金属 | | | | | | |
| Al | 4.315 | 10.05 | 4.749 | 0.25 | 2.618 | 5.20 |
| B | 4.244 | 7.33 | 4.702 | −0.74 | 2.551 | 2.50 |
| Mg | 4.108 | 3.90 | | | 2.563 | 2.99 |
| $MgB_3$ | 4.203 | 6.29 | 4.661 | −1.60 | 2.551 | 2.47 |
| 金属氢化物 | | | | | | |
| $AlH_3$ | 4.253 | 7.56 | 4.666 | −1.49 | 2.590 | 4.06 |
| $MgH_2$ | 4.123 | 4.29 | 4.565 | −3.64 | 2.551 | 2.48 |
| $LiAlH_4$ | 3.926 | −0.71 | 4.354 | −8.09 | 2.525 | 1.44 |
| $LiBH_4$ | 3.821 | −3.37 | 4.298 | −9.26 | 2.443 | −1.84 |
| 硼化合物 | | | | | | |
| $NBH_3$ | 3.940 | −0.36 | 4.392 | −7.29 | 2.443 | −0.69 |
| $B_{10}H_{14}$ | 4.033 | 1.99 | 4.499 | −5.01 | 2.514 | 1.02 |
| 张力碳氢化合物 | | | | | | |
| 立方烷 | 4.142 | 4.75 | 4.591 | −3.08 | 2.494 | 0.20 |
| Ivyane[8] | 4.050 | 2.44 | 4.513 | −4.72 | 2.467 | −0.89 |

1）燃料类型的影响

（1）金属与金属合金：对于混合火箭系统，所研究的性能添加剂包括铝、硼、镁和特种 $Mg_xB_y$ 合金（重量比为 25%Mg，75% B），发现高能氧化剂与金属的添加并不能帮助性能的提高，事实上，所有添加剂都能使优化比冲稍微降低，主要原因是随着温度升高，离解作用和燃烧产物的平均相对分子质量增加。金属添加剂的一个重要影响是优化的 O/F 比降低或许有益于某种应用（如低液体质量系统）。对于低能氧化剂 NTO 和 $N_2O$，不像液氧，金属的加入实现性能的显著提升，铝的添加能够达到最好的性能，其次是硼、$Mg_xB_y$ 合金和镁。

（2）金属氢化物：不像金属添加剂，氢化物能够提高所有含有液氧高能氧化剂系统的性能，金属氢化物的添加能使最佳 O/F 比下降，不像纯金属，金属氢化物中含有氢，可直接提高性能。通过验证，$AlH_3$ 是最好的性能添加剂，而 $MgH_2$ 表现一般。

（3）硼化物：作为添加剂，研究了 $NBH_6$ 和 $B_{10}H_{14}$ 两种有应用前景的硼化物。对于所有氧化剂，两种硼化物都能有效地提高比冲性能，可有效降低最优 O/F 比。

（4）张力碳氢环：研究了两种张力碳氢环（高生成热）。由于这些材料低的 H/C 比，对比冲性能的影响是相当有限的。

表 2-19 和表 2-20 概括了本研究中的所有添加剂。金属氢化物和硼化物是所选添加剂中最好的，当与 NTO 氧化剂一起燃烧时（13.9s），$AlH_3$ 添加剂可显著提升性能。值得注意的是，添加 Mg 与 LOX 使性能显著下降。

密度比冲是另外一个性能参数，在体积受限应用方面是至关重要的。表 2-20 列出了计算的每个推进剂体系的密度比冲（O/F 比对应最优的比冲水平）。对于液氧氧化剂，所有的金属添加剂都能提高密度比冲，铝提高值超过 10%，氢化物 $AlH_3$ 和 $MgH_2$ 使密度比冲有所增加，而低密度的锂基氢化物降低了密度比冲。硼化物并不能改变密度比冲而张力碳氢化合物稍微提升密度比冲。

对于 NTO 氧化剂，所有添加剂（除铝粉外）都降低密度比冲，最佳 O/F 比的降低致使整个推进剂致密氧化剂含量的降低。最后低密度的 $N_2O$ 体系性能与 LOX 系统相似，涨幅较小的原因是 $N_2O$ 体系的最优 O/F 比 LOX 高得多，Al 和 $AlH_3$ 的使用，使密度比冲分别提高了 5.2% 和 4.1%。

2）添加剂含量的影响

某些推进剂组成采用添加剂的最佳浓度小于 100%，表 2-21 简要列举了添加剂最佳浓度，胶黏剂是 HTPB，氧化剂为 LOX。

表 2-21　各种添加剂的最佳浓度

| 添 加 剂 | 最优添加量/% | $I_s$/s | OF* |
|---|---|---|---|
| $B_{10}H_{14}$ | 63 | 377.9 | 2.0 |
| $LiAlH_4$ | 77 | 380.7 | 0.9 |
| $AlH_3$ | 64 | 387.4 | 1.0 |
| $LiBH_4$ | 100 | 386.9 | 2.2 |
| Mg | 0 | 364.5 | 2.5 |

从表中可以看出,最佳水平高于添加剂浓度的实际范围,文献[28]研究了高能和低能氧化剂体系添加剂实际含量范围为0～40%的影响。选取镁为添加剂,石蜡为胶黏剂,随着添加剂含量的增加,发现低能氧化剂体系的比冲单调地增加,高能氧化剂体系的比冲单调地降低,文献研究也得到了一些其他添加剂的影响结果。

3)胶黏剂类型的影响

研究了胶黏剂类型对性能的影响。研究的对象是石蜡、HTPB、pDCPD和PMMA等最常见的4种胶黏剂。首先研究纯胶黏剂与不同氧化剂的性能,文献[28]归纳了其结果。石蜡、HTPB和pDCPD的比冲性能非常相近,由于HTPB部分被氧化(也含有少量的氮气),因此它是3种胶黏剂中性能最低的一个。

PMMA的比冲特别低,主要是因为分子中含有大量的氧,这个结论也可用于所有含氧胶黏剂。但是本研究主要是提高比冲,我们不关注降低比冲性能的胶黏剂,对于PMMA来说,最优O/F比明显较低(还是因为PMMA分子中含有大量的氧)。

对于带有燃料添加剂的配方,结论与纯胶黏剂相似,石蜡/pDCPD/HTPB也较为相似。有趣的是,在PMMA为胶黏剂的配方中加入$AlH_3$,能使比冲得到很大的提高(21.8s)。

4)燃烧温度

火箭的性能参数一般不太考虑燃烧温度,它不直接影响比冲性能,然而燃烧温度潜在地影响喷管的烧蚀率和发动机内部的底衬材料的烧蚀率。

用热化学方法计算了含有3种氧化剂的所有配方的绝热火焰温度[28],研究中所涉及的配方为石蜡胶黏剂中含有40% Al和40% $AlH_3$,铝粉的加入使温度明显上升,温度提升最高的是含有NTO的配方,这是因为较低的解离作用。

5)两相注损失和喷管侵蚀的影响

在添加剂确定之后,实际的$I_s$和$I_v$性能的提升也取决于喷管处两相流的损失和喷管烧蚀的影响。不幸的是,在没有确定全面的发动机测试程序时,缺少任何一个关键因素都不可能容易地预估,为了可靠地评估,发动机测试必须在基本物理参数可以捕获的条件下进行。

在这部分,在非理想喷嘴流的情况下,我们主要考虑影响实际性能的两个重要因素,即喷喉处凝聚相产物的摩尔分数和喷管烧蚀。由于特定损耗机理,因此该评估仅给出推进剂(更精确地说是选定的添加剂)性能下降的概略指示。简单地说,我们仅考虑在石蜡胶黏剂中Al, B和Mg三种添加剂的影响,氧化剂是LOX。该结果可推广应用到含有特殊金属原子的其他添加剂中。

随着喷喉处凝聚相产物的摩尔分数升高,两相流损失增加。从表2-22可以看出,本研究的推进剂,铝和镁在喷喉处有较高的凝聚相含量,而纯胶黏剂和含硼配方在喷喉处凝聚相产物种类却没有达到明显水平（从文献[28]中可知，金属氧化物的沸点）。依据添加剂的含量，含有铝和镁添加剂配方的比冲效率有 1%～5% 的降低，而含硼的配方就下降的非常少。

表 2-22　喷嘴处凝聚相摩尔分数和喷喉处氧化物的浓度，氧化剂为 LOX

| 燃　　料 | O/F* | $I_s^*$/s | 凝聚相摩尔分数 | 测　试　值 |
|---|---|---|---|---|
| 纯石蜡 | 2.86 | 367.1 | 0 | 0.76 |
| 石蜡+40%Al | 1.4 | 366.5 | 0.11 | 0.36 |
| 石蜡+40%B | 2.1 | 363.5 | 0 | 0.58 |
| 石蜡+40%Mg | 1.5 | 360.0 | 0.10 | 0.63 |

不像固体火箭，混合动力火箭的喷管腐蚀是由氧化剂附着在烧蚀喷管表面形成的，随着氧化剂数量在喷管处含量的增加（通过参数测量判定），烧蚀也在增加。如表 2-22 所示，铝粉的加入明显降低测试值，是因为 $Al_2O_3$ 消耗了系统中的大部分氧，硼和镁在小规模试验中的影响相似。一个与此相反的因素是在添加铝的情况下，系统的温度也在增加，然而对于 LOX 基混合动力火箭发动机来说，铝粉的加入也降低了喷管烧蚀率。

6）燃料成本

在决定改性添加剂的选择时，最关键的因素之一是其实用性和成本，文献[28]给出了这些添加剂的优点。

事实证明，在价格和可使用性上，铝粉（微米）、镁和锂基氢化物是相当合理的。在决策时必须从长远考虑，某些国家硼的价格或许更低，如果 $NBH_6$ 作为储氢材料的中间体材料使用的话，这些材料的成本或许会明显降低。尽管 $AlH_3$ 具有优良特性，但相稳定 $AlH_3$ 在西方国家是很难获得的，基于这个原因，我们建议在后续的项目中支持该材料的研究。

7）燃速的影响

改性添加剂对胶黏剂燃速的影响是另一个需要考虑的因素，因为对于燃速来说，现在还没有一个令人满意的理论模型，这项工作也需要经验数据。正如本论文的综述部分讨论的一样，高能添加剂的引入对燃速的提高并不是一个很好的策略。文献[26]给出了 Mg、MgB 或者纳米铝粉仅能使燃速提高 10%～40%，增加最大的是低含量氧化剂与纳米铝粉的使用。

## 2.4.5　燃料添加剂和胶黏剂的排序

通过综合前面几个章节的信息，建立了一个添加剂得分表（表 2-23）。在该表中，基于添加剂的本质性能和在操作系统中作为推进剂组分的使用性，所有添加剂都给出 1~5 得分（1 是差，5 是优异）。

表 2-23　添加剂得分表

| 添加剂（40%） | $I_s$ | $I_v$ | 总值 | 实用性 | 成本 | 危险性 | 储存性 | 弹道性 | 其他值 |
|---|---|---|---|---|---|---|---|---|---|
| Al（微米） | 2 | 5 | 7 | 5 | 5 | 5 | 5 | 2 | 22 |
| Al（纳米） | 2 | 5 | 7 | 4 | 3 | 3 | 3 | 3 | 16 |
| B | 2 | 4 | 6 | 4 | 3 | 4 | 5 | 1 | 17 |
| Mg | 1 | 3 | 4 | 5 | 5 | 5 | 5 | 3 | 23 |
| Mg/B | 2 | 4 | 6 | 4 | 3 | 5 | 5 | 2 | 19 |
| $AlH_3$ | 5 | 4 | 9 | 1 | 1 | 3 | 2 | 3 | 10 |
| $MgH_2$ | 3 | 3 | 6 | 4 | 2 | 4 | 3 | 3 | 16 |
| $LiAlH_4$ | 4 | 1 | 5 | 4 | 4 | 3 | 3 | 3 | 17 |
| $LiBH_4$ | 4 | 1 | 5 | 4 | 4 | 3 | 3 | 3 | 17 |
| $NBH_3$ | 5 | 1 | 6 | 3 | 2 | 4 | 4 | 4 | 17 |
| $B_{10}H_{14}$ | 5 | 2 | 7 | 4 | 4 | 2 | 4 | 4 | 17 |
| 立方烷 | 3 | 3 | 6 | 2 | 1 | 4 | 3 | 4 | 14 |
| Ivyane[8] | 2 | 2 | 4 | 2 | 2 | 4 | 3 | 4 | 13 |

所涉及的两个性能参数是特征比冲和密度比冲，性能得分，即两项的总和也在表中列出。在总的得分中，性能被从总分中的其他值分离出来的，通过评估以避免选择高分添加剂而导致性能提升的最少（如镁）。重要的是将质量比冲和密度比冲分别来考虑，因为在某些应用，或许这些性能中的某一个占主导地位。

就比冲提供方面（一般来说，比冲是大部分应用中最重要的参数），$AlH_3$、$BNH_6$ 和 $B_{10}H_{14}$ 等 3 种添加剂得分最高，锂基氢化物性能也可以接受，其他相关的金属添加剂（包括金属硼）效益不太令人满意。

对于密度比冲，铝粉是最好的添加剂，但是硼粉、Mg/B 合金和 $AlH_3$ 也还可以，锂基氢化物和 $NBH_6$ 密度较低，其效果确实比较差，就所有性能而言，$AlH_3$ 是最好的。

添加剂的得分也考虑包括实用性、价格、危险性、存储性能（在胶黏剂中）和弹道性能（点火、效率和燃速）等其他实际因素。这些实际因素的评价是带有一定的主观性，本文作者利用文献和自身经历/判断的信息进行最现实的打分，就实际因素而言，微米铝粉和镁的得分最高，由于 $AlH_3$ 缺乏实用性、在胶黏剂中产气和成本高等原因，使其得分最低，其他所有得分都在 16~19 之间。

本研究中所涉及的胶黏剂也用相似的方法进行打分（见文献[28]）。石蜡、HTPB 和 pDCPD 的比冲接近，而 PMMA 的比冲就明显要低些。然而相比其他胶黏剂来说，PMMA 是一种树形胶黏剂。由于石蜡具有优越的成本、寿命、弹道性能（高燃速）等优点，在大规模应用上必定是最好的胶黏剂。然而这个假设是在石蜡胶黏剂结构和热性能问题已经解决的情况下。

在添加剂选择过程中，需要重点考虑以下几点：①为了提高混合动力发动机的燃速，不能考虑燃料添加剂，他们对燃速的提高没有效果；②在发动机应用方面，无法实现硼的能量充分释放，因为硼化合物大部分在喷嘴的气相中，在热化学计算方面包括这种影响（反映在理论比冲上）；③在喷嘴两相损失方面，含硼添加剂远比铝、镁添加剂有优势，在最优的 O/F 时，硼燃烧没有凝聚相；④在混合火箭中降低喷管烧蚀方面，铝粉具有积极的效果（在测试中显著减少），硼的影响较小，镁仅比纯黏合剂稍微好一点。

## 2.4.6　进一步评估的建议

在大部分应用中，我们推荐使用石蜡。在极端温度或负载条件系统下，我们推荐使用 pDCPD 或者 HTPB。然而，对于金属氢化物，胶黏剂 pDCPD 比 HTPB 更好，这是因为功能基团能够促进氢气的排除，PMMA 只能考虑满足低 O/F 比的应用。

对于低能氧化剂，我们推荐微米和纳米铝粉。铝粉是一个有效的添加剂，在低能氧化剂方面能有效实现中能比冲提高，与所有低密度或适中密度氧化剂配合使用，能够很好地增加密度比冲。$AlH_3$ 从性能方面说是最好的添加剂（在所研究的物质中），由于其缺乏相稳定等级产品，我们也不推荐继续研究该材料。对于这种物质，唯一可行的计划将是商业化合成。$LiAlH_4$ 和 $LiBH_4$ 都是切实可用的添加剂，这些材料容易获得、成本适中且易处理。对于不需要高密度比冲的应用来说，它们是最佳选择（尤其在石蜡胶黏剂中，因为石蜡与氢化物具有良好的储存相容性）。$NBH_6$ 也是一个非常令人感兴趣的候选物，如果材料的成本不能降低，硼氨是一种切实可用的添加剂。对于可以容忍毒性的一些应用系统，癸硼烷也是一个很好的选择。

## 2.4.7　实例

最近，SPG 推出了一款可以负担得起的 nanosat 发射器的设计，其 3 个阶段都是基于 LOX/石蜡混合发动机。有效载荷能力 500km，极地轨道为 85kg，预计发射成本大约是 3 百万美元。下面我们评估在石蜡燃料中包含添加剂的经济价值，选择 $LiAlH_4$ 作为添加剂，因为其具有可接受的成本和提高比冲的能力。具体地说，比冲提高 18s，仅依赖 $LiAlH_4$ 的话，其含量要达到 80%。为简单起见，我们忽略 $c^*$ 和喷嘴效率的降低，而假设能保持全比冲。

进行一个系统研究，考察 $LiAlH_4$ 添加量对负载性能的影响。假设在所有阶段添加氢化物的含量是一样的，显示出负载能力增加至 100kg，添加的含量要达到 55%。如果考虑到燃料添加的成本因素，纯石蜡的成本可从 3.53 万美元/kg 降低至 3.25 万美元/kg。然而，加工过程额外的成本和比冲的损失会和成本效益相抵。但是即使是相对低成本的氢化物，其经济利益也是非常不一样的。为了利用改性添加剂的优点和成本驱动应用，单元材料的成本水平必须进一步降低。

## 2.4.8 结论

使用性能添加剂（金属、金属氢化物或硼化物）来提高混合火箭燃料的燃速是不可取的。氧化剂的缺乏和燃烧火焰限制了金属燃烧的有效性，即使铝粉对于像过氧化氢或一氧化二氮这些低能氧化剂是一个良好的添加剂，它也不能有效提高氧体系的比冲。考虑到喷管两相流损失，实际性能可能明显下降。$AlH_3$ 显示出了最好的性能改善，但是其实用性的缺乏限制了其在西方国家的应用，$AlH_3$ 在如 HTPB 传统胶黏剂中的长期稳定性也是个问题。硼在混合火箭中并不能显示出明显的性能优势，如果在计算中包含不完全燃烧，硼添加剂可能使混合动力系统的性能下降。尽管癸硼烷具有毒性，但它在空间应用等某些高性能应用领域是一个有效的添加剂，硼氨也有助于体系比冲的提高（假设硼能在发动机中更容易燃烧）。

高价格改性添加剂在提高性价比后仍未被看好，即使比冲驱动如运载火箭的应用。石蜡是一个潜在的胶黏剂，其具有高燃速和其他实际应用优势。

# 参 考 文 献

1. Arbit H A, Dickerson R A, Clapp S D, Nagai C K (1968) Combustion characteristics of the fluorine/lithium/hydrogen tripropellant combination: AlAA paper 68-618, AlAA 4th propulsion specialist conference, Cleveland, June 10-14, 1968.

2. Karabeyoglu M A, Zilliac G, Cantwell B J, DeZilwa S, Castellucci P (2004) Scale-up tests of high regression rate paraffin-based hybrid rocket fuels. J Propuls Power 20(6): 1037- 1045.

3. Risha G A, Evans B J, Boyer E, Kuo K K (2007) Metals, energetic additives, and special binders used in solid fuels for hybrid rockets (Chapter 10). In Chiaverini M J, Kuo K K (eds) Fundamentals of hybrid rocket combustion and propulsion. AIAA progress in astronautics and aeronautics, vol 218. AIAA, Reston, pp 413-456.

4. Smoot L D, Price C F (1966) Regression rates of metalized hybrid fuel systems. AIAA J 4(5):910.

5. Osmon RV (1966) An experimental investigation of a lithium aluminum hydride - hydrogen peroxide hybrid rocket. Aerospace Chemical Engineering 62(61):92-102.

6. Vickland C W (1967) Experimental investigation of prepackaged hybrid propulsion systems. United Technology Center, Interim Rep. AFRPL-TR-66-268, Sunnyvale, CA, 1 March 1967.

7. Strand L D, Jones M D, Ray R L, Cohen N S (1994) Characterization of hybrid rocket internal heat flux and HTPB fuel pyrolysis, AIAA Paper 94-2876, 30th AIAA/ASME/ SAE/ASEE Joint propulsion conference, Indianapolis, IN, June 1994.

8. George P, Krishnan S, Varkey P M, Ravindran M, Ramachandran L (1998) Fuel regression rate enhancement studies inHTPB/GOXHybrid rocket motors, AIAA paper 98-3188, 38th AIAA/ASME/SAE/ASEE Joint propulsion conference, Cleveland, OH, July 1998.

9. Lips H R (1976) Metal combustion in high performance hybrid rocket propulsion systems. AIAA paper 76-640, 12th AIAA and SAE propulsion conference, Palo Alto, CA, July 1976.

10. Lips H R (1977) Heterogeneous combustion of Highly Aluminized hybrid fuels. AIAA J 15(6):777.

11. Lips H R (1977) Experimental investigation on hybrid rocket engines using highly aluminized fuels. J Spacecr 14(9):539.

12. Risha G A, Ulas A, Boyer E, Kumar S, Kuo K K (2001) Combustion of HTPB based solid fuels containing nano-sized energetic powder in a hybrid rocket motor. AIAA paper 2001-3535, 37th AIAA/ASME/SAE/ASEE Joint propulsion conference, Salt Lake City, UT, July 2001.

13. Risha G A, Boyer E, Wehrman R B, Kuo K K (2002) Performance comparison of HTPB-based solid fuels containing nano-sized energetic powder in a cylindrical hybrid rocket motor. AIAA paper 2002-3576, 38th AIAA/ASME/SAE/ASEE Joint propulsion conference, Indianapolis, IN, July 2002.

14. Risha G A, Boyer E, Evans B, Kuo K K, Malek R (2003) Characterization of nano-sized particles for propulsion applications, synthesis, characterization and properties of energetic/reactive nonmaterials, materials research society symposium – proceedings, vol 800. Material Research Society, Dec. 2003.

15. Risha G A, Evans B, Boyer E, Wehrman R B, Kuo K K (2003) Nano- sized aluminum, and boron-based solid-fuel characterization in a hybrid rocket engine. AIAA paper 2003-4593, 39th AIAA/ASME/SAE/ASEE Joint propulsion conference, Huntsville, AL, July 2003.

16. Evans B, Favorito N A, Kuo K K (2006) Oxidizer-type and aluminum-particle addition effects on solid-fuel burning behavior. AIAA 2006-4676, 42nd AIAA/ASME/SAE/ASEE Joint propulsion conference and exhibit 9-12 July 2006, Sacramento, CA.

17. Humble R (2000) Fuel performance enhancements for hybrid rockets. AIAA 2000-3437, 36th AIAA/ASME/SAE/ASEE Joint propulsion conference and exhibit 16–19 May 2000.

18. Humble R (2000) Dicylclopentadiene: a new resin system for making composite tank

structures. AIAA 2000-3676, 36<sup>th</sup> AIAA/ASME/SAE/ASEE Joint propulsion conference and exhibit 16–19 May 2000. Huntsville, AL.

19. Corpening J, Palmer R K, Heister S D (2007) Combustion of advanced non-toxic hybrid propellants. Int J Altern Propuls 1(2/3):154.

20. Weismiller M R, Connell T L, Jr., Risha G A, Yetter R A (2010) Characterization of Ammonia Borane (NH3BH3) enhancement to a paraffin fueled hybrid rocket system. AIAA 2010-6639, 46<sup>th</sup> AIAA/ASME/SAE/ASEE Joint propulsion conference and exhibit 25–28 July 2010, Nashville, TN.

21. Clane C. Ammonia-borane and related N-B-H compounds and materials: safety aspects, properties and applications, a survey completed as part of a project for the DOE Chemical Hydrogen Storage Center of Excellence, Contract # DE-FC36-05GO15060, Northern Arizona University.

22. DeLuca L T, Galfetti L,Maggi F, Colombo G, Paravan C, Reina A, Tadini P, Sossi A, Duranti E (2011) An optical time-resolved technique of solid fuels burning for hybrid rocket propulsion, AIAA 2011-5753 47<sup>th</sup> AIAA/ASME/SAE/ASEE Joint propulsion conference and exhibit 31 July – 03 August 2011, San Diego, CA.

23. Carmicino C, Sorge R, Orlandi O, Blanchard H, Yvart P, Gautier P (2011) Advanced solid fuels for hybrid propulsion: the research activity in Europe, AIAA 2011-5820, 47<sup>th</sup> AIAA/ASME/SAE/ASEE Joint propulsion conference and exhibit 31 July – 03 August 2011. San Diego, CA.

24. Larson D B, Boyer E, Wachs T, Kuo K K, DeSain J, Curtiss T J, Brady B (2011) Characterization of the performance of Paraffin/LiAlH4 solid fuels in a hybrid rocket system, AIAA 2011-5822, 47<sup>th</sup> AIAA/ASME/SAE/ASEE Joint propulsion conference and exhibit 31 July – 03 August 2011, San Diego, CA.

25. Zarko V E, Talawar M B (2013) Use of nano particles in gas generating and in energetic materials (review), 5<sup>th</sup> European conference for aeronautics and space sciences (EUCASS).

26. Qin Z, Paravan C, Colombo G, DeLuca L T, Shen R Q (2013) Ignition and combustion of HTPBbased solid fuels loaded with micron-sized metals. 5<sup>th</sup> European conference for aeronautics and space sciences (EUCASS).

27. Maggi P, Gariani G, Galfetti L, DeLuca L T (2012) Theoretical analysis of hydrides in solid and hybrid rocket propulsion. Int J Hydrog Energy 37:1760.

28. Karabeyoglu M A, Ugur Arkun (2014) Evaluation of fuel additives for hybrid rockets and SFRJ systems, AIAA 2014-2771, 50<sup>th</sup> AIAA/ASME/SAE/ASEE Joint propulsion and energy conference and exhibit 28–30 July 2014, Cleveland, OH.

# 2.5　四唑盐作为火箭推进中含能材料

**摘要**：合成并表征了两种新型四唑盐：2-二硝甲基-5-硝基四唑羟胺盐（HADNMNT）和 1,1'-二羟基-5,5'-联四唑二羟胺盐（HATO）。HADNMNT 是一种经 [15]N 核磁共振谱试验测定，GIAO 理论计算确认结构的新化合物。其热分解温度、撞击爆炸概率、摩擦爆炸概率分别为 141.9℃、96% 和 100%，其爆轰性能预测值与 HMX 相当。理论研究结果表明，HADNMNT 是一种有望替代复合固体推进剂中 AP、RDX、HMX 和 CL-20 的高能氧化剂。通过分析 HATO 的安全性能发现，HATO 具有较佳的热稳定性和较低的机械感度，其热分解温度为 230.3℃，100℃加热 48h 的放气量为 0.30mL/g，撞击感度和摩擦感度分别为 16% 和 24%。采用真空安定性法，验证了 HATO 和 HTPB、AP、RDX 及 Al 的相容性良好。与 RDX 对比，HATO 可提高复合推进剂的燃速，降低推进剂的机械感度。

## 2.5.1　引言

近年来，基于四唑阴离子的含能盐作为一种可用于固体炸药的新型高能量密度材料，成为国内外含能材料领域研究人员关注的热点[1-12]。这些含能盐具有较高的密度、较低的蒸气压、较高的正生成焓和较好的热稳定性[13]。用于火箭推进剂中，随着四唑盐含量的增加，推进剂的性能得以改善，表现出低烟焰、高生成焓、高能量和高比冲的特点。通过中和反应和复分解反应，一种四唑阴离子即可与一系列阳离子结合构建出丰富多样的四唑盐，改变阳离子，可实现四唑盐性能的调节，其中，羟胺盐[14]通常具有较高的性能。

## 2.5.2　2-二硝甲基-5-硝基四唑羟胺盐（HADNMNT）

近期，Semenov 等[15]合成出了一种具有较高氧平衡（10.95%）的四唑化合物：2-二硝甲基-5-硝基四唑（HDNMNT），其酸性和较强的无机酸相当，Semenov 等合成出了 HDNMNT 的铵盐（ADNMNT）和肼盐（HyDNMNT）。在这项工作中研究了 2-二硝甲基-5-硝基四唑羟胺盐（HADNMNT）的合成和性能。

### 1. HADNMNT 的合成与表征

以 5-氨基四唑（AT）为原料，经重氮化取代、取代和硝化水解反应合成出 HDNMNT（Scheme 1）[16]。和 1-溴丙酮[17]相比，1-氯丙酮较易获得商业化产品，因此，在取代反应中，以 1-氯丙酮和溴化钾代替 1-溴丙酮构建 2-丙酮基-5-硝基四唑（ANT）。通过 HDNMNT 和羟胺的中和反应合成出 HADNMNT，总收率为 39.3%。

## Scheme 1 HADNMNT 的合成路线

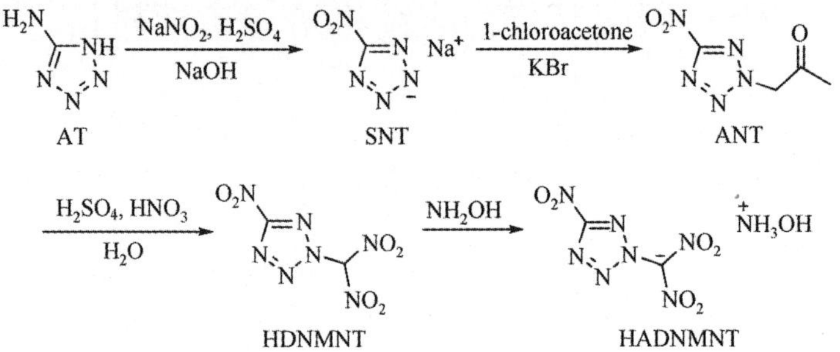

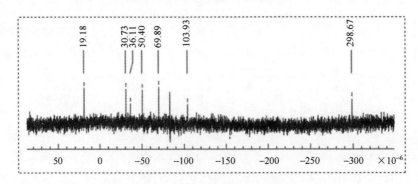

采用 $^{15}N$ 核磁共振谱研究了 HADNMNT 的结构（图 2-42）。利用 BRUKER AV500 核磁共振仪在 25℃条件下采集 $^{15}N$ 核磁共振信号。以硝基甲烷为外标，得到各信号的化学位移，如图 2-43 所示。由于二硝甲基结构的对称性，使得化合物中的 8 个 N 原子只出现了 7 个信号峰。通过和高斯 09 程序理论计算结果（GIAO-B3LYP/6-311+G(2d,p)//B3LYP/6-31G(d,p)）的对比完成了核磁信号的归属（表 2-24）。其中，硝基氮原子 N6 和 N8/N9 的化学位移分别为 -30.73 和 -36.11，氮原子 N1 和 N4 的化学位移分别为 -69.89 和 -50.40，而 N2 的化学位移向高场移动（-103.93），同时，N3 的化学位移向低场移动（19.18）。理论和试验结果表明，N2 位上的烷基化使得电子屏蔽效应在 N2 原子附近增强，在 N3 原子附近减弱[18]。

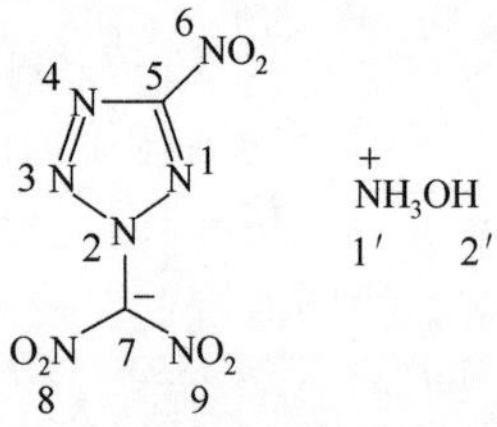

图 2-42　HADNMNT 的原子序号

图 2-43　HADNMNT 的 $^{15}N$ 核磁共振谱

132

表 2-24　HADNMNT 的 $^{15}N$ 核磁共振谱数据

| N 原子 | N1 | N2 | N3 | N4 | N6 | N8/N9 |
|---|---|---|---|---|---|---|
| 测试值 | −69.89 | −103.93 | 19.18 | −50.40 | −30.73 | −36.11 |
| 计算值 | −55.66 | −90.52 | 34.55 | −43.91 | −23.19 | −28.71 |

**2．物理化学性质**

采用差示扫描量热（DSC）技术在 5℃/min 的升温速率下获得了 HADNMNT 的热分解温度（$T_p$）。由 DSC 曲线（图 2-44）可见，放热分解峰温为 141.9℃，表明 HADNMNT 具有与 ADNMNT 和 HyDNMNT（130～140℃）类似的热稳定性。

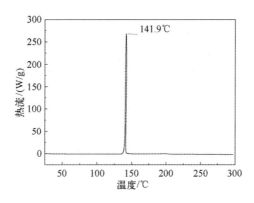

图 2-44　HADNMNT 的 DSC 曲线

密度、氮含量、氧平衡是含能材料重要的物理性质，如表 2-25 所列，HADNMTN 的密度为 1.87g/cm³，高于 RDX；氮含量和氧平衡分别为 44.45% 和 6.35%，高于 RDX 和 HMX；较高的氮含量使得 HADNMTN 的生成焓计算值达 299.30kJ/mol，同样高于 HMX。利用密度和生成焓，采用 K-J 方程[19]预估了 HADNMNT 的爆速和爆压，结果表明，HADNMNT 具有高于 HMX 的爆速和爆压。

表 2-25　HADNMNT 的性能及与 RDX 和 HMX 的对比

| 化合物 | $T_d$/℃ | N/% | OB/% | $\rho$/(g·cm⁻³) | $\Delta_f H$(kJ·mol⁻¹) | $D$/(km·s⁻¹) | P/GPa | $P_I$/% | $P_F$/% |
|---|---|---|---|---|---|---|---|---|---|
| HADNMNT | 141.8 | 44.45 | 6.35 | 1.87 | 299.40 | 9.240 | 39.54 | 96 | 100 |
| RDX | 230.0 | 37.80 | −21.60 | 1.82 | 92.6 | 8.748 | 34.80 | 80 | 76 |
| HMX | 286.6 | 37.80 | −21.60 | 1.91 | 104.8 | 9.059 | 39.20 | 100 | 100 |

利用 WL-1 型撞击感度测试仪，在 10kg 落锤、25cm 落高的条件下，对每批约 50mg 样品进行撞击爆炸概率（$P_I$）进行测定；采用 WM-1 型摩擦感度测

试仪，在 3.92MPa 压力、90°摆角条件下，对每批约 20mg 样品进行摩擦爆炸概率（$P_F$）测定。各测定 25 批样品，计算爆炸概率。结果表明，HADNMNT 的撞击和摩擦爆炸概率分别为 96% 和 100%，高于 RDX（80%、76%），略低于 HMX（100%、100%）。

**3. 含 HADNMNT 复合推进剂的理论性能**

为了考察 HADNMNT 在火箭推进剂中的应用，采用美国 NASA-CEA 热化学代码[20]在 6.86MPa 和 70:1 膨胀比的条件下开展了理论性能计算，比冲（$I_s$）用来表征推进剂的性能参数。选取含 10%（质量）HTPB、5%（质量）Al、85%（质量）氧化剂（AP、RDX、HMX、CL-20、HADNMNT）的复合推进剂体系作为理论研究对象。

如表 2-26 所列，以 HADNMNT 部分替代 AP，复合推进剂的燃温（$T_c$）升高、燃气分子量（$M_c$）降低，导致比冲随着 HADNMNT 含量的增加而升高。当 AP 被 HADNMNT 全部替代后，推进剂的比冲达到最大值（2760N·s·kg$^{-1}$），同时，燃烧产物中 HCl 和 $H_2O$ 的含量降至最低。

表 2-26　HADNMNT 含量对 HTPB 基推进剂能量性能和燃烧
产物组成的影响

| 含量/% | | 能 量 特 性 | | | | 燃烧产物摩尔分数/% | | | | | |
|---|---|---|---|---|---|---|---|---|---|---|---|
| HADNMNT | AP | $\Phi$ | $T_c$/K | $M_c$ | $I_s$/(N·s·kg$^{-1}$) | $H_2O$ | $CO_2$ | CO | $O_2$ | $N_2$ | HCl |
| 0 | 85 | 1.41 | 3005 | 30.1 | 2331.3 | 40.5 | 10.1 | 0 | 13.9 | 10.8 | 21.0 |
| 10 | 75 | 1.32 | 3150 | 30.0 | 2407.9 | 39.4 | 12.5 | 0.02 | 11.3 | 14.3 | 18.3 |
| 20 | 65 | 1.24 | 3270 | 29.7 | 2475.2 | 38.0 | 14.9 | 0.12 | 8.6 | 17.9 | 15.6 |
| 30 | 55 | 1.16 | 3372 | 29.5 | 2533.7 | 36.4 | 17.0 | 0.51 | 6.0 | 21.4 | 12.9 |
| 40 | 45 | 1.09 | 3459 | 29.1 | 2584.4 | 34.6 | 18.6 | 1.30 | 3.9 | 25.0 | 10.4 |
| 50 | 35 | 1.03 | 3536 | 28.8 | 2630.2 | 32.4 | 19.4 | 2.92 | 2.3 | 28.5 | 8.0 |
| 60 | 25 | 0.97 | 3606 | 28.5 | 2671.1 | 29.9 | 19.1 | 5.36 | 1.3 | 31.8 | 5.7 |
| 70 | 15 | 0.91 | 3671 | 28.1 | 2708.4 | 27.4 | 18.3 | 8.31 | 0.7 | 34.9 | 3.4 |
| 80 | 5 | 0.86 | 3733 | 27.7 | 2743.3 | 24.8 | 17.0 | 11.58 | 0.3 | 38.0 | 1.1 |
| 85 | 0 | 0.84 | 3764 | 27.6 | 2760.0 | 23.5 | 16.3 | 13.28 | 0.2 | 39.4 | 0 |

以 HADNMNT 替代 RDX、HMX 和 CL-20 等硝基化合物表现出对比冲较为不同的影响规律（图 2-45）。对含 CL-20 的推进剂配方，随着 CL-20 逐步被替代，比冲呈升高趋势。对于含 RDX 和 HMX 的推进剂配方，随着 HADNMNT 含量的增加，推进剂的比冲先升高后降低，当 HADNMNT 质量分数分别为 71% 和 73% 时，比冲最大值分别为 2764.2N·s·kg$^{-1}$ 和 2763.9N·s·kg$^{-1}$。

综上所述，HADNMNT 是一种同时具有正氧平衡（6.35%）和较高正生成焓

（299.30kJ/mol）的新型四唑盐，使其有望成为替代复合推进剂中 AP、RDX、HMX 和 CL-20 的高能氧化剂。然而，在实现应用之前，需要深入开展 HADNMNT 的热稳定性和相容性的全面表征。

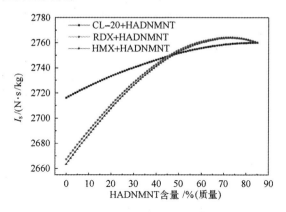

图 2-45 HADNMNT 含量对含硝基化合物复合推进剂比冲的影响

## 2.5.3 1,1'-二羟基-5,5'-联四唑二羟胺盐（HATO）的合成

Fishcher 等[21-24]公开报道了另一种四唑的羟胺盐——1,1'-二羟基-5,5'-联四唑二羟胺盐（HATO），并将其命名为 TKX-50。其理论爆速大于 CL-20，同时，实测撞击感度低于 RDX。较佳的能量性能和安全性能促使我们研究了 HATO 的合成方法、性质以及在固体推进剂中的应用。

鉴于关键中间体二叠氮基乙二肟较高的机械感度特性，Fishcher 等采用取代反应和环化反应一锅法完成了 HATO 的合成，但是，随之而来的 1,1'-二羟基-5,5'-联四唑二（二甲胺）盐的分离变得异常复杂，需要蒸发出低沸点乙醚、高沸点溶剂水和 DMF。本文利用一种改进的合成方法，以二氯乙二肟为原料，通过取代、环化、复分解反应，以 81.7% 的收率合成出 HATO（Scheme 2）[25]。

**Scheme 2  HATO 的合成路线**

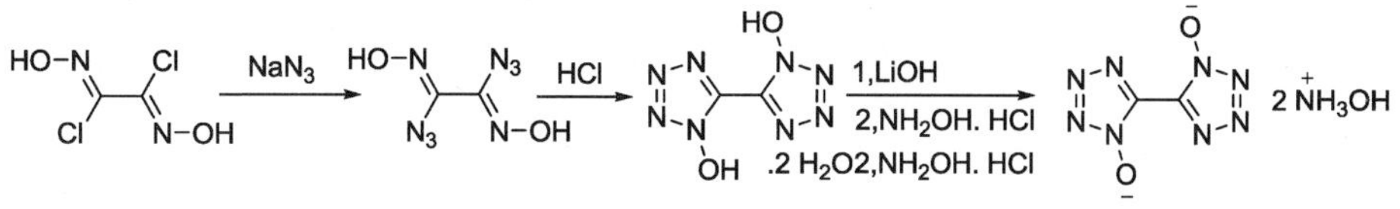

试验发现，未经干燥的二叠氮基乙二肟具有较低的机械感度，而且环化产物 1,1'-二羟基-5,5'-联四唑一旦生成，可吸收两分子水，形成水合物。因而，利用二叠氮乙二肟湿品直接用于环化反应实现了一种简单且安全的合成方法。1,1'-二羟基-5,5'-联四唑和氢氧化锂原位生成二锂盐后，可通过与盐酸羟胺的复分解反应，高收率地获得 HATO。

## 1. 安全性能分析

在氮气气氛、5℃/min 的升温速率条件下，获得了 HATO 的 DSC 曲线，如图 2-46 所示，可见，HATO 的峰值放热分解温度为 230.3℃，和 RDX（230℃）基本相当。较佳的热稳定性可能主要来自于晶体结构中丰富且较强的氢键作用。

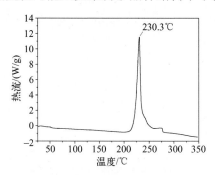

图 2-46　HATO 的 DSC 曲线

采用 WL-1 型撞击感度测试仪和 WM-1 型摩擦感度测试仪测定了 HATO 的机械感度，结果表明，其撞击爆炸概率为 16%（10kg 落锤），摩擦爆炸概率为 24%，可见，HATO 的机械感度明显低于 RDX（80%、76%）和 HMX（100%、100%）。

## 2. 相容性

Huang 等[26]报道了采用 DSC 方法获得的 HATO 和部分含能材料和助剂的相容性研究结果，发现，HATO 和六硝基乙烷相容，和 HMX 具有中等相容性，和TNT、CL-20、安定剂、硝化棉、AP、Al、GAP、RDX 和 HTPB 的相容性较差。基于这一研究结果，将 HATO 用于 HTPB 推进剂中较为危险。因此，本文采用真空安定性法，重新验证了 HATO 和 HTPB、AP、RDX 和 Al 的相容性。

在真空安定性测试中，通过对比 90℃加热 40h 条件下混合体系的净增放气量来判断混合体系中的组分是否相容，表 2-27 中结果表明，所有的净增放气量值均小于 3mL，可见，HATO 与 HTPB、AP、RDX 和 Al 的相容性良好。

表 2-27　净增放气量

| 混合物 | HATO+HTPB | HATO+AP | HATO+RDX | HATO+Al |
|---|---|---|---|---|
| $\Delta V/\text{mL}$ | −0.02 | 0.12 | −0.01 | −0.16 |

## 3. 含 HATO 复合推进剂的理论性能

采用美国 NASA-CEA 热化学代码[20]理论研究了以 HATO 和 Al 逐步替代 AP对推进剂能量特性参数的影响，其中以含 10%（质量）HTPB、84%（质量）AP和 6%（质量）的助剂的 HTPB 基复合推进剂为基础配方。

理论计算结果（图 2-47）发现，无铝配方中，随着 HATO 含量的增加，推进剂的比冲先升高后降低，当 HATO 含量为 24% 时，其比冲最大值为 2572.0N·s·kg$^{-1}$。添加铝粉时，铝粉对推进剂的比冲有较为明显的影响，当推进剂组成为 10%HTPB、15%Al、25%AP、44%HATO、6%助剂时，最高比冲为 2717N·s·kg$^{-1}$。

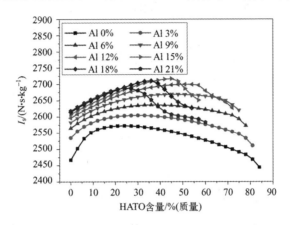

图 2-47　HATO 含量对复合推进剂比冲的影响

### 4. 含 HATO 和含 RDX 的复合推进剂性能的对比研究

基于理论计算结果和推进剂的制备工艺，含 HATO（HATO-HTPB）和含 RDX（RDX-HTPB）的复合推进剂配方为：10%HTPB、5%Al、59%AP、20%HATO 或 RDX、6%助剂。采用真空浇注工艺成功制备出 HATO-HTPB 和 RDX-HTPB 配方样品，并对比研究了推进剂的能量、燃烧、安全性能。

测定了推进剂的密度和爆热，结果列于表 2-28 中，由表 2-28 中数据可知，HATO-HTPB 配方的密度（1.628g/cm$^3$）高于 RDX-HTPB 配方，HATO-HTPB 的爆热和燃温分别为 4343kJ/kg 和 3363.9K，均低于 RDX-HTPB 配方。但是，由于 HATO 的高氮氢含量的特点，使得推进剂的燃烧产物相对分子质量下降，最终导致其比冲为 2617.2N·s·kg$^{-1}$，略高于 RDX-HTPB。

表 2-28　RDX-HTPB 和 HATO-HTPB 推进剂配方的能量性能

| 推进剂 | $\rho/(g \cdot cm^{-3})$ | $Q_V/(kJ \cdot kg^{-1})$ | $T_c/K$ | $M_c/(mol \cdot kg^{-1})$ | $I_s/(N \cdot s \cdot kg^{-1})$ |
|---|---|---|---|---|---|
| RDX-HTPB | 1.616 | 4621 | 3381.9 | 27.21 | 2602.4 |
| HATO-HTPB | 1.628 | 4343 | 3363.9 | 26.46 | 2617.2 |

通过燃速测定和压强指数计算研究 HATO 和 RDX 作为部分氧化剂时推进剂的燃烧性能，2～22MPa 压强范围内的测试和计称结果见表 2-29。试验结果表明，HATO-HTPB 的燃速高于 RDX-HTPB，例如，在 22MPa 时，HATO-HTPB 的燃速为 31.51mm/s，高于 RDX-HTPB 的 23.89mm/s。15～22MPa 时 HATO-HTPB 的

压强指数为 0.725，对于调节和控制是较为有利的，但是，从发动机设计和敏感性方面考虑，却是一个问题。

表 2-29　RDX-HTPB 和 HATO-HTPB 推进剂配方的燃速和压强指数

| 推进剂 | $u/(\text{mm} \cdot \text{s}^{-1})$ | | | | | | $n$ | | |
|---|---|---|---|---|---|---|---|---|---|
| | 2MPa | 5MPa | 10MPa | 15MPa | 20MPa | 22MPa | 2～5MPa | 5～15MPa | 15～22MPa |
| RDX-HTPB | 12.68 | 16.92 | 19.44 | 20.72 | 23.33 | 23.89 | 0.315 | 0.184 | 0.372 |
| HATO-HTPB | 14.39 | 18.69 | 21.51 | 23.87 | 28.99 | 31.51 | 0.285 | 0.223 | 0.725 |

采用 WL-1 型撞击感度测试仪在 2kg 落锤条件下测定了推进剂的撞击感度，以 50%爆炸概率时的特性落高值（$H_{50}$）表示。采用 WM-1 型摩擦感度测试仪在 3.92MPa、90°摆角条件下测定了推进剂的摩擦感度，以爆炸概率（$P_F$）表示。$H_{50}$ 越高，撞击感度越低，$P$ 越大，摩擦感度就越高。由表 2-30 中的数据可知，HATO-HTPB 的 $H_{50}$ 为 102.3cm，高于 RDX-HTPB，同时 HATO-HTPB 的 $P$ 为 84%，低于 RDX-HTPB。结果表明，在一般情况下，HATO-HTPB 具有较高的安全性能。

表 2-30　RDX-HTPB 和 HATO-HTPB 推进剂配方的机械感度

| 推　进　剂 | $H_{50}/\text{cm}$ | $P/\%$ |
|---|---|---|
| RDX-HTPB | 85.1 | 96 |
| HATO-HTPB | 102.3 | 84 |

综上所述，含 HATO 的复合推进剂具有较高的燃速和较低的机械感度，加之 HATO 具有易于制备、热稳定良好、较高的能量性能、较低的机械感度和良好的相容性，使得 HATO 成为一种具有应用潜力的含能材料。

# 参 考 文 献

1. Joo Y, Shreeve J M (2009) Energetic mono-, di-, and trisubstituted nitroiminotetrazoles. Angew Chem Int Ed 48:564-567.

2. Stierstorfer J, Tarantik K R, Klapotke T M (2009) New energetic materials: functionalized 1-ehyl-5-aminotetrazoles and 1-ethyl-5-nitriminotetrazoles. Chem Eur J 5:5775-5792.

3. Klapotke T M, Sproll S M (2009) Alkyl-bridged Bis-5-azidotetrazoles: a safer way of preparation. Eur J Org Chem 74:4284-4289.

4. Tao G, Guo Y, Parrish D A et al (2010) Energetic 1,5-diamino-4H-tetrazolium nitro-

substituted azolates. J Mater Chem 20:2999-3005.

5. Joo Y, Shreeve J M (2010) High-density energetic mono- or Bis(oxy)-5-nitroiminotetrazoles. Angew Chem Int Ed 49:7320-7323.

6. Fischer N, Hull K, Klapotke T M, Stierstorfer J, Laus G, Hummel M, Froschauer C, Wurstb K, Schottenbergerb H (2012) 5,50-azoxytetrazolates- a new nitrogen-rich dianion and its comparison to 5,50-azotetrazolate. Dalton Trans 41:11201-11211.

7. Tao G H, Parrish D A, Shreeve J M (2012) Nitrogen-rich 5-(1-methylhydrazinyl)tetrazole and its copper and silver complexes. Inorg Chem 51:5305-5312.

8. Bonegerg F, Kirchner A, Klapotke T M, Piercey D G, Poller M J, Stierstorfer J (2013) A study of cyanotetrazole oxides and derivatives thereof. Chem Asian J 8:148.

9. Tang Y, Yang H, Wu B, Ju X, Lu C, Cheng G (2013) Synthesis and characterization of a stable, catenated N11 energetic salt. Angew Chem Int Ed 52:4875-4877.

10. Klapotke T M, Sabate C M, Stierstorfer J (2009) Neutral 5-nitrotetrazoles: easy initiation with low pollution. New J Chem 33:136-147.

11. Klapotke T M, Mayer P, Sabate C M (2008) Simply, nitrogen-rich, energetic salts of 5-nitrotetrazole. Inorg Chem 47:6014-6027.

12. Li Y, Liu W, Pang S (2012) Synthesis and characterization of 5-nitro-2-nitratomethyl-1,2,3,4- tetrazole: a high nitrogen energetic compound with good oxygen balance. Molecules 17:5040- 5049.

13. Gao H X, Shreeve JM (2011) Azole-based energetic salts. Chem Rev 111:7377-7436.

14. Fischer N, Klapotke T M, Stierstorfer J (2011) The hydroxylammonium cation in tetrazole based energetic materials. In: Proceedings of the 14th seminar on, new trends in research of energetic materials 1, Czech Republic, 13-15 April, pp 128-156.

15. Semenov V V, Kanischev M I, Shevelev S A, Kiselyov A S (2009) Thermal ring-opening reaction of N-polynitromethyl tetrazoles: facile generation of nitrilimines and their reactivity. Tetrahedron 65:3441-3445.

16. Zhang M, Ge Z, BI F, Xu C, Liu Q, Wang B (2013) Study on the synthesis, thermal performance and quantum chemistry of 2-dinitromethyl-5-nitrotetrazole. Chin J Explos Propellants 36(3):14-19.

17. Semenov V V, Ugrak B I, Shevelev S A, Kanishchev M I, Baryshnikov A T, Fainzil'berg A A (1990) Investigation of the alkylation of nitroazoles with '-haloketones by 13C,15N, and 14N NMR. Russ Chem Bull 39:1658-1666.

18. Aridoss G, Zhao C, Borosky G L, Laali K K (2012) Experimental and GIAO 15N NMR study of substituent effects in 1H-tetrazoles. J Org Chem 77:4152-4155.

19. Kamlet M J, Jacobs S J (1968) Chemistry of detonation I. A simple method for calculating

detonation properties of CHNO explosives. J Chem Phys 48(1):23-35.

20. Gordon S, McBride B J (1996) Computer program for calculation of complex chemical equilibrium compositions and applications. NASA Reference Publication 1311.

21. Fischer N, Fischer D, Klapotke T M, Pierceya D G, Stierstorfera J (2012) Pushing the limits of energetic materials-the synthesis and characterization of dihydroxylammonium 5,5'-bistetrazole-1,1'-diolate. J Mater Chem 22:20418.

22. Fischer N, Klapotke T M, Matecic Musanic S, Stierstorfera J, Suceska M (2013) TKX-50. In: 16th new trends in research of energetic materials, Pardubice, pp 574-585.

23. Golubev V, Klapotke T M (2014) Comparative analysis of shock wave action of TKX-50 and HMX blasting performance in one-, two- and three-dimensional geometry. In: 17th new trends in research of energetic materials, Pardubice, p 66.

24. Golubev V, Klapotke T M (2014) Comparative analysis of shock wave action of TKX-50 and other explosives on various barriers. In: 17th new trends in research of energetic materials, Pardubice, p 67

25. Bi F, Xiao C, Xu C, Ge Z, Wang B, Fan X, Wang W (2014) Synthesis and properties of dihydroxylammonium 5,50-bistetrazole-1,10 -diolate. Chin J Energ Mater 22(2):272-273.

26. Huang H, Shi Y, Yang J, Li B (2015) Compatibility study of dihydroxylammonium 5,5'-bistetrazole-1,1'-diolate (TKX-50) with some energetic materials and inert materials. J Energ Mater 33(1):66-72.

# 2.6  3,4-二（3-氟二硝甲基呋咱-4-氧基）呋咱的合成与表征

**摘要：**以 3,4-双（3-氰基呋咱-4-氧基）呋咱为原料，经氰基加成、重氮化、$N_2O_5$ 硝化、KI 还原以及 $XeF_2$ 氟化等步骤设计合成了一种新型增塑剂 3,4-二（3-氟二硝甲基呋咱-4-氧基）呋咱（BFF），并通过 IR、$^{13}C$ NMR、$^{19}F$ NMR、元素分析、DSC、TG-DTF 等手段进行了结构表征。同时，撞击感度、生成焓以及密度分别采用标准撞感仪，Gaussiau03 程序以及气体比重法进行了测试。基于实测密度（$1.88g \cdot cm^{-3}$）以及计算生成焓（$-111.1kJ \cdot mol^{-1}$），采用 K-J 方程，计算其爆速和爆压分别为 $8318m \cdot s^{-1}$ 和 32.0GPa，并与黑索金（RDX）以及常用增塑剂二（2-氟代-2,2-二硝基乙基）甲缩醛（FEFO）进行比较。

## 2.6.1  引言

呋咱醚化合物是高能化合物中重要的一类，具有标准生成焓大、能量密度高、

热稳定好、熔点低等特点，可以作为高能炸药或含能增塑剂使用，目前已成为国内外含能材料研究领域的热点之一[1-5]。俄罗斯科学家 Sheremetev 以及中国王伯周等均报道了多种性能优异的呋咱醚化合物（图 2-48）[6-11]，如双呋咱并[3,4-*b*: 3',4'-*f*] 氧化呋咱并[3",4"-*d*]氧杂环庚三烯爆速为 8600m/s，密度为 1.86g/cm$^3$，特性落高 $H_{50}$ 为 57.5cm，具有高能量密度和低撞击感度。

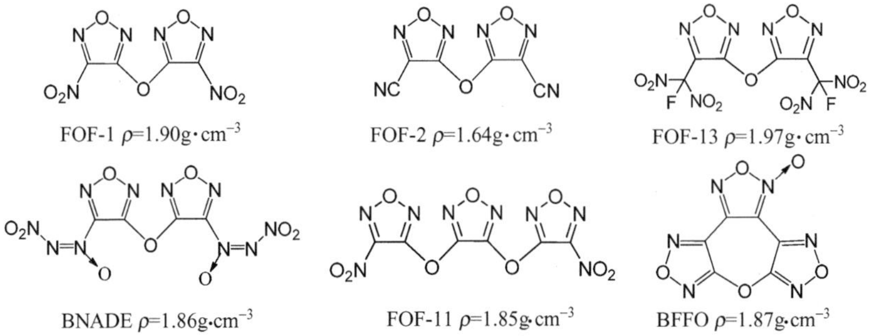

FOF-1 $\rho$=1.90g·cm$^{-3}$　　FOF-2 $\rho$=1.64g·cm$^{-3}$　　FOF-13 $\rho$=1.97g·cm$^{-3}$

BNADE $\rho$=1.86g·cm$^{-3}$　　FOF-11 $\rho$=1.85g·cm$^{-3}$　　BFFO $\rho$=1.87g·cm$^{-3}$

图 2-48　文献报道呋咱醚含能化合物分子

氟偕二硝基是含能化合物中重要的一类高能基团[12-15]，与含三硝甲基化合物相比，此类化合物具有极低的感度以及良好的热稳定性。而与偕二硝基类化合物相比，氟偕二硝基化合物由于氟原子的引入表现出了高密度、适宜的感度和高的氧平衡。为了进一步提高能量水平以及其他特性，氟偕二硝基引入到呋咱醚分子中将是此类化合物具有更加优异的综合性能。例如，俄罗斯科学院报道的 3,3'-双（氟偕二硝基）二呋咱醚（FOF-13）表现出了优异的性能，其分解点大于 270℃，密度为 1.97g·cm$^{-3}$，氧平衡为 0%。

为了设计合成能量水平、感度以及热稳定性更加出色的含能化合物，下面介绍含有氟偕二硝基的呋咱醚化合物 3,4-二（3-氟二硝甲基呋咱-4-氧基）呋咱（BFF）的合成路线和能量特性（图 2-49），其可作为高能增塑剂以及氧化剂使用。

## 2.6.2　试验部分

### 1. 试验仪器与条件

Vari-EL-Ⅲ 型元素分析仪（C，H，N），德国 EXEMENTAR 公司；NEXUS870 型傅里叶变换红外光谱仪，美国热电尼高力公司；AV500 型（500MHz）超导核磁共振仪，瑞士 BRUKER 公司；美国 TA 公司 Q-200 型差示扫描量热仪，动态氮气气氛，常压下升温速率为 10℃/min；美国 Nicolet 公司 TA2950 热重仪，动态氮气气氛，升温速率为 10℃/min。

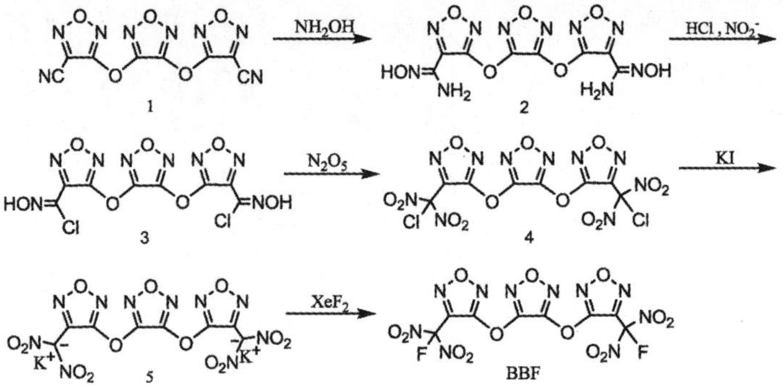

图 2-49  BFF 合成路线

## 2. 合成

1）3,4-二（3-偕胺肟基呋咱-4-氧基）呋咱（2）

搅拌下，在温度 20～25℃，将 5.76g（20mmol）3,4-双(3-氰基呋咱-4-氧基)呋咱和 2.85g（41mmol）$NH_2OH \cdot HCl$ 加入到 55mL 水和 25mL 异丙醇的混合溶液中，再加入 2.23g（21mmol）无水碳酸钠，50℃反应 2h 后，反应液过滤，滤饼经水洗、$P_2O_5$ 真空干燥步骤得 3,4-二（3-偕胺肟基呋咱-4-氧基）呋咱 6.74g，收率 95.2%，纯度 97.8%；熔点为 219～220℃；IR(KBr, $cm^{-1}$)：3503, 3487, 3382 ($NH_2$), 3276, 2893 (OH), 1675, 1595, 1576, 1553, 1523, 1439, 1254, 1175 (呋咱环), 1034, 967；$^1H$ NMR (DMSO-$d_6$, 500MHz)，δ：10.61 (s, 2H, OH), 6.35(s, 4H, $NH_2$)；$^{13}C$ NMR (DMSO-$d_6$, 125MHz)，δ:159.25, 154.20, 142.29, 141.19；元素分析 $C_8H_6N_{10}O_7$ 理论值(%)：C 27.13, N 39.55, H 1.71，实测值（%）：C 26.64, N 39.28, H 1.70；

2）3,4-二（3-偕氯肟基呋咱-4-氧基）呋咱的合成（3）

搅拌，将 5.31g（15mmol）3,4-二（3-偕胺肟基呋咱-4-氧基）呋咱加入到 55mL 浓盐酸中，全溶后再加入 30mL 水，降温至 0℃，滴加 12mL 含 2.16g（31mmol）亚硝酸钠的水溶液，滴加完毕后在℃反应 2h，加热升温至 20℃反应 1.5h 直至 $N_2$ 转化停止，反应液过滤，滤饼经水洗、干燥、水和乙醇混合重结晶步骤得 3,4-二（3-偕氯肟基呋咱-4-氧基）呋咱 5.69g，收率 96.5%，纯度 99.4%；熔点为 82～83℃；IR(KBr, $cm^{-1}$)υ：3583, 3505, 3346, 2832 (OH), 2759, 1701, 1605, 1589, 1560, 1528, 1512, 1423, 1301, 1252, 1028 (呋咱环), 943；$^1H$ NMR (DMSO-$d_6$, 500MHz)，δ：13.74 (s, 2H, OH)；$^{13}C$ NMR (DMSO-$d_6$, 125MHz)，δ:158.26, 153.41, 143.23, 123.30；元素分析 $C_8H_2N_8O_7Cl_2$：理论值（%）：C 24.45, N 28.51, H 0.51；实测值（%）：C 24.23, N 28.19, H 0.85；上述结构鉴定数据证实得到物质确实是 3,4-二（3-偕氯肟基呋咱-4-氧基）呋咱。

3）3,4-二（3-氯二硝甲基呋咱-4-氧基）呋咱的合成（4）

搅拌下，在温度 15℃，将 2.5g（23mmol）五氧化二氮加入到 50mL 三氯甲烷中，然后分批加入 0.75g（1.9mmol）3,4-二（3-偕氯肟基呋咱-4-氧基）呋咱，加热升温至 45℃反应 40min，反应液晾干后得到淡黄色油状物经柱色谱分离（流动相：乙酸乙酯：石油醚=1:7），得 3,4-二（3-氯二硝基甲基呋咱-4-氧基）呋咱 0.27g，收率 28.0%，纯度为 99.5%；熔点为 79～80℃；IR(KBr, cm$^{-1}$): (CCl(NO$_2$)$_2$), 1602, 1584, 1544, 1501, 1275, 1234, 1030（呋咱环），981, 816, 786, 621；$^{13}$C NMR (CDCl$_3$, 125MHz), $\delta$:159.45, 152.73, 139.27, 113.06；分子式 C$_8$N$_{10}$O$_{13}$Cl$_2$ 理论值(%)：C 18.66, N 27.19，实测值(%)：C 18.40, N 26.95。

4）3,4-二（3-二硝基甲基呋咱-4-氧基）呋咱二钾盐的合成（5）

搅拌下，在温度为 25～30℃时，将 1.3g（2.5mmol）3,4-二（3-氯二硝基甲基呋咱-4-氧基）呋咱溶于 18mL 甲醇中，然后在 25℃滴加 2.0g（12mmol）22mL 的碘化钾甲醇液，滴加完毕后反应 1h，反应液过滤，滤饼经冷水、乙醇、乙醚充分洗涤，真空干燥后得 3,4-二（3-二硝基甲基呋咱-4-氧基）呋咱二钾盐 0.81g，收率 85.7%；纯度为 98.7%；分解点：221～222℃；红外光谱：IR(KBr, cm$^{-1}$): 1597, 1569, 1552, 1529, 1483, 1312, 1230(C$^-$(NO$_2$)$_2$), 1036 (呋咱环), 1000, 743；$^{13}$C NMR (DMSO-$d_6$, 125MHz), $\delta$:160.54, 153.57, 142.40, 119.58；元素分析: C$_8$N$_{10}$O$_{13}$K$_2$，理论值（%）：C 18.36, N 26.76，实测值（%）：C 18,12, N 26.49。

上述结构鉴定数据证实得到物质确实是 3,4-二（3-二硝基甲基呋咱-4-氧基）呋咱二钾盐。

5）3,4-二（3-氟二硝基甲基呋咱-4-氧基）呋咱（BFF）的合成

搅拌，将 0.35g（0.67mmol）3,4-二（3-二硝基甲基呋咱-4-氧基）呋咱二钾盐加入到 15mL 无水乙腈中，再加入 0.46g（2.7mmol）二氟化氙，在 20℃反应 60h，反应液晾干后得到的固体用水充分洗涤，干燥后得到 3,4-二（3-氟二硝基甲基呋咱-4-氧基）呋咱 0.18g，收率 56.2%；结构鉴定：熔点：48℃～49℃；IR(KBr, cm$^{-1}$): 1608, 1576, 1545, 1507, 1350, 1309, 1250 (CF(NO$_2$)$_2$), 1194, 1033 (呋咱环), 982；$^{13}$C NMR (DMSO-$d_6$, 125MHz), $\delta$: 159.85, 153.33, 138.03，114.21；$^{19}$F NMR (DMSO-d$_6$, 470.5MHz), $\delta$: -106.84；元素分析: C$_8$N$_{10}$O$_{13}$F$_2$ 理论值（%）：C 19.93, N 29.05，实测值（%）：C 20.08, N 29.13。

## 2.6.3　结果与讨论

### 1. 合成

3,4-二（3-氰基呋咱-4-氧基）呋咱（1）与 3,4-二（3-偕胺肟基呋咱-4-氧基）呋咱（2）根据文献获得[7]。Lukyanov 等已经报道了氯肟基团通过 N$_2$O$_5$ 硝化制备氯偕二硝基的方法[16-18]。因此，当使用 N$_2$O$_5$ 在氯仿中对化合物（3）进行硝化时，成功获得化合物（4），然而收率仅为 28%；随后对化合物（4）使用

KI/CH₃OH 溶液进行处理时得到了化合物（5），收率较高达到 85.6%。化合物（5）感度非常高，合成和处理时要极度小心。最后，在无水乙腈中使用 XeF₂ 对化合物（5）进行氟化，成功得到目标化合物 BFF。但乙腈含有少量水时，收率将会大大降低。

### 2. 谱图分析

傅里叶红外光谱中，化合物（4）的氯偕二硝基在 1602cm⁻¹ ($v_{as}$ N–O str.)，1275cm⁻¹ ($v_s$ N–O str.)，621cm⁻¹ ($v$ C–Cl)出现较强吸收峰。同时，呋咱醚骨架在 1584, 1544, 1501, 1336, 981cm⁻¹（呋咱环）和 1234cm⁻¹ ($v_{as}$ ether bond str.)，1030cm⁻¹ ($v_s$ ether bond str.)处也出现较强的红外吸收。化合物（5）偕二硝基阴离子中的 N–O 伸缩振动出现在 1483 (str.) cm⁻¹ and 1230 (str.) cm⁻¹，这与氯偕二硝基和氟偕二硝基不同；呋咱醚骨架吸收出现在 1597, 1569, 1552, 1529, 1312, 1000cm⁻¹ (furazan ring) and 1148, 1036cm⁻¹。BFF 氟偕二硝基中的 N–O 伸缩振动出现在 1608cm⁻¹ ($v_{as}$ N–O str.)，1309cm⁻¹ ($v_s$ N–O str.)，1230cm⁻¹ ($v$ C–F str.)。

在 ¹³C NMR 中，有云硝基的强吸电子效应，化合物（4），（5），和 BFF 偕二硝基中碳的信号出现在 113×10⁻⁶～120×10⁻⁶ 处；并且从低场到高场的顺序依次是（4），BFF,（5）；同时，呋咱环上的碳原子核磁信号也具有相似的趋势。图 2-50 为化合物 BFF 的碳谱和氟谱，碳谱中出现 4 个信号峰。其中，呋咱环上的 C3 和 C5 信号出现在低场，分别为 $\delta$=159.85×10⁻⁶ 和 $\delta$=153.33×10⁻⁶。C1($\delta$=114.21×10⁻⁶)，C2($\delta$=138.03×10⁻⁶)由于和氟原子的耦合裂分表现为双峰，耦合常数分别为 290Hz and 30Hz，且与文献中报道的耦合常数一致。氟原子的共振信号在 $\delta$=–106.84×10⁻⁶ 对应 F 原子。所有化合物的元素（C, H, N）实测值与理论值基本相同。

### 3. 热分析

为了获得化合物 BFF 的热性能，采用 DSC 和 TG-DTG 对其进行了研究（图 2-51）。从 DSC 中可知，BFF 的热行为分为多个阶段，第一个阶段为一个典型的吸热熔化过程，起始温度为 40.5℃，熔点为 50.0℃。当温度升到 145℃，处于熔化状态的样品开始缓慢挥发，表现出缓慢的吸热过程，相应地 TG 曲线开始下降。在 150℃时，开始出现明显的放热过程，因此我们认为 BFF 开始分解。然而随后又开始出现吸热峰，说明分解放热的热量小于挥发时吸收的热量。因此，BFF 的热稳定性良好。

### 4. 能量特性

BFF 的性能数据列于表 2-31 中，并与 BFFO 以及 RDX 进行了对比。使用 ZBL-B 撞击感度仪，测试了 BFF 的感度，BFF 的感度为 11J, 比 RDX（7.4J）[19] 钝感，与 BFFO（13.5J）[20]相当。实测 BFF 密度为 1.88g cm⁻³，比 RDX 密度高。氧平衡大小是衡量炸药氧化能量的标准，BFF 的氧平衡为–6.6%，明显优于 RDX（–21.6%）和 TNT（–74.0%）。爆速和爆压是衡量炸药能量水平的标准，与化合物的生成焓有关。生成焓通过 Gaussiau 03 程序[21]使用 CBS-4M 基组计算获得。采用实测密度以及计算生成焓，基于 K-J 方程计算了其爆速和爆压，符合高能量密度材料的要求。BFF 性能数据表明其可以作为新型高能增塑剂使用。

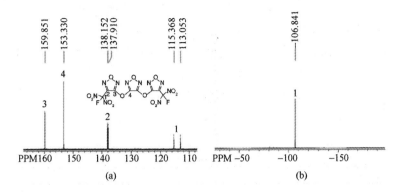

图 2-50    BBF 的 13C(a)和 19F(b)核磁谱

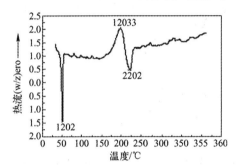

图 2-51    BBF 的 DSC 图

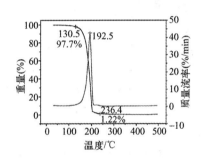

图 2-52    BBF 的 TG–DTG 曲线

表 2-31    BBF 的物化及爆轰性能

|  | BBF | RDX[20] | FEFO[21] |
|---|---|---|---|
| 分子式 | $C_8F_2N_{10}O_{13}$ | $C_3H_5N_3O_9$ | $C_5H_6F_2N_4O_{10}$ |
| 相对分子质量 | 482.1 | 227.1 | 320.1 |
| 氮含量/% | 28.1 | 18.5 | 17.5 |
| 密度/(g·cm$^{-3}$) | 1.88 | 1.59 | 1.601 |
| 熔点/℃ | 50.2 | 13 | 14.5 |
| 氧平衡（$\Omega_{CO_2}$)/% | -6.6 | 3.5 | -74.0 |
| 撞击感度/J | 11 | 0.2 | 15 |
| 生成焓/(kJ·mol$^{-1}$) | -111.1 | -371 | 849.8 |
| 爆速/(m·s$^{-1}$) | 8318 | 7813 | 7500 |
| 爆压/GPa | 32 | 25.7 | 25 |

### 2.6.4　结论

本文报道了一种新型高能增塑剂 3,4-二（3-氟二硝甲基呋咱-4-氧基）呋咱（BFF）的合成、表征以及性能。设计了一种五步法将 3,4-二（3-氰基呋咱-4-氧基）呋咱转化为 3,4-二（3-氟二硝甲基呋咱-4-氧基）呋咱（BFF）的方法，为氟偕二硝基类化合物提供一种新方法。BFF 具有优异的综合性能，爆速为 8318m·s$^{-1}$、爆压为 32GPa，撞击感度 11J 以及实测密度 1.88g·cm$^{-3}$，感度优于 RDX（7.4J），能量高于 BFFO（$D$=7500m s$^{-1}$, $P$=25GPa），可以作为潜在的高能量增速剂在固体推进剂中使用。

**致谢**

感谢中国国家自然科学基金（No.21373157）和国防科研基础计划项目（B0920110005）对本项目的经费支持。

# 参 考 文 献

1. Sheremetev A B (1995) Chemistry of Furazans fused to five-membered rings. J Heterocycl Chem 32:371-385.

2. Badgujar D M, Talawar M B, Asthana S N, Mahulikar P P (2008) Advances in science and technology of modern energetic materials: an overview. J Hazard Mater 151:289-305.

3. Wang J, Liv JS, Huang Y G, Dong H S (2008) A new high energetic material compound 3, 4-Bis(nitrofurazano)furoxan: synthesis, characterization and properties. New trends in research of energetic materials. Czech Republic, University of Pardubice, pp 182-193.

4. Sheremetev A B, Mantseva E V (2001) Hydroxyfurazans: outlook to using. In: 32$^{th}$ international annual conference of ICT, Karlsruhe, vol 103, pp 1-4.

5. Sheremetev A B, Kharitonova O V, Mantseva E V, Kulagina V O, Shatunova E V, Aleksandrova N S, Melnikova T M, Ivanova E A, Eman V E, Novikova T S, Lebedev O V (1999) Nucleophilic displacement in furazan series? Reactions with O-nucleophiles. Zh Org Khim 35: 1555-1566.

6. Sheremetev A B, Kharitonova O V, Mel'nikova T M, Novikova T S, Kuz'min V S, Khmel'nitskii L I (1996) Synthesis of symmetrical difurazanyl ethers. Mendeleev Commun 4:141-143.

7. Sheremetev A B, Kulagina V O, Aleksandrova N S, Dmitriev D E, Strelenko Y A (1998) Dinitro trifurazans with oxy, azo and azoxy bridges. Propellants Explos Pyrotechnics 23:142-149.

8. Sheremetev A B (1998) 3,3-Bis(1-fluoro-1,1-dinitromethyl)difurazanyl ether. In: 29$^{th}$

international annual conference of ICT, Karlsruhe, Germany, vol 58, pp 1-6.

9. Fan Y J, Wang B Z, Lai W P, Lian P, Jiang J, Wang X J, Xue Y Q (2009) Synthesis, characterization and quantum chemistry study on 3,3'-Dicyanodifurazanyl Ether (FOF-2). Chin J Org Chem 29:614-620.

10. Zhou Y S, Xu K Z,Wang B Z, Zhang H, Qiu Q Q, Zhao F Q (2012) Synthesis, structure and thermal properties of bifurazano3,4-b:3',4'-f. furoxano 3",4"-d. oxacyclohetpatriene (BFFO). Bull Kor Chem Soc 33:3317-3320.

11. Wang X J, Xu K Z, Sun Q, Wang B Z, Zhou C, Zhao F Q (2014) The insensitive energetic material trifurazano-oxacycloheptatriene (TFO): synthesis and detonation properties. Propellants Explos Pyrotechnics. doi:10.1002/prep.201400148.

12. Gidaspov A A., Bakharev V V, Velikanova E V, Tselinsky I V (2009) The fluorination of dnitromethyl-1,3,5-triazines salts with xenon difluoride. New trends in research of energetic materials. Czech Republic, University of Pardubice, pp 539-541.

13. Semenov V V, Kanischevy M I, Shevelev S A, Kiselyov A S (2009) Thermal ring-opening reaction of N-polynitromethyl tetrazoles: facile generation of nitrilimines and their reactivity. Tetrahedron 65:3441-3445.

14. Klapotke T M, Krumm B, Rest S F, Reynders M, Scharf R (2013) (2-fluoro-2,2-dinitroethyl)- 2,2,2-trinitroethylnitramine: a possible high-energy dense oxidizer. Eur J Inorg Chem 2013:5871-5878.

15. Kettner M A, Karaghiosoff K, Klapotke T M, Suceska M, Wunder S (2014) 3,30 -Bi(1,2,4-oxadiazoles) featuring the fluorodinitromethyl and trinitromethyl groups. Chem Eur J 20:7622- 7631.

16. Lukyanov O A, Zhiguleva T I (1982) New method for preparation of '-chlorodinitro compounds. Bull Acad Sci USSR 31:1270-1271.

17. Lukyanov O A, Pokhvisneva G V (1991) 2,2,2-trinitroethyl ethers of 2,2-dinitroalcohols. Bull Acad Sci USSR 40:2439-2444.

18. Luk'yanov O A, Pokhvisneva G V, Ternikova T V, Shlykova N I, Shagaeva M E (2011) $\alpha$-nitroalkyl-ONN-azoxyfurazanes and some of their derivatives. Russ Chem Bull Int Ed 60:1703-1704.

19. Gao H, Joo Y-H, Parrish D A, Vo T, Shreeve J M (2011) 1-amino-1- hydrazino-2,2-dinitroethene and corresponding salts: synthesis, characterization, and thermolysis studies. Chem-A Eur J 17:4613-4621.

20. Klager K., Rindone R (1987) Development of an efficient way to manufacture Bis (2-fluoro- 2,2-diniroethyl) Formal (FEFO). In: Proceedings of the 18th international annual conference of ICT Karlsruhe, vol 28, pp 1-6.

21. Gaussian 03, Revision D.01, Frisch MJ, Trucks GW, Schlege HB, Scuseria GE, Robb MA, Cheeseman JR, Montgomery JA, Kudin KN, Burant JC, Millam JM, Iyengar SS, Tomasi J, Barone V, Mennucci B, Cossi M, Scalmani G, Rega N, Petersson GA, Nakatsuji H, Hada M, Ehara M, Toyota K, Fukuda R, Hasegawa J, Ishida M, Nakajima T, Honda Y, Kitao O, Nakai H, Klene M, Li X, Knox J E, Hratchian H P, Cross J B, Bakken V, Adamo C, Jaramillo J, Gomperts R, Stratmann R E, Yazyev O, Austin A J, Cammi R, Pomelli C, Ochterski J W, Ayala P Y, Morokuma K, AVoth G, Salvado P, Dannenberg J J, Zakrzewski V G, Dapprich S, Daniels A D, Strain M C, Farkas O, Malick D K, Rabuck A D, Raghavachari K, Foresman J B, Ortiz J V, Cui Q, Baboul A G, Clifford S, Cioslowski J, Stefanov B B, Liu G, Liashenko A, Piskorz P, Komaromi I, Martin R L, Fox D J, Keith T, Al-Laham M A, Peng C, Nanayakkara A, Challacombe M, Gill P M W, Johnson B, Chen W, Wong M, Gonzalez C, Pople J A (2003) Gaussian 03, revision D.01. Gaussian, Inc, Wallingford.

# 第 3 章　金属粉作为化学推进的含能燃料

## 3.1　改性铝作为含能燃料在化学火箭推进中的发展前景

**摘要：** 将金属作为高能燃料应用已经成为提高化学火箭推进性能的一种通用方法。采用这一方式的起因是出于理论热化学的考虑，但实际应用中产生了一系列包含利弊两方面的附加的、未曾预料的问题。60 年以来，微米级铝已经成为固体火箭推进工业层面中最为常用的颗粒材料；同时，消除其负面影响的研究工作也仍在进行，特别是开启喷嘴处的两相流损失和残渣沉积问题。本章讨论了若干种改性铝颗粒，包括未包覆及包覆的纳米铝颗粒，化学及机械方法活化的微米铝。在实验室燃烧条件下对这些改性铝的特性进行了研究和对比。受篇幅所限，研究主要针对空间应用中常见的铝复合推进剂（高氯酸铵/惰性胶黏剂）的种类和试验工况进行。建议读者进行合理推广。每种改性铝都具有各自的特点，其在全尺度推进系统中的应用需要进行全面评估。推荐的方法是同时使用两种铝的混合物，协同开发两种组分。其他的金属燃料，特别是氢化物和硼复合物，也被作为新趋势进行了研究，它们可能彻底改变目前的形势，但尚处于研究初期，因此仅在论文结尾进行了简略讨论。

## 命名表

| | |
|---|---|
| $a$ | Vieille 稳定燃烧速率法则中的乘积因子, $(mm/s)/bar^n$ |
| $a_s$ | 表面平均粒径（nm） |
| $c$ | 比热容（J/（g·K）） |
| $C_{Al}$ | 活化金属含量（%）（质量） |
| $I_s$ | 质量比冲（s） |
| $I_v$ | 体积（或密度）比冲（s·g/cm$^3$） |
| $k$ | 热导率（J/（cm·s·K）） |
| $n$ | Vieille 稳定燃烧速率法则中的压强指数 |
| $p$ | 压强（bar） |
| $r_b$ | 稳定燃烧速率（mm/s） |

| $S_{sp}$ | 比表面积（$m^2/g$） |
|---|---|
| $\Delta h_{f0}$ | 标准生成焓（kJ/mol） |
| $\Delta v$ | 传播速度增量（m/s） |
| $\rho$ | 密度（$g/cm^3$） |
| $\mathcal{M}$ | 摩尔质量（g/mol） |
| actAl | 活化 Al |
| ADN | 二硝酰胺铵 |
| AFM | 原子力显微镜 |
| ALEX™ | ALuminumEXploded（俄罗斯托木斯克注册商标） |
| AP | 高氯酸铵 |
| APT | 先进粉末技术 |
| BET | 布鲁诺–艾米特–泰勒 |
| BPR | 球粉质量比 |
| CA | 化学活化 |
| CCP | 凝相燃烧产物 |
| EDX | X 射线能谱分析 |
| EEW | 电点火丝 |
| EM | 含能材料 |
| F-ALEX$_A$™ | ALuminumEXploded，三氢全氟十一醇包覆 |
| F-ALEX$_E$™ | ALuminumEXploded，三氢全氟十一醇顺丁烯二酸酯包覆 |
| GAP | 聚叠氮缩水甘油醚 |
| HEDM | 高能量密度材料 |
| HMX | 奥克托今 |
| HTPB | 端羟基聚丁二烯 |
| IARC | 国际癌症研究机构 |
| ICP | 电感耦合等离子体分析 |
| L-ALEX™ | ALuminumEXploded，硬脂酸包覆 |
| LH$_2$ | 液态氢 |
| LOx | 液态氧 |
| MM | 机械研磨 |
| μAl | 微米级 Al |
| nAl | 纳米级 Al |
| O/F | 氧燃比 |
| P-ALEX™ | ALuminumEXploded，软脂酸包覆过控剂 |
| PDL | 爆燃压力极限 |

| PTFE | 聚四氟乙烯 |
| RDX | 黑索金 |
| SEM | 扫描电子显微镜 |
| SPLab | 空间推进实验室 |
| SRB | 固体火箭助推器 |
| SRM | 固体火箭发动机 |
| TEM | 透射电子显微镜 |
| TG | 热重 |
| VF-ALEX™ | ALuminumEXploded, Fluorel$^{TM}$ FC-2175（偏氟乙烯和六氟乙烯共聚体，3M 制造）和酯包覆 |
| XRD | X 射线衍射 |

## 3.1.1　背景

尽管 Tsander 早在 1909 年就首次提出将铝作为高能燃料，金属或金属化合物的试验直到 1942 年 Parson 发明可浇注复合推进剂才开始进行。而在 1955 年 Henderson 和 Rumble 成功将铝粉加入推进剂并因而显著提高比冲前，还进行了大量的尝试和努力。更多的历史细节，见本书第 11 章。

事实上，总体上金属燃烧的困难是由点火阻力、均相或多相气氛燃烧过程中动力学不确定和潜在的氧化反应不完全造成的，由此引发的两相混合物在气动喷嘴的膨胀过程则遭遇了更大的困难。造成这些困难的主要原因是固相反应产物产生两相流，从而使物理作用在燃烧器中取代化学作用，并在喷嘴处取代气体动力学成为主导作用。与之相关的性能损失可以通过采用 $F_2$ 物质代替 $O_2$ 作为氧化剂完全消除，即产出挥发物而非固相燃烧产物。不幸的是，$F_2$ 和其燃烧产物都是剧毒的，因而只适用于深空任务。

燃烧过程中，尽管加入金属粉末使燃烧产物的平均摩尔质量增大，但由于其具有高燃烧热，会释放出可观的热量，因而会升高绝热火焰温度和随后的推进剂质量比冲（$I_s$）。金属也会增大推进剂的密度，从而提升推进剂的体积比冲（$I_v$），两者都和空间推进任务的需求相符[1,2]。金属燃料还能够缓解高频燃烧不稳定的现象，这是一种未被预见但非常好的附加效果。然而，随之而来的缺点也很快被发现了：显著升高的绝热火焰温度也意味着热流对发动机壁面的烧蚀危险增大，随之增加的烧蚀材料的需求量也使得发动机惰性质量指数上升。气动喷嘴处出现了一系列负面影响，特别是在喉部区域。所有的两相流和随之而来的热能和动能的不平衡、积渣、喷嘴下移和腐蚀均意味着 $I_s$ 的损失。同时，铝燃烧产生的大量絮状白色烟雾和带电颗粒对电磁通信的干扰都深深受到军队和环保人士的诟病。由于其在多种氧化气氛下的高燃烧热、高密度、廉价、易获取和低耗氧量等优势，铝成为最常用的金属燃料之一。微米级的铝（μAl）粉末已经在固体推进剂中有数十年的应用，包括提高理论比冲，缓解高频热声不稳定等方面。但是，μAl 在特定条件下点火前会发生团聚，可能会引发有害的熔融、凝聚结块现象，从而导致金属的不完全燃烧和两相流效应，减小比冲。在混合火箭燃烧中，μAl 已经被用于增大从火焰区到气化表面的辐射热反馈，但还未成功，目标是增大目前推进系统的限制因素之一——燃面递减速率。

Al 燃烧在推进技术中的应用是一个非常复杂和多层面的过程。尽管绝大多数的 Al 颗粒都是作为单一颗粒燃烧的，也有相当量的 Al 作为颗粒群而燃烧，包括燃面附近以及更远处。这是由内层开始并在两相流对流表面直到远离表面反应终止处持续发生的内聚—渗出—凝聚—团聚之间复杂的机理导致的，这些过程很少在表面完成。在任意速率下，均相燃烧（产生理想的反应产物）和非均相燃烧（产生粗糙的反应产物）的同步进行最终会形成一个双峰的产物分布。人们对于气相的均相燃烧已经理解的相当完善，而对于非均相燃烧部分知之甚少，还有一种选择是使用氢化物来代替相应的金属[3]。在这方面，$AlH_3$ 和 $BeH_2$ 表现出良好的性能，并且能显著提高固体和混合推进火箭的理论质量比冲。基于 $BeH_2$ 的混合火箭发动机，至少在理论上可以达到化学推进领域的最佳性能，远在目前应用的低温耦合 $LH_2/LO_X$ 之上。但是，铍由于其毒性不允许使用，而氢化物总体上较难制备，且在化学稳定性上存在很大的问题，它们会在储存过程中自发地释放出 $H_2$。

总体上，在复合配方中，氢化物的析氢是一个非常快速的过程，能够和胶黏剂的分解相提并论，因此能够通过及时且快速的氢扩散来维持并增强周围的火焰。然而，金属和金属氢化物属于不同的含能材料，在燃烧过程中遵循不同的反应机理，特别是金属氢化物颗粒中燃烧过程中的快速析氢由于氢气化而形成多孔的金属基体，最终会导致比相应的固体金属更具活性的金属结构，甚至形成微小颗粒。

常规的 μAl 颗粒能够有效促进固体推进剂的燃速或是混合推进剂中固体燃料的退移速率。因此，推进剂配方研究人员开始注意寻找 μAl 粉末的适当变体，如纳米级铝（nAl）粉末、化学活化 μAl 粉末、机械活化 μAl 粉末、硼复合物等能够缓解常规 μAl 粉末的弹道学缺陷的材料[4]。本文将讨论 μAl 粉末变体作为含能燃料在实验室条件下的特性。观察到了在燃面及其附近的团聚现象，但不涉及燃烧模型，希望读者能够熟悉本领域的公开文献。由于篇幅所限，将优先介绍固体火箭推进，专注于空间发射器通用的配方和工况。关于复合火箭推进的相关文献参见本册中 Karabeyoglu 所著的论文[5]。对一系列可能对混合推进发动机退移速率和系统性能有利的添加剂进行了测试，并在文献[6]中进行了介绍。

## 3.1.2　热化学特性

金属粉末在混合和固体推进领域的应用目标有所不同。固体推进剂中质量和体积比冲都能够加强，取决于专门的添加剂。前者在燃烧热方面取得优势，而后者则在密度上得到增强。对于混合火箭推进剂，金属的添加增大了产物的相对分子质量，从而降低了质量比冲 $I_s$。密度增大表现为质量燃速更高了。

**1. 金属燃料**

在公开文献中，Al、Be、B、Li、Mg、Na、Zr、Fe、Cr 等其他金属通常被用于空间领域，它们应用的目的包括促进放热、提高比冲或密度、抑或是作为燃烧催化剂。目前，工业应用的主要是微米级粉末。大多数的金属都有纳米级代替物，但是文献介绍了关于安全、制备、处理、存储、运输、老化和花费等几个问题[7]。其中，Al、B、Mg 和 Zr 被用作金属燃料，而铍及其化合物被 IARC 认为是致癌物，限制了其应用[8]。

铝是空间推进中最常用的材料之一。它是一种两性金属，密度 2.70g/cm$^3$。Al 氧化成为氧化铝（III）（三氧化二铝，$\alpha$-Al$_2$O$_3$）释放出 31.07kJ/g（83.89kJ/cm$^3$）的反应热[9]。它的毒性很低，同时作为微米级颗粒是相对安全和容易制得的。在固体推进剂的密度和放热两方面，铝都能起到积极作用，这种材料的凝相燃烧产物既可能是液相也可能是固相，取决于环境温度。

镁是一种极容易点火和氧化的金属燃料，密度为 1.74g/cm$^3$。相对于 Al，它的性能要差一些，质量和体积热值都更低，分别为 24.7kJ/g 和 43.0kJ/cm$^3$。Mg 的反应活性能够促进其他活性较低的金属的反应，例如硼。

硼是一种类金属，密度为 2.34g/cm$^3$。它氧化成为固态氧化硼（III）B$_2$O$_3$ 的理论质量和体积热值都很高（分别为 58.86kJ/g 和 137.73kJ/cm$^3$），使其成为一种理想的高能量密度材料[9]。B$_2$O$_3$ 的沸点很高，约为 2300K。因此，要想充分利用 B 燃烧释放的能量，必须保证推进系统中氧化物的凝结[11]。另外，氧化物等蒸发有利于减少凝相燃烧产物及其相关的比冲损失。在实际应用中，其点火困难导致了燃烧效率偏低。最近，硼镁合金的发展使其颗粒的快速点火和高效燃烧成为可能[12]。

锆的密度为 6.52g/cm$^3$，常被用于增大推进剂的密度。氧化成氧化锆（IV）（二氧化锆，ZrO$_2$）所提供的燃烧质量热值不高，为 12.03kJ/g。但由于其密度高，体积热值为 78.43kJ/cm$^{3[9]}$。

**2. 理论性能计算**

固体火箭推进剂和复合燃料代替物的性能可以通过基于各种成分初始构成和总焓（形成和合理等）的特性的热化学计算进行预测和比较。燃烧产物的信息也能获取到。在这些计算方法中，混合物的物理结构（如块状、微米级颗粒或是纳米粉末）没有意义，除非关系到某种显著的性能。例如，由于纳米颗粒比表面积的增大，其表面能与尺寸相关，但是这一影响在感兴趣范围内可以忽略（100nm以上）[13,14]。同时，如果钝化层或表面处理显著地影响到活化金属的量的话，也应该考虑名义上的和实际的粉末成分差异。

以下性能数据是在假设燃烧器及喷嘴内化学平衡的条件下计算的。参考的燃烧器压力为 70bar，喷嘴面积比为 40，环境为真空。以下比较了配方组成为端羟基聚丁二烯胶黏剂（HTPB，$C_{7.075}H_{10.65}O_{0.223}N_{0.063}$，$\Delta h_f^0 = -58kJ/mol$）和高氯酸铵（AP，$NH_4ClO_4$，$\Delta h_f^0 = -295.8kJ/mol$）作为氧化剂[15]的固体推进剂。评估了 HTPB 胶黏剂和液态氧（$LO_X$，$O_2$，$\Delta h = -13kJ/mol$），沸点在 90K[10]时混合火箭性能。

图 3-1 所示为 AP/金属/HTPB 以质量比 68/18/14 混合的固体推进剂的体积和质量比冲，图 3-2 所示为 HTPB/金属以质量比 90/10 混合而成的混合推进剂的体积和质量比冲。在固体推进剂中，铝具有最高的 $I_s$ 和 $I_v$，锌的 $I_s$ 最低，但由于金属密度高，$I_v$ 排名第二，其他的燃料 $I_v$ 更低而 $I_s$ 居中。读者应该注意到采用的配方并非最优的，因为忽略了不同金属所需的氧化剂化学质量比。AP/金属/HTPB配方是基于等质量的金属进行比较的。

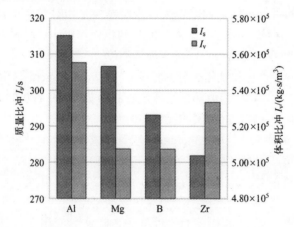

图 3-1　复合组分固体推进剂性能参数（68%AP，14%HTPB 和 18%金属燃料，质量比）

在混合火箭中，所有的金属都降低了最大 $I_s$，但性能并未发生颠覆性的改变。唯一的例外是曲线峰值随着氧燃比升高而降低了。使用 Al 或 B 的效果要优于其他材料。金属/聚合物燃料的高密度能提高 $I_v$，与 Mg 和纯 HTPB 相比，Al、B、Zr 的使用能增大 $I_v$。

所选金属（Al、B、Mg、Zr）及其常见氧化物的相关特性如表 3-1 所示。B的体积热值最高，其次是 Al 和 Zr。B 的质量热值最高，其次是 Al 和 Mg。Al 和Mg 金属的熔点远低于其对应氧化物的熔点，而 B 则相反。B 特殊的特性阻碍了其高效燃烧和喷嘴膨胀。Zr 在推进领域的应用得益于它的高密度，能够显著增大

行进速度的 $\Delta V$[1]。

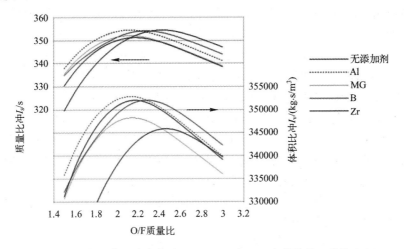

图 3-2　混合火箭性能参数（90%HTPB 和 10%金属燃料，质量比）

表 3-1　目前常用金属和常见氧化物特性

| 金属和常见氧化物 | $\rho/(\text{g·cm}^{-3})$ | $M/(\text{g/mol})$ | $\Delta h_f^0$ /(kJ/mol) | $T_{melt}/K$ | $\Delta h_{melt}/$ (kJ/mol) | $T_{vap}/K$ | $\Delta h_{vap}^a$ /(kJ/mole) | $\Delta h_r^c$ /(kJ/g) | $\Delta h_r^c$ /(kJ/cm³) |
|---|---|---|---|---|---|---|---|---|---|
| Al | 2.70 | 27.0 | 0 | 933[16] | 10.71[16] | 2792[16] | 294[16] | 31.07 | 83.89 |
| Al₂O₃ | 3.99 | 102.0 | −2550 | 2327[16] | 111.1[16] | 3253[16] | 109[18] | NAp. | NAp. |
| B | 2.34 | 10.8 | 0 | 2348[16] | 50.2[16] | 4273[16] | 480[16] | 58.86 | 137.73 |
| B₂O₃ | 2.55 | 69.6 | −1272 | 723[16] | 24.6[16] | 2133[17] | 360[17] | NAp. | NAp. |
| Mg | 1.74 | 24.3 | 0 | 923[16] | 8.5[16] | 1380[18] | 136[18] | 24.70 | 43.00 |
| MgO | 3.60 | 40.3 | −601 | 3098[16] | 77d[16] | 3430b[17] | 670[17] | NAp. | NAp. |
| Zr | 6.52 | 91.2 | 0 | 2125[19] | 21.0[19] | 3850[19] | 573[19] | 12.03 | 78.43 |
| ZrO₂ | 5.68 | 123.2 | −1097 | 2951[19] | 87.0[19] | 4573[19] | 624[19] | NAp. | NAp. |
| 注：a 在沸点；b 金属氧化物蒸发分解现象[17]；c O₂ 反应；d 不够精确 | | | | | | | | | |

## 3.1.3　nAl 粉末

最著名的 μAl 粉末变体是 1978 年 Gen[20]等首次测试的 nAl 粉末。在含氧气流中，他们通过在氩气气氛中蒸发金属蒸气（同 1959 年 Gen 等人提出的[21]）制得了 nAl 并进行了燃烧实验。观察到 CCP（Condensed Combustion Product，凝相燃烧产物）的量显著减少。同时证明了最初期望的 nAl 粉末具有更高内部能量的说法是错误的（在推进领域典型粒径下），而 nAl 的高比表面积对非均相反应速率的提升大于均相是正确的，这是由于扩散距离的明显缩短。

### 1. 制备和表征

在将含能添加剂加入含能配方中之前，应该先对其热物理特性进行了解，以作出关于其活性以及对外界环境影响的合理假设。以下的图片包含几种用不同化学物质钝化和包覆 nAl 粉末的热物理特性试验研究结果。关于工具和诊断的细节，参见文献[22]。

如今，一种有效的获取亚微米级金属粉末的方法是电爆炸丝（Electrical Explosion of Wires，EEW）技术，该技术中电能几乎全部被用于破坏金属丝[23]。以 Al 为例，由于粉末的自燃作用，必须在其制成后立即用惰性包覆进行钝化，钝化过程可以用缓慢的干燥气流（Ar+0.1%空气）或几种不含空气的化学成分的方法进行。使用氧化铝钝化 nAl 粉末的商业公司名为 ALEM[TM][24]。使用化学物质包覆金属颗粒的目的是改善它们在基体中的分散性和（或）最终配方的力学性能，特殊的包覆能够防止颗粒表面在空气或潮湿气氛下被氧化[25]。

本研究考虑了两批粒径分别为 50nm 和 100nm 的 ALEM[TM]，它们是在实验室中用下列包覆材料生产的[26]：

（1）硬脂酸和软脂酸（L-ALEX，P-ALEX）；

（2）三氢全氟十一醇（F-ALEX$_A$）；

（3）三氢全氟十一醇顺丁烯二酸酯（F-ALEX$_E$）；

（4）Fluorel[TM] FC-2175（3M 制造的偏氟乙烯和六氟丙烯共聚体）和酯（VF-ALEX）。

这些粉末被作为含能添加剂通过与混合火箭纯 HTPB 固体燃料对比进行表征和测试以评估其对退移速率的促进程度。为估算工业尺度钝化粉末和实验室尺度包覆的钝化粉末间的差别，也考虑了 50nm 和 100nm 的硬脂酸钝化 nAl 粉末样品。

**2. 电镜分析**

如图 3-3 所示，未包覆的 nAl 粉末呈球形颗粒，脂肪酸包覆的 nAl 也是如此。未包覆粉末中存在的片状结构可能是由于爆炸过程和颗粒间冷凝力，或者是由于高比表面积引起的冷烧结过程引起的颗粒聚集。图 3-4 所示为包覆的生产过程，能观察到其中含氟聚合物的不完全溶解或是去除溶剂后重返固态。

(a)                                   (b)

图 3-3　100nmALEX[TM]（a）和 50nm 软脂酸包覆 P-ALEX（b）的 SEM 图像

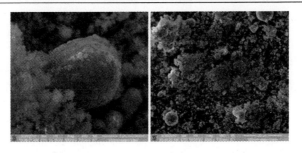

图 3-4 100nmFluorelTM 和酯包覆 VF-ALEX 的 SEM 图像

TEM 和 SEM 不同的图像形成机理提供了包覆厚度和 nAl 颗粒团聚的不同信息。在空气钝化的粉末（ALEMX$^{TM}$ 样品）中能看到金属核心周围较亮的薄膜。此外，通过图 3-5 能清楚地分辨出包覆层包裹的空气钝化颗粒的双层壳结构的形成。

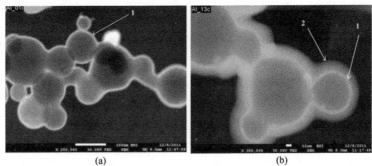

图 3-5 nAl 的 TEM 图像[(1)氧化层; (2)包覆层]
(a) 100nm 未包覆 ALEX$^{TM}$; (b) 50nm Fluorel$^{TM}$ 和酯包覆 VF-ALEX。

### 3. 物理分析

使用 BET 技术对 nAl 粉末的比表面积 $S_{sp}$ 进行了分析。使用体积测量方法测定了活化金属含量 $C_{Al}$[28]。假设颗粒为球形无孔，密度为 $\rho_A$，则颗粒平均表面直径 $a_s$ 可以通过 $S_{sp}$（表 3-2、表 3-3）求得，即

$$a_s = \frac{6}{S_{sp}\rho_{Al}} \tag{3-1}$$

表 3-2 50nmnAl 粉末物理参数

| 粉末 | BET $S_{sp}$/(m$^2$/g) | $a_s$/nm | $C_{Al}$/%（质量） | $\rho_p$/(g/cm$^3$) |
|---|---|---|---|---|
| ALEX$^{TM}$ | 15.7 | 142 | 90 | 2.503 |
| L-ALEX* | 11.3 | 197 | 89 | 2.329 |
| P-ALEX | 13.9 | 160 | 71 | 2.491 |
| VF-ALEX | 10.9 | 204 | 78 | 2.559 |
| 注：*硬脂酸钝化 | | | | |

表 3-3　100nm nAl 粉末物理参数

| 粉末 | BET $S_{sp}$/(m$^2$/g) | $a_s$/nm | $C_{Al}$/%（质量） | $\rho_p$/(g/cm$^3$) |
|---|---|---|---|---|
| ALEX$^{TM}$ | 11.8 | 188 | 89 | 2.522 |
| L-ALEX | 9.1 | 244 | 70 | 2.474 |
| P-ALEX | NAv. | NAv. | 79 | 2.448 |
| F-ALEX | 11.3 | 197 | 88 | 2.586 |
| VF-ALEX | 6.9 | 322 | 78 | 2.518 |

不出所料，BET 法测试的 50nm ALEX$^{TM}$ 的 $S_{sp}$ 高于 100nm ALEX$^{TM}$。Fluorel$^{TM}$ 和酯包覆粉末的 $S_{sp}$ 最低，证明了包覆沉积的有效性（可能有包覆过程本身引发的颗粒聚类的影响）。平均粒径的增大与包覆厚度降低与粉末比表面积相关。

未包覆 ALEX$^{TM}$、硬脂酸钝化 L-ALEX 和包覆 L-ALEX 之间活化 Al 含量的显著差异，可以解释为后者的由钝化包覆层组成的双层壳结构的存在导致的。

DSC 和 TG 也提供了大量数据。铝的第一个强氧化峰和第二个较弱的在熔点以上的氧化峰证明了金属核心周围的氧化壳的破裂是周期性的，也证实了不同粒子分布的氧化是独立的。这些数据表明了关于粉末活性的重要细节，详见文献[22]。但是，相较于典型的火箭工况，放热量的数值要低几个数量级。因此，如何将这些数据有效应用到推进系统中还需要进一步研究。

**4. 悬浮流变特性和 nAl 分散度**

非均相固体推进剂和混合推进固体燃料是将分散体系配方嵌入到胶黏剂基体中的。胶黏剂通常是合成橡胶，一般是聚氨酯[29]。可以根据不同材料和各种添加剂的化学相容性或是弹道性能选用不同材料[30]。推进领域中一种常用的胶黏剂是 HTPB。在推进剂/燃料制备过程中，以及固化后胶黏剂等流变特性都受到填料的影响。

纳米级材料粒径的缩小和 $S_{sp}$ 的增大增加了它们的聚集/冷却凝聚。因此，纳米材料的配方装填需要专门的粉末分散步骤。研究的最多的分散方式为使用分散剂的基于颗粒超声悬浮的，详见文献[31-33]。

**5. 固体推进剂中 nAl 的燃烧**

装填 μAl 的铝基复合固体火箭推进剂已经在不同工况中被研究了几十年，其弹道特性已经广为人知，见文献[34-36]。采用惰性胶黏剂的含 nAl 颗粒的铝基固体火箭推进剂比 Al 颗粒表现出更快的稳定燃烧速率，这主要是由于 nAl 燃烧增进了能量释放。氧化是在非常贴近燃面（上方）处完成的，伴随着燃面下方实时进行的部分氧化。尽管活性 Al 的含量要低一些，纳米级 Al 颗粒具有更高的反应活性，这主要是由于其更高的比表面积。

SPLab 之前进行的试验研究结果可以用图 3-6 中的数据概括，详见文献

[22,37-43]。在常见的不大于 70bar 的 AP/HTPB 基配方实验室工况下，装填了不同 Al 粉末的推进剂稳定燃烧速率对于测试的 BET 范围表现出不同的敏感性。在微米级范围，观察到的数值并没有明显受颗粒的影响（指 BET≤2m²/g），但当颗粒粒径减小到纳米级范围时，影响变得十分明显。对增大推进剂稳定燃烧速率的敏感性最强的 nAl 是在 0.1～0.2μm 范围内的（即 BET 范围为 5～20m²/g）。对于最小的颗粒，尽管颗粒氧化速率很快，活化金属含量的显著减少还是会阻碍推进剂稳定燃烧速率的上升。在压力范围为 10～70bar 时最大的推进剂稳定燃烧速率增长指数为 2，此时 BET 接近 60m²/g。在这些靶线燃烧器试验数据中，压强指数变化很小。

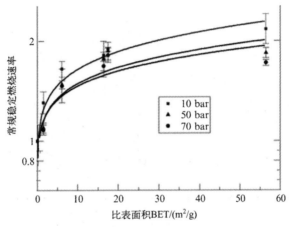

图 3-6　常规稳定燃烧速率和 BET 比表面积关系，在测试的 BET 范围内，
nAl 粉末装填的固体推进剂表现出不同的敏感性[43]

　　此外，相比于 μAl，含有 0.1～0.2μm 的 nAl 颗粒的固体推进剂的点火延迟时间减小最为显著，而相对于纳米铝的配方，μAl 的点火延迟则是单调递增的，这是由于推进剂凝相的热敏性 $(k·\rho·c)^{1/2}$ 增大。

**6. 团聚过程**

　　Al 颗粒在燃烧过程中经历几个过程。推进剂特殊的微观结构特性导致了富燃区域的形成，即胶黏剂、Al 颗粒和 AP 细颗粒高浓度地聚集在一起，被粗 AP 颗粒包裹着。这些区域，就是 Zarko 等[44]和 Cohen[45]所说的口袋，或者是 Babuk[46-50]等所说的骨架层，在本书中也是燃烧过程中 Al 变化最重要的场所。基于统计学的推进剂微观结构近似口袋模型也被发展起来[51,52]；Maggi 等[53]最近进行了相关研究。

　　图 3-7 展示了 Al 颗粒在推进剂中是如何分布的，可以看出，相对于 nAl，μAl 要更加分散。燃烧过程中的两相流损失取决于凝相产物的存在，主要由 Al 和 $Al_2O_3$ 引起。与 Al 颗粒燃烧相关的几个过程的顺序十分复杂。Al 颗粒首先以被熔融/分解的胶黏剂包覆的固体颗粒的形式暴露到燃面上，在 Al 的熔点以下基本还保留着

原始的几何外形，然后，大多数暴露的 Al 在燃面或是远离燃面处以单颗形式燃烧。也有一部分（如 Ariane-5 SRB 是约 1/3）的 Al 以颗粒群的形式燃烧，形成球形的液态 Al 和 $Al_2O_3$ 团聚体以及叶片状的 $Al_2O_3$。

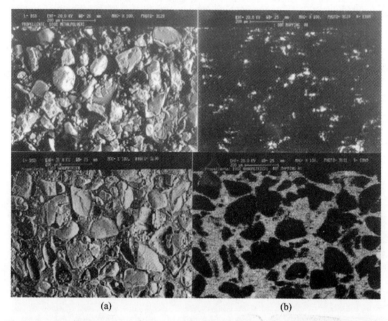

(a)　　　　　　　　　　　(b)

图 3-7　固体推进剂 68%AP+17%HTPB+15%AlSEM（a）和 EDX（b）图像
上方图像展现 μAl 颗粒（特征粒径 50μm，片状）的表面分布，下方图像
展现 nAl 颗粒（未包覆 ALEX）表面分布[43]

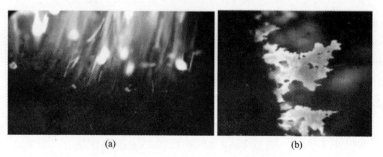

(a)　　　　　　　　　　　(b)

图 3-8　μAl（a）和 nAl（b）团聚过程[38]

　　nAl 配方在燃面附近的聚集/团聚现象与 μAl 配方有很大不同。图 3-8 显示了燃烧过程中 μAl 和 nAl 粉末变化的区别[38,40]。相对于 μAl，nAl 装填的推进剂团聚体在离开燃面前会形成有限的珊瑚结构，而 μAl 会形成几百微米大小的液滴。未包覆的 nAl 颗粒在负压下燃烧，约 80% 的 $\gamma$-$Al_2O_3$ 和 $\delta^*$-$Al_2O_3$ 被再分离，不到 10% 的未燃烧的 Al 保留在包含中间产物的 CCP 中，如 $Al_2OC$ and $Al_4C_3$，可能形成团聚或是 CCP 形态的对比研究如图 3-9 所示。氧化物帽团聚是典型的 AP/μAl

（图(a)），燃烧基体团聚是典型的 AP/AlH₃（图(b)和(c)），氧化层包覆的金属核心是典型的 AP/nAl（图(d)），中空的金属帽团聚是典型的 AN/Al（图(e)和(f)）。Babuk[46-50]已经进行了团聚粒径的系统性分析，而 Kraeutle[54]进行了基本的固体火箭推进粒径分析，进一步的影响在本书中由 Weiser 等[55]进行论述。

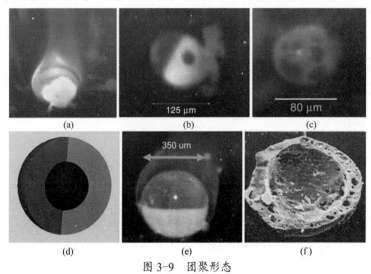

125 μm

80 μm

350 um

图 3-9　团聚形态

(a) 氧化物燃烧帽团聚[38]；(b,c) 燃烧基体团聚[38]；(d) 金属核心被氧化层包覆示意图[48]；

(e) 金属燃烧帽团聚[38]；(f) 残余的空壳[54]。

### 7. 凝聚、聚集、团聚的命名

为了区分颗粒聚集的各种复杂现象，使用了以下命名法[22,42,43]。团聚是指燃烧过程中形成的球形液态金属和氧化物液滴，而凝聚是指燃面附近存在的片状或不规则的不完全氧化物（金属初始形态和最终团聚间的中间步骤）。团聚总是意味着初始颗粒特征的损失；凝集是团聚的前兆，可能会保留一些初始颗粒特征。根据定义，凝集和团聚过程都是 Al 燃烧过程中的典型表现。此外，凝聚一般是用于形容"从无规则的大块物体中分裂又聚到一起的一部分"（韦伯斯特词典）。

### 8. μAl 与 nAl 配方的燃烧测试

稳定燃烧速率等 nAl 的优越弹道特性，如前所述，已经广为人知。这主要是因为相对于对应的 μAl 配方，其燃面附近的放热速率得到了增强。随着空间、时间尺度的减小，燃面放热速率的直接测定变得十分困难，但是可以通过采用相同的组分，仅改变 Al 颗粒粒径（用 nAl 代替 μAl），在固体推进剂的特定工况下观察、比较燃烧反馈来间接证明：

（1）用快速卸压来动态消光；

（2）通过压力爆燃极限来静态消光；

（3）压力爆燃极限附近稳态燃烧；

（4）激光辐射点火。

常用的含铝推进剂测试配方为 AP68%+HTPB17%+Al15%。制备了两种只有Al 粉粒径不同的样品：粒度 50μm 的 μAl（片状，SPLab-06）和粒度 0.150μm 的nAl（空气钝化，未包覆的 SPLab-01a）。使用之前收集的 AP80%+HTPB20%的无金属推进剂的试验数据作为参照。测量得到的 nAl 推进剂的稳态燃烧速率要高于μAl 推进剂。对于试验使用的这两种组分，μAl 推进剂的维耶定律指数为 0.56，nAl推进剂则为 0.42。相反，在无金属推进剂中添加 μAl 并不会显著改善推进剂的弹道特性，详见文献[22]。

1）快速卸压

将选取的两种推进剂进行短暂的燃烧，使它们的本征电阻足够强但仍受动态扰动控制，使用同样的仪器获取了（连续）燃烧和熄火的运行/停止边界。按照初始卸压速率和初始压强关系的形式绘制了运行/停止数据，发现熄火区和燃烧区之间呈一条直线。

如果 nAl 配方的燃烧确实涉及燃面上更加剧烈的热反馈的形式的能量耦合，这一影响会清楚地表现在快速卸压动力学熄火边界的试验结果中。事实上，测试结果表明，熄灭 nAl 需要更大的卸压速率。在测试所用的试验设备中，nAl 推进剂的熄火需要排气孔面积的是 μAl 推进剂的 4 倍。

图 3-10 所示为不同测试推进剂初始卸压速率和初始压强关系的动力学熄火边界结果，即使在这种情况下，μAl 推进剂的表现和参照的无金属推进剂也是相近的，最大相差 20%。但是，如果和 nAl 推进剂关联的卸压速率相比，这些区别可以忽略。事实上，nAl 完全实现熄火需要卸压速率增大 400%。

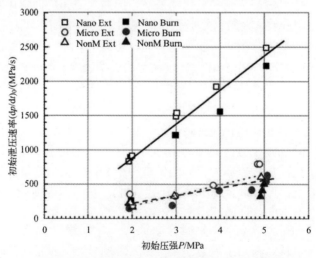

图 3-10　3 种配方的快速卸压动力学熄火边界[56]

深入考虑上面的结果,我们应该把凝相特征时间因为传热波的减少考虑进去。假设凝相的热导率是一定的,稳定燃烧速率上升导致热波特征时间降低约 75%。

其他的影响如图 3-11 所示,显示燃烧前和冷却后 Al 颗粒在推进剂表面的分布,这一现象是通过将 EDX 微观分析地图叠映在 SEM 图像上观察到的。这是由于燃烧时胶黏剂的熔融层引起的,nAl 颗粒能够比 µAl 在表面分布的更均匀,且与 AP 颗粒粒径分布更兼容。

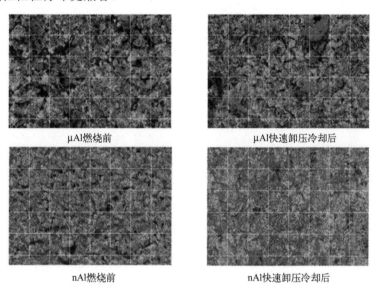

图 3-11　µAl(上)和 nAl(下)燃烧前(左)和冷却后(右)的微观结构和成分分布图[56]
(Al 是红色; Cl 是绿色)

2)压力爆燃极限(Pressure Deflagration Limit, PDL)

压力爆燃极限现象是低压工况所关注的,通常包括点火、安全储存和运输、可控熄火现象等。对于有限量的样品,在 PDL 以下的压力环境中将无法自持燃烧。对于给定的配方,PDL 的真实值是与无限量的样品对应的,即不受边界层效应影响。特别地,边界层效应的影响强度是通过形状因子来估算的,定义为特征(面积/周长)样品交叉率。SPLab 观察到的试验结果指出,nAl 推进剂比 µAl 推进剂具有更低的 PDL,因此对静态熄火具有更大的抵抗力。

测试是在一台专门为此设计的试验设备上进行的,详见文献[22]。推进剂样品在压力稍高于 PDL 期望值的条件下点燃,然后平滑卸压直到样品完全熄灭。通过直接观察光电二极管和压力变送器的信号(图 3-12),可以看到一个奇特的变化趋势。燃烧中心是用压降来表征的,而光电二极管显示了震荡燃烧的频率降低,振幅增大。当火焰熄灭时,光电二极管的信号降到零,同时压力曲线改变,因为此时已经没有气体产物。尖锐的斜率改变处的压力被定义为测量的 PDL 值。

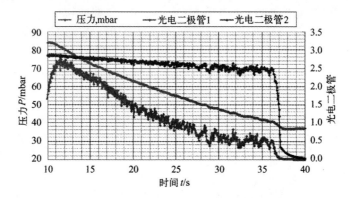

图 3-12　PDL 测试中光电二极管和压力变送器信号[56]

　　试验结果表明，形状因子会显著影响推进剂的 PDL。当使用交叉面积大的靶线（大形状因子）时可以实现最低的 PDL 值。测试了两种 AP/Al/HTPB 推进剂，质量比均为 68/18/14，且 AP 粒径分布均为 0~71μm，所不同的是 Al 颗粒粒径（μAl 或 nAl），结果如图 3-13 所示。基于 nAl 的推进剂所有形状因子下的 PDL 都更低。这一结果也说明 nAl 配方在燃面上以大热反馈的形式形成了更强的能量耦合，因此需要气相的帮助更少，自持燃烧区域更趋向于低压。

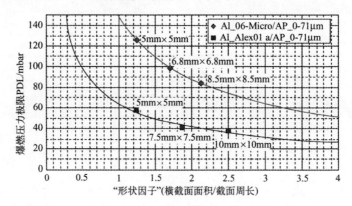

图 3-13　μAl 或 nAl 装填推进剂的 PDL 和形状因子关系[56]

　　3）负压燃烧

　　在负压条件下对和上一部分一样的含铝推进剂进行测试得到了另一项有趣的结果，详见文献[22]。nAl 配方不仅比 μAl 配方快，同时压力敏感性也更低（nAl 的 $n=0.52$，μAl 的 $n=0.78$），这一发现支持了 nAl 所期望的关于气相对凝相的热反馈依赖性更低的假设。此外，PDL 附近的 μAl 配方表现出典型的与自身燃烧不稳定相关的自持振荡燃烧，这一影响在 nAl 配方中几乎不存在。

4）激光辐射点火

最后，对一系列从 100%μAl 到 100%nAl 的配方，包括中间的 μAl+nAl 混合物[37]进行了激光辐射下的点火延迟评估。试验结果表明，nAl 装填的推进剂（P_02）比 μAl 推进剂（P_06）的点火延迟要短，点火边界斜率为 1.1～1.3，如图 3-14 所示。Arkhipov 等在研究辐射点火粉末分布的影响时也发现了类似结果[57,58]。他们观察到 nAl 点火是"燃面或燃面附近铝颗粒快速氧化可能性决定的"，还注意到 nAl 的氧化甚至可能在火焰表面加热层伴随巨大的声音影响，表面层裂开、破碎和燃尽（称为"反常的"热阻供热的点火方式）。更多的 nAl 辐射点火相关的影响见本书 Zhao 等所撰写的部分[59]。

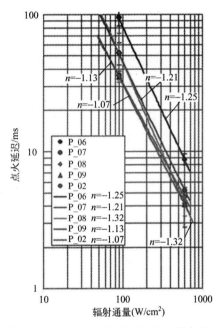

图 3-14　1bar 下几种 AP68%/HTPB17%/Al5%的配方辐射点火地图显示出 nAl 比 μAl 点火更快（P_06 是用 100%的片状 μAl 装填的；P_07 用的是 80%的片状 μAl 和 20%nAl；P_08 用的是 50%的片状 μAl 和 50%nAl；P_09 用的是 50% 球形 μAl 和 50%nAl；P_02 用的是 100%nAl[37]）

9. nAl 总结

强调了 μAl 的金属团聚和 nAl 的金属聚集（催化金属氧化）的两种不同机理。更小的 CCP 粒径意味着比冲损失的减少，同时也降低了粒子阻尼，特别是在低压下，而阻尼对高频不稳定性的影响需要进一步研究[60]。具体的燃烧反馈取决于推进剂的具体配方：特别地，压强指数对稳定燃烧速率的影响根据成分种类和工况的不同遵循不同的变化趋势。这一事实说明，随着比表面积的增加，其他细微的化学和物理因素（中间产物、晶体结构等）可能会对 nAl 的活性产生重要影响。在任何速率下，所有的燃烧结果可能都会被 nAl 颗粒的冷凝聚现象所掩盖。Vorozhtsov[61−63]等介绍了 nAl 的现代制备技术。

Sundaram[64]等已经对 nAl 火焰结构和燃烧模式方面的燃烧特性做了系统的综述。燃速是穿过气相混合物受质量分布控制的，对于颗粒粒径大于临界值的情况，当压力从 1bar 升高到 100bar，临界颗粒粒径从 100μm 降低到 1μm，因而使得化学动力学在整个压力范围内成为对 nAl 燃烧的控制因素。

### 3.1.4　活化 Al 粉末

活化是指采用某种方法来达到提高 μAl 反应活性的目的，而不改变其内在品质。最终产品通常是微米级的，被认为能够减轻对推进剂/固体燃料制备的影响，同时金属含量也比较好（比 nAl 高）。活化处理能够根据其采用的方法分为 3 种类型：

（1）对颗粒进行高能或低能研磨，称为机械活化。这一种类中使用最广泛的是球磨，其对颗粒的活化是在一个放了一定量圆球的适当容器中进行的。

（2）用化学物质（如氟化物）对颗粒进行处理，称为化学活化。可以采用一系列不同技术，取决于用何种活化添加剂。

（3）若对两种或多种材料进行机械处理以获得新的物质，例如合金，称为机械化学活化。总体而言，只要处理过程使粉末的成分或结构发生了改变，该过程就能被称为机械化学活化。

尽管方法不同，3 种活化类型的目的都是为了增强粉末活性。

#### 1. 化学活化

化学活化（Chemical Activation，CA）可以用于增大微米级粉末的比表面积，或是加入氟化物或过渡金属等物质以提高颗粒表面活性。增大颗粒的 $S_{sp}$ 基于一种使用氯化镁水溶液的点腐蚀程序，由 Rosenband 和 Gany[65]测试成功。结果得到的 $S_{sp}$ 高于标准 μAl 而接近 nAl（$10 \sim 18 m^2/g$），保证了粉末的良好活性[65,66]。文献[65,67,68]介绍了一种广为流传的方法，将金属（如 Ni、Co 和 Fe）和复合氟化物沉积到 Al 颗粒上。对于后者，活化方法减小了颗粒与添加剂间的距离。当使用复合氟化物时，会弱化铝的保护壳，促进氧在 Al 核中的扩散[67,69]。

化学处理过程不会改变颗粒形状，但是，活性物质的沉积能够改变表面形态从而改变颗粒的比表面积和质量加权平均直径。使用复合氟化物的化学活化的影响如图 3-15 所示，但是粉末的特性的具体影响取决于用的具体活化程序，如表 3-4 所列。例如金属含量在活化处理后会逐渐降低，与选取的添加剂和处理时间有关。以用氟化物活化的 Al 为例，金属含量会降低 5%～8%（质量）。

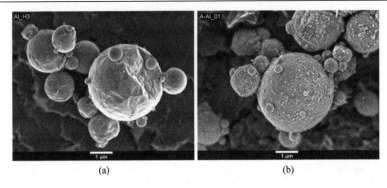

图 3-15　标准 μAl 颗粒在使用氟化物化学活化前（a）后（b）形态

表 3-4　使用不同氟化物进行化学活化处理对粉末比表面积、
粒径和金属含量的影响

| 项　　目 | 参照颗粒 | CA-Me | CA-Lo | CA-Hi |
|---|---|---|---|---|
| 活化强度 | 无 | 中 | 低 | 高 |
| D43/ μm | 5.1 | 5.5 | 5.4 | 5.5 |
| $S_{sp}$/(m²/g) | 1.2 | 2.6 | 2.2 | 2.3 |
| 金属含量/ % | 98.3 ± 0.7 | 93.9 ± 0.9 | 93.7 ± 0.5 | 90.5 ± 0.5 |

## 2. 机械活化

机械活化通过以下几种方式增加颗粒活性：

（1）颗粒形状变化；

（2）添加剂包覆（通过球磨技术）；

（3）减少颗粒和添加剂间的距离，例如应用机械混合技术。

机械研磨（Mechanical Milling，MM）是一种通过低/高能研磨（离心、行星或磨矿机）将一种或多种粉末磨碎的活化技术。这种方法能够用来生产一系列原料，如无定形粉末和复合金属陶瓷，也能够用来改变材料的结构[70,71]，这些情况属于机械化学活化类型。从增大 Al 作为推进剂燃料组分的有效性角度来说，MM 最具吸引力的优点是能够促进最终产物的活性，表现在能够降低点火温度和活化能[72-74]。相较于化学催化，MM 只会让金属含量比标准 μAl 降低 1%～2%[74]。这一损失与 Al 核心在外界环境中的暴露相关联，可归因于活化过程中通过作用到颗粒上的机械压力产生的形变。进一步的金属单质含量损失是由于添加剂的存在，逐渐加到一个高质量分数（10%以上）导致的。累积的损失也取决于一系列的参数，如研磨时间、环境气氛、球粉质量比（ball to powder mass ratio，BPR）和过程控制剂（PCA）。PCA 对减轻颗粒间和颗粒与球间的冷焊现象十分重要。MM 对颗粒形状和表面质地的重要影响如图 3-16(c)、(d)所示。活化粉末是片状颗粒，并且具有不规则的外表面。如果存在添加剂的话，趋向于存在颗粒缝隙中（图 3-16(d)）。

Dossi[75]最近对用少量添加剂（质量分数小于 5%）和 Al 机械混合进行了研究。所做处理能够保持原本的颗粒形状，并且能够用纳米添加剂改善颗粒的包覆效果。除了一些斑点，添加剂均匀分布在 Al 颗粒的表面，并且比对应粉末的球磨提供了更高的金属含量（表 3-5）。

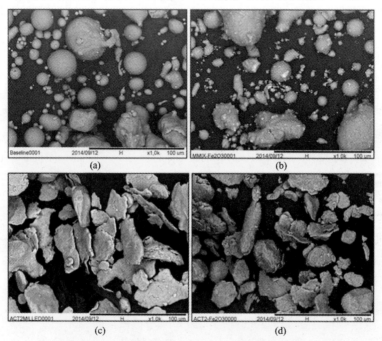

(a)    (b)

(c)    (d)

图 3-16　相对于参照物 μAl 不同机械活化的影响

(a) 参考物 Al 30μm；(b) 和 Fe$_2$O$_3$ 机械混合；(c) 机械研磨；(d) 和 Fe$_2$O$_3$ 机械研磨。

表 3-5　机械活化处理对粉末金属含量的影响（体积法[24]）

| 项　目 | μAl-30 μm | MM | MM-Fe$_2$O$_3$ | MMx-Fe$_2$O$_3$ |
|---|---|---|---|---|
| 活化方法 | 无 | 球磨 | 球磨 | 机械混合 |
| 金属含量/% | 99.3 ± 0.2 | 97.5 ± 0.4 | 94.0 ± 0.9 | 96.7 |

**3. 活化过程对粉末反应活性的影响**

通过点火和 TG 分析研究了机械和化学活化对增强颗粒反应活性的能力。检测到机械、化学活化的粉末的点火温度均有降低，证实了这些处理的益处（表 3-6）。与化学活化过程相比，机械活化更有效地降低了的点火温度。

表 3-6　不同活化 Al 的点火温度，两种 μAl 和一种硬脂酸包覆
的 100nm 的 nAl 被用于对比

| 项目 | 点火 | 点火温度/K |
|---|---|---|
| μAl – 5μm | 是 | 1155.2 ± 18.0 |
| μAl – 30μm | 否 | — |
| CA – Lo | 是 | 870.7 ± 14.5 |
| CA – Me | 是 | 904.8 ± 16.2 |
| CA – Hi | 是 | 859.0 ± 11.0 |
| MM | * | — |
| 用 $Fe_2O_3$ 机械研磨 | 是 | 876.4 ± 12.8 |
| nAl | 是 | 771.3 ± 16.3 |

注：* 特定的 MM 处理对这一参数有重大影响

图 3-17 中的 TG 曲线证实了机械活化粉末以点火温度改变形式被观察到的现象。经研磨的粉末在加热段的第一个氧化步骤显示出显著的增重；相反，经过机械混合的原料只在第二个氧化步骤展现出显著的增重。在高温下，机械研磨的粉末的增重比机械混合的原料高。这方面，颗粒微观结构的变化可能起到了重要作用。撇开总体的增强作用，所有活化 Al 的反应活性都要低于 nAl，增重量小且氧化步骤开始的迟。

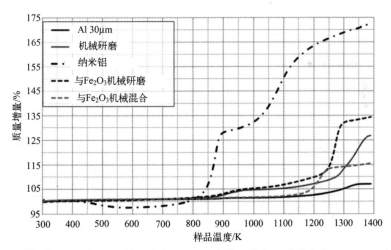

图 3-17　3 种机械活化的铝粉（样品质量：2mg，气氛：空气，升温速率：10K/min），参照物
Al 和 100nm 的硬脂酸包覆的 nAl 被用于对比

使用氟化物活化的原料的 TG 分析表明，其反应活性总体上要比机械活化粉末的强，但是，必须考虑测试参数条件和参照粉末粒径分布的差异。Al 熔点附近出现了一个大的增重，与 μAl05 粉末相比大概延迟了 100K（图 3-18）。机械和化学活化过程均无法达到像 nAl 那样明显的反应活性增强。

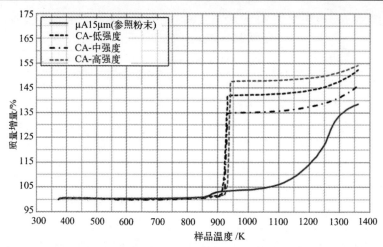

图 3-18　3 种用氟化物化学活化的 Al 的 TG 分析（样品质量：9～12mg，气氛：$O_2$，
加热速率：40K/min），参照物 Al 被用于对比

## 4. 活化 Al 粉在固体推进剂中的应用

活化 Al 的高反应活性能够减小凝相产物（CCP）的粒径，参见 Yavor[66]等、Dossi[75]和 Sippel 等[76]的研究，因此引发了减小固体火箭发动机性能损失的潜力。这一可能性只有在选取的 Al 粉金属含量足够高的前提下才能实现，事实上，Al 含量降低 15%就足以对减轻团聚现象造成的性能提升产生危害了。图 3-19 所示为 AP/HTPB 基推进剂纳入不同金属后的理论 $I_s$ 计算结果。活化粉末的使用难免导致 $I_s$ 的降低，但是它们的活化 Al 含量产生的理论 $I_s$ 还是要比 nAl 高。通过 MM 技术处理的原来使用的添加剂量较小，能够提供比化学活化 Al 更高的 $I_s$。

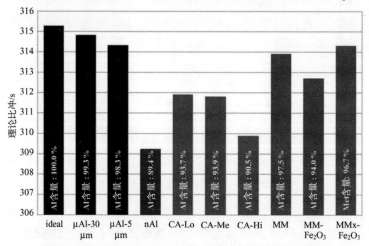

图 3-19　不同金属粉末对 AP/Al/HTPB——68%/18%/14%固体推进剂理论比冲的影响，
计算考虑的燃烧器压强为 70bar，膨胀速率为 40，真空条件

当制备成固体推进剂后，活化原料对稳定燃烧速率的影响如图 3-20 所示。在这方面机械活化粉末看起来比化学活化原料效果更好，但是，必须要考虑由特定添加剂（氧化铁）引发的改良效果。化学活化的粉末对燃烧速率的增强依赖于处理强度；相反地，特定机械过程的选择能够控制粉末对固体推进剂回归速率的影响。例如 MM-Fe$_2$O$_3$ 和 MM$x$-Fe$_2$O$_3$ 增强效果显著，与 nAl 相似甚至更高。颗粒微观形貌改变的影响可以通过 P-MM 推进剂测试的结果观察。结果表明，其与装填 5μm 标准 Al 的 P-μAl05 燃速相同，活化处理对压力敏感性也有影响。CA 处理的原料能够加强推进剂压强指数，而机械活化粉末会减小弹道指数或保持不变。具体的影响取决于特定的燃料和具体的机械活化方法。

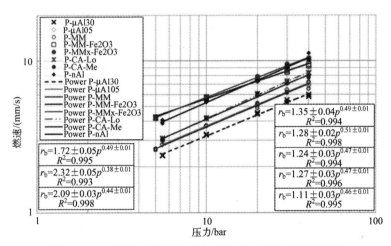

图 3-20　不同金属燃料对 AP/Al/HTPB（68%/18%/14%）
固体推进剂稳定燃烧速率的影响[56]

## 3.1.5　MgB 双基金属粉末

B 在所有金属和过渡金属中具有最高的理论能量密度（约 59kJ/g），毒性很小且没有反应活性问题（如 Be 或 Li）。这一事实使得 B 成为一种非常具有吸引力的含能领域原料。但是燃烧困难，以及推进剂配方中含 B 会比含 Al 降低 5%的 $I_s$ 使 B 在固体火箭推进剂中的应用变得困难[77]。在众多试图将 B 变成一种可用原料的技术中，有一种是将 Mg① 和 B 制成双基金属燃料[77,78]。在这方面，对几种使用了不同 Mg 包覆量（质量分数为 10%～60%）的 Mg$_x$B$_y$ 双基金属粉末和纯 B 在实验室条件下进行了测试。通过 ICP 元素分析可知，硼的纯度是 90%（典型值为 90%～91%，含有最多 5%的 Mg）或是 95%（典型值 96%，含有最多 1%的 Mg），

---

① 原文为 Al。

还含有氧化物杂质、水蒸气和挥发物。为了完整性，还检测了纯硼粉末。当 Al 被 B、Mg 或 $Mg_xB_y$ 复合金属取代时，无论是完全还是部分，理论的理想 $I_s$ 以及绝热火焰温度都会降低。一个比较好的方法是部分取代，如 3%的 μAl（用于空间推进的标准推进剂总 Al 的 1/6）。

观察拍摄到的被测金属粉末 SEM 图像可知，$Mg_xB_y$ 粉末要比纯 B 粉末大，而 95%纯度的 B 粉要比 90%的纯 B 粉大。此外，与近乎球形的参照 μAl 不同，所有的 B 粉都是不规则的。B 粉颗粒均匀，没有明显的结块；$Mg_xB_y$ 粉末单模分布，典型的 $D_{43}≈5μm$，除了 $Mg_{60}B_{40}$（$D_{43}≈20.9μm$）。用 90%B 制成的 $Mg_xB_y$ 没有明显的结块，而用 95%B 制成的 $Mg_xB_y$ 存在肉眼可见的结块。

粒径分布分析指出被测金属粉末会逐渐聚到一起结成块。如果没有得当储存，这一趋势会随着时间增大，但是结块能够通过将剪切力升高到某特定值来去除。对于给出的 B90 基双基金属配方，图 3-21 显示，和 μAl 基线相比，$Mg_xB_y$ 复合金属粉末的加入会引起稳定燃烧速率的上升，但是和 B90 基线比较变化不大。对于被测的 B95 基配方，结果（未给出）表明，和 μAl 基线与 B90 基线相比，$Mg_xB_y$ 复合金属粉末的加入都会引起可观的稳定燃烧速率增长。两者中，Mg 包覆的含量在 10%~25%范围内对推进剂燃速的影响较小，但是，当 Mg 含量进一步上升，例如 Mg 添加量达到 60%时，燃速的增长逐渐消失。

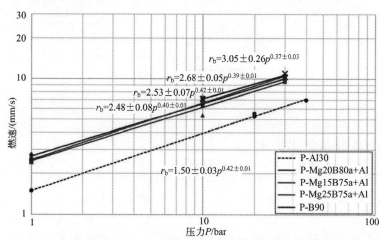

图 3-21　B90 基双基金属固体推进剂稳定燃烧速率比较：$Mg_xB_y$ 的加入
对 μAl 基线有一定的增长，但是和 B90 基线比较变化不大 0

在 5bar、10bar、20bar 和 25bar 的 $N_2$ 气氛下进行了初期团聚现象的测试评估；某些测试在 Ar 下进行了重复，并未发现显著区别。燃烧在靶线燃烧器中进行，通过高速高分辨相机记录了缓慢运动后处理并且随后用图像软件进行了分析。对每次测试，手工测量了 200 粒径的初期团聚，同时计算了 $D_{43}$ 平均粒径。对于所有的试验组，可清晰观察到的最小粒径约为 30μm。作为例子，图 3-22 给出了给定 B90 基双基金属配方获得的结果，显示了平均团聚粒径的总体下降，特别是 25%Mg 包覆时。

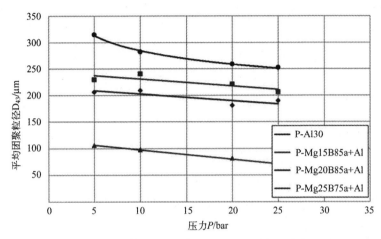

图 3-22　B90 基双基金属固体推进剂平均团聚粒径 $D_{43}$ 和压力的关系：15%～25%Mg 包覆的 $Mg_xB_y$ 添加会引起平均团聚粒径的降低，特别是 25%Mg 包覆[81]

SPLab 通过专门设计的试验设备在 1bar 空气气氛下对所有被测粉末的点火温度进行了评估[79]。本研究中 nAl 的点火温度在 800K 以下（表 3-6），而单颗粒 B 是 1900K[78] 左右，团聚后则降低到 1200K[80]。之后在 SPLab 获得的试验数据[81] 也指出了 Mg 在降低 $Mg_xB_y$ 点火温度到 nAl 水平的有利影响。

比较被测金属粉末的点火温度和在相同压力下口袋的绝热火焰温度，假设金属燃料是惰性的，注意到推进剂的微观结构温度会比金属粉末点火温度要高得多。附近环境的放热足够高，能够促进金属粉末的点火并部分地参与到燃烧过程当中，因此极大地增强口袋绝热火焰温度。

推进剂微观结构在这些现象中扮演了重要的角色。总体上，热波的传导先于燃面，可能会被放热反应加强，能够对分散在推进剂微观结构中的金属颗粒进行加热，加热到足以触发金属颗粒点火和部分氧化的温度。通过与周围细 AP 和胶黏剂的分解产物充分混合，能产生氧化性的预混火焰，促进部分氧化的中间金属细薄片的形成（催化金属氧化）。

低金属颗粒点火温度和高口袋绝热火焰温度的结合有利于提高燃速（图 3-21）和减小团聚粒径（图 3-22）。含有 Mg 含量 10%～25% 的 $Mg_xB_y$ 粉末的推进剂样品具有口袋绝热火焰温度高的特点，同时金属颗粒的点火温度低，这些样品的 $D_{43}$ 低。特别地，与 μAl 基线相比添加了 Mg 含量 25% 的 $Mg_xB_y$ 的 Al 表现出对初期团聚最显著的减弱作用（图 3-22 中 25bar，72%）。

　　所有含有微米 Al 的被测推进剂配方都会产生团聚（球形金属液滴和带有清晰氧化帽的燃烧中的铝），而仅含 B 化合物的配方中则没有观察到明显的团聚现象。即使发生了团聚，生成了超出了光学系统分辨率或是超出光学系统视窗范围的燃烧液滴，B 化合物的燃烧过程本质上也可以用小薄片来表征（像文献[77]中所描述的烧结成结块）。

　　取决于稳定燃烧速率（如压力）、胶黏剂类型、适当的氧化剂粒径和质量分数、金属平均粒径和分布，未燃烧的金属也可能会对小薄片的形成产生贡献。

### 3.1.6　不同金属粉末对比

　　Al 燃烧的一个不利影响是会生成大量的凝相产物（$\xi_{cc}$）。这些凝相物质来源于推进剂金属颗粒燃烧，会造成两相流损失从而导致发动机性能下降。由于连续气相和分散相间的相互作用，在喷嘴后补收缩而在超声速段膨胀，比冲也会有百分之几的降低，见文献[22,82]。

　　通过燃速和燃烧残留物比较了 3 种不同种类 Al 粉对推进剂弹道特性的影响。图 3-23 所示为标准 μAl（30μm，球形，μAl-30）、nAl（ALEX）和机械活化 Al（MM）之间的比较结果。

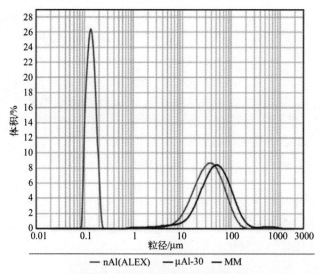

图 3-23　3 种粉末颗粒粒径分布比较，采用马尔文 Mastersizer2000 型
激光粒度仪 Hydro 单元进行分析

　　用高速摄影仪评估了标准靶线燃烧器内的燃速，详见文献[22]。同样地，在与稳定燃烧速率测试相同工况（点火、压力气体等）的燃烧器内冷却并将凝相燃烧

产物（CCP）收集到装满了四氯乙烯的池子里，详见文献[22]。

表 3-7 比较了 Al 粉的主要特性，图 3-23 显示了颗粒粒径分布。燃烧速率评估结果如表 3-8 所列，在被测压力范围 10～40bar 根据 Vielle 定律（$r_b=ap^n$）进行表示。对于燃烧残余物，进行了粒径与压力（10bar 和 30bar）关系的评估，并通过 XRD 分析来确定收集到的样品的晶相成分。

表 3-7　原始 Al 粉特性比较[83]

| 项　　目 | 描　　述 | $D_{43}/\mu m$ | 金属含量/% |
|---|---|---|---|
| nAl (ALEX) | 纳米级；球形；未包覆 | 0.14 | 88.7 |
| μAl-30 μm | 微米级；球形；未包覆 | 42.66 | 99.5 |
| MM | 微米级；球磨 | 65.02 | 97.7 |

表 3-9 所列为 XRD 分析结果。检测到的晶相成分包括铝（$Al^0$）和氧化铝（$\alpha$-$Al_2O_3$, $\gamma$-$Al_2O_3$, $\delta^*$-$Al_2O_3$）。$\delta^*$-$Al_2O_3$ 晶体通常是液态铝通过快速冷却过程形成的。铝的燃烧效率，定义为 $Al_2O_3/Al$ 之比，在 nAl 和 μAl 间显示出明显区别：随着压力升高 nAl 燃烧效率降低，而 μAl 燃烧效率升高[83]。

表 3-8　稳定燃烧速率结果[75,83]

| 项　　目 | a/(mm/s)/barn | $n$ | $R^2$ |
|---|---|---|---|
| P-nAl (ALEX) | 1.68 ± 0.03 | 0.50 ± 0.01 | 0.999 |
| P-μAl-30 μm | 1.11 ± 0.03 | 0.46 ± 0.01 | 0.995 |
| P-MM | 1.24 ± 0.03 | 0.47 ± 0.01 | 0.994 |

表 3-9　XRD 分析结果[75,83]

| 项　　目 | $p$/bar | $Al^0$% | $\alpha$-$Al_2O_3$/% | $\gamma$-$Al_2O_3$/% | $\delta^*$-$Al_2O_3$/% | $Al_2O_3/Al^0$ |
|---|---|---|---|---|---|---|
| P-nAl (ALEX) | 10 | 0.3 | 2.6 | 76.6 | 20.5 | 332.3 |
| | 30 | 0.8 | 3.8 | 78.4 | 17.0 | 124.0 |
| P-μAl-30 | 10 | 22.2 | 2.7 | 58.8 | 16.3 | 3.5 |
| | 30 | 12.3 | 2.3 | 67.5 | 17.9 | 7.1 |
| P-MM | 10 | 15.6 | 4.4 | 61.3 | 18.7 | 5.4 |
| | 30 | 8.0 | 1.4 | 67.5 | 23.1 | 11.5 |

与之前的工作相同[79]，nAl 与 μAl 相比，不仅燃速提高，燃烧效率有所增强（表 3-9 和图 3-24），而且 CCP 的粒径也减小了。同样地，被测的球磨 Al 比标准球形 μAl 的性能也提升了[75,83]。

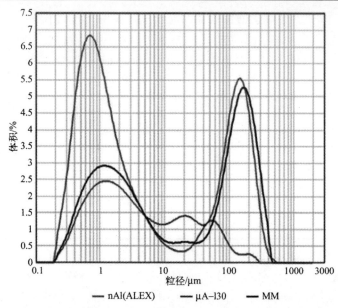

图 3-24　30bar 下收集的 CCP 的粒径分布。采用马尔文 Mastersizer2000 型
激光粒度仪 Scirocco 单元进行分析

### 3.1.7　结论

在 SPLab 的通用工况，空间推进领域的典型情况下，观察到了以下趋势：

（1）nAl（$\rho$=2.520g/cm$^3$）。与 μAl 相比，由于活性金属含量的减小，理论 $I_s$ 会有轻微的损失，稳定燃烧速率会以指数 2 的形式上升，初期团聚减少。

（2）Mg$_x$B$_y$ 双基金属（$\rho$=1.450 g/cm$^3$）。与 μAl 相比，理论 $I_s$ 和密度均会有轻微损失；B 纯度为 95% 时，稳定燃烧速率会以指数 3 的形式上升；初期团聚显著减少。

（3）AlH$_3$（$\rho$=1.476 g/cm$^3$）。尽管密度较低，工业上也难以获取，这种氢化物对固体和复合火箭推进的理论 $I_s$ 都有显著增大作用，它也会显著增大稳定燃烧速率并显著降低压强敏感性；初期团聚略有减少。

（4）活化 Al（$\rho$ 与纯 Al 接近，取决于添加剂的种类和用量）。由于良好的活性金属含量和 CCP 粒径的适当减小，和标准 μAl 相比，$I_s$ 会有少量的增大。

在工业应用方面，尚无代替标准 μAl 的材料在火箭推进取得应用。国际上进行大量的关于 nAl 的试验和理论研究，设计不同的含能领域，包括推进剂、烟火和炸药。经过 30 余年的研究，还没有使用 nAl 粉末的工作系统的报道。活化金属的损失；制备、存储和运输过程中冷凝聚或团簇的出现；与胶黏剂体系间可能的相互作用等，要比增进燃速和可能减轻两相流损失的优点更为重要。同样地，也没有使用活化 Al 和 Mg$_x$B$_y$ 金属的系统工作。

对于 AlH$_3$，总体的评估比较困难。这种氢化物似乎大体适用于近程导弹前期和复合推进[84,85]，但是官方没有报道过相关应用。在低加热速率下，AlH$_3$ 脱氢稳定大约为 433K，俄罗斯的测量结果为 452.7K，这比通常的胶黏剂分解温度要低，甚至在燃速测试中，这一区别会导致复合推进剂基体的多孔结构，从而使微米级 Al 比表面积增大，活性更高。关于 AlH$_3$ 点火（以最大光发射 2% 的形式）的细节和燃烧特性详见文献[86-88]。在燃速 $1 \times 10^5$K/s 的空气气氛，从空气到 70bar 的压力范围下的测试结果表明，氢化铝的分解温度为 720K，不受压力影响；相反，点火温度从空气压力下的 900K 到 4bar 呈线性降低的趋势，而在 4bar 以上几乎保持恒定不变，平均值 760K。重要的是 AlH$_3$ 的点火温度下降了到与典型的 nAl 相同的范围，见表 3-6，因而证明了多孔金属结构对快速脱氢的积极影响；反之，低的点火温度消除了现在应用的配方中 μAl 颗粒燃烧的大靶距，最后，这会导致燃速显著上升和初期团聚的减少。

尽管从质量比冲角度，理论热化学支持 Al（密度为 2.700g/cm$^3$）是最合适的金属燃料，考虑到生成的 CCP 的量和平均粒径，也指出了其他有望增大实际比冲的方向。在 μAl 颗粒燃烧燃面附近（初期团聚）观察到的著名的团聚现象，在某些被评估的双基金属配方中得到了彻底改良。对于使用 nAl 或 Mg$_x$B$_y$ 作为金属材料的推进剂微观结构，燃面附近区域能观察到团聚现象（快速氧化），而非典型的过渡团聚，不仅仅是简单地减小了颗粒点火的靶距，这一本质是多相的燃烧机理会产生更大的稳定燃速和更小的、结构不同寻常的团聚，包含氧化层包裹的金属核心。两种现象都能归因于金属燃料大比表面积和低点火温度的共同影响。下表面的加热是由凝相热传导提供的，可能会被附近预混火焰的放热反应增强。

因此，在本文中，推荐的方法是关注双金属基配方（μAl-nAl、μAl-Mg$_x$B$_y$ 等）并寻找能提高实际工况下弹道特性的理想组分，特别是：

（1）对于 μAl-Mg$_x$B$_y$ 双金属基配方，减小平均团聚粒径的最优结果是 Mg 包覆量 25%，而 60%Mg 包覆会显著降低稳定燃烧速率。

（2）对于 μAl-nAl 双金属基配方，质量分数 20%～30% 的 μAl 被部分代替时结果最优。

（3）对于 μAl-actAl（化学或机械活化）双金属基配方，最优化研究还在进行中尚未有定论。但是，初步的研究结果表明，在能保持较好的装填和力学性能的前提下，actAl 粉末也仅在完全代替 μAl 时具有优势。根据过去几年的试验结果，μAl-actAl 双基配方对改变标准铝基 AP/HTPB 固体火箭推进剂的燃速或团聚粒径都没有明显效果。

总体而言，微观结构的化学和物理特性对于理解和控制推进剂的燃烧特性和最终的飞行性能是非常重要的。最近新方向出现，长期来看有希望彻底改变现有的对于金属燃烧的理解。由 Glorian[89]等提出的。由于甚至在推进剂燃烧条件下，

Al 在气相中的燃烧化学已经广为人知，他们把注意力集中在复杂的表面和表面/气相交界面的燃烧化学反应上。这些化学反应可能对总体燃烧过程有重要作用，取决于 Al 颗粒粒径和一些额外因素。相对于 μAl 颗粒，nAl 的燃烧（从预混火焰转换而来）对表面反应特别敏感，在这方面，通过量子化学在总体上在表面反应进行了详细研究。基本的非均相动力学对分子在金属表面的相互作用进行了描述：吸附（化学吸收），这是指被吸附物（原子、原子团、分子）的一个或多个原子被约束在表面上。在前期工作中[89]，对 Al 上的小的被吸附物，例如原子进行了试验研究，这些物质是最简单的中间产物。通过参数化的密度泛函数方法对吸附点的振动频率和热力学特性进行了计算。尽管试验信息严重缺失，还是获得了能够对 Al 颗粒燃烧表面反应建模的热力学和动力学数据。对于分段固体火箭发动机的模糊工况下的模型，还需要进行大量工作，最后，这一方法可能会为更全面的理解 Al 或者说金属燃烧带来新的思路。

Komarov 和 Shandakov[90]开展了一个更具震撼力的展望。他们在一个非常普通的条件下进行了一项热力学研究，显示完全不使用金属或氢化物理论上可能获得更高的（计算的）$I_s$。作者展示了金属或氢化物的基本作用只是增加火焰温度，对于生成焓（$\Delta H_f$）为负的氧化剂区域，金属或氢化物对 $I_s$ 的增强作用是实质的。但对于 $\Delta H_f$ 为正的氧化剂区域，金属或氢化物对 $I_s$ 的增强作用就减小了，甚至会引起降低。因此，与现有技术相比，通过将生成焓足够大的氧化剂和含能胶黏剂混合可以实现显著的 $I_s$ 增强，且避免了使用金属和氯（当使用 AP 作为氧化剂）引起的坏处，详见文献[91]。

# 参 考 文 献

1. Williams F A, Barrère M, Huang N C (1969) Fundamental aspects of solid propellant rockets. Technivision Services, Slough, UK. AGARDograph. AGARDograph 116.

2. Sakovich G V (1995) Design principles of advanced solid propellants. J Propuls Power 11(4):830–837.

3. Maggi F, Gariani G, Galfetti L et al (2012) Theoretical analysis of hydrides in solid and hybrid rocket propulsion. Int J Hydrog Energy 37:1760–1769. doi:10.1016/j.ijhydene.2011.10.018.

4. DeLuca L T, Maggi F, Dossi S et al (2013) High-energy metal fuels for rocket propulsion: characterization and performance. Chin J Explos Propellants 36:1–14.

5. Karabeyoglu A (2016) Chapter 5: Performance additives for hybrid rocket engines. In: DeLuca L T, Shimada T, Sinditskii V P, Calabro M (eds) Chemical rocket propulsion: a comprehensive survey of energetic materials. Springer International Publishing, Cham.

6. Risha G A, Evans B J, Boyer E, AIAA et al (2007) Metals, energetic additives, and special binders used in solid fuels for hybrid. In: Chiaverini M J, Kuo K K (eds) Fundamentals of hybrid rocket combustion and propulsion. AIAA, Reston, pp 413–456.

7. Gromov A A, Teipel U (eds) (2014) Metal nanopowders: production, characterization, and energetic applications. Wiley–VCH, Weinheim.

8. Anon. (1993) Beryllium and beryllium compounds (No. 58), IARC summaries & evaluations. International Agency for Research on Cancer (IARC).

9. Srivastava R D, Farber M (1978) Thermodynamic properties of Group 3 oxides. Chem Rev 78:627–638. doi:10.1021/cr60316a002.

10. Chase M W J (1998) NIST–JANAF thermochemical tables. J Phys Chem Ref Data 9:1–1951.

11. Haddad A, Natan B, Arieli R (2011) The performance of a boron–loaded gel–fuel ramjet. In: DeLuca L T, Bonnal C, Frolov S, Haidn O J (eds) Progress in propulsion physics. EDP Sciences, Paris, pp 499–518. doi:10.1051/eucass/201102499.

12. DeLuca L T, Marchesi E, Spreafico M et al (2010) Aggregation versus agglomeration in metallized solid rocket propellants. Int J Energy Mater Chem Propuls 9:91–105.

13. Navrotsky A (2003) Energetics of nanoparticle oxides: interplay between surface energy and polymorphism. Geochem Trans 4:34–37. doi:10.1039/b308711e.

14. Gromov A A, Maggi F, Malikova E V et al (2014) Combustion synthesis of AlN ($Al_3O_3N$), BN, ZrN, and TiN in air and ceramic application. In: Gromov A A, Chukhlomina L N (eds) Nitride ceramics: combustion synthesis, properties and applications. Wiley–VCH, Weinheim, pp 125–163.

15. Kubota N (2007) Propellants and explosives: thermochemical aspects of combustion, 2nd edn. Wiley–VCH, Weinheim.

16. Lide D R (2007) CRC handbook of chemistry and physics, 88th edn. CRC Press, Boca Raton.

17. Glassman I (2008) Combustion, 4th edn. Academic Press/Elsevier, New York.

18. Perry R H et al (1997) Perry's chemical engineers' handbook, 7th edn. McGraw Hill, New York.

19. Dean J A (1999) Lange's handbook of chemistry, 15th edn. McGraw Hill, New York.

20. Gen M Y, Frolov Y V, Storozhev V B (1978) On combustion of particles of subdispersed aluminum. Combust Explosion Shock Waves 14(5):153–155.

21. Gen M Y, Ziskin M S, Petrov Y I (1959) Investigation of aluminum aerosol dispersion depending on of their formation conditions. Proc Acad Sci USSR (Doklady) 127:366.

22. DeLuca L T, Galfetti L, Maggi F et al (2014) Chapter 12: Characterization and combustion

of aluminum nanopowders in energetic systems. In: Gromov A A, Teipel U (eds) Metal nanopowders: production, characterization, and energetic applications. Wiley VCH,Wenheim, pp 301-400.

23. Kwon Y S, Jung Y H, Yavorovsky N A et al (2001) Ultra-fine powder by wire explosion method. Scr Mater 44(8-9):2247-2251.

24. Advanced Powder Technologies L L C (2015) http://www.nanosized-powders.com. Accessed 31 Mar 2015.

25. Kwo Y S, Gromov A A, Strokova J J (2007) Passivation of the surface of aluminum nanopowders by protective coatings of different chemical origin. Appl Surf Sci 253:5558-5564.

26. Sossi A, Duranti E, Paravan C, DeLuca L T, Vorozhtsov AB, Gromov A A, Pautova Y I, Lerner M I, Rodkevich N G (2013) Non-isothermal oxidation of aluminum nanopowder coated by hydrocarbons and fluorohydrocarbons. Appl Surf Sci 271:337-343. doi:10.1016/ j.apsusc.2013.01.197

27. Sossi A, Duranti E, ManzoniM, Paravan C, DeLuca L T, Vorozhtsov A B, Lerner M I, Rodkevich N G, Gromov A A, Savin N (2013) Combustion of HTPB-based solid fuels loaded with coated nanoaluminum. Combust Sci Technol 185(1):17-36. doi:10.1080/ 00102202. 2012.707261.

28. Chen L, Song W, Lv J et al (2010) Research on the methods to determine metallic aluminum content in aluminum nanoparticles. Mater Chem Phys 120:670-675.

29. Klager K (1984) Polyurethanes, the most versatile binder for solid composite propellants. Am Inst Aeronaut Astronaut. doi:10.2514/6.1984-1239.

30. Humble R (2000) Fuel performance enhancements for hybrid rockets. Am Inst Aeronaut Astronaut. doi:10.2514/6.2000-3437.

31. Mackay M E, Tuteja A, Duxbury P M et al (2006) General strategies for nanoparticle dispersion. Science 311:1740-1743.

32. Reina A, Paravan C, Morlacchi M, Frosi A, Maggi F, DeLuca L T (2013) Rheological and mechanical behavior of coated aluminum loaded nano-composites. In: Haidn O J, Zinner W, Calabro M (eds) 5th European conference for aerospace sciences (EUCASS 2013), ISBN: 9788494153105, pp 1-14 [5th European conference for aerospace sciences (EUCASS 2013), Munich 1-5 Jul 2013].

33. Zare A, Harriman T, Lucca D A, Roncalli S, Kosowski B M, Paravan C, DeLuca L T (2016) Chapter 27: Mapping of aluminum particle dispersion in solid rocket fuel formulations. In: DeLuca L T, Shimada T, Sinditskii V P, Calabro M (eds) Chemical rocket propulsion: a comprehensive survey of energetic materials. Springer International Publishing, Cham.

34. Pokhil P F, Belyaev A F, Frolov Y V (1972) Combustion of Metal Powders in Active Media. Nauka, Moscow.

35. Price E W (1979) Combustion of aluminum in solid propellant flames, AGARD PEP 53rd Meeting on solid rocket motor technology, Paper 14, AGARD, Paris.

36. Price E W (1984) Chap. 9: Combustion of metallized propellants, fundamentals of solid propellants combustion. In: Kuo KK, Summerfield M (eds) AIAA progress in aeronautics and astronautics, vol 90. AIAA, New York.

37. Olivani A, Galfetti L, Severini F, Colombo G, Cozzi F, Lesma F, Sgobba M (2002) Aluminum particle size influence on ignition and combustion of AP/HTPB/Al solid rocket propellants, RTO-AVT Fall 2002 Meetings, Aalborg 23-27 Sept 2002.

38. DeLuca L T, Galfetti L, Severini F, Meda L, Marra G, Vorozhtsov A B, Sedoi V B, Babuk V A (2005) Burning of $n$Al composite rocket propellants. Combust Explosion Shock Waves 41(6):680-692.

39. DeLuca L T (2007) Burning of aluminized solid rocket propellants: from micrometric to nanometric fuel size. In: Ping H, Yajun W, Shengcai L (eds) Theory and practice of energetic materials, vol 7. Science Press, Beijing, pp 277-289.

40. DeLuca L T, Galfetti L (2008) Burning of metallized composite solid rocket propellants: from micrometric to nanometric aluminum size, Asian joint conference on propulsion and power, Gyeongju, 6-8 March 2008.

41. DeLuca L T, Galfetti L, Maggi F, Colombo G, Bandera A, Cerri S, Donega P (2008) Burning of metallized composite solid rocket propellants: toward nanometric fuel size. In: Proceedings of ESA space propulsion, ESA, Crete, 05-08 May 2008.

42. DeLuca L T, Bandera A,Maggi F (2009) Agglomeration of aluminized solid rocket propellants. AIAA paper 2009-5439, AIAA, Reston. doi:10.2514/6.2009-5439.

43. DeLuca L T, Galfetti L, Colombo G, Maggi F, Bandera A, Babuk V A, Sinditskii V P (2010) Microstructure effects in aluminized solid rocket propellants. J Propuls Power 26(4): 724-733.

44. Grigor'ev V G, Kutsenogii K P, Zarko V E (1981) Model of aluminum agglomeration during the combustion of a composite propellant. Combust Explosion Shock Waves 17(4):356-363.

45. Cohen N S (1983) A pocket model for aluminum agglomeration in composite propellants. AIAA J 21(5):720-725.

46. Babuk V A, Vasilyev V A, Malakhov M S (1999) Condensed combustion products at the burning surface of aluminized solid propellant. J Propuls Power 15(6):783-793.

47. Babuk V A, Vasilyev V A, Sviridov V V (2000) Formation of condensed combustion

products at the burning surface of solid rocket propellant. In: Yang V, Brill T B, Ren W Z (eds) Solid propellant chemistry, combustion, and motor interior ballistics, vol 185, AIAA Progress in Astronautics and Aeronautics. AIAA, Reston, pp 749–776.

48. Babuk V A, Vasilyev V A, Glebov A A, Dolotkazin I N, Galeotta M, DeLuca L T (2004) Combustion mechanisms of AN–based aluminized solid rocket propellants. In: Novel energetic materials and applications, vol 9, IWCP. Grafiche GSS, Bergamo, paper 44.

49. Babuk V A, Glebov A, Arkhipov V A, Vorozhtsov A B, Klyakin G F, Severini F, Galfetti L, DeLuca LT (2005) Dual–oxidizer solid rocket propellants for low–cost access to space. In: DeLuca LT, Sackheim R L, Palaszewski B A (eds) In–space propulsion, vol 10, IWCP. Grafiche GSS, Bergamo, paper 15.

50. Babuk V A (2016) Chapter 13: Solid propellant formulation factors and properties of condensed combustion products. In: DeLuca  LT, Shimada T, Sinditskii V P, Calabro M (eds) Chemical rocket propulsion: a comprehensive survey of energetic materials. Springer International Publishing, Cham.

51. Rashkovskiy S A (1998) Metal agglomeration in solid propellants combustion–Part 2: Numerical experiments. Combust Explosion Shock Waves 136(1–6):149–169. doi:10.1080/00102209808924169.

52. Gallier S (2009) A stochastic pocket model for aluminum agglomeration in solid propellants. Propellant Explos Pyrotechnics 34(2):97–105. doi:10.1002/prep.v34:2.

53. Maggi F, DeLuca L T, Bandera A (2015) Pocket model for aluminum agglomeration based on propellant microstructure. AIAA Journal 53(11):3395–3403. doi:10.2514/1.J053992.

54. Kraeutle K J (1978) Particle size analysis in solid propellant combustion research. In: Boggs T L, Zinn B T (eds) Experimental diagnostics in combustion of solids, vol 63, AIAA Progress in astronautics and aeronautics. AIAA, New York, pp 76–108.

55. Weiser V, Gettwert V, Franzin A, DeLuca L T et al (2016) Chapter 10: Combustion behavior f aluminum particles in ADN/GAP composite propellants. In: DeLuca L T, Shimada T, Sinditskii V P, Calabro M (eds) Chemical rocket propulsion: a comprehensive survey of energetic materials. Springer International Publishing, Cham.

56. Donde R, Guarnieri C, Meda L, Marra G, Orsini D, Prato A, Galfetti L, DeLuca L T (2007) Experimental investigations on transient burning of nano–aluminized solid rocket propellants, AAAF conference on changes in aeronautical and space systems, Avignon, 26–28 June 2006.

57. Arkhipov V A, Bondarchuk S S, Korotkikh AG , Kuznetsov V T, Gromov A A, Volkov S A, Revyagin L N (2012) Influence of aluminum particle size on ignition and nonstationary combustion of heterogeneous condensed systems. Combust Explosion Shock Waves

48(5):625−635.

58. Arkhipov V A, Korotkikh A G (2012) The influence of aluminum powder dispersity on composite solid propellants ignitability by laser radiation. Comb Flame 159(1):409−415.

59. Zhao F Q, Yao E G, Xu S Y, Li X, Xu H X, Hao H X (2016) Chapter 11: Laser ignition of different aluminum nanopowders for solid rocket propulsion. In: DeLuca L T, Shimada T, Sinditskii V P, Calabro M (eds) Chemical rocket propulsion: a comprehensive survey of energetic materials. Springer International Publishing, Cham.

60. Arkhipov V A, Vorozhtsov A B, Shrager E R et al (2004) Acoustic admittance function study for solid propellants containing ultrafine aluminum. In: DeLuca L T, Galfetti L, Pesce−Rodriguez R A (eds) Novel energetic materials and applications. Proceedings of the IX international workshop on combustion and propulsion, Lerici, Italy, 14−18 Sept 2003. Grafiche GSS, Bergamo.

61. Komarova M, Vorozhtsov A B (2014) Influence of passivated nanosized aluminum powder on physic − chemical characteristics of metalized compositions combustion. Russ Phys J 57(7):76−80.

62. Lerner M, Glaskova E, Vorozhtsov A B, Rodkevich N et al (2015) Passivation of nanosized aluminum powder for use in high energetic materials. Russ J Phys Chem B (Khimicheskaya Foizika, in Russian) 9(1):56−61.

63. Vorozhtsov A B, Zhukov A, Ziatdinov M, Bondarchuk S, Lerner M, Rodkevich N (2016) Chapter 9: Novel micro− and nanofuels: production, characterization, and applications for high energy materials. In: DeLuca L T, Shimada T, Sinditskii V P, Calabro M (eds) Chemical rocket propulsion: a comprehensive survey of energetic materials. Springer International Publishing, Cham.

64. Sundaram D S, Yang V, Zarko V E (2015) Combustion of nano aluminum particles (review). Combust Explosion Shock Waves 51(2):173−196. c Pleiades Publishing, Ltd., 2015.

65. Rosenband V, Gany A (2011) High−reactivity aluminum powders. J Energy Mater Chem Propuls 10(1):19−32.

66. Yavor Y, Rosenband V, Gany A (2014) Reduced agglomeration in solid propellants containing porous aluminum. Proc Inst Mech Eng Part G 228(10):1857−1862.

67. Hama A, Gany A, Palovuori K (2006) Combustion of activated aluminum. Combust Flame 145(3):464−480.

68. Hama A (2010) Method of improving the burn rate and ignitability of aluminum fuel particles and aluminum fuel so modified. US Patent US 7785430 B2.

69. Maggi F, Dossi S, Paravan C, DeLuca L T, Liljedahl M (2015) Activated aluminum powders for space propulsion. Powder Technol 270:46–52.

70. Zhang D L (2004) Processing of advanced materials using high–energy mechanical milling. Prog Mater Sci 49(3–4):537–560.

71. Koch C C, Whittenberger J D (1995) Review mechanical milling/alloying of intermetallics. Intermetallics 4(5):339–355.

72. Filimonova V Y, Korchagin M A, Evstigneev V V (2009) Anomalous decrease in the activation energy and initiation temperature of a thermal explosion in the mechanically activated composition 3Ni C Al. Dokl Phys 54(6):277–280.

73. Shteinberg A S, Lin Y C, Son S F, Mukasyan A S (2010) Kinetic of high temperature reaction in Ni–Al system: influence of mechanical activation. J Phys Chem A 114(20):6111–6116.

74. Sippel T R, Son S F, Groven L J (2013) Altering reactivity of aluminium with selective inclusion of polytetrafluoroethylene through mechanical activation. Propell Explos Pyrot 38(2):286–295.

75. Dossi S (2014) Mechanically activated Al fuels for high performance solid rocket propellants. PhD Dissertation, Politecnico di Milano.

76. Sippel T R, Son S F, Groven L J et al (2014) Exploring mechanisms for agglomerate reduction in composite solid propellants with polyethylene inclusion modified aluminum. Combust Flame. (162): http://dx.doi.org/10.1016/j.combustflame.2014.08.013.

77. Chan M L, Parr T, Hanson–Parr D, Bui T, Mason M (2004) Characterization of a boron containing propellant, In: DeLuca L T, Galfetti L, Pesce–Rodriguez RA (eds) Novel energetic materials and applications, IWCP vol 9, Paper 07. Grafiche GSS, Bergamo.

78. Mitani T, Izumikawat M (1991) Combustion efficiencies of aluminum and boron in solid propellants. AIAA J Spacecr Rocket 28(1):79–84.

79. Dossi S, Reina A, Maggi F, DeLuca L T (2012) Innovative metal fuels for solid rocket propulsion. Int J Energy Mater Chem Propuls 11(4):299–322.

80. Shevchuk V G, Zolotko A N, Polishchuk D I (1975) Ignition of packed boron particles. Combust Explosion Shock Waves 11:189–192.

81. DeLuca L T, Galfetti L, Maggi F, Colombo G, Reina A, Dossi S, Consonni D, Brambilla M (2012) Innovative metallized formulations for solid or hybrid rocket propulsion. Hanneng Cailiao/Chin J Energetic Mater 20(4):465–474. doi:10.3969/j.issn.1006–9941.2012.04.018. Presented at the *2011 IASPEP* (International Autumn Seminar on Propellants, Explosives and Pyrotechnics), China.

82. DeLuca L T (2011) Energetic problems in aerospace propulsion. Politecnico di Milano,

Milan.

83. Fassina M (2015) Effects of Al particles shape on solid rocket propellant burning. PhD Dissertation, Politecnico di Milano, Milan, 16 February 2015.

84. DeLuca L T, Galfetti L, Severini F, Rossettini L, Meda L, Marra G, D'Andrea B, Weiser V, Calabro M, Vorozhtsov A B, Glazunov A A, Pavlovets G J (2007) Physical and ballistic characterization of AlH$_3$–based space propellants. Aerosp Sci Technol 11:18–25.

85. DeLuca L T, Rossettini L, Kappenstein Ch, Weiser V (2009) Ballistic characterization of AlH3–based propellants for solid and hybrid rocket propulsion, AIAA Paper 2009–4874.

86. Young G, Piekiel N, Chowdhury S, Zachariah M R (2010) Ignition behavior of $\alpha$–AlH$_3$. Combust Sci Technol 182:1341–1359.

87. Young G, Risha G A, Miller A G, Glass R A, Connell T L, Yetter R A (2010) Combustion of alane–based solid fuels. Int J Energetic Mater Chem Propuls 9(3):249–266.

88. Young G, Jacob R, Zachariah M R (2015) High pressure ignition and combustion of aluminum hydride. Combust Sci Technol 187:1335–1350.

89. Glorian J, Catoire L, Gallier S, Cesco N (2015) Gas–surface thermochemistry and kinetics for aluminum particle combustion. Proc Combust Inst 35:2439–2446.

90. Komarov V F, Shandakov V A (1999) Solid fuels, their properties, and applications. Combust Explosion Shock Waves 35(2):139–143.

91. Lipanov A M, Zarko V E (2016) Chapter 43: Survey of solid rocket propulsion in Russia. In: DeLuca L T, Shimada T, Sinditskii V P, Calabro M (eds) Chemical rocket propulsion: a comprehensive survey of energetic materials. Springer International Publishing, Cham.

## 3.2　新型微米和纳米燃料：高能量密度材料的生产、表征和应用

**摘要：**这篇文章主要讲述了纳米金属（纳米铝粉）和微米金属硼化物（包括铝、钛和锰）的制备和表征，展示了高能材料的应用趋势，阐述了电爆炸法制备纳米金属的技术。为了保护金属的活性，介绍了不同的惰性化方法。不同的聚合物，如 Viton 和 Fluorel，被用来作为钝化剂，讨论了其化学稳定性和化学相容性。介绍了金属的硼化物的自增长高温合成（SHS）和力学处理方法。通过以上方法制备的微米级硼化物平均粒径约 $5\mu m$，其粒径分布表现为尖锐的曲线。产物纯度可以用作高能材料的燃料。列出了如透射电子显微镜、扫描电子显微镜、X 射线、示差扫描量热和热重分析等试验结果，并就试验结果进行了讨论。

## 3.2.1 引言

在过去的 40 年中，复合推进剂的高能特性通过加入质量分数为 10%~20%金属粉（主要为粒径在 5~50μm 的铝粉）来实现，但是，在固体推进剂火箭发动机中应用金属混合组分存在诸多弊端，主要包括铝粒子的不完全燃烧，附带的两相比冲损失和燃烧产物对发动机喷管的腐蚀。

制备新一代的高能材料包括发展新型燃料胶黏剂、氧化剂、采用比商品化粉体粒径小几十倍的纳米级粉体。

苏联化学物理研究所是最早采用纳米粉体作为燃料组分的研究单位。研究通过采用纳米铝粉增加燃烧效率，降低凝聚产物的尺寸，表明显著降低两相比冲损失的可能性，但是，由于大批量纳米金属粉制备方法的缺失，并没有发现实际的研究工作。

最近，随着大批量纳米金属粉制备方法的建立，纳米金属粉作为高能材料组分受到越来越多的关注。俄罗斯和其他一些国家的研发中心和大学对铝粉和其他金属的点火和燃烧问题进行了充分的研究。这里需要关注 Luigi T. DeLuca, G. J. Pavlovets, Valery A. Babuk, K. K. Kuo 和其他一些研究人员的工作[2-6]。

研究工作表明，纳米粉体作为高能材料组分不仅可以增加推进剂的能量特性，还可降低团聚，从而增加燃烧速率和控制燃烧速率定律的指数。

如果对比表 3-10 中不同金属的热释放，就可清楚地看到硼和锂具有满足此目的的最佳特性。

表 3-10　含能金属的燃烧热[7]

| 元　　素 | 燃烧热/(kJ/g) |
| --- | --- |
| Li | 43.5 |
| B | 57.2 |
| Mg | 25.1 |
| Al | 31.4 |
| Si | 32.2 |
| Ti | 15.7 |
| Zr | 12.0 |

由于锂具有毒性和低的加工特性（低熔点和高化学活性）不能被直接应用。此外，金属锂比较稀有，价格昂贵。硼的燃烧热是铝的两倍，且硼在自然界易于得到，因此硼的放热特性和易得性使其成为理想的选择物。但是，由于硼的氧化物，三氧化二硼（高沸点，高黏度）的一些特殊性质，导致硼元素在燃料组分中

的氧化率非常低。此外，氧化硼容易团聚，这是最不希望看到的现象。A. Gany 和其他一些研究者的工作表明采用硼作为燃料的可能性，但是，还没有推广的技术可以把硼应用到高能材料中[8]。

当前改善金属添加剂在燃料中效能的最佳方法是全部或者部分采用金属硼化物。本论文综述了通过广泛的分析得到的应用于高能材料中的微米和纳米粒子性能的试验结果。

## 3.2.2　纳米铝粉（nAl）

### 1. 电爆炸法制备纳米铝粉

大约有 20 多种方法制备超细的金属粉。关于这个研究领域详细的调研在文献[1, 2]。最有前景的两种方法分别是电弧等离子体再凝聚[3]和电爆炸线法（EEW）[4-6,9]。EEW 方法是基于气体介质中的金属线在高密度电流脉冲（$10^6 \sim 10^9 \mathrm{A/cm^2}$）被轰击破坏制备超细金属粉体。金属线被加热到熔点，熔化然后爆炸分解成粒子。EEW 最简单的方法是采用 LC-轮廓。制备超细粉体的电路如图 3-25 所示，包括以下基本单元：高压粉末供给；储存凝聚装置 C；触发的火花隙 P；感应器 L；金属线 EW；仪器分流器 $R_s$；不锈钢爆炸室。

EEW 典型的电流强度和电压波形图如图 3-25 所示。当在金属线施加电压，金属发热熔化，波形图显示小幅度的电压跳跃。在时间点 $t_1$，金属分解然后开始快速膨胀，传导性能损耗。在时间点 $t_2$，电流消失，称为电流间歇，在这个过程中，膨胀的爆炸物保留了电容器剩余的电压。这个过程之后，伴随着放电间隙的瓦解和电弧点火。

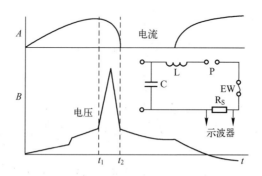

图 3-25　EEW 电流强度和电压波形图以及制备起细粉体的电路

EEW 作为金属分散的方法具有以下一些特征[6]：

（1）爆炸时间 $10^{-5} \sim 10^{-8}$ s；

（2）功率输出超过 $10^{13}$ W/kg；

（3）爆炸瞬间温度达到 $10^4$K 甚至更高，压力达到 $10^9$Pa；

（4）爆炸产物的膨胀速率为 1～5km/s，冷却速率为 $10^7$K/s。

纳米金属粉体尺寸通过加工参数确定，通常粒径尺寸小于 1μm，通过 BET 方法测试的比表面积为 10～20$m^2$/g。粉体具有高纯度，杂质含量仅仅通过金属线的纯度和粉体接触空气形成的氧化物的含量确定。粒子的形状从无规则（几十纳米）到球形（几百纳米）各不相同。

在 20 世纪 70 年代，高电压研究所通过电爆炸后的气溶胶沉积制备了 EEW 粉体。N.A. Yavorovsky 和 Yu A. Kotov 开发了一种最佳爆炸法，创造了更有效的工具生产足够量的粉体[10]。目前，Tomsk 拥有电爆炸连续化生产以下任何金属（铝、铜、锌、锡、钛、锆、铟、铁、镍、钼、钨）以及它们合金的工具，总生产能力大于 1t/年。

通过以上技术生产的 ALEX 粉体在这个研究中被用作纳米铝粉，以下介绍粉体的粒径尺寸特征。

## 2. 纳米粉体粒径分布分析

由于应用于高能材料的铝粉粒径尺寸在所有的高温过程中扮演着重要的角色，我们采用粒径分布的原始分析方法对 ALEX 和具有俄罗斯商标 ASD（球形铝粉分布）一些形状规则的铝粉进行研究。不同尺寸的粒子含量在多分散体系通过表征单个粒子尺寸（半径、体系、质量、横截面、球形粒子等价尺寸等）[9,11]的积分分布函数参数 $x$ 确定。$x$ 是一维随机变量，质量分布函数 $G(x)$ 和计数分布函数 $F(x)$ 是最常用的两种函数。函数 $G(x)$ 等于所有粒径小于 $x$ 的粒子质量除以所以粒子的质量。函数 $F(x)$ 等于粒径小于 $x$ 的粒子的数目除以粒子总数。并不是所有的 $x$ 通过试验都能获得相应的 $G(x)$ 和 $F(x)$ 值，而是仅能在有限数目的 $x(\cdots x_1 < x_2 < x_3 \cdots)$ 范围内获得 $G(x)$ 和 $F(x)$ 值。在这个范围内，这些函数具有正的跳跃性，且 $G$ 和 $F$ 在两个连续的 $x$ 值之间是常数。函数 $G(x)$ 和 $F(x)$ 表示自身的质量微分函数和计数分布。

关于多分散体系的粒子尺寸的大量分析[12,13]表明，所有单峰分布函数的金属粉体可以通过广义的伽马分布函数[14]或者通过归一化对数分布函数[15]进行描述。关于确定符合单峰分布函数分布函数的金属粉体的方法和算法在文献[16]进行了详细描述。

建立的方法和相应的软件在铝粉 ASD-4、ASD-6 和 ALEX[5,17]进行测试验证。图 3-26 所示为铝粉 ASD-4 和 ALEX 的微观图。文献[18]对铝粉 ASD-4、ASD-6 进行了热导率测试。表 3-11 列出了通过计数分布（图 3-27）计算得到的平均直径。同时，铝粉的比表面积 $S$ 也在表 3-11 中列出。

表 3-11　铝粉的平均粒径

| 粉体类型 | $D_{10}$/μm | $D_{20}$/μm | $D_{30}$/μm | $D_{32}$/μm | $D_{43}$/μm | $S$/(m²/g) |
|---|---|---|---|---|---|---|
| ASD-6(C-分析) | 4.0 | 4.3 | 4.5 | 5.2 | 6.5 | — |
| ASD-4(C-分析) | 4.3 | 4.9 | 5.6 | 7.4 | 10.1 | — |
| ASD-4 | 1.23 | 1.66 | 2.28 | 4.34 | 7.34 | 0.512 |
| ASD-6 | 0.85 | 1.17 | 1.60 | 3.01 | 4.72 | 0.739 |
| ASD-8 | 0.72 | 0.90 | 1.09 | 1.60 | 2.11 | 1.389 |
| ALEX | 0.12 | 0.13 | 0.14 | 0.16 | 0.18 | 13.889 |

比表面积是粉状粒子尺寸分布众多特征中的一项。比表面积定义为粒子的积分表面积除以质量[9]。球状比表面积定义为 $S = 6/(\rho D_{32})$，其中，$\rho$ 为材料的密度。

图 3-26　铝粉的 TEM/SEM 照片

(a) ASD-6；(b) ALEX。

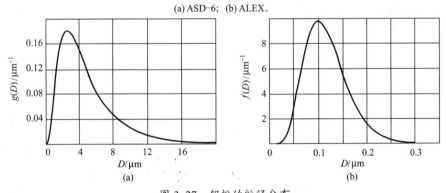

图 3-27　铝粉的粒径分布

(a) ASD-6；(b) ALEX。

**3. 纳米粉的化学钝化**

纳米金属粉是高自燃体系。合成后的纳米粉体暴露在空气中，与空气中的氧气发生氧化反应，产生的热量可以将纳米金属粉点燃。为了降低纳米粉体的自燃，采用了各种惰性化方法，在含氧环境（空气中）进行钝化是最常用的方法，通过这项技术，在纳米粉体粒子表面形成氧化物薄膜，从而使金属相避免与环境接触。调节现有的金属粉体加工技术的主体部分制备特定含量（通常低含量）的氧化物相。因此，有必要对含氧环境中的惰性化机理进行研究，确定二者的关联，从而设定惰性化方法的理想参数，以保护纳米粉体的化学活性。

在惰性化过程升高温度会导致纳米粒子烧结从而改变纳米粉体粒径分布[19]。这个结果可以通过研究纳米粉体电导率与温度的关系进行验证（图 3-28）。在这项测试中，将纳米粉体在流动的氩气中加热，然后测试它们的导电性能。图中样品电阻的急剧降低对应于纳米粒子的烧结从而在它们之间形成电流。图 3-28 是应用于己烷基膏状和陶瓷基碟状的纳米铝粉层间电阻随着加热温度的变化曲线。可以发现，在大约 30℃时，温度的升高引起电导率升高，这与单个纳米粒子的烧结有关。基于获得的数据可以得出结论，EEW 纳米粉体的烧结在远低于金属熔点的温度发生时是可能的。

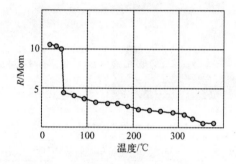

图 3-28  纳米铝粉层间电阻随加热温度 $T$ 的变化

采用未暴露于空气的粒径为 100nm 的纳米铝粉进行惰性化过程研究。在惰性氛围的反应容器放置粉体（体积为 25mL，粉体质量为 1.75g），混合气体（氧气+氩气）以一定的速率通过粉体，测试过程中监控粉体的温度和活性金属含量，不考虑系统与环境的热交换，通过标准体积方法分析活性铝含量。

图 3-29 所示为纳米铝粉在 $O_2$+Ar 混合气氧化过程中最大温度 $T$ 与气体流率的关系。可以发现，即使混合气体流率和氧气浓度非常低，样品也被加热到 30℃以上。基于得到的结果，可以得出结论，纳米铝粉在空气惰性化过程中很可能发生烧结，纳米粉体的活性铝含量随着气体流率的增加也迅速降低（图 3-30）。

因此，为了保留纳米粉体的最大活性金属含量和粒子尺寸分布，在含氧气体中对纳米粉体进行钝化不是一种理想的方法。

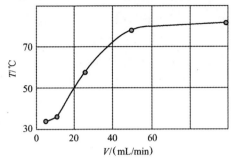

图 3-29　纳米铝粉的最大温度 $T$ 与混合气体流率 $V$ 的关系，

对所有的试验，$O_2$ 体积分数为 5%

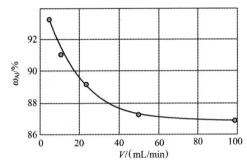

图 3-30　活性铝含量 $\omega$ 与混合气（$Ar+O_2$，氧气体积分数 5%）流率的关系

## 4. 纳米铝粉的微胶囊化

为了改善纳米粉体的环境抵抗力，采用有机溶剂（微胶囊化），如硬脂酸，油酸和棕榈酸对纳米粉体惰性化处理[20, 21]。纳米粒子吸附有机溶剂形成保护层，这比在含氧环境中形成的氧化层对纳米粉体惰性化效果更为有效。吸附有机溶剂还可以增加金属纳米粒子与高能材料有机组分的亲和性，对纳米粉体在高能材料中的应用具有积极效果[22]。动力学参数在高能材料燃烧过程中扮演重要角色，采用特定的有机试剂可以增加纳米铝粉在高温下的氧化速率，从而提高高能材料的燃烧速率[23,24]。

为了进行微胶囊化测试，采用以下纳米粉体：在可控的 $O_2$ 局部压力下惰性化的纳米铝粉 ALEX，和非惰性化的纳米铝粉。两种铝粉都是在氩气环境中通过电爆炸法制备。ALEX 纳米铝粉的平均粒径为 100nm，活性铝含量为 92%（质量），纳米铝粉比表面积为 12$m^2$/g。低相对分子质量有机物可以在纳米金属表面形成疏水保护层。低相对分子质量有机物包括硬脂酸、8-羟基喹啉、乙二醛和与单醚结合的聚合物（聚己二酸乙二醇酯（PEGA），偏氟乙烯-六氟丙烯共聚物（Viton™ or Fluorel™）），单醚通过马来酸酐和 1,1,11-三羟基二十氟化十一醇相互作用形成[25]。

将有机化合物在溶液中应用于纳米铝粉。20g 铝粉分散在 200mL 乙酸乙酯溶液中形成混合悬浮液，将其与 HG-15D 在高速搅拌器中强力混合（5000r/min，3min），然后加入含有有机试剂的乙酸乙酯溶液混合 30min。

对于氟橡胶涂层，首先将纳米铝粉悬浮液与 1g 单醚溶液在 10mL 乙酸乙酯中预混合 30min，然后加入氟橡胶的乙酸乙酯溶液（2g/50mL）混合 30min。

通过 IKA RV-10 旋转蒸发仪减压蒸发溶剂。在低压下（1mm Hg[①]）将微胶囊化纳米粉体干燥 16h。表 3-12 和图 3-31 分别表示微胶囊化纳米粉体的特征和其透射电镜图。为了测试保护涂层的阻隔性能，微胶囊化的纳米粉体在相对湿度 90%，温度 25℃下放置 180 天。纳米粉体的转化率 $\alpha(t)$ 通过样品质量和化学反应式确定（图 3-32）：

$$Al + 3H_2O = Al(OH)_3 + 3/2 \ H_2$$

表 3-12　微胶囊化的纳米铝粉的特性

| 序号 | 包覆 | 样品名称 | 有机材料的含量 | 比表面积/(m²/g) |
|---|---|---|---|---|
| 1 | w/o 包覆 | ALEX | — | 11.8 |
| 2 | 硬脂酸 | H-ALEX | 3 | 13.9 |
| 3 | 8-羟基喹啉 | O-ALEX | 0.5 | N/A |
| 4 | 乙二醛 | G-ALEX | 1 | N/A |
| 5 | 硬脂酸 | L-ALEX | 3 | 11.3 |
| 6 | PEGA | P-ALEX | 1 | N/A |
| 7 | 氟橡胶 | VF-ALEX | 15 | 11.0 |

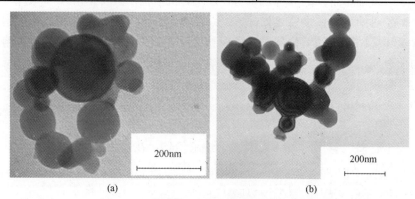

图 3-31　微胶囊化纳米粉体的透射电镜图

(a) 硬脂酸包覆；(b) 氟橡胶包覆。

微胶囊化的纳米铝粉与水蒸气的相互作用与 ALEX 相比显著变慢，相同的作用时间（150 天），纳米铝粉微胶囊的转化时间比纳米铝粉低 50～400 倍。150

---

① 1mmHg=133.322Pa。

天后，α(t)低于 0.01，研究期间微胶囊铝粉与水蒸气的反应没有超过诱导时间。纳米粉体质量增长是由粉体对水蒸气的吸收和纳米粒子氧化层的水合反应引起的，而不是由化学反应造成的。

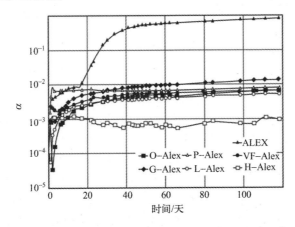

图 3-32　微胶囊化纳米粉体在潮湿环境下的热解动力学曲线 α = α(t)

对纳米粒子的热分析发现，纳米粉体的放热速率和氧化速率按照以下顺序增长：[ALEX]<[L-ALEX]<[VF-ALEX]（图 3-33）。

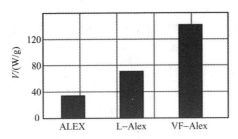

图 3-33　纳米粉热释放速率的热分析数据

因此，采用有机物对纳米铝粉颗粒进行包覆（包覆率 0.5%～3%），在纳米铝粉粒子表面形成保护层，可以完成阻碍纳米铝粉与水蒸气的相互作用，从而增加纳米粉体在加热过程中的氧化率。

### 3.2.3　微米硼化物

以金属硼化物的形式很可能有效利用硼的高潜热，这对高燃烧热值也具有意义，但是由于硼粒子表面形成氧化物 $B_2O_3$，阻碍了氧气的扩散。金属硼化物的氧化不会形成阻碍氧气扩散的氧化层，氧气可以从膜的缺陷位置渗透，氧化物程度和速率都会增加。研究发现有希望得到应用的，与硼形成金属硼化物的金属为铝、镁、钛和锆（表 3-13）。这些金属硼化物的燃烧热值表示如表 4 所示。金属硼化物的燃烧热明显高于相应金属的燃烧热。

表 3-13　含能硼化物的燃烧热

| 硼化物 | 燃烧热/(cal/g) |
|---|---|
| $AlB_2$ | 9.430 |
| $AlB_{12}$ | 12.160 |
| $MgB_2$ | 9.050 |
| $TiB_2$ | 5.700 |
| $Mg_{0.5}Al_{0.5}B_2$ | 9.240 |
| $ZrB_2$ | 4.230 |

真空加热技术被用来合成硼化物，同时，硼化物的形成伴随着显著的放热。根据自增长高温合成技术（SHS），伴随着硼化物生成释放的能量满足燃烧模型，这个合成不要采用大尺寸的加热炉，合成的材料具有较高的性能[26]。

同时，也有许多包括硼化物的体系热量释放不满足 SHS 过程。在这种情况下，对于 SHS 过程有两种可能的变量：可以通过外部能量源泵入能量，或者能量可以自我恢复。外部能量可以通过物理或者化学供热引入。对于物理供热，初始的 SHS 混合器置入电加热炉，加热到需要的温度，然后 SHS 反应开始。在这种情况下，叠层和所测体积的燃烧均将发生。预加热放热混合物被广泛应用在金属热加工过程中，尤其是制备中间合金的过程。

化学加热是改善混合物放热性能的另一种选择方法，被广泛用于铝热法制备铁合金的过程中。

Merzhanov[26]阐述了 5 种 SHS 化学方法分类过程的最典型的情形，其中一种称为无化学依赖性的热耦合系统（化学熔炉）。在这些过程中，化学反应独立进行，但是热是由具有较高放热的反应提供给相对较低放热的反应。

基于实际应用，研究一开始就确定了许多有前景的系统的燃烧合成方法，但是，由于它们不充分的放热，还无法实现自我维持的燃烧过程。第一种方法通过对初始混合物在电热炉中预加热泵入外加的能量。对于 SHS 反应，增加反应混合物的初始温度这种方法第一次被应用在制备金属间化合物（$Ni_3Al$、$Ni_3Ti$、TiFe、$Fe_3Al$）。增加混合物初始温度到 50~500℃，使在燃烧模型中合成铝的 Ni、Co、Ti、Cr、Mo 和其他金属的化合物成为可能。当这种 SHS 熔炉技术在实际中应用，它有特有的优势，如无能量消耗，设备简单和低耗时降低为 0。

将 SHS 合成扩展到低放热系统的是所谓化学熔炉的发明，这是 V.M. Maslov 在合成金属间化合物 Nb-Al 和 Nb-Ge 过程发明的新词。燃烧温度 1640℃的等原子 Ni 和 Al 混合物粉体被用作化学熔炉材料，化学熔炉理论还可以用来合成如 WC、NbC、SiC、$B_4C$、$Al_4C_3$、VC、$Mo_2C$、WB、$WB_2$ 及其他的化合物，这些化合物在 SHS 过程通常没有足够的能量释放[27]。在这种情况下，添加 Ti 或 Zr 粉与

C 或 B 粉（表 3-14）的混合物可以用作化学熔炉的材料。

表 3-14　含能硼化物的生成热

| 硼化物 | 生成热/(cal/g) |
|---|---|
| $TiB_2$ | 1006.6 |
| $ZrB_2$ | 778.3 |
| $TiB_{12}$ | — |
| $ZrB_{12}$ | 542.8 |
| $AlB_2$ | — |
| $AlB_{12}$ | — |
| $MgB_2$ | 289.4 |
| $MgB_{12}$ | 223.1 |

在这种无足够放热的情况下，燃烧合成可以和熔炉合成元素结合，将能量预先泵入系统，可以提供更进一步的组合的燃烧合成：

$$Ti + 2B \rightarrow TiB_2$$
$$Al + 2B \rightarrow AlB_2$$
$$Zr + 2B \rightarrow ZrB_2$$

关于 Al、Ti、Mg 和其他金属的硼化物包括两种或混合的化合物的实验室量级的合成技术已经被测试，合成的粉体粒子的尺寸为 $\delta_{50} \approx 10\mu m$。采用 SHS 方法制备硼化物包括 3 个步骤，即制备放热混合物、燃烧合成和产物加工。第一步包括以化学计量比混合批量的初始粉体，然后制备不同直径的圆柱形样品，之后，将压缩的药片放置在装有密封工作室的 SHS 反应器中，用惰性气体（Ar, He）将工作室排空，然后充气到 0.2MPa。通过对旋转钨丝电脉冲引发点火，然后在燃烧前段形成平面。

燃烧合成波传播后期，样品冷却，SHS 反应器泄压，然后将样品加工和分析。确定通过球磨制备的粉体的粒径分布、相组分和自由硼元素的含量。硼粉的能量特性通过 DTA（差热分析）表征。

图 3-34 所示为合成的硼化物的 X 射线相分析结果。作为例子，$AlB_2$ 的粒径分布和 DTA 数据如图 3-35 所示。

根据 X 射线相分析数据，粉体中目标相含量包含：$Al_{0.5}Mg_{0.5}B_2$ 相 88.04 %，$AlB_2$ 相 93.18 %，$TiB_2$ 相 98.43 %。目标相的平均 CSR（晶体结构参比）尺寸不超过 40nm。

基于 $AlB_2$ 粒径分布分析表明，平均粒径尺寸为 6.2μm，直径为 $\delta_{99}$–24.9μm 是粒径分布中的最大尺寸。根据 DTA 数据，样品质量增加约 2.17 倍。质量的增加由以下反应产生：$2AlB_2 + 3O_2 = Al_2O_3 + B_2O_3$，质量增加 2.26 倍，表明氧化程度为 96%。

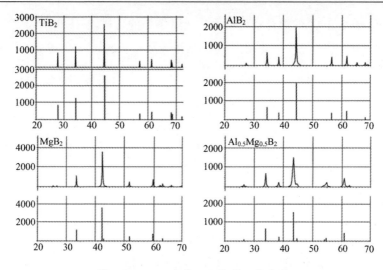

图 3-34 SHS 含能硼化物的 X 射线图

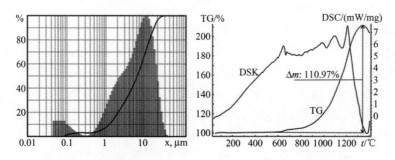

图 3-35 由 SH 合成的 AlB₂ 粉体粒径分布和 DTA 分析数据

### 3.2.4 结论

这篇文章报道了制备可用于高能量材料的纳米铝粉和微米硼化物的技术，得到了纳米和微米颗粒的特点并进行讨论。研究发现，EEW 方法能够将纳米粉体制备成球形的粒子（ALEX）。根据纳米粉体 ALEX 铝粉的粒径尺寸的分析，纳米粉体具有窄的粒径分布（0.12~0.18μm）和相对高的比表面积（12~14 m²/g）；同时表明，为了保护纳米粒子尺寸分布和活性金属含量，采用含氧气体对纳米粒子惰性化是不可行的。

铝的硼化物的合成是发展新型含能材料的最有前景的领域之一。通过调整合成参数的自蔓延高温合成方法，是合成具有目标化学和组分超纯样品最合适的方法。以往的研究表明，制备含有高目标相含量的硼化物是可能的。根据 DTA 数据，制得的粉体氧化程度超过 95%。

**致谢**

这项工作是由俄罗斯科学和教育部在联邦项目"2014—2020 俄罗斯科学技术优先研究发展指南"，协议号 14.578.21.0034，唯一识别符，PNI RFMEFI57814X0034 和项目"改善全球领先的研究教育中心 TSU 竞争力"支持。

# 参 考 文 献

1. Morokhov I D, Trusov L I, Chizhik S P (1977) Ultradispersed metal medium. Atomizdat, Moscow. 264 pp. (in Russian).

2. Pavlovets G Y, Mazalov Y A, Meleshko V Y (2001) Modeling and problems of combustion control of heterogeneous condensed systems. Edit.V A RVSN M D RF, Moscow, 289 pp. (in Russian).

3. Gash A E, Simpson R L, Babushkin Y, Lyamkin A I, Tepper F, Biryukov Y, Vorozhtsov A, Zarko V (2004) Chapter 7: Nanoparticles. In: Teipel U (ed) Energetic materials. Particle processing and characterization. WILLEY-VCH Verlag GmbH & Co. KgaA, Weinheim, 590 pp.

4. Babuk V A, Vassiliev V A, Sviridov V V (2000) Formation of condensed combustion products at the burning surface of solid rocket propellant. In: Yang V, Brill T B, Ren W Z (eds) Solid propellant chemistry, combustion, and motor interior ballistics. AIAA progress in astronautics and aeronautics, Reston, VA: AIAA, vol 185, pp 749-776.

5. Simonenko V N, Zarko V E (1999) Comparative studying the combustion behavior of fine aluminum. Energetic materials: production, processing and characterization. In: Proc. 30-th intern. annual conf. of ICT. Karlsruhe, pp 21-1-21-14.

6. DeLuca L T, Galfetti L, Severini F, Meda L, Marra G, Vorozhtsov A B, Sedoi V S, Babuk V A (2005) Burning of nano-aluminized composite rocket propellants. Combust Explosion Shock Waves 41(6):680-692.

7. Lide D R (ed) (2005) CRC handbook of chemistry and physics. CRC Press, Boca Raton.

8. Gany A (1993) Combustion of boron-containing fuels in solid fuel ramjets. Int J Energetic Mater Chem Propuls 2:91-112.

9. Gusev A I (1998) Nanocrystalline materials – methods for obtaining and properties. UB RAS, Ekaterinburg. 200 pp. (in Russian).

10. Yavorovsky N A, Kotov Y A (1978) Studies of particles formed in electric explosion of wires. Fiz i Khim Obr Mater 4:24-29 (in Russian).

11. Vorozhtsov A, Lerner M, Pavlovets G, Meleshko V, Arkhipov V, Bondarchuk S, DeLuca L T (2004) Advanced technologies of controlled manufacturing and the use of nanometals in

highenergy materials (HEM) formulation. In: Proceedings of international workshop on MEMS and nanotechnology integration (MNI): applications, Montreaux, pp 84-85, 10-11 May 2004.

12. Burtsev V A, Kalinin N V, Luchinsky A V (1990) Electric explosion and its application in electrophysics devices. Energoatomizdat, Moscow. 228 pp. (in Russian).

13. Arkhipov V A, Bondarchuk S S, Korotkikh A G, Lerner M I (2006) Production technology and dispersion parameters of aluminium nano-powders. Tsvetnie metalli 4:58-64 (in Russian).

14. Sakovich G V, Arkhipov V A, Vorozhtsov A B, Bondarchuk S S, Pevchenko B V (2010) Investigation of combustion of HEM with aluminum nanopowders. Nanotechnologies in Russia 5(1-2):91-107.

15. Kouzov P A (1971) Foundation for analysis of dispersity of industry dust and disintegrated materials. Khimiya, Leningrad. 280 pp. (in Russian)

16. Fuks N A (1955) Aerosoles mechanics. Edit. AS USSR Academy of Sciences, Moscow. 352 pp. (in Russian).

17. Arkhipov V A, Bondarchuk S S (1989) Formulations for connection of parameters of particles unimodal distributions in sizes with geometrical characteristics of probability density function, Mechanics of Fast Processes. Edit. TSU Tomsk State University, Tomsk, pp 83-92.

18. Arkhipov V A, Bondarchuk S S, Kvesko N G, Trofimov V F (2004) Identification of particles unimodal distributions in sizes. Atmos Ocean Opt 17(5-6):513-516.

19. Lerner M I, Saveliev G G, Svarovskaya N V, Galanov A I (2006) Low temperature sintering of electroexplosion nanopowders. Izv Tomsk Polytechn Univ 309(4):69-73. (in Russian).

20. Sossi A, Duranti E,ManzoniM, Paravan C, DeLuca L T, Vorozhtsov A B, Lerner M I, Rodkevich N G, Gromov A A, Savin N (2013) Combustion of HTPB-based solid fuels loaded with coated nanoaluminum. Combustion Science and Technology 185(1):17-36.

21. Sossi A, Duranti E, Paravan C, DeLuca L T, Vorozhtsov A B, Gromov A A, Pautova Y I, Lerner M I, Rodkevich N G (2013) Non-isothermal oxidation of aluminum nanopowder coated by hydrocarbons and fluorohydrocarbons. Applied Surface Science 271:337-343.

22. Vorozhtsov A, Gromov A, Lerner M, Rodkevich N (2010) Characterization and analysis of aluminum nanoparticles passivated with organic layers for energetic applications. Energetic materials for high performance, insensitive munitions and zero pollution: 41 international annual conference of ICT - Karlsruhe, Germany. - June 29 - July 02, 2010. - Karlsruhe, Germany: Fraunhofer ICT. pp 1-10 (90474673).

23. Manelis G B, Nazin G M, Rubtsov Y I, Strupin V A (1996) Thermal decomposition and combustion of explosives and gunpowders. Nauka, Moscow. 223 p. (in Russian).

24. Kubota N (2007) Propellants and explosives: thermochemical aspects of combustion.

WILEYVCH Verlag GmbH & Co, Weinheim. 509 p.

25. Toroptseva A M, Belogorodskaya K V, Bondarenko V M (1972) Laboratornyj praktikum po khimii i technologii vysokomolekulyarnyh soedinenij (Laboratory course of chemistry and technology of macromolecular compounds). Khimia, Leningrad. 416 p. (in Russian).

26. Merzhanov A G, Mukasyan A S (2007) Solid flame combustion. Torus Press, Moscow. 336 p. (in Russian).

27. Varma A, Rogachev A S, Mukasyan A S, Hwang S (1998) Combustion synthesis of advanced materials: principles and applications. Adv Chem Eng 24:79–226.

## 3.3　铝粉在 ADN/GAP 复合推进剂中的燃烧行为

**摘要：**由于没有 HCl 的放出，含 ADN/GAP 推进剂被认为是具有发展前景的绿色替代 AP/HTPB 固体火箭推进剂。添加铝粉是增加复合推进剂理论比冲的传统方法，优化的铝粉含量是 16%～18%，但是含 ADN（无氯）和 GAP（含能胶黏剂）推进剂配方虽然无 HCl 产生，但在获得相近的燃烧性能时会有更多的氮，显著的不同热效应发生在近燃烧表面的铝粉颗粒。本节研究了不同压力下最高到 15MPa 下铝粉在 ADN/GAP 体系中的燃烧行为，并与 AP/HTPB 进行了比较。研究了燃烧表面铝粉颗粒的团聚和含铝粉的 AP/HTPB 推进剂的燃烧行为，并延伸到 ADN/GAP 推进剂，接近推进剂燃烧表面的温度。结果表明，接近铝粉沸点较高的值会加速铝粉的熔化，并影响团聚过程。在较高的压力下，大量氧化铝蒸发和分解的温度接近 3000K。

### 3.3.1　引言

对环境问题的公众意识逐渐增强，这带动了最近几十年在航天领域包括在火箭推进领域寻找绿色燃料。常用于空间探测的固体推进剂配方直到今天大多还是高氯酸铵和端羟基聚丁二烯（AP/HTPB），主要燃烧产物之一是 HCl 被认为是主要的污染物，它产生酸雨和造成环境损害及发射架腐蚀。助推器包含这种固体推进剂，其以每秒上吨级燃烧，释放大量的盐酸，可在喷管处达到超过 20%的反应产物，而且，当考虑到大量的附加质量时，氯化铝和其他中间反应产物没有超过 2%将导致额外的严重问题。

这是发展一种新型绿色推进剂同时具有更好的推进性能的主要动力。

ADN 可能是一种有前途的 AP 代替物，如文献[1–3]，ADN 无氯。由于其较低的氧平衡+25.8%，代替 AP 的+34.04%，需要一种含能胶黏剂补偿这一缺陷。ADN 的主要问题是它和一些高聚物胶黏剂或聚合过程中的组分反应[2]，为了克服这一问题，应用包覆的 ADN 造粒，详见文献[4]。

一种合适的胶黏剂是 GAP（叠氮缩水聚甘油醚），由双炔丙基琥珀酸与异氰酸酯处理的一种含能胶黏剂[5]，使用间二醇氧化剂是必要的，允许添加比 HTPB 较高含量的铝粉以增加比冲。

为了比较 ADN/GAP/Al 和 AP/HTPB/Al 体系，图 3-36 所示为凝结平衡假设

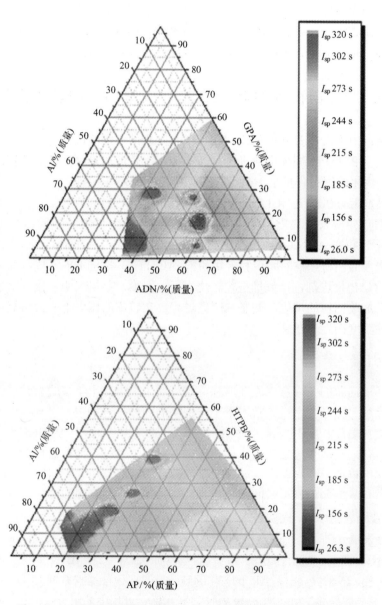

图 3-36　AP/HTPB/Al 和 ADN/GAP/Al 推进剂配方的质量比冲比较

下热动力学理论计算的质量比冲，计算应用 ICT 热动力学软件，膨胀比为 70:1[6]。很明显，和 AP/HTPB/Al（在 68%的 AP、12%的 HTPB 和 20%的 Al 时，最大比冲为 284s）相比，ADN/GAP/Al 体系在含 59%的 ADN、20%的 GAP、21%的 Al 粉在较广的铝粉含量范围具有明显更高的质量比冲，最高达 296s，甚至更引人注目的是，对于 AP/HTPB/Al，用 20%~30%胶黏剂含量代替 10%~20%胶黏剂含量可有更大的比冲，增强力学性能。

计算结果还表明，220K 以上的绝热燃烧温度导致比冲增加，这是因为燃烧室中燃烧产物的相对分子质量不同，这和文献[7]差别不大。

本文的主要目的是报道 ADN/Al/GAP 推进剂的燃烧行为，ADN/GAP 的热分解发生在 AP/HTPB 不同的热条件，导致对氧化的铝粉颗粒明显不同的热分解产物光谱。基于之前报道的[7]，这篇论文研究了铝粉颗粒在燃烧表面的团聚，生成的固体残渣、燃速和依赖于压强的温度。

## 3.3.2　试验部分

### 1. 配方测试

表 3-15 列出了制备的含 18μm 铝粉的推进剂配方 H32。造粒 ADN 由 ICT 乳液法制备，纯 ADN 来自于欧洲 Bofors，粒径分布 ADN 208μm 中 $d(0.1)$ 是 122μm，$d(0.5)$ 是 208μm，$d(0.9)$ 是 349μm 以及 ADN 55μm 中 $d(0.1)$ 是 33μm，$d(0.5)$ 是 55μm，$d(0.9)$ 是 100μm[4]。GAP 二醇预聚物（$M_n$=1685，$M_W$=1909，相对质量 1160g/mol）由 Eurenco（法国）购买，异氰酸酯固化剂聚氨基甲酸酯类胶黏剂 E305（相对质量 328 g/mol）来自拜耳材料科学（德国）；炔基固化剂（BPS，相对质量 97g/mol）由琥珀酸（Merck 822260）和炔丙基（Merck 807050）在 ICT 合成，固化催化剂二丁基二锡（DBTDL）从斯图加特 Merck 购买（8.20421.0250）。

表 3-15　Al/ADN/GAP 配方

| AND① | GAP Diol | E305② | BPS | Al | DBTDL③ | NCO/OH③ |
|---|---|---|---|---|---|---|
| 60/% | 19.59% | 3.1% | 1.31% | 16% | 0.04% | 0.56% |
| ① 造粒 208μm 和 55μm-ICT; | | | | | | |
| ② 多异氰酸酯; | | | | | | |
| ③ 配方中不包含催化剂 | | | | | | |

选择相当数量的含 16%铝粉、平均粒径是 18μm、膨胀比为 70:1 时获得 2695N·s/kg(4676N·s/dm³)的比冲，采用 ICT-热动力学软件计算的真空比冲是 293.7s。

组分在 1600r/min3500Pa 下行星离心式真空混合器中混合 2min，GAP 二醇加入烧杯，并与 DBTDL 和铝粉混合，接着加入双级配的 70:30、粗的平均粒径是 208μm 和细粒径的 55μm 的造粒 ADN，混合物冷却到室温。E305 和 BPS 同时加入悬浮液，进行推进剂药片的混合和浇铸没有任何问题，推进剂药条切成

4mm×4mm×35mm 的形状用于燃烧测试。

采用氦比重瓶方法测试样品的密度为 1.641g/cm³，这与单组分测试的密度有关的孔隙率为 3.70%相一致。

**2. 试验装置**

燃烧行为在 ICT 视窗燃烧器中 0.1、0.5、1、3、5、7、10、13 和 15MPa 下氮气中进行，烟道类型压力容器装有 4 个视窗，可插入不同类型材料的玻璃，允许分光镜测试范围为 UV、Vis、NIR 和 MIR。采用约 50mg 增强的熔断丝辅助混合物进行点火，采用了药条的侧表面部分抑制，但不管有或无抑制剂，燃速没有明显的不同。

为了收集铝粉，SEM 的样品放在燃烧室内的药条上方，从药条的上表面改变距离（5～15mm，依赖于观测的火焰长度），为了避免样品收集器被助推器混合物污染，药条仅用熔断丝点火，在每个压力点进行颗粒收集。

**3. 测试与数据分析**

为了观测推进剂的燃烧，采用带有 105mm 的低倍放大镜头的 24 位的高速摄像（Motion ProTM X-3，Redlake），最大分辨力为 1280 像素×1024 像素，它可以记录高达 2000 帧/s 的频率，降低图像截面，最大频率有可能 64000 帧/s，文献[8]报道了应用于确定稳定线性燃速的过程。

为了研究燃烧推进剂表面的团聚尺寸和行为，逐个分析了摄像仪记录的颗粒形貌和离开的颗粒的照片。如文献[9]解释的那样，在光学影像研究的燃烧，可获得约 14μm 每像素的图像分辨率，测试的压力范围是 0.1、1、3 和 5MPa，采用扩散扫描电镜（FE-SEM, Zeiss Supra 55VP）研究了收集的样品颗粒，接近表面的元素分析通过能量分散元素分析（EDX）进行。

当推进剂燃烧完时，不同火焰区的材料以膜的形式和靠近表面火焰区的材料以最底层膜沉积在样品收集器上。为了研究这一材料，所有的样品从上到下转移另一样品收集器中。

采用 MCS 611 PGS-NIR 2.2 分光仪（带有光学纤维高达 70Hz 的瞬时清晰度的 Carl Zeiss AG, 德国）测试了 1.0～2.2μm 的 NIR-光谱，采用黑体辐射器以强度与波长的形式标定了光谱，为了限制分光光度计的观测，有一个 2mm 切口的隔膜固定在距推进剂样品 15mm 处，因此，2～3mm 的分辨力是可被估计的。每一束光谱分析通过不需要绝对的从 NIR 产生温度的光谱辐射的 ICT-BaM 软件进行，由于它可以模仿气相反应产物、烟煤的光谱并在它们的波形基础上连续辐射。采用最小二乘法评估过程拟合计算光谱与测试光谱，这一技术在文献[10]中有描述。

### 3.3.3 结果与讨论

**1. 可视观测与燃速**

在所有的压力点推进剂药条均能点火和稳定燃烧，这意味着压力可燃极限

（PDL）不能精确测试，但如试验得到的一样，或许应不大于 0.02MPa。

图 3-37 所示为通过减小曝光时间和光圈优化的观测热颗粒的照片。在环境压力下，少量可辨别的球形颗粒在推进剂表面上，偶尔的单一的，主要是更大的颗粒分离并离开推进剂燃烧表面。随着压力的增加，离开的颗粒数量大大增加，但单一颗粒的形貌越来越扩散，并变得更小。在高于 5MPa 下，燃烧的颗粒密度增加形成云，由于燃烧颗粒的扩张区减小（随着压力的增加而发现的火焰），同时黑暗的蒸气云和颗粒喷射出来。

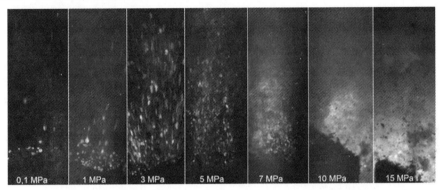

图 3-37　不同压力下推进剂燃烧过程（选自高速摄像测试的照片）

1MPa 下表面上团聚颗粒的数量比在 0.1MPa 时的多，但看起来随着压力的增加，数量和粒径减少；同时，相对于离开到火焰区的颗粒的亮度减小。

大部分 AVICOR[8]高速视频评估结果是如图 3-38 所示的线性燃速，显示出退移区。在更高的压力点，包含一薄层聚氨酯的包覆物对通过侧面燃烧而降低测试失败次数非常有用。当忽略失败的试验时，在包覆与未包覆药条中没有发现燃烧行为的明显不同。

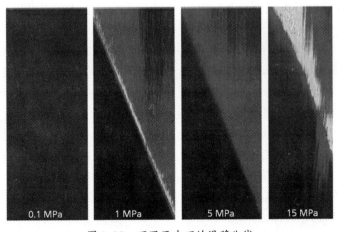

图 3-38　不同压力下的退移曲线

图 3-39 拟合了燃速结果，在每一压力进行了 2～6 次试验（黑点），7MPa 下燃速为 29.6mm/s，每一压力下的平均值用 Vieille 拟合（绿线）具有较好的一致性，Vieille 拟合结果的指前因子 $A$=(8.82±0.02)mm/s，压力指数 $n$=0.58±0.02，测定的系数 $R$=0.9956。燃速结果对于一些空间应用是相当高的，但在许多火箭推进中可以应用。

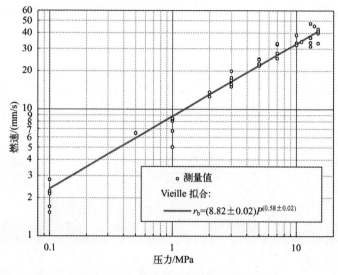

图 3-39　燃速随压力的变化曲线

## 2. 光谱研究与温度

波长范围 0.3～2.15μm 的光谱辐射主要由热凝聚材料的连续辐射控制。在近红外范围水波在 1.3～1.6μm 和 1.7～2.1μm 段连续重叠，在 769nm 处（由 766.4nm 和 769.8nm 两个线形成）出现额外较强的线，1.17μm 和 1.25μm 表明在 ADN 中有钾残留，强的钾线在工程推进剂很难避免，尤其是由于 ADN 来自于二硝酰钾盐。图 3-40 拟合了典型的光谱。图 3-37 表明反应粒子比在推进剂表面发射更亮的光，因此，很明显，连续的光谱被分配到反应粒子的发射光，主要的排放物是以氧化铝为主从反应盖（或外壳）的铝颗粒。水波段是由于水蒸气和代表性的分别从可能存在的不同温度的颗粒发散热火焰气体，因此，ICT-BaM 分析或许可以预估不同连续体的温度和水波段[14]，用于计算连续灰色体的发射得到应用。粒子云可能因为在粒子云中的多层反射是连续的灰色体，很难确定详细波长与连续体的依赖性[15]。此评估通过拟合计算的光谱（红色点）由一个灰色体连续体和水波段叠加组成，假设不同温度到测试点（黑线）和发散的钾线吻合良好，结果列于图 3-40。然而，在许多情况下，水波段的强度太弱，以至于不能准确预估可靠的温度，这是由于微弱的信号强度和预期的水温值有很大的误差。

水蒸气的温度在 2000K±200K 变化。热颗粒的测量温度可以被认为是相当准确的，并且主要在以下部分中讨论。图 3-41 中，把在每次测试中测量得到的最大温度作为压力的函数（红点）。该值从环境压力下的大约 2000K 急剧增加到高于 10MPa 的压力下接近 3000K 的值。图 3-41 还显示了绝热温度，而该绝热温度是使用 ICT-热力学法则在从 0.1MPa 下的 3100K 增加到 15MPa 下的 3600K（红线）的相同压强范围内计算得到的，这意味着在燃烧室中测量的值比理论值低 30%～20%，这是意料之中的结果[10]。考虑到燃烧室的非绝热环境以及相对较高的绝对温度导致了大量的热损失，所以该结果看起来还是非常合理的。每次测量得到的最高温度与绝热温度的比值也绘制在图 3-41 中（蓝点）。

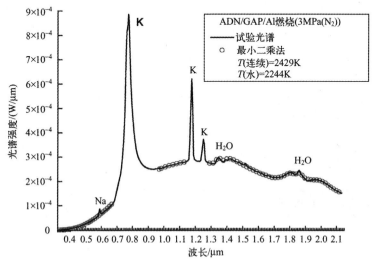

图 3-40　由 ICT-BaM 拟合和评估的 ADN/GAP/Al 推进剂发射光谱的特征

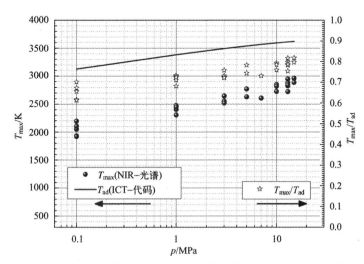

图 3-41　测试的最高温度和 ICT 计算的绝热温度比较—热力学代码和它们的商作为压力的函数

由于使用的是 2mm 狭缝的光谱仪，光谱仪的视野会受到限制，因此单个光谱会被分配给沿着火焰的不同区域，这可以使用光谱系列的强度有效地实现。根据图 3-37，在接近推进剂的表面强度应该会急剧地增加，这可以在集成光谱强度的过程中检测到，如图 3-42(a)所示。使用单独测量的燃烧速率 $r$，按照比例 $x= r \cdot t$ 将曲线从时间 $t$ 转换为位置 $x$。如上所确定的小于 3mm 的狭缝的分辨力，与所显示的强度分布的上升趋势很好地一致，而在实际中应该是有一个跳跃的。因此，只需考虑两个火焰区，即靠近发生聚集的表面区域和包含移动热粒子的区域，这两个区域绘制在图 3-42 中。假设在第二区，分离的富铝粒子会被像水和碳氧化物这样的火焰气体氧化。

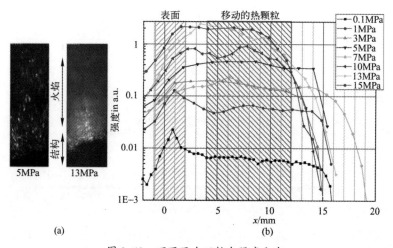

图 3-42　不同压力下轴向强度分布

在 1MPa 的低压下，在靠近表面处检测到强度的峰值最大值，其可以扩散到悬浮在推进剂表面上的热颗粒。火焰区的强度低，可能是因为在该范围内观察到了相对少的颗粒（图 3-37 和图 3-42（b））。随着压力的增加，接近表面的峰值消失，同时最大强度会出现在火焰区。

温度曲线的趋势相反，示例曲线如图 3-43 所示。在低压达到 5MPa 时，温度低于火焰区的温度。在 5MPa 以上，靠近表面的温度明显高于在火焰区内的温度。值得注意的是，大多数温度曲线的分布并不依赖于压力而是在表面上方约 15mm 处就截止，这正好是粒子热量所能辐射到的位置，这意味着反应过程的速度会以这样一种方式增加，即过度补偿由燃速压力依赖性而引起增加的气流，因此火焰朝燃烧表面方向移动。颗粒的氧化区以类似的方式移动并在接近表面处造成温度最大值。

图 3-44 所示为在压力函数所考虑的范围内测量得到的最大温度值。在靠近表面处，绝对温度从 0.1MPa 时的大约 1850K 急剧增加到 15MPa 时的近

3000K。低于 5MPa 时，火焰区的温度较高，并且从 0.1MPa 下的 2200K 增加到 5MPa 下的约 2650K。在该压力以上，可以观察到约 2000K 这个非常低的值再次增加并且超过 10MPa 时的值，这可能是高光学厚度的结果。随着粒子密度的增加，其仅能够检测粒子云团区域外辐射的温度。

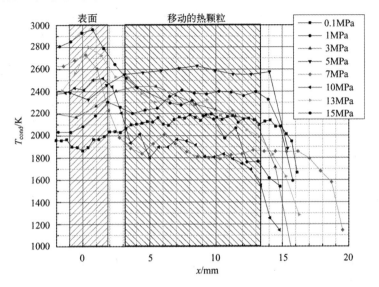

图 3-43　不同压力下连续温度的轴向分布

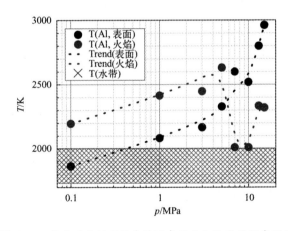

图 3-44　作为压力的函数在接近表面和火焰区的温度测试

### 3. 团聚

应用视频分析可能测试在推进剂表面开始出现的可观测的颗粒的平均尺寸，其不受压强的强烈影响，这种类型的颗粒的平均直径约 80μm，在 0.1MPa 和

1MPa 下相同，这一数值是推进剂配方中初始铝粉粒径的 4 倍，这些初始的颗粒团聚体在分离表面前的体积大大地增加，团聚体的可视观测表明，液相颗粒的鼓起行为。

对于测试的 ADN/GAP/Al 配方观测的团聚现象可细分为以下 5 个阶段：

（1）凝聚相里的预聚集体使铝粉颗粒的直径从 18μm 增加到平均测试的 77～78μm。

（2）在燃烧表面增加预聚集颗粒并可能首先点火。

（3）本区域和最近或潜在的颗粒的聚集并完成聚集到团聚的转变，表述为大家所熟知的氧化剂盖。

（4）燃烧表面上滚动旋转的颗粒使其和其他滚动旋转的颗粒聚集，但通常由于体积增加而没有聚集。

（5）当颗粒达到一定的直径，它们与燃烧表面分离，在许多情况下，粒径增加伴随着亮度增加，表明温度升高，尤其是随着压力的增加，一些团聚体膨胀并看起来沸腾。

在所有观测的混合物中，有时出现颗粒消失到燃烧药条的空隙中。

由于聚集/团聚过程产生的团聚体与在 AP/HTPB/Al 中观察到的凝聚体没有太大的不同，事实上，它们似乎在大多数情况下是圆形的，并且对于典型的推进剂例如 AP/HTPB/Al 会呈现出相同氧化膜（有一些小的例外）（文献[13]）。在升空之后，它们会沿直线以相同旋转运动通过火焰区。

由聚集/团聚的凝聚分离颗粒群凝聚态尺寸的特征是随着最大压力的下降，它的粒径分布会变得非常窄（图 3-45）。通常每个柱状图计量了近 2000 个颗粒，使用以参数表征的正态分布，可以将它们非常好地描述出来。

对于所研究的样品 H32，分析得到的分离态凝聚物的平均直径汇总在图 3-46 中。相对于原始尺寸为 18μm 的铝颗粒，凝聚物的尺寸按其一个数量级往上增长，该值从环境压力下的约 265μm 减小到 5MPa 下的小于 150μm，这个趋势与在 AP/Al/HTPB 系统中的发现有着很好的一致性[14, 15]。

样品 H32 含有 ADN 颗粒的双峰尺寸分布，双峰平均直径分别为 208μm 和 55μm。在图 3-46 中，包含具有相同组分但 ADN 颗粒尺寸不同的 ADN/Al/GAP 配方的进一步结果。样品 D 包含直径 5μm 的较小铝颗粒。

例如文献[7]中所述，并且通过对图 3-46 所示的推进剂 D 和 G 的进一步研究可以证实，铝颗粒的初始尺寸似乎并不影响凝聚体的直径。

ADN 氧化剂的尺寸会明显地影响凝聚体的尺寸，这也与文献[16,17]中对 AP/Al/HTPB 推进剂的论述一致。如图 3-46 所示，最大的 ADN 颗粒（H27）对应凝聚物的最大平均尺寸。虽然这些颗粒比凝聚物仅仅大 10%（20μm），但凝聚体的尺寸却几乎是样品 G 的 2 倍。除了 0.1MPa 的情况之外，双峰分布都会在所研究的两种单峰混合物之间的凝聚体处产生。

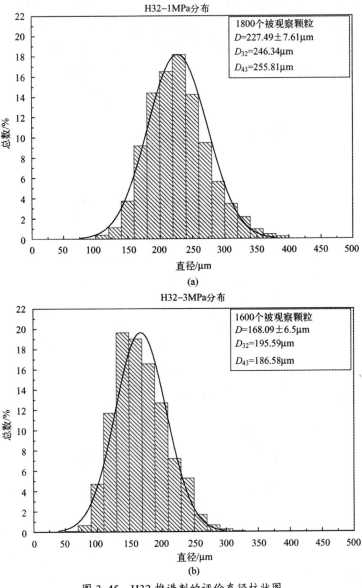

图 3-45　H32 推进剂的评价直径柱状图

(a) 1MPa；　(b) 3MPa。

### 4. 收集的颗粒的 SEM/EDX 分析

图 3-47 所示为在不同压力和放大倍数下收集的残渣颗粒的 SEM 图像。大多数颗粒是圆的，一些特别大的颗粒仍然表现出有一层氧化膜，这表明没有完全

燃烧（图 3-47(a)）。通过 EDX 分析证实，在较小的氧化膜内具有较高的铝/氧比。通常，O/Al 会随着压力的增加显著增加，这表明氧化更完全。一些 EDX 分析，特别是在 7MPa 和更高压强下进行的分析，会出现额外的 10～20 mol％的氮含量，在许多情况下，还会伴随有相同数量级的碳出现。目前尚不清楚这些氮是否是由制剂的组分（ADN，GAP）或通过与压力气体的反应引起的，在将来，这些研究还将会在氩气环境下重复，但碳的出现只能是 GAP 胶黏剂引起的。

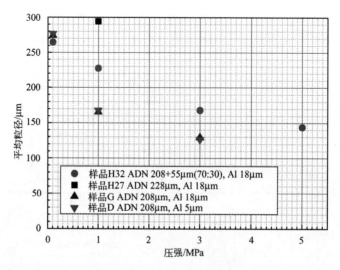

图 3-46　不同造粒氧化剂的团聚平均粒径

在低压 0.1MPa 下，发现了许多尺寸约 10μm 的颗粒（图 3-47(b)）。这与图 3-46 中对凝聚物的分析刚好相反。这些颗粒是球形的并且具有较高的氧含量，这表明通过 EDX 分析证明是纯氧化铝。或许小的铝颗粒在较低温度下会完全在其表面下或表面被氧化，并且炽热的凝聚物在图像中并不可见。在 0.1MPa 下，也可观察到蓬松材料的纳米结构（图 3-47），但随着压力的增加，这些结构会消失。

在较高压强下，收集的颗粒由一些球形的亚颗粒组成，这些颗粒看起来就像是烧结在一起的较大凝聚体（图 3-47(g)，(h)）。这清楚地表明，较低的黏度可能是由较高温度时碰撞造成的。

在任何压力水平下收集到的颗粒，大多数都有个小孔，这个小孔看起来像是由颗粒里面释放出气体而形成。此外，从所保存样品的表面去除的颗粒同样在内部有大量小的冷冻气泡（图 3-47(d)，(e)），在一些情况下，还发现破碎的中空球体内仅有一层薄薄的氧化膜（图 3-47(f)），这与 Babuk 的观察是一致的，他还发现在 AP/HTPB/Al 这些推进剂中存在有着气体外壳的凝聚物[18]。

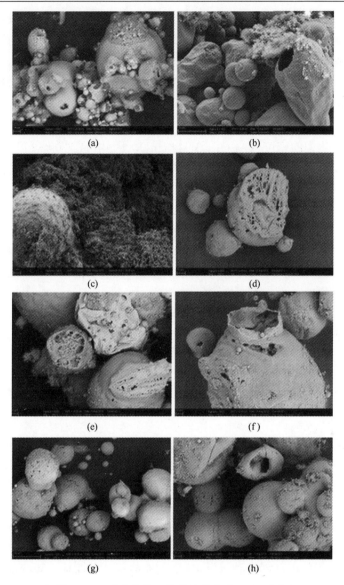

图 3-47　不同压强下收集的产品的 SEM 照片

(a) 0.1MPa;　(b) 0.1MPa;　(c) 0.1MPa;　(d) 3MPa;　(e) 5MPa;　(f) 7MPa;　(g) 13MPa;　(h) 15MPa。

## 3.3.4　结论

　　包含 ADN/GAP 且填充有 16% 的铝的推进剂，它的燃烧特性的表征应重点关注铝的凝聚和反应。推进剂的特征在于压力依赖燃烧速率遵守维氏定律，其中压力指数为 0.58，A 因子为 8.82mm/s，这对于空间推进的许多应用来说是相当高的，现在就需要进一步努力以降低绝对燃烧速率。依赖于压力，高达 3000K 的高温是确定的。反应铝颗粒的凝聚方式与 AP/HTPB/Al 的研究体系相似。凝聚物尺寸的大小主要受氧化剂粒度的影响，并随着压力的增加而降低，这与靠近表面的凝聚物温度的升高密切相关。凝聚物在达到一定尺寸之前是不会脱离的。但这与物理经验相矛盾，经验认为较小的颗粒更容易被具有一定速度的气流作为较大的颗粒而带走。要解释这种现象，只能假设在凝聚过程中来自 ADN/GAP 的热解气体会将颗粒氧化，随着颗粒的氧化，凝聚物密度会降低。但是纯铝的密度是 $2.7\text{g/cm}^3$，低于氧化的氧化铝的密度（$Al_2O_3$：$3.94\text{g/cm}^3$）。因此，在氧化过程中密度的降低只能通过假设来解释，即凝聚物内部的气膜与在火焰区收集到的残余颗粒中发现的一样。

在标准大气压下，铝的熔点为 934K，沸点是 2743K。氧化铝（$Al_2O_3$）的熔点为 2345K，在约 3250K 时，其开始沸腾并分解。在凝聚物的表面上测量得到温度跟沸腾铝的温度处于一个量级，这可以解释为在颗粒群内部存在着是铝蒸气气泡。但同时也应考虑到在颗粒群内部还会形成气态的 AlO。

这些现象将进一步集中研究。

**致谢**

实验得到的结果得到欧盟第七届框架规划（FP7/2007-2013）No：262099 的支持。

# 参 考 文 献

1. Larsson A, Wingborg N (2011) Green propellants based on ammonium dinitramide (ADN). In: Jason Hall (ed) Advances in spacecraft technologies. InTech, Rijeka, Croatia.

2. Menke K, Heintz T, Schweikert W, Keicher T, Krause H (2009) Formulation and properties of ADN/GAP propellants. Propellants Explos Pyrotechnics 34:218-230.

3. Weiser V, Eisenreich N, Baier A, Eckl W (1999) Burning behaviour of ADN formulations. Propellants Explos Pyrotechnics 24:163-167.

4. Heintz T, Pontius H, Aniol J, Birke C, Leisinger K, Reinhard W (2009) Ammonium dinitramide (ADN) - prilling, coating, and characterization. Propellants Explos Pyrotechnics 34:231-238.

5. Keicher T, Kuglstatter W, Eisele S, Wetzel T, Krause H (2009) Isocyanate-free curing of glycidyl azide polymer (GAP) with bis-propargyl-succinate (II). Propellants Explos Pyrotechnics 34:210-217.

6. Volk F, Bathelt H (1998) User's manual for the ICT-thermodynamic code, vol 1, Bericht 14/88. Fraunhofer-ICT, Pfinztal.

7. Weiser V, Franzin A, Gettwert V, DeLuca L T (2013) Combustion of metallised ADN/GAP

solid rocket propellants with focus on agglomeration effects. In: 5 EuCASS-Propulsion Physics, Munich, 01-05 July 2013.

8. Weiser V, Ebeling H, Weindel M, Eckl W, Klahn T (2004) Non-intrusive burning rate measurement under pressure by evaluation of video data. In: 35th international annual conference of ICT, 29 Jun-2 Jul 2004, Karlsruhe, pp 158-(1-6).

9. DeLuca L T, Galfetti L, Maggi F, Colombo G, Reina A, Dossi S, Consonni D, Brambilla M (2012) Inovative metallized formulation for solid or hybrid rocket propulsion. Chin J Energetic Mater 20(4):465-474.

10. Weiser V, Eisenreich N (2005) Fast emission spectroscopy for a better understanding of pyrotechnic combustion behaviour. Propellants Explos Pyrotechnics 30:67.

11. Lynch P, Krier H, Glumac N (2010) Emissivity of aluminum-oxide particle clouds: application to pyrometry of explosive fireballs. J Thermophys Heat Transf 24(2):301-308.

12. Beckstead M W (2004) A summary of aluminum combustion; NATO Report RTO-EN-023; NATO Research & Technology Organization: Neuilly-sur-Seine, France.

13. Babuk V A, Vasilyev V A, Malakhov M S (1999) Condensed combustion products at the burning surface of aluminized solid propellant. J Propuls Power 15(6):783-793.

14. DeLuca L T, Marchesi E, Spreafico M, Reina A, Maggi F, Rossettini L, Bandera A, Colombo G, Kosowski B M (2010) Aggregation versus agglomeration in metallized solid propellants. J Energetic Mater Chem Propuls 9(1):91-105.

15. Sambamurthi J K, Price E W, Sigman R K (1983) Aluminium agglomeration in solid-propellant combustion. AIAA J 22(8):1132-1138.

16. DeLuca L T (2007) Burning of aluminazed solid rocket propellants: from micrometric to nanometric fuel size, vol VI, Theory and practice of energetic materials. IASPEP, Xi'an.

17. Cohen N S (1983) A pocket model for aluminium agglomeration in composite propellants. AIAA J 21(5):720-725.

18. Babuk V A, Dolotkazin I N, Glebov A A (2005) Burning mechanism of aluminized solid rocket propellants based on energetic binders. Propellant Explos Pyrotechnics 30(4):281-290.

## 3.4　含不同纳米铝粉的固体推进剂激光点火特性

摘要：在氮气气氛下，分别采用油酸、全氟十四酸和乙酰丙酮镍对纳米铝粉进行了表面包覆处理，制备了油酸包覆的纳米铝粉（nAl@OA）、全氟十四酸包覆的纳米铝粉（nAl@PA）和乙酰丙酮镍包覆的纳米铝（nAl@NA），并通过激光点火系统对不同纳米铝粉的点火燃烧特性进行了表征。同时，还对含该类不同纳米铝粉的端羟基聚丁二烯（HTPB）复合固体推进剂的燃烧性能进行了研究。结果表明，不同表面包覆材料包覆的纳米铝粉其点火过程的热流密度存在一阈值。由于乙酰丙酮镍在点火燃烧过程中有一定的燃烧催化作用，因此，nAl@NA 的点火延迟时间最短。同时，含 nAl@NA 的 HTPB 固体推进剂在不同压强下的燃速也最高，在 15 MPa 下的燃速最高，达到 26.13 mm·s$^{-1}$。含有 nAl@OA 和 nAl@PA 的推进剂样品燃烧速率在不同压力下几乎相同，仅在 10～15MPa 高于未包覆纳米铝粉。含不同纳米铝粉的推进剂在不同压强下的燃烧火焰强度也各不相同，而且表面包覆纳米铝粉对推进剂的燃烧火焰温度影响较小，推进剂的燃烧表面温度随压强的增加而增加。

### 3.4.1　引言

纳米铝粉作为一种新型的含能材料，由于其优异的热释放性能[1]，近年受到了广泛的关注，尤其是在高能炸药[1-3]、固体推进剂[4-7]和纳米铝热剂[8-10]方面的应用已经取得了较大的进展，有取代普通铝粉或微米级铝粉的趋势。端羟基聚丁二烯（HTPB）复合固体推进剂由于其优异的燃烧性能以及加工、储存性能成为目前应用最广泛的固体推进剂。采用纳米铝粉取代 HTPB 推进剂中的微米铝粉可提高推进剂的燃速，降低压强指数，减小喷管的两相流损失以及降低点火延迟时间等[11]。Baschung 等[6]的研究表明，添加 20%的纳米铝粉可将 HTPB 推进剂的燃速提高 70%。Ivanov 等[12]的研究也表明，与含普通微米铝粉的 HTPB 推进剂相比，含纳米铝粉的固体推进剂的燃速更高。在某些条件下，含 Alex 型纳米铝粉推进剂的燃速是含普通铝粉推进剂燃速的 5～20 倍。同时，含 Alex 型纳米铝粉的推进剂的燃烧产物更清洁，燃烧残渣更少。

尽管纳米铝粉存在上述诸多优点，但由于纳米粒子的特殊特性，使得纳米铝粉在使用时仍然面临着某些亟待解决的问题。例如，直接放置于空气中的铝纳米粒子，很容易发生氧化并形成 2～6 nm 厚的惰性氧化层[13]，对于普通微米铝粉粒子来说，该 2～6 nm 厚的惰性氧化层所占的质量分数不到 0.5%，而对于纳米铝粉粒子而言，当其粒径小于 20 nm 时，其惰性氧化层的质量分数可高于 70 %。对于纳米铝粉，其表面氧化层所占的比例越大，则其能量密度越低，而且其氧化层越厚，其点火温度也越高[14-16]。

纳米铝粉在使用过程中所面临的一个首要问题即其加工性能。由于纳米铝粉的比表面积高，因此在试验中使用纳米铝粉会降低固体推进剂的加工性能。在某些情况下，胶黏剂甚至不能完全润湿所有的固体粒子，从而导致固体推进剂的力学性能降低，材料变脆而不适合使用[17]。其次，纳米铝粉还很容易与某些含能材料组分（如 RDX）和气态产物反应，因此，在长期储存中可能存在不相容的问题。此外，含纳米铝粉的含能组分其静电火花感度（ESD）较含微米铝粉的含能组分更高[19]。

　　解决上述问题的一种有效方法是对纳米铝粉进行表面包覆处理[20]，以在纳米铝粉的表面形成一层保护层，从而阻止其过度氧化。Cliff 等[21]的研究表明，对于电爆炸法制备的纳米铝粉，通过采用硝化棉（NC）、油酸（$C_{17}H_{33}COOH$）、硬脂酸（$C_{17}H_{35}COOH$）以及全氟羧酸对其进行表面包覆处理可提高纳米铝粉在空气中的抗氧化能力，并在加热反应过程中又呈高活性的特性。Jouet 等[23]也采用全氟羧酸对纳米铝粉进行了表面包覆处理并对其性能进行了研究，其研究结果表明，对纳米铝粉进行表面包覆处理可提高纳米铝粉在空气中的稳定性。Foley 等[24]的研究发现，采用过渡金属包覆的纳米铝粉，将其暴露于空气中时，虽然其依然会产生少量的氧化层，但其反应活性却较未处理的纳米铝粉明显提高，而且采用镍包覆的纳米铝粉的金属铝含量相对最高。

　　目前，关于不同包覆材料处理的纳米铝粉及含不同包覆纳米铝粉的复合固体推进剂的燃烧性能的研究还很少，因此，本研究内容的主要目的主要是研究含不同类型包覆处理的纳米铝粉对复合固体推进剂的点火燃烧性能的影响。

## 3.4.2　试验部分

### 1. 油酸包覆纳米铝粉（nAl@OA）的制备

（1）在氮气气氛保护下，将一定量的纳米铝粉（约 50 nm）迅速加入正己烷中，超声波分散 30 min。

（2）将溶有油酸（纳米铝粉质量的 10%）的正己烷溶液迅速加入到上述超声波分散后的悬浮液中，继续超声波分散 10 min。

（3）在 60℃的恒温水浴中搅拌反应 12 h，整个过程始终在氮气气氛保护下进行；反应完全后将反应产物放入真空干燥箱中干燥，待完全干燥后，在玛瑙研钵中研磨，得到油酸包覆的纳米铝粉。

### 2. 全氟十四酸包覆纳米铝粉（nAl@PA）的制备

（1）在氮气气氛保护下，将一定量的新拆封的纳米铝粉迅速加入无水乙醚中，超声波分散 30 min。

（2）将溶有全氟十四酸（纳米铝粉质量的 10%）的无水乙醚溶液迅速加入到上述超声波分散后的悬浮液中，继续超声波分散 10 min。

（3）在 60℃的恒温水浴中搅拌反应 12 h，整个过程始终在氮气气氛保护下进行；反应完全后将反应产物放入真空干燥箱中干燥，待完全干燥后，在玛瑙研钵中研磨，得全氟十四烷酸包覆的纳米铝粉。

### 3. 乙酰丙酮镍包覆纳米铝粉（nAl@NA）的制备

（1）在常温、常压下称取 0.5 g 乙酰丙酮镍加入 30 mL 乙二醇二甲醚中，搅拌使其溶解形成均匀混合的溶液，然后装入滴液漏斗中。

（2）在氮气气氛下，称取 1.0g 新鲜纳米铝粉，加入装有 30mL 乙二醇二甲醚的三口烧瓶中，超声分散 30min，使纳米铝粉在乙二醇二甲醚中充分分散。

（3）在磁力搅拌作用下，将乙二醇二甲醚与乙酰丙酮镍的溶液以 3 滴/min 的滴加速度缓慢加入均匀分散的纳米铝粉的乙二醇二甲醚液体中，滴加过程中三口瓶内液体温度始终控制在 60℃左右，滴加完毕后仍然维持此温度并继续搅拌 12 h。

（4）搅拌结束后，将液体冷却至室温，静置后去除上层液体，将剩余固体通过自然挥发干燥后取出即为乙酰丙酮镍包覆的纳米铝粉。

**4. 复合固体推进剂试样的制备**

复合固体推进剂的配方组成见表 3-16。推进剂配方含 10%的 HTPB、70%的 AP、15%的 Al 和 4%的己二酸二辛酯（DOA），推进剂的制备采用真空浇铸法。为了改善推进剂的燃烧和加工性能，在推进剂中加入了 1.0 %的交联剂、加工助剂和燃速改良剂[25]。所有推进剂试样中都采用两种粒度分布的 AP，分别为 68 %的平均粒径约 105 μm 的粗 AP 和 32 %的平均粒径约 13 μm 的细 AP。普通微米铝粉的粒径约为 5 μm。

表 3-16　复合固体推进剂配方组成

| 试样编号 | 包覆材料 | HTPB/% | AP/% | mAl/% | nAl/% | 其他/% |
|---|---|---|---|---|---|---|
| 11HT-0 | — | 10 | 70 | 15 | 0 | 5 |
| 11HT-1 | — | 10 | 70 | 5 | 10 | 5 |
| 11HT-2 | 油酸 | 10 | 70 | 5 | 10 | 5 |
| 11HT-3 | 全氟十四酸 | 10 | 70 | 5 | 10 | 5 |
| 11HT-4 | 乙酰丙酮镍 | 10 | 70 | 5 | 10 | 5 |

固体推进剂样品的制备工艺为：按表 3-16 中的配方称取相应原料，加入 2L 立式捏合机中，在真空条件下充分混合，以去除药浆中的气泡，药浆经充分混合后浇入尺寸为 3cm×4cm×15cm 铝制模具中，70 ℃固化 7 天。

**5. 结构表征**

扫描电镜（SEM）分析采用荷兰 FEI 公司 Quanta 600 型场发射环境扫描电镜对不同类型包覆纳米铝粉的形貌特征进行观测；光电子能谱（EDS）分析在英国 OXFORD 公司的 INCA Penta FET×3 型能谱分析仪上进行；X 射线粉末衍射（XRD）测试在日本理学 Rigaku D/max-2400 型 X 射线衍射仪上进行，X 射线源采用 Cu $K_\alpha$，波长为 0.15406 nm，扫描速率为 4 (°)·$min^{-1}$，步长为 0.02°；傅里叶红外变换光谱（FTIR）测试在德国 Bruker Tensor 27 型 FTIR 仪上进行，通过采用 KBr 压片法，红外光谱测试范围为 4000～400 $cm^{-1}$，扫描次数为 32 次，图谱分辨率为 4 $cm^{-1}$。

**6. 试验装置及测试方法**

1）激光点火特性测试

激光点火特性主要采用激光点火系统进行表征，其装置如图 3-48 所示。该系统主要由激光能源系统、试验容器、充压装置和测试记录系统四部分组成。其中激光能源采用最大功率为 120W、输出波长为 10.6μm 的 $CO_2$ 连续激光器。测试记录系统由高性能数字示波器、计算机、光电传感器以及高速摄影组成，用于试验过程参数的测试、记录及数据处理。

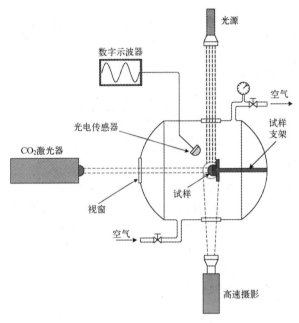

图 3-48　激光点火装置示意图

2）燃烧特性测试

图 3-49 是 1MPa 下的火药燃烧过程测试装置示意图，该装置由真空密闭燃烧器、压力表、真空表、加热装置和真空泵组成。将不同包覆类型的纳米铝粉装入直径约 0.5mm、长度约 20mm 的硝化棉纸筒中，然后放入密闭燃烧室中，将燃烧室锁紧。通过透明观察窗使用高速摄像机记录不同纳米铝粉样品燃烧的火焰状态和燃烧时间。

3）推进剂燃速测试

推进剂试样的燃速测定采用靶线法，在充氮调压式燃速仪中进行燃速测试，测试时环境温度为 20℃，压强范围为 4～15MPa。推进剂试样需制成 5mm×5mm×150mm 的药条，侧面用聚乙烯醇溶液浸渍包覆，以保证推进剂燃烧过程中燃面大小保持一致。

4）燃烧火焰结构测试

用单幅放大彩色摄影法拍摄推进剂在不同压力下稳态燃烧时的火焰结构照片。试验时把不包覆的 1.5mm×4.0mm×25.0mm 的样品垂直装在点火架上，然后把点火架放入四视窗燃烧室内，充氮气使燃烧室内达到预定压力，并形成自下而上的流动氮气气氛，及时排除燃气以保证照片质量。采用 20V 直流电源作点火源，通过程序控制器用 $\phi 0.15mm$ 镍铬合金丝从样品上端点燃试样，在适当的时候启动相机拍照，即可得到推进剂稳态燃烧时的火焰结构照片。

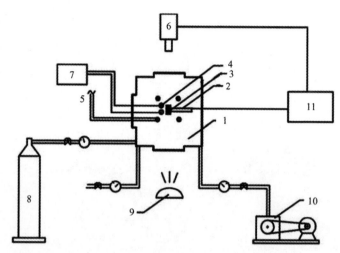

图 3-49　火药燃烧过程测试装置示意图

1—真空密闭燃烧器（带透明窗）；2—热电偶；3—样品；4—点火电极；5—加热器；
6—高速摄像仪；7—点火器；8—空气瓶；9—光源；10—真空泵；11—数据采集处理仪。

5）燃烧波温度分布测试

采用 Π 形双钨铼微热电偶测试固体推进剂的燃烧波温度分布。将热电偶（直径为 25μm）埋设在推进剂试样（直径为 7mm，长度为 120mm）中间，试样用火焰延缓剂的聚乙烯醇溶液包覆，接着暴露在空气中干燥[26,27]。

采用镍铬合金丝（直径为 0.15mm）在 20V 直流电压下点火，自动触发采集系统示波器，记录热电偶输出的电信号。推进剂燃烧完后，热电偶逐渐接近燃烧表面，并最终进入火焰区，这样就测得了推进剂从凝聚相到气相的整个燃烧过程和燃烧波结构分布。

## 3.4.3　结果与讨论

### 1. SEM-EDS 分析

图 3-50 是未处理纳米铝粉 nAl、nAl@OA、nAl@PA 和 nAl@NA 的 SEM 照片。从图 3-50(a)可以看出，未处理纳米铝粉（nAl）的形状呈球形，平均粒径约 50nm。由于包覆在纳米铝粉表面的油酸的键合效应，使得 nAl@OA 之间相互粘连在一起，粒径变大，达到约 200nm（图 3-50(b)）。从图 3-50(c)可以看出，纳米

铝粉经全氟十四酸包覆处理后，其粒子分散性增加，各粒子的分布更均匀，这可能是由于全氟十四酸为长碳链结构，其通过末端羧基与铝粉表面铝原子结合形成牢固的化学键[23]，另一端链较长可产生位阻，从而起到分散剂的作用，使纳米铝粉粒子间彼此分离，从而使纳米铝粉的分散性增加。从图 3-50(d)还可以看出，经乙酰丙酮镍包覆处理后的纳米铝粉表面光滑，粒子粒径分布均匀，分散性有所提高，但仍存在一定的团聚现象。

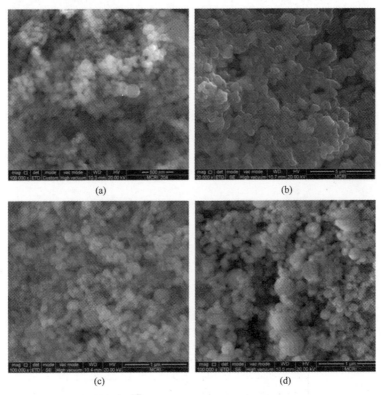

图 3-50　不同类型包覆纳米铝粉的 SEM 照片
(a) nAl；(b) nAl@OA；(c) nAl@PA；(d) nAl@NA。

图 3-51 所示为不同类型包覆纳米铝粉的 EDS 谱图。从图 3-51 中出现的 C、O、F、Al 和 Ni 的谱峰可以看出，经油酸、全氟十四酸以及乙酰丙酮镍包覆处理后的纳米铝粉，其 EDS 谱图中均会出现相应的元素峰。

**2．XRD 分析**

图 3-52 所示为不同类型包覆纳米铝粉的 XRD 谱图。从图 3-52 中可以看出，其在 $2\theta$ 为 38.42°、44.66°、65.02°、78.10°及 82.44°处出现强的衍射峰。结果表明，这些衍射峰分别对应于面心立方（fcc）结构金属铝的（111）、（200）、（220）、（311）及（222）晶面的衍射（与标准 PDF 卡片号：04-0787 相一致）[28-31]；根据 Schemer

公式计算的晶粒平均粒径约 28nm；从图 3-52 中还可看出，由于表面有机物的存在，故经油酸和全氟十四酸包覆处理后的纳米铝粉，其 XRD 谱图在 $2\theta$ 为 15°～20° 处存在一宽的衍射峰[32]。

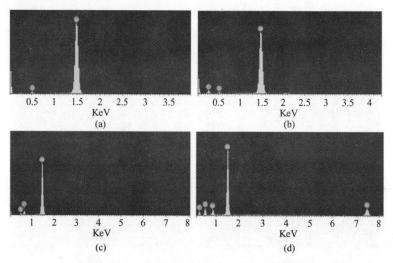

图 3-51　不同类型包覆纳米铝粉的 EDS 谱图

(a) nAl；(b) nAl@OA；(c) nAl@PA；(d) nAl@NA。

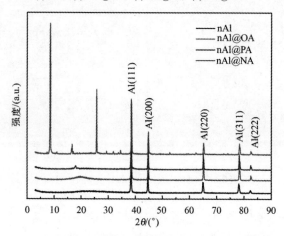

图 3-52　不同类型包覆纳米铝粉的 XRD 谱图

## 3. FTIR 分析

图 3-53 所示为油酸和经油酸表面包覆处理后的纳米铝粉 FTIR 谱图。从图中可以看出，3006cm$^{-1}$ 为 O-H 的伸缩振动吸收峰；2925cm$^{-1}$ 和 2854cm$^{-1}$ 处对应的是油酸中 C-H 的非对称和对称伸缩振动吸收峰；1711cm$^{-1}$ 处的峰是由 C=O 双键伸缩振动引起的[33-36]；而从经油酸表面包覆后的纳米铝粉（nAl@OA）的 FTIR

谱图中可以看出，其存在与油酸类似的红外吸收峰，表明油酸主要以物理吸附的方式包覆在纳米铝粉的表面。

图 3-54 所示为全氟十四酸（PA）和 nAl@PA 的 FTIR 谱图。从图中可以看出，$3443cm^{-1}$ 和 $3552cm^{-1}$ 处为 PA 中 O—H 的伸缩振动吸收峰；$1703cm^{-1}$ 处为 PA 中 C＝O 双键的伸缩振动吸收峰；$1153cm^{-1}$ 和 $1201cm^{-1}$ 处是 PA 中 C—F 键伸缩振动吸收峰。而从 nAl@PA 的 FTIR 谱图中可以看出，在 $1147cm^{-1}$ 和 $1201cm^{-1}$ 处仍然存在 C-F 键的伸缩振动吸收峰，但 $1703cm^{-1}$ 处的 C＝O 的伸缩振动吸收峰和 $3443cm^{-1}$、$3552cm^{-1}$ 处的 O—H 伸缩振动吸收峰消失，而在 $1493cm^{-1}$ 和 $1676cm^{-1}$ 处存在微弱的特征吸收峰，为羧酸盐中 C＝O 双键的非对称和对称伸缩振动特征吸收峰，表明羧酸通过 O—H 键的断裂的方式与纳米铝粉表面的铝原子发生了化学反应，以化学键合的形式附着在纳米铝粉表面[37-39]。Deacon 等[38]通过大量的研究表明，O—H 键中的 O 与表面 Al 原子的键合方式可由羧酸盐中 C＝O 双键的非对称和对称伸缩振动特征吸收峰的差值决定，当其差值约 $200cm^{-1}$ 时，其键合方式为桥接；当其差值小于等于 $80cm^{-1}$ 时，其键合方式双键键合方式；当其差值约 $300cm^{-1}$ 时，其键合方式为单键键合。从图 3-54 还可以看出，此处羧酸盐中 C＝O 双键的非对称和对称伸缩振动特征吸收峰频率相差 $183cm^{-1}$，因此，O 原子与 Al 原子以桥接的方式，即 2 个 O 原子分别与 2 个 Al 原子结合。

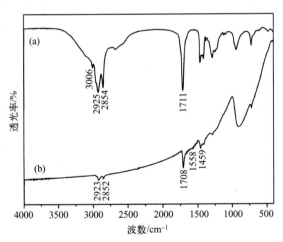

图 3-53　油酸(a)和 nAl@OA(b)的 FTIR 谱图

图 3-55 所示为乙酰丙酮镍和 nAl@NA 的 FTIR 谱图。从图 3-55 中可以看出，在 $3410cm^{-1}$ 处有一宽而强的吸收峰，主要是由于乙酰丙酮镍中含有结晶水，其为结晶水中 O—H 的伸缩振动吸收峰；在 $2990cm^{-1}$ 和 $2920cm^{-1}$ 处的吸收峰，主要是甲基—CH₃ 和—CH₂ 中 C—H 非对称和对称伸缩振动吸收峰；乙酰丙酮镍在 $1700cm^{-1}$ 附近未出现 C＝O 的伸缩振动吸收峰[40]，而在 $1600cm^{-1}$ 和 $1520cm^{-1}$ 处有

两个强 C═C 的吸收峰，主要由于乙酰丙酮镍配合物中乙酰丙酮以烯醇式一价阴离子的形式与镍离子发生配位。从图 3-55 中还可以看出，nAl@NA 在 2930cm$^{-1}$、2850cm$^{-1}$、1570cm$^{-1}$、1520cm$^{-1}$ 和 1360cm$^{-1}$ 处仍然存在乙酰丙酮镍的特征吸收峰，表明乙酰丙酮镍主要以物理沉积的方式附着在纳米铝粉的表面[41-44]。

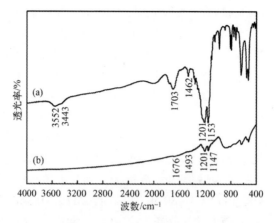

图 3-54    全氟十四酸(a)和 nAl@PA(b)的 FTIR 谱图

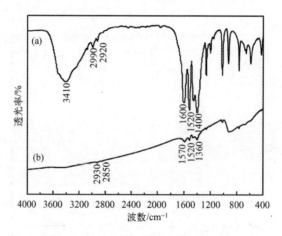

图 3-55    乙酰丙酮镍(a)和 nAl@NA(b)的 FTIR 谱图

### 4. 不同纳米铝粉的激光点火特性

1）不同纳米铝粉在不同热流下的点火特性

图 3-56 所示为 nAl、nAl@OA、nAl@PA 和 nAl@NA 在不同热流密度（$q$）下的点火延迟时间（$t$）曲线。试验中激光能量密度为 100～260W/cm$^2$ 范围内，激光光斑直径为 5.0mm，样品直径为 4.0mm。从图 3-56 可以看出，纳米铝粉的点火过程存在一阈值。未处理的纳米铝粉的点火延迟时间随着热流密度的增加而迅

速减小。当热流密度小于 120W/cm$^2$ 时，包覆处理后的纳米铝粉的点火延迟时间较未处理的纳米铝粉的点火延迟时间短，而当热流密度达到某一阈值时，包覆处理后的纳米铝粉的点火延迟时间反而较长。这主要是由于在激光点火过程中，样品上的激光辐射点存在着能量的吸收速率和能量向周围扩散速率的竞争。当激光强度足够高，即辐射热流密度足够高时，热扩散速率远小于热吸收速率，能量得以迅速累积，因此，在大量的热能从辐射点向周围扩散之前，点火就可能发生；反之，当热扩散速率远大于热累积速率时，不论激光辐射持续多长时间，都不会发生点火。因此，点火过程存在一点火阈值，低于该值时，点火不能发生；当高于该阈值时，能量得以累积，有利于着火的发生。而点火阈值的大小主要取决于组分的热属性、化学分解动力学以及组分的光学性质等因素[45]。

　　由于铝的导热率远高于油酸、全氟十四酸以及乙酰丙酮镍，因此其点火延迟时间低于 nAl@OA、nAl@PA 和 nAl@NA。而由于油酸为不挥发的油状液体，其点火温度较高，在激光点火过程中由于油酸的吸热效应，导致体系热累速率降低，因此 nAl@OA 的点火延迟时间较长。由于乙酰丙酮镍的分解产物对燃烧有一定的催化作用，因此，nAl@NA 的点火延迟时间也较短；全氟十四酸由于燃烧过程中可产生强氧化性的氟化物，易与铝发生反应，因此 nAl@PA 的点火延迟时间也相对较短。

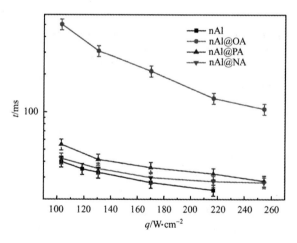

图 3-56　不同类型包覆纳米铝粉在不同热流密度下的点火延迟时间

2）不同纳米铝粉的激光点火过程

　　图 3-57～图 3-60 是不同纳米铝粉在激光点火热流密度为 170W·cm$^{-2}$ 时的点火过程照片。从图 3-57～图 3-60 中可以看出，经不同包覆材料包覆后的纳米铝粉，其点火过程各不相同。对于 nAl，其点火燃烧首先由铝粉表面开始并逐渐向中心传递，最后引发内部燃烧；对于 nAl@OA，由于其表面油酸的存在，隔绝了

纳米铝粉与空气的接触，且油酸的吸热效应，使得其在点火过程中油酸首先点火燃烧，之后纳米铝粉才开始燃烧，点火延迟时间较长，如图 3-58 所示。从图 3-59 中可以看出，nAl@PA 的点火燃烧过程很短，这主要是由于在点火燃烧过程中，全氟十四酸首先发生分解，其分解产生的含氟化物会进一步与纳米铝粉发生剧烈反应；与 nAl@PA 的点火过程相似，nAl@NA 由于乙酰丙酮镍的催化燃烧作用，使得纳米铝粉的燃烧反应较剧烈，点火燃烧过程很快，如图 3-60 所示。

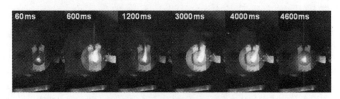

图 3-57　nAl 的激光点火过程

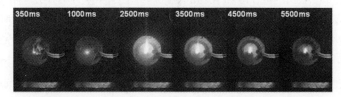

图 3-58　nAl@OA 的激光点火过程

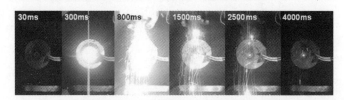

图 3-59　nAl@PA 的激光点火过程

图 3-60　nAl@NA 的激光点火过程

**5. 不同纳米铝粉的燃烧特性**

图 3-61～图 3-64 是不同纳米铝粉燃烧过程的火焰形貌照片。对于 nAl，从图 3-61 可以看出，纳米铝粉在燃烧过程中不断有铝粉随热气流离开火焰中心；而对于 nAl@OA，由于表面包覆油酸的燃烧性能较差，使得纳米铝粉燃烧火焰较短，燃烧较慢，见图 3-62；对于 nAl@PA，从图 3-63 可以看出，由于全氟十四酸在

高温下发生分解，其含氟产物可与纳米铝粉发生氧化还原反应，形成剧烈的放热效应，nAl@PA 经点燃后即发生剧烈燃烧，因此其火焰亮度也较高。值得一提的是，nAl@NA 在其初始燃烧时，火焰形貌规则，随着燃烧过程进行，乙酰丙酮镍发生分解，由于乙酰丙酮镍对燃烧有一定的催化作用，因此，最终形成较剧烈的燃烧，火焰亮度也较高。

图 3-61　nAl 燃烧时的火焰形貌

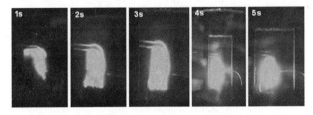

图 3-62　nAl@OA 燃烧时的火焰形貌

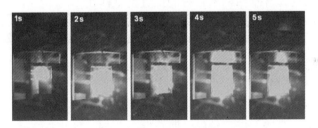

图 3-63　nAl@PA 燃烧时的火焰形貌

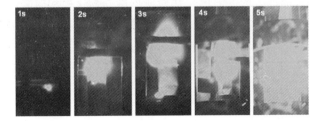

图 3-64　nAl@NA 燃烧时的火焰形貌

**6. 含不同纳米铝粉推进剂的燃速及压强指数**

图 3-65 所示为含不同纳米铝粉推进剂试样 11HT-0～11HT-4 在氮气气氛下，压强范围为 1～15MPa 的燃速($u$)-压强($P$)曲线。其中，11HT-0 为基础配方，其在

1～15MPa 下的燃速为 6.75～13.55mm·s$^{-1}$。与基础配方 11HT-0 相比，纳米铝粉的添加均可提高推进剂的燃速。含 nAl@NA 的推进剂试样 11HT-4 在不同压强下的燃速最高，最高达到 26.13mm·s$^{-1}$（15MPa）。试样 11HT-2 与 11HT-3 在不同压强下的燃速基本相同，除在 10～15MPa 下的燃速稍低外，其他压强下的燃速均高于配方 11HT-1。15MPa 下的燃速高低顺序为：[11HT-4]>[11HT-2]>[11HT-3]>[11HT-1]>[11HT-0]。

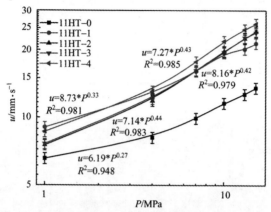

图 3-65　含不同纳米铝粉复合固体推进剂的燃速

　　表 3-17 所列为含不同纳米铝粉的推进剂试样在不同压强下的燃速与基础配方相比的相对增量（Δ）。从表 3-17 可以看出，试样 11HT-4 在 13MPa 下的 Δ 值最大，可达到 94.4 %，这主要是由于纳米铝粉表面包覆的乙酰丙酮镍所引起的。乙酰丙酮镍包覆处理的纳米铝粉不仅能提高纳米铝粉的抗氧化能力，而且在推进剂的燃烧过程中，乙酰丙酮镍在高压条件下是一种很好的燃烧催化剂。除在 4MPa 外，试样 11HT-2 与 11HT-3 在其他各个压强下的 Δ 值均高于 11HT-1。这主要是由于油酸与全氟十四酸在压强较低时即会发生分解，且其分解过程为吸热过程，因此会降低推进剂燃烧表面的温度，从而使推进剂燃速也相应降低，但总体上，含 nAl@OA 和 nAl@PA 的推进剂还是比含未处理纳米铝粉的推进剂燃速高。

表 3-17　推进剂燃速数据

| 试样编号 | Δ/% | | | | |
|---|---|---|---|---|---|
| | 4MPa | 7MPa | 10MPa | 13MPa | 15MPa |
| 11HT-0 | — | — | — | — | — |
| 11HT-1 | 56.1 | 62.1 | 67.8 | 58.9 | 57.9 |
| 11HT-2 | 45.6 | 63.6 | 70.5 | 77.3 | 78.5 |
| 11HT-3 | 48.3 | 63.6 | 68.7 | 78.8 | 76.3 |
| 11HT-4 | 60.8 | 78.7 | 88.9 | 94.4 | 92.8 |

　　表 3-18 所列为含不同纳米铝粉推进剂试样在不同压强范围内的压强指数（n）。从表 3-18 可以看出，试样 11HT-1 在 10～13MPa 时的燃速压强指数最低。

226

与含未处理纳米铝粉的推进剂试样相比，含经表面包覆处理的纳米铝粉推进剂，其燃速压强指数在 4～7MPa 范围内均升高，但在 13～15MPa 范围内压强指数的变化又有所不同，试样 11HT-3 在 13～15MPa 范围内的压强指数可降至 0.36，低于试样 11HT-1 的 0.42。试样 11HT-4 的压强指数可降至 0.40。这主要是由于乙酰丙酮镍的燃烧催化作用以及铝与氟化物在高压范围内会产生剧烈的放热反应[46-49]。

表 3-18　不同压强范围内的燃速压力指数

| 试样编号 | 压　　强 | | | |
| --- | --- | --- | --- | --- |
| | 4～7MPa | 7～10MPa | 10～13MPa | 13～5MPa |
| 11HT-0 | 0.35 | 0.42 | 0.36 | 0.46 |
| 11HT-1 | 0.42 | 0.53 | 0.14 | 0.42 |
| 11HT-2 | 0.56 | 0.55 | 0.50 | 0.51 |
| 11HT-3 | 0.52 | 0.52 | 0.57 | 0.36 |
| 11HT-4 | 0.54 | 0.59 | 0.46 | 0.40 |

**7. 推进剂的燃烧火焰形貌**

火焰形貌的研究对研究推进剂的燃烧机理非常重要，从推进剂的燃烧火焰照片中可直观地观察到推进剂的火焰强度、火焰长度、火焰的暗区以及暗区的厚度和燃烧表面的形貌。图 3-66 所示为含不同纳米铝粉推进剂在 1MPa 和 4MPa 下的燃烧火焰形貌照片。从图 3-66 可以看出，推进剂燃烧过程中只存在少量的铝粉粒子飞溅的情况，且推进剂燃烧稳定，火焰连续，无大的固体颗粒飞出，表明推进剂可完全燃烧。从图 3-66 中也可看出，推进剂燃烧时，其燃烧表面处的暗区很小，几乎全部是发光火焰区。

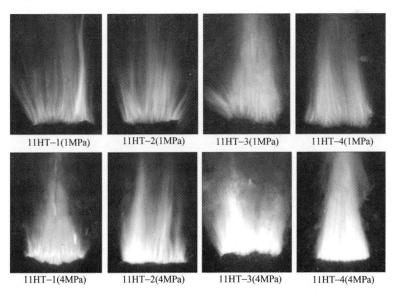

图 3-66　推进剂在 1MPa 和 4MPa 下的燃烧火焰形貌

从图 3-66 中还可看出，对于不同的推进剂，其火焰形貌也不相同。与其他试样相比，11HT-1 和 11HT-2 试样在 1MPa 时的火焰形貌呈放射状。这一方面由于在低压条件下，推进剂燃烧时的气相区会远离燃烧表面，因此其气相的热反馈也会相应降低；另一方面由于铝粉尺寸为纳米级，其具有很高的比表面积，因此其很容易团聚且不易在推进剂中均匀分散，因此其燃烧时的火焰形貌呈不规则状。试样 11HT-3 和 11HT-4 的燃烧火焰形貌相对规则，近似呈圆锥型，燃烧火焰长度也相对更长。这表明，含纳米铝粉的推进剂其燃烧效率更高，燃烧也更完全。此外，推进剂在 4MPa 下的燃烧火焰形貌也与 1MPa 下的火焰形貌明显不同，4MPa 下的火焰区更接近燃烧表面，火焰长度也更长且燃烧表面也更均一。

**8. 推进剂的燃烧波结构及温度分布**

图 3-67 是典型固体推进剂的燃烧波结构示意图[50]。从图 3-67 可以看出，典型推进剂的燃烧波结构主要分为 3 个区：固相区（I）、固相反应区（II）和气相区（III），其中气相区又可分为气相扩散反应区和发光火焰区。在加热区 I 无化学反应发生，由于燃烧表面的热反馈作用，使推进剂的温度由初始温度（$T_0$）逐渐升高至分解温度（$T_u$）；在反应区 II 主要发生的是固相到液相（或气相）的相变过程，由于化学反应的吸放热效应，使得其温度逐渐由分解温度（$T_u$）升高至燃烧表面温度（$T_s$）。由于固相反应区很薄（<0.1mm）[26]，因此，$T_s$ 近似等于 $T_u$。在气相扩散反应区，其主要发生气相的放热反应，其温度由燃烧表面温度（$T_s$）迅速增加至最高火焰温度（$T_f$）。在发光火焰区，放热反应结束并形成最终燃烧产物，火焰温度也达到最大值。

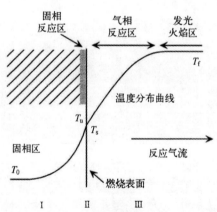

图 3-67　典型固体推进剂的燃烧波结构示意图

图 3-68 所示为 4 种不同类型推进剂在 4MPa 和 7MPa 下的燃烧波温度分布曲线。从图 3-68 可以看出，在固相区其温度迅速由 $T_0$ 升至 $T_s$，其中的 AP 和 HTPB 通过分解或升华直接由固相转变为气相。在燃烧表面处，AP 和 HTPB 并未发生预混，仅经过汽化过程离开固相表面而在固相表面形成一种"气囊"状的结构。之

后 AP 的分解产物在接近燃烧表面的气相中发生放热反应,形成 AP 的预混火焰以及富氧的气流。在远离燃烧表面的气相区,AP 和 HTPB 的气相分解产物与铝发生扩散燃烧并形成最终的燃烧产物,同时放出大量的热。

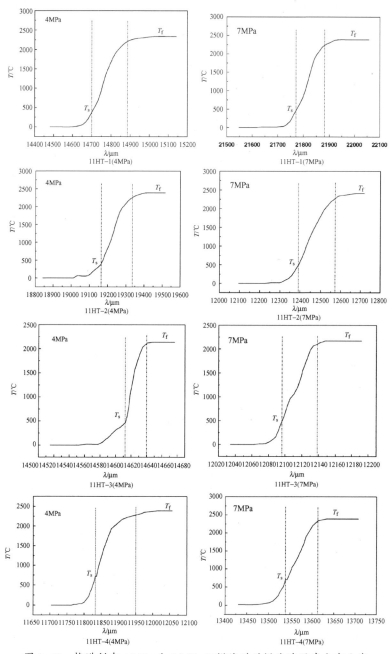

图 3-68　推进剂在 4 MPa 和 7 MPa 下燃烧时的燃烧波温度分布曲线

表 3-19 所列为 4 种不同类型推进剂在 4MPa 和 7MPa 下燃烧时的燃烧波结构参数，其中，$\delta$ 为气相扩散反应区的厚度。从表 3-19 中可以看出，4 种推进剂在 4MPa 和 7MPa 下的最高燃烧火焰温度（$T_f$）近似相同，表明纳米铝粉表面包覆材料对固体推进剂的最终火焰温度影响较小。除试样 11HT-4 外，推进剂的燃烧表面温度均随压强的增加而升高。这是由于在高压条件下推进剂的火焰区更接近燃烧表面，由火焰区的热反馈也相应增加，因此其燃烧表面温度也相应增加。对于试样 11HT-4，由于纳米铝粉表面的乙酰丙酮镍对推进剂的分解燃烧有一定的催化作用，因此，其燃烧表面温度相对较低。

从表 3-19 可以看出，压强对扩散反应区厚度（$\delta$）的影响较小，但含包覆纳米铝粉的推进剂，其 $\delta$ 值小于含未处理纳米铝粉的推进剂的值。对于 11HT-3 试样，其 $\delta$ 值在各个压强下均最小，主要是由于纳米铝粉表面的全氟十四酸在 600℃ 即可发生分解[51]，其分解产生的氟化物产物可与铝发生化学反应，而且由于氟的氧化性最强，因此氟化物与铝的反应也最容易，反应时间也最短。值得注意的是，压强对含 nAl@NA 的 11HT-4 试样影响相对大于其他试样，这主要由于乙酰丙酮镍对 HTPB 推进剂的燃烧有一定的催化作用，其会加速推进剂的分解。

表 3-19　4 种不同类型推进剂在 4MPa 和 7MPa

下燃烧时的燃烧波结构参数

| 试样编号 | $\delta/\mu m$ | | $T_s/℃$ | | $T_f/℃$ | |
|---|---|---|---|---|---|---|
| | 4MPa | 7MPa | 4MPa | 7MPa | 4MPa | 7MPa |
| 11HT-1 | 185.6 | 109.6 | 370 | 463 | 2335 | 2389 |
| 11HT-2 | 170.9 | 179.6 | 392 | 490 | 2389 | 2407 |
| 11HT-3 | 27.72 | 41.9 | 460 | 485 | 2137 | 2173 |
| 11HT-4 | 117.58 | 84.1 | 718 | 697 | 2389 | 2385 |

从表 3-19 和图 3-65 可以看出，11HT-3 试样的燃烧表面温度最高，但其在 4MPa 下的燃速却近似等于 11HT-2。由于燃速的影响因素较多，这可能是由于铝与氟化物的反应主要发生在远离燃烧表面的区域，而 nAl@OA 的活性铝含量有高于 nAl@PA，因此 nAl@OA 具有更高的放热量。

## 3.4.4　结论

（1）全氟十四酸可与铝反应形成化学键，但乙酰丙酮镍只能通过物理吸附的方式吸附在纳米铝粉的表面，而且通过物理吸附方式进行包覆处理可能会导致包覆不完全。因此，全氟十四酸的包覆效果较乙酰丙酮镍更好。

（2）不同纳米铝粉的激光点火系统下的点火特性表明，其激光热流密度存在一阈值。与 nAl@PA 和 nAl@OA 相比，nAl@NA 由于乙酰丙酮镍的燃烧催化作用，使得其点火延迟最短。

（3）含 nAl@NA 的推进剂的燃速在不同压强下均最高，燃速最高可达到 26.13mm·s$^{-1}$（15MPa）。含 nAl@OA 和 nAl@OA 的推进剂在不同压强下的燃速基本相同，均高于含未处理纳米铝粉的推进剂的燃速（10～15MPa 范围除外）。

（4）不同包覆类型的纳米铝粉对推进剂燃烧的最终火焰温度影响很小。

# 参 考 文 献

1. Brousseau P, Anderson C J (2002) Nanometric aluminum in explosives. Propellants Explos Pyrotechnics 27(5):300–306.

2. Gromov A, Strokova Y, Kabardin A, Vorozhtsov A, Teipel U (2009) Experimental study of the effect of metal nanopowders on the decomposition of HMX, AP and AN. Propellants Explos Pyrotechnics 34(6):506–512.

3. Muravyev N, Frolov Y, Pivkina A, Monogarov K, Ivanov D, Meerov D, Fomenkov I (2009) Combustion of energetic systems based on HMX and aluminum: influence of particle size and mixing technology. Cent Eur J Energy Mater 6(2):195–210.

4. Armstrong R W, Baschung B, Booth D W, Samirant M (2003) Enhanced propellant combustion with nanoparticles. Nano Lett 3(2):253–255.

5. Ivanov Y F, Osmonoliev M N, Sedoi V S, Arkhipov V A, Bondarchuk S S, Vorozhtsov A B, Korotkikh A G, Kuznetsov V T (2003) Productions of ultra-fine powders and their use in high energetic compositions. Propellants Explos Pyrotechnics 28(6):319–333.

6. Baschung B, Grune D, Licht H H, Samirant M (2002) Combustion phenomena of a solid propellant based on aluminium powder. Int J Energy Mater Chem Propuls 5(1–6):219–225.

7. Babuk V A, Dolotkazin I, Gamsov A, Glebov A, DeLuca L T, Galfetti L (2009) Nanoaluminum as a solid propellant fuel. J Propuls Power 25(2):482–489.

8. Pantoya M L, Granier J J (2005) Combustion behavior of highly energetic thermites: nano versus micron composites. Propellants Explos Pyrotechnics 30(1):53–62.

9. Sullivan K, Young G, Zachariah M R (2009) Enhanced reactivity of nano-B/Al/CuO MIC's. Combust Flame 156(2):302–309.

10. Chowdhury S, Sullivan K, Piekiel N, Zhou L, Zachariah M R (2010) Diffusive vs explosive reaction at the nanoscale. J Phys Chem C 114(20):9191–9195.

11. Pivkina A, Ulyanova P, Frolov Y, Zavyalov S, Schoonman J (2004) Nanomaterials for heterogeneous combustion. Propellants Explos Pyrotechnics 29(1):39–48.

12. Tepper F, Ivanov G V (1997) 'Activated' aluminum as a stored energy source for propellants. Int J Energy Mater Chem Propuls 4(1–6):636–645.

13. Aumann C E, Skofronick G L, Martin J A (1995) Oxidation behavior of aluminum

nanopowders. J Vac Sci Technol B 13(3):1178-1183.

14. Trunov M A, Schoenitz M, Zhu X, Dreizin E L (2005) Effect of polymorphic phase transformations in $Al_2O_3$ film on oxidation kinetics of aluminum powders. Combust Flame 140(4):310-318.

15. Sun J, Pantoya M L, Simon S L (2006) Dependence of size and size distribution on reactivity of aluminum nanoparticles in reactions with oxygen and MoO3. Thermochem Acta 444(2):117- 127.

16. Morgan A B, Wolf J D, Guliants E A, Fernando K A S, Lewis W K (2009) Heat release measurements on micron and nano-scale aluminum powders. Thermochem Acta 488(1-2):1-9.

17. Jouet R J, Warren A D, Rosenberg D M, Bellitto V J, Park K, Zachariah M R (2005) Surface passivation of bare aluminum nanoparticles using perfluoroalkyl carboxylic acids. ChemMater 17(11):2987-2996.

18. Brousseau P, Cote S, Ouellet N, Lessard P (2000) Preliminary testing of energetic materials containing aluminum nano-powders. In: 25th TTCP WPN/TP-4 meeting, energetic materials and propulsion technology technical workshop, Salisbury, South Australia, 6-7 April, 2000.

19. Jones D E G, Brousseau P, Fouchard R C, Turcotte A M, Kwok Q S M (2000) Thermal characterization of passivated nanometer size aluminium powders. J Therm Anal Calorim 61(3):805-818.

20. Yao E-G, Zhao F-Q, Gao H-X, Xu S-Y, Hu R-Z, Hao H-X, An T, Pei Q, Xiao L-B (2012) Thermal behavior and non-isothermal decomposition reaction kinetics of aluminum nanopowders coated with an oleic acid/hexogen composite system. Acta Phys-Chim Sin 28(4):781-786.

21. Mattew C, Fred T, Vladimir L (2001) Ageing Characteristics of AlexR Nanosize Aluminium. Paper presented at the 37th AIAA/ASME/SAE/ASEE JPC conference & exhibit, Salt Lake City, Utah, 8-11 July, 2001.

22. Kwon Y-S, Gromov A A, Strokova J I (2007) Passivation of the surface of aluminum nanopowders by protective coatings of the different chemical origin. Appl Surf Sci 253(12):5558-5564.

23. Jouet R J, Granholm R H, Sandusky H W, Warren A D (2006) Preparation and shock reactivity analysis of novel perfluoroalkyl-coated aluminum nanocomposites. AIP Conf Proc 845(1):1527-1530.

24. Foley T J, Johnson C E, Higa K T (2005) Inhibition of oxide formation on aluminum nanoparticles by transition metal coating. Chem Mater 17(16):4086-4091.

25. Yao E-G, Zhao F-Q, Xu S-Y, Hu R-Z, Xu H-X, H-X H (2014) Combustion characteristics of composite solid propellants containing different coated aluminum nanopowders. Adv Mater Res 92(4):200–211.

26. Yan Q-L, Li X-J, Wang Y, Zhang W-H, Zhao F-Q (2009) Combustion mechanism of doublebase propellant containing nitrogen heterocyclic nitramines (I): the effect of heat and mass transfer to the burning characteristics. Combust Flame 156(3):633–641.

27. Yan Q-L, Song Z-W, Shi X-B, Yang Z-Y, Zhang X-H (2009) Combustion mechanism of double-base propellant containing nitrogen heterocyclic nitramines (II): the temperature distribution of the flame and its chemical structure. Acta Astronaut 64(5–6):602–614.

28. Chen L, Song W-L, Guo L-G, Xie C-S (2009) Thermal property and microstructure of Al nanopowders produced by two evaporation routes. Trans Nonferrous Met Soc China 19(1):187–191.

29. Ramaswamy A L, Kaste P, Trevino S F (2004) A "Micro-Vision" of the physio-chemical phenomena occurring in nanoparticles of aluminum. J Energy Mater 22(1):1–24.

30. Kassaee M Z, Buazar F (2009) Al nanoparticles: impact of media and current on the Arc fabrication. J Manuf Process 11(1):31–37.

31. Olgun U (2010) Rapid microwave-assisted deposition of microwire patterns of nanoaluminum and nanosilver from colloids. ACS Appl Mater Interfaces 2(1):28–34.

32. Fernando K A S, Smith M J, Harruff B A, Lewis W K, Guliants E A, Bunker C E (2009) Sonochemically assisted thermal decomposition of alane N, N-dimethylethylamine with titanium (Iv) isopropoxide in the presence of oleic acid to yield air-stable and size-selective aluminum core – shell nanoparticles. J Phys Chem C 113(2):500–503.

33. Jain T K, Morales M A, Sahoo S K, Leslie-Pelecky D L, Labhasetwar V (2005) Iron oxide nanoparticles for sustained delivery of anticancer agents. Mol Pharm 2(3):194–205.

34. Bunker C E, Karnes J J (2004) Low-temperature stability and high-temperature reactivity of iron-based core – shell nanoparticles. J Am Chem Soc 126(35):10852–10853.

35. Jia Z, Xia Y (2011) Hydrothermal synthesis, characterization, and tribological behavior of oleic acid-capped lanthanum borate with different morphologies. Tribol Lett 41(2):425–434.

36. Lewis W K, Rosenberger A T, Gord J R, Crouse C A, Harruff B A, Fernando K A S, Smith M J, Phelps D K, Spowart J E, Guliants E A, Bunker C E (2010) Multispectroscopic (FTIR, XPS, and TOFMS-TPD) investigation of the core-shell bonding in sonochemically prepared aluminum nanoparticles capped with oleic acid. J Phys Chem C 114(14):6377–6380.

37. Crowell J E, Chen J G, Yates J T (1986) A vibrational study of the adsorption and

decomposition of formic acid and surface formate on Al(111). J Chem Phys 85(5):3111–3122.

38. Deacon G B, Phillips R J (1980) Relationships between the carbon–oxygen stretching frequencies of carboxylate complexes and the type of carboxylate coordination. Coord Chem Rev 33(3):227–250.

39. Crowell J E, Chen J G, Yates J T Jr (1986) The adsorption and decomposition of carboxylic acids on Al (111). J Electron Spectrosc Relat Phenom 39:97–106.

40. Wu H-X, Xu L-X, Xin C-Y, Yu X-B, Wang Z-M (2005) Synthesis and photoluminescence properties of Tb3C–acetylacetone ternary complexes doped with La$_3$C or Y$_3$C. Spectrosc Spectr Anal 25(1):69–72.

41. Bu C-H (2009) Preparation and characterization of magnetic nanoparticles comprised of nickel and cobalt. China University of Petroleum, Dongying.

42. Zhao J-Q, Zheng Y, Lu J-G, Han J-P, Ge F-Y (2004) Study on the preparation of sol–gel entrapped Ni(acac)2•2H2O complex and its catalytic properties on epoxidation of cyclohexene by oxygen. J Mol Catal (China) 18(4):266–270.

43. Zhao D, Duan H-C, Jiang H, Gong H (2007) Solid synthesis of nickel acetylacetonate at the room temperature. Chem Ind Times 21(2):8–10.

44. Mu L (2009) Study on preparation and application of chromium acetylacetonate. Southwest University of Science and Technology, Mianyang.

45. Hao H-X, Pei Q, Nan B-J, Zhang H, Xiao L-B, Zhao F-Q (2001) Laser ignition characteristics of RDX–CMDB propellants. Chin J Energy Mater 19(3):276–281

46. Osborne D T, Pantoya M L (2007) Effect of Al particle size on the thermal degradation of Al/teflon mixtures. Combust Sci Technol 179(8):1467–1480.

47. Yarrington C D, Son S F, Foley T J (2010) Combustion of silicon/Teflon/Viton and aluminum/teflon/viton energetic composites. J Propuls Power 26(4):734–743.doi: 10.2514/ 1.46182

48. Watson K W, Pantoya M L, Levitas V I (2008) Fast reactions with nano– and micrometer aluminum: a study on oxidation versus fluorination. Combust Flame 155(4):619–634.

49. Kappagantula K, Pantoya M L (2012) Experimentally measured thermal transport properties of aluminum – polytetrafluoroethylene nanocomposites with graphene and carbon nanotube additives. Int J Heat Mass Transfer 55(4):817–824.

50. Kubota N (2007) Propellants and explosives: thermochemical aspects of combustion, 2nd edn. Wiley–VCH Verlag GmbH & Co. KGaA, Weinheim, Germany.

51. Sossi A, Duranti E, Manzoni M, Paravan C, DeLuca L T, Vorozhtsov A B, Lerner M I, Rodkevich N G, Gromov A A, Savin N (2012) Combustion of HTPB–based solid fuels loaded with coated nanoaluminum. Combust Sci Technol 185(1):17–36.

# 3.5　铝基凝胶燃料在冲压发动机燃烧室的试验研究

**摘要：** 本节的研究目的是研究冲压发动机燃烧室的性能，使用的是掺铝的、以煤油为基础的凝胶燃料。凝胶燃料结合了固体和液体推进剂在性能和安全性方面的优点，使添加的金属粒子不发生沉积。本节设计和建造了实验室规模的冲压发动机燃烧室，并测量了一些参数。测试设备包括了一个燃烧式空气加热器来模拟飞行条件。通过改变凝胶燃料的类型、发动机长度和空气涵道比等因素完成了250 余次的有效测试。石蜡和硬脂酸铝在稳定的凝胶燃料中起到凝胶剂的作用，并能提供良好的液滴雾化。通过测量质量流率、压力和推力，计算试验燃烧温度。根据燃料类型和氧燃比的不同，使铝粒子点燃的燃烧温度大致为 1500～2000K。研究表明，不含铝燃料的比冲是 1400s，含 9%铝的凝胶燃料的比冲是 1200s。当铝含量在 9%时，燃烧效率最高达 90%。

**缩写词**

ATS—硬脂酸铝

BR—涵道比

GFRJ—凝胶燃料冲压发动机

HTPB—端羟基聚丁二烯

VAH—（燃烧式）空气加热器

**符号**

$C^*$—特征速度

$f$—燃料空气比

$I_{sp}$—比冲

$\dot{m}$—质量流率

$P$—压强

$T$—温度

$\Delta H_f$—反应生成热

$\eta_{C^*}$—$C^*$效率

$\rho$—密度

$\varphi$—空气当量比

**下标**

a—空气

C—燃烧室

main—喷注器喷注的主要射流

total—总流量

## 3.5.1 引言

冲压发动机因为具有高比冲而受到广泛的关注[1,2]，但是它首先需要通过一个火箭发动机或其他方法加速到超声速。在最近的 10 年里，各国越来越重视冲压喷气系统的应用，其主要用于火箭冲压发动机[3]，例如欧洲的空空导弹（欧洲导弹集团导弹系统）和德国的空面反雷达导弹 ARMIGER。

由于火箭冲压发动机需要添加一定量的氧化剂来促进富燃料固体推进剂的燃烧，因此它本身的比冲往往要比同样条件下的液体推进剂小。

液体火箭发动机根据任务可以提供更好的比冲和燃料可控性，但是，它们的操作系统比较复杂。此外，在偶然情况下，储箱发生破坏，燃料泄漏会造成系统的不安全。

Natan 和 Rahimi[4]表示，凝胶的使用解决了燃料安全方面的问题，因为凝胶泄漏速度大大降低，在大部分情况下，会形成一个外壳，阻止进一步的泄漏。此外，由于非牛顿特性和屈服应力的存在，允许金属颗粒（铝、硼、镁等）悬浮于凝胶内部。

添加金属燃料可以提供更好的燃烧性能，尤其是在限制体积的系统中。但是，凝胶燃料喷注雾化和燃烧更为困难，而且凝胶技术还没有得到充分发展。铝的单位质量燃烧热比碳氢燃料小（约 70%），但是，铝的密度较高，其单位体积的燃烧热是碳氢燃料的两倍。铝在高温下燃烧（大于 2300K），它的沸点是 2740K。因此铝在高温的火箭发动机燃烧室可以得到很高的燃烧效率。

冲压发动机在 2500K 相对较低温度下就可以工作，此外，冲压发动机可以在低的燃料空气比（等效为 $\varphi \approx 0.4$）产生高的推力，这是因为冲压发动机具有高速的进气质量流率。

为了实现硼粒子的完全燃烧，将燃烧室设计成两阶段燃烧的结构，如图 3-69 所示。

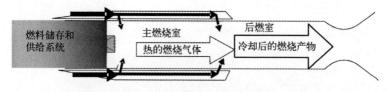

图 3-69　两阶段燃烧的冲压发动机（Hadad 等[5]）

液体燃料是无法携带金属粒子的，但是将燃料做出膏体，就可以避免粒子沉积。高比冲冲压发动机携带了金属粒子凝胶燃料，它使 GFRJ 成为中远程主发动机的最佳选择。通过基本理论可行性研究，Hadad 等[5]发现 1500kg 的空地导弹能携带了 500kg 有效载荷并用 GFRJ 发动机作动力，可以在 17min 内飞行 1000km。

毫无疑问，硼是冲压发动机最好的金属添加剂。长期研究的目的是为了验证这一概念的可行性。目前，在高温（大于 2300K）下完全燃烧的铝，可以用于实验室规模发动机，研究金属化的凝胶燃料能否在发动机中雾化、燃烧。

目前，已经建造了实验室规模的 GFRJ 及其测试设备，可以研究有无金属添加剂时，凝胶碳氢燃料的雾化、点火和燃烧过程，同时作为一个整体检查冲压发动机的工作过程。

当前的研究已经完成了试验发动机的设计和制造，同时使用煤油作为基础燃料完成了试验。煤油可以用于液体推进剂，也可以用于携带金属粒子的凝胶推进剂。本文将详细介绍试验系统和试验结果。

## 3.5.2　试验系统

GFRJ 发动机的测试设备如图 3-70 所示，由三部分组成：

（1）包括了一个空气加热器的热空气供应系统。

（2）冲压发动机工作的其他系统：凝胶燃料供应系统、燃油注入系统、增压清洗系统、换气系统和点火系统。

（3）和空气加热器在同一平台的冲压发动机燃烧室。

图 3-70　测试设备的总体结构

### 1. 热空气供应系统

热空气供应系统包括空气加热器、管路和控制单元。

热空气进入燃烧室的两个区域：大部分空气通过注射进入主燃烧室，确保燃料空气比大于化学计量比；其余的气体绕过主燃烧室，进入后燃室，确保残余燃料完全燃烧。热空气供应系统如图 3-71 所示。

压缩空气从垂直于发动机轴线的高压箱通过一个软管提供给空气加热器。为了保持空气中氧气摩尔分数（0.209），在进入空气加热器之前就将氧气溶于空气中，从而避免氧气进入热空气所带来的危险。在空气加热器中，将氢气在富氧的空气中燃烧，使得在超过 50bar 的压强和 0.5kg/s 质量流率下实现进口温度高于 1500K，有效模拟进气停滞状况。氢气空气加热器是由 Cohen-Zur 和 Natan[6]设计的，可以通过收集到的参数计算出空气加热器内部非常高的压力和温度。空气加热器位于一个移动平台上，侧面支撑着一个压力传感器。

空气加热器如图 3-72 所示。图中所有的线都是 0.5mm 直径的 316L 不锈钢钢管。该设计是根据不锈钢结构、再生冷却/加热配置和分离热负荷元件压力等问题提出来的。

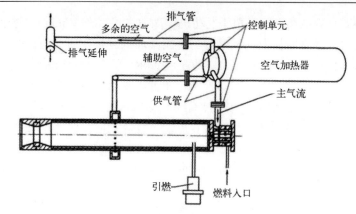

图 3-71　热空气供应系统的示意图

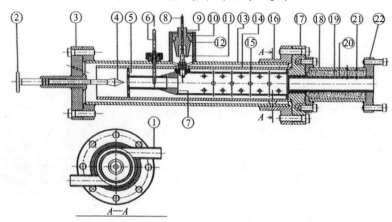

图 3-72　空气加热器原理图

空气加热器由 3 个主要组件构成：外壳、内部燃烧室和喷管适配器。外壳可以携带 50bar 气体，并且从空气加热器的下端到上端的冷却管道需要进行热防护。空气垂直于发动机轴线进入空气加热器，这样的压力比较准确，还可以通过两端抵消侧应力。

入口管道作为空气加热器的补偿，提供一个切向动量流，以确保空气在整个外壳冷却。内部燃烧室和传统的设计是一样的，也就是说，空气流动分为主要流动和次要流动。氢气进入到主要空气流里面，创建一个接近化学计量比的混合，次要空气流通过内衬上均匀分布的小孔进入到燃烧产物中，完成进一步的燃烧。

**2. 凝胶燃料供应系统**

燃料供应系统是由一个由电动驱动的带有活塞的汽缸组成，这样设计的目的是为了凝胶燃料以 5～20g/s 的质量流率进入燃烧室。

**3. 点火系统**

燃料空气混合物在发动机内被点火器点燃。点火器的原理是空气与乙烯燃烧产生高温气体火焰。它由三部分组成：一个注射头、一个混合室和一个用螺丝连在一起的出口管。点火器的内表面是耐热陶瓷材料，可以有效地防护内表面烧蚀。

**4. 数据采集系统**

冲压发动机的测试设备，使用了美国国家仪器公司提供的基于 NI CompactDAQ 的模块化 USB 数据采集系统，该系统也可以用于测试设备控制。

**5. 实验室规模冲压喷气发动机**

实验室规模冲压发动机燃烧室是一个连通管结构，设计的目的是研究碳氢化合物的凝胶硼燃料在燃烧室的燃烧过程。燃烧室由喷注器、点火器、燃烧室和喷管组成。

燃烧室内部直径是 103mm，其长度可以根据设计进行调整。燃烧室的内表面是由特殊涂层耐热陶瓷绝缘材料包覆，使用热等离子体喷射法嵌入到内表面上，避免高温燃烧产物对不锈钢壳体的烧蚀。该陶瓷涂层允许操作温度高达 2000℃。

喷管采用了用多种材料制造的可替换的嵌入式喷管，嵌入式喷管的入口锥角是 60°，出口锥角为 30°。

用于内部空气和燃料混合的喷注头如图 3-73 所示。空气和燃料混合在一个特殊的喷嘴中，并且使用凝胶燃料进行混合取得了很好的效果。

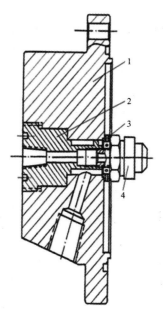

图 3-73　喷注头截面图

1—壳体；2—燃油进口；3—空气旁通环；4—空气雾化喷嘴。

在挨着壳体和喷嘴的地方有一个空气旁通环，它上面有孔，可以把多余的气体排入燃烧室中。

**6. 凝胶燃料**

几种凝胶燃料都是以煤油为基础的，使用的凝胶剂是石蜡，同时添加不同质量分数的铝粒子。另一种类型的凝胶燃料是三硬脂酸铝（ATS-$C_{54}H_{105}O_6Al$），其中添加少量 HTPB（端羟基聚丁二烯-$HO(C_4H_6)_{50}OH$）作为凝胶剂，但是这种凝胶燃料很不稳定，并且有效期只有几天。在一些配方中，也使用镍包覆的铝（Ni-Al）。铝粒子尺寸为 20～25μm。一些使用的配方在表 3-20 中列出。

表 3-20　凝胶燃料类型

| 质量分数/% | A0 | A1 | A3 | A4 | A5 | A7 | A9 | $\rho/(kg/m^3)$ | $\Delta H_f/(MJ/kmol)$ |
|---|---|---|---|---|---|---|---|---|---|
| 煤油 | 94.8 | 71.4 | 89.5 | 84.7 | 68 | 65 | 55 | 800 | −7513 |
| ATS | 3.8 | — | 3.6 | 3.4 | — | — | — | 1070 | −3280 |
| HTPB | 1.4 | — | 1.3 | 1.3 | — | — | — | 930 | 1.17 |
| 石蜡 | — | 28.5 | — | — | 27.2 | 26 | 22 | 900 | −713 |
| Ni-Al | — | — | 5.6 | 10.6 | — | 9 | — | 2700 | 0 |
| Al | — | — | — | — | 4.8 | — | 23 | 2700 | 0 |

### 3.5.3　结果与讨论

通过在不同条件下的 200 多次有效点火试验，验证了液体、凝胶和煤油掺铝凝胶燃料的燃烧特性。测试过程中，主要完成了以下参数测试：主路和旁路的空气质量流率、燃料质量流率、加热器出口的空气温度、发动机压力和推力。

根据以上参数，我们计算出了燃烧室温度、空气燃料比、化学当量比和 $c*$ 效率。理论燃烧室温度是使用 NASA 的 Gordon 和 McBride 提出的 CEA 热化学代码计算得到。

图 3-74 和图 3-75 分别为一次测试的压力和推力曲线。

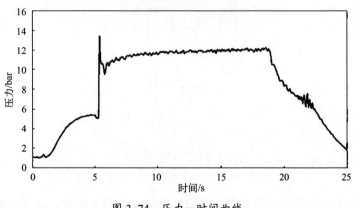

图 3-74　压力—时间曲线

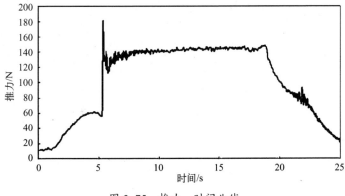

图 3-75　推力—时间曲线

### 1. 未掺杂金属的燃料

表 3-21 是试验结果，记录了燃料类型、总质量流量 $m_{total}$、涵道比 BR、进气旁通空气温度 $T_a$、试验燃烧室温度 $T_c$、燃烧室压力 $P_c$、当量比 $\varphi$ 和 $c*$燃烧效率 $\eta_{c*}$。根据测量到的燃烧室压力 $P_c$，计算出了燃烧室温度 $T_c$。煤油不同当量比对应的燃烧效率 $\eta_{c*}$ 如图 3-76 所示。可以看出，燃烧效率值相当高，为 92%~95%。

表 3-21　未掺杂金属的燃料的实验结果

| 序号 | 燃料 | $m_{total}/(g/s)$ | BR | $T_a$/K | $T_c$/K | $P_c$/bar | $\varphi$ | $\eta_{c*}$ |
|---|---|---|---|---|---|---|---|---|
| L-29 | 液体煤油 | 72.2 | 0.72 | 930 | 2230 | 9.8 | 1.089 | 0.919 |
| L-31 | 液体煤油 | 72.2 | 0.72 | 920 | 2233 | 9.8 | 1.045 | 0.920 |
| L-32 | 液体煤油 | 68.5 | 0.71 | 979 | 2417 | 9.7 | 1.078 | 0.952 |
| L-33 | 液体煤油 | 69.1 | 0.72 | 972 | 2390 | 9.7 | 1.087 | 0.948 |
| L-34 | 液体煤油 | 68.5 | 0.71 | 1011 | 2400 | 9.7 | 1.018 | 0.951 |
| L-35 | 液体煤油 | 68.6 | 0.72 | 1043 | 2365 | 9.6 | 1.012 | 0.945 |
| L-36 | 液体煤油 | 68.7 | 0.71 | 1100 | 2311 | 9.3 | 0.952 | 0.930 |
| L-38 | 液体煤油 | 68.2 | 0.71 | 1056 | 2272 | 9.2 | 0.887 | 0.931 |
| G-1 | 膏体-A0 | 69.1 | 0.72 | 836 | 2101 | 9.1 | 1.046 | 0.899 |
| G-2 | 膏体-A0 | 68.7 | 0.71 | 885 | 2059 | 8.9 | 1.031 | 0.890 |
| G-9 | 膏体-A0 | 119.7 | 2.16 | 907 | 1418 | 12.6 | 0.590 | 0.838 |
| G-10 | 膏体-A0 | 119.7 | 2.16 | 893 | 1416 | 12.6 | 0.614 | 0.833 |
| G-12 | 膏体-A0 | 121.4 | 2.16 | 825 | 1353 | 12.5 | 0.550 | 0.834 |
| G-13 | 膏体-A0 | 121.6 | 2.16 | 854 | 1347 | 12.4 | 0.552 | 0.832 |
| G-14 | 膏体-A0 | 131.4 | 2.16 | 847 | 1283 | 13.1 | 0.520 | 0.833 |
| G-15 | 膏体-A0 | 136.5 | 2.16 | 861 | 1325 | 13.8 | 0.500 | 0.850 |
| G-16 | 膏体-A0 | 141.6 | 2.16 | 852 | 1316 | 14.2 | 0.458 | 0.873 |
| G-17 | 膏体-A0 | 146.6 | 2.16 | 838 | 1280 | 14.5 | 0.465 | 0.855 |
| G-24 | 膏体-A0 | 123.6 | 2.16 | 809 | 1252 | 12.1 | 0.488 | 0.824 |

（续）

| 序号 | 燃料 | $m_{total}$/(g/s) | BR | $T_a$/K | $T_c$/K | $P_c$/bar | $\varphi$ | $\eta_{c*}$ |
|------|------|------|------|------|------|------|------|------|
| G-26 | 膏体-A0 | 123.9 | 2.16 | 830 | 1250 | 12.1 | 0.485 | 0.829 |
| G-27 | 膏体-A0 | 123.6 | 2.16 | 861 | 1291 | 12.3 | 0.478 | 0.842 |
| G-28 | 膏体-A0 | 124.2 | 2.16 | 899 | 1527 | 13.6 | 0.615 | 0.865 |
| G-29 | 膏体-A0 | 114.1 | 2.16 | 836 | 1503 | 12.4 | 0.662 | 0.829 |
| G-30 | 膏体-A0 | 114.1 | 2.16 | 909 | 1648 | 13.0 | 0.741 | 0.846 |
| G-31 | 膏体-A0 | 114.0 | 2.16 | 934 | 1750 | 13.5 | 0.771 | 0.870 |
| G-32 | 膏体-A0 | 113.7 | 2.16 | 976 | 1879 | 14.0 | 0.798 | 0.894 |
| G-33 | 膏体-A0 | 102.1 | 2.17 | 943 | 2017 | 13.1 | 0.912 | 0.895 |
| G-34 | 膏体-A0 | 90.3 | 2.16 | 908 | 2010 | 11.6 | 1.067 | 0.872 |

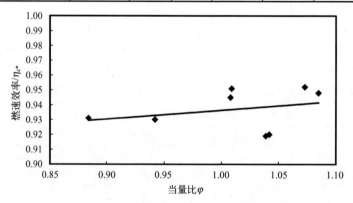

图 3-76　煤油不同当量比对应的燃烧效率

煤油的不同当量比对应的燃烧温度如图 3-77 所示。温度在 1300K（低于当量比）约 2100K（当量比）之间。凝胶的燃烧温度低于液体煤油。

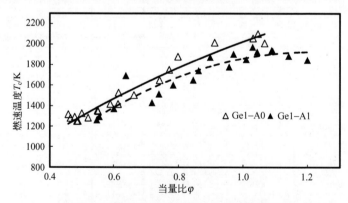

图 3-77　煤油的不同当量比对应的燃烧温度

煤油不同当量比对应的 $c*$ 燃烧效率如图 3-78 所示。可以看出，相比于液体煤油，凝胶的燃烧效率要低得多，为 83%～90%，可能是因为凝胶具有较低的燃烧温度。这样看起来，液体煤油比凝胶燃料性能好很多。但是，可以通过选择合适的凝胶燃料，合适的喷注器和优化燃烧室结构来改变凝胶燃料的性能。

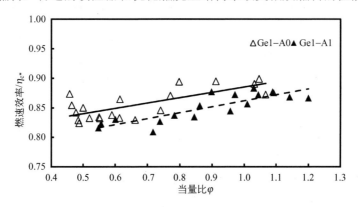

图 3-78　煤油不同当量比对应的 C\*燃烧效率

**2. 掺铝燃料**

表 3-22 记录了掺铝凝胶燃料的试验结果。

表 3-22　掺铝凝胶燃料的试验结果 A3-A4-A5-A7-A9

| 序号 | 燃料 | $m_{total}$/(g/s) | BR | $T_a$/K | $T_c$/K | $P_c$/bar | $\varphi$ | $\eta_{C*}$ |
|---|---|---|---|---|---|---|---|---|
| G-81 | 膏体-A3 | 110.2 | 2.16 | 732 | 1412 | 6.4 | 0.637 | 0.816 |
| G-82 | 膏体-A3 | 110.6 | 2.16 | 737 | 1305 | 6.2 | 0.697 | 0.767 |
| G-83 | 膏体-A3 | 110.4 | 2.17 | 752 | 1503 | 6.5 | 0.750 | 0.809 |
| G-84 | 膏体-A3 | 110.5 | 2.16 | 772 | 1465 | 6.8 | 0.814 | 0.786 |
| G-85 | 膏体-A3 | 110.7 | 2.17 | 761 | 1571 | 6.9 | 0.866 | 0.802 |
| G-86 | 膏体-A3 | 110.6 | 2.16 | 770 | 1665 | 7.2 | 0.935 | 0.815 |
| G-87 | 膏体-A3 | 111.2 | 2.17 | 741 | 1683 | 7.3 | 1.000 | 0.813 |
| G-88 | 膏体-A3 | 111.5 | 2.16 | 759 | 1800 | 7.6 | 1.008 | 0.841 |
| G-89 | 膏体-A4 | 111.7 | 2.17 | 712 | 1115 | 5.8 | 0.649 | 0.717 |
| G-90 | 膏体-A4 | 112.0 | 2.16 | 732 | 1228 | 6.2 | 0.721 | 0.734 |
| G-91 | 膏体-A4 | 111.8 | 2.16 | 751 | 1311 | 6.5 | 0.790 | 0.743 |
| G-92 | 膏体-A4 | 111.9 | 2.16 | 765 | 1405 | 6.7 | 0.856 | 0.756 |
| G-93 | 膏体-A4 | 111.8 | 2.16 | 775 | 1487 | 6.9 | 0.890 | 0.763 |
| G-94 | 膏体-A4 | 112.7 | 2.16 | 745 | 1545 | 7.1 | 0.974 | 0.774 |
| G-95 | 膏体-A4 | 112.3 | 2.16 | 770 | 1611 | 8.3 | 1.017 | 0.791 |
| G-96 | 膏体-A5 | 93.3 | 0.6 | 780 | 1538 | 5.6 | 0.742 | 0.814 |
| G-97 | 膏体-A5 | 92.6 | 0.6 | 804 | 1586 | 5.6 | 0.863 | 0.803 |

（续）

| 序号 | 燃料 | $m_{total}/(g/s)$ | BR | $T_a/K$ | $T_c/K$ | $P_c/bar$ | $\varphi$ | $\eta_{C*}$ |
|---|---|---|---|---|---|---|---|---|
| G-98 | 膏体-A5 | 89.6 | 0.6 | 506 | 1737 | 5.7 | 0.980 | 0.847 |
| G-99 | 膏体-A5 | 93.1 | 0.6 | 779 | 1642 | 5.8 | 0.920 | 0.808 |
| G-100 | 膏体-A5 | 93.2 | 0.6 | 825 | 1724 | 6.0 | 1.009 | 0.819 |
| G-101 | 膏体-A5 | 93.1 | 0.6 | 822 | 1678 | 5.9 | 0.976 | 0.811 |
| G-102 | 膏体-A5 | 93.8 | 0.6 | 880 | 1812 | 6.2 | 1.155 | 0.842 |
| G-117 | 膏体-A7 | 93.9 | 0.59 | 931 | 1820 | 11.4 | 0.759 | 0.879 |
| G-118 | 膏体-A7 | 93.9 | 0.59 | 909 | 1495 | 10.4 | 0.842 | 0.779 |
| G-119 | 膏体-A7 | 93.8 | 0.61 | 934 | 1576 | 10.7 | 0.890 | 0.791 |
| G-120 | 膏体-A7 | 93.6 | 0.61 | 861 | 1653 | 11.0 | 0.983 | 0.799 |
| G-121 | 膏体-A7 | 93.6 | 0.59 | 889 | 1717 | 11.3 | 1.017 | 0.812 |
| G-122 | 膏体-A7 | 93.6 | 0.59 | 832 | 1784 | 11.5 | 1.121 | 0.827 |
| G-123 | 膏体-A7 | 93.7 | 0.59 | 899 | 1849 | 11.9 | 1.157 | 0.843 |
| G-124 | 膏体-A7 | 102.9 | 0.61 | 880 | 1869 | 13.1 | 1.162 | 0.848 |
| G-126 | 膏体-A7 | 113.1 | 0.59 | 831 | 1826 | 14.1 | 1.095 | 0.836 |
| G-127 | 膏体-A7 | 91.0 | 0.59 | 884 | 1368 | 9.6 | 0.815 | 0.750 |
| G-128 | 膏体-A7 | 91.2 | 0.59 | 920 | 1735 | 11.1 | 1.119 | 0.815 |
| G-129 | 膏体-A7 | 91.2 | 0.59 | 900 | 1818 | 11.5 | 1.247 | 0.844 |
| G-130 | 膏体-A7 | 90.7 | 0.59 | 929 | 1753 | 11.6 | 1.363 | 0.842 |
| G-131 | 膏体-A7 | 90.2 | 0.59 | 944 | 1832 | 11.6 | 1.439 | 0.870 |
| G-132 | 膏体-A7 | 101.2 | 0.59 | 875 | 1786 | 12.7 | 1.339 | 0.847 |
| G-133 | 膏体-A7 | 100.4 | 0.59 | 899 | 1805 | 12.8 | 1.427 | 0.862 |
| G-134 | 膏体-A7 | 110.5 | 0.59 | 915 | 1972 | 14.5 | 1.261 | 0.880 |
| G-135 | 膏体-A7 | 120.0 | 0.59 | 896 | 1990 | 15.7 | 1.130 | 0.873 |
| G-136 | 膏体-A7 | 121.4 | 0.59 | 787 | 1939 | 15.8 | 1.240 | 0.881 |
| G-137 | 膏体-A7 | 121.2 | 0.59 | 829 | 1961 | 15.9 | 1.270 | 0.889 |
| G-139 | 膏体-A7 | 56.9 | 0 | 870 | 1624 | 6.8 | 1.055 | 0.788 |
| G-140 | 膏体-A7 | 56.9 | 0 | 899 | 1708 | 7.1 | 1.284 | 0.822 |
| G-141 | 膏体-A7 | 57.0 | 0 | 897 | 2188 | 8.0 | 1.175 | 0.919 |
| G-142 | 膏体-A7 | 56.4 | BR | 903 | 1688 | 7.0 | 1.305 | 0.819 |
| G-143 | 膏体-A7 | 56.3 | 0 | 923 | 1691 | 7.1 | 1.605 | 0.855 |
| G-144 | 膏体-A7 | 56.4 | 0 | 892 | 1674 | 7.0 | 1.432 | 0.831 |
| G-145 | 膏体-A7 | 56.2 | 0 | 918 | 1660 | 7.1 | 1.526 | 0.839 |
| G-146 | 膏体-A7 | 56.4 | 0 | 936 | 1603 | 7.0 | 1.567 | 0.830 |
| G-147 | 膏体-A7 | 56.1 | 0 | 953 | 1554 | 6.9 | 1.741 | 0.836 |
| G-148 | 膏体-A7 | 75.7 | 0 | 958 | 1755 | 9.6 | 1.261 | 0.831 |

（续）

| 序号 | 燃料 | $m_{total}/(g/s)$ | BR | $T_a/K$ | $T_c/K$ | $P_c$/bar | $\varphi$ | $\eta_{C*}$ |
|---|---|---|---|---|---|---|---|---|
| G-149 | 膏体-A7 | 76.0 | 0 | 957 | 1743 | 9.6 | 1.301 | 0.832 |
| G-150 | 膏体-A7 | 82.6 | 0 | 864 | 1841 | 10.4 | 1.070 | 0.839 |
| G-151 | 膏体-A7 | 82.7 | 0 | 872 | 1771 | 10.2 | 1.042 | 0.823 |
| G-152 | 膏体-A7 | 83.0 | 0 | 877 | 1525 | 9.6 | 0.943 | 0.771 |
| G-153 | 膏体-A7 | 112.7 | 0.61 | 918 | 1249 | 11.3 | 0.632 | 0.632 |
| G-154 | 膏体-A7 | 112.8 | 0.59 | 932 | 1255 | 11.4 | 0.739 | 0.739 |
| G-155 | 膏体-A7 | 112.8 | 0.59 | 923 | 1359 | 11.9 | 0.771 | 0.771 |
| G-156 | 膏体-A7 | 112.8 | 0.59 | 931 | 1394 | 12.2 | 0.964 | 0.964 |
| G-157 | 膏体-A7 | 112.8 | 0.59 | 951 | 1498 | 12.6 | 0.927 | 0.927 |
| G-159 | 膏体-A7 | 114.8 | 0.59 | 865 | 1741 | 13.9 | 0.991 | 0.991 |
| G-160 | 膏体-A7 | 114.9 | 0.59 | 870 | 1586 | 13.5 | 1.098 | 1.098 |
| G-161 | 膏体-A7 | 114.4 | 0.59 | 919 | 1712 | 13.9 | 1.197 | 1.197 |
| G-162 | 膏体-A7 | 114.1 | 0.61 | 895 | 1726 | 14.1 | 1.349 | 1.349 |
| G-163 | 膏体-A7 | 114.8 | 0.59 | 906 | 1800 | 14.5 | 1.406 | 1.406 |
| G-164 | 膏体-A7 | 114.8 | 0.59 | 941 | 1718 | 14.4 | 1.632 | 1.632 |
| G-165 | 膏体-A7 | 114.8 | 0.59 | 943 | 1674 | 14.2 | 1.635 | 1.635 |
| G-166 | 膏体-A7 | 103.2 | 0.33 | 1015 | 1587 | 12.2 | 1.288 | 0.777 |
| G-167 | 膏体-A7 | 103.2 | 0.33 | 1016 | 1606 | 12.3 | 1.312 | 0.785 |
| G-168 | 膏体-A7 | 103.3 | 0.33 | 1055 | 1642 | 12.5 | 1.418 | 0.805 |
| G-169 | 膏体-A7 | 103.2 | 0.33 | 1072 | 1716 | 12.7 | 1.292 | 0.806 |
| G-170 | 膏体-A7 | 103.8 | 0.45 | 955 | 1706 | 12.7 | 1.268 | 0.803 |
| G-171 | 膏体-A7 | 103.8 | 0.45 | 964 | 1730 | 12.8 | 1.287 | 0.810 |
| G-172 | 膏体-A7 | 103.8 | 0.45 | 991 | 1771 | 13.0 | 1.289 | 0.820 |
| G-173 | 膏体-A7 | 103.7 | 0.45 | 1003 | 1772 | 13.0 | 1.387 | 0.830 |
| G-174 | 膏体-A7 | 105.2 | 0.79 | 877 | 1813 | 13.4 | 1.431 | 0.846 |
| G-175 | 膏体-A7 | 105.1 | 0.79 | 900 | 1885 | 13.5 | 1.250 | 0.842 |
| G-176 | 膏体-A7 | 105.4 | 0.79 | 918 | 1876 | 13.7 | 1.516 | 0.870 |
| G-177 | 膏体-A7 | 105.1 | 0.79 | 928 | 1939 | 13.9 | 1.541 | 0.887 |
| G-178 | 膏体-A7 | 98.4 | 1 | 782 | 1692 | 12.1 | 1.431 | 0.817 |
| G-179 | 膏体-A7 | 98.4 | 1 | 815 | 1690 | 12.1 | 1.423 | 0.817 |
| G-180 | 膏体-A7 | 97.8 | 1 | 857 | 1780 | 12.3 | 1.382 | 0.833 |
| G-181 | 膏体-A7 | 98.0 | 1 | 865 | 1715 | 12.3 | 1.613 | 0.844 |
| G-235 | 膏体-A9 | 123.9 | 0.6 | 846 | 1879 | 15.3 | 0.745 | 0.888 |
| G-236 | 膏体-A9 | 123.3 | 0.6 | 808 | 1419 | 12.9 | 0.570 | 0.828 |
| G-237 | 膏体-A9 | 122.1 | 0.6 | 755 | 1373 | 12.7 | 0.642 | 0.782 |

（续）

| 序号 | 燃料 | $m_{total}$/(g/s) | BR | $T_a$/K | $T_c$/K | $P_c$/bar | $\varphi$ | $\eta_{C*}$ |
|------|------|------|------|------|------|------|------|------|
| G-238 | 膏体-A9 | 121.9 | 0.6 | 754 | 1239 | 12.1 | 0.680 | 0.732 |
| G-239 | 膏体-A9 | 122.2 | 0.6 | 737 | 1306 | 12.4 | 0.726 | 0.745 |
| G-240 | 膏体-A9 | 121.3 | 0.6 | 765 | 1399 | 12.9 | 0.810 | 0.751 |
| G-241 | 膏体-A9 | 121.9 | 0.6 | 776 | 1406 | 13.3 | 0.879 | 0.742 |
| G-242 | 膏体-A9 | 121.9 | 0.6 | 758 | 1408 | 13.4 | 0.926 | 0.734 |
| G-243 | 膏体-A9 | 122.6 | 0.6 | 751 | 1430 | 13.7 | 0.990 | 0.734 |
| G-244 | 膏体-A9 | 122.7 | 0.6 | 767 | 1467 | 14.0 | 1.101 | 0.739 |
| G-245 | 膏体-A9 | 123.0 | 0.6 | 790 | 1563 | 14.6 | 1.199 | 0.764 |
| G-246 | 膏体-A9 | 123.4 | 0.6 | 796 | 1626 | 15.0 | 1.190 | 0.780 |
| G-247 | 膏体-A9 | 123.5 | 0.6 | 814 | 1668 | 15.3 | 1.279 | 0.795 |
| G-248 | 膏体-A9 | 123.6 | 0.6 | 779 | 1659 | 15.4 | 1.358 | 0.802 |
| G-249 | 膏体-A9 | 123.9 | 0.6 | 799 | 1730 | 15.8 | 1.403 | 0.822 |
| G-250 | 膏体-A9 | 123.5 | 0.6 | 816 | 1755 | 16.0 | 1.471 | 0.834 |
| G-251 | 膏体-A9 | 123.6 | 0.6 | 765 | 1255 | 12.1 | 0.573 | 0.789 |
| G-252 | 膏体-A9 | 123.6 | 0.6 | 784 | 1378 | 12.9 | 0.758 | 0.772 |
| G-253 | 膏体-A9 | 123.6 | 0.6 | 789 | 1359 | 12.8 | 0.849 | 0.754 |

试验的燃烧温度和 $c*$ 效率的最大值与平均值如表 3-23 所列。

表 3-23　试验的燃烧温度和 $c*$ 效率的最大值与平均值

| 燃料类型 | $T_c$/K | | $\eta_{C*}$/% | | 测试次数 |
|------|------|------|------|------|------|
| | 最大值 | 平均值 | 最大值 | 平均值 | |
| 液体煤油 | 2394 | 2342 | 95 | 95 | 8 |
| 膏体-A0 | 2114 | 1788 | 90 | 86 | 18 |
| 膏体-A1 | 1904 | 1708 | 88 | 85 | 19 |
| 膏体-A3 | 1800 | 1550 | 84 | 81 | 8 |
| 膏体-A4 | 1611 | 1386 | 79 | 75 | 7 |
| 膏体-A5 | 1813 | 1673 | 85 | 82 | 7 |
| 膏体-A7 | 1972 | 1775 | 89 | 84 | 19 |
| 膏体-A9 | 1754 | 1471 | 83 | 77 | 19 |

含铝凝胶燃料的燃烧效率比未金属化的凝胶低，其原因是不完全燃烧。膏体-A7 理论温度和试验的燃烧温度对比如图 3-79 所示。

通常来说，实验数据是通过大量相似实验的测试得到的，如涵道比、空气质量流率、入口温度等。

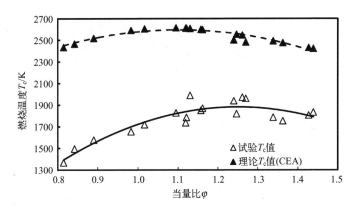

图 3-79　膏体-A7 不同当量比对应的理论温度和试验燃烧温度

膏体-A3、A4、A5 和 A7 含铝凝胶燃料不同当量比对应的 $c^*$ 效率如图 3-80 所示。与未金属化的煤油、液体燃料、凝胶燃料相比，含铝凝胶燃料的燃烧效率低很多，大约是它们的 72%~85%。很明显，增加铝粒子含量会造成燃烧效率降低，因为铝粒子不能完全燃烧。

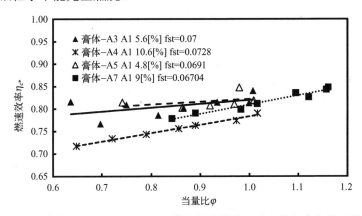

图 3-80　膏体-A3、A4、A5 和 A7 掺铝凝胶燃料不同当量比对应的 $c^*$ 效率

必须指出，我们可以通过增加燃烧室的压强（减小喷管喉部直径）来提高燃烧效率。对于一个恒定的质量流量，压力增加会使流速减小，粒子停留燃烧的时间变长，因此燃烧效率会增加。

在所有的含铝凝胶燃料中，膏体-A7 表现出了最高的燃烧温度和燃烧效率；然而，我们必须考虑更高的压力情况。

我们研究了涵道比对不同类型凝胶燃料的影响。在点火期间，旁通空气喷射会使燃烧更加剧烈，如图 3-81 所示。火焰的不同强度可以确定发动机的位置。

图 3-81　发动机点火

对于大多数凝胶燃料，最佳涵道比大约为 0.7。图 3-82 中膏体-A7 在涵道比为 0.7 左右达到了较好的燃烧效率。

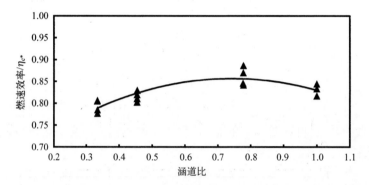

图 3-82　膏体-A7 不同涵道比对应的燃烧效率

在海平面上对马赫数为 2.6，膨胀比为 3.37 的冲压发动机导弹进行了试验，计算出了比冲 $I_{sp}$ 和密度比冲 $\rho I_{sp}$，所使用的燃料分别是烃类凝胶燃料膏体-A1 和含铝凝胶燃料膏体-A7，膏体-A9。具体结果如图 3-83 和图 3-84 所示。

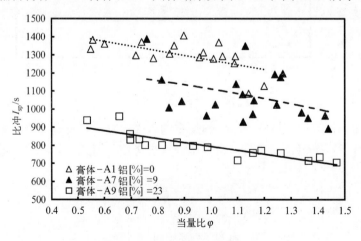

图 3-83　不同燃料导弹的比冲

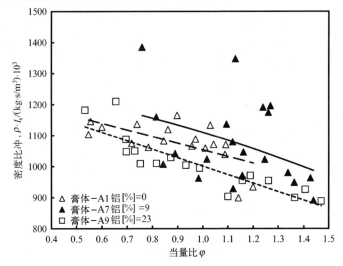

图 3-84    不同燃料导弹的密度比冲

这些结果表明，铝的使用并不一定都是有益的。在一些情况下，燃烧效率增加有可能使密度比冲变大，但是，比冲随着铝粒子含量增加而减小。

## 3.5.4    结论

本试验使用实验室规模的发动机进行试验，验证含铝凝胶燃料用于冲压发动机的可行性。我们设计和建造了测试设备和发动机，来观察添加或不添加金属铝粒子的凝胶燃料的雾化、点火和燃烧过程，同时也研究冲压发动机的工作情况和性能。试验并记录了膏体-A7 在燃烧室工作过程中的各种参数。最高的燃烧温度和燃烧效率分别是 2000K 和 90%，是在空气当量比 $\varphi \approx 1.175$ 的掺杂镀镍铝的膏体-A7 时达到的。一般情况下，铝作为添加剂并不会提升发动机性能。膏体-A7 中能达到最佳燃烧效率是在涵道比 0.7 左右。由于热损失，加长发动机并不一定对燃烧效率有积极影响。

# 参 考 文 献

1. Fry R S (2004) A century of ramjet propulsion technology evolution. J Propuls Power 20(1): 27-58.

2. Hewitt P W (2008) Status of ramjet programs in the United States. AIAA paper 2008-5265.

3. Besser H (2008) History of ducted rocket development at Bayern-Chemie. AIAA paper 2008-5261.

4. Natan B, Rahimi S (2002) The status of gel propellants in year 2000. Int J Energetic Mater

Chem Propuls 5(1-6):172-194.

5. Haddad A et al (2011) The performance of a boron loaded gel fuel ramjet. In: Deluca L T et al (eds) Progress in propulsion physics, vol 2, EUCASS advances in aerospace sciences book series. Torus Press, Moscow, pp 549-568.

6. Cohen-Zur A, Natan B (1998) Experimental investigation of a supersonic combustion solid fuel ramjet. J Propuls Power 14(6):880-889.

7. Gordon S, McBride B J (1996) Computer program for calculation of complex chemical equilibrium compositions and applications (CEA), NASA RP-1311. Glenn Research Center, Cleveland.

# 第4章 固体火箭推进

## 4.1 推进剂配方对凝聚相燃烧产物特性影响

**摘要：** 研究不同推进剂配方对燃烧表面形成的凝聚相燃烧产物（团聚和氧化物颗粒）特性的影响。推进剂配方由胶黏剂、氧化剂和金属燃料组成，具体成分为活性和非活性的胶黏剂，高氯酸铵，硝酸铵（纯净的和相稳定的），二硝酰胺铵，奥克托金微米和纳米尺寸的铝粉及包覆聚合物的铝。由凝聚相产物的图像可知，凝聚相产物的特性（如大小，化学组成和内部结构）取决于燃烧推进剂的表面特性，进而取决于推进剂组分特性。值得强调的是，配方对燃烧表面层及类骨架层结构特性具有重要影响。在研制新型推进剂时，这些研究结果可以为确定合理的推进剂配方提供基础。

**命名表**

ADN 二硝酰胺铵

AN 硝酸铵

AP 高氯酸铵

APPRET $Cl_2Si[OCH_2(CF_2-CF_2)_2H_2]_2$

CCP 凝聚相燃烧产物

CL-20 六硝基六氮杂异伍兹烷

CS 碳骨架层

FCOS 含氟有机物质

HMX 环四亚甲基四硝胺（奥克托金）

HNF 硝仿肼

$P$ 压力

PMFA 聚甲基氟代丙烯酸酯

SL 骨架层

SOP 氧化物颗粒烟雾

## 4.1.1　引言

金属添加剂（通常是铝）是高能固体推进剂中不可或缺的组成部分，而金属铝的使用所带来的结果是凝聚相燃烧产物（CCP）的形成。为了有效地优化发动机性能，CCP 的特性对推进剂质量即推进剂性能有着重要影响。CCP 决定了燃烧室残渣的生成速率，燃烧产物与发动机元件之间的相互作用及比冲损失的大小。此外，CCP 的特性降低了推进剂组分的使用概率。

燃烧过程的特征之一是在燃烧推进剂表面形成 CCP。很明显，推进剂组分对 CCP 的性质有一定的影响。研究人员已经进行了大量试验来研究推进剂配方组成和 CCP 特性之间的相互关系。

参考 Yury. VFrolov[1-3]、O. Glotov[4-7]、E. Price[8-12]、Luigi T. DeLuca[13-16]的结果，我们在 BSTU[17-27]进行了类似的工作。这些工作具有以下显著特点。

（1）推进剂燃烧表面所有颗粒的尺寸在几十纳米到 $1000\mu m$ 的范围内。

（2）研究不仅对颗粒尺寸和燃烧产物流中颗粒数量进行分析，还对其化学组成和结构参数进行了解释。

研究基于以下假设：所有的凝聚相燃烧产物包括团聚颗粒和氧化物颗粒（SOP）。团聚颗粒是凝聚相产物在推进剂表面结合的产物，团聚粒度可达数百甚至数千微米。氧化物颗粒是金属在推进剂表面和燃烧表面气相区燃烧的产物。一般来讲，这些颗粒的尺寸小于 $1\mu m$，团聚颗粒尺寸超过金属初始粒子最大尺寸。

使用以下符号对 CCP 进行定量描述：

- $f_m(D)$—团聚粒度分布密度的质量函数；
- $f_m(d)$—氧化物颗粒尺寸分布密度的质量函数；
- $D43$—团聚颗粒的质量加权平均直径；
- $d43$—氧化物颗粒的质量加权平均直径；
- $Z_m^a$ —在推进剂中用于形成团聚颗粒的原始金属分数；
- $Z_m$—在推进剂团聚中未燃烧的原始金属分数；
- $Z_m^{ox}$ —在推进剂团聚中用于形成氧化物的原始金属的分数；
- $\eta$—团聚颗粒中氧化物的质量分数；
- $Z_m^{sop}$—在推进剂中用于产生氧化物颗粒的原始金属的分数。

通过分析团聚颗粒的微段、燃烧薄膜以及腔室底部燃烧残渣的图片，获得其定性信息。

目前的工作是归纳 BSTU 得到的试验材料，明确配方对推进剂燃烧表面 CCP 形成过程的影响。

## 4.1.2　推进剂燃烧表面形成 CCP 的详细分析

为了简化分析，我们对团聚颗粒和 SOP 形成的物理本质分别进行研究。

**1. 团聚的形成**

试验表明，团聚颗粒产生的必要条件是骨架层（SL）[17,18] 的形成。

骨架层是气体可渗透的三维结构，主要由金属及其氧化物和热稳定的碳元素组成，骨架层出现在表面层的顶部（图 4-1）。我们认为，推进剂燃烧只出现在指定结构上。骨架层可以解释燃烧推进剂表面初始金属颗粒和后续出现的团聚颗粒之间的联系，即实现颗粒团聚过程的可能性。试验表明，SL 形成的必要条件是含碳骨架（CS）[18,21] 的形成，这又与聚合物胶黏剂的分解条件有关。

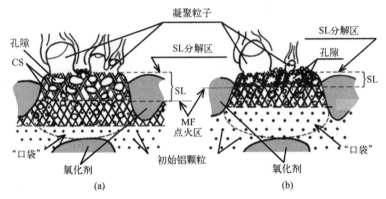

图 4-1　A 类推进剂（a）和 B 类推进剂（b）两类推进剂燃烧过程中骨架层的示意图（SL -骨架层，CS -碳骨架，MF -金属燃料）[18] 若 $T_{igm} < T_{dc}$，则是 A 类推进剂，反之，则是 B 类推进剂。

分解转换的完全性增加，即如果分解区域中氧化性物质的浓度增加，形成 CS 的概率将下降。氧化性物质可以成为胶黏剂（活性胶黏剂）的一部分，并且氧化剂粗糙颗粒将从分解区域扩散出现。因此，可以确定促进燃烧含碳骨架消失的因素。骨架层存在活性胶黏剂或伪活性胶黏剂（存在于精细氧化剂组分的胶黏剂），还有在大的氧化剂颗粒之间的胶黏剂狭窄层的分解。

"跨口袋桥梁"存在于氧化剂颗粒之间的胶黏剂层内，它限制了 SL 的形成。如果表面层中的氧化剂颗粒失去自己的特征，那么，由于之前的融合，指定层将不再是"口袋间桥"。

SL 的形成可以解释团聚颗粒的性质，其取决于金属燃料的特征和表面层的碳元素。区分 A 和 B 两类推进剂的方法是金属点火温度（$T_{igm}$）和含碳元素分解温度（$T_{dc}$）之间的差值。若 $T_{igm} < T_{dc}$，则是 A 类推进剂，反之，则是 B 类推进剂。对于 A 类推进剂，上部 SL 是含碳骨架，具有由金属和其氧化物液体填充的孔

（图 4-2）。对于 B 类推进剂，上部 SL 是金属骨架，它包含金属的初始颗粒（图 4-3），图 4-2、图 4-3 通过收集燃烧室底部残渣的方法研究推进剂燃烧产物特性得到。很明显，团聚颗粒的性质因推进剂种类的不同而不同。对于 A 类推进剂，金属在异构模式下燃烧，金属含量的增加使团聚颗粒中氧化物增加。此外，若维持上部 SL 团聚颗粒的黏结力增大，则团聚颗粒的粒度也会变大。

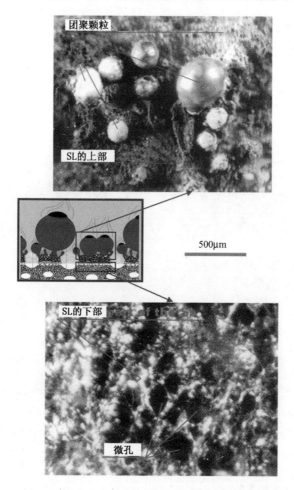

图 4-2　A 类推进剂的 SL 的顶部和底部（AN 基推进剂，$P=6.0MPa$[20]）

　　骨架层顶部表面上的颗粒裂解可以通过液滴的表面张力来解释[28]。对于团聚"口袋"模型，团聚颗粒是凝聚相产物在"口袋"内合并的结果；对于团聚"口袋间"模型，团聚颗粒是"口袋"内凝聚相产物合并的结果；与此相反，对于"预口袋"模型，"口袋"是团聚颗粒的形成源。团聚颗粒的粒度变化规律取决于这些模型的实际压强[18]。

　　表面层上团聚颗粒的演化将影响团聚颗粒的特性。该现象包含演化过程（图 4-4）[29]。

初始金属颗粒

凝聚粒子

骨架层

图 4-3　B 类推进剂的 SL 顶部（活性胶黏剂基推进剂，$P$=0.8MPa[21]）

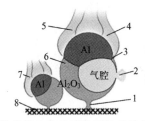

图 4-4　推进剂上表面团聚颗粒的进化过程图解

1—结合 SL；2—空腔塌陷；3—Al 和 $Al_2O_3$ 之间的化学反应；4—气相区铝的燃烧；
5—SOP 的"尾巴"；6—内部结构；7—颗粒合并；8—SL 的表面。

　　（1）金属的气相燃烧。该情况下的燃烧将形成 SOP，并减少团聚颗粒中金属含量。

　　（2）凝聚相 Al 和 $Al_2O_3$ 之间的化学反应。凝聚相金属和氧化剂发生化学反应形成气态产物。该过程的实现及其化学反应速率取决于颗粒温度，而颗粒温度又取决于燃烧释放的热量和热量损失之间的关系，这种相互作用导致气泡的形成和气态产物的消失。

　　（3）颗粒结构的变化。颗粒结构的变化与金属尺寸、金属含量、氧化物液滴以及气泡的变化相关联。

　　（4）凝聚相颗粒的补给和合并。团聚颗粒与骨架层的关系导致了颗粒的扩大，以占据骨架层"物质"和合并邻近颗粒为代价。显然，颗粒扩大依赖于演化过程的持续时间。

　　进化过程对团聚颗粒的结构有着至关重要的影响，图 4-5 所示为观察到的某时刻团聚颗粒的典型结构。

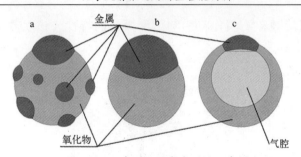

图 4-5　观察到的团聚类型的示意图

a—"矩阵"团聚；b—氧化物"疣"团聚；c—"空心化"团聚。

**2. 氧化物粒子的形成**

SOP 的形成存在两种机制[23]：

首先，SOP 在团聚颗粒的演化中形成（图 4-6）。这些粒子的尺寸取决于冷凝和凝固过程的速率，它们又分别取决于团聚颗粒的尺寸和弧形气流的流动性质。SOP 的尺寸随着团聚粒度的增加和气流速度的减小而增大，反之亦然。SOP 数量取决于参与团聚的金属含量和进化过程的持续时间。

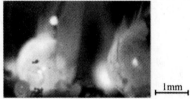

图 4-6　骨架层的表面上以气相模式燃烧金属的凝聚相颗粒（AN 基推进剂，$P = 3.0\text{MPa}$[24]）

其次，SOP 是在金属燃料的燃烧中形成的，不参与团聚（图 4-7）。

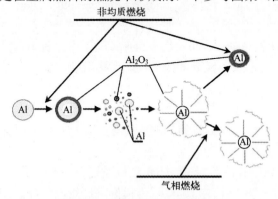

图 4-7　非凝结金属的燃烧方案

显而易见的是，在燃烧过程的第一阶段，对于任何颗粒，包括小尺寸的微粒，均是异质燃烧。此模式的一个特征是氧化性气体扩散到金属颗粒的表面，并与凝聚相氧化物相互作用。在异质燃烧的最后阶段，金属颗粒被连续的液体氧化物膜所覆盖。当颗粒温度达到沸腾温度时，这层薄膜将被金属蒸气打破。

在大多数情况下，非凝结金属颗粒的异质燃烧导致其碎裂。这个过程产生大量氧化物和金属颗粒。非凝结颗粒和在破碎中产生的液滴尺寸极小，所以粒径对金属化学势和沸点的影响是极为重要的。因此，破碎后的液滴应该是过热的。这导致液滴中金属强烈的蒸发，和蒸气与环境中的氧化性气体相互作用，即液滴的气相燃烧以非平衡模式进行。我们假设在高度的非平衡状态下，液滴的快速蒸发使其温度下降，进而返回到异质模式的燃烧。

因此，在非凝结金属燃烧中 SOP 的形成可能有两种模式，即异质和气相。

显然，SOP 的特征取决于表面层的性质。在现实中，这些颗粒的大小取决于与表面层性质相关联的参数，如参与团聚的金属含量、团聚颗粒的尺寸、非凝结金属颗粒的点火温度。

### 4.1.3 各因素对 CCP 性质的影响

影响 CCP 特性的固体推进剂基本成分有氧化剂、胶黏剂和金属燃料。

**1. 氧化剂的种类和大小**

氧化剂性质的基本解释包括表面层中氧化剂颗粒个性的保留或损失。氧化剂颗粒的个性损失是指氧化剂连续熔层的形成。如果氧化剂颗粒失去其个性，那么氧化剂颗粒之间的层会失去"跨口袋桥"的性质，即这些层中可能形成 SL。

1）氧化剂颗粒保留个性

需要指出的是下列氧化剂能在表面层中保留其个性：高氯酸铵（AP）、二硝酰胺铵（ADN）、硝胺（HMX）和相稳定的硝酸铵（PSAN-2），PSAN-2 由热力学稳定化方法制备。

如果使用这些氧化剂并形成骨架层，"跨口袋桥"部分限定了金属燃料参与团聚过程的程度，即参数 $Z_m^a$（图 4-8）。我们有可能根据"口袋"的尺寸来估算团聚颗粒的尺寸[18,30]。

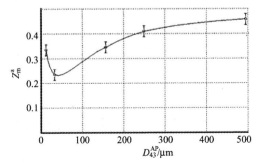

图 4-8　$Z_m^a$ 依赖于 AP 颗粒的质量中径[18]

257

在低强度的团聚过程（可以选择强度测量参数 $Z_m^a$）中烟雾氧化物颗粒的平均质量直径在350～450nm较窄的范围内，而在高强度团聚过程中有着450～800nm较宽的范围。SOP粒度分布的密度质量函数通常是双峰曲线（图4-9）。在较大尺寸范围内，以形成模式的颗粒数量为主。可以假设形成SOP的基本机制是在非凝结金属的异质燃烧过程中形成氧化物碎片。这种假设是基于对函数 $f_m(d)$ 的分析。此函数的第一模式是由气相燃烧形成的颗粒限定的，而第二个基本模式则是异质燃烧。异质燃烧阻止了颗粒的破碎，这对最终的尺寸分布有着显著影响。

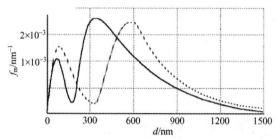

图4-9  在6.0MPa下两种AP基推进剂的函数 $f_m(d)$[18]

2）氧化剂颗粒失去个性

需要指出的是，下列氧化剂在表面层失去个性：硝酸铵（AN）和相稳定的硝酸铵（PSAN-1）[20,22]，PSAN-1采用动力学法制备。

使用类似的氧化剂具有以下结果：

（1）金属燃料几乎全部参与团聚（$Z_m^a \approx 80\%$）；

（2）团聚颗粒的演化过程有着相当大作用；

（3）团聚中氧化物的关键含量 $\eta \approx 85\%$；

（4）颗粒合并程度（图4-10）；

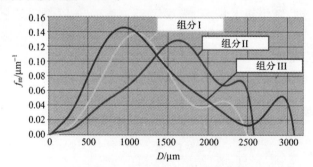

图4-10  在6.0MPa下3种AN基推进剂 $f_m(d)$ 函数[20]

(推进剂配方的区别如表4-1所列)

（5）SOP颗粒尺寸较大，这些中等质量的颗粒尺寸在700～1200nm的范围内。

表 4-1　3 种 AN 基推进剂组合物的配方

| 材　　质 | 配方 I /% | 配方 II /% | 配方III/% |
|---|---|---|---|
| 粗 AN[①] | 46.2($c/f$=2.33) | 19.8($c/f$=0.43) | 33($c/f$=1.0) |
| 细 AN[②] | 19.8 | 46.2 | 33 |
| 铝粉[③] | 22 | 22 | 22 |
| 异戊二烯橡胶 | 2.4 | 2.4 | 2.4 |
| 油($C_{19}H_{35}$) | 9 | 9 | 9 |
| 添加剂 | 0.6 | 0.6 | 0.6 |

① 颗粒尺寸：250～350μm；
② 颗粒尺寸：40～70μm；
③ 颗粒的质量平均直径：10.5μm。

**2. 胶黏剂类型**

活性胶黏剂对 CCP 性质有着非常大的影响。

SL 和含活性胶黏剂推进剂的 CCP 的形成取决于压力值。低压下，形成骨架层，但是在向高压过渡的过程中 SL 几乎消失，这导致 CCP 组合物中团聚的质量分数急剧下降，如图 4-11 所示。

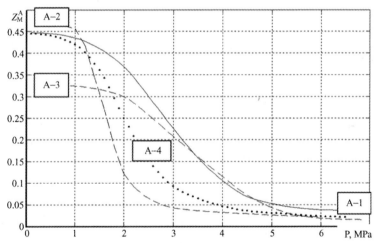

图 4-11　基于活性胶黏剂的 4 类推进剂（A-1～A-4）的 $Z_m^a$ ($P$)。所有组合物含有 AP，HMX，Al 和活性胶黏剂。它们在精细和粗糙的 HMX 含量比例方面不同[21]

活性胶黏剂的燃烧特性有着特有的规律：

在没有 CS 形成的情况下，这些胶黏剂可能进行燃烧反应，最终形成 SL。这能否实现取决于活性增塑剂的气化速率($r_{pl}$)和聚合物本身($r_{pol}$)之间的关系（$\varepsilon=r_{pl} / r_{pol}$）。如果该参数 $\varepsilon <1$，则 CS 形成可能性大，反之亦然。

根据试验数据有理由假设：在低压下会出现一种情况，即它与条件 $\varepsilon <1$ 的实现和 CS 与 SL 的形成相联系；而在高压下，$\varepsilon \geq 1$，CS（SL）的形成不会发生。应当注意的是，对于超细 AP 基推进剂，已经获得了与骨架层形成特征相关联的

结果，它取决于压力（在文献[17]中给出类似推进剂特征）。因此，可以讨论一些推进剂燃烧的普遍规律，燃烧性质使其接近均质燃烧。

对于所考虑的推进剂类型，还未明确高低压领域的划分过程。然而，需要指出的是，5.0MPa 以上的高压区域能够找到这种类型所有的推进剂。参数 $Z_m^a$ 在这个领域内不超过这个值的 2%～4%，它允许排除团聚颗粒的考虑因素。

中等质量的 SOP 尺寸为 700～800μm。SOP 粒度分布的密度质量函数接近于单峰（图 4-12）。据推测，SOP 尺寸增加是非凝结金属的点火温度降低的结果[23]。

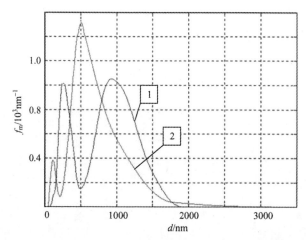

图 4-12　基于非活性（1）和活性（2）胶黏剂的推进剂 $f_m(d)$ 函数[21]

### 3. 金属颗粒的种类和大小

金属燃料的各种性质与纳米尺寸铝的使用和铝粒子的变形相关联。

1）纳米尺寸铝的使用

对于基于纳米尺寸铝的推进剂，SL 的形成规律取决于它们是否保留推进剂中金属的初始颗粒或者形成连接结构。

表面层的金属初始颗粒之间的接触形式为团聚和所有的凝聚相产物的形成奠定了一定的基础。实际上，团聚的形成仅仅发生在粒子相互接触的情形下。骨架层的形成伴随着由金属初始颗粒组成的连接结构的形成（图 4-1）。如果初始推进剂的组合物中形成了金属颗粒的连接结构，这就为 SL 形成提供了基础，而不依赖于燃烧过程的特征，即形成 SL 的先决条件在制造推进剂阶段产生。

一般地，因连接结构的存在而引起的情况，对于推进剂性能来讲是不希望发生的，因为金属颗粒的势能由于它们的存在而下降。对于基于纳米尺寸铝的推进剂，其发生概率大大增加。这与推进剂体积单元中金属初始颗粒数量的急剧增加相联系，可以通过特殊的加工方法来消除类似结构的形成[31]。

需要指出的是，当它们不存在时，很可能的状况是类似的推进剂会形成连接结构。因此，对于要考虑的这两类推进剂来说，可能存在这与 SL 形成的前提条件相关联；无论是在燃烧的过程中，还是在推进剂制造阶段。

在两种指定的情况下，可以通过试验研究两种类型的纳米尺寸铝推进剂，并给它们命名为推进剂类型 Nano1 和 Nano2[24, 26]。

推进剂类型 Nano1 的 SL 的性质类似于 A 类推进剂中骨架层的性质，它可能降低金属的点火温度。

如果表面层允许氧化剂颗粒保留个性，那么形成 SL 的金属燃料含量取决于氧化剂颗粒的数量和尺寸。因此，基本的团聚机制是"口袋"和"口袋间"，团聚的类型为"矩阵"团聚和氧化物"疤"团聚（图 4-5），即可以实现 A 类推进剂燃烧规律[17,18]。

推进剂类型 Nano2 的 SL 性质接近于 B 类推进剂的 SL 性能。SL 的形成不与推进剂结构和燃烧条件相关联，它仅使人们有可能得出如下结论：制造工艺可以确定类似 SL 的性质。试验数据证明相当多含量的金属参与形成。参数 $Z_m^a$ 有着很大的值（约 0.9~0.95），它实际上不依赖于压力。

推进剂类型 Nano2 燃烧时团聚颗粒的特点如下：

（1）团聚颗粒有着相当小的尺寸（几十微米）（此尺寸比推进剂类型 Nano1 少近 10 倍）；

（2）团聚颗粒形成的可能性，它表示金属粒子被相当厚的氧化物覆盖着（图 4-13）。

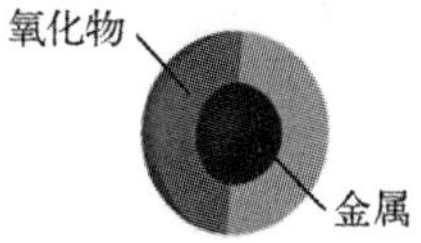

氧化物

金属

图 4-13　推进剂类型 Nano2 的团聚模型

对于推进剂类型 Nano1 和 Nano2，团聚粒度分布的密度质量函数和在同一尺寸的团聚颗粒的本质区别，如图 4-14 和图 4-15 所示。

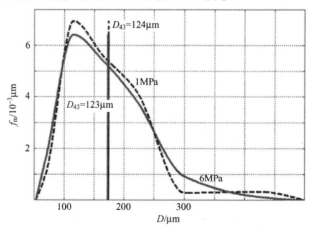

图 4-14　推进剂类型 Nano1 的 $f_m(D)$ 函数[24]

纳米尺寸铝的使用，导致 SOP 尺寸的直接减小（图 4-16）。进而，这个特征是由团聚粒度减少和非凝结金属燃烧颗粒尺寸的自然减少共同作用的结果。

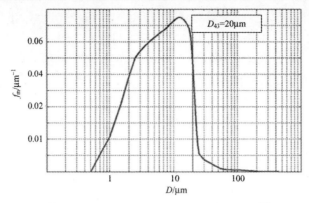

图 4-15　推进剂类型 Nano2 的 $f_m(D)$ 函数[24]

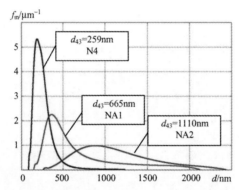

图 4-16　各种尺寸初始金属的一些推进剂的 $f_m(d)$ 函数组合物：NA1- AN +常规铝+非活性胶
黏剂，NA2- AN +纳米尺寸铝+非活性胶黏剂，N4 - AP +纳米尺寸铝+非活性胶黏剂[26]

2）改性铝的用途

通常金属燃料的改性包括难熔金属的金属颗粒的涂层和含氟有机聚合物。表 4-2 中给出 5 种所研究的推进剂[19]的组合物。

表 4-2　CSP-F1、CSP-F2、CSP-F3、CSP-F4 和 CSP-F5<br>的推进剂组分（百分比）

| Propellant | 铝　粉 | | | 氧化剂 | 胶黏剂 |
| --- | --- | --- | --- | --- | --- |
| | $d_{43}^* = 10.5\mu m$ | $d_{43}^* = 22\mu m$ | 包覆 | | |
| CSP-F1 | — | 24 | | 64 | 12 |
| CSP-F2 | — | 24 | Ni | 64 | 12 |
| CSP-F3 | 24 | — | — | 64 | 12 |
| CSP-F4 | 24 | — | APPRET | 64 | 12 |
| CSP-F5 | 24 | — | PMFA | 64 | 12 |
| *—初始金属颗粒的质量平均直径 | | | | | |

关于团聚过程在两个压强水平（$P$=1.5MPa 和 $P$=6.0MPa）下的试验数据，如

表 4-3 和表 4-4 所列。

表 4-3　低压下的试验数据

| 推进剂 | 包覆 | $Z_m$ | $Z_m^{ox}$ | $Z_m^a$ | $\eta$ | $D_{43} / \mu m$ |
|---|---|---|---|---|---|---|
| CSP-F1 | — | 0.259 | 0.065 | 0.324 | 0.320 | 223 |
| | | ±0.026 | ±0.006 | ±0.032 | ±0.030 | ±20 |
| CSP-F2 | Ni | 0.307 | 0.090 | 0.397 | 0.356 | 138 |
| | | ±0.030 | ±0.008 | ±0.038 | ±0.035 | ±13 |
| CSP-F3 | — | 0.333 | 0.114 | 0.447 | 0.393 | 210 |
| | | ±0.035 | ±0.013 | ±0.048 | ±0.038 | ±20 |
| CSP-F4 | APPRET | 0.321 | 0.059 | 0.380 | 0.255 | 185 |
| | | ±0.032 | ±0.005 | ±0.037 | ±0.025 | ±20 |
| CSP-F5 | PMFA | 0.356 | 0.073 | 0.429 | 0.279 | 150 |
| | | ±0.034 | ±0.009 | ±0.043 | ±0.027 | ±15 |

表 4-4　高压下的试验数据

| 推进剂 | 包覆 | $Z_m$ | $Z_m^{ox}$ | $Z_m^a$ | $\eta$ | $D_{43} / \mu m$ |
|---|---|---|---|---|---|---|
| CSP-F1 | — | 0.155 | 0.080 | 0.235 | 0.494 | 213 |
| | | ±0.016 | ±0.007 | ±0.023 | ±0.050 | ±20 |
| CSP-F2 | Ni | 0.197 | 0.058 | 0.255 | 0.359 | 104 |
| | | ±0.020 | ±0.005 | ±0.025 | ±0.035 | ±10 |
| CSP-F3 | — | 0.133 | 0.060 | 0.193 | 0.460 | 126 |
| | | ±0.013 | ±0.006 | ±0.019 | ±0.050 | ±14 |
| CSP-F4 | APPRET | 0.126 | 0.033 | 0.159 | 0.334 | 138 |
| | | ±0.011 | ±0.004 | ±0.015 | ±0.035 | ±15 |
| CSP-F5 | PMFA | 0.110 | 0.041 | 0.151 | 0.414 | 133 |
| | | ±0.010 | ±0.004 | ±0.014 | ±0.040 | ±12 |

通常，金属燃料颗粒涂层对于形成 CCP 的过程具有如下影响：

（1）改变金属的点火温度，其结果为属性 SL 改变，进而影响团聚颗粒的特点和非凝结金属的燃烧特点；

（2）改变团聚"物质"的表面特性，不可避免地会影响黏结力大小。

从试验研究结果可以得出以下结论[19]：

含镍涂层的使用导致团聚"物质"表面性质变化。这种情况会导致作用于颗粒上的黏结力减小和团聚颗粒含量减少，因而，团聚颗粒的平均尺寸减小（表 4-3，

表 4-4，图 4-17）。

含氟有机涂层的使用将导致金属点火温度的上升。这种情况有以下影响：

金属含量，其在 SL 以异质模式燃烧，因此，团聚的氧化物含量降低。

SL 特性导致团聚颗粒尺寸分布密度的质量函数转换，它引起最大团聚颗粒数量的减少和团聚颗粒平均尺寸的减少（表 4-3，表 4-4，图 4-18）。

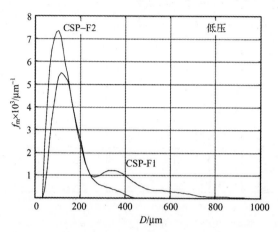

图 4-17 推进剂 CSP-F1 和 CSP-F2 的团聚粒度分布

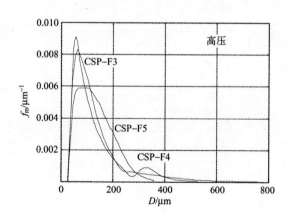

图 4-18 推进剂 CSP-F3、CSP-F4 和 CSP-F5 的团聚颗粒尺寸分布

图 4-19 说明金属燃料的改良特性对 CCP 形成团聚过程的影响。

金属点火温度的增加导致异质模式燃烧时间减少，进而导致 SOP 尺寸减小。

当然，为了解决改性金属燃料在应用中的实际问题，有必要进行进一步的试验以确定各方面的改良对燃烧过程的影响（推进剂燃烧速率的规律、最佳涂层物质含量等）。

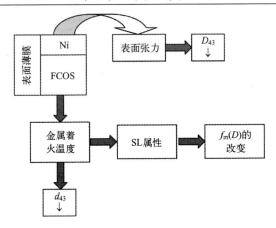

图 4-19　金属改性对 CCP 形成过程的影响

## 4.1.4　结论

该研究分析强调了各种燃烧过程，还有 CCP 形成过程。对于所考虑的过程，这与推进剂配方设计相关联。需要指出的是，分析结果与推进剂燃烧表面形成 CCP 的实物图像完全一致，当然燃烧环境很重要。已建立基本配方设计和 CCP 形成过程的相互关系。因此，可以预测配方设计对 CCP 性质的影响。

所得结果使人们可以使用优化后的配方组合来制备推进剂。当然，有必要使用新的组分，如氢化铝、HNF、CL-20 等进行后续研究。

# 参 考 文 献

1. Pokhil P M, Belyaev A F, Frolov Y V et al (1974) Gorenie porohsobraznykh metallov vactivnykh sredakh (combustion of powdered materials in active media). Nauka, Moscow.

2. Gladun V D, Frolov Y V, Kashporov L Y (1977) Aglomeraziya porohsobraznogo metalla pri gorenii smesevykh kondensirovannykh sistem (agglomeration of powdered metal at burning of composite condensed systems). OIKhPh AN SSSR, Chernogolovka.

3. Frolov Y V, Pokhil P F, Logachev V S (1972) Ignition and combustion of powdered aluminum in high-temperature gaseous media and in a composition of heterogeneous condensed systems. Combust Explosion Shock Waves 8(2):38-45.

4. Glotov O G, Zyryanov V Y (1995) Condensed combustion products of aluminized propellants. 1. A technique for investigating the evolution of disperse-phase particles. Combust Explosion Shock Waves 31(1):72-78.

5. Glotov O G, Yagodnikov D A, Vorob'ev V S et al (2007) Ignition, combustion, and

agglomeration of encapsulated aluminum particles in a composite solid propellant. II. Experimental studies of agglomeration. Combust Explosion Shock Waves 43(3):320–333.

6. Glotov O G (2007) Condensed combustion products of aluminized propellants. IV. Effect of the nature of nitramines on aluminum agglomeration and combustion efficiency. Combust Explosion Shock Waves 42(4):436–449.

7. Glotov O G, Zarko V E, Beckstead M W (2000) Agglomerated and oxide particle generated in combustion of ALEX containing solid propellants. In: Proceedings of the 31st international annual conference of ICT, June 2000, paper 130.

8. Price E W, Pack C J, Sigman R K, Sambamurthi (1981) The nature and combustion of agglomerates. In: Proceedings of the 18$^{th}$ JANNAF combustion meeting, V. III, Chemical Propulsion Information Agency. Laurel, p 121–145.

9. Price E W (1984) Combustion of metallized propellant. Progress in astronautics and aeronautics. In: Kuo K, Summerfield M (eds) Fundamentals of solid propellant combustion, vol 90. AIAA, New York, pp 478–513.

10. Price E W, Sigman R K (2000) Chapter 2.18: Combustion of aluminized solid propellants. In: Yang V, Brill T B, Ren W Z (eds) Progress in astronautics and aeronautics, vol 185. American Institute of Aeronautics and Astronautics, Reston, pp 663–687.

11. Dokhan A, Seitzman J M, Price E W, Sigman R K (2001) The effects of Al particle size on the burning rate and residual oxide in aluminized propellants. In: AIAA Paper 2001–3581, 37$^{th}$ AIAA/ASME/SAE/ASEE joint propulsion conference and exhibit. Salt Lake City, 8–11 July 2001.

12. Dokhan A, Price E W, Sigman R K, Seitzman J M (2002) Combustion mechanism of bimodal and ultra–fine aluminum in AP solid propellant. In: AIAA Paper 2002–4173, 38$^{th}$ AIAA/ASME/SAE/ASEE joint propulsion conference and exhibit. Indianapolis, 7–10 July 2002.

13. DeLuca L T (2007) Burning of aluminized solid rocket propellants: from micrometric to nanometric fuel size. In: Ping H, Yajun W, Shengcai LI (eds) Theory and practice of energetic materials, Vol. VII, proceedings of the 2007 international autumn seminar on propellants, explosives and pyrotechnics, supported by National Natural Science Foundation of China (NSFC). Science Press, Beijing, pp 277–289.

14. DeLuca L T, Galfetti L (2008) Burning of metallized composite solid rocket propellants: from micrometric to nanometric aluminum size. In: Book of proceedings 3rd Asian Joint Conference on Propulsion and Power (AJCPP) 2008 – Gyeongju. 06–08 Mar 2008.

15. DeLuca L T, Galfetti L, Maggi F et al (2008) Burning of metallized composite solid rocket propellants: toward nanometric fuel size. In: ESA space propulsion 2008 – book of proceedings. Heraclion. 05–09 May 2008.

16. Cerri S, Galfetti L, DeLuca L T et al (2008) Experimental investigation of the condensed combustion products of micro aluminized solid rocket propellants. AIAA Paper 07-5766, 08-11 July 07.

17. Babuk V A, Vasilyev V A, Malakhov M S (1999) Condensed combustion products at the burning surface of aluminized solid propellant. J Propuls Power 15(6):783-794.

18. Babuk V A, Vasilyev V A, Sviridov V V (2000) Chapter 2.21: Formation of condensed combustion products at the burning surface of solid rocket propellant. In: Yang V, Brill T B, Ren W Z (eds) Solid propellant chemistry, combustion, and motor interior ballistics, vol 185, Progress in astronautics and aeronautics. American Institute of Aeronautics and Astronautics, Reston, pp 749-776.

19. Babuk V A, Vasilyev V A, Sviridov V V (2001) Propellant formulation factors and metal agglomeration in combustion of aluminized solid rocket propellant. Combust Sci Technol 163:261-289.

20. Babuk V A, Vasilyev V A, Glebov A A et al (2004) Combustion mechanisms of AN-based aluminized solid rocket propellants. In: DeLuca L T, Galfetti L, Pesce-Rodriguez R A (eds) Novel energetic materials and applications. Grafiche GSS, Bergamo, pp 44-1-44-20, Dec. 2004, paper 44.

21. Babuk V A, Dolotkazin Ildar N, Glebov Andrey A (2005) Burning mechanism of aluminized solid rocket propellants based on energetic binders. Propellants Explos Pyrotechnics 30(4):281-290.

22. Babuk V A, Glebov A, Arkhipov V A et al (2005) Dual-oxidizer solid rocket propellants for lowcost access to space. In: DeLuca L T, Sackheim R L, Palaszewski B A (eds) In-space propulsion. Grafiche GSS, Italy, pp 15-1-15-20, Nov. 2005, paper 15.

23. Babuk V A (2007) Problems in studying formation of smoke oxide particles in combustion of aluminized solid propellants. Combust Explosion Shock Waves 43(1):38-45.

24. Babuk V A, Glebov A, Dolotkazin I et al (2009) Condensed combustion products from burning of nanoaluminum-based propellants: properties and formation mechanism. In: EUCASS advances in aerospace sciences. vol 1 - Propulsion physics, EUCASS, Torus Press, EDP Sciences, Paris, 2009, pp 3-16.

25. Babuk V A, Vasil'ev V A, Potekhin A N (2009) Experimental investigation of agglomeration during combustion of aluminized solid propellants in an acceleration field. Combust Explosion Shock Waves 45(1):32-39.

26. Babuk V A, Dolotkazin I, Gamsov A, Glebov A, DeLuca L T, Galfetti L (2009) Nanoaluminum as a solid propellant fuel. J Propuls Power 25(2):482-489.

27. Babuk V A (2009) Properties of the surface layer and combustion behavior of metalized

solid propellants. Combust Explosion Shock Waves 45(4):486-494.

28. Babuk V A, Dolotkazin IN, Sviridov VV (2003) Simulation of agglomerate dispersion in combustion of aluminized solid propellants. Combust Explosion Shock Waves 39(2):195-203.

29. Babuk V A, Dolotkazin Ildar N, Nizyaev Alexander A (2013) Analysis and synthesis of solutions for the agglomeration process modeling. In: EUCASS book series advances in aerospace sciences. vol 4 – Progress in propulsion physics, EUCASS, Torus Press, EDP Sciences, Paris, 2013, pp 33-58.

30. Babuk V A, Nizyaev A A (2014) Modelirovanie structury smesevykh tverdykh topliv i problema opisaniya prozessa aglmerazii (Modeling of composite solid propellant structure and problem of the description of agglomeration process). Khimicheskaya Phizika I Mesoskopiya 16(1): 31-42.

31. Meleshko V Y, Pavloves G Y, Sarabiev V I, Mikaskin D A (2012) Sposoby kapsulyazii nanorazmernykh komponentov energeticheskikh kondensirovannykh system (ways of protection nano-sized components of the energy condensed systems). Izvestia RARAN 3:22-26.

## 4.2　BAMO-GAP 共聚物基推进剂能量与燃烧特性

**摘要：**以最小自由能为理论基础，利用"能量计算之星"（ECS）软件计算了 3,3-二叠氮甲基氧杂环丁烷（BAMO）与聚叠氮缩水甘油醚（GAP）的嵌段共聚物（BAMO-GAP）为胶黏剂的推进剂能量特性，考察了不同增塑剂、氧化剂和高能燃料对推进剂能量的影响规律，为设计 BAMO-GAP 基高能推进剂配方提出了建议。能量计算结果表明，配方中高氯酸铵（AP）和其他氧化剂（RDX、HMX、CL-20）之间存在最佳比例，可使推进剂能量最高，而 AP 被 ADN 逐渐代替时，推进剂能量呈现线性增长的趋势，配方中 Al 被 $AlH_3$ 取代时，推进剂能量也获得大幅度提高。此外，通过测试不同配方推进剂的燃速、火焰结构和燃烧波结构研究了不同添加剂及燃烧催化剂对推进剂燃烧性能的影响规律。可知，随着推进剂中 RDX 含量逐渐增加，低压下的燃速基本保持不变，但在高压下有所增加，三组元的燃烧催化剂使推进剂的燃速压力指数降低；对于不含燃烧催化剂的推进剂，其燃烧火焰并没有明显的暗区，火焰区由明亮的橘色火焰和亮线组成，而当推进剂中添加了催化剂后，火焰变得更加明亮，燃烧表面温度增加，因此使得推进剂燃速增加。

## 4.2.1　引言

高能胶黏剂是高能固体推进剂及炸药中的重要组成部分，决定了推进剂和炸药的结构完整性和力学性能。而含能热塑性弹性体（ETPE）由于其高能、钝感及可回收利用等优点[1-4]，是推进剂的新一代胶黏剂[5-11]。3,3-二叠氮甲基氧杂环丁烷（BAMO）与聚叠氮缩水甘油醚（GAP）的嵌段共聚物（BAMO-GAP）是含能热塑性弹性体的典型代表之一，国外已经开展了 BAMO-GAP 在推进剂及发射药中的应用研究[12,13]。以 BAMO-GAP 为基的推进剂通常具有较低的火焰温度、较高的比冲、良好的力学性能及稳定的燃烧特性[14,15]，因此是未来最有潜力的推进剂用含能胶黏剂之一。目前，国内外报道了 BAMO-GAP 的合成和表征研究[16-20]，但其推进剂能量特性及燃烧性能研究却鲜有报道[21,22]，因此，本文重点开展 BAMO-GAP 基固体推进剂的能量和燃烧特性研究，以促进该类推进剂的应用。

## 4.2.2　试验部分

### 1. 原材料和样品

BAMO-GAP 共聚物由西安近代化学研究所合成，结构式如图 4-20 所示。结构表征参数如下：FT-IR:$\nu(cm^{-1})$: 3325($\nu_{OH}$), 2873($\nu_{s}CH_2$), 2092($\nu_{as}N_3$), 1442($\nu_{s}CH_2$), 1278($\nu_{s}C\text{-}O\text{-}C$), 1095($\nu_{as}C\text{-}O\text{-}C$); $^{13}C$ NMR: $\delta(10^{-6}, CDCl_3)$ 45.3 $\times 10^{-6}$（聚-BAMO 单元的季碳原子），49.5～50.8$\times 10^{-6}$ and 51.1～52.4$\times 10^{-6}$（聚-BAMO 单元和 GAP 单元的 $CH_2N_3$），69.6～70.8$\times 10^{-6}$（BAMO 和 GAP 单元的 $CH_2O$），76.7～78.7$\times 10^{-6}$（GAP 单元的 CHO）；相对平均分子质量（GPC）：$M_n$=7515, $M_w$=25212, PD=3.35；元素分析: C, 40.88%; H, 5.24%; N, 37.71%；分子中软硬段质量比为: BAMO/GAP =1/1，黑索今（RDX> 98 %）、铝粉（Al>99%）等均为工业品。

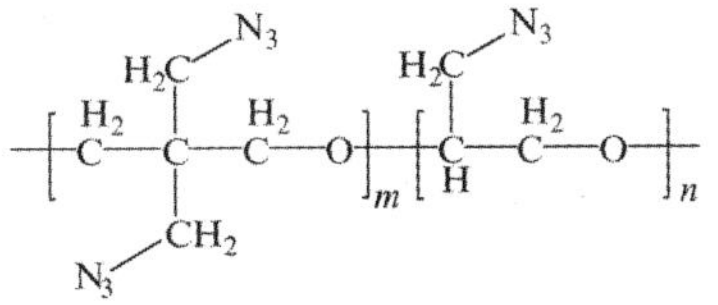

推进剂样品采用无溶剂挤出工艺制备，具体工序为：混合、压延、挤出和切药。

图 4-20　BAMO-GAP 共聚物结构式

### 2. 试验设备及条件

BAMO-GAP 基推进剂的能量特性采用西安近代化学研究所开发的"能量计算之星"（ECS）软件（5.0 版）[23]进行计算，该软件根据热力学最小自由能原理开发，计算式假设初始条件为：燃烧室内平衡压力设定为 7MPa；喷管出口压力膨胀至 0.1MPa；并假设燃烧产物在膨胀过程中的组成瞬时达到平衡，即平衡流假设[24-27]。

采用靶线法测试推进剂燃速：将推进剂样品制成$\phi$5mm×150mm 的燃速样条，用聚乙烯醇溶液进行包覆、晾干，共包覆 6 遍。将包覆好的推进剂样条上端穿入细金属丝用于通电点火，另外，在样条燃烧部分穿入两条低熔点的金属丝，两者之间距离为 100mm，用于记录燃烧起始和结束的时间。样品放入燃烧室中，通入氮气，通电点燃样条后，从一端开始燃烧至另一端，系统记录下低熔点金属丝熔断的时间，并以此为依据计算燃速。样条燃烧过程中通过自动控制阀通入或放出氮气以控制燃烧室的压强保持恒定，每组试验进行 5 次取平均值。

采用单幅放大摄影法拍摄推进剂在不同压力下稳态燃烧时的火焰结构（燃烧区物理结构）照片：试验时把不包覆的 1.5mm×4.0mm×25.0mm 的样品垂直装在点火架上，然后把点火架放入四视窗透明式燃烧室内，充氮气使燃烧室内达到预定压力，自动进气和排气装置可使燃烧室内形成自下而上的流动氮气气氛，保持所需压力的同时，流动的氮气还可及时排出推进剂燃烧时产生的燃气以保证照片质量。

利用预埋"Π"形双钨铼微热电偶的方法测试燃烧时的燃烧波结构温度分布：将热电偶埋设在推进剂试样中间，试样用聚乙烯醇溶液包覆侧面数次，自然晾干待用。将嵌入微热电偶的试样垂直装在点火架上，然后置于透明燃烧室内，充压及点火过程均与火焰照相试验相同。推进剂开始燃烧后，自动触发采集系统示波器，记录热电偶的输出信号，试样在燃烧过程中，热电偶与燃烧表面逐渐接近，然后到达表面并通过表面进入气相区，最后通过火焰区。这样，微热电偶就测得了推进剂从凝聚相升温区到气相区整个燃烧波的温度分布曲线。

### 4.2.3　BAMO-GAP 基推进剂的能量特性

为了考察不同增塑剂、氧化剂和高能燃料对推进剂能量特性的影响，选择了常用的推进剂组分，表 4-5 列出了推进剂组分的物理化学特性。

表 4-5　推进剂组分的物理化学特性[28]

| | 组分 | 结构式 | $\rho/(g \cdot cm^{-1})$ | $\Delta_f H_m^0 /(kJ \cdot mol^{-1})$ |
|---|---|---|---|---|
| 胶黏剂 | BAMO-GAP* | — | 1.21 | 85.1 |
| 增塑剂 | DIANP | $C_4H_8N_8O_2$ | 1.33 | 539.7 |
| | GAP | $(C_3H_5N_3O)_n$ | 1.30 | 141.0 |
| | BuNENA | $C_6H_{13}N_3O_5$ | 1.21 | 459.0 |
| | NG | $C_3H_5N_3O_9$ | 1.59 | −372.4 |
| 高能添加剂 | AP | $NH_4ClO_4$ | 1.95 | −294.1 |
| | RDX | $C_3H_6N_6O_6$ | 1.81 | 70.3 |
| | HMX | $C_4H_8N_8O_8$ | 1.90 | 75.0 |
| | CL−20 | $C_6H_6N_{12}O_{12}$ | 1.98 | 415.5 |
| | ADN | $H_4N_4O_4$ | 1.81 | −133.0 |
| 高能燃料 | Al | Al | 2.70 | 0 |
| | $AlH_3$ | $AlH_3$ | 1.43 | −11.6 |
| 注：*共聚物的生成焓是根据燃烧热的实测值和假设化学式 $C_{3.40}H_{5.20}O_1N_{2.69}$ 计算获得的 | | | | |

**1. 单元推进剂的能量特性**

7.0MPa 时含单一高能添加剂的单元推进剂能量特性计算结果如表 4-6 所列。

表 4-6　单元推进剂的能量特性

| 单元推进剂 | 特性参数 | | | | |
|---|---|---|---|---|---|
| | $I_{sp}/(N·s·kg^{-1})$ | $C*/(m·s^{-1})$ | $\varphi$ | $M_C$ | $T_C/K$ |
| AP | 1561.24 | 1013.32 | 2.67 | 28.92 | 1443.98 |
| RDX | 2616.04 | 1647.50 | 0.67 | 24.68 | 3281.48 |
| HMX | 2604.10 | 1642.02 | 0.67 | 24.28 | 3269.36 |
| CL-20 | 2678.89 | 1651.26 | 0.80 | 29.19 | 3599.42 |
| ADN | 2275.23 | 1440.40 | 2.00 | 24.81 | 2587.81 |

注：$I_{sp}$ 为标准理论比冲；$C*$ 为特征速度；$\varphi$ 为氧系数；$M_C$ 为气相产物的相对分子质量；$T_C$ 为燃烧室温度

从表 4-6 可以看出，不同高能添加剂单元推进剂的 $I_{sp}$、$C*$ 和 $T_C$ 由大到小均为[CL-20]＞[RDX]＞[HMX]＞[ADN]＞[AP]，其中 CL-20 在几种高能添加剂中能量最高，但 CL-20 单元推进剂气相产物的相对分子质量最大。对于氧系数，由大到小排序为[AP]＞[ADN]＞[CL-20]＞[RDX]≈HMX，其中 AP 的氧系数最高，可为推进剂提供更高含量的氧，RDX 与 HMX 氧系数相同，数值最低。

**2. 含能增塑剂对推进剂能量特性的影响**

为了考察不同增塑剂对 BAMO-GAP 基推进剂能量特性的影响，设计了胶黏剂/增塑剂质量比为 75/25 的推进剂，并计算了 7MPa 下推进剂的能量特性参数，计算结果见表 4-7。

表 4-7　含不同增塑剂的推进剂能量特性

| 增塑剂 | 特性参数 | | | | |
|---|---|---|---|---|---|
| | $I_{sp}/(N·s·kg^{-1})$ | $C*/(m·s^{-1})$ | $\varphi$ | $M_C$ | $T_C/K$ |
| BuNENA | 2522.62 | 1592.50 | 0.15 | 14.23 | 2401.74 |
| NG | 2439.41 | 1551.11 | 0.22 | 16.27 | 2372.22 |
| DIANP | 2433.33 | 1532.52 | 0.17 | 14.59 | 2362.13 |
| GAP | 2428.32 | 1464.37 | 0.11 | 13.96 | 2173.53 |

计算结果表明，$I_{sp}$、$C^*$ 和 $T_C$ 由大到小的排序为[BuNENA]＞[NG]＞[DIANP]＞[GAP]。这与生成焓的大小排序有所区别，主要是由于标准理论比冲不仅与材料的生成焓有关，还与气相产物相对分子质量、燃温等有关。尽管 DIANP 的生成焓在几种增塑剂中最高，但由于较低的氧系数和燃烧温度，使其应用于BAMO-GAP 推进剂时不能提供更高的能量。

**3. 胶黏剂体系/高能添加剂二组元推进剂**

为了考察不同高能添加剂对 BAMO-GAP 推进剂能量特性的影响，设计了胶胶黏剂体系/高能添加剂二组元推进剂，用高能添加剂逐步替换推进剂中的胶黏剂体系，计算 7MPa 下不同含量高能添加剂对推进剂能量性能的影响规律，计算结果见图 4-21。

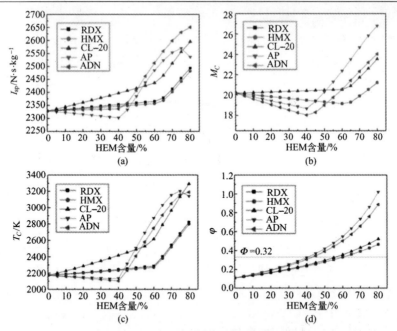

图 4-21　含不同高能添加剂的推进剂能量特性

(a) HEM 对 $I_{sp}$ 的影响规律；(b) HEM 对 $M_C$ 的影响规律；(c) HEM 对 $T_C$ 的影响规律；(d) HEM 对 $\varphi$ 的影响规律。

　　从计算结果可以看出，对于不同的高能添加剂，在逐步替代胶黏剂体系后，推进剂的能量特性呈现出不同的变化规律，对于 $I_{sp}$ 最大值，即能量最高值，由高到低的排序为[ADN]>[CL-20]>[AP]>[RDX]>[HMX]。对于含 AP 的推进剂，当 AP 替代胶黏剂体系的量不超过 40%时，$I_{sp}$、$M_C$ 和 $T_C$ 的值随 AP 含量的增加逐渐降低，但 AP 替代胶黏剂体系的量超过 40%时，这些能量特性值迅速升高，并在 75%时达到最大值。当 AP 含量超过 75%时，推进剂的 $I_{sp}$ 反而下降，这主要是由于燃烧温度($T_C$)降低造成。对于含 ADN 的推进剂，当 ADN 替代胶黏剂体系的量不超过 40%时，随 ADN 含量逐渐增加推进剂 $I_{sp}$ 的值增长速度缓慢，但当超过 40%时，与 AP 相似，推进剂的 $I_{sp}$ 迅速增长并达到最大值。对于含 RDX、HMX 或 CL-20 的推进剂，同样出现增长梯度的拐点，在高能添加剂替代胶黏剂体系的量不超过 60%时，$I_{sp}$ 的值增长速度缓慢，但当超过 60%时，推进剂的 $I_{sp}$ 迅速增长并达到最大值。

　　总之，当胶黏剂体系被高能添加剂逐步替换时，推进剂的能量呈现增加的总趋势，但增加速度会出现明显的拐点，不同的高能添加剂存在不同的拐点值，当含量超过拐点后，推进剂能量会随高能添加剂含量增加迅速提高。分析认为，这是由于推进剂的能量特性主要影响因素除了 $T_C$ 和 $M_C$ 外，还与氧系数($\varphi$)有关。在氧系数的变化图中将不同高能添加剂的拐点连接起来并延长，正好近似是一条水平线，而水平线交于纵坐标的值为 0.32。因此可以认为，对于二组元推进剂，氧系数应保持在 0.32 以上才能使推进剂获得较高的能量。

#### 4. 胶黏剂体系/AP/高能添加剂三组元推进剂

AP 是复合推进剂应用最广泛的氧化剂,对于提高推进剂氧系数和能量具有显著的作用,但由于 AP 在燃烧时会产生氯化氢,使燃气产生大量的烟,提高推进剂的特征信号,不利于隐身和制导,因此通常会使用其他不含氯元素的高能添加剂替代 AP 以设计制备低特征信号推进剂。

为了考察不同高能添加剂替代 AP 后对推进剂能量的影响,设计了胶黏剂体系/AP/高能添加剂三组元推进剂,基础配方为:$\phi$(BAMO-GAP)15%,GAP 5%,AP 80%。采用不同种类的高能添加剂逐步替代 AP,计算 7MPa 推进剂的能量特性,结果如图 4-22 所示。

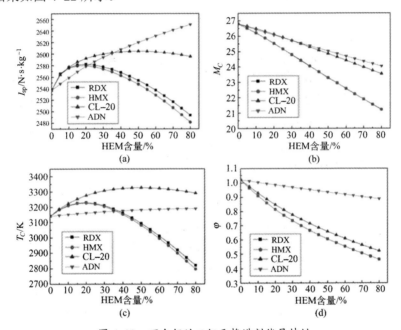

图 4-22 不含铝的三组元推进剂能量特性

(a) HEM 含量对 $I_{sp}$ 的影响规律;(b) HEM 含量对 $M_C$ 的影响规律;(c) HEM 含量对 $T_C$ 的影响规律;
(d) HEM 含量对 $\varphi$ 的影响规律。

从图 4-22(a)可以看出,当 AP 逐步被 RDX、HMX 或 CL-20 替代,$I_{sp}$ 呈现出先迅速增加,达到一定含量后下降的趋势,其中 RDX 和 HMX 下降速度较快,而 CL-20 下降缓慢,基本保持在同一水平,这主要是由于尽管含 RDX 和 HMX 的推进剂燃烧产物的相对分子质量 $M_C$ 比含 CL-20 的推进剂小,但含 CL-20 的推进剂燃烧温度比含 RDX 和 HMX 的推进剂高很多,因此提供较多的热值使得推进剂具有较高的能量水平。对于含 ADN 推进剂,随着 ADN 逐步替代 AP,推进剂的 $I_{sp}$ 曲线呈现持续上升的趋势,并与其他高能添加剂的推进剂有交点,也就是说当 ADN 含量小于交点处时,能量要低于其他推进剂。

从图 4-22(b)可以看出，随着 AP 逐渐被 4 种高能添加剂取代，推进剂的气体产物平均相对分子质量 $M_C$ 呈现出线性下降的关系。下降的速度由快到慢的排序为[RDX/HMX]>[CL-20]>[ADN]。其中 RDX 和 HMX 生成的气体产物相对分子质量数值相同，均比含 CL-20 或 ADN 推进剂产生的气体产物相对分子质量小，因此推进剂中加入 RDX 或 HMX 有利于降低气体产物相对分子质量。

从图 4-22(c)可以看出，推进剂燃烧温度 $T_C$ 的值随高能添加剂含量增加呈现出与 $I_{sp}$ 近似的变化趋势，含 ADN 推进剂的 $T_C$ 变化趋势曲线与含 RDX 或 HMX 的有交点，但与 $I_{sp}$ 趋势不同的是含 CL-20 推进剂的燃烧温度与 ADN 推进剂并无交点，一直保持在较高的范围内。因此，推进剂中加入 CL-20 对提高燃烧温度，增加热值有利。

从图 4-22(d)可以看出，随着推进剂中 AP 被逐渐替代，推进剂的氧系数 $\varphi$ 呈现出连续下降的趋势，氧系数值由高到低排序为[ADN]>[CL-20]>[RDX/HMX]，且 ADN 的下降速度最慢。因此，ADN 是替代 AP 作为推进剂氧化剂的最佳选择，其次为 CL-20。

为了便于比较，同时设计了含铝的三组元推进剂并计算了其能量特性。含铝三组元推进剂基础配方设计为：P（BAMO-GAP）15%，GAP 5%，AP 70%，Al 10%。其中 AP 逐步被高能添加剂取代。能量计算结果如图 4-23 所示。

从图 4-23(a)可以看出，添加铝粉后的推进剂标准理论比冲比不含铝推进剂大幅度提高。对于含 RDX 和 HMX 的推进剂，与不含铝的推进剂变化趋势相同，随着 AP 被 RDX 或 HMX 逐步替代，推进剂 $I_{sp}$ 呈现先上升后下降的趋势，但下降速度变缓慢很多。对于含 ADN 的推进剂，随着 ADN 逐渐替代 AP，呈现出线性增长的趋势。对于含 CL-20 的推进剂，随着 CL-20 逐步替代 AP，$I_{sp}$ 呈现出持续升高的趋势，但当 AP 被完全取代后，比冲略有降低。

从图 4-23(b)曲线可知，由于 Al 引入推进剂，因此燃烧产物的相对分子质量较不含铝推进剂的高，但变化趋势相同。随着高能添加剂逐步取代 AP，$M_C$ 均呈现出线性下降的趋势。

比较图 4-23(c)与图 4-22(c)可知，含铝推进剂的燃温比不含铝推进剂有所提高，但变化趋势有所不同，对于含 RDX 和 HMX 的推进剂，随着 AP 被取代，燃烧温度呈现持续下降趋势，且下降速度较快，这主要是由于 AP 逐渐减少后，推进剂中氧含量下降，Al 不能反映完全所致。但对于含 ADN 的推进剂，燃烧温度基本维持在同一水平。对于含 CL-20 的推进剂，仍呈现出先增大后减小的趋势。当 CL-20 替代 AP 超过 60%时，燃温低于 ADN。

比较图 4-23(d)与图 4-22(d)，可以看出随着高能添加剂逐步替代 AP，推进剂氧系数呈现出与不含铝推进剂相同的变化趋势：氧系数值由高到低排序为[ADN]>[CL-20]>[RDX/HMX]，且 ADN 的下降速度最慢。但铝粉的加入使推进剂氧系数总体水平降低。

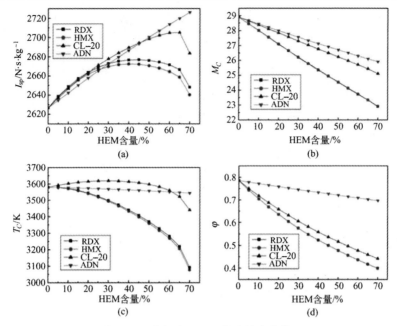

图 4-23 含铝的三组元推进剂能量特性

(a) HEM 含量对 $I_{sp}$ 的影响规律；(b) HEM 含量对 $M_C$ 的影响规律；(c) HEM 含量对 $T_C$ 的影响规律；
(d) HEM 含量对 $\varphi$ 的影响规律。

**5. Al 含量对推进剂能量特性影响及高能推进剂能量设计**

Al 作为推进剂中最常用的高能燃料，常被加入推进剂中以提高推进剂的能量，然而 Al 的加入使推进剂体系的氧系数逐渐下降，当 Al 含量达到一定程度后，推进剂的能量反而有所下降。因此，为了考察 Al 含量对推进剂能量特性的影响，设计了系列配方如下：P（BAMO-GAP）15%，GAP 5%，高能添加剂 70%，计算高能添加剂逐步被 Al 取代后推进剂的能量变化，计算 7MPa 推进剂的能量特性，结果见图 4-24。

由图 4-24 可以看出，对于不同的高能添加剂，Al 含量对推进剂的能量特性影响呈现不同的趋势，对于含 RDX、HMX 或 CL-20 的推进剂，随着 Al 含量的增加，$I_{sp}$ 呈现出先增大后减小的趋势，Al 的加入量存在最佳值，对于 CL-20 推进剂为 8%左右，对于 RDX 和 HMX 为 10%左右。这主要是由于推进剂中氧系数的下降。分析认为，对于 Al/CL-20/BAMO-GAP 体系的推进剂，氧系数应该控制在 0.45 以上。对于含 ADN 或 AP 的推进剂，随着 Al 含量的增加，$I_{sp}$ 呈现出持续上升的趋势，究其原因，主要是尽管 Al 的加入使推进剂的氧系数降低，但由于 ADN 或 AP 分子为推进剂提供了较高的氧含量，氧系数仍保持在 0.5 以上，使 Al 充分反应，提高推进剂的燃烧温度（图 4-22(c)），从而获得较高的能量水平。对于不同的高能添加剂，能量水平由高到低的排序为[ADN]＞[CL-20]＞[AP]＞[RDX]＞[HMX]。最佳配比及相应配方的能量特性值如表 4-8 所列。

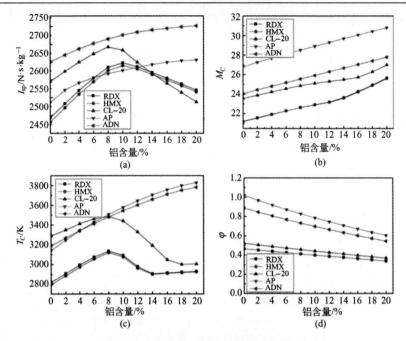

图 4-24    铝粉含量对推进剂能量特性的影响

(a) Al 粉含量对 $I_{sp}$ 的影响规律；(b) Al 粉含量对 $M_C$ 的影响规律；(c) Al 粉含量对 $T_C$ 的影响规律；
(d) Al 粉含量对 $\varphi$ 的影响规律。

表 4-8    氧化剂/Al/BAMO-GAP 体系推进剂能量最优值

| 氧化剂种类 | 氧化剂含量/% | Al/% | $I_{sp}$/(N·s·kg$^{-1}$) | $T_C$/K | $M_C$ | $\varphi$ |
|---|---|---|---|---|---|---|
| ADN | 60 | 20 | 2752.3 | 3782.6 | 27.8 | 0.54 |
| CL-20 | 72 | 8 | 2692.8 | 3486.5 | 24.9 | 0.46 |
| AP | 60 | 20 | 2656.4 | 3829.6 | 30.8 | 0.60 |
| RDX | 70 | 10 | 2648.1 | 3092.6 | 22.9 | 0.40 |
| HMX | 70 | 10 | 2640.2 | 3077.4 | 22.9 | 0.40 |

为了进一步提高推进剂的能量，人们除了选择更高能量的炸药填料外，通过在推进剂中引入金属氢化物也可提高推进剂能量，其中 AlH$_3$ 是公认的效率较高的金属氢化物。因此，本文选择 AlH$_3$ 作为高能燃料代替 Al，计算推进剂的能量特性，计算结果如图 4-25 所示。

由图 4-25 可以看出，随着 Al 逐步被 AlH$_3$ 取代，能量特性参数均呈现线性变化的趋势。其中 $I_{sp}$ 随 AlH$_3$ 含量的增加线性增加，但对于不同的高能添加剂，增加速度（斜率）不同。含 AP 或 ADN 的推进剂增速最快，但含 RDX、HMX 或 CL-20 的推进剂能量增加较少。其中含 CL-20 推进剂和含 AP 推进剂的能量变化曲线有交点，说明较多的 AlH$_3$ 加入推进剂后，AP 对推进剂能量的贡献比 CL-20 更高。总体来说，含 AlH$_3$ 的推进剂能量水平由高到低的排序为：[ADN]>[AP]>[CL-20]>[RDX]>[HMX]。其他能量参数 ($M_C$、$T_C$ 或 $\varphi$) 均以相近的速度下降，而含 RDX 的推进剂和含 HMX 的推进剂特性参数接近。

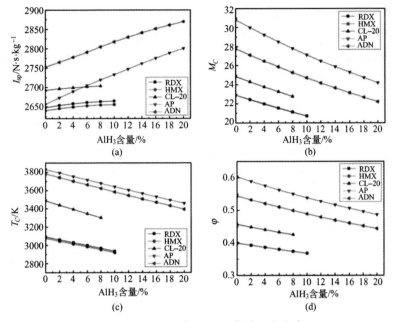

图 4-25　含 AlH$_3$ 的推进剂能量特性

(a) AlH$_3$ 含量对 $I_{sp}$ 的影响规律；(b) AlH$_3$ 含量对 $M_C$ 的影响规律；(c) AlH$_3$ 含量对 $T_C$ 的影响规律；
(d) AlH$_3$ 含量对 $\varphi$ 的影响规律。

## 4.2.4　BAMO-GAP/RDX/Al 推进剂燃烧特性

### 1. 燃速和燃速压力指数

为了考察 RDX 和 Al 含量对推进剂燃速和燃速压力指数的影响，设计了不含 AP 的系列配方，如表 4-9 所列。

表 4-9　BAMO-GAP/RDX/Al 推进剂配方

| 样品 | 组成/% | | | | |
|---|---|---|---|---|---|
| | 胶黏剂和增塑剂/% | RDX/% | Al/% | Ct(1%～3%) | 添加剂 |
| BGR-1 | 35 | 62.5 | —— | | 2.5 |
| BGR-2 | 30 | 67.5 | —— | —— | 2.5 |
| BGR-3 | 25 | 72.5 | —— | —— | 2.5 |
| BGR-4 | 20 | 77.5 | —— | —— | 2.5 |
| BGR-5 | 20 | 72.5 | 5 | —— | 2.5 |
| BGR-6 | 20 | 67 | 10 | —— | 2.5 |
| BGR-7 | 20 | 62 | 15 | —— | 2.5 |
| BGR-8 | 20 | 72.5 | 5 | C1 | 2.5 |
| BGR-9 | 20 | 72.5 | 5 | C2 | 2.5 |
| BGR-10 | 20 | 72.5 | 5 | C1+C2 | 2.5 |
| BGR-11 | 20 | 72.5 | 5 | C1+C2+C3 | 2.5 |

1）RDX 含量对推进剂燃烧性能影响

不同 RDX 含量推进剂（配方 BGR-1～BGR-4）的燃速压力曲线如图 4-26 所示，由图中可以看出，随着压强从 1MPa 升高至 20MPa，推进剂的燃速由 2mm/s 提高至 14mm/s 以上，在 1～7MPa 压力区间内，4 条燃速压力曲线几乎是重叠的，但在高压区（11～20MPa）燃速有较大的差别。随着推进剂中 RDX 含量逐渐增加，高压区的燃速明显降低，从而使推进剂获得了较低的燃速压力指数。表 4-10 列出了不同推进剂 1～20MPa 的燃速压力指数。

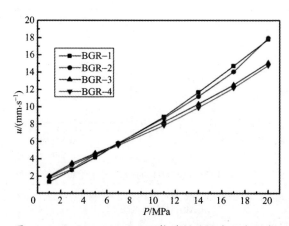

图 4-26　BAMO-GAP/RDX 推进剂的燃速压力曲线

表 4-10　BAMO-GAP/RDX 推进剂的燃速压力指数

| 序号 | 燃速压力指数 | | |
|---|---|---|---|
| | 1～7MPa | 7～20MPa | 1～20MPa |
| BGR-1 | 0.737 | 1.080 | 0.874 |
| BGR-2 | 0.563 | 1.057 | 0.744 |
| BGR-3 | 0.537 | 0.916 | 0.673 |
| BGR-4 | 0.552 | 0.927 | 0.680 |

从表 4-10 可以看出，BAMO-GAP/RDX 推进剂在高压区（7～20MPa）的燃速压力指数很高（大于 0.9），而低压区的燃速压力指数略低（小于 0.8）。随着 RDX 含量的逐渐增加，燃速压力指数大致呈现下降的趋势。

2）Al 含量对推进剂燃烧性能影响

不同 Al 含量推进剂（配方 BGR-4～BGR-7）的燃速压力曲线如图 4-27 所示，由图可知，随着推进剂中 Al 含量逐渐增加，低压区的燃速明显升高，但高压区的燃速有所降低（BGR-5 除外），推进剂的燃速压力指数也随着 Al 含量的增加有所降低，表 4-11 列出了不同推进剂 1～20MPa 的燃速压力指数。

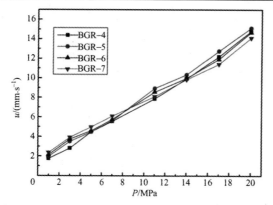

图 4-27　BAMO-GAP/RDX/Al 推进剂的燃速压力曲线

表 4-11　BAMO-GAP/RDX/Al 推进剂的燃速压力指数

| 序　号 | 燃速压力指数 | | |
|---|---|---|---|
| | 1～7MPa | 7～20MPa | 1～20MPa |
| BGR-4 | 0.592 | 0.927 | 0.720 |
| BGR-5 | 0.531 | 0.923 | 0.686 |
| BGR-6 | 0.489 | 0.752 | 0.635 |
| BGR-7 | 0.479 | 0.779 | 0.582 |

从表 4-11 可以看出推进剂在高压区的燃速压力指数大于 0.7，而在低压区略低，小于 0.6，随着 Al 含量的增加，推进剂的燃速压力指数有所下降。

3）燃烧催化剂对推进剂燃烧性能影响

为了考察燃烧催化剂对推进剂燃烧性能的影响，图 4-28 列出了非催化推进剂配方（BGR-5）和含不同催化剂推进剂（BGR-8～BGR-11）的燃速压力曲线，由图可知，C1 和 C2 可使推进剂低压区燃速明显提高，高压区燃速相比 BGR-5 有所降低。而二组元催化剂（BGR-10）和三组元催化剂(BGR-11)可使推进剂整个压强范围内的燃速均有所提高。尤其是三组元催化剂,使5MPa时推进剂燃速由4.47mm/s变化至 8.22mm/s，提高近 83.9%。表 4-12 列出了相应的燃速压力指数。

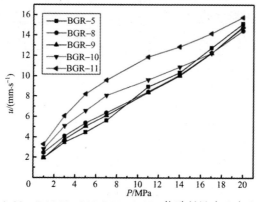

图 4-28　BAMO-GAP/RDX /Al/Ct 推进剂燃速压力曲线

表 4-12 BAMO-GAP/RDX /Al/Ct 推进剂燃速压力指数

| 序号 | 燃速压力指数 | | |
|------|------|------|------|
| | 1～7MPa | 7～20MPa | 1～20MPa |
| BGR-5 | 0.531 | 0.923 | 0.686 |
| BGR-8 | 0.484 | 0.772 | 0.578 |
| BGR-9 | 0.590 | 0.831 | 0.659 |
| BGR-10 | 0.533 | 0.546 | 0.526 |
| BGR-11 | 0.555 | 0.457 | 0.512 |

从表 4-12 可以看出，不同的催化剂对推进剂不同压力区间内的燃速压力指数影响作用不同，在低压区（1～7MPa），C1 是最为有效的催化剂，使推进剂燃速压力指数由 0.531 降低至 0.484，而对于高压区（7～20MPa），三组元催化剂对降低推进剂燃速压力指数更为有效，由 0.923 降低至 0.457。对于整个压力区间（1～20MPa），三组元催化剂使压力指数由 0.686 降低至 0.512，是 BAMO-GAP/RDX /Al/Ct 推进剂有效的催化剂体系，而 C2 对推进剂燃烧催化作用不明显。

**2. BAMO-GAP/RDX /Al/Ct 推进剂的燃烧火焰结构**

为了研究不同的催化剂对推进剂火焰的影响，采用单幅放大摄影法研究了不同压强下非催化的 BAMO-GAP/RDX /Al 推进剂（BGR-5）和含不同催化剂推进剂（BGR-8～BGR-11）的火焰结构，获得的火焰照片如图 4-29～图 4-33 所示。

(a) (b) (c)

图 4-29 不同压强下 BGR-5 的火焰照片

(a) 2MPa；(b) 4MPa；(c) 6MPa。

(a) (b) (c)

图 4-30 不同压强下 BGR-8 的火焰照片

(a) 2MPa；(b) 4MPa；(c) 6MPa。

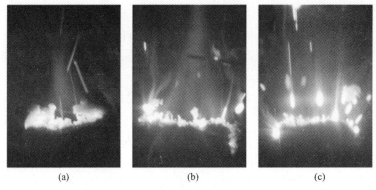

图 4-31　不同压强下 BGR-9 的火焰照片

(a) 2MPa；(b) 4MPa；(c) 6MPa。

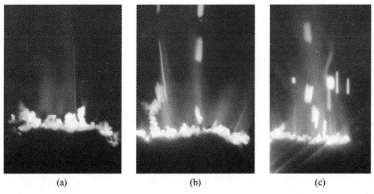

图 4-32　不同压强下 BGR-10 的火焰照片

(a) 2MPa；(b) 4MPa；(c) 6MPa。

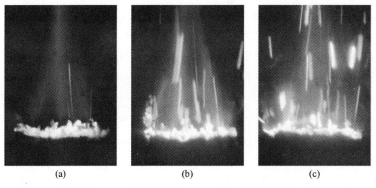

图 4-33　不同压强下 BGR-11 的火焰照片

(a) 2MPa；(b) 4MPa；(c) 6MPa。

图 4-29 为不含催化剂的 BAMO-GAP/RDX /Al 推进剂火焰结构照片，从图中可以看出，在燃烧表面，推进剂各组分分别无规则地进行燃烧，形成了珊瑚状的燃烧表面，在火焰区，胶黏剂和 RDX 燃烧产生了鲜黄色的火焰和明亮的亮线，

随着压力的逐渐升高，燃烧表面变得更加明亮，而不规则的珊瑚层也变得更薄，同时火焰中还出现了圆形的亮球，这主要是由于 Al 融化后在火焰区燃烧形成的，亮球的数量也随着压强的升高而增多（图 4-29(c)），火焰照片中观察不出明显的暗区。

图 4-30 为含催化剂 C1 的 BAMO-GAP/RDX /Al 推进剂火焰结构照片，对比图 4-29 可以看出，在低压时，添加 C1 的推进剂火焰中出现了明显的暗区，而火焰区中亮线的数量也明显增加（图 4-30(a)）。这主要是由于 C1 促进了 RDX 的热分解，而热分解产物与胶黏剂的热分解产物互相发生了反应，形成了预混火焰，因此出现了较为明显的暗区。随着压力的升高，暗区消失，但火焰中的亮线和亮球数量增加，这主要是由于压力使热分解速度加快，热分解产物喷向火焰区的速度增加，形成了亮线[29,30]。

对比图 4-29 中的火焰照片，图 4-31 中含 C2 的推进剂火焰结构与非催化燃烧火焰结构相似，这表明催化剂 C2 并不能有效催化推进剂的燃烧，在讨论催化剂对推进剂燃速压力指数影响时也可证明这一点。

图 4-32 为含二组元催化剂（C1+C2）的推进剂火焰结构照片。图中火焰结构与 BGR-9 近似，但相比图 4-29 和图 4-30，火焰区中的亮线和亮球数量有所下降，表明在燃烧表面的反应有所增强，这也是燃速增加的原因。

当三组元催化剂加入推进剂中时，推进剂燃烧变得更加剧烈（图 4-33），相比非催化的推进剂，燃烧表面变得更加明亮，然而形貌也更加规则。这主要是由于催化剂促进了燃烧表面处 RDX 的热分解和燃烧反应，使得喷射进火焰区的亮线和亮球减少，而分解产物之间的反应使得在低压时出现了暗区，但随着压力增大，暗区消失。

### 3. BAMO-GAP/RDX/Al 推进剂的燃烧波结构温度分布

为了考察不同催化剂对推进剂燃烧波结构的影响，采用预埋微型热电偶的方法测试了不同推进剂在 4MPa 时的燃烧波结构温度随时间的变化曲线，利用燃速数据对曲线进行微分处理，获得了温度随位置变化的曲线，再将曲线进行微分，得到其微分曲线，如图 4-34 所示。由于燃烧波温度在各区域是连续变化的，但是在不同区间变化梯度不一样，在各区间的界面会有变化梯度差异，界面处的变化速度最快，在对应的其微分曲线会出现波峰，根据微分曲线波峰的位置可以划分出燃烧波的各个区间，并得到各区域界面的温度。

从图中微分曲线可以看出，根据温度变化梯度不同，推进剂燃烧波大致可分为 3 个区域：分别为固相预热区（燃烧表面）、气相反应区和火焰区。在气相反应区，温度快速上升，在推进剂燃烧表面附近，BAMO-GAP 与 RDX 的分解产物在该区进行二次反应放出一定的热量，造成了该区域温度梯度的变化，这类似于双基推进剂中预混火焰的暗混区。

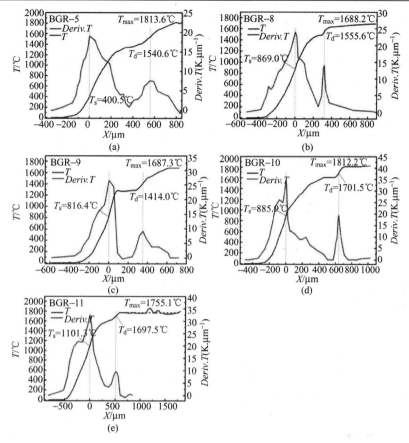

图 4-34　推进剂燃烧波结构温度分布曲线

(a) BGR-5；(b) BGR-8；(c) BGR-9；(d) BGR-10；(e) BGR-11。

在气相反应区存在较复杂的气相产物之间的化学反应，该区域的温度波动较大，另外由于试验测量误差的缘故，处理出的温度结果会出现较大跳动，因此，该区域的温度变化规律较难获得，在此不再进行详细分析。几种推进剂微分处理后获得的各区边界温度及燃烧波结构数据见表 4-13。

表 4-13　处理后推进剂的燃烧波结构数据（4MPa）

| 序号 | 燃烧表面温度 $T_s$/℃ | 气相反应区温度 $T_f$/℃ | 火焰温度 $T_{max}$/℃ |
|---|---|---|---|
| BGR-5 | 400.5 | 1540.6 | 1813.6 |
| BGR-8 | 869.0 | 1555.6 | 1688.2 |
| BGR-9 | 816.4 | 1414.0 | 1687.3 |
| BGR-10 | 885.9 | 1701.5 | 1812.2 |
| BGR-11 | 1101.3 | 1697.5 | 1755.1 |

由表可知，燃烧表面温度 $T_s$ 由小到大的顺序为[BGR-5]＜[BGR-9]＜[BGR-8]

<[BGR-10]<[BGR-11]，这与燃速由低到高的顺序相同，表明燃烧催化剂主要促进了燃烧表面 RDX 和 BAMO-GAP 的热分解和燃烧反应，放出更多的热量，获得更高的温度。而火焰区的温度由于测试时复杂的气流和气相反应使得试验误差较大，获得的数据也缺少规律。

### 4.2.5　结论

（1）对于二组元推进剂，随着推进剂中的胶黏剂和增塑剂被氧化剂取代，推进剂的能量逐渐增加。对于三组元推进剂，随着 AP 逐渐被 RDX、HMX 或 CL-20 替代，推进剂能量呈现先增大后减小的趋势，AP 与其他氧化剂之间存在最佳比例。但 ADN 逐渐替代 AP 后，推进剂的能量持续提高，是最佳的低特征信号推进剂首选氧化剂之一。

（2）随着 RDX 含量逐渐增加，推进剂低压区的燃速基本保持不变，高压区燃速有所降低。随着 Al 含量逐渐增加，推进剂低压区燃速升高，高压区燃速降低，可使推进剂燃速压力指数降低。三组元燃速催化剂可有效提高推进剂燃速并且使燃速压力指数降低至 0.5 以下。

（3）对于不含催化剂的推进剂，其火焰结构中没有明显的暗区，其火焰主要由橙色的火焰和明亮的亮线组成。当三组元催化剂加入推进剂后，其火焰更加明亮剧烈，在压力较低时出现了明显的暗区，这主要是由于催化剂促进了燃烧表面固相区的热分解反应所致。

（4）三组元催化剂使推进剂的燃烧表面温度提高，而在气相反应区和火焰区由于反应复杂，其温度无规律可循。

**致谢**

本研究经费来自于国家自然科学基金项目（21173163）。

# 参 考 文 献

1. Sikder A K, Reddy S (2013) Review on energetic thermoplastic elastomers (ETPEs) for military science. Propellants Explos Pyrotechnics 38:14-28.

2. Miller R S (1996) Research on new energetic materials. Mater Res Soc Symp Proc 418:3-14.

3. Beaupre F, Ampleman G, Ampleman G, Brousseau P, Thiboutot S (2002) Insensitive meltcast explosive compositions containing energetic thermoplastic elastomers. Euro Patent. EP 1167324 B1.

4. Nicole C (2003). Insensitive propellant formulations containing energetic thermoplastic elastomers. US Patent 608894 B1.

5. Song X D, Zhao F Q, Wang J N, Gan X X, Xie B (2008) Thermal behaviors of

BAMO-AMMO and its compatibility with some energetic materials. Chin J Explos Propellants 3(31):75–78.

6. Gan X X, Li N, Lu X M, Han T, Xing Y, Liu Q (2008) Synthesis and properties of ETPE based on BAMO/AMMO. Chin J Explos Propellants 2(31):81–86.

7. Zhang Z G, Lu X M, Gan X X, Han T, Xing Y (2007) Synthesis of BBMO and BAMO by phase transfer catalysis method. Chin J Explos Propellants 5(30):32–36.

8. Song X D, Zhao F Q, Wang J N, Tian J, Zhang L Y, Gan X X (2011) Thermal decomposition mechanism and non-isothermal pyrolysis kinetic analysis of BAMO-AMMO copolymer. Acta ArmamentarII 11(32):1320–1325.

9. Song X D, Zheng W, Pei J F, Zhang J, Wang J N, Zhao F Q (2014) Effect of RDX content on mechanical properties of BAMO-AMMO base propellants. Acta ArmamentarII 6(35):828–834.

10. Pei J F, Zhao F Q, Jiao J S, Li M, Xu S Y, Chen J B (2014) Energetic characteristics of p(BAMOAMMO) based propellants containing different metal hydride. Explos Mater 4:1–15.

11. Li M, Zhao F Q, Xu S Y, Yao E G, Hao H X, Li X (2013) Energetic characteristics and signature of composite propellant containing different oxidizer. J Propuls Technol 8(34): 1134–1139.

12. Sanghavi R R, Asthana S N, Karir J S, Singh H (2001) Studies on thermoplastic elastomers based RDX-propellant composition. J Energ Mater 19:79–95.

13. Oyumi Y, Inokami K, Yamazaki K (1994) Burning rate augmentation of BAMO based propellants. Propellants Explos Pyrotechnics 19:180–186.

14. Aparecida M K, Milton F D, Lucia L V, Marta F T, Thomas K, Horst K, Kaus M, Paul B K (2010) Synthesis and characterization of GAP/BAMO copolymers applied at high energetic composite propellants. J Aerosp Technol Manag 2(3):307–322.

15. Thomas K, Roberto M (2009) Preliminary characterization of propellants based on p(GA/BAMO) and pAMMO binders. Propellants Explos Pyrotechnics 34:427–435.

16. Keicher T, Dorich M, Foerter-Barth U, Grunfelder C, Krause H, Schaller U, Steinert S (2012) Preparation and properties of energetic thermoplastic elastomers from GAP and poly-BAMO. In: 43rd international annual conference of ICT: 8/1–8/10.

17. Kawamoto A M, Oliveira J I, Dutra R C, Rezende L C, Keicher T (2009) Synthesis and characterization of energetic thermoplastic elastomers for propellant formulations. J Aerosp Technol Manag 1(1):35–42.

18. Barbieri U, Keicher T, Massimi R, Polacco G (2008) Preliminary characterization of propellants based on GA/BAMO binders. In: 39th international annual conference of ICT:130/1–130/10.

19. Ge Z, Luo Y J, Guo K, Lv Y, Jiu Y B (2009) Review on synthesis of BAMO homopolymer and copolymers. Chin J Energ Mater 6(17):745–750.

20. Zhao Y B, Luo Y J, Li X M (2012) Synthesis and characterization of BAMO–r–GAP copolymer. Polym Mater Sci Eng 9(28):1–4.

21. Menke K, Kempa P B, Keicher T, Kawamoto A, Holanda J A (2007) High energetic composite propellants based on AP and GAP/BAMO copolymers. In: 38th international annual conference of ICT: 82/1–82/10.

22. Paletsky A A, Volkoy E N, Korobeinichev O P, Tereshchenko A G (2007) Flame structure of composite pseudo–propellants based on nitramines and azide polymers at high pressure. Proc Combust Inst 31(2):2079–2087.

23. Li M, Zhao F Q, Xu S Y, Gao H X, Yi J H, Pei Q, Tan Y, Li N, Li X (2013) Comparison of three kinds of energy calculation programs in formulation design of solid propellants. Chin J Explos Propellants 36(3):73–77.

24. Chenoweth J D, Brinckman K W, York J J, Feldman G, Dash S M (2007) Progress in modeling missile fuel venting and plume contrail formation. AIAA paper 2007–1012.

25. Gordon S, McBride B J (1994) I analysis: computer program for calculation chemical equilibrium compositions and applications. NASA RP–1311.

26. McBride B J, Gordon S (1996) II User's manual and program description: computer program for calculation of chemical equilibrium compositions and applications. NASA RP–1311.

27. Hamilton R S, Mancini V E, Sanderson A J (2004) ETPE ManTech program. 2004 insensitive munitions and energetic materials technology symposium.

28. Tian D Y, Zhao F Q, Liu J H (2011) Handbook of energetic materials and the related compounds. National Defense Industry Press, Beijing.

29. Zhao F Q, Shan W G, Wang Y, Li S W, Li S F, IIe D Q (2000) Quenched surface characteristics and flame structure of RDX–CMDB propellants containing catalyst. Energ Mater 2(8):67–71.

30. DeLuca L T, Cozzi F, Germiniasi G, Ley I, Zenin A A (1999) Combustion mechanism of an RDX–based composite propellant. Combust Flame 118:248–261.

31. Zhao X B, Zhang X P, Hou L F (1999) Study of combustion wave temperature distribution of GAP/AN propellant. J Propuls Technol 20:92–95.

# 4.3 AP 对 HMX 的影响系统研究：从热分析到燃烧

摘要：本节研究了不同比例的 HMX/AP 双组分混合物的热分解及燃烧特性。利用 DSC/TGA，联用红外分析及加速升温量热仪（ARC）表征了两种混合物的热稳定性能。两种 HMX/AP 混合物样品的试验结果如下：AP 作为 HMX 的添加剂，降低了 HMX 的起始热分解温度，同时 HMX 的气相产物也对 AP 的分解起到了催化作用。在 HMX 一定含量范围，AP 粒度为 10μm 时，4MPa 机械混合的双组分体系燃速高于 HMX 的燃速。大粒径的 AP 添加到 HMX 中未提高体系的燃速。对比发现 HMX/AP 的机械混合与包覆 AP 的 HMX 样品的燃速基本一致，表明 HMX 与 AP 之间并没有相互作用，而是气相产物相互作用的结果。但是，当组分中包含活性胶黏剂时，HMX 与 AP 的直接接触就显得十分重要。最后，当双组中 HMX 的含量在 40%~90% 之间时，体系的热分解呈现协同效应，同时在活性胶黏剂体系中大幅度提高了燃速。含有活性胶黏剂的体系中包覆 AP 的 HMX 比单纯 HMX/AP 混合物的燃速高，这说明体系可以添加少量的 AP 就可以达到相同的燃速水平。

## 4.3.1　引言

奥克托金（HMX）和高氯酸铵（AP）是现代推进剂中最为常用的组分，两者的单组分推进剂燃烧火焰温度差别很大：3200K（HMX）和 1400K（AP），两者的燃速却十分接近：1.1mm/s（HMX）和 0.8 mm/s（AP），6.8MPa[1]。在含 HMX 的配方体系中添加 AP 可提高燃速，降低燃速压力指数。不仅两种组分的热分解规律和燃烧特性十分重要，而且两者之间的相互作用机理也需要系统研究。

当其他组分的熔点低于 HMX 的分解起始温度时，可以降低 HMX 的热分解温度。所以，硝酸铵的熔点为 169℃，可使 HMX 的热分解放热峰降低至 247℃[2]。添加 $LiClO_4$ 可以使 HMX 的热分解起始温度降低至 200℃，是因为 $LiClO_4$ 是一种共熔混合物，$LiClO_4$ 在空气中吸收水分形成其水合物，如 $LiClO_4 \cdot 3H_2O$ 熔点 95.1℃，而 $LiClO_4 \cdot H_2O-LiClO_4$ 的共熔混合物熔点在 146℃。高氯酸镁可以形成 3 种水合物共熔物，可以使 HMX 的热分解温度降低至 177℃。硝基胍的熔点在 230℃，可使 HMX 的热分解温度降低到 227℃[3]。

熔点和分解温度低于 200℃ 的丙氰硝铵金属盐同样可以降低 HMX 的分解温度 60~70℃。文献[4]认为这是由于此类盐分解时产生了高活性的阴离子基团可有效作用于 HMX 分子。

使用惰性胶黏剂的 AP 基推进剂添加 HMX 可明显降低点火时间[5]。纯 HMX 分解温度在 280℃，包覆 AP 的 HMX 分解温度可下降至 200~225℃，同时可提高燃速。

活性胶黏剂/HMX/AP/Al 推进剂中 AP/HMX 的比例为 14/86，其 DSC 曲线中存在 3 个放热峰。但是当 AP 含量升高至 35%AP/65%HMX 时，DSC 曲线中只存在一个放热峰[6]。因此，本文研究 AP 对 HMX 基推进剂（活性和惰性胶黏剂）热稳定性的影响规律。

根据热分析数据，AP 在 240℃前不发生熔化和分解，所以 AP 在 HMX/AP 混合物中降低 HMX 的起始热分解温度的机理尚不明确。本文通过热分析和燃速测试系统研究了不同 AP 含量的 HMX/AP 混合热分解和燃烧过程，同时对比了相同比例的 AP 包覆 HMX 晶体与 AP/HMX 混合物的热分解特性。HMX/AP 之间的相互作用机理及添加活性胶黏剂的 HMX 推进剂体系筛选燃烧催化剂都是十分重要但未解决的问题，研究 HMX/AP 之间的相互作用机理可为提高 HMX 基推进剂的燃烧特性提供理论基础。

### 4.3.2 试验原料及方法

#### 1. 实验原料

2 种 HMX 粒径分别为 50μm 和 200μm，3 种 AP 粒径分别为 230μm、40μm 和 10μm。AP 在 333K 烘箱中烘干 6h 除水。

热分析和燃烧性能测试选用两种体系：①HMX 和 AP 的混合物；②包覆不同比例 AP 的 HMX 晶体。

#### 2. 微观形貌

利用 Versa 3D Dual-Beam$^{TM}$ instrument (FEI)扫描电镜对包覆 AP 的 HMX 的形貌进行分析。利用 Versa XRM-500 (FEI) 3D-X 射线体层摄像对 HMX 晶体表面包覆的 AP 一致性和包覆层厚度进行表征。

#### 3. 分析

利用德国耐驰 STA 449 F3 的 DSA/TGA 进行热分析。样品质量约 1mg，升温至 500℃，升温速率为 10K/min，氩气流量为 70mL/min。

#### 4. 燃烧性能测试

燃速测试方法：将 HMX/AP 混合物及包覆 AP 的 HMX 晶休在 350MPa 下压入直径 8mm 圆筒保压 3 min，退模后用环氧树脂进行包覆以保证药柱端面燃烧。燃烧室容积 1.5L，氮气氛围，利用 Casio EX-F1 高速摄像 1200 帧/s 进行燃速采集，误差范围在±5%。

### 4.3.3 结果与讨论

#### 1. 微观结构

对两种 HMX/AP 样品进行微观形貌分析：简单机械混合的 $d_{HMX}$=50μm 和 $d_{AP}$=40 μm 混合物，包覆质量分数 5%～30%AP 的 HMX，包覆层厚度为 3～10μm。HMX 晶体表面的 AP 层均一性较好，图 4-35 中 HMX 晶体表面包覆的 AP 层有部分缺失可观察到包覆层的厚度，并且 HMX 包覆 AP 分散性较好，图 4-35 中包覆 AP 的质量分数为 30%，包覆层厚度为 10μm。

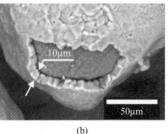

(a)　　　　　　　　　　　　　　　　(b)

图 4-35　包覆 AP 的 HMX 晶体形貌

(a) 总体形貌；(b) AP 包覆层厚度细节微观形貌。

**2. 热分析**

1）总论

纯 HMX、AP 及 HMX/AP 混合物（质量比为 1:1）的 DSC 和 TGA 曲线，升温速率为 10K/min，如图 4-36 和图 4-37 所示。当 HMX 质量分数相同时，包覆 AP 的 HMX 样品与 HMX/AP 混合物的曲线基本一致。

由 DSC 曲线可以发现在 180～190℃出现的第一个吸热峰对应 $\beta$-多晶 HMX 转变为 $\delta$-HMX 相转变过程。280℃的小吸热峰对应 HMX 的大量分解后的融化。

根据 Brill[7]，HMX 的分解反应为

$$HMX \rightarrow 4(NO_2+HCN+H) \tag{4-1}$$

$$HMX \rightarrow 4(N_2O+CH_2O) \tag{4-2}$$

根据 DSC 试验结果可以得到 HMX 的分解热为(1500±150)J/g（3 次测试的平均值）。

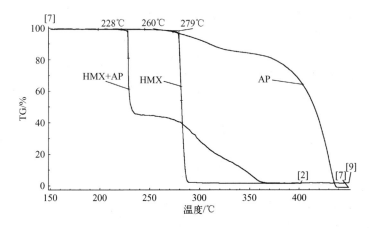

图 4-36　纯 HMX、AP 及 HMX/AP 混合物（质量比为 1:1）的 TGA 曲线

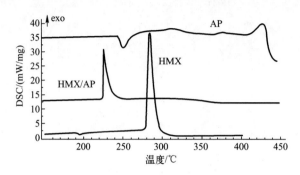

图 4-37　纯 HMX、AP 及 HMX/AP 混合物（质量比为 1:1）的 DSC 曲线

由 AP 的 DSC 曲线可发现：在 240℃左右为一吸热峰，在 300℃和 450℃左右为两个放热峰。240℃的吸热峰为 AP 晶型转变峰同时伴随着密度下降 9.7%（从 1950kg/m³ 到 1760kg/m³[10]），导致 AP 晶体内部产生缺陷[11]。两个放热峰分别对应低温和高温分解过程，根据文献[12]，AP 分解方程为

$$NH_4ClO_4 \rightarrow \alpha(NH_3 + HClO_4) + (1-\alpha)\left(\frac{7}{2}O_2 + \frac{1}{2}N_2 + \frac{1}{5}N_2O + \frac{1}{2}Cl_2 + \frac{2}{3}HCl\right)　(4-3)$$

其中：$\alpha$ 为低温分解下理想物质的量，随自由体积的变化而变化。

HMX/AP 混合物（质量比为 1:1）的热分解主要有两点不同：一是起始分解温度大幅度降低；二是分解结束温度比纯 AP 大幅度提前。

Brill[13]研究了不同气相氛围 $H_2$、CO、$O_2$ 和 NO 对 HMX 的热分解影响规律，研究发现一次燃烧产物不变，只有二次燃烧产物发生了变化。在 $NH_3$ 氛围下的 HMX 分解温度比其他气体氛围降低显著。首要的热分解产物变化：$CH_2O$、HCN 和 $NO_2$ 的含量快速下降，同时由于 $NH_x + NO_x$ 反应 $N_2O$ 的含量增加。

根据图 4-36 结果发现，HMX/AP 混合物的热分解结束温度在 360℃，比纯 AP 的结束温度降低了约 90℃，这表明 HMX 同样催化了 AP 的热分解。在文献[14]中同样报道了 RDX 对 AP 也有同样的催化效果。

因此，HMX/AP 的相互作用结果是 AP 降低了 HMX 热分解温度，同样是硝铵的热分解，AP 的热分解温度也同样降低。

2）两种 HMX/AP 混合物的热分解

根据 HMX/AP 混合物中 HMX 含量范围不同，可将热分解分为两类：一是"独立"放热峰（多个放热峰），二是系统放热（一个总体放热峰）。

"独立"放热见图 4-38，HMX 的含量范围为 0%< $C_{HMX}$< 40% 和 90%< $C_{HMX}$ <100%。热分解在 220～230℃有一个尖的 DSC 放热峰，从放热量及失重比例可判断为 HMX 的热分解，因此不难判断随后的热分解峰为 AP 的分解峰。

"系统"热分解如图 4-39 所示，HMX 含量范围：40%< $C_{HMX}$<90%。DSC 曲

线只有一个放热峰,起始分解温度为 225℃,表明两种物质在这时同时发生分解。230℃时热释放量达到最大值 2100J/g 超过纯 HMX(280℃时 1500J/g)。HMX 的气相产物对 AP 的催化效果与指示的混合物中 HMX 的含量范围有十分显著的联系。

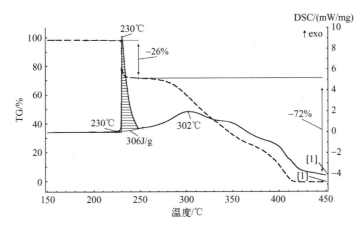

图 4-38　20%HMX/80%AP 混合物的 TGA 曲线(虚线)DSC 曲线(实线)

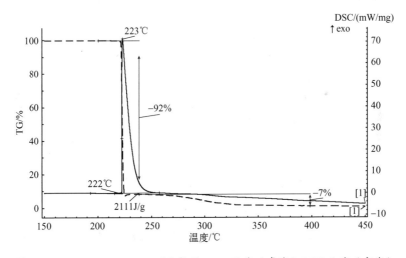

图 4-39　75%HMX/25%AP 混合物的 TGA 曲线(虚线)DSC 曲线(实线)

图 4-40 所示为不同含量同种粒度的 HMX 对 HMX/AP 混合物热分解 DSC 曲线的影响。

由图 4-40 可知,HMX 的热分解峰的位置与 HMX/AP 的比例相关。HMX 含量低于 40%时,硝铵的分解温度约 225℃,而 AP 的热分解温度比纯 AP 的分解温度降低幅度较小,如图 4-38 所示。当 HMX 含量为 40%~90%时,两种物质在 216~

232℃同时发生热分解，同时伴随产生大量的热，完全热分解的温度比纯 AP 提前了 90℃。当 HMX 的含量超过 90%时，放热峰又分为几个峰：部分 HMX 分解峰约在 225℃，剩余的 HMX 在 280℃（纯 HMX 的分解温度）。

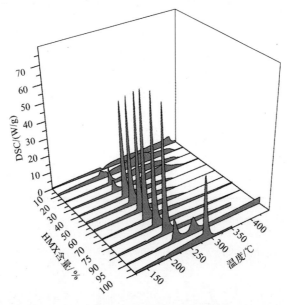

图 4-40　不同比例 HMX/AP 混合物热分解 DSC 曲线

3）起始分解温度

图 4-41 表明 $T_0$ 依赖于混合物中 HMX 的含量，而实际上 $T_0$ 与 $c$HMX 是相互独立的，除了在 0 和 100%处。观测的起始分解温度的降低和组分含量的不相关性很可能是由于 HMX 和（或）AP 在相同的温度范围存在相转移现象。

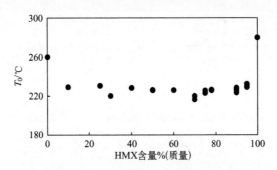

图 4-41　不同 HMX 含量对 HMX/AP 混合物起始分解温度的影响曲线

4）HMX 的相转变

利用热红联用对 HMX、AP 和 HMX/AP 混合物热分解过程进行分析测试，结果如图 4-42 所示，主要监测了样品的热分解起始温度点，如 150～230℃。在此温度范围内，AP 没有气相产物，HMX 有两种产物 $N_2O$ 和 HCN（未在图 4-42 中标识），在 187～230℃质量损失约为 0.03%。

HMX 的 $\beta \rightarrow \delta$ 晶相转变伴随着密度从 $1900kg/m^3$ 降低到 $1780kg/m^3$，晶体体积增加 7%，导致晶体内部产生缺陷[15]。发生 $\beta \rightarrow \delta$ 晶型转变的过程中，晶体内部应力增大，造成晶体破坏，伴随的体积膨胀会导致大量的空位和微裂纹出现。这种机械破坏使得材料的物理化学性能发生了很大变化，在晶体内部形成热点和剪切带，提高了 HMX 的起爆感度，使 HMX 形成稳定爆轰[16]。HMX 的主要产物可与 HMX 分子反应，由此增加了 HMX 的感度，并催化进一步的分解。HMX 的热稳定性和相转变都与晶体内的应力增大产生缺陷密切相关。

Weeks 等[17]利用原子显微镜（AFM）观察了相变过程的晶型形貌。研究发现晶相转变导致表面变粗糙像蜂窝一样，面积增加 $10^4$ 数量级。

本节中发现的相转变的产物有 $N_2O$ 和 HCN，Behrens[9]中 HMX 在 195℃分解的结果一致。这两种物质先被观察到，此外，晶型形貌的变化也被证实。

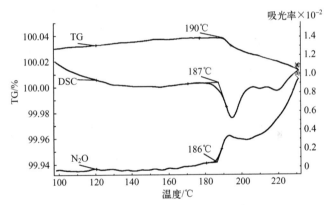

图 4-42　HMX 加热：$N_2O$ 的 FTIR 吸收峰与 TGA 和
DSC 变化关系曲线，样品质量 250mg

5）AP 的相转变

高氯酸铵的相转变在晶体表面开始经历两个步骤[10,18-21]：首先是 200℃左右 AP 晶体向亚稳态转变，然后在 240℃由斜方晶系向立方晶系转变[19]。这个相转变过程并不释放热所以在 DSC 曲线上观察不到。同样的相转变过程也在其他铵盐中存在[20,21]。当温度大于 240℃，AP 由多晶系转变形成针状核心结构，此为一级相转变，能量消耗 11.3kJ/mol[22]。低温分解便随后开始。

亚稳态的 AP 晶体在晶相转变过程中部分转变为离子状态 $NH_4^+$ 和 $ClO_4^-$，形成 AP 在 200～250℃的主要产物 $NH_3$ 和 $HClO_4$。氨气释放到气相中，而高氯酸沉积在晶体表面[11,18,23]。

本文的红外测试首要观察的是 240℃吸热相变气相产物,对 200℃的亚稳态相转变过程没有分析。

本文通过提高样品质量来提高热量计的灵敏性。图 4-43 所示为自加热和压力增加随温度的变化曲线。AP 的热分解开始于(185±5)℃,低于相转变温度 240℃。此结果与文献[24]报道一致。

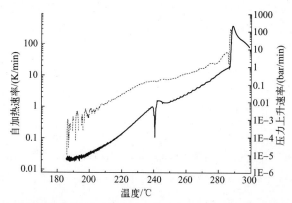

图 4-43　AP 的绝热自加热速率(实线)和压力增加速率(虚线)曲线

6)最大分解速率时的气相产物

HMX、AP 和 HMX/AP(1:1)混合物最大热释放速率(230℃)热分解气相产物红外谱图如图 4-44 所示。AP 在此温度下没有气相产物,监测到的 $CO_2$ 为背景气体。

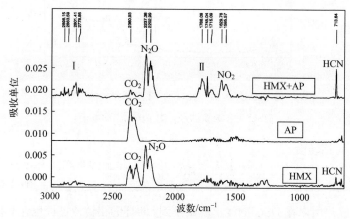

图 4-44　HMX、AP 和 HMX/AP(1:1)混合物最大热释放速率(230℃)热分解气相产物红外谱图,升温速率为 $10℃ \cdot min^{-1}$

纯 HMX 分解产物为 $N_2O$ 和 HCN。HMX/AP(1:1)混合物气相产物中除了以上两种产物还产生了 $NO_2$ 表明 N—N 键的断裂,也表面在此温度下硝铵发生了分解。

图 4-44 中一些位置的峰 2778～2896cm$^{-1}$（Ⅰ）和 1715～1788cm$^{-1}$（Ⅱ）在 NIST 标准谱图中并没有查到[25]，文献[14]指出这两处峰分别对应 HCl 和 $CH_2O$。同样值得注意的是，HMX 在 230℃的分解产物中也存在这两种峰，只是峰强很弱。

因此，HMX/AP（1:1）混合物在开始热分解前两种物质均经历了相转变。根据文献资料，AP 在分解前先转变为亚稳态进行晶体结构重排。试验结果表明，HMX 发生相变的同时开始分解生产 $N_2O$ 和 HCN。在相转变的温度点两种物质的活性发生很大的变化（Hedvall 效应），是由于气相产物之间的相互作用破坏了分子的稳定性。

**3. 燃烧性能**

包覆不同比例 AP 的 HMX（$d$=200μm）模压样品，包覆层 AP 厚度不同，在 4MPa 氮气氛围下进行了燃速测试。燃速随着 AP 含量（≤30%）增加而增加，如图 4-45 所示。

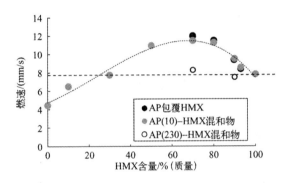

图 4-45　3 种样品在 4MPa 氮气氛围下下燃速测试结果

为了对比与 HMX/AP 混合物的燃烧性能，制备了 HMX（$d$=200μm）和 AP（$d$=10μm）机械混合物。选择的 AP 粒度与包覆 HMX 的粒度相同。HMX/AP 混合物测试结果表明：①在 30%<$C_{HMX}$<93%时，接近"系统"放热的范围，燃速超过了 HMX 单基推进剂；②与包覆 AP 的 HMX 燃速十分吻合。因此，包覆 AP 的 HMX 并没有发生分子间的相互作用，而是气相产物相互作用的结果。

利用大粒径的 AP（$d$=230μm）制备 HMX/AP 混合物燃速随 AP 含量变化并不明显，表面的 AP 比表面积是影响燃速的主要因素。

HMX/AP/活性胶黏剂体系的燃速随着 AP 含量的增加而增加。含有活性胶黏剂的体系中包覆 AP 的 HMX 比单纯 HMX/AP 混合物的燃速高，这说明体系可以添加少量的 AP 就可以达到相同的燃速水平。

## 4.3.4　结论

本文主要研究了 HMX 与 AP 之间相互作用的热稳定性和燃烧性能，主要结论如下：

（1）AP 作为 HMX 的添加剂可以有效降低其起始分解温度，HMX 的气相分解产物也是 AP 热分解的优良催化剂。

（2）根据 HMX/AP 混合物中 HMX 含量范围不同，可将热分解分为两类：一是"独立"放热峰（几个放热峰），二是系统放热（一个总体放热峰）$40\% < C_{HMX} < 90\%$。

（3）HMX/AP 混合物热分解与 HMX 的含量无关，热分解温度的降低主要是由于两种物质的相转变引起的。

（4）HMX/AP 混合物在开始热分解前两种物质均经历了相转变。AP 的热分解开始于（185±5）℃，低于相转变温度 240℃。HMX 的相转变发生在 187℃，同时伴随 $N_2O$ 和 HCN 生成。两种物质在相转变温度反应活性均发生很大变化，是由于其气相产物破坏了原有分子的稳定性。

（5）为研究两者之间相互作用对燃烧性能的影响，采用大粒径 HMX 颗粒包覆不同比例的 AP。在 $30\% < C_{HMX} < 93\%$ 时，包覆 AP 的 HMX 与 HMX/AP 混合物的 4MPa 燃速基本一致，AP 的比表面积对燃速的影响较大。

对比包覆 AP 的 HMX 与 HMX/AP 混合物的燃烧性能，包覆 AP 的 HMX 并没有发生分子间的相互作用，而是气相产物相互作用的结果。含有活性胶黏剂的体系中包覆 AP 的 HMX 比单纯 HMX/AP 混合物的燃速高，这说明体系可以添加少量的 AP 就可以达到相同的燃速水平。

（6）试验结果还需进一步的分析验证以得到 HMX 与 AP 之间更系统的相互作用机理。

# 参 考 文 献

1. Beckstead M W, Overview of combustion mechanisms and flame structures for advanced solid propellants. In: Yang V, Brill T., Wu-Zhen Ren (ed.) Solid propellant chemistry, combustion, and motor ballistics. Progress in astronautics and aeronautics. Washington, DC, USA. Volume 185; AIAA, 2000.

2. Oxley J C, Smith J L,Wang W (1994) Compatibility of ammonium nitrate with monomolecular explosives. J Phys Chem 98:3893-3900.

3. Fifer R A (1984) Chemistry of nitrate esters and nitramine propellants Fifer R.A. In: Kuo K K, Summerfield M (eds) Fundamentals of solid propellants combustion, vol 90, Progress in astronautics and aeronautics: chemistry of nitrate esters and nitramine propellants. AIAA, New York, pp 177-237, Chap. 4.

4. Sokolov E V, Popenko E M, Sergyenko A V et al (2007) Influence of nitraminopropionitrile and its salts on the HMX thermal decomposition, Polsunovsky Vestnik No. 3, pp 130-139, in

Russian.

5.  Saito T, Shimoda M, Yamaya T et al (1991) Ignition of AP–based composite solid propellants containing nitramines exposed to CO2 laser radiation at subatmospheric pressures. Combust Flame 85:68–76.

6.  Fang C, Li S (2002) Synergistic interaction between AP and HMX. J Energetic Mater 20:329–344.

7.  Brill T B (1995) Multiphase chemistry consideration at the surface of burning nitramine monopropellants. J Propuls Power 11(4):740–751.

8.  Karpowicz R J, Gelfand L S, Brill T B (1982) Application of solid–phase transition kinetics to the properties of HMX. AIAA J 21(2):310–312.

9.  Behrens R (1990) Thermal decomposition of energetic materials: temporal behaviors of the rates of formation of the gaseous pyrolysis products from condensed–phase decomposition of octahydro–1,3,5,7–tetranitro–1,3,5,7–tetrazocine. J Phys Chem 94(17):6706–6718.

10.  Keenan A G, Siegmund RF (1969) Thermal decomposition of ammonium perchlorate. Q Rev Chem Soc London 23(3):435–452.

11.  Koroban V A et al (1981) Mechanism of the ammonium perchlorate thermal decomposition. In: Manelis G B (ed) Thermal decomposition of ammonium perchlorate. Semenov Institute of Chemical Physics, Chernogolovka, pp 5–29.

12.  Guirao C, William F A (1971) A model for ammonium perchlorate deflagration between 20 and 100 atmospheres. AIAA J 9:1345–1356.

13.  Palopoli S F, Brill T B (1991) Thermal decomposition of energetic materials 52. On the foam zone and surface chemistry of rapidly decomposing HMX. Combust Flame 87:45–60.

14.  Qing–Jie Jiao et al (2014) Thermal decomposition of RDX/AP by TG–DSC–MS–FTIR. J Therm Anal Calorim 1(3), Published online. doi:10.1007/s10973–013–3621–2.

15.  Henson B F et al (1999) Dynamic measurement of the HMX $\beta$–$\delta$ phase transition by second harmonic generation. Phys Rev Lett 82(6):1213–1216.

16.  Hedvall J A (1966) Solid state chemistry – whence, where and whither. Elsevier Publishing Company. Amsterdam/London/New York, p 100.

17.  Weeks B L, Ruddle C M, Zaug J M, Cook D J (2002) Monitoring High–temperature Solid–solid Phase Transitions of HMX with Atomic Force Microscopy. Ultramicroscopy 93:19–23.

18.  Boldyrev V V (2006) Thermal decomposition of ammonium perchlorate. Thermochim Acta 443:1–36.

19.  Tesleva E P (2006) Investigation of polymorphic transformations of ion–molecular insulator by physical acoustics and thermophysical techniques. Dissertation, Barnaul, in Russian.

20. Slater J C (1939) Introduction to chemical physics. McGraw-Hill Book Co., New York, p 293.

21. Cheselske F J (1965) Aerojet-general rept. 0372-01F, AD 458854, AF 49(638)-851, 15 March 1965.

22. Evans M W, Beyer R B, McCulley L (1964) Initiation of deflagration waves at surfaces of ammonium perchlorate‑copper chromite–carbon pellets. J Chem Phys 40(9):2431-2438.

23. Pellet G L, Cofer W R (1969) Thermal decomposition of ammonium perchlorate by rapid heating, seventh AIAA aerospace science meeting. N Y 20:141.

24. Bohn M A, Pontius H (2012) Thermal behaviour of energetic materials in adiabatic selfheating determined by ARCTM. In: Proceedings of the 43rd international annual conference of ICT, pp 57-1-57-39.

25. NIST Chemistry WebBook, NIST Standard Reference Database Number 69. In: Linstrom P J, Mallard W G (eds) National Institute of Standards and Technology, Gaithersburg M D, 20899, http://webbook.nist.gov. Retrieved 2 Dec 2014.

# 4.4　含能胶黏剂固体推进剂的燃烧

**摘要：** 本节研究了固体含能材料燃烧速率与燃面曲率的关系。模型预测固体含能材料的自持燃烧存在一个燃面曲率上限值，燃面曲率高于这个上限值时燃料不会自持燃烧。将这一结果用于解释均质含能材料燃烧的临界燃烧情况，计算了几种均质含能材料的临界燃烧直径，并将这些结果与试验结果进行了对比，发展了一种适用于含有活性、惰性填充物和含能胶黏剂的混合物的燃烧模型，该模型考察了胶黏剂燃烧面的曲率和填充物的点火延迟。对模型的变量展开了研究，包括较宽范围的填充物的尺寸，填充量和胶黏剂的燃烧速率。对比了模型计算结果与含有 SiO₂、HMX、AP、CL-20 和含能胶黏剂的混合物的试验结果。提出了 HMX、AP 和 CL-20 的点火延迟与它们的粒度、混合物的燃烧速度以及粘结层的厚度的统一关系。模型还可用于计算基于含能胶黏剂的固体推进剂燃烧速率的温度敏感系数。

## 4.4.1　引言

目前，含能材料领域的发展主要基于具备自持燃烧能力的含能胶黏剂的混合物。HMX 和高氯酸铵（AP）经常被用来作为这类混合物的填料。试验结果表明，含能胶黏剂与 HMX 组成的混合物的燃烧过程完全不同于含有 AP 和非活性胶黏剂的混合物，同时，用于 AP 和非活性胶黏剂的混合物燃烧的机理和模型也通常不适用于含有含能胶黏剂和活性/惰性材料的混合物体系的燃烧过程。

例如，对于某些含有高燃速高能胶黏剂的混合体系，具有相同粒度的 HMX 和 SiO$_2$ 颗粒对混合物的燃速影响作用相同[1]。虽然基于硝化甘油或能源 A 和细的 HMX 颗粒（20μm，40μm）的混合体系的燃速低于不含填料的纯胶黏剂体系，但是燃速与填料含量的关系是非单调的:在 HMX 含量较低的体系中（能源 A 体系含量不大于 40%；硝化甘油体系不大于 60%）混合体系的燃速随着 HMX 含量的增加而降低，而在 HMX 含量较高的体系中，混合体系的燃速随着 HMX 含量的增加而增加。

本项工作的目的是描述一个基于高能胶黏剂二元混合体系的燃烧模型，并用该模型解释含能胶黏剂和不同填料的二元混合物的燃烧试验数据。

文献[2,3]指出了基于含能胶黏剂和活性/惰性分散填料的混合物可自持燃烧的燃烧机理。该机理表明，不同性质和不同尺寸的颗粒的作用是降低了粘结层燃烧面的弯曲度，从而导致粘结层燃烧速率的变化。

### 4.4.2　燃烧端面弯曲对燃烧速率的影响

燃烧面弯曲的凝聚态含能材料的燃烧与燃烧面平整的含能材料的燃烧具有本质区别。燃面的曲率在含能材料燃烧情况的限制条件形成中起到关键作用。

以硝化甘油粉（Nitroglycerin-ballistite powder; power NB）为例，研究发现，如果不均一的燃面上有一个大的弯曲，燃烧就会停止。Marshakov 和 Istratov[4]用迈克尔逊–马克斯坦准则（Michelson–Markstein）$Mi = Ru/\kappa$ 对这一现象进行了量化解释，其中 $u$ 为燃烧速率，$R$ 为不均一的燃烧表面的曲率半径，$\kappa$ 为凝聚态含能材料凝聚相（c–相）的热扩散系数。当 $Mi = Mi_{cr} = 10 \sim 13$[4]时，颗粒表面的非均匀性燃烧熄灭。

从预混气体的燃烧理论可知，火焰前沿的正常传播速度取决于它的曲率（Markstein 效应）。考虑到均质含能材料的固相反应区与预混气体的反应区大体类似，可以预计燃烧面为曲面的凝聚相含能材料的燃烧速率与燃烧面为平面的含能材料的燃烧速率是不同的。

这种依赖关系能够从基于非稳态燃烧现象的均质凝聚态含能材料的燃烧理论框架的一般形式中获得，这个理论指出了一种常用的计算凝聚态含能材料瞬态燃烧速率的方法。

按照非稳态燃烧的现象学理论（ZN–理论）[5,6]，燃烧速率是环境压强 $p$ 和燃面附近处凝聚相的温度梯度 $\varphi$ 的单值函数，即 $u = u(p, \varphi)$。需要注意的是 ZN–理论仅仅适用于双基推进剂、含能胶黏剂和单质含能材料或炸药等均质含能材料，并不适用于复合推进剂。本文中仅将该理论用于复合推进剂中的单质含能材料组分。

如果由于某些原因使凝聚态含能材料燃烧过程中的燃面变得弯曲，燃面处凝

聚相区的温度梯度 $\varphi$ 不同于燃面为平面的凝聚态含能材料在相同条件下的相应燃烧温度梯度值，该温度梯度值取决于燃面的弯曲度 $K = R^{-1}$ ，式中 $R$ 为曲率半径。

用热传导方程描述含能材料凝聚相的温度场。对球型和圆柱型的燃面的方程都可以进行解析求解。通过上述方程的求解可以获得凝聚相含能材料燃面附近凝聚相区的温度梯度表达式[2, 3]：

$$\varphi = \frac{u}{\kappa}(T_s - T_0') \tag{4-4}$$

式中： $T_s$ 为燃面温度； $T_0' = T_0 + \Delta T_0$ ， $T_0'$ 为燃面是曲面的燃烧面的有效起始温度。对圆柱型的燃面，有

$$\Delta T_0 = (T_s - T_0)\left(\frac{\exp(-\xi)}{\xi \int\limits_{\xi}^{\infty} \frac{1}{\xi}\exp(-\xi)\mathrm{d}\xi} - 1\right) \tag{4-5}$$

对球型的燃面，有

$$\Delta T_0 = -(T_s - T_0)\left(\frac{\exp(-\xi)}{\xi^2 \int\limits_{\xi}^{\infty} \frac{1}{\xi^2}\exp(-\xi)\mathrm{d}\xi} - 1\right) \tag{4-6}$$

又有

$$\xi = uR/\kappa \tag{4-7}$$

当弯曲度不大的燃面（ $\xi = uR/\kappa \geqslant 1$ ）时，

对圆柱型燃面，有

$$\Delta T_0 = -(T_s - T_0)\frac{1}{\xi} \tag{4-8}$$

对球型燃面，有

$$\Delta T_0 = -(T_s - T_0)\frac{2}{\xi} \tag{4-9}$$

式（4-8）和式（4-9）可以很容易地推广到含有两个有限且不同的弯曲燃面中，即

$$\Delta T_0 = -(T_s - T_0)\left(\frac{1}{\xi_1} + \frac{1}{\xi_2}\right) \tag{4-10}$$

式中： $\xi_i = uR_i/\kappa$ ， $i = 1,2$ ； $R_1$ 和 $R_2$ 为燃面弯曲部分的主半径。

引入一个无量纲的燃面平均弯曲度，即

$$K = \frac{1}{2}\left(\frac{1}{\xi_1} + \frac{1}{\xi_2}\right) \tag{4-11}$$

式（4-10）可有如下形式：

$$\Delta T_0 = -2K(T_s - T_0) \tag{4-12}$$

上面的表达式分析表明燃烧表面的弯曲和凝聚态含能材料（燃面平坦）的初始温度变化一样都会引起燃烧速率变化，这个变化值可从式（4-11）和式（4-12）得到。

正因如此，可以用燃烧速率与初始温度 $T_0$ 的关系描述获得燃面曲率与燃烧速率之间的关系，即

$$u = u^0(p, T_0 + \Delta T_0(\xi)) \tag{4-13}$$

实际使用中，可用关系式：

$$u^0(p, T_0) = u_N^0(p)\exp(\beta\Delta T_0) \tag{4-14}$$

或经常使用的其线性近似表达式，式中 $u_N^0(p)$ 为一定的初始温度下燃烧速率与压力的关系。

考虑到式（4-12）和式（4-14），可以得到燃面弯曲的药柱的燃烧速率表达式，即

$$Z = \exp\left(-\frac{2kK_0}{Z}\right) \tag{4-15}$$

式中：$Z = u/u_N^0$；$K_0$ 是燃面处的无量纲平均曲率，燃烧速率 $u_N^0(p)$ 可由代入 $\xi_i = u_N^0 R_i / \kappa$ 的式（4-11）得

$$k = (T_s - T_0)\frac{\partial \ln u^0}{\partial T_0} = \beta(T_s - T_0) \tag{4-16}$$

是非稳态燃烧 ZN-理论中的一个无量纲的燃烧速率温度敏感系数[5,6]。

对于线性依赖关系：

$$u^0(p, T_0) = u^0(p)(1 + \beta\Delta T_0) \tag{4-17}$$

燃烧速率的关系式为

$$Z = 1 - \frac{2kK_0}{Z} \tag{4-18}$$

该式的解比较简单，则为

$$Z = 0.5 \pm \sqrt{0.25 - 2kK_0} \tag{4-19}$$

式（4-15）和式（4-19）描述的燃烧速率与燃面曲率的关系如图 4-46 所示。

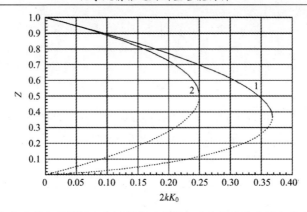

图 4-46　燃烧表面弯曲的凝聚态含能材料沿凝聚相方向的燃烧速率与参数 $2kK_0$ 的关系

曲线 1 和曲线 2—稳态燃烧速率的指数解和线性解与初始温度的关系；$K_0$ —燃烧面无量纲曲率。

从图 4-46 可以看出，凝聚相含能材料存在一个自持燃烧的曲率上限值，在上限值以上不可能自持燃烧。这个燃面曲率上限值大小取决于无量纲的燃烧速率温度敏感系数 $k$。

指数关系式（4-14）中 $2kK_0$ 的上限值等于 $1/e$；该上限值相对应的燃烧速率为 $Z_{cr} = 1/e$[2]。这意味着燃面为曲面的凝聚态含能材料在 $2kK_0 > 1/e \approx 0.368$ 时的燃烧是不可能的。因此，每一种凝聚态含能材料都有一个无量纲的曲率上限值 $(K_0)_{cr} \approx 0.18/k$，仅当燃面的曲率无量纲量不大于临界值时燃面为曲面的含能材料才有可能燃烧。对线性关系式（4-17），其限制参数 $2kK_0$ 等于 $1/8$，燃烧速率的临界无量纲曲率 $(K_0)_{cr} \approx 0.125/k$。凝聚相含能材料的上限曲率值取决于燃烧速率的温度敏感系数 $k$，而每种含能材料燃烧速率的温度敏感系数不尽相同。

### 4.4.3　临界燃烧直径

文献[4]的试验结果可以用于解释 Michelson–Markstein 准则（M-M 准则）中的临界值。

利用以上结果，M-M 准则的临界值可以表示为 $Mi_{cr} = 2ke$，这个临界值取决于含能材料燃烧速率的温度敏感系数 $k$，且不同的含能材料的临界值也不一样。

例如，文献[7]中粉末 N（$k = 2 \sim 2.5$，$p = 1 \sim 5\text{atm}$），临界值 $Mi_{cr} = 10.8 \sim 13.5$，这与文献[4]中预估的粉末 N 的临界值是一致的。

如果假设含能材料的燃烧随着药柱的直径不断减小而熄灭与燃烧面的超临界曲率有关，该理论可用于解释燃烧的临界直径。取 $R_{cr} = d_{cr}/2$（$d$ 为含能材料试样的直径），利用文献[4,12]的试验结果，可以获得试样的临界直径为

$$d_{cr}(p) = \frac{4\kappa ek(p)}{u_N^0(p)} \tag{4-20}$$

或者，将 $\kappa = 1.5 \times 10^{-3}\,\mathrm{cm^{-2}/s}$ 代入，得

$$d_{cr} = 0.15k / u_N^0 \tag{4-21}$$

式中：$u_N^0$ 的单位为 cm/s；$d_{cr}$ 的单位为 mm；$p$ 的单位为 atm。

试验结果和利用式（4-21）计算的不同含能材料的临界直径对比如表 4-14 所列。

表 4-14　不同含能材料的参量和其燃烧的临界直径

| 含能材料 | $k$ | $u_0$ | 理论值 | 试验值 |
|---|---|---|---|---|
| 粉末 N | $k = 2.4p^{-0.1}$ | $u_N^0 = 0.047p^{0.67}$ | $d_{cr} = 7.7p^{-0.77}$ | $d_{cr} = 7p^{-0.74}$ |
| 粉末 A | $k = 2.4p^{-0.1}$ | $u_N^0 = 0.1p^{0.64}$ | $d_{cr} = 3.6p^{-0.75}$ | $d_{cr} = 6p^{-0.75}$ |
| 粉末 NB | $k = 2.4p^{-0.1}$ | $u_N^0 = 0.09p^{0.65}$ | $d_{cr} = 4p^{-0.75}$ | $d_{cr} = 6.8p^{-0.76}$ |
| RDX | $k \approx 2.3$ | $u_N^0 = 0.037p^{0.82}$ | $d_{cr} = 9.3p^{-0.82}$ | $d_{cr} = 9.26p^{-0.88}$ |

表中含能材料燃烧速率的热敏感度的数据参见文献[7-11]，临界直径的试验数据参见[4,10,12]。

可以看出，燃烧表面曲率极限的存在的假设可以解释均质凝聚态含能材料的临界燃烧现象。

## 4.4.4　含能胶黏剂的二元混合物的燃烧模型

基于以上限制理论可以发展一个适用于能够自持燃烧的含有惰性和活性填料以及胶黏剂的混合物的燃烧模型。该模型考虑了胶黏剂层的燃烧表面的曲率以及因此而导致的胶黏剂的燃烧速率变化。

该模型的基本假设如下：

（1）混合物的燃烧速率是由填料颗粒之间胶黏剂层的燃烧决定；

（2）填料颗粒之间胶黏剂的燃烧速率不同于单纯胶黏剂的燃烧速率；

（3）填料颗粒间胶黏剂层燃烧速率变化的主要原因是胶黏剂燃面的弯曲；

（4）分散组分的颗粒的燃烧速率等于这些组分作为单纯物质的固有燃烧速率；

（5）填料颗粒的着火延迟在含能胶黏剂的二元混合物的燃速构成中起着重要作用。

图 4-47 所示为某一二元混合含能混合物燃完后的端面示意图。

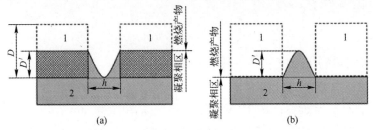

图 4-47 某一个具有自持燃烧能力含有胶黏剂和分散填料的混合含能材料熄火端面示意图

(a) 胶黏剂比填充颗粒燃烧快；(b) 胶黏剂比填充颗粒燃烧慢。

1—填充颗粒；2—胶黏剂；虚线部分为初始粒子，阴影区域为某时刻剩余的颗粒。

描述该模型的公式为[3]

$$\delta = \frac{D'}{D}, \tau_{\text{ign}} = \frac{u_b t_{\text{ign}}}{D}, \eta = \frac{u_b h}{\kappa}, \xi = \frac{u_b D}{\kappa}, \beta = u_b / u_p \tag{4-22}$$

$$\delta = \begin{cases} 1 & (Z_b \tau_{\text{ign}} \geqslant 1) \\ 1 + (Z_b \tau_{\text{ign}} - 1) \dfrac{1}{\beta Z_b} & ((1 - \beta Z_b) < Z_b \tau_{\text{ign}} < 1) \\ -(1 - \beta Z_b) + Z_b \tau_{\text{ign}} & (Z_b \tau_{\text{ign}} \leqslant (1 - \beta Z_b)) \end{cases} \tag{4-23}$$

式中：$\tau_{\text{ign}}$ 为颗粒的点火延迟；$u_p$ 为颗粒的燃烧速率；$u_b$ 为燃面平坦的胶黏剂的燃烧速率（不考虑混合物燃烧时的燃面弯曲）；$D$ 为颗粒的直径；$D'$ 为胶黏剂与颗粒的燃面差。

胶黏剂燃面的曲率可表示为

$$K = \pm 8bD' / h^2 \tag{4-24}$$

式中：当燃面的凸起朝向凝聚相时用正号，当燃面的凸起朝向燃烧产物时用负号；$b$ 是考虑了粘结层燃面几何形状的系数，$0.5 \leqslant b \leqslant 1$，$b = 0.5$ 对应的是圆柱型燃面，$b = 1$ 对应的是球型燃面。

假设基于胶黏剂具有自持燃烧能力的混合物的燃烧速率等于考虑了有曲面的填充颗粒粘结层的燃烧速率，则

$$Z \equiv \frac{u}{u_b} = Z_b \tag{4-25}$$

代入式（4-15），可获得二元混合物的燃烧速率方程为

$$Z_b = \exp\left(-\frac{k_0 \delta \xi}{\eta^2 Z_b}\right) \tag{4-26}$$

式中：$k_0 = 16bk$。

填充颗粒的点火延迟取决于压强和胶黏剂的燃烧情况。

点火延迟的计算用下列公式：

$$\tau_{\text{ign}}(\eta) = \tau_{\text{ign}}^\infty (1 - \exp(-\gamma_0 Z_b \eta)) \tag{4-27}$$

$$\eta = \left( \frac{\sigma}{\alpha^{1/3}} - \chi \right) \xi \qquad (4\text{-}28)$$

$$\tau_{\text{ign}}^{\infty} = \tau_0^{\infty} \frac{\xi^n}{Z_b} \qquad (4\text{-}29)$$

将仿真计算结果和文献[1,13,14]中试验数据进行对比，对于所有胶黏剂和填料均取 $\gamma_0 = 1.2$；不同含能材料的常数 $\tau_0^{\infty}$ 和 $n$ 不同；$\sigma$ 和 $\chi$ 是规则统一因子，它们取决于颗粒的形状；$\alpha$ 为混合物中的填料颗粒的体积浓度。

对 HMX 和不同胶黏剂，有[3]

$$\tau_0^{\infty} = 1, n = -0.4 \qquad (4\text{-}30)$$

对 AP 和不同胶黏剂，有[3]

$$\tau_0^{\infty} = 0.15, n = 0.7 \qquad (4\text{-}31)$$

代入颗粒的燃烧速率与它们的直径关系的经验公式：

$$u_p = 3.8 p^{0.45} / D^{0.15} \qquad (4\text{-}32)$$

对 CL-20 和不同含能胶黏剂，有[3]

$$\tau_0^{\infty} = 1.57, \ n = -0.63 \qquad (4\text{-}33)$$

对惰性颗粒（如 $SiO_2$），$\tau_0^{\infty} = \infty$

对所提出的模型中的参量进行了研究，考察了较宽范围的填充颗粒的尺寸和它们在混合物中的浓度，以及胶黏剂的燃烧速率。

图 4-48～图 4-50 所示为几种含能胶黏剂和 3 种不同填料（HMX、AP 和 CL-20）基于开发的模型的计算结果。图 4-48～图 4-50 中的标记点对应的是文献 [1,13,14] 中的试验结果，曲线对应的计算结果。

计算中使用的不同含能胶黏剂和单纯的含能材料的燃烧特性如表 4-15 所列。

表 4-15　计算中使用的胶黏剂和单纯含能材料的燃烧特性参数

| 胶黏剂组分　　含能材料 | $u_b$ /(mm/s) | 胶黏剂密度/（g/cm³） |
|---|---|---|
| AFB3 | 7.3($p$=4 MPa)　13.2($p$=10 MPa) | 1.520 |
| AGS[13] | $0.159 p^{0.513}$($p \leqslant 21.5$atm)　$0.0784 p^{0.748}$($p \geqslant 21.5$atm) | 1.360 |
| AFB1[14] | 16.9($p = 10$MPa) | 1.460 |
| HMX | 8.0($p$=4MPa)　14.7($p$=8MPa)　17.7($p$=10MPa) | 1.960 |
| AP 颗粒[15] | $3.8 p^{0.45} / D^{0.15}$（$p$:atm,$D$:μm） | 1.950 |
| CL-20 | 30.5($p$=10MPa) | 2.04 |
| 注：AFB—硝化甘油聚氨酯胶黏剂；AGS—聚酰亚胺橡胶，它是硝酸酯混合物中的一种增塑剂 | | |

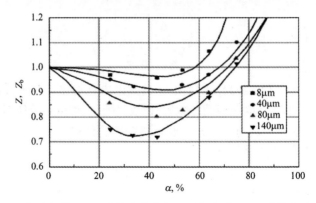

图 4-48 二元混合物 AFB3 的燃烧速率与不同粒度的 HMX 的体积浓度的关系

压强为 10MPa；曲线为计算结果，标记点为试验结果。

对比了文献[1,13,14]中不同研究者开展的含有活性胶黏剂和 HMX、$SiO_2$ 的混合物，硝化甘油聚氨酯和胶黏剂的混合物以及 AGS 胶黏剂和 AP 的混合物的试验结果和模型的计算结果，本文提出的模型适用于整个系列的试验结果；混合物的燃烧速率与填充颗粒粘结层的燃烧速率一致（考虑了粘结层燃烧面的曲率）。

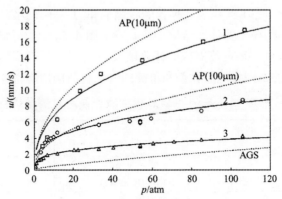

图 4-49 含能胶黏剂 AGS 和 AP 的燃烧速率与压强的关系

混合物中 AP 的体积浓度 $\alpha = 29\%$；曲线为计算结果，标记点为试验结果；

不同的实线对应于二元混合物中 AP 的不同粒度：

1—10μm；2—30μm；3—200μm；虚线对应于纯的胶黏剂或

不同尺寸的纯 AP 颗粒的燃烧。

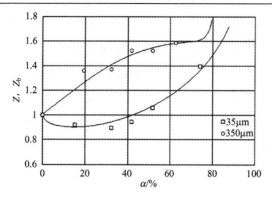

图 4-50　AFB1 和 CL-20 的二元含能混合物的燃速与不同粒度的 CL-20 的体积浓度的关系

$p$=10MPa；曲线为计算结果，标记点为试验结果。

### 4.4.5　推进剂燃速的温度敏感性

所开发的模型可以计算含有含能胶黏剂的二元混合物的压强指数 $v = \dfrac{\partial \ln u}{\partial \ln p}$

和温度敏感系数 $\beta = \dfrac{\partial \ln u}{\partial \ln T_0}$。

对于含惰性填料（如 $SiO_2$）和含能胶黏剂的混合物，燃烧速率与压强和初始温度的关系可以仅通过 $u_b$（包含在 $\xi$ 中）和 $k$ 与 $p$ 和 $T_0$ 的关系获得。这类混合物的其他参数理论上都不依赖于初始温度和压力。因此，如果燃速与压力和初始温度的关系已知，这种推进剂燃速压强指数和温度敏感系数的定义非常简单。

在这种情况下，不难得到：

$$v = v_b \left(1 + \frac{\partial \ln Z_b}{\partial \ln \xi}\right) + \frac{\partial \ln Z_b}{\partial \ln k}\frac{\partial \ln k}{\partial \ln p} \tag{4-34}$$

$$\beta = \beta_b \left(1 + \frac{\partial \ln Z_b}{\partial \ln \xi}\right) + \frac{\partial \ln Z_b}{\partial \ln k}\frac{\partial \ln k}{\partial \ln T_0} \tag{4-35}$$

式中

$$v_b = \frac{\partial \ln u_b}{\partial \ln p} \tag{4-36}$$

$$\beta_b = \frac{\partial \ln u_b}{\partial \ln T_0} \tag{4-37}$$

参量 $\dfrac{\partial \ln Z_b}{\partial \ln \xi}$ 和 $\dfrac{\partial \ln Z_b}{\partial \ln \xi}$ 可以利用建立的模型数值分析计算获得。

对于能够自持燃烧的活性填料（如 HMX、AP、CL-20 等），有必要考虑填充颗粒的燃速 $u_p$ 和点火延迟 $\tau_{ign}^{\infty}$ 与压力和初始温度的关系。

此处以二元混合物推进剂燃烧速率的温度敏感系数计算为例。

初始温度 $T_0$ 的变化（其他等效情况）会导致胶黏剂燃烧速率 $u_b(T_0)$、填料颗粒的燃烧速率 $u_p(T_0)$、胶黏剂的无量纲温度敏感系数 $k(T_0)$ 以及填充颗粒的点火延迟时间 $\tau_{ign}^{\infty}(T_0)$ 的变化。其他参数与初始温度无关。

初始温度变化不大时，这些参量与初始温度的关系可用以下线性方程表示：

$$u_b(T_0) = u_b^N (1 + \beta_b(T_0 - T_N)) \tag{4-38}$$

$$u_p(T_0) = u_p^N (1 + \beta_b(T_0 - T_N)) \tag{4-39}$$

$$k(T_0) = k_N (1 + \beta_k(T_0 - T_N)) \tag{4-40}$$

$$\tau_{ign}^{\infty}(T_0) = \tau_{ign}^{\infty N} (1 + \beta_{ign}(T_0 - T_N)) \tag{4-41}$$

式中：$u_b^N$，$u_p^N$，$\tau_{ign}^{\infty N}$，$k_N$ 为在某些名义温度 $T_N$ 相对应的参量值；$\beta_b$，$\beta_p$，$\beta_k$，$\beta_{ign}$ 为该混合物的组成部分的定常特征量。

假设参数 $n$ 与起始温度无关，则式（4-41）可等效为

$$\tau_0^{\infty}(T_0) = \tau_0^{\infty N} (1 + \beta_{ign}(T_0 - T_N)) \tag{4-42}$$

参照以上结果对 HMX 有 $\tau_0^{\infty} \approx 1$，对 AP 有 $\tau_0^{\infty} = 0.15$。

假设 $\beta_b$ 和 $\beta_p$ 等于其对应纯物质的燃烧速率温度敏感系数。如果已知 $\beta_b(T_0)$ 与 $T_s(T_0)$ 的依赖关系，$\beta_k$ 就可看作是胶黏剂的已知参量。$\beta_{ign}$ 是一个基于试验数据和计算挑选的参数，为研究不同的 $\beta_{ign}$ 对二元混合物整体的燃烧速率敏感系数的影响，本文研究计算了不同 $\beta_{ign}$ 值下的温度敏感系数。

计算采用了 $\beta_{ign}$ 的两个值：① $\beta_{ign} = -0.005/K$ 时，点火延迟时间随着初始温度的增加而降低；② $\beta_{ign} = 0.1/K$ 时，点火延迟时间与起始温度无关。

$\beta_{ign} > 0$ 时意义不大，因为点火延迟时间随着起始温度的增加而增长，这与点火的真实过程相矛盾。

对于给定的混合物和压力，考虑两个起始温度值 $T_0 = T_N$ 和 $T_0 = T_N + \Delta T_0$，计算过程如下所述。

首先，代入每种初始温度计算式（4-39）和式（4-40）的燃烧速率、式（4-41）的胶黏剂燃烧速率的温度敏感系数、式（4-43）的点火延迟时间，然后代入 $\lambda_0, \sigma, n, \alpha_{max}$，利用建立的燃烧模型计算每种初始温度下的燃烧速率。

推进剂燃烧速率的温度敏感系数取决于以下表达式：

$$\beta_T = \frac{1}{\Delta T_0}\left(\frac{u_b(T_N + \Delta T_0)Z_b(T_N + \Delta T_0)}{u_b(T_N)Z_b(T_N)} - 1\right) \tag{4-43}$$

考虑到式（4-39），式（4-43）可写为

$$\beta_T = \frac{1}{\Delta T_0}\left(\frac{Z_b(T_N + \Delta T_0)}{Z_b(T_{N0})}(1 + \beta_b\Delta T_0) - 1\right) \tag{4-44}$$

在 $\Delta T \to 0$ 的特殊情况下，有

$$\beta_T = \beta_b + \frac{1}{\Delta T_0}\left(\frac{Z_b(T_N + \Delta T_0)}{Z_b(T_N)} - 1\right) \tag{4-45}$$

将该表达式用于二元混合物燃烧速率的温度敏感系数。

本文假设 $\beta_k = 0$ 即胶黏剂燃烧速率的温度敏感系数与初始温度无关。

图 4-51 所示为含能胶黏剂 AGS 和 AP 混合物的计算结果。从图中可以看出，在 $\beta_{ign} = -0.005$ 时，燃烧速率的温度敏感系数不是随着 AP 的粒度变化而单调变化的，且在 AP 的粒度 $D = 90\ \mu m$ 处有一个最小值。然而，当 $\beta_{ign} = 0$ 时，燃烧速率的温度敏感系数随着 AP 的粒度变化而单调变化。

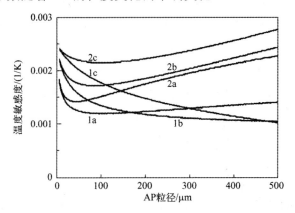

图 4-51　不同体积含量的 AP 的含能胶黏剂 AGS 和 AP 的二元混合物的
温度敏感系数与 AP 粒度的关系

压力 $p = 2.0$ MPa。图中 1—$\beta_{ign} = 0\mathrm{K}^{-1}$，2—$\beta_{ign} = -0.005\ \mathrm{K}^{-1}$；AP 的体积浓度：

a—$\alpha = 15\%$ ,b—$\alpha = 29\%$ ,c—$\alpha = 45\%$ ；计算中用到的相关变量值为 $\beta_b = 0.0021\mathrm{K}^{-1}$ [13]，$\beta_p = 0.0025\mathrm{K}^{-1}$ [10]，

$\sigma = 0.75$ ，$a_{max} = 0.75$ ，$k_0 = 1.2$ [3]。

图 4-52 所示为不同体积含量、不同粒度的 HMX 的 HMX 和含能胶黏剂 AFB3 的二元混合物燃烧速率温度敏感系数的计算结果。压力 $p = 4$MPa；从图中可以看出此类混合物的燃烧速率温度敏感系数 $\beta_T$ 与填充物的颗粒粒度的关系比含能胶黏剂和 AP 混合物的燃烧速率温度敏感系数与填充物的颗粒粒度的关系要复杂得

多，且这类混合物的燃烧速率温度敏感系数与 $\beta_{ign}$ 有关。HMX 的体积浓度较小时，该种关系曲线有一个峰，峰的宽度随着 $\beta_{ign}$ 的减小而增大，峰值随着 $\beta_{ign}$ 的减小向更小的颗粒方向移动。

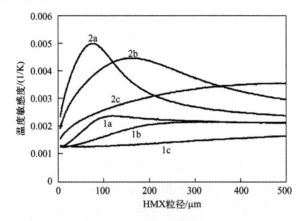

图 4-52  不同体积含量的 HMX 的含能胶黏剂 AFB3 和 HMX 的二元混合物的温度敏感系数与 HMX 粒度的关系

压力 $p = 4.0$ MPa。图中 1—$\beta_{ign} = 0$ K$^{-1}$，2—$\beta_{ign} = -0.005$ K$^{-1}$；HMX 的体积浓度：

a—$\alpha = 20\%$，b—$\alpha = 40\%$，c—$\alpha = 60\%$；计算中用到的相关变量值为 $\beta_b = 0.0021$K$^{-1}$，$\beta_p = 0.0013$K$^{-1}$ [11]，

$\sigma = 0.9$，$\alpha_{max} = 0.75$，$k_0 = 1.0$ [3]。

分析结果表明，含有含能胶黏剂的二元混合物的燃烧速率温度敏感系数与填充颗粒的函数关系取决于 $\beta_{ign}$ 的值，可以是复杂且非单调的，其本质上取决于填充物的种类和参数 $\beta_{ign}$，在某一颗粒尺寸下二元混合物的整体有一个温度敏感系数的极值。

### 4.4.6  结论

本节描述了在 ZN 方法的框架下带弧形燃烧面的均质凝聚态含能材料的燃烧模型。发现燃烧速率与燃面曲率的关系并证实了存在一个均质凝聚态含能材料自持燃烧的燃面曲率上限，燃面曲率高于该值时不可能自持燃烧。燃面曲率限制值与凝聚态材料燃烧速率的温度敏感系数有关。存在燃面曲率限制值的假设，为均质凝聚态含能材料燃烧的临界情况提供了一种解释。基于这个假设，计算了几种凝聚态含能材料燃烧的临界直径，这些计算结果与已有的试验结果吻合较好。

发展了基于能够自持燃烧的胶黏剂和分散有活性和惰性填料的含能混合物的通用燃烧模型，模型考虑了颗粒间胶黏剂层的燃烧传播。研究结果表明，

不同粒度尺寸、不同性质的颗粒较小的不同粘结层燃面的弯曲，会引起了燃烧速率的改变。

发展了一个能自持燃烧胶黏剂和填充有活性和惰性填料的混合物的燃烧模型，该模型考虑了粘结层燃面的弯曲以及其导致的粘结层燃烧速率的变化。

开展了不同作者的试验结果与建立的模型计算结果的对比研究。包括活性胶黏剂 AFB3 和 HMX 的混合物，硝化甘油聚氨酯胶黏剂和 CL-20 的混合物，以及胶黏剂 AGS 和 AP 的混合物。可以获得的系列试验结果都能利用建立的模型进行描述。考虑了粘结层燃面的弯曲，混合物的燃烧速率与填充颗粒间的粘结层的燃烧速率相符。

考虑了燃面的综合效应，给出了 HMX、AP 和 CL-20 颗粒的点火延迟与颗粒粒度的关系，它们在所有的混合物中的燃烧速率以及粘结层的厚度都是一样的。结果表明 HMX、AP、CL-20 的点火延迟对可自持燃烧胶黏剂和 HMX、AP、CL-20 组成的混合物的燃烧速率起着决定性作用。

建立的模型可以直接计算基于含能胶黏剂的双元混合物的燃烧速率温度敏感系数和燃烧速率压力指数，模型对胶黏剂、填料的要求低，适用于各种填料浓度和颗粒尺寸。

# 参 考 文 献

1. Denisyuk A P, Shabalin V S, Shepelev Y G (1998) Combustion of condensed systems consisting of HMX and a binder capable of self‐sustained combustion. Combust Explosion Shock Waves 34(5):534‐542.

2. Rashkovskii S A (2011) Effect of the curvature of the burning surface of condensed energetic materials on the burning rate. Combust Explosion Shock Waves 47(6):687‐696.

3. Rashkovskii S A, Milekhin Y M, Klyuchnikov A N, Fedorychev A V (2012) Combustion mechanism of mixtures of binders capable of self‐sustained combustion with inert and active fillers. Combust Explosion Shock Waves 48(2):177‐190.

4. Marshakov V N, Istratov A G (2007) Critical diameter and transverse waves of powder combustion. Combust Explosion Shock Waves 43(2):188‐193.

5. Novozhilov B V (1973) Unsteady combustion of solid propellants in Russian.. Nauka, Moscow.

6. Zel'dovich Y B, Leipunskii O I, Librovich V B (1975) Theory of unsteady combustion of gunpowder in Russian.. Nauka, Moscow.

7. Marshakov V N (2009) Structure of the combustion wave of nitroglycerin‐based powders. Khim Fiz 28(12):61‐65.

8. Zenin A A, Leipunskii O I, Margolin A D et al (1966) Temperature field near the surface of the burning powder and stability of combustion. Dokl Akad Nauk SSSR 169(9):619–621, No. 3.

9. Zenin A A (1966) Structure of temperature distribution in steady–state burning of a ballistite powder. Combust Explosion Shock Waves 2(3):40–45.

10. Glazkova A P (1976) Catalysis of combustion of explosives. Nauka, Moscow in Russian.

11. Atwood A I, Boggs T L, Curran P O et al (1999) Burning rate of solid propellant ingredients. Part 2: Determination of burning rate temperature sensitivity. J Propuls Power 15(6): 748–752.

12. Vishnivetskii Y, Denisyuk A P, Fogel'zang A E (1979) Critical conditions of ballistic powder combustion. Combust Explosion Shock Waves 15(1):8–13.

13. Serushkin V V, Sinditskii V P, Filatov S A (2010) Combustion mechanism and temperature sensitivity of the burning rate of a solid rocket propellant based on an active binder. In: Denisyuk A P, Sinditskii V P (eds) Advances in special chemistry and chemical technology, all–Russia scientific and engineering conference dedicated to the 70th anniversary of the chemical engineering Department of Mendeleyev University of Chemical Technology of Russia (Mendeleyev University of Chemical Technology of Russia) pp 292–299.

14. Sinditskii V P, Egorshev V Y, Berezin M V, Levshenkov A I, Serushkin V V, Filatov S A, Chernyi A N (2010). The combustion mechanism of energetic nitro ester binders with nitramines. In: Denisyuk A P, Sinditskii V P (eds) Advances in special chemistry and chemical technology, all–Russia scientific and engineering conference dedicated to the 70th Anniversary of the Chemical Engineering Department of Mendeleev University of Chemical Technology (Mendeleev University of Chemical Technology, University of Chemical Technology) pp 285–291.

15. Gusachenko L K, Zarko V E, Zyryanov V H, Bobryshev V P (1985) Modeling combustion of solid fuels. Nauka, Novosibirsk [in Russian].

## 4.5　双氧化剂对复合固体推进剂燃烧的影响

　　摘要：研究了不同氧化剂（AP、HMX、CL–20、GUDN 和 ADN）的微观结构和粒度分布，制备了含不同双氧化剂（基础配方中的部分 AP 被 HMX、CL–20、GUDN 或 ADN 代替）的 HTPB 基复合固体推进剂，研究了双氧化剂类型对推进剂燃速和燃速压力指数的影响，分析了推进剂的热分解性能和力学特性。结果表明，AP 和造粒的 ADN 颗粒呈"近似球形"，颗粒比其他填料更加均匀，然而 CL–20 是最不均匀的。不同氧化剂在复合固体推进剂中的应用是可行的，可以进行真空浇铸，并且固化安全。含 ADN 或 CL-20 配方有更高的比冲、爆热、燃速和密度，但其撞击感度和摩擦感度较高；含单一氧化剂 AP 的复合推进剂（基础配方）的力学性能较其他配方更佳。

**术语**

**首字母缩略词**

AND—二硝酰胺铵

AP—高氯酸铵

cAP—粗高氯酸铵

CL-20—六硝基六氮杂异伍兹烷

CP—复合推进剂

fAP—细高氯酸铵

GFP—卡托辛

GUDN—N-脒基脲二硝酰铵盐

HMX—奥克托今

HTPB—端羟基聚丁二烯

SEM—扫描电镜

TATB—三氨基三硝基苯

TDI—2,4-甲苯二异氰酸酯

**罗马字符**

$a$—燃速公式的指前因子

$d_{10}$—10%质量透过率颗粒粒径（μm）

$d_{50}$—粒径中值（μm）

$d_{90}$—90%质量透过率颗粒粒径（μm）

$E$—弹性模量（MPa）

$I_s$—质量比冲（s）

$\bar{M}$—平均相对分子质量

$n$—稳定燃烧速率法则压力指数

$p$—压强（MPa）

$Q_v$—爆热（$J \cdot g^{-1}$）

$r_b$—燃速（$mm \cdot s^{-1}$）

Span—跨度，$(d_{90}-d_{10})/d_{50}$

$T_c$—燃烧温度

$T_{peak}$—放热峰温（K）

$T_p$—峰温（K）

**希腊字符**

$\Delta I_s$ —相对于基础配方的比冲偏差

$\varepsilon_m$ —延伸率（%）

$\eta$ —黏度（Pa·s）

$\rho$ —密度（g·cm$^{-3}$）

$\sigma_m$ —拉伸强度（MPa）

$\tau$ —屈服值（MPa）

## 4.5.1　引言

含高能材料的固体火箭推进剂是火箭发动机用最具有发展潜力的能源之一[1-3]，推进剂的质量比冲和/（或）密度比冲可通过添加含能材料得到提高，如六硝基六氮杂异伍兹（HNIW,CL-20）、奥克托今（HMX）、二硝酰胺铵（ADN）和其他氧化剂。另一方面，高能氧化剂可明显影响复合推进剂的特性（如燃烧行为、感度和比冲等）[4-6]。在氧化剂中，20 世纪 80 年代合成了 CL-20，它是目前应用于固体推进剂配方中最高能量的含能材料之一[7]，和 AP 相比较，CL-20 具有更高的相对分子质量、密度、生成热和 NO$_2$ 基团数量[8]。因此，它可满足严格的要求，如最少燃烧特征信号。而且，它的能量含量高于 AP，通常应用于目前的 HTPB 复合推进剂中。由于 HMX 具有高的发热潜力、高的密度和燃烧烟雾少等优点，它也是一种应用在许多塑料炸药（PBX）、双基推进剂和复合推进剂中的高能量密度炸药[9]。对 HMX 的特性的研究已进行了很多年，我们知道，它的复杂性取决于试验条件、物理状态、温度和压强等[10-12]。另一方面，N-脒基脲二硝酰铵盐（GUDN）是一种新型的含能材料，爆速为 8210m·s$^{-1}$，感度和热稳定性高于 RDX，且能量含量高于 TATA，因此，GUDN 可应用在推进剂和不敏感弹药中[13-15]。另外，ADN（一种新型的具有高的密度的高含能材料）已被广泛研究，且应用于固体推进剂和高能炸药领域[16-18]。ADN 较 AP 的优点是燃烧产物洁净和高的生成焓[19,20]。尽管 ADN 基推进剂的发展遇到了很多挑战，如相容性、包覆、作为含能材料的应用，甚至更多，但由于其高的性能发展潜力，对其的研究热情不减。

为了比较不同填料对推进剂性能的影响，特别是燃烧特性，我们制备了 6 种含不同的单一或双氧化剂的复合固体推进剂（基础配方中的部分 AP 被 HMX、CL-20、GUDN 或 ADN 代替），测试了氧化剂相对于基础复合推进剂配方对推进剂安全特性和力学特性的影响，重点阐述了推进剂的燃烧特性（燃速和燃速压力指数），其是固体火箭发动机的设计的重要影响因素。

## 4.5.2　试验部分

### 1. 组分和配方

胶黏剂体系由癸二酸二异辛酯（DOS）增塑、2,4-甲苯二异氰酸酯（TDI）固化的端羟基聚丁二烯（HTPB）组成，微米尺寸的铝粉(Al, 30μm, ≥99.8%)、GFP（一种复合推进剂的燃烧催化剂）、HMX、CL-20、GUDN 和 ADN 作为推进剂的组分添加在推进剂配方中。所有的组分是工业级和市场产品。ADN 被聚氨酯胶黏剂包覆，推进剂配方采用双粒度级配的 AP，粗粒含量包括实验级 AP（纯度>99%），平均粒径为 115～174μm，细粒含量由前面的粗 AP 通过粉碎获得，平均粒径 1～5μm。除非特别指出，所有推进剂的制造、加工和测试均在西安近代化学研究所进行，实验条件和处理过程相同。

6 种推进剂配方的准确组分（质量分数）列于表 4-16。我们注意到：采用了两种 AP 基推进剂作为基础配方：CP-AP-1（2%的添加剂）和 CP-AP-2（5%的添加剂）。不同氧化剂的颗粒分布将在表 4-16 中讨论。

表 4-16　推进剂主要组分

| 样品 | HTPB/% | Al/% | AP/% | 氧化剂/% | GFP/% | 添加剂/% |
| --- | --- | --- | --- | --- | --- | --- |
| CP-AP-1 | 12 | 18 | 65 | — | 3 | 2 |
| CP-HMX | 12 | 18 | 50 | 15 [HMX] | 3 | 2 |
| CP-CL-20 | 12 | 18 | 50 | 15 [CL-20] | 3 | 2 |
| CP-GUDN | 12 | 18 | 50 | 15 [GUDN] | 3 | 2 |
| CP-AP-2 | 13 | 18 | 64 | — | — | 5 |
| CP-ADN | 13 | 18 | 49 | 15 [ADN] | — | 5 |

### 2. 推进剂的制备

所有推进剂配方以 500g 量级在 2L 立式行星式混合机中混合，推进剂药浆采用淤浆浇铸技术进行真空浇铸，推进剂在 50℃下水浴烘箱中固化 72h。

### 3. 组分和推进剂的表征

1）SEM 和颗粒粒度分布试验

颗粒尺寸和分布通过激光粒度仪测试，氧化剂的形貌采用扫描电镜检测，涉及的颗粒粒度分布的比表面积由马尔文激光粒度仪测试。

2）爆热

通过恒温法测试推进剂的爆热。步骤如下：一定质量的推进剂样品放入装有一定量水的氧弹量热仪中，推进剂在氧弹中点燃，测试了水温的升高数值后，爆热可通过式（4-46）计算。

$$Q_v = (C\Delta T - q_1)/m \qquad (4\text{-}46)$$

式中：$Q_v$ 为爆热（$J \cdot g^{-1}$）；$C$ 为量热仪的热容（$J \cdot K^{-1}$）；$\Delta T$ 为水温的增加（K）；$q_1$ 为导线的初始爆热（J）；$m$ 为样品质量（g）。

3）密度

氧化剂的密度是在 Model AG104 梅特勒-托利多装置中测试，样品加工成 30mm×30mm×10mm 形状尺寸，并在（20±2）℃的液体石蜡介质中浸泡。

4）机械感度

推进剂机械撞击感度通过 Bruceton 升降梯设备的落锤试验（2kg 落锤）[21]进行，结果通过特性落高表述（$H_{50}$）；摩擦感度在 Julius Peter 设备测试，通过从 0.2kg 到 36kg 逐渐增加载荷，直到测试样品 5 次不发生连续性点燃。

5）燃速测试

图 4-53 所示为复合固体推进剂燃烧性能的装置，测试装置在文献[23-25]中有详细阐述。将推进剂样品放入垂直的密封的燃烧室中后，充入氮气气氛，细金属丝（直径为 0.1mm）从药条的上端穿过，通过交替的 100V 电压在 20℃下点燃推进剂样品（直径为 5～6mm，长度为 140mm）。

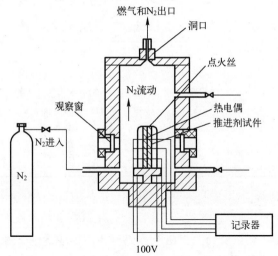

图 4-53　固体推进剂燃烧性能的测试装置[23,24]

推进剂样品的燃速测试按以下步骤：当推进剂药条在氮气气氛的燃烧室中点燃，燃烧室的压强由于气体产物的释放而增加，而连有氮气瓶的压力值可自动调节，以减少氮气流速，用于保持燃烧室内压力恒定，这样，燃烧室的压强保持在设定值。通过 5 组低熔点的直径为 0.1mm 的铅金属熔断丝，在确定的地方（140mm）穿过推进剂药条，确定得测试燃速。这 5 个熔断丝每一个串联一个电容器，形成一个并联电路，一旦熔断丝熔化，输出的电压出现不连续变化，药条的温度由校准的呈螺旋形的铜-镍热电偶通过将热电偶放到药条的中心来测量，计算机记录并处理了实时数据用来计算燃速，每个测试压力点重复 5 次试验，当标准偏差在

0.13～0.25 时得到平均试验结果[23,24]。

6）热分解研究

复合推进剂的热分析（TG-DTG 试验）测试条件如下：采用 TA 设备（美国），升温速率：10K·min$^{-1}$，N$_2$ 气氛，样品质量约 2.0mg。

7）力学性能

推进剂样品的力学特性在 4505 英斯特朗拉伸仪进行，固化的推进剂样品切成片状，试验在 20℃、拉伸速率为 100mm·min$^{-1}$ 下进行。

## 4.5.3　结果与讨论

### 1. 不同氧化剂的微观结构和粒度分布

对 5 种不同类型的氧化剂颗粒进行了充分干燥和测试，它们的分子结构如图 4-54 所示，微观结构和粒度分布特性见图 4-55 和表 4-17。

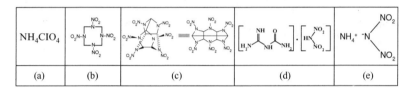

图 4-54　不同氧化剂的分子结构：AP, HMX, CL-20, GUDN 和 ADN
(a) (AP)；(b) HMX；(c) CL-20；(d) GUDN；(e) ADN。

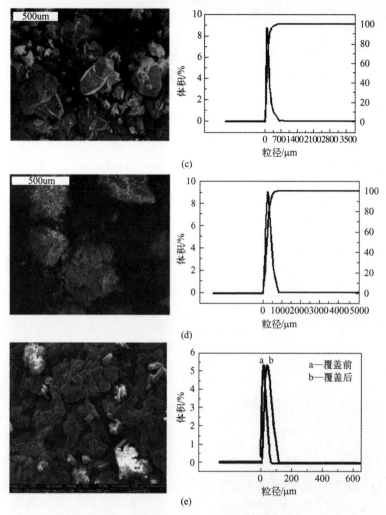

图 4-55　不同氧化剂的 SEM 照片和颗粒粒度分布曲线(×500)

(a) AP(I);　(b) HMX;　(c) CL-20;　(d) GUDN;　(e) ADN。

表 4-17　AP、HMX、CL-20、GUDN 和 ADN 氧化剂的特性

| 项目 | 单位 | AP(I) | HMX | CL-20 | GUDN | ADN |
|---|---|---|---|---|---|---|
| $d_{10}$ | μm | 112 | 3 | 41 | 49 | 6 |
| $d_{50}$ | μm | 156 | 13 | 92 | 195 | 23 |
| $d_{90}$ | μm | 218 | 34 | 218 | 394 | 54 |
| 跨度 | — | | 0.686 | 2.465 | 1.925 | 1.775 | 2.120 |
| 密度 | $kg·m^{-3}, ×10^3$ | 1.94 | 1.88 | 2.04 | 1.75 | 1.82 |
| 体积加权平均值 | μm | 161.2 | 15.9 | 116.3 | 213.4 | 27.0 |
| 比表面积 | $m^2·g^{-1}$ | 0.04 | 1.13 | 0.09 | 0.11 | 0.70 |
| 氧平衡[15] | % | 34.04 | -21.6 | -10.95 | -19.13 | 25.79 |

从图 4-55 和表 4-17 可以看出，AP 和造粒的 AND 颗粒呈"近似球形"，表面光滑，而其他颗粒，尤其是 CL-20 是不规则形状，而且，AP 颗粒相对其他颗粒更加均匀。AP 的粒径中值（155.83μm）比 HMX（12.76μm）、CL-20（92.01μm）和 ADN（22.99μm）都大，但小于 GUDN（194.83μm）。AP 的颗粒粒径分布曲线比其他的更加平滑，这是由于 AP 相对其他颗粒（跨度为 1.775～2.465）具有低的跨度（0.686），最后，AP 颗粒的比表面积（0.04m²·g⁻¹）比其他颗粒低，尤其是 GUDN（0.11m²·g⁻¹），可能是因为 GUDN 颗粒的不规则性。

**2. 推进剂的热化学和危险特性**

1）理论特性

采用"能量计算之星（ECS）"软件计算了含双氧化剂的复合固体推进剂的能量特性，该软件基于热力学原理的最小自由能理论，注意到密度在开发含能材料中起着重要的作用。例如，密度和配方的爆速有着直接的关系，因此，对每个推进剂进行了严格检查，对其密度和爆热进行了评价，数据见表 4-18（HMX、CL-20、GUDN）和表 4-19（ADN）。

表 4-18　含双氧化剂的复合推进剂的理论性能（$p$=7.0MPa，喷管出口压强：0.1MPa,$T$=25℃）

| 样品 | $Q_v$/(kJ·kg⁻¹) | $\rho$/(kg·cm⁻³) | $T_c$/℃ | $\bar{M}$/(g·mol⁻¹) | $I_s$/s | $\Delta I_s$/% |
|---|---|---|---|---|---|---|
| CP-AP-1 | 6219 | 1.73 | 3210 | 35.6 | 263.8 | 0 |
| CP-HMX | 5953 | 1.71 | 2993 | 37.2 | 259.9 | −1.48 |
| CP-CL-20 | 6223 | 1.75 | 3302 | 36.2 | 265.6 | 0.68 |
| CP-GUDN | 5775 | 1.69 | 3152 | 34.7 | 259.0 | −1.82 |

表 4-19　含双氧化剂的复合推进剂的理论性能（$P$=7.0MPa，喷管出口压强：0.1 MPa,$T$=25℃）[17]

| 样品 | $T_c$/℃ | $C$*/(m·s⁻¹) | $\rho$/(kg·cm⁻³) | $I_s$/s | $\Delta I_s$/% |
|---|---|---|---|---|---|
| CP-AP-2 | 2866 | 1518.5 | 1.718 | 257.1 | 0 |
| CP-ADN | 2895 | 1537.4 | 1.681 | 259.6 | 0.97 |

从表 4-18 中的理论计算数据可以看出，含单一 AP 推进剂的基础配方的爆热是 6219J·g⁻¹，高于含 HMX（5953J·g⁻¹）和 GUDN 的（5775J·g⁻¹），而低于含 CL-20 的（6223J·g⁻¹）；对比含单一 AP 氧化剂的基础推进剂配方，含双氧化剂的推进剂的[CP-GUDN]配方的密度是 1.69g·cm⁻³、[CP-HMX]的是 1.71g·cm⁻³ 和 [CP-CL-20] 的是 1.75g·cm⁻³，这是由于不同密度和粒径的氧化剂代替了部分 AP 的结果，而且，在推进剂制造过程中，更好的颗粒级配有助于更高的推进剂密

度。复合固体推进剂配方[CP-CL-20]的绝热火焰温度($T_c$)，重量比冲($I_s$)和密度($\rho$)高于其他双氧化剂推进剂，这可能是因为 CL-20 具有更高能力特性。纯 GUDN 的生成焓（$-355kJ\cdot mol^{-1}$）和密度（$1.75g\cdot cm^{-3}$）低于 AP 的（$-296.2kJ\cdot mol^{-1}$ 和 $1.94g\cdot cm^{-3}$），从而导致含 GUDN 推进剂的爆热和密度较低。含不同双氧化剂的推进剂的比冲、爆热和密度按照以下顺序降低：[CP-CL-20]>[CP-AP]>[CP-HMX]>[CP-GUDN]，而绝热火焰温度按以下顺序降低：[CP-CL-20]>[CP-AP]>[CP-GUDN]>[CP-HMX]。

当15%的 AP 被 ADN 替代后，热化学数据列于表 4-19。

从表4-19可以看出，推进剂配方[CP-AP-2]和[CP-ADN]明显不同。当 ADN 替换 AP 后，推进剂的理论重量比冲和绝热火焰温度增加，但推进剂[CP-ADN]的密度降低，这是由于 ADN 的密度（$1.81g\cdot cm^{-3}$）低于 AP 的密度（$1.95g\cdot cm^{-3}$）。

2）安全特性

除了高能量和密度外，含能材料其他主要考虑的是安全性能，而且，区别单独组分（表4-20）和推进剂配方的感度是非常重要的。研究了含双氧化剂的推进剂的安全性能，结果列于表4-21（HMX、CL-20 和 GUDN）和表4-22（ADN）中。纯 RDX 和 HMX 的安全性能比较相近（表4-20），但只测试了含 HMX 的双氧化剂推进剂配方的性能（表4-21）。

表 4-20　氧化剂的机械安全特性[26,27]

| 样品 | RDX | HMX | CL-20 | GUDN | ADN |
|---|---|---|---|---|---|
| 特性落高/cm | 38 | 38 | 4 | >159 | 31 |
| 摩擦感度/N·m | 120 | 120 | 54 | >350 | >350 |

表 4-21　含双氧化剂的复合固体推进剂的安全特性

| 样品 | 摩擦感度 ($P$) /% | 95%置信度的置信水平 | 撞击感度 ($H_{50}$)/cm | 标准偏差 $S$(对数值) | 静电火花感度 $E_{50}$/mJ |
|---|---|---|---|---|---|
| CP-AP-1 | 96.0 | (80%, 100%) | 37.2 | 0.10 | 186.97 |
| CP-HMX | 96.0 | (80%, 100%) | 33.8 | 0.07 | 198.94 |
| CP-CL-20 | 100 | (86%, 100%) | 25.4 | 0.15 | 215.61 |
| CP-GUDN | 60.0 | (39%, 79%) | 64.6 | 0.04 | 205.12 |

表 4-22　含 ADN 双氧化剂的复合固体推进剂的安全性能[17]

| 样品 | 摩擦感度($P$) /% | 撞击感度 ($H_{50}$)/cm |
|---|---|---|
| CP-AP-2 | 36 | 112.2 |
| CP-ADN | 52 | 67.7 |

从表 4-21 可以看出，所有的推进剂配方对撞击和摩擦比较敏感，除了 [CP-GUDN]配方表现出较低的摩擦感度，特别是含 HMX 和 CL-20 配方，其感度结果可能是由于氧化剂表面的活性 $N-NO_2$ 基团。相反，数据还表明含 GUDN 推进剂的撞击感度和摩擦感度明显降低，因此，它在推进剂中的应用是可行的和安全的。

从表 4-22 可以看出，相对于 AP 基推进剂的基础配方，含 ADN 的推进剂配方有更高的撞击感度和摩擦感度，这可能是由于 ADN 与推进剂组分的相容性和界面黏结等问题引起的。结果还表明，结合包覆的表面粗糙的球形 ADN 颗粒，其在复合推进剂中应用导致推进剂的撞击感度和摩擦感度明显增加，因此，必须采取合适的措施以降低含 ADN 的复合推进剂的机械感度。

### 3. 氧化剂和推进剂的热分析

采用 DSC 和 TG-DTG 热分析技术研究了不同纯氧化剂 AP、HMX、CL-20、GUDN 和 ADN 在 0.1MPa 下的热分解性能。图 4-56 和图 4-57 分别列出了在升温速率为 $10^{\circ}C \cdot min^{-1}$ 的氧化剂的 DSC 和 TG-DTG 曲线，相应的参数见表 4-23。

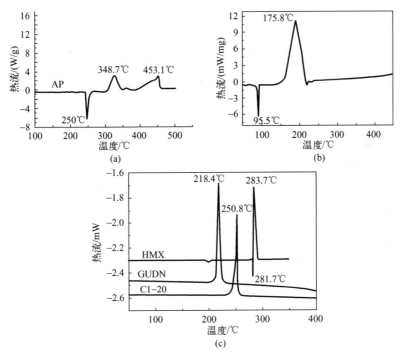

图 4-56　纯氧化剂在 $10^{\circ}C \cdot min^{-1}$ 升温速率下的 DSC 曲线

(a) AP；(b) ADN；(c) HMX, CL-20 和 GUDN。

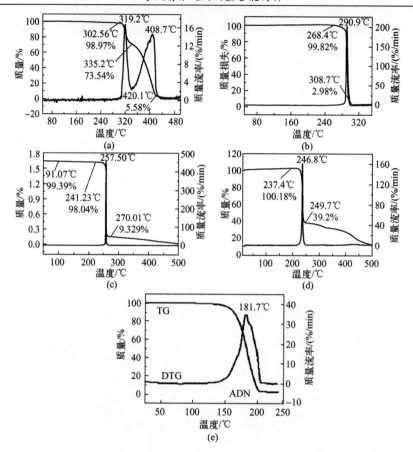

图 4-57　纯氧化剂在 $10℃·min^{-1}$ 升温速率下的 TG-DTG 曲线
(a) AP; (b) HMX; (c) CL-20; (d) GUDN; (e) ADN。

表 4-23　纯氧化剂的热分析数据

| 样品 | DSC 数据 | TG-DTG 数据 | |
| --- | --- | --- | --- |
| | 峰温 $T_p$/℃ | 温度/℃ | 质量损失/% |
| AP | 吸热: 250.0 | 319.2 | 25.43 |
| | 放热: 348.7, 453.1 [29] | 408.7 | 63.22 |
| HMX | 283.7 | 290.9 | 96.84 |
| CL-20 | 250.8 | 257.5 | 88.72 |
| GUDN | 218.4 | 246.8 | 60.98 |
| ADN | 175.8 | 181.7 | 34.78 |

从图 4-56(a)可以看出，纯 AP 的 DSC 曲线有 3 个吸热放热过程：

（1）AP 分解的第一个阶段是晶体缺陷的局部化学反应，吸热峰发生在 250℃，AP 从斜方晶向立方晶转变。

（2）第一阶段之后是纯 AP 的残余物，在 348.7℃和 453.1℃有放热发生，这是由于 AP 在氨和高氯酸中的分解，之后产生次氯酸和氧气（$HClO_4$ 的分解）。

文献[29,30]报道了类似的结果。HMX 的 DSC 曲线有 3 个峰，开始时，在 185～200℃有一个微弱的吸热峰，这是由于 HMX 的多晶型转变$(\beta \rightarrow \delta)$[31]，确切的转变温度显然依赖于加热速率。通常，晶型的转变是可逆的，因此可以说 HMX 的不可逆是由于在 HMX 各自的晶体结构中，HMX 分子的不同构型结构引起[32,33]；转换阶段之后，在 274～281℃有一个尖锐的吸热峰，此对应熔化开始，紧接着强烈的放热峰出现，这是由于 HMX 的自分解[34-36]。相反，含 GUDN 推进剂样品仅在 218.54℃有一个放热峰。仔细观察图 4-56(c)可以看出，在 160℃有一个固-固相转变，紧接着在 210℃时 CL-20 开始分解。

从图 4-57(a)可以看出，AP 的热重曲线有两个重量损失，在约 319.2～335.2℃有一个小的质量损失，伴随约 25.4% 的质量损失，这可能是由于铵离子的晶型转变和挥发，对于每一粒径的颗粒，其确切的转变温度依赖于加热速率；第一阶段之后，在 358.8～420.1℃有更明显的质量损失，这是第二阶段的质量损失，伴随有 67.2% 的质量损失。相对于 AP，HMX 和 CL-20 有一个大的质量损失阶段，当 CL-20 在带空的盘里加热到 257℃时，其质量损失约（90±2）%[37]。

图 4-58 所示为含双氧化剂的复合推进剂的 TG-DTG 曲线。

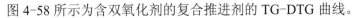

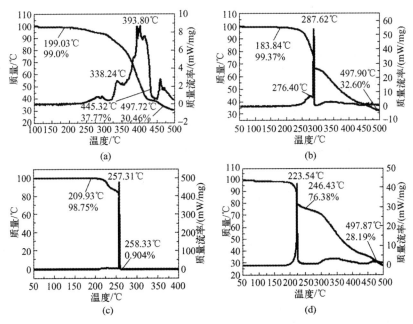

图 4-58　含双氧化剂的复合固体推进剂的 TG-DTG 曲线

(a) CP-AP-1; (b) CP-HMX; (c) CP-CL-20; (d) CP-GUDN。

含双氧化剂的复合推进剂的 TG-DTG 曲线表明，相对于基础配方，含 AP/CL-20 推进剂配方的放热峰温降低，质量损失增加；而且，其分解过程表明产生的气相产物促使燃烧的推进剂表面有更高的热反馈，这在燃速试验结果部分得到证实，可提高推进剂的燃速。相反，添加 GUDN 的推进剂配方会降低峰温，这可能是由于 GUDN 低的熔点和燃烧热。从最佳的 265.6s 的 $I_s$ 水平，其分别高于含 AP、HMX 和 GUDN 配方，含 CL-20 需要进一步研究。.

**4. 燃速和燃速压力指数**

推进剂的燃速反映了气体生成的速率，其决定着燃烧室内的压力和整体发动机推力，这里的燃速是通过小量的推进剂样品燃烧和表面推移与时间的变化试验获得。表 4-24 和表 4-25 列出了复合推进剂的弹道性能（燃速和压力指数），图 4-59 所示为不同双氧化剂对复合推进剂燃速的影响。

表 4-24　含双氧化剂的复合推进剂燃速和压力指数结果

| 样品 | 燃速/(mm·s⁻¹) | | | | | |
|---|---|---|---|---|---|---|
| | 1 MPa | 4MPa | 7 MPa | 10MPa | 12 MPa | 15MPa |
| CP-AP-1 | 11.04 | 21.55 | 28.42 | 34.56 | 36.94 | 40.70 |
| CP-HMX | 10.10 | 19.45 | 25.80 | 32.25 | 33.46 | 36.14 |
| CP-CL-20 | 12.18 | 23.22 | 30.34 | 36.59 | 39.06 | 42.87 |
| CP-GUDN | 9.15 | 18.71 | 24.35 | 30.30 | 31.93 | 34.82 |
| 样品 | 燃速压力指数 $n$ | | | | | |
| | 1～4MPa | 4～7MPa | 7～10MPa | 10～12MPa | 12～15MPa | 1～15MPa |
| CP-AP-1 | 0.482 | 0.494 | 0.548 | 0.365 | 0.434 | 0.486 |
| CP-HMX | 0.473 | 0.505 | 0.626 | 0.202 | 0.345 | 0.482 |
| CP-CL-20 | 0.465 | 0.478 | 0.525 | 0.358 | 0.417 | 0.469 |
| CP-GUDN | 0.516 | 0.471 | 0.613 | 0.287 | 0.388 | 0.503 |

表 4-25　含 AP/AND 双氧化剂的复合推进剂的燃速和压力指数结果[17]

| 样品 | 燃速/(mm·s⁻¹) | | | | |
|---|---|---|---|---|---|
| | 1MPa | 4MPa | 7MPa | 10MPa | 15MPa |
| CP-AP-2 | 2.25 | 5.44 | 7.17 | 8.21 | 9.36 |
| CP-ADN | 2.57 | 6.58 | 9.51 | 12.40 | 16.01 |
| 样品 | 燃速压力指数 $n$ | | | | |
| | 1～4MPa | 4～7MPa | 7～10MPa | 10～15MPa | 1～15MPa |
| CP-AP-2 | 0.48 | 0.51 | 0.38 | 0.35 | 0.41 |
| CP-ADN | 0.61 | 0.78 | 0.74 | 0.63 | 0.68 |

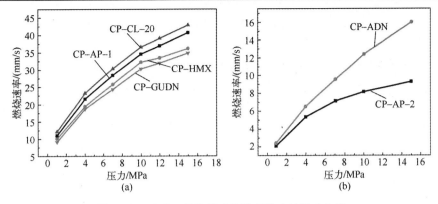

图 4-59　不同双氧化剂对推进剂燃速的影响曲线

(a) [CP-AP-1], [CP-HMX], [CP-CL-20]和[CP-GUDN] 配方；(b) [CP-AP-2]和[CP-ADN]配方。

　　燃速试验在 1.0～15.0MPa 下进行，含单一 AP 氧化剂的复合推进剂基础配方的燃速为 11.04～40.70mm·s$^{-1}$（表 4-24），含双氧化剂推进剂配方 AP/HMX 和 AP/GUDN 的燃速分别降低了 12.3%和 14.5 %，具有负的氧平衡的 HMX 和 GUDN（表 4-17）导致 HTPB 胶黏剂的部分氧化，因此，在燃烧过程中，燃烧表面较低的能量释放导致了推进剂表现出低的燃速结果。包含 CL-20 的双氧化剂配方相对更加有效，具有更高的燃速（从 12.18mm·s$^{-1}$ 到 42.87mm·s$^{-1}$），和其他配方相比，AP/CL-20 配方具有更高的燃速和更低的燃速压力指数。综上所述，表 4-24 列出的含双氧化剂的复合推进剂的燃速按照以下顺序增加：[CP-GUDN]<[CP-HMX]<[CP-AP-1]<[CP-CL-20]，而且，它们的压力指数非常接近，随着压力的增加，压力指数稍微降低（图 4-59(a)）。

　　对于 CP-ADN 推进剂配方（表 4-25），推进剂中添加 ADN 不仅可增加质量比冲，还可增加燃速。15%的 ADN 代替 AP 可显著增加含单一 AP 推进剂的燃速，而且，在 1～15MPa 之间，压力指数从 0.41 增加到 0.68，和文献[17]报道的相一致，稳定的燃速和压力指数随着 ADN 在推进剂中质量分数的增加而增加（图 4-59(b)）。

　　最后，含双氧化剂的复合固体推进剂的燃烧性能取决于不同物化性能，如颗粒粒径、混合物中的氧化剂比例、催化剂粒径和催化剂与氧化剂之间的界面相互作用[28,38]。正如文献[5]报道的，ADN 粒径对 GAP/ADN（30/70）推进剂燃烧性能有影响，未加工 ADN 推进剂样品呈现高的压力指数（0.79），而含小粒径的 ADN（40～212μm）样品表现中小的压力指数（0.52～0.61），据此，增加 ADN 造粒粒径会增加推进剂的压力指数（直接影响燃速）。因此，对于提及的所有的含能材料，要获得合适的弹道性能，控制颗粒的粒径分布是比较有效的方法。

了解了添加剂对推进剂弹道性能的影响，或许对 ADN 颗粒的径粒研究是未来研究的重要方面。

**5. 含双氧化剂的复合推进剂的力学性能**

测试了 4 种不同系列的含单一氧化剂和双氧化剂的推进剂的力学性能，结果列于表 4-26。推进剂配方包含 15.0%的 HMX、CL-20 或 GUDN 取代 AP，采用淤浆浇铸技术，基础配方含 67.0%的 AP 采用同样的工艺过程，力学性能的测试按照 GJB772A—1997 413.1 标准进行。

表 4-26　含双氧化剂的复合固体推进剂的力学性能

| 样品 | 力学性能（20℃） | | |
|---|---|---|---|
| | $E$/MPa | $\sigma_m$/MPa | $\varepsilon_m$/% |
| CP-AP-1 | 7.23 | 1.14 | 38.8 |
| CP-HMX | 6.81 | 1.03 | 36.3 |
| CP-CL-20 | 5.44 | 0.62 | 30.2 |
| CP-GUDN | 6.20 | 0.95 | 35.1 |

含单一 AP 的推进剂配方的最大拉伸应力、延伸率和弹性模量（1.14MPa，38.8%和 7.23MPa）大于含其他双氧化剂的值，其数值分别为 0.62～1.03MPa，30.2%～36.3%和 5.44～6.81MPa。

推进剂表面的扫描电镜观察是研究含双氧化剂的复合推进剂物理结构的重要方法之一，图 4-60（表 4-26 没有相关数据）列出了部分 ADN 代替 AP 的推进剂的微观结构照片。

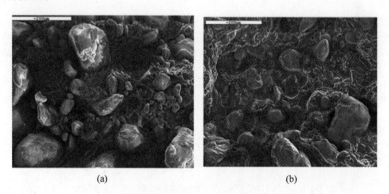

(a)　　　　　　　　　　　　　　(b)

图 4-60　含 ADN 颗粒的复合固体推进剂的微观结构[17]

(a) CP-AP-2; (b) CP-ADN。

从图 4-60 可以看出，在固化的固体推进剂表面有明显的近似球形颗粒，ADN 可与推进剂组分相容，小粒径的颗粒较好地填充在大颗粒堆积的空间内，对应的网络交联的胶黏剂体系包含 HTPB 和 TDI，表明 AP 也与推进剂组分相容性良好。

推进剂表面的凹陷区可能是由于吸湿的 ADN 颗粒在室温下或与胶黏剂体系未交联，所有的试验结果将促使 ADN 在固体火箭推进剂中的应用更加深入研究。

### 4.5.4　结论

（1）AP 和造粒的 ADN 颗粒呈近似球形，表面光滑，HMX、CL-20 和 GUDN，尤其是 CL-20 呈不规则形状；AP 的粒径（155.83μm）明显大于 HMX（12.76μm）、CL-20（92.01μm）和 ADN（22.99μm），但小于 GUDN（194.83μm）。AP 颗粒的跨度（0.686）小于其他氧化剂（1.775~2.465），而且，AP 的比表面积（0.04m²·g⁻¹）明显低于其他颗粒的，特别是 GUDN（0.11m²·g⁻¹）。

（2）含 AP 基双氧化剂的复合固体推进剂可通过真空浇铸技术制备，且研究的含双氧化剂的固体推进剂的燃烧稳定。

（3）对于研究的双氧化剂推进剂配方，其燃烧反应是相似的（图 4-59(a)），除了 AP/ADN（图 4-59(b)），其燃速和压力指数明显增加。当 15% 的 AP 被 ADN 取代后，含 AP/ADN 推进剂的压力指数在 1~15MPa 从 0.41 增加到 0.68，而且，对大颗粒粒径的 ADN 来说，压力指数较高。

（4）以含单一 AP 的推进剂配方 CP-AP-2 为基础配方，随着含 ADN 质量分数的增加，含 AP/ADN 双氧化剂推进剂的理论重量比冲增加，但密度降低；而且，推进剂的撞击感度和摩擦感度随 ADN 质量分数的增加而增大。

（5）含 AP/HMX 和 AP/GUDN 双氧化剂的推进剂的爆热和密度降低，相对于基础配方 CP-AP-1，推进剂的燃速也降低了 12.3%~14.5%，而且，含双氧化剂的推进剂的力学性能较含单一 AP 氧化剂的差。

（6）含 CL-20/AP 双氧化剂的固体推进剂的理论绝热火焰温度($T_c$)、理论质量比冲($I_s$)和密度($\rho$)高于推进剂配方 CP-AP-1；与其他氧化剂比较，含 AP/CL-20 双氧化剂的推进剂配方燃速明显提高，而压力指数降低；但其力学性能在所有测试的推进剂中是最低的。

**致谢**

本论文是几个研究小组合作完成。作者非常感谢捷克帕尔杜比采大学化学技术学院的严启龙博士在英语表述和写作方面提出了许多非常的意见；还要感谢西安近代化学研究所的多位同事在试验方面提出的很有帮助的建议。

# 参 考 文 献

1. DeLuca L T, Maggi F, Dossi S, Weiser V, Franzin A, Gettwert V, Heintz T (2013) New energetic ingredients for solid rocket propulsion. Chin J Explos Propellants 36(6):1-14.

2. DeLuca L T, Palmucci I, Franzin A, Weiser V, Gettwert V, Wingborg N, Sjoblom M (2014)

New energetic ingredients for solid rocket propulsion. HEMCE-2014, 13-15 Feb, Trivandrum, India.

3. Zhou G, Wang J, HeW-D, Wong N-B, Tian A, LiW-K (2002) Theoretical investigation of four conformations of HNIW by B3LYP method. J Mol Struct (Theochem) 589-590:273-280.

4. Babuk V A, Glebov A, Arkhipov V A, Vorozhtsov A B, Klyakin G F, Severini F, Galfetti L, DeLuca L T (2005) Dual - oxidizer solid rocket propellants for low - cost access to space, 10- IWCP. In: DeLuca L T, Sackheim R L, and Palaszeweski B A (eds) Space propulsion. Grafiche GSS, Bergamo, paper 15.

5. Teipel U (2005) Energetic materials, particle processing and characterization. WILEY-VCH Verlag GmbH & Co., KGaA, Weinheim.

6. DeLuca L T, Galfetti L, Signoriello D, Levi, Cianfanelli S, Babuk V A, Sinditskii V P, Klyakin G F, Vorozhtsov A B (2006) Dual - oxidizer solid rocket propellants for green access to space. The 57th International Astronautical Congress (IAC), 2006, At Valencia, Spain, 02-06 Oct 06, Volume: ISBN: 9781605600390, pp. 1-13, IAC-06-C4.3.2.

7. Wardle R B, Hinshaw J C, Braithwaite P, Rose M, Johnson G, Jones R, Poush K (1996) Synthesis of the caged nitramine HNIW (CL-20). In: Proceedings of 27th national annual conference of ICT. 27.1-27.10. Karlsruhe, June 25-28.

8. Turcotte R, Vachon M, Kwok Q S M, Wang R, Jones D E G (2005) Thermal study of HNIW (CL-20). Thermochem Acta 433:105-115.

9. Schroeder M (1981) Thermal decomposition of HMX, vol III. In: Proceedings of the 18th JANNAF combustion meeting, Pasadena, CA, October 19-23.

10. Pinheiro G F M, Lourenco V L, Iha K (2002) Influence of the heating rate in the thermal decomposition of HMX. J Therm Anal 67:445.

11. Herrmann M, Engel W, Eisenreich N (1992) Thermal expansion, transitions, sensitivities, and burning rates of HMX. Prop Explos Pyrotech 17:190.

12. Tian D Y (2013) The optimization and design of solid propellant formulations. Defense Industry Press, Beijing.

13. Lei YongPeng, Yang ShiQing, Xu SongLin, Zhang Tong (2007) Progress in insensitive high energetic materials N-Guanylurea dinitramide. Chin J Energetic Mater 15(3):289-293.

14. Talawar M B, Sivabalan R, Anniyappan M, Gore G M, Asthana S N, Gandhe B R (2007) Emerging trends in advanced high energy materials. Combust Explosion Shock Waves 43(1):62-72.

15. Wang BoZhou, Liu Qian, Zhang ZhiZhong et al (2004) Study on properties of FOX-12. Chin J Energetic Mater 12(1):38-39.

16. WeiQiang Pang, HuiXiang Xu, YangLi, XiaoBing Shi (2012) Characteristics of NEPE Propellant with Ammonium Dinitramide (ADN). Adv Mater Res 399−401:279−283.

17. WeiQiang Pang, XueZhong Fan, Wei Zhang, HuiXiang Xu, ShuxXin Wu, FangLi Liu, WuXi Xie, Ning Yan (2013) Effect of Ammonium Dinitramide (ADN) on the characteristics of Hydroxyl Terminated Polybutadiene (HTPB) based composite solid propellant. J Chem Sci Technol 2(2):53−60.

18. Menke K, Heintz T, Schweikert W, Keicher T, Krause H (2009) Formulation and properties of ADN/GAP propellants. Prop Explos Pyrotech 34:218−230.

19. HuiXiang Xu, LinQuan Liao, Qian Liu, YongHong Li, XiuLun Ran, FengQi Zhao (2008) Properties of prilled Ammonium Dinitramide (ADN) coated by polyurethane binders. Chin J Energetic Mater 16(6):525. (in Chinese)

20. Johansson M, de Flon J, Petterson A, Wanhatalo M, Wingborg N (2006) Spray prilling of ADN and testing of ADN−based solid propellants. In: 3rd international conference on green propellant for space propulsion and 9th international hydrogen peroxide propulsion conference.

21. Mallory D H (ed) (1960) Development of sensitivity tests at the explosive research laboratory, Report no. 4236. NAVORD, Bruceton.

22. Rinford J H (1981) Technical review to advance techniques in acoustical, electrical and mechanical measurements, Bruel and Kjaer, DK−2850 NAERUM, Denmark, vol 2, p 3.

23. Maggi F, Bandera A, DeLuca L T (2011) Agglomeration in solid rocket propellants: novel experimental and modeling methods. Prop Explos Pyrotech 2:81−98.

24. Nair U R, Asthana S N, Subhananda Rao A, Gandhe B R (2010) Advances in high energy materials. Def Sci J 60(2):137−151.

25. QiLong Yan, XiaoJiang Li, YingWang, WeiHua Zhang, FengQi Zhao (2009) Combustion mechanism of double − base propellant containing nitrogen heterocyclic nitroamines (I): the effect of heat and mass transfer to the burning characteristics. Combust Flame 156:633−641.

26. Hong W L, Tian D Y, Liu J H, Wang F (2001) Study on the energy characteristic of propellant containing dinitroazofuroxan. J Solid Rocket Technol 24(2):41−53. (in Chinese)

27. Bazaki H, Kubota N (2000) Effect of binders on the burning rate of AP composite propellants. Prop Explos Pyrotech 25:312.

28. Chan M L, Turner A D (2007) Insensitive high energy booster propellant suitable for high pressure operation. In: Kuo K K, De Dios Rivera J (eds) Advancements in energetic materials and chemical propulsion. Begell House, ISBN−13: 978−1−56700−239−3, ISBN−10: 1−56700−239−0.

329

29. Goncalves R F B, Rocco J A F F, Iha K (2013) Thermal decomposition kinetics of aged solid propellant based on ammonium perchlorate-AP/HTPB binder, chapter 14C., http://dx.doi.org/10.5772/52109//. Applications of calorimetry in a wide context-differential scanning calorimetry, isothermal titration calorimetry and microcalorimetry, Amal Ali Elkordy. InTech, pp 325–342. ISBN 978-953-51-0947.

30. Xiao-Bin Z, Lin-Fa H, Xiao-Ping Z (2000) Thermal decomposition and combustion of GAP/NA/nitrate ester propellants. In: Progress in astronautics and aeronautics, AIAA, vol 185, pp 413.

31. Wingborg N (2014) Status of ADN-based solid propellant development, Paper 07-01; Calabro M Evaluation of the interest of new ADN solid propellants for the vega launch vehicle. Paper 02-03; Weiser W, Franzin A, DeLuca L T, Fischer S, Gettwert V, Kelzenberg S, Knapp S, Raab A, Roth E Burning behavior of ADN solid propellants filled with aluminum and alane, Paper 07-02; Pang W Q Effects of ADN on the properties of nitrate ester plasticized polyether (NEPE) solid rocket propellants, Paper 07-03. Proceedings of 12-IWCP, Politecnico di Milan, Milan, 9–10 June. Milan, Italy.

32. Kuo K K, Achirya R (2012) Fundamentals of turbulent and multiphase combustion. Wiley, Hoboken.

33. Babuk V A, Vasilyev V A, Sviridov V V (2000) Formation of condensed combustion products at the burning surface of solid rocket propellant. In: Yang V, Brill T B, Ren W Z (eds) Solid propellant chemistry, combustion, and motor interior ballistics, progress in aeronautics and astronautics. AIAA, Reston, pp 749-776.

34. Kubota N (2002) Propellants and explosives: thermochemical aspects of combustion. Wiley- VCH Verlag GmbH & Co. KGaA, ISBNs: 3-527-30210-7 (Hardback); 3-527-60050-7(Electronic)

35. HeMiao Xiao, RongJie Yang, Qing Pan (2005) Study on thermal decomposition of HNIW by In-situ FTIR Spectroscopy. Chin Energetic Mater 13(2):84–89. (in Chinese), China

36. Patil D G, Brill T B (1993) Characterization of residue of hexanitrohexaazaisowurtzitane. Combust Flame 92:456-458.

37. Williams G K, Palopoli S F, Brill T B (1994) Thermal decomposition of energetic material 65. Conversation of insensitive explosives (NTO, ANTA) and related compounds to polymeric melone – like cyclic azine burn – rate suppressants. Combust Flame 98(3):197.

38. Nedelko V V, Chukanov N V, Korsounskii B L (2000) Comparative investigation of thermal decomposition of various modifications of Hexanitrohexaazaisowurtzitane (CL-20). Prop Explos Pyrotech 25:255-259.

# 第 5 章　固液混合推进

## 5.1　日本应用于经济太空发射的混合推进技术发展现状

**摘要:** 为适应大多数小质量卫星太空发射经济性和专用性的需求,"微纳型"卫星迅速发展起来。本文对经济型太空发射采用固液混合推进可行性进行了评估,最后给出了一个典型的集成了混合火箭发动机的经济型三级发射器发展方案。由于混合火箭推进具有可靠、安全、经济的优点,通过在原材料、生产、运输、储存和运营等所有方面都采取合理的质量保证和质量控制措施,该火箭在小质量卫星发射有发展前景。采用多目标最优化设计方法可对发射系统(如发射小质量卫星类似的典型任务)进行优化。另外,还介绍了很多对采用混合火箭经济太空发射相关的重要技术,包括燃面退移、氧化剂漩涡效应混合火箭、液氧蒸发、多段涡流喷射、低熔点的热塑性燃料、采用变强度氧化剂漩涡效应型(ASOFT)混合火箭和同时控制推力和 O/F、内弹道数值模拟技术等。

### 5.1.1　引言

近年来,质量十分轻的卫星,也称"纳米卫星"(质量在 10kg 内)或"微型卫星"(质量在 100kg 内),在通信、地球观测和很多其他机构中变得十分流行。根据 SpaceWorks 公司的调研[1],预计在 2020 年纳米/微型卫星的数量会达到 400～500 颗。根据日本空间系统和 CSP 日本的另外一份调研结果[2],如图 5-1 所示,在 2003～2013 年间已经发射 394 颗质量小于 200kg 的卫星,很明显地看到纳米卫星的比例在最近几年正在快速提升。

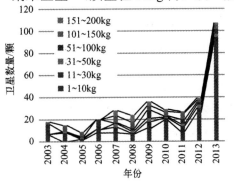

图 5-1　自 2003 年以来 11 年的纳米和微型卫星
(1～200kg)的数量

数据来源:日本空间系统和 CSP 日本公司,2014

尽管纳米卫星发射的需求迅速增长，但是对于这种需求的发射服务却明显不足。图 5-1 中 90%的卫星是背负式发射，而且并不是所有的卫星都是按照原定时间发射。通常，背负式发射存在着有限的发射窗口和轨道选择的缺点，以及为保证有效载荷不受干涉而存在的任务及系统方面的限制。因此，对考虑发射窗、轨道、其他任务及系统配置的发射微纳型卫星的专用发射系统的需求与日俱增。本节中，列出了几种将 10～50kg 的纳米卫星发射进入 250～750km 的近地轨道（LEO）或 310～550km 的太阳同步轨道，并且目标成本为每发射一颗 100kg LV 级大约花费 1000 万美元[3-9]。

一个巨大的利益问题在于如何将目标成本降低：一种方式是利用可以实现经济型生产运营可行性的防爆型火箭，固液混合推进就是一种可行方式。本文描述了固液混合推进为何以及如何使得专用性、经济性、小质量卫星的发射成为可能。还将描述符合经济型专用发射器评估需求的固体、液体和混合推进等化学推进，从而得出固液混合推进适合此类任务和系统需求。而且还将描述该类发射器发展的概念性研究，并阐述应用于该种发射系统的典型固液混合推进技术。

## 5.1.2　符合经济型专用发射器的化学推进的评估

### 1. 任务和系统的要求和约束

我们以设置以下有关发射器的推进子系统评估的任务要求开始：

（1）飞行器为地面发射，有效载荷为 100kg；

（2）目标轨道是 500km 太阳同步轨道（SSO）或相当能量的转移轨道。

在目前的社会环境下，任务中有以下约束条件：

（1）对于地面和太空的最小化环境影响；

（2）任务安全、可靠；

（3）开发、生产和运营的经济性。

作为主要的系统要求，为保证各种推进选择都可以满足所有任务要求和约束，我们采用三级运载火箭。应该注意的是，在太阳同步轨道任务中，系统应当采用三级推进系统，能实现二次点火。这里考虑使用三级发射系统是因为其推力选择范围较宽。

由于太阳同步轨道的需求，入轨精度要求很高。要对环境影响做到最小化，推进系统尾气要做到对地球环境影响最小化，并且太空残骸尽可能少。由于要求任务的安全性和可靠性，因此需要最人程度考虑推进系统的防爆安全性，并且必须配备飞行终止系统。同样，系统在执行必要性、足够的质量保证和性能控制方面足够可靠。最后，研发、生产、运输、储存和系统运行的成本要保证尽可能低。

**2. 推进子系统评估**

1）性能

通过齐奥尔科夫斯基火箭方程进行的简单的评估表明，比冲大于 290s 是实现任务的必要条件。在评估中，假设速度损失是 2km/s，霍曼转移是从 250km 到 500km 的圆轨道，$\delta v$ 是 8.6km/s，结构质量比是 15%，仿照现有的三级发射器点火装置处每级质量比约为 28∶5∶1。

例如，在燃烧室压强为 1MPa 情况下，喷管扩张比是 100，平衡流动，计算出具有代表性的化学推进系统的真空比冲。液氧和液氢化合最高比冲根据氧燃比（O/F）不同处于 400～460s 之间。一般复合固体推进的比冲是 320～330s。典型的固液混合推进，如液氧、端羟基聚丁二烯（HTPB），比冲是 360s，可以和液氧/煤油液体推进相媲美。密度冲量最高的是固体推进，最低的是液氧/液氢，而固液混合推进居中。

推力控制或节流性能是满足高精度轨道入轨要求的必要条件。液推进和固液混合推进系统本质上都是推力可调的，但固体推进系统推力不可调，可调节推力的固体火箭仅适用于小型战术导弹。

2）安全性

可靠和安全的任务约束要求降低爆炸的可能性，爆炸安全分离距离（量距离）越小，越容易实现。固体推进系统有明显的爆炸可能性。为符合 AFMAN 炸药安全标准，有必要在发射现场保持相当于 TNT 爆炸 5%的安全距离，同时，要遵守炸药控制法。

液体推进系统也存在潜在的爆炸风险，因为氧化剂和燃料的意外泄漏会导致蒸气爆炸，典型 TNT 当量约 10%～20%，要保证一定的安全距离。同样，在使用易燃气体、高压气体、有毒有害物质的情况下，遵循相应的规则也是必须的。

固液混合推进系统通常是十分安全并且爆炸的可能性最低，不仅是因为氧化剂和燃料储存在不同的相态下，还因为燃烧的机理是由宏观湍流扩散控制的火焰。静态 TNT 当量几乎为零，无安全距离要求。只有在高压强气体中使用时，需要适当地遵守使用规则。

3）环境影响

从推进系统对地面环境的影响特点来看，废气主要是二氧化碳、盐酸、金属氧化物和有毒物质。尽管液氧/液氢火箭尾气很干净，但是每单位比冲所需液氢的生产中排放的 $CO_2$ 量非常大。若使用甲烷或者煤油作为燃料，这种影响会显著降低。肼是有剧毒的，这是由于此种固体推进燃烧会产生氯化氢和金属氧化物，因此尾气对于环境的影响也十分严重。固液混合火箭对环境影响相对较小，是因为液氧和碳氢化合物混合的推进产生的尾气基本上只有二氧化碳和水。此外，生产和消耗每单位比冲固液混合推进排放的 $CO_2$ 小于液氧液氢或复合固体推进的 $1/10$ [10]。

为了不产生空间碎片，保证推进系统不爆炸产生金属氧化物微粒非常重要。从这个观点考虑，在避免空间垃圾的产生方面，固液混合火箭系统是最佳化学推进的选择。

4）质量保证和质量控制

系统的可靠性的功能是实现无故障任务。为了实现系统必需以及足够的可靠性，质量保证和质量控制（QA/QC）必须要从开始的原材料选择到最终发射操作都要正确进行。不同的推进系统 QA/QC 也千差万别，在液体推进系统中，由于有大量的组件，每个组件都必须有高质量，才可以实现系统的可靠性。同样在固体推进系统中，推进本身的质量必须严格保证，因为在推进的一个裂纹或空洞会导致灾难性的系统故障。在这两种推进系统中，这些高质量要求都需要大量的 QA/QC 内容才能实现。另一方面，在固液混合推进系统中，由于其相对简单的要求、不易爆炸的本质、固体燃料裂纹和空洞对燃烧和引发灾难性故障的不同影响，系统 QA/QC 的内容对系统可靠性影响相对较小，相对更容易和更有效地实现 QA/QC 的内容。

5）成本

由于液体火箭结构比较复杂，其制造成本和运营成本也相对较高。尽管固体火箭结构简单，但是由于其爆炸性的危险，在制造、运输、储存和运营过程中安全保障的成本较高，因此造成固体火箭成本也十分昂贵。

除了相对简单，由于推进对燃料裂缝的不敏感性，安全性较高，固液混合火箭可以在制造和检验方法中利用工业级原材料。此外，如前面所述，QA/QC 可以有效完成，可以降低制造成本。此外，因为即使一个满载的发射系统也可视为"惰性"系统，发射过程中的安全保障可以合理减少，同样可以减少检测环节，这样可以减少运营成本。

6）评估总结

表 5-1 以一个简单的评分规则对推进系统的符合性评估结果进行了总结，除了上面所讨论的，"技术成熟度"也被添加进去。众所周知，其他固体/液体推进火箭比固液混合推进火箭成熟很多。这里给出了使用混合动力推进系统实现目前任务和系统要求的基本原理。

表 5-1　推进子系统整合评估结果综述

|  | 液体 | 固体 | 混合 |
|---|---|---|---|
| 性能 | 2 | 2 | 2 |
| 安全性 | 1 | 1 | 3 |
| 环境影响 | 2 | 1 | 3 |
| QA/QC 效率 | 1 | 1 | 3 |
| 减小成本潜力 | 1 | 1 | 3 |
| 技术成熟度 | 3 | 3 | 1 |
| 合计 | 10 | 9 | 15 |

注：1—低；2—中；3—高

## 5.1.3　固液混合推进空间运输三级发射装置的概念设计研究

研发的关键词是"低成本"，通过使用混合火箭推进、三级推进，可靠并且安全，经济性好，小质量卫星专用发射器可以在原材料、制造、运输、储存和运营等环节进行合理的质量保证和质量控制实现。下面以固液混合火箭发射系统的概念研究作为实例，进行多学科设计优化（MDO）与演化计算以获得混合火箭推进系统设计概念的最佳定义。

首先，通过多学科设计方法的研究和描述，能够证明可以通过求解三级发射器的多学科设计问题来证明可利用火箭推进装置的多目标遗传算法（MOGA）将小质量卫星传送到太阳同步轨道[11,12]。这项研究涉及的发射器，包括燃烧室、氧化剂罐、加压罐、喷嘴和有效载荷。对发射器的评估是通过混合推进退移速率的经验表达式进行的。通常，燃料径向的退移速率表达式如下：

$$\dot{r}_{\text{port}}(t) = a \cdot G_{\text{ox}i}^{n}(t) \tag{5-1}$$

式（5-1）是经验式，系数 $a$ 和指数 $n$ 是通过试验测定的，推力随时间变化的情况从式（5-1）和应用美国航空航天局的化学平衡（NASA-CEA）程序[13]可估计出。燃烧室和加压罐是碳纤维复合材料，结构重量通过 M-V 方程计算，采用极坐标系模拟飞行，气动性能利用 JAXA 的固体火箭遥测数据库 S-520 估计[14]。图 5-2 所示为每个阶段的评估过程[12]。火箭发射角是向南 89°。第一阶段结束后立即点燃二级燃烧。二级燃烧结束后三级燃料沿着椭圆轨道分布。当滑行完成时，点燃三级燃烧。滑行时间也是一个设计变量。

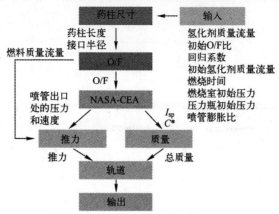

图 5-2　有 HER 的 LV 性能评估流程图[11,12]

　　设计问题考虑到有效载荷和总质量之比 $M_{pay}/M_{tot}$ 最大化和总质量 $M_{tot}$ 最小化。假设石蜡基 FT-0070（熔点 72℃，密度 0.76g/cm³）为燃料[15]。图 5-3 所示为多目标遗传算法得到的非主导解决方案。结果表明 $M_{tot}$ 和 $M_{pay}/M_{tot}$ 之间权衡取值。同时，还发现 $M_{pay}/M_{tot}$ 最大值为 1.17%（和 JAXA 固体火箭 M-V 相同），目前 LV 的 $M_{pay}$ 和 $M_{tot}$ 的取值是 132.2kg 和 11.3t，因此，在这项研究中获得的解决方案能与现有的固体火箭相比。图 5-4 所示为通过多目标遗传算得到的可以达到 $M_{pay}/M_{tot}$ 最大值的火箭的尺寸。这个 LV 的一级火箭发动机较大，三级火箭发动机较小。表 5-2 列出对选定方案的设计指标。这样的设计知识，有利于下一代空间运输的详细设计和大型混合动力推进系统的发展。

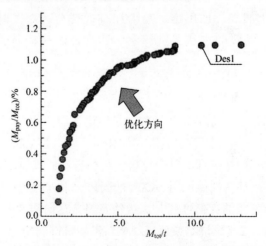

图 5-3　通过 MOGA 得到的非主导解决方案的三级火箭设计

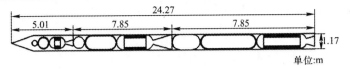

图 5-4　非主导解决方案得到 Des1 的规格尺寸

表 5-2　火箭设计说明书

| 氧化剂 | LO₂ | | |
|---|---|---|---|
| 基准燃料 | 石蜡(FT-0070) | | |
| 燃料质量/kg | 377 | | |
| 燃料药柱长度/m | 1.78 | | |
| 燃料药柱外径/m | 0.764 | | |
| 燃料药柱内径/m | 0.317 | | |
| | 第 1 阶段 | 第 2 阶段 | 第 3 阶段 |
| 氧化剂质量流率/(kg/s) | 23.2 | 9.29 | 6.73 |
| O/F 比（初始） | 2.38 | 2.91 | 2.39 |
| 回归率放大因子 | 7.3 | 3.4 | 3.4 |
| 燃料回归率（初始）/(mm/s) | 10.5 | 3.42 | 3.02 |
| 燃料回归率（烧完）/(mm/s) | 5.20 | 1.69 | 1.49 |
| 氧化剂质量流率（初始）/(kg/(m²·s)) | 293 | 117 | 85.1 |
| 氧化剂质量流率（烧完）/(kg/(m²·s)) | 48.8 | 19.3 | 13.9 |
| 燃烧压力（初始）/MPa | 1.56 | 0.84 | 0.52 |
| 喷喉直径/m | 215 | 178 | 199 |
| 喷管膨胀比 | 3 | 19 | 19 |
| 推力（初始）/kN | 74.3 | 29.9 | 27.9 |
| 燃烧时间/s | 33.5 | 104.4 | 118.3 |
| 滑行时间/s | 111 | | |

## 5.1.4　固液混合推进技术

混合火箭推进性能取决于内部非均匀燃烧的流动动力学，或者换句话说，依赖于边界层燃烧[16]。燃烧发生在燃料表面的边界层，燃料的退移速率受火焰的热反馈的影响。混合火箭推进技术与燃料的退移速率息息相关，在两种意义下，退移速率都较慢，且不能由直接设计方法定义。前者，一种常规的方法是使用多口药柱来避开问题，但当在卫星发射器的第一阶段，要求大推力时将会是一个非常复杂的设计[17]。正因为如此，最近有很多关于液化燃料的研究，如石蜡燃料[18,19]被广泛进行试验，因为这种燃料可以提供进入火焰区的速度比 HTPB、聚乙烯等传统燃料快三倍。另一种方式产生的气体燃料比传统快的方法是利用旋转的气态氧化剂的喷射[20-22]。利用这种技术的混合火箭发动机称为氧化剂漩涡效应混合火箭，或者 SOFT 混合火箭。为了保证旋转喷射的效果，气态氧化剂应该被注射到 SOFT 混合火箭中，这就需要注射前液体氧化剂提前汽化，现已提出一些方法并完成了测试[23-25]。

**1. 混合发动机氧化剂漩涡效应和液氧汽化技术**

1）氧化剂漩涡效应混合火箭发动机的特点

根据混合燃烧理论[16]，为了提高燃料的退移速率，燃料表面边界层的厚度必须减小。下面提供一种创新性方法，即在燃料断面氧化剂旋转注射，也就是氧化剂漩涡效应注射型混合火箭发动机[20]。由于燃料表面附近附加的切向速度分量的增加，而氧的质量流率不增加，预计在燃烧室中的旋流场可以降低边界层厚度。结果表明，聚甲基丙烯酸甲酯（PMMA）在氧化剂漩涡效应下整体燃料的退移速率相比于相同氧质量流量下无旋氧流条件下的退移速率可提高至约 3 倍[21,22]。

另一个混合燃烧的缺陷是低燃烧效率，这主要是由于在高流速的条件下燃烧类似于一个具有长药柱的大块固体燃料，并随着流动距离增加氧化剂浓度降低，造成燃料汽化反应时间不充分。漩涡运动对湍流流场中的表面和混合氧化剂和汽化燃料之间的强度增加有良好的影响，促进了混合燃烧。事实上，给氧气注入增加旋转明显提高 $C^*$ 的效率，相当于在相同药柱长度下，燃烧效率增加约 10%[23]。

2）整体和局部的燃料退移速率

为了将这种发动机应用于实践，就需要将旋转氧化剂流动对于发动机不同状态下的退移速率进行详细说明。整体和局部的退移速率表现是通过和图 5-5[21-29] 相同规格的旋转氧化剂流型混合发动机进行测试的。氧化剂是 GOX，旋转氧化剂喷射器也在图 5-5 中，氧气射流的旋流强度的参数是用几何的旋流数 $S_g$ 表示[30]。$S_g$ 可以通过考虑动量守恒在喷油器的几何定义，使用下面的公式：

$$S_g = \frac{(R_p - R_h)R_p}{nR_h^2} \tag{5-2}$$

式中：$R_p$ 为喷射器断面半径；$R_h$ 为注入孔半径；$n$ 为孔数。

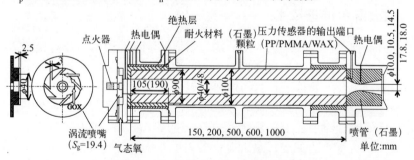

图 5-5　旋流氧化剂混合火箭发动机

使用了 $S_g$ 高达 32.3 的各种注射器。燃料颗粒由 PMMA 和 PP 制备。使用 5 个粒子长度来测量燃料退移速率和观测燃烧室的火焰状态。燃烧试验的氧气质量流率为 10~400g/s，燃烧时间 $t_b$ 最高为 27s。燃烧室压强 $P_c$ 变化为 0.5~4.5MPa。

不同氧化剂漩涡流动试验条件下,时间平均燃料退移速率的总体值 $\dot{r}_{over}$ 和平均氧气质量流率 $G_{oave}$ 的关系如图 5-6 所示。与旋流的关系可以由传统的混合燃烧退移速率公式 $\dot{r}_{over} = aG_{oave}^{n}$ 表示,其中 $a$ 和 $n$ 是试验系数。在这些试验中,关系式独立于试验参数,尤其是压强。$a$ 和 $n$ 的值取决于燃料的形状。

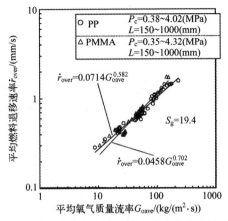

图 5-6　平均燃料退移速率的总体值和平均氧气质量流率的关系

图 5-7 所示为均时局部燃料退移速率的变化 $\dot{r}_{loc}$,$P_c$=1.16~4.02MPa[29]。在所有试验中,$\dot{r}_{loc}$ 由于氧化剂漩涡效应形成的冲击射流火焰变化使得 $x$=100~150mm 时 $\dot{r}_{loc}$ 相当大,而且延 $x$ 轴急剧减小。当 $\dot{r}_{loc}$ 减小后,它就沿流动方向变平。PMMA 的 $\dot{r}_{loc}$ 也是以相同的方式变化[28]。当 $P_c$ 保持恒定(边缘顶部 $x \approx$ 100mm)时,$\dot{r}_{loc}$ 不依赖于 $t_b$ 及燃烧期间内部端口直径。但是在下游 $x \approx$ 100mm 处,对应物料端面积增加随着 $t_b$ 增加,$\dot{r}_{loc}$ 下降缓慢。这些试验结果都表明了在物料顶部边缘伴随强氧化剂旋流发动机的机制和后端区域差别很大。

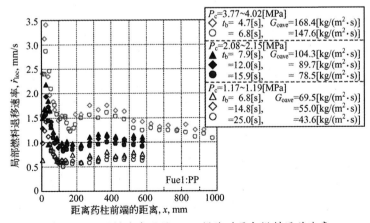

图 5-7　不同燃烧室压强下 PP 燃烧时局部燃料退移速率

3）燃料退移速率控制参数

在前缘区域的燃料退移速率和在氧化剂漩涡效应的局部燃料的退移速率基本上是相互独立的，但是它们都和后端区域有关。确定的燃料回归率的参数来自试验结果、考虑到药柱流场和关于 $S_g$ 的定义。在顶端区域内，燃料退移速率主要取决于沿药柱旋转面氧化剂喷射速度，也就是氧气的质量流率和氧气喷嘴的涡流强度。这就导致了控制参数由 $\left(\dfrac{\dot{m}_{oave}/A_{inj}}{\mu}S_g\right)$ 表示，式中：$\dot{m}_{oave}$ 为时间平均氧气质量流率；$A_{inj}$ 为氧气注入狭缝总面积；$\mu$ 为氧气的黏度[29]。虽然时间平均燃料退移速率的轴向平均值 $\dot{r}_{locax}|_{x=0\sim100}$ 在各种试验条件下对应于氧质量流量的平均值 $G_{olaveax}|_{x=0\sim100}$ 的轴向平均值变化很大，图 5-8(a)还是重绘了 $\dot{r}_{locax}|_{x=0\sim100}$ 的参数关系，尤其是独立于 $P_c^{[29]}$，值得注意的是 $S_g$=32.3 的实验结果也差不多就在同一条线上，说明了在前缘区域的燃烧，湍流扩散火焰形成的壁射流边界层上的晶粒占主导地位，这意味着燃料的退移速率和燃烧时间无关，而且通常在燃烧时恒定。

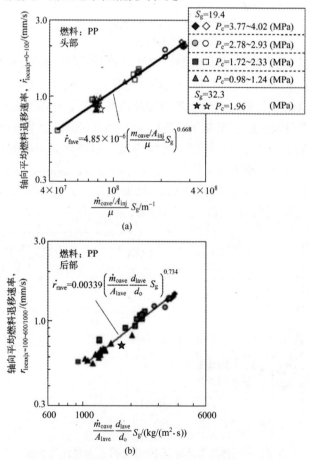

图 5-8　燃料头部和后端区域轴向平均燃料退移速率和控制参数的关系

340

在后部区域中，燃料的退移速率不是由沿壁面的氧气喷射速度直接控制，而是受物料端面氧气的质量流率控制，这和传统的混合燃烧模型相一致。由于旋转氧气喷射器产生的切向速度必须添加到速度中来产生物料表面的边界层，而且也注意到随 $t_b$ 变化平均直径的增加。基于这样的考虑，后端局部平均氧气质量流率 $G_{olave}$ 可用 $G_{olave} \approx \dfrac{\dot{m}_{oave}}{A_{lave}} \dfrac{d_{lave}}{d_o} S_g$ 来估计，其中，$d_o$ 为燃料初始端面直径；$d_{lave}$ 为物料端面平均直径；$A_{lave} = (\pi d_{lave}^2)/4$ [29]。因此，后端区域的退移速率控制参数可以由 $\left( \dfrac{\dot{m}_{oave}}{A_{lave}} \dfrac{d_{lave}}{d_o} S_g \big|_{x=100\sim600/1000} \right)$ 表示，图 5-8(b)绘制出对应的关系。在不同的试验条件下，后端区域的燃料退移速率在对数坐标下几乎有着线性的关系。表明在后端区域，切向流起着作用，而且更适合来设计燃料的退移速率。

4）大型演示发动机

基于控制参数，设计出 5kN 推力的条件下和之前使用 GOX/PP 推进并且燃烧时间为 30s 发动机有类似参数的旋转氧化剂流动混合发动机。设计出的发动机用来验证旋转氧化剂流动在燃烧和发动机表现方面的尺寸效应，并且用来描述混合火箭中旋转氧化剂发动机技术。燃烧测试已经进行，现有试验结果见文献[31-33]。

5）液氧汽化技术

（1）旋转氧化剂流混合火箭发动机 LOX 汽化的必要性。意识到实际混合火箭发动机，为了提高推力强度，必须将氧化剂从 GOX 变为液态氧化剂（LOX）。但是，对于旋转氧化剂流混合发动机，直接喷射旋流 LOX 到燃烧室中旋转流的角动量就会显著衰减，相比较旋流 GOX 喷射严重影响发动机表现[24]。这样的事实说明，为了更好地发动机性能表现，在喷射到燃烧室前汽化 LOX 是很必要的。我们提出两种汽化 LOX 的方法：一种是再生冷却 LOX 汽化喷管；一种是 LOX 汽化预燃室。已经有研究针对液氧汽化的实用性验证了这两种技术。

（2）再生冷却 LOX 汽化喷管。由于 LOX 具有比液体燃料低的比热容和对材料有强烈的反应，因此再生冷却喷管并不常见。为了阐明再生冷却 LOX 汽化喷管的技术问题，我们制造了一个 LOX 汽化喷管，在图 5-5 中和发动机连接。喷管有 30 个矩形通道，每个都是 1mm 的深度，喷管设计推力为 1500N，LOX 质量流率为 385g/s，提供压强为 4.5MPa。燃烧测试使用图 5-9 中 LOX 馈线试验系统进行。

试验表明，快速点火和稳定燃烧不会产生燃烧振荡。对 LOX 汽化喷嘴的燃烧试验的典型结果如图 5-10 所示。从点火后 3s 开始，喷射器上游的氧气温度 $T_{inj}$ 比在喷油器上游压力沸点温度 $T_{inj}$B.P. 高，这表明从喷射器喷出的氧气完全汽化，LOX 通过喷管完全汽化。我们可以证明一个旋转氧化剂流式混合火箭发动机的自我维持的液氧汽化操作，这个燃烧测试证明了如果最佳通道设计出来，汽化 LOX 的再生冷却喷管就不会有实质性问题。

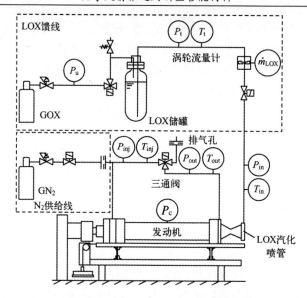

图 5-9　LOX 馈线试验系统示意图

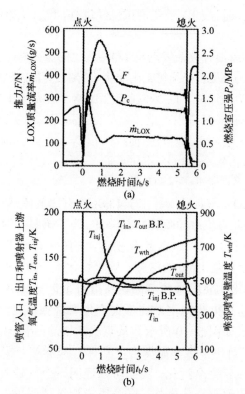

图 5-10　LOX 汽化喷管燃烧测试的典型结果

(a) 发动机参数随时间关系；(b) 喷管入口/出口和喷射器上游氧气温度记录。

（3）预燃室。液氧汽化预燃室可以利用少量的固体燃料和 LOX 产生燃烧热。预燃室使用 PMMA 以相对缓慢稳定燃烧的方式作为燃料的可行性从热能的角度进行了验证。在 5MPa 条件下，当发动机蒸发和加热所需的液氧流量从 90K 增加到 300K，在发动机最佳性能状态下燃烧的 PMMA 的量估计在推进质量流率的 3%[26]。这个估计量表明 LOX 汽化预燃室的热能量测评是可行的。

一些 LOX 汽化预燃室的配置需要考虑在 LOX 中直接燃烧 PMMA 的方法，如果 PMMA 在 LOX 中稳定燃烧，则直接在 LOX 中使用 PMMA 火焰时大量的 LOX 都会被汽化[26]。图 5-11 所示为 PMMA 棒（$\phi$5mm）在 LOX 中燃烧的典型照片[26]。样品被验证为在 PMMA 棒较低的部分具有蓝色火焰，上部有明亮的火焰。要注意的是 PMMA 棒在燃烧中并未断裂，也没有爆燃的产生。明亮火焰间歇性产生，而蓝色火焰沿着 PMMA 棒以一个几乎恒定的速度传播，这些火焰汽化周围的 LOX，产生了气态氧气，并产生与 LOX 和 PMMA 完全燃烧时的理论值几乎相等的量。

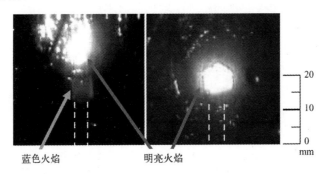

图 5-11　LOX 中 PMMA 棒（$\phi$5mm）产生的火焰

### 2. 多段涡流注入法

混合火箭发动机具有低的退移速率和低燃烧效率的特点。为了克服这些缺点，提出了一种新的方法，该方法可以产生比传统方法更高的燃料退移速率。这种方法就是多段涡流注入法[34-38]，该方法的概念是为了在多端提供氧化剂以达到保持整个燃烧室的强旋流。

图 5-12 是多段涡流注入器的示意图。该研究中使用了高密度的聚乙烯燃料和石蜡燃料（FT-0070）。分别使用 3 个内径都为 35mm 长度不同的高密度聚乙烯和石蜡燃料，注入孔的直径，也就是氧化剂喷射口的直径是 1mm 或者 2mm。在研究中燃料的十字方向设置了 4 个注入孔，在燃烧测试中，大部分涡流喷射方法中燃烧压强和推力都显示稳定。

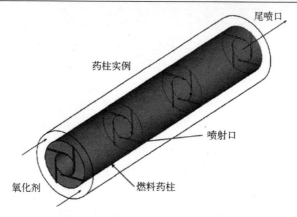

图 5-12　多段涡流喷射技术示意图

　　不同的多段涡流喷射方法的退移速率的估计值是由石蜡（FT-0070）推进推导的。图 5-13 显示了物料类型 A 到 D 的示意图。为了减小不同喷射端的干扰，喷射端的数量从 4 减少到 3。同样为了增加湍流燃烧，在燃料类型 C 中，涡流的方向如图所示在顺时针和逆时针之间转换。在燃料类型 D 中，涡流的方向如图 5-13 所示，从逆时针方向转换到 3 个顺时针方向。图 5-14 显示了平均退移速率和平均氧化剂质量流率之间的关系。结果表明，多段涡流喷射方法产生的退移速率大约是没有涡流的传统方法的 3.8 倍[39]。同样，这结果显示类型 B 相比较 A、C、D 在较大的平均氧化剂质量流率的条件下会产生较高的退移速率。同样这个结果显示喷射器数量的减少和转换涡流喷射器方向有助于增强剧烈燃烧。

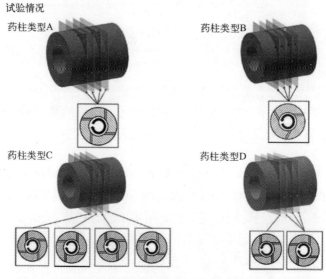

图 5-13　物料类型 A 到 D（燃料：石蜡燃料 FT-0070）示意图

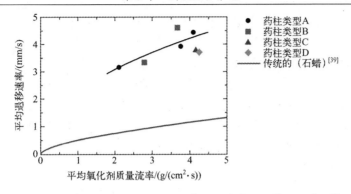

图 5-14　平均退移速率和平均氧化剂质量流率之间关系（燃料：石蜡燃料 FT-0070）

## 3. 低熔点热塑性燃料（LT 燃料）

关于大退移速率的大推力混合火箭燃料已经有很多研究。熔点像石蜡和蜡状推进一样低的热塑性混合物也表现出高的退移速率。Karabeyoglu 等研究了石蜡燃料和蜡状燃料的退移速率，他们发现有另外的燃烧机制[39]。这些燃料在燃烧室会在表面产生薄的液态边界层，而且会由于上游的氧化剂流动周期性产生小液滴。大量液滴的周期性产生是由于固体燃料的大退移速率。Hikone 等通过大气压强下的板状燃烧室观察到小的石蜡燃料液滴证明了这个机制[40]。但是为了用于全尺寸飞行火箭发动机，这些燃料还需要提高机械性能以及和其他材料（如隔热层和衬层）的黏合性。LT 燃料在延展性、应力和黏着性方面表现出色。Katazen 等发展了 LT 燃料，它的燃点大概在 90℃左右。之前的研究中评估了伴随气态氧的退移速率[41]，图 5-15 显示了结果。由于和石蜡的蜡状推进有着相似的物理特性，LT 拥有比传统的燃料高 3~4 倍的大退移速率。

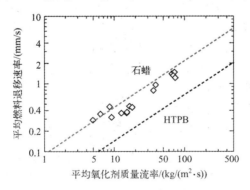

图 5-15　LT、HTPB 和石蜡推进的退移速率比较

因此，LT 燃料看起来很适合应用于大尺寸的发动机中。

LT 燃料由多种化学物质组成，表 5-3 所列为在 50kg/（m² · s）的平均氧气质量流率条件下的成分、特性和退移速率的 4 个实例。石蜡油是所有 LT 燃料的主要组成成分，聚苯乙烯树脂用来作为热塑性树脂，添加二甲苯树脂来提高黏附特性，硬脂酸用来做二甲苯树脂和其他成分的加溶剂。

由于有最好的操作特性，如在提供温度下的黏性，2#样品有最高的退移速率，这些退移速率都建立在平均 5 个试验数据点上。4#样品用来作为大尺寸的发动机的燃料，这是由于它的高弹性模量和最大应力。测评了使用聚烯烃基胶黏剂时这些 LT 燃料与 EPDM 橡胶（三元乙丙橡胶）的黏结性能，并且从观测到的内聚能确定它具有优异的黏结性能。

表 5-3 LT 燃料样本的组成和力学特性

| 组份/%（质量） | 1#样品 | 2#样品 | 3#样品 | 4#样品 |
|---|---|---|---|---|
| 苯乙烯树脂 | 10.2 | 8.7 | 11.3 | 13.1 |
| 二甲苯树脂 | 0 | 12.5 | 32.3 | 31.3 |
| 硬脂酸 | 0 | 4.2 | 3.2 | 6.2 |
| 石蜡油 | 89.8 | 74.6 | 53.2 | 49.4 |
| 力学性能 | | | | |
| 弹性模量/(mN/mm$^2$) | 22.3 | 37.7 | 267.7 | 617.7 |
| 最大应力/(mN/mm$^2$) | 0.06 | 0.09 | 0.41 | 0.58 |
| | 437.4 | 378.8 | 344.0 | 300.2 |
| 密度（g/cm$^3$） | 0.87 | 0.89 | 0.92 | 0.92 |
| 温度@200 Pa·s/℃ | 没测 | 72.3 | 92.8 | 95.7 |
| GOX 退移速率@50kg/m$^2$s/（mm/s） | 0.85 | 1.13 | 0.93 | 0.83 |

NASA 的化学平衡与应用（CEA）是用来在燃烧室压强为 5MPa、喷管扩张比为 100 且平衡流动时的平衡计算[13,42]。LT/LOX 真空比冲的最大值为 321s（O/F=3），LT/N$_2$O 为 293s（O/F=9），HTPB/N$_2$O 为 314s（O/F=8）。因此，2#样品 $I_s$ 性能低于 HTPB 7%～8%，但是考虑到 LT 燃料的退移速率高于 HTPB（3～4 倍），因此 2#样品燃料特性总体上优于 HTPB。

**4. 混合火箭推力和O/F控制**

当节流或者长时间燃烧时氧化剂-燃料的质量比会发生转变是混合火箭的一个特有现象。这就意味着，在混合火箭燃烧中，不能在节流操作或者端面直径增加时保证最佳的 O/F。这些转变会导致 ΔV 传递的损失，这种现象是由于燃料的退移速率非线性依赖于氧化剂的质量流率引起的。

O/F 转换依赖于退移指数"n"。例如，当 n=0.5 时，O/F 不会因为端面直径的增加而转变。近期，Karabcyoglu 等[43]进行了 O/F 由于端半径的增加而转变的敏感性分析。从他们的结果看出，在实际的混合燃烧中，端直径增加造成的 O/F 转变对 c* 的影响很小，由于 $n$ 的范围是 0.55 到 0.7[44]。换句话说，这也表明，实际上由于节流造成的 O/F 转换对于 $C^*$ 有很大影响。通过减小最高加速度下的气动阻力和重力损失来加速火箭，推力就需要调节，通过这些操作，$\Delta V$ 就会有由于节流造成的 O/F 转变产生轻微的损失。

　　已经提出一些技术来解决节流造成的 O/F 转换，这些技术都是在给氧化剂系统中设计有多分支来增加互相之间的影响。一个具有代表性的方法是可调强度旋流氧化剂型(A-SOFT)混合火箭[45,46]，这个技术是 SOFT 混合火箭[22]的一个技术应用。旋流喷射器已知能提高退移速率，因为氧化剂在燃料端面使用了头部切向喷射器产生圆周速度。SOFT 燃料退移速率不但依赖于氧化剂质量流率，而且还依赖于切向喷射器的几何旋转强度[22]。如图 5-16 所示，A-SOFT 的概念是为了转变氧化剂的旋流强度来控制燃料的退移速率。为了控制旋流强度，使用了轴向和切向喷射器。一条氧化剂供料线分为切向和轴向，氧气质量流率可使用控制阀独立控制。

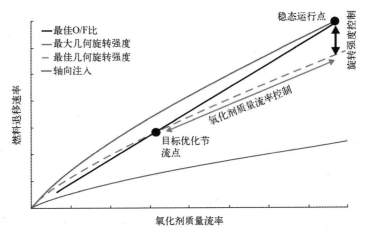

图 5-16　通过改变氧化剂旋流强度控制 O/F 的示意图

　　最近开始了一些关于 A-SOFT 混合火箭的研究[47,48]。首先需要评估的是，在实际传统的混合火箭应用中研究使用或者不使用 O/F 控制是否有进步意义。这意味着在更为实际的条件下要考虑不只是 $C^*$ 和 $I_s$，还有 $\Delta V$。因此，一个最优的火箭设计包含考虑所有类型火箭的飞行仿真。其次，除了之前 SOFT 的研究，会基于理论和实践结合的方法研究 A-SOFT 混合火箭的燃料退移速率，以此来获得 A-SOFT 的参数。但是会出现之前研究中没有出现过的情况，非稳定的实验数据如燃料退移速率对于在燃烧时氧化剂质量流率变化或者几何旋流强度的响应。虽然这里已经有一系列的适合 A-SOFT 混合火箭发动机的参数[49]，但是为了了解 A-SOFT 混合火箭内弹道的细节，就必须做像 CFD 仿真和燃烧测试的试验论证，最终，使用这些数据，自动节流阀和 O/F 控制系统就完成了。

### 5. 固液混合火箭内弹道数值模拟

1）SOFT-HR 燃烧室的大涡流仿真[50]

试验尺寸的氧化剂漩涡效应混合火箭（SOFT-HR）的燃烧室，氧化剂是从 8 个端口喷射，如图 5-17 所示。在考虑环境下对象的细节特征和试验的结果可以在文献[51]中找到。在仿真中，气态氧气以在 300K 温度下 $200g \cdot s^{-1}$ 的流率向燃烧室给氧，气态甲烷通过由表面热流平衡决定的局部退移速率确定的速率喷射。在这次研究中，选择高精确定容积方法来进行隐性 LES 推算。作为燃烧模型，使用了层流火焰概念，GRI-Mech 3.0 用来作为火焰板。

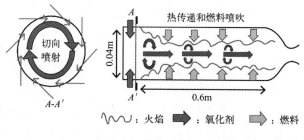

图 5-17　数值方案

图 5-18 所示为化学当量为 0.2 的混合部分的等值线，大概和反应区的形状相同。可以发现，反应区的形状会受湍流和反应区当前在燃烧室中的部分的扰动。还可以看到反应区一直和燃料到燃烧室中部比较接近，然后迅速从表面离开流向喷管入口。图 5-19 显示被轴向速度遮挡的"Q-标准"的第二恒定速度张量等值面。一个大尺寸的纵向涡流顺着中心轴线，这也可以从图 5-20 中 4 个轴向位置的圆周速度呈现放射状确定，沿着轴向有快速的旋转。直到喷管入口处，圆周速度的峰值变大，峰值出现处的半径变小。这个现象是角动量保护的描述，是由于喷管流路的缩小产生。涡流数的轴向分布（流动轴动量的圆周率）如图 5-21 所示。

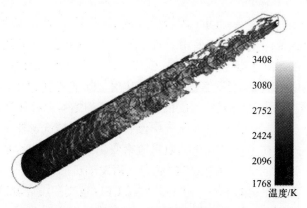

图 5-18　火焰混合片段

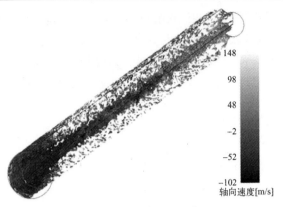

图 5-19　Q-标准的 Iso-表面

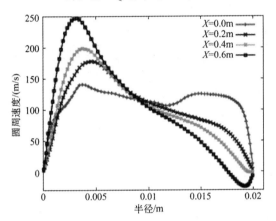

图 5-20　圆周速度分布[50]

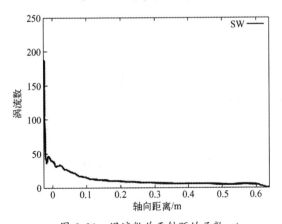

图 5-21　涡流数关于轴距的函数

2）混合火箭内弹道的一维分析[52]

混合火箭发动机燃料的退移速率不但依赖于燃烧机制，同时也依赖于宏观尺寸环境，例如燃料和氧化剂在湍流边界层的混合。为了满足对于宏观环境的依赖，混合火箭发动机的设计就需要添加更多的参数，例如发动机几何形状、发动机尺寸、氧化剂喷射方法等。对于这些参数进行试验和大规格的数值仿真十分消耗时间并且成本昂贵。因此，发展出了一种有效的内弹道评估方法来设计混合火箭发动机。

在这种方法中，传统的公式和类似的一维定理公式与混合分数守恒方程同时使用，通过解决固体燃料表面的能量-平衡方程来确定燃料的退移速率。

在这个氧气/碳氢化合物系统中使用了包含 $C_xH_y$、$O_2$、$CO_2$、$H_2O$、CO、$H_2$、OH、O 和 H 九种化学成分的气体守恒模型，基于待定因子的拉格朗日方法的最小自由能方法用来评估平衡化学组成和温度[13]，数值方法的细节描述可以在文献[52]中找到。

使用这种方法，就可以进行混合火箭设计参数的研究。接下来会展示一个关于燃烧室尺寸效应的实例。根据参考燃烧室的参数比来确定相似燃烧室的比例因子，如图 5-22 所示，平均退移速率随比例因子的上升而下降，这种方法可以有效并且适合地对混合火箭的内弹道进行评估。

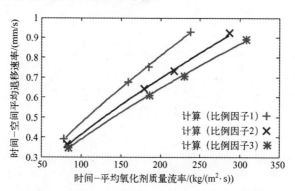

图 5-22　通过比例因子的参数研究得到的时间-空间平均退移速率

### 6. 混合火箭燃烧的诊断技术

1）燃烧可视化

混合火箭的燃烧过程相比较液体火箭或者固体火箭是十分复杂的环境，因为它包含高温分解、升华、熔化等，除了气体混合的化学反应，还和固体燃料的退移速率相关。燃烧显像对于理解这样的复杂环境是十分有用的，接下来展示一些实例。

Karabeyoglu 等展示石蜡基燃料的退移速率几乎是传统燃料如 HTPB 的退移速率的 4 倍，是由理论研究雾化机理引起的。这就说明有低的表面张力和低熔化层黏性的物质，例如石蜡基燃料会产生更多的雾沫，提高退移速率[39]。Nakagawa

等试图通过显像燃烧过程来观测雾沫，很多雾沫液滴都会像发光的线一样被观测到，因此试验证明了雾沫的存在（图 5-23）。

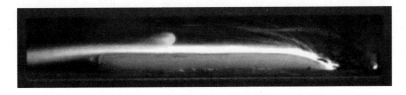

图 5-23　燃料燃烧图像

这个实验是在大气压强下进行。根据 Karabeyoglu 等的研究，固体表面熔化的燃料在大气压下是亚临界条件。但是，石蜡燃料有更低的临界压强，以至于在几乎所有的运行区域都是超临界状态[53]。因此 Wada 等[54]和 Jens 等[55]尝试在超临界状态下使液化燃料的燃烧过程可见，雾沫在高达 2MPa 的高压环境下也可以被观测到。

图 5-24 所示为 Yuasa 等对旋流氧化剂型混合火箭发动机的燃烧室燃烧火焰的成像。从成像中可知，每种燃料的平均火焰层厚度以及旋流的影响等都能观测到。

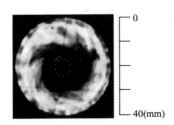

图 5-24　燃烧室前端伴随涡流 PP 燃料的火焰

$P_c$=1.0MPa，$G_{oave}$=12.0kg/（m$^2$·s），$\varphi$=1.62，曝光时间=1/8000s。

## 5.1.5　结论

尽管之前从未做过，但是混合推进对于航天发射很有潜力。一个没有被应用的原因是技术发展的机遇不多，而根本上来说是因为推进是基于边界层燃烧的。换句话说，是由于低的退移速率，根本上来说是由于燃料的质量流率不能在燃烧过程中进行指定控制。另外，正如本文中关于推进子系统的评估，混合推进对于经济和安全的航天发射系统有很强的理论依据。我们如何连接这两种相反的方面？这是一种可以通过使用混合推进来满足经济的航天发射的技术。这里展示了一些关于混合火箭发动机的推进系统的多目标最优化方法的例子，这种技术也被应用有着发动机群的发射系统中。应该强调混合推进的节流能力，因为这种性能改善了灵活性和操作性。对于推力和 O/F 双向控制解决方法，可调强度旋流氧化剂型（A–SOFT）混合火箭扮演重要角色。对于 A–SOFT 混合火箭，LOX 必须在喷射到燃烧室之前进行汽化，所以很有必要发展液氧汽化技术。

对于未来，期待更多的关于这类概念的成就可以被创造和超越。

**感谢**

感谢 ISAS，JAXA 的混合火箭研究工作小组（HReWG）对于本研究的支持。

# 参 考 文 献

1. SpaceWorks Inc. (2014) Nano/microsatellite market assessment. http://www.sei.aero/eng/papers/uploads/archive/SpaceWorks Nano Microsatellite Market Assessment January 2014.pdf, pp 1–18.

2. Japan Space Systems and CSP Japan, Inc. private communication.

3. Garvey Spacecraft Corporation (2012) Incremental evolution of a 10/250 NLV into a 20/450 NMSLV, Small Business Innovation Research 2012, 12–1 E1.02–9091. http://sbir.gsfc.nasa.gov/SBIR/abstracts/12/sbirselect/phase1/SBIR–12–1–S–E1.02–9091.html.

4. Rocketdyne A (2013) Spartan nano–launch vehicle. In: 16th US Space and Missile Defense symposium.http://smdsymposium.org/wpcontent/uploads/2013/09/Kaufman–Nano–Launch–Vehicle –presentation.pdf.

5. USASMDC/ARSTRAT, SWORDS. http://www.smdc.army.mil/FactSheets/SWORDS.pdf.

6. Weuta PH, Jaschinski, N (2013) Preliminary, experimental studies to develop a micro satellite launch system. 7th Pico–and Nano–satellite Workshop. http://www. wepatechnologies. de/app/download/5795540964/WEPA Technologies FAR PiNa2013 Micro Launch Vehicle 20130911 final.pdf.

7. Nammo, Andoya Rocket Range (2013) North star. http://www.rocketrange.no/wpcontent/files/ 2013/01/NorthStar.pdf.

8. Interorbital Systems. IOS NEPTUNE launch vehicles. http://www.interorbital.com/interorbital_03302014_012.htm.

9. Generation Orbit Launch Services, Inc. GOLauncher 2. http://www.generationorbit.com/golauncher2.html.

10. Fukuchi A, Aoki A, Igarashi S, Yamamoto K (2011) Environmental and cost advantages of reusable hybrid rocket engine. In: 28th International Symposium on Space Technology and Science, ISTS 2011–o–1–13v, Okinawa, Japan.

11. Kosugi Y, Oyama A, Fujii K, Kanazaki M (2011) Multidisciplinary and multi–objective design exploration methodology for conceptual design of a hybrid rocket. In: Infotech@aerospace 2011, AIAA Paper 2011–1634, St. Louis, MI, USA.

12. Kitagawa Y, Kitagawa K, Nakamiya M, Kanazaki M, Shimada T (2012) Multi-stage hybrid rocket conceptual design for micro-satellites launch using genetic algorithm. Trans Jpn Soc Aeronaut Space Sci 55(4):229–236.

13. Gordon S, McBride B J (1994) Computer program for calculation of complex chemical equilibrium compositions and applications I. analysis, NASA Reference Publication RP-1311, National Aeronautics and Space Administration, Lewis Research Center, Cleveland, Ohio, 44135–3191, USA. In: 26th Joint Propulsion conference, AIAA Paper 90–2762, Orlando, FL, USA.

14. Flight experiment plan for 2nd sounding rocket in FY1996, ISAS/JAXA, 1996 (in Japanese)

15. Nakagawa I, Hikone S (2011) Study on the regression rate of paraffin-based hybrid rocket fuels. J Propuls Power 27(6):1276–1279.

16. Marxman G A, Wooldridge C E, Muzzy R J (1964) Fundamentals of hybrid boundary layer combustion, vol 15, Heterogeneous combustion. AIAA Progress in Astronautics and Aeronautics, Academic, New York, pp 485–521.

17. Kniffen R J, McKinney B, Estey P (1990) Hybrid rocket development at the American Rocket Company. In: 26th Joint Propulsion conference, AIAA Paper 90–2762, Orlando, FL, U.S.A.

18. Karabeyoglu M A, Altman D, Cantwell B J (2002) Combustion of liquefying hybrid propellants: part1, general theory. J Propuls Power 18(3):610–620.

19. Karabeyoglu M A, Cantwell B J (2002) Combustion of liquefying hybrid propellants: part 2, stability of liquid films. J Propuls Power 18(3):621–630.

20. Yuasa S, Shimada O, Imamura T, Tamura T, Yamamoto K (1999) A technique for improving the performance of hybrid rocket engines. In: 35th Joint Propulsion conference and Exhibit, AIAA Paper 99–2322, Los Angeles, California, U.S.A.

21. Tamura T, Yuasa S, Yamamoto K (1999) Effects of swirling oxidizer flow on fuel regression rate of hybrid rockets. In: 35th AIAA/ASME/SAE/ASEE Joint Propulsion conference & Exhibit, AIAA 99–2323, Los Angeles, California, U.S.A.

22. Yuasa S, Yamamoto K, Hachiya H, Kitagawa K, Oowada Y (2001) Development of a small sounding hybrid rocket with a swirling-oxidizer-type engine. In: 37th AIAA/ASME/SAE/ASEE Joint Propulsion Conference & Exhibit, AIAA 2001–3537, Salt Lake City, Utah, U.S.A.

23. Yuasa S, Hirata K, Shiraishi N, Sakurai T (2011) Issues for combustion characteristics of hybrid rocket engines. In: 28th international symposium on space technology and science, ISTS 2011-o-1-08, Okinawa, Japan.

24. Kitagawa K, Mitsutani T, Ro T, Yuasa S (2004) Effects of swirling liquid oxygen flow on

combustion of a hybrid rocket engine. In: 40th AIAA/ASME/SAE/ASEE Joint Propulsion conference and Exhibit, AIAA-2004-3479, Fort Lauderdale, Florida, U.S.A.

25. Mitsutani T, Kitagawa K, MakitaM, Yuasa S (2005) Vaporization experiment of liquid oxygen cooling nozzle for hybrid rocket engine. Asian Joint conference on Propulsion and Power 2005, AJCPP 2005-22001, Kitakyusyu, Japan.

26. Yuasa S, Kitagawa K, Sakurazawa T, Kumazawa I, Sakurai T (2011) LOX vaporization techniques for swirling-oxidizer-flow-type hybrid rocket engines. Int J Energ Mater Chem Propuls 10(2):155-168.

27. Yuasa S, Ide T, Masugi M, Sakurai T, Shiraishi N, Shimada T (2011) Visualization and emission spectra of flames in combustion chamber of swirling-oxidizer-flow-type hybrid rocket engines. J Therm Sci Technol 6(2):268-277.

28. Yuasa S, Sakamoto M, Sezaki T, Sakurai T, Shiraishi N, Shimada T (2009) Fuel regression rate behavior in swirling-oxidizer-flow-type hybrid rocket engines. In: 8th inter. sympo. on Special Topics in Chemical Propulsion, Log#143.

29. Yuasa S, Shiraishi N, Hirata K (2012) Controlling parameters for fuel regression rate of swirling-oxidizer-flow-type hybrid rocket engine. In: 48th AIAA/ASME/SAE/ASEE Joint Propulsion cnference and exhibit, AIAA paper 2012-4106, Atlanta, Georgia, U.S.A.

30. Beer J M, Chigier N A (1972) Combustion aerodynamics. Applied Science Publication, London, pp 109-114.

31. Ando H, Sakurai T, Yuasa S, Hatagaki S, Yui R, Takahashi S, Shiraishi N, Kitagawa K, Shimada T (2014) Development of a 5 kN-thrust swirling-oxidizer-flow-type hybrid rocket engine, In: Proc. Asian Joint conference on Propulsion and Power, AJCPP 2014-164, Jeju Island, Korea.

32. Kitagawa K, Yuasa S, Sakurai T, Hatagaki S, Shiraishi N, Ando H, Yagishita T, Suzuki N, Takayama A, Yui R, Shimada T (2014) Development of test facilities for 5kN-thrust hybrid rocket engines and a swirling-oxidizer-flow-type hybrid rocket engine for technology demonstration. In: 10th inter. sympo. on Special Topics in Chemical Propulsion, Log#66.

33. Sakurai T, Ando H, Yuasa S, Takahashi S, Tomizawa T, Hayashi D, Kitagawa K, Takayama A, Yui R, Shimada T (2014) Investigation of fuel regression rate characteristics of the 5 kNthrust swirling-oxidizer-flow-type hybrid rocket engine. In; 11th international conference on flow dynamics, ICFD 2014-5363-2, Sendai, Japan.

34. Hirata Y et al (2011) Improvement of regression rate and combustion efficiency of high density polyethylene fuel and paraffin fuel of hybrid rockets with multi-section swirl injection method. In: Proceedings of 47th AIAA/ASME/SAE/ASEE Joint Propulsion

conference & exhibit, AIAA 2011-5907, San Diego, California, U.S.A.

35. Ohyama S et al (2012) A study of hybrid rockets with multi-section swirl injection method. In: 48th AIAA/ASME/SAE/ASEE Joint Propulsion conference & exhibit, AIAA 2012-3905.

36. Ohyama S et al (2013) Effects of multi-section swirl injection method on fuel regression rate of high density polyethylene fueled hybrid rocket engine. In: 49th AIAA/ASME/SAE/ASEE Joint Propulsion conference & exhibit and 11th international energy conversion engineering conference, AIAA-2013-4040, San Jose, California, U.S.A.

37. Araki K et al (2013) A study on performance improvement of paraffin fueled hybrid rocket engines with multi-section swirl injection method. In: 49th AIAA/ASME/SAE/ASEE Joint Propulsion conference & exhibit and 11th international energy conversion engineering conference, AIAA 2013-3634, San Jose, California, U.S.A.

38. Tada H et al (2013) Visualization of flames in combustion chamber of hybrid rocket engine with multi-section swirl injection method. In: Proceedings of 50th AIAA/ASME/SAE/ASEE Joint Propulsion conference, AIAA Paper 2014-3850, Cleveland, Ohio, U.S.A.

39. Karabeyoglu M A, Cantwell BJ, Altman D (2001) Development and testing of paraffinbased hybrid rocket fuels. In: 37th AIAA/ASME/SAE/ASEE Joint Propulsion conference and exhibit, AIAA 2001-4503.

40. Hikone S, Isiguro T, Maruyama S, Nakagawa I (2010) Regression rate characteristics and burning mechanism of some hybrid rocket fuels. In: 46th AIAA/ASME/SAE/ASEE Joint Propulsion conference and exhibit, AIAA 2010-7030, Nashville, TN, U.S.A.

41. Wada Y, Jikei M, Kato R, Kato N, Hori K (2012) Application to hybrid rocket fuel of Low melting point thermoplastics. Trans Jpn Soc Aeronaut Space Sci 10(ists28):Pa1-Pa5.

42. McBride B J, Gordon S (1996) Computer program for calculation of complex chemical equilibrium compositions and applications II. Users manual and program description, NASA Reference Publication. NASA Glenn Research Center, Cleveland, p 1311.

43. Karabeyoglu M A, Toson E, Evans B J (2014) Effect of "O/F Shift" on combustion efficiency. In: 50th AIAA/ASME/SAE/ASEE Joint Propulsion conference, AIAA 2014-3851, Cleveland, Ohio, U.S.A.

44. Karabeyoglu M A, Zilliac G (2006) Hybrid rocket fuel regression rate data and modeling. In: 42nd AIAA/ASME/SAE/ASEE Joint Propulsion conference & exhibit, AIAA 2006-4504, Sacramento, California, U.S.A.

45. Ozawa K, Shimada T (2013) Potential throttling performance and present challenges of

unidirectional vortex injection hybrid rocket engines keeping optimal mixture ratio. Space Transportation symposium 2013, STCP-2013-043, 2013 (in Japanese).

46. Shimada T, Kitagawa K, Kanazaki M, Yuasa S, Sakurai T, Nakagawa I, Chiba K, Nakamiya M, Ozawa K (2014) Study of low-cost 100kg-satellite launcher using hybrid rocket engines. Paper presented at Session7 of Space Propulsion 2014, Cologne, 19-22 May 2014, DVD SP2014/pdf/papers/session7/2980899-Shimada.pdf,3AF,et al.www.propulsion2014.com.

47. Usuki T, Ozawa K, Shimada T (2014) Flight performance estimation for swirling-oxidizerflow-type hybrid rocket with swirling control. In: 11th International Conference on Flow Dynamics, OS8-7, Sendai, Japan.

48. Ozawa K, Shimada T (2014) A theoretical study on individual and optimized control of thrust and mixture ratio of swirling-oxidizer-flow-type hybrid rocket. In: 11th international conference on flow dynamics, OS8-8.

49. Ozawa K, Shimada T (2014) A linear stability analysis of unique low fre-quency mode on unidirectional vortex injection hybrid rocket engines. In: 65 international astronautical congress, IAC-14, C4,5,7, Toronto, Canada.

50. MotoeM, Shimada T (2014) Numerical simulations of combustive flows in a swirling-oxidizerflow-type hybrid rocket. In: 52nd Aerospace Sciences Meeting, AIAA SciTech, AIAA 2014-3010, National Harbor, Maryland, U.S.A.

51. Hirata K, Sezaki S, Yuasa S, Shiraishi N, Sakurai T (2011) Fuel regression rate behavior for various fuels in swirling-oxidizer-flow-type hybrid rocket engines. In: 47th AIAA/ASME/SAE/ASEE joint propulsion conference & exhibit, AIAA paper 2011-5677, San Diego, California, USA.

52. Funami Y, Shimada T Combined analysis of reactive flow and heat transfer for hybrid rocket design engineering. In: 50th AIAA/ASME/SAE/ASEE Joint Propulsion conference, AIAA 2014-3456, AIAA, Cleveland, Ohio, U.S.A.

53. Karabeyoglu M A, Cantwell B J, Stevens J (2001) Evaluation of homologous series of normalalkanes as hybrid rocket fuels. In: 41[th] AIAA/ASME/SAE/ASEE Joint Propulsion conference and Exhibit, AIAA 2005-3908, Salt Lake City, Utah, U.S.A.

54. Wada Y, Kato R, Kato N, Hori K (2013) Observation of the surface regression behavior of hybrid rocket fuel using a slab motor, IAC-13, C4,2,9, x18666. In: 64th international astronautical congress, International Astronautical Federation, Beijing, China.

55. Jens E T, Mechentely F S, Cantwell B J, Hubbardx G S, Chandler A A (2014) Combustion visualization of paraffin-based hybrid rocket fuel at elevated pressures. In: 50th AIAA/ASME/SAE/ASEE Joint Propulsion conference and exhibit, AIAA paper, No. 2014-3848, Cleveland, Ohio, U.S.A.

## 5.2　固液混合火箭燃烧的内流场特性和低频不稳定性

**摘要：**混合火箭当前研究主要关注内流动力学对退移速率和低频不稳定特性的影响。第一部分主要专注研究内流特性。采用大涡模拟的方法(LES)进行数值模拟，通过在近壁面与轴流的相互作用确定了小尺度涡的形成区域。在一些试验中发现，瞬时轴向速度的轮廓表明流动结构已被显著改变，并保持为孤立的粗糙模式。此外，数值模拟了插入挡板后边界层内湍流相干涡旋和小涡旋的动力学变化规律。结果表明，直到一个下游大型旋涡脱落才能观察到小规模的旋涡。研究表明，插入一个挡板将流动的能量重新分配到较低的模式 2～5 次，增加挡板后局部退移速率增加。第二部分主要针对压力波动的低频不稳定燃烧（LFI）的起始与 10～20Hz 频率峰值。一系列试验的目的是测试 LFI 的产生。结果表明，LFI 的产生和燃烧室结构修整后得到的流动动态变化密切相关。进一步的研究发现，在燃烧室后部的涡脱落的压力振荡可能与 LFI 的发生密切相关。

### 5.2.1　内部流动的基本特征

众所周知，混合火箭的安全性和低开发成本引起了许多研究人员的兴趣。最近聚甲基丙烯酸甲酯（PMMA）燃料的燃烧试验报道了在燃料表面[1]出现的非常有趣的物理现象。当燃烧结束后，发现直径为数毫米的孤立粗糙点随机分布在聚甲基丙烯酸甲酯表面。图 5-25 所示为在火箭发动机末端拍摄的这些单元结构的典型形态。燃烧室压力保持大约在 300～400psi。一些单元结构被黑色的、未燃烧的烟尘覆盖着，这可能导致不完全燃烧。按化学当量比进行化学反应来检查燃烧条件，即是否是富燃料燃烧。PMMA 和氧按化学当量比进行简单计算，其结果表明该试验是在富氧条件下进行的。事实上，在整个燃料表面上可以观察到黑斑，甚至是当高氧/燃（O/F）比时也是如此。

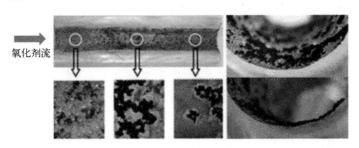

图 5-25　PMMA 燃料边缘的表面粗糙度图案其附近的放大视图

图 5-26 所示为一系列的图片，时间间隔为 1s。图中清晰地展示了 PMMA 表面显示的时间变化，表明 PMMA 表面的流动特性。第一张照片显示一个典型的条

纹图案的相干旋涡氧化剂的主要流动方向。此时没有发现可辨别的单元结构模式。然而，这些模式（在流动中的明确的方向）在出口后半部分开始形成未知的扰动和非常微小的黑暗点。但应该注意的是，燃料中间高浓度的暗点归因于氧化剂流在燃料端口压强从400psi到300psi范围时的突然膨胀，有时暗点发展成更大的，而有时它们只是受到氧化剂的强对流作用而被冲走。

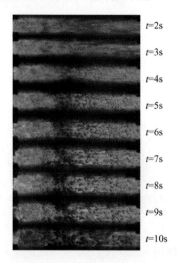

图 5-26　PMMA 燃烧过程中近壁面流动模式对比变化

Evans 等[2]报道了在 $N_2O$/HTPB（羟基聚丁二烯）混合体试验时也观测到燃料表面有类似的单元结构。为了合理地解释那些粗糙图像的形成，了解混合燃料退移的物理过程是重要的。

同时，安装挡板由于应用方便和作为一个有效的火焰稳定器而引起人们的关注[3,4]。插入挡板增加湍流强度，在室内通过加强与燃料蒸气氧化剂混合，增加了壁面的热传导性。Koo 等[5]最近的一项工作表明，在燃油的前端插入一个圆筒状的管道时，管道内的燃料表面附近的流动修正表现出非常有趣的特征。

LES 的尝试是希望通过氧化剂湍流在一个燃气发生器中的表面质量的注入，从而由流体力学的角度解释湍流结构的作用，并解释试验观察到的孤立单元形式。因此，这里没有考虑实际燃烧过程中所伴随的热力学性质的变化。

此外，在挡板插入的时候还进行了其他工作是为了明确附近表面的流量响应。特别要注意的是湍流相干涡旋在挡板上的动态响应和垂直波运动在边界层中的积极作用，因为这些可以确定湍流流场中的退移速率。计算所得的雷诺数与试验结果相匹配[1]。因此，使用多达 1 亿 100 万个网格点来解决所涉及的基本湍流尺度。温度认为是以普朗特数为 1 的被动标量。

## 5.2.2　数值方法

事实上，假设流动不可压缩，相比于声速，混合发动机内的流速仍然相对较低。因此，用于被动标量的滤波输运方程，以及连续性和动量方程描述如下：

$$\frac{\partial \overline{u_i}}{\partial x_i} = 0 \tag{5-3}$$

$$\frac{\partial \overline{u_i}}{\partial t} + \frac{\partial}{\partial x_j}(\overline{u_i u_j}) = -\frac{\partial \overline{p}}{\partial x_i} + \frac{\partial}{\partial x_j}(2v\overline{S_{ij}} - \tau_{ij}) \tag{5-4}$$

$$\frac{\partial \overline{T}}{\partial t} + \frac{\partial}{\partial x_i}(\overline{u_j T}) = \frac{\partial}{\partial x_j}\left(\alpha \frac{\partial \overline{T}}{\partial x_j} - q_j\right) \tag{5-5}$$

这里的上画线表示网格过滤操作。为了解数学方程式，在 LES 模型下，应给出残余应力张量和剩余热通量矢量：

$$\tau_{ij} = \overline{u_i u_j} - \overline{u_i}\,\overline{u_j}, \quad q_j = \overline{T u_j} - \overline{T}\,\overline{u_j} \tag{5-6}$$

合并下面的方程为计算湍流速度在物理空间中的一个微元过滤器。

$$\tau_{ij} - \frac{\delta_{ij}}{3}\tau_{kk} = -2v_t \overline{S_{ij}} + \left(L_{ij}^m - \frac{\delta_{ij}}{3}L_{kk}^m\right) \tag{5-7}$$

$$v_t = C_s \overline{\Delta}^2 \overline{S}, \quad L_{ij}^m = \overline{\overline{u_i}\,\overline{u_j}} - \overline{\overline{u_i}}\,\overline{\overline{u_j}} \tag{5-8}$$

修改 Leonard 项是明确计算使用的过滤流场和湍流黏度，通过以下步骤 $v_t$ 动态使用测试操作，用波浪线确定。

$$C_s = \frac{1}{2\overline{\Delta}^2}\frac{M_{ij}(L_{ij} - H_{ij})}{M_{kl}M_{kl}} \tag{5-9}$$

$$M_{ij} = [\widetilde{\overline{SS_{ij}}} - (\widetilde{\overline{\Delta}}/\Delta)\widetilde{\overline{S}}\widetilde{\overline{S}}_{ij}], \quad L_{ij} = \widetilde{\overline{u_i u_j}} - \widetilde{\overline{u_i}}\widetilde{\overline{u_j}}, \quad H_{ij} = \widetilde{\overline{\overline{u_i u_j}}} - \widetilde{\overline{\overline{u_i}}}\widetilde{\overline{\overline{u_j}}} \tag{5-10}$$

得到的速度场的数字多用程序，可以扩展到类似的方式，被动标量评价残余热通量矢量。作为残余应力张量，热通量矢量由 2 项矢量组成，由下面的解得到动态的扩散系数：

$$q_j = -\alpha_t \frac{\partial \overline{T}}{\partial x_j} + F_j^m \tag{5-11}$$

$$\alpha_t = C_T \overline{\Delta}^2 \overline{S}, \quad F_j^m = \overline{\overline{T u_j}} - \overline{\overline{T}}\,\overline{\overline{u_j}} \tag{5-12}$$

$$C_T = \frac{1}{\overline{\Delta}^2}\frac{(F_k - G_k)H_k}{H_k H_k} \tag{5-13}$$

$$F_k = \widetilde{\overline{T u_k}} - \widetilde{\overline{T}}\widetilde{\overline{u_k}}, \quad G_k = \widetilde{\overline{\overline{T u_k}}} - \widetilde{\overline{\overline{T}}}\widetilde{\overline{\overline{u_k}}}, \quad H_k = \overline{S}\frac{\partial \overline{T}}{\partial x_k} - (\widetilde{\overline{\Delta}}/\overline{\Delta})^2 \widetilde{\overline{S}}\frac{\partial \widetilde{\overline{T}}}{\partial x_k} \tag{5-14}$$

控制方程式（5-3）～式（5-5）在时间集成，使用半隐式过程。对流项用三阶 Runge-Kutta 方法，黏性项由二阶 Crank-Nicolson 格式求解。除了方程的对流项式（5-5），所有的导数项进行了二阶中心差分划分。

数值域如图 5-27 所示。用简单的通道替换火箭发动机模型，退移过程近似为在壁面注入流体。由壁面注入提供物理湍流的区域，在域的前端放置连续回收通道。

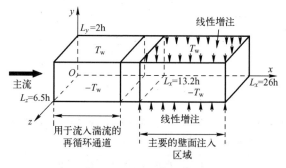

图 5-27　数值域示意图

除了用于注射的通道后半部分，假设沿壁面无滑移边界条件。注入的垂直速度的幅度假设为是从 3% 到 0% 的线性函数，如在试验[2]中所看到的。周期性边界条件在顺翼展方向施加以及在出口处设置对流边界条件，以使湍流结构离开域的最小失真。

## 5.2.3　结果与讨论

### 1. 边界层到壁面流动的调整

壁面流动的应用带来了流动模式的根本转变，从传统的有细长流向的湍流结构转变为孤立的、圆形的位于下游的轮廓。这是在试验[1,2]（图 5-26）中让人联想到的表面细胞结构模式。仔细检查发现，相干结构图 5 28 显示的等值线为条纹状的结构，所产生的上游壁面注射流远离壁面，离开更孤立的圆形轮廓上的燃料表面。

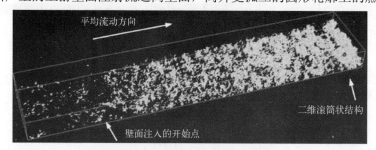

图 5-28　壁面内的相干结构等值线图

其中主要关注的是湍流活动远离壁面。图 5-29 显示了在几个位置的正常壁面方向的湍流应力和热通量。由于主要的氧化剂流量与壁面的相互作用，在壁面上出现一个非常强大的剪切层。在这层剪切层中，相干结构迅速增加，并导致垂直方向上的湍流热通量，以及雷诺兹剪切应力的突然增加。

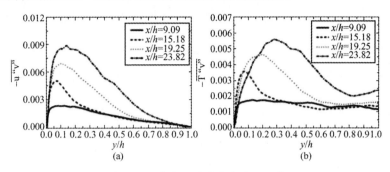

图 5-29　多个位置的湍流输运统计

(a) 雷诺兹剪切应力；(b) 湍流热通量

最后，对壁面附近的流动时间尺度进行了研究检查，频率和自动流向速度相关。注意，在壁面上的流动，大的负偏移发展自相关。作为参考，应注意位置，$x/h$=8.1 对应简单变化，没有壁面注入。一个大的负相关意味着近壁条纹结构不一样长，在上游由于注入的行为，他们分解成几块。在图 5-28 中这种行为与孤立循环模式的外观是一致的。

应用壁面注入后，图 5-30 中的频率谱也显示了一个非常独特的存在峰值，附近的无量纲的约为 8 的频率。这种特性的频率远远大于典型的如后台阶绕流[6,7]涡旋流量配置。

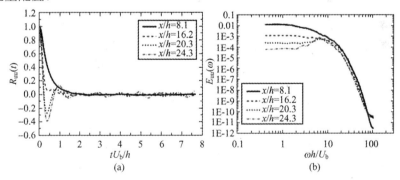

图 5-30　在墙面附近的流向速度的时间特点

(a) 自相关；(b) 频率谱

## 2. 壁面涡流的形成

如图 5-31 所示，通过寻找时间流向速度分量的轨迹，用不同的方式来分析时间特性。这一数据显示了在近壁面处流动速度的时间轨迹，它展示在近壁面处速度可以被壁面流动修正。在所有的位置，一个显著的时间间隔表示的壁层是向前和向后的振动，因而瞬时速度可以是负的。时间的流向速度轨迹包括所有速度的量，例如平均值、湍流的随机运动和周期性振荡分量。为了识别周期性振荡分量的时间流向速度轨迹，需要将速度分解为 3 个方向。

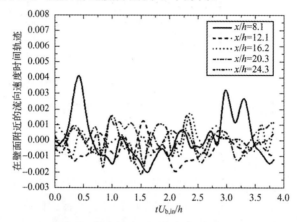

图 5-31　在壁面附近的流向速度时间轨迹

图 5-32 表示当进行注射推进剂时，在一个周期内的瞬时轴向速度 $u(y)$ 分布图。在上游地区的速度在 $x/h$=9.1 显示，可观察到充分发展的湍流流动中常规速度分布，以表面附近偏高的速度梯度为特征。壁面的气流鼓风通过推动流体远离表面来修改边界层，在下游的流量速度梯度逐渐减小到零。

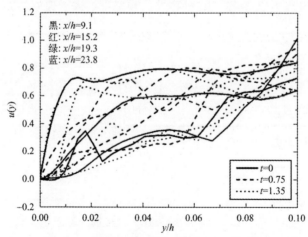

图 5-32　在一个波动周期内瞬时轴向速度分布

然而，在非常接近表面的区域，速度在 $x/h$=23.6 开始出现负波动。据分析，这种负偏移是由于辊状旋涡通道造成的，是表面流动的周期性振荡的表现形式。即使使用壁面鼓风，流动的上游侧壁面鼓吹区域似乎不足够强大以形成辊状旋涡。

图 5-33 所示为压力波动的轴向分布。蓝色代表低压区域，红色代表高压区域。

蓝色和红色斑点沿壁面的周期性表现为主轴流与壁面相互作用引起的旋涡。

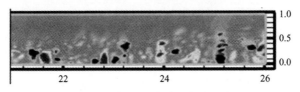

图 5-33　概述压力脉动点的形成

### 3. 插入挡板后的流动特性修正

前面的章节描述了一个事实,即内部流动的混合动力火箭显示小尺度振荡和径向脉动运动的非常有趣的特点,这是由于壁面附近的非常小规模的旋涡的形成。在试验中,通过提高湍流强度与集总波动运动,在当地插入挡板带来的退移速率大幅度增加。因此,了解集总波动是非常重要的,这可以改变已经存在的表面附近的基本流动特性,以及它如何影响到表面的热传输速率。为了创造一个更好的集中在近壁面的可接受的计算成本,混合火箭发动机的湍流流动理想化为一个简单包围的鼓风壁面的管流,不考虑化学反应,详细的解决方法参考文献[5,6]。

正如预期的那样,厚的湍流边界层形成到 $x/D<5$,在这里流动结构被打破成不规则的形式。在图 5-34 中可以看到,在挡板之后形成密集的团。这些团在挡板后很快出现,表明挡板可形成不规则的流动。但是大尺寸的湍流只形成在挡板附近的区域。

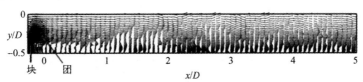

图 5-34　轴向速度矢量

图 5-35 和图 5-36 所示为 3 个不同部分的放大视图,在计算域中,在一个位置为 $y^+$=10。如图 5-35 所示,流动沿壁面的速度方向(被定义为顺时针旋转)移动,在区域后移动远离壁面不断挤压和减缓运动。

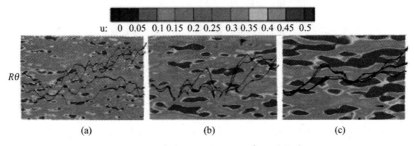

图 5-35　基线下流速的 3D 条纹线分析

(a) 前部($x/D<5$)　(b) 中间($5<x/D<10$)　(c) 后部 ($10<x/D<15$)

如图 5-36(a)所示，由于受控制的集总运动越过挡板，高度波动的条纹线被观察到。然而如图 5-36 所示的中间部分，随着消耗流动过程，高度波动的条纹线增加很快。在近壁面处新的相互作用产生小尺寸涡旋。在基线观察到后段的条纹线显示类似的行为，在这里小规模的旋涡刺激径向流振荡的连续挤压和缓解运动。

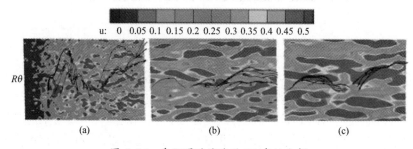

图 5-36　受阻碍时流速的 3D 条纹分析

(a) 前部(x/D<5)　(b) 中间(5<x/D<10)　(c) 后部(10<x/D<15)

POD（恰当的正交分解）确定一组正交函数，从模拟数据中提取能量的相干结构。该方法的好处是，高维数据可以分为低维数据，为了方便数据模式为任意数据，分割的数据集很容易被重建。

图 5-37 所示为在有基线和一个挡板的情况下，分配模式能量的修正。在基线的情况下，POD 的结果清楚地表明，初级模式包含了大部分的流动能量，约为 97.5% 的总能量。分配模式 2～9 能量水平小于 0.5%，这是用来创建表面附近的小规模的旋涡。

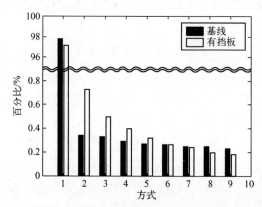

图 5-37　没有挡板的模式能量分配与基线案例的比较

在有挡板的流动中，主要模式的能量比在基线的情况下表现出较少的能量（约 0.6%）。在模式 2～5 结构小尺度的增强似乎与试验观察到的局部增加以及挡板后的退移速率直接相关。

## 5.2.4　非声学的低频不稳定性

与其他常规的化学火箭相比，混合火箭发动机燃烧性能比较稳定，如固体火箭和液体火箭。一个典型的混合火箭燃烧不稳定是一个极限环振荡，低于 100Hz 的峰值频率比声波模式低得多。对此，低频不稳定（LFI）对于理解混合火箭燃烧不稳定性的原因是重要的，因为每一个混合方案都面临处理 LFI 的困难。尽管不稳定的原因至今仍不清楚，LFI 还被认为是混合火箭发动机声学失稳模式的表现。

对 LFI 的引发机理已经进行了很多研究。Karabeyoglu 等[9]研究表明，LFI 是复杂固体燃料热滞后性与外部边界层调节的耦合混合火箭燃烧扰动，他们的研究结果与峰值频率赫兹压力振荡的试验数据吻合良好。Carmicino 等[10]使用各种喷油器配置进行了一系列燃烧试验。不同喷油器配置产生不同类型的燃烧室流动模式。结果表明，在燃烧过程中只观察到燃烧不稳定性。他们声称，不稳定的热释放可能与定期形成的大型旋涡脱落到燃烧室后部所产生附加压力扰动相关。他们提出了一个共振的压力扰动，通过在燃烧室后部不稳定的热释放，声激发的燃烧器可能是一个燃烧不稳定的触发机制。

尽管有许多研究[9-13]，但没有全面的研究。为了弥补试验观察和物理理解之间的差距，本文为触发机制的 LFI 设计了一系列的试验测试探讨触发机制 LFI。

图 5-38 显示了试验装置的示意图，分别采用 GOX 和 PMMA 作为氧化剂和燃料，进行了一系列实验室尺寸固液混合发动机燃烧测试试验。

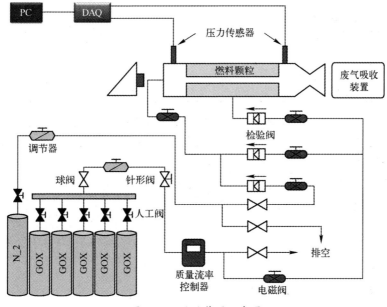

图 5-38　试验装置示意图

表 5-4 报告了所有测试结果的汇总。在基线测试作为参考的情况下，燃烧压力表现稳定，并没有独特的 LFI 发生。每个测试都有不同的配置的后室长度，而预室长度保持不变。VR 是主室和后室的体积比。在各种各样的 O/F 条件下，质量流量控制器用于控制从 10g/s 的氧化剂质量流量到 25g/s。

表 5-4 燃烧试验结果总结

| 序号 | 固体燃料 | 燃烧室长度/mm | 后燃烧室长度/mm | 氧化剂质量流率/（g/s） | O/F 比 | LFI | 备注 | |
|------|----------|------|------|------|------|------|------|------|
| 基线 | PMMA | 200 | 75 | 20 | 5.20 | 否 | 参考测试 | |
| 1 | PMMA | 200 | 105 | 20 | 5.57 | 否 | 主/后燃烧室体积比 | |
| 2 | PMMA | 200 | 200 | 20 | 5.59 | 否 | | |
| 3 | PMMA | 400 | 75 | 20 | 2.35 | 是 | | |
| 4 | PMMA | 400 | 105 | 20 | 2.41 | 否 | | |
| 5 | PMMA | 400 | 200 | 20 | 2.46 | 否 | | |
| 6 | PMMA | 400 | 75 | 10 | 2.23 | 是 | 氧化剂质量流率 | |
| 7 | PMMA | 400 | 75 | 15 | 2.29 | 是 | | |
| 8 | PMMA | 400 | 75 | 25 | 2.43 | 是 | | |
| 9 | PMMA | 400 | 75 | 20 | 2.31 | 是 | 后隔板 | 旋涡脱落向后的影响 |
| 10 | PMMA | 400 | 75 | 20 | 2.28 | 是 | | |
| 11 | PMMA | 400 | 75 | 20 | 2.23 | 是 | 切割后边缘 | |
| 12 | PMMA | 400 | 75 | 20 | 2.32 | 是 | | |
| 13 | PMMA | 400 | 75 | 20 | 2.43 | 是 | 燃烧区压力敏感度 | |
| 14 | HTPB | 200 | 75 | 20 | 3.78 | 否 | 燃料类型 | |
| 15 | HTPB | 200 | 40 | 20 | 3.60 | 是 | | |

测试 1 和 2 被设计为调查后腔长度影响 LFI 的原因，试验 3 是两倍的基准下主室长度增加的情况，测试 4 和 5 试图检查后室长度，试验 6～8 的目的是探讨变化的氧化剂流量对压力放大的影响，试验 9 到 12 检查形成的旋涡脱落向后影响 LFI 的产生，试验 13 为喉径减小时增加燃烧室压力。当一个燃烧压力降低，退移速率可能成为压力敏感。测试 13 被设计为调查燃烧压力在不稳定时的效果，最后，进行了测试 14、15，在不同的固体燃料的燃烧压力下响应 HTPB 取代 PMMA。

图 5-39 所示为在测试 2 和 3 的几何结构的比较，LFI 在测试 3 中被观察到，而测试 2 没有表现出任何不稳定的行为。

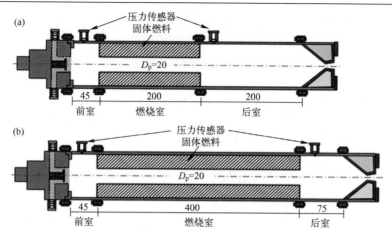

图 5-39  测试 2 和 3 的配置示意图

### 1. 基线结果

使用 PMMA 和 GOX 的火箭发动机，在恒定的 20g/s 氧化剂流量下，已获得参考测试数据。物理尺寸详见文献[13]。主室长度为 200mm，后室长度为 75mm。图 5-40 所示为在基准测试下的燃烧压力曲线，其显示了一个大约为 105psi，误差约 5psi 稳定的压力轨迹。氧化剂供应压力被成功控制在 180psi 左右，保持恒定 20g/s 的氧化剂流量。

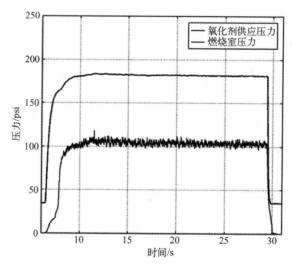

图 5-40  基线燃烧压力的轨迹

图 5-41 是 FFT（快速傅里叶变换）在 0～800Hz 频域的基准测试，并进行燃烧压力振荡的分析。光谱数据表明，燃烧压力的主要频率范围为 10～15Hz，大致

符合热滞后振荡的固体燃料[9,11]燃烧。其他频段也在谱域分别为 450~550Hz，500~600Hz，600~650Hz，这些幅度都很小。

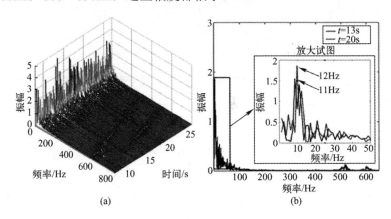

(a)          (b)

图 5-41　基线频率和峰值频率

**2. 测试 2 和 3 的压力曲线和光谱数据**

测试 2 的目的是通过增加后室基线长度从 75mm 到 200mm，来检查压力振荡燃烧特性长度。在这种情况下，燃烧压力稳定地保持在 105psi 左右。图 5-42 所示为压力振荡的频谱分析 9~20Hz 的峰值频率，这是同一基线情况的定性范围。然而，频率 100Hz 以上振荡峰消失。由于在后室长度的增加提供了更多的体积，小振幅振荡频率高于 100Hz 容易在较大的体积中衰减。

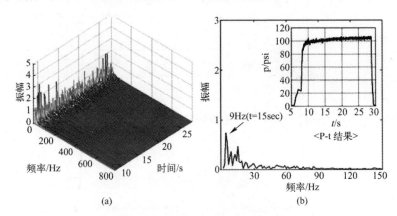

(a)          (b)

图 5-42　测试 2 的频率极差和峰值频率

测试 3 通过增加主燃烧室长度对 LFI 起始容积从 200mm 到 400mm 研究燃烧变化的影响，后室长度保持基线为 75mm 不变。图 5-43 的测试 3 显示了燃烧压力的轨迹。峰值幅度突然增加，从稳定的水平到大约 30psi，在 14s 时燃烧，大约持续 3s。谱分析表明，峰值频率的压力振荡主要活跃在 17Hz。第一次扩增结束后，第二次扩增 14Hz 同时 23s。第二次扩增的幅度均小于第一次测得的。在文献中，燃烧不稳定被定义为压力振荡的振幅超过 5% 的平均压力。在测试 3，压力振荡的振幅大于 23%，平均压力大于 15%，如 LFI 所列出的划分。

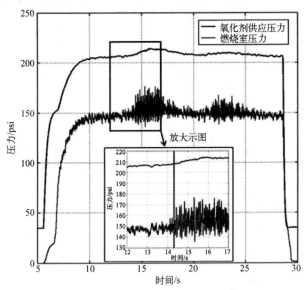

图 5-43　测试 3 中燃烧压力和氧化剂供应压力的轨迹

注意：在测试 3 中氧化剂流量保持在一个恒定的质量流率 20g/s。然而测量结果表明，氧化剂供给压力比 LFI 时刻的 210psi 平均压力略有增加，这是因为不稳定燃烧的影响通过增加流量控制器在喷嘴上游的压力供应。图 5-43 中的压力曲线的放大图显示了第一次扩增是独立的氧化剂供应压力增加。

图 5-44 所示为测试 3 中频率极差和压力曲线的峰值频率。随着放大 3 倍基线，压力振荡突然增大。即使在这种情况下，不稳定的峰值频率（14~17Hz）不同于 10~15Hz 的基线测量，测试 3 中 LFI 似乎是不同的振荡机制作用的结果，即在基线的情况下已经存在的压力振荡和热滞后燃烧中的未知来源。在这方面，karabeyoglu 等[9]声称 LFI 是在燃料中的瞬态热耦合（称为热滞后）以及整湍流边界层对外界扰动的干扰逐步调节的结果。如前所述，固体燃料的滞后称为典型的振荡，由 10~30Hz 峰值频率的固体燃料和燃烧气体之间的热特性的差异来确定。

1）控制氧化剂质量流量和固体燃料

测试 6~8 探讨氧化剂的流量控制对 LFI 产生的影响。在测试中，氧化剂流量控制提供不同的 O/F 的条件，而在试验 3 中其他数保持不变。所有的测试均通过控制质量流量来改变燃料颗粒的流动特征。

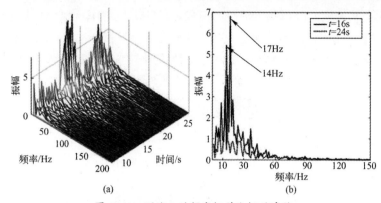

图 5-44　测试 3 的频率极差和振动峰值

　　图 5-45 所示为不同的氧化剂质量流量的压力曲线和在测试 3、6、7 和 8 通过增加氧化剂流量（从 10g/s 至 25g/s）改变 O/F 比的总结。在所有情况下，压力振荡在燃烧的某一时刻放大。第一次扩增发生在 7s、8s、10s 和 14s，燃烧取决于氧化剂流量。由于氧化剂流量增加，图 5-45(a)中扩增出现在较早的燃烧时间。请注意，在测试 6 和 7 中没有观察到第二次扩增。

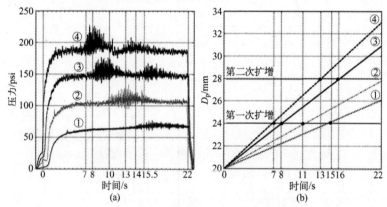

图 5-45　*P-t* 结果和不同流量时的氧化剂直径

①—测试 6；②—测试 7；③—测试 3；④—测试 8。

　　测试 3 和 6～8 的燃料直径的时间变化如图 5-45(b)所示，基于文献[8]的燃料退移速率预测。测试 3 的退移速率约为 0.25mm/s，这表明与文献[8]的 0.27mm/s 预测结果吻合良好。在每个测试中，图 5-45(b)为对应于压力变化的临界燃料直径计算的时间变化。计算证实，测试 6～8 的临界燃料直径分别接近 24mm 和 28mm。注意，在测试 6 和 7 最后的燃料直径没有达到二次扩增发生的临界直径，这可以解释为什么在测试 6 和 7 中没有观察到二次振荡。

　　下一步，用不同的固体燃料 PMMA 与 HTPB 代替测试 14、15。图 5-46 所示为测试 15 中燃烧的压力轨迹。LFI 点火后振荡立即被扩增，比测试 3 的 PMMA

更快。HTPB 密度低、易蒸发的特征导致 LFI 出现的时间比 PMMA 更早。一般来说，HTPB 比 PMMA 接近临界直径消退快，可产生不稳定。

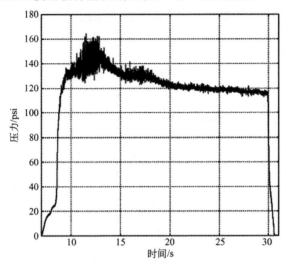

图 5-46　在端羟基聚丁二烯下测试 15 的燃烧压力轨迹

图 5-47 所示为一个频率的极差和测试 15 压力振荡的峰值频率。测试 15 比测试 3 的峰值频率稍微高 20～30Hz。注意振荡的主频主要取决于丁羟稳定的燃烧特性。在 HTPB 燃烧热滞后的频率响应估计为 15～25Hz[6,10]。因此，测试 15 中 LFI 的出现可以看作是与 HTPB 热滞后振荡相互作用的结果。另外，在测试 3、6～8 似乎不依赖于材料特性、固体燃料组成或氧化剂质量流量。

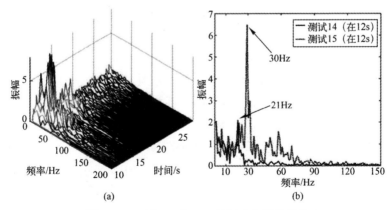

图 5-47　测试 15 中 FFT 的极差和峰值频率

2）燃料退移速率与 LFI 的产生

回顾测试 3 和 6～8 的结果，LFI 发生在一定的燃烧时间或在一定的燃料直径。在一般情况下，固体燃料的内径随着燃烧过程而增加。当 LFI 开始时，测试 8 通过停止氧化剂供给重复测量临界燃料直径。图 5-48 所示为测试 8 整个压力曲线及 LFI 瞬时终止时的部分压力曲线。对应于第一和第二次扩增的临界直径的几次测量平均值分别是 24mm 和 28mm。如前所述，在测试 3、6 和 7 中的第一个扩增对应的临界直径也约为 24mm。

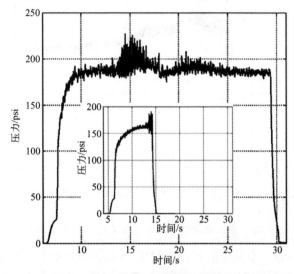

图 5-48　测试 8 的燃烧压力轨迹

由于燃料颗粒与后腔的直径差别，燃料直径的时间变化连续减少，从而削弱了燃烧室后部的涡旋强度。如果开始时在燃烧室后部的涡流形成，一个固定直径 24mm 挡板安装可以人为地承受额外的压力扰动，据说可以导致燃烧室的 LFI，这是解释燃烧室中 LFI 开始的一种情况。

为了评估在 LFI 开始时燃料直径随时间变化的敏感性，测试 9 和 10 都配备不同的后挡板。每个挡板有 24mm 和 28mm 不同内径，测试 8 中 LFI 时实测直径相同。图 5-49 是一个后室配置安装后挡板（直径分别为 24mm 和 28mm）的示意图。每一个测试都是在测试了同一个测试条件下进行的。

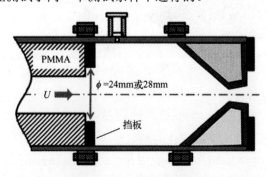

图 5-49　后室挡板的示意图

图 5-50 是在每个测试中不同后挡板的压力轨迹的总结。在燃料直径向 24mm 直径后挡板退移时，扩增突然发生。与测试了压力曲线不同，无阻尼振荡的 LFI 持续到试验结束。测试 10 的挡板直径为 28mm，压力扩增同样发生较少的振幅。根据测试 10 的结果，LFI 的起始是燃料直径随时间的变化，或以某种方式直接相关，燃烧室体积的变化导致燃料退移。

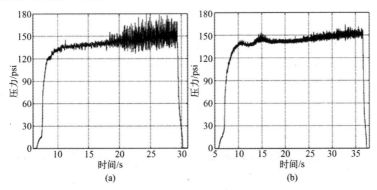

图 5-50　压力轨迹与后挡板

(a) 测试 9（$\phi$24mm）；(b) 测试 10（$\phi$28mm）。

图 5-51 所示为图 5-50(a)、(b)每个实例的压力曲线频率峰值。在这两种情况下的峰值频率位于 11～17Hz，此范围和先前测试确定的相同。

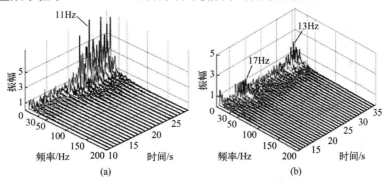

图 5-51　有后挡板时 LFI 下的峰值频率

(a) 测试 9（$\phi$24mm）；(b) 测试 10（$\phi$28mm）。

3）后向台阶旋涡脱落

测试 9 和 10 的结果表明，在一定直径的燃料燃烧过程中，LFI 会突然发生。很显然，后向台阶在燃烧室后部几何形的时间变化就是触发 LFI 的一个关键参数。不断减少台阶高度，并影响燃烧气体进入后室的流入模式，包括旋涡脱落的强度。估计 LFI 起始时涡脱落的影响，额外的测试设计与燃料颗粒具有 30°～60°不同的后边缘角。测试条件与测试 3 中相同。图 5-52 为后边缘的示意图，不同切削角度分别为 30°和 60°。

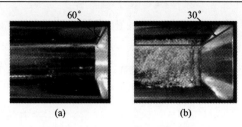

**图 5-52　后端切割角边缘的变化**

(a) 测试 11（60°）；(b) 测试 12（30°）。

图 5-53 所示为不同切削角度的试验燃烧压力的轨迹。对于 60° 角的测试，整体的压力模式振荡与测试 3 中已经观察到的振荡非常相似，呈现出连续两次压力扩增。然而压力曲线与 30° 切割角表现出相对稳定的燃烧，无需二次扩增。

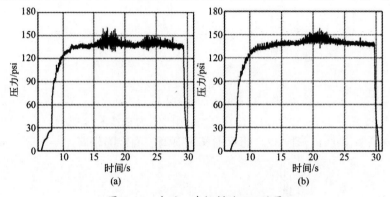

**图 5-53　向后一步切割的 $P\text{-}t$ 结果**

(a) 测试 11（60°）；(b) 测试 12（30°）。

图 5-54 所示为每一种不同的边缘角的情况的压力振荡峰值频率的频谱分析。两种情况下的峰值频率主要活跃在 14～18Hz 的范围，这是由测试 3 类似的频率范围 15～20Hz 确定的。

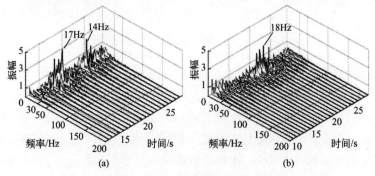

**图 5-54　后向台阶时峰值频率的结果**

(a) 测试 11（60°）；(b) 测试 12（30°）。

　　总之，从 LFI 发生后切削角的变化并没有完全转变，即使切割后边缘的燃料颗粒稍微减少振幅。因此，必须重新检讨在燃烧室后部涡流的形成。在这方面，可以假设在燃烧室后部旋涡脱落的关键作用。如果旋涡脱落中含有未燃混合物流到燃烧室后部，可以产生不稳定的热释放和额外的低频压力扰动，即在燃烧室后部连续燃烧。压力振荡突然扩增，导致在 LFI 中采用固体燃料的热滞后存在振荡共振。

　　4）燃烧压力的影响

　　Wooldridge 等[12]研究了如果燃烧压力保持低于临界压力的退移速率，LFI 可能是依赖于燃烧室的压力。在这种燃烧条件下，燃料燃烧对燃烧压力的变化非常敏感。压力扰动可能导致 LFI 的起始，因此，增加测试 13 的设计，即如果在测试 3 中 150psi 的燃烧压力增加会发生什么。为此本试验通过减少喷嘴喉部直径从 6.5mm 到 5.5mm 来增加燃烧室压力 190psi 左右，燃烧固体可能没有压力敏感了。测试 3 中其他测试条件保持不变。

　　图 5-55 所示为测试 13 的燃烧压力振荡轨迹。在点火产生两个连续的不稳定后压力振荡被扩增。压力振荡的总体模式似乎很相似，在测试 3 中出现 2 个连续的压力峰值。

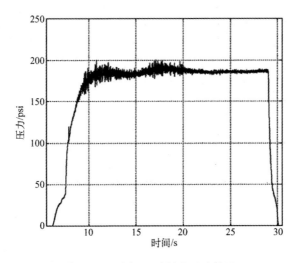

图 5-55　测试 13 的燃烧压力轨迹

　　图 5-56 所示为测试 13 的峰值频率 14～16Hz 的压力振荡谱分析，峰值频率范围与测试 3 观察到的类似。如果 LFI 在测试 3 由燃油压力敏感性开始退移，燃烧压力的增加可以改变燃烧动力学，而不是稳定燃烧，因为燃料的退移不依赖于燃烧压力。然而，测试 13 的压力轨迹显示极为相似的振荡方式，如测试 3 的两种方法。第一个是 LFI 持续发生，而另一种是连续出现两扩增。因此在测试 3 中 LFI

肯定不是压力敏感条件中的压力扩增与燃料退移行为的耦合。

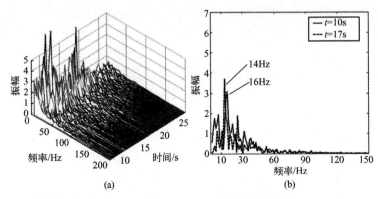

图 5-56　测试 13 中 FFT 极差和峰值频率

## 5.2.5　结论

瞬时流场的各种实现清楚地表明，壁面喷注的应用特征明显地改变着湍流旋涡的结构。几个湍流的统计和相关性也支持这样的事实，即壁面注入大幅度改变近壁面湍流的特性。与在没有壁注射的区域中发现的典型条纹涡流不同，这主要是在流向方向伸长，改良相干结构的倾斜配置的壁面注入方式有可能离开燃料表面上的孤立的，圆形的痕迹。因此，在试验中观察到的模式的顺序变化可以通过壁面鼓吹与近壁面结构的运动学配置的变化密切相关。

在插入挡板时，数值结果表明在挡板上形成的大规模涡流干扰了表面附近的涡流限制了涡流尺寸，直到大规模涡流开始消失。高度波动的条纹被观察到是因为挡板主导的团块运动。此外，POD 分析显示，插入挡板改变了主振型能量，其能量含量略低于基线情况。降低的能耗重新分配以提高低模式 2～5 的能量。这种变化似乎与试验观察到的局部增加的挡板后的退移速率是直接相关。

至于 LFI 混合火箭燃烧的启动机制，在基线情况下燃烧，具有非常稳定的压力振荡的主要峰值频率范围是 10～15Hz。然而，压力突然振荡跳到不稳定的模式，当燃烧室长度从 200mm 增加到 400mm 时，导致 LFI 下频率峰值为 14～17Hz。在这种情况下，14～17Hz 的主频率是相同的频率范围内观察到稳定燃烧。当燃料直径退移到 24mm 和 28mm 直径时，LFI 突然开始。

统计所有可用的测试结果，通过在燃烧室后部连续燃烧和产生额外的低频压力扰动，含混合物燃烧的后燃烧室内脱落涡可作为非稳定热源。

**致谢：**这项工作是由韩国国家研究基金会航天技术发展计划的研究经费支持（2013M1A3A3A02041818）。

# 参 考 文 献

1. Na Y, Lee C (2008) Intrinsic flow oscillation in channel flow with wall blowing, AIAA paper 2008-5019.

2. Evans B, Favorito N A, Kuo K K (2006) Oxidizer-type and aluminum particle addition effects on solid fuel burning behavior, AIAA Paper 2006-4676.

3. Grosse M (2009) Effect of a diaphragm on performance and regression of a laboratory scale hybrid rocket motor using nitrous oxide and paraffin, AIAA Paper 2009-5113.

4. Kumar C P, Kumar A (2013) Effect of diaphragms on regression rate in hybrid rocket motors. J Propuls Power 29(3):559-572.

5. Koo H, Mon K O, Lee C (2013) Effect of a block on flow oscillations near evaporating solid fuel surface. Int J Aerosp Sci Technol 30(1):269-277.

6. Lee C, Na Y (2009) Large eddy simulation of flow development in a chamber with surface mass injection. J Propuls Power 25(1):51-55.

7. Kim B, Na Y, Shin K H, Lee C (2012) Nonlinear combustion and fluid mechanics in a hybrid rocket. J Propuls Power 28(6):1351-1358.

8. Na Y, Lee C (2013) Large eddy simulations and experiments of nonlinear flow interactions in hybrid rocket combustion. Prog Propuls Phys 4:113-132.

9. Karabeyglu A, De Zilwa S, Cantwell C, Zilliac G (2005) Modeling of hybrid rocket Low frequency instabilities. J Propuls Power 21:1107-1116.

10. Carmicino C (2009) Acoustic, vortex shedding, and low-frequency dynamics interaction in an unstable hybrid rocket. J Propuls Power 25(6):1322-1335.

11. Lee C (2002) The application of ZN analysis to the transient combustion of hybrid rocket. In: 40th AIAA aerospace sciences meeting & exhibit, Reno, 14-17 January 2002.

12. Wooldridge C E, Marxman G A, Kier R J (1969) Investigation of combustion instability in hybrid rocket, NASA CR-66812.

13. Park K, Lee C (2014) Low frequency instability in lab-scale hybrid rocket motors, AIAA paper 2014-3454.

## 5.3　固液混合火箭发动机中石蜡燃料性能分析

**摘要：**石蜡燃料具有较高的退移速率和能量特性，是固液混合发动机的理想能源。研究表明，石蜡燃料和 HTPB 燃料与不同氧化剂组合的能量特性参数基本相同；石蜡燃料和 HTPB 燃料与液氧的比冲最高，分别为 3194.3 N·s/kg 和 3259 N·s/kg；石蜡/液氧推进剂组合的最佳氧燃比低且比冲大，适用于大型混合火箭发动机；预处理石蜡的分解温度高于纯石蜡的分解温度，但比 HTPB 低；计算得到预处理石蜡和含石蜡燃料在氧气气氛下的反应动力学参数，"$E$" 为 101.72kJ/mol，指前因子"$A$" 为 $4.53382 \times 10^{11}$；试验证明了石蜡燃料和 HTPB 燃料的防熔融特性；在相同条件下，石蜡燃料的退移速率高于普通的 HTPB 燃料；在相同配方下，随着氧化剂密流的增加，燃料的退移速率也不断增加；进行数值模拟计算时，固液混合发动机的前补燃室和后补燃室的内流场均出现漩涡结构，主要的放热反应发生在燃料表面上端和后补燃室。

## 5.3.1 引言

固液混合火箭发动机兼顾固体火箭和液体火箭的诸多优点，具有推力可调，易关机和能多次启动等优势；同时，它还有良好的可控性、极低的成本，很高的安全性和可靠性、可重复使用以及对环境无污染的特点，是未来飞行器动力系统发展的一个方向[1-3]。石蜡作为新型混合火箭发动机用燃料，密度和 HTPB 燃料相当，燃烧热值比 HTPB 略高，而退移速率是 HTPB 燃料的 3～4 倍[4]。含石蜡燃料作为一种理想混合发动机燃料，近年来受到国内外的广泛关注，被普遍应用于混合发动机的研究和试验。

美国斯坦福大学成功研制了石蜡基燃料，并进行了超过 300 次地面试车试验。1999 年，斯坦福大学将配制的含石蜡燃料混合火箭发射到了 1829m 高度[5]。2004年，斯坦福大学设计并制造出外径 3 英寸的含石蜡燃料探空火箭，火箭飞行高度达2871m[6]。中国也大力开展对固液混合发动机的研究[7,8]，北京航空航天大学设计研制了"北航系列"探空火箭，"北航 2 号"采用 N$_2$O 为氧化剂，HTPB 为燃料，于 2008年 12 月成功发射，实现了中国首次将固液混合火箭发动机作为动力的探空火箭的发射和回收。"北航 3 号"首次采用过氧化氢为混合发动机氧化剂，实现了变推力和长时间工作，于 2012 年 4 月顺利完成飞行试验。中国台湾成功大学于 2010 年 10月，将长度为 3.6m、外径约 16cm 的"成大 1 号"混合火箭发射约 8km 的高度，其混合发动机采用 N$_2$O 为氧化剂，50%石蜡和 50%合成橡胶为燃料，并于 2014 年3 月又将两枚小型混合火箭发射至 1.5km 的高度。目前，应用在混合火箭发动机的氧化剂很多，主要包括 N$_2$O、液氧、H$_2$O$_2$、HNO$_3$ 等。单繁立[9]设计、研制了 N$_2$O/HTPB混合火箭发动机的原理样机，对发动机性能进行分析评估，得到低氧燃比对发动机能量影响显著，增大 N$_2$O 流量很有必要。李新田[10]利用 H$_2$O$_2$/HTPB 推进剂组合进行固液火箭发动机实验研究，得到催化点火方式比点火药点火方式药柱燃速高、建压时间长。王鹏飞[11]采用固气矩形混合发动机测试含石蜡燃料和 HTPB 燃料的退移速率，测试结果表明，同等工况下石蜡燃料退移速率是 HTPB 燃料退移速率的1.58～1.74 倍。施震灏[12]采用 PDSC、TG-DTG 和 DSC-FTIR 技术对 HTPB/AP 复合体系进行热分解特性分析，研究得到增大压力和铝粉均能加速推进剂的热分解过程，同时增加压力会使 HTPB 分解放热产生多峰现象，而铝粉则会抑制该现象。杨玉新[13]利用燃烧流动与固体区域传热耦合计算以及动态网格技术，建立固液混合发动机固体燃料瞬态退移速率预示数值模型，得到固体燃料的表面温度和退移速率随着发动机的工作逐渐降低，在同一时刻沿发动机轴线燃料热解表面上各点的温度和退移速率都不相同。

本文通过对不同氧化剂与石蜡燃料、HTPB 燃料能量特性进行计算，总结这些推进剂组合的优缺点；通过热分解试验得到不同燃料的热分解特性，并利用实验数据计算得到预处理石蜡在氧气气氛下的反应动力学参数；利用固体火箭发动机工作产生高温高压原理，对 HTPB 燃料和石蜡燃料进行熔融特性实验，验证它们的熔融特性；利用固气矩形混合发动机端面燃烧法，对含石蜡燃料在混合发动机内的退移速率进行测试，研究燃料配方、氧化剂质量流率与退移速率之间的关系；通过对含石蜡燃料的固液混合发动机进行数值模拟仿真，得到含石蜡燃料的燃烧特性。

### 5.3.2　能量特性计算

在固液火箭发动机的实际应用中，被广泛使用的固体燃料主要有 HTPB 和石蜡。这些燃料和氧化剂反应的主要产物为 $CO_2$、$H_2O$ 和 $N_2$ 等。本文采用最小吉布斯自由能法，对不同推进剂组合进行热力计算，通过比较不同组合的能量特征参数，分析各推进剂组合对发动机性能的影响。

#### 1. 计算方案

本文采用最小吉布斯自由能法[14,15]主要针对发动机的比冲进行参数比较，计算的条件设定如下：初始温度为 300K，燃烧室工作压强为 3.4MPa，喷管扩张面积比 $A_e/A_t=70$。氧化剂采用 $H_2O_2$、LOX、$N_2O$ 和 $HNO_3$，其中燃料配方如表 5-5 所列。

表 5-5　燃料配方

| 样本 | HTPB/% | 石蜡/% | Al/% | Mg/% | C/% |
|---|---|---|---|---|---|
| 1# | 15 | 35 | 15 | 25 | 10 |
| 2# | 50 | 0 | 15 | 25 | 10 |

#### 2. 计算结果及分析

石蜡燃料和 HTPB 燃料与不同氧化剂的比冲关系如图 5-57 所示。

通过对图 5-57 中曲线进行分析，得到如下结论：石蜡燃料与 $N_2O$、液氧、$HNO_3$、$H_2O_2$ 的最佳氧燃比分别为 4.6、1.2、2.5、3.8，而 HTPB 的分别为 4.6、1.2、2.4、3.8。其中，石蜡与液氧的最高比冲为 3194.3 N·s/kg，而 HTPB 最高比冲的为 3259 N·s/kg。石蜡燃料与 HTPB 燃料在相同的氧化剂组分和氧燃比下，HTPB 燃料的比冲略高于石蜡燃料，这可能是由于预处理工艺（接枝羟基）造成的。

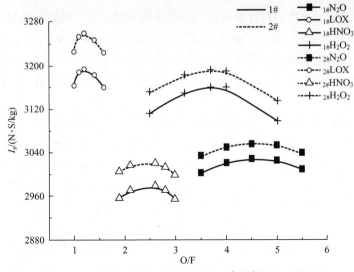

图 5-57　不同氧化剂下 1#和 2#的比冲随氧燃比的变化

### 3. 石蜡与不同氧化剂组合应用前景分析

目前，应用于混合火箭发动机的推进剂组合主要有 $N_2O$/HTPB、$H_2O_2$/HTPB、$N_2O$/石蜡、$HNO_3$/石蜡等。但是石蜡由于其自身的烷烃属性，退移速率约是 HTPB 的 2～3 倍。因而目前在混合发动机领域，国内外都将大力开展石蜡混合发动机方面的研究，而混合发动机中不同氧化剂与石蜡燃料的组合也各有特点。

液氧的沸点为 90K，若用于混合火箭发动机中，将会增加发动机的消极质量，降低混合火箭的综合性能。通过对图 5-57 进行分析，石蜡燃料与液氧的比冲最高为 3194.3 N·s/kg，最佳氧燃比最低为 1.2，若设计的混合火箭发动机在比冲方面有很高的要求，石蜡与液氧的推进剂组合为最佳选择。液氧/石蜡的推进剂组合，既可以有很高的比冲，同时又消耗很少量的氧化剂即可达到最大比冲，因而可以考虑在大型助推器上应用。

一氧化二氮为可液化气体，在 5.2MPa，20℃时为液态。石蜡燃料与 $N_2O$ 反应不仅要消耗大量的氧化剂，而且产生的比冲又不是很高，同时 $N_2O$ 生产和运输成本都比较高，这在选择推进剂组合的性能上具有一定劣势。但考虑到实际情况，$N_2O$ 可在常温下进行液化，无需再降低温度，便于携带进火箭发动机内，可控性好，使用方便，作为一种高效的氧试剂，在混合火箭发动机中有广泛的应用前景。国内外许多研究机构在开展混合发动机技术研究时，通常采用 $N_2O$ 作为氧化剂。

硝酸是一种有很强氧化性、腐蚀性的强酸，生产方便，运输安全。若用于混合发动机燃料，相关储箱、管路等需要防腐蚀材料，同时使用增压装置也将增大了发动机的消极载荷。石蜡燃料与 $IINO_3$ 组合推进剂与其他组合相比较，最佳氧燃比较低但比冲不高，由于 $HNO_3$ 是液体，方便携带进火箭内，考虑到混合发动机的综合性能，$HNO_3$ 可作为一种较理性的氧化剂，用作探空火箭和大型混合火箭助推器都是较好的选择。

$H_2O_2$ 是一种易得的氧化剂，反应副产物为水，具有无毒、无污染的特点，双氧水进入燃烧室后需经过催化分解才能与燃料发生化学反应，而高效率的催化装置目前较难实现。石蜡燃料与 $H_2O_2$ 组合的比冲仅次于液氧组合。$H_2O_2$ 液体也无需用外界加压降温液化，安全性较高，适合用于多种小型混合火箭发动机，尤其用作近地空间的探空火箭最为适宜。

### 5.3.3 热分解特性试验

通过采用差示扫描量热法（DSC）和热重法（TG），对不同压强，不同升温速率下预处理石蜡（羟基处理），纯石蜡和 HTPB 进行热分解特性研究。

**1. 试验方案**

本节选用纯石蜡，预处理石蜡和 HTPB 为样品，分别编号：P1、P2 和 P3；在氮气和氧气气氛下，分别进行 TG 和 DSC 热分析测试。采用动态气氛进行测定，各气氛下气体流量设定均为 30mL/min。在 TG 和 DSC 试验中，测温范围为常温~950℃[16]。

**2. TG 试验分析**

在氮气气氛下，对纯石蜡、预处理石蜡、HTPB 进行升温速率为 20℃/min 的 TG 实验，图 5-58 中 P1，P2 和 P3 分别代表纯石蜡，预处理石蜡和 HTPB 的 TG 曲线。

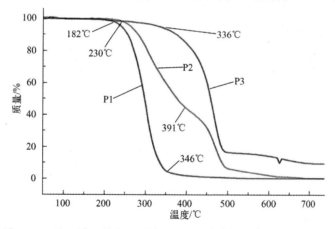

图 5-58 纯石蜡、预处理石蜡和 HTPB 在氮气气氛下的 TG 曲线

由图 5-58 可知，纯石蜡和预处理石蜡的起始分解温度分别为 182℃ 和 230℃。预处理石蜡的起始分解温度比纯石蜡的高，可见预处理石蜡的处理工艺是有效的，预处理石蜡特效发生了变化。

**3. DSC 试验分析**

在空气气氛下，对纯石蜡、预处理石蜡、HTPB 三种样品进行升温速率为

20℃/min 的常压 DSC 试验。图 5-59 中 P1，P2 和 P3 分别代表纯石蜡、预处理石蜡和 HTPB 的 DSC 曲线。

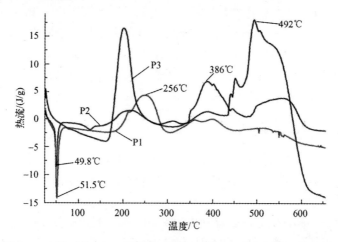

图 5-59　纯石蜡、预处理石蜡和 HTPB 在空气气氛下的 DSC 曲线

由图 5-59 可知，在空气气氛下，纯石蜡、预处理石蜡和 HTPB 的氧化分解放热峰的温度分别为 256℃、386℃和 492℃；预处石蜡的熔化温度为 49.8℃，熔化吸热量为 149.10 J/g，比未处理石蜡（278.42J/g）的低。可见通过预处理工艺，可以有效降低预处石蜡在熔化时的吸热量。

**4．不同升温速率下预处理石蜡的 DSC 热分析试验**

在氧气气氛下，对预处理石蜡进行不同升温速率的 DSC 热分析试验。图 5-60 中 1、2、3 和 4 分别代表在氧气气氛下，升温速率为 5℃/min、10℃/min、15℃/min、20℃/min 时，预处理石蜡的 DSC 曲线。

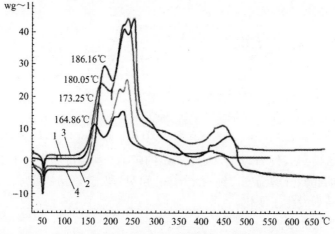

图 5-60　不同升温速率下预处理石蜡在氧气气氛下的 DSC 曲线

通过热分析试验，计算出预处理石蜡在氧气气氛下的动力学参数，得出反应速率常数和反应温度的定量关系。不同升温速率的预处理石蜡 DSC 曲线特征值如表 5-6 所列。

表 5-6　预处理石蜡在氧气气氛下的 DSC 曲线特征值

| $\beta/(℃/min)$ | $T_p/K$ | $1/T_p$ | $\lg\beta$ | $\ln(\beta/T_p^2)$ |
|---|---|---|---|---|
| 5 | 438 | 0.002283 | 0.699 | −10.5549 |
| 10 | 446 | 0.002240 | 1.000 | −9.8998 |
| 15 | 453 | 0.002207 | 1.176 | −9.5246 |
| 20 | 459 | 0.002177 | 1.301 | −9.2637 |

由 Kissinger 法[17]得到 $\ln(\beta/T_p^2)$ 和 $1/T_p$ 的关系曲线方程为：$Y=17.43-12233X$，由 Ozawa 法[18]得到 $\ln\beta$ 和 $1/T_p$ 的关系曲线方程为：$Y=14.31-5955X$。通过以上方程的斜率和截距求得反应活化能和指前因子以及相关系数，如表 5-7 所列。

表 5-7　预处理石蜡在氧气气氛中的热反应动力学参数

| 方法 | $E/(kJ/mol)$ | $A$ | $r$ |
|---|---|---|---|
| Kissinger 方法 | 101.72 | $4.53382\times10^{11}$ | 0.99 |
| Ozawa 方法 | 108.39 | — | 0.99 |

注：$E$ 为活化能（kJ/mol）；$A$ 为指前因子；$r$ 为相关系数

由表 5-7 可得，Kissinger 和 Ozawa 两种方法得到的活化能值在同一个数量级上，相关系数均为 0.99。其中，用 Kissinger 法得到 $E$ 为 101.72kJ/mol，指前因子 $A$ 为 $4.53382\times10^{11}$；用 Ozawa 法得到 $E$ 为 108.39kJ/mol。

## 5.3.4　燃料熔融特性试验

利用固体燃料熔融特性测试装置对含石蜡燃料和 HTPB 燃料进行发动机点火试验，模拟含石蜡燃料和 HTPB 燃料在真实发动机高温高压环境下的状况。检测燃料遭受这种状况后的结构完整性和熔融特性。在相同的温度和压强下，对含石蜡燃料和 HTPB 燃料测试前后的状况进行对比，通过测量重量和观察药柱来验证燃料的熔融特性。

### 1．试验方案

在固体火箭发动机前端放入复合推进剂，利用发动机点火产生一个高温（3100K）高压（3MPa）环境，来测量燃料样本的熔融特性。

## 2. 试验结果分析

含石蜡燃料和 HTPB 燃料的熔融特性测试试验中，发动机工作压强与时间的关系见图 5-61～图 5-63 和表 5-8。

图 5-61　熔融特性测试装置点火试验

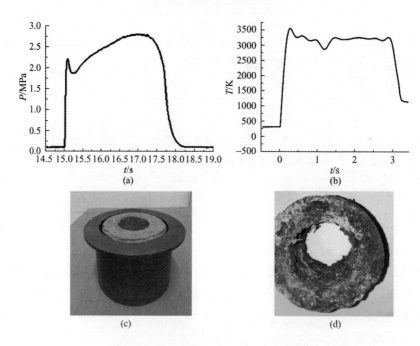

图 5-62　含石蜡燃料熔融特性测试试验

(a) $P$–$t$ 曲线；(b) $T$–$t$ 曲线；(c) 测试前的石蜡燃料；(d) 测试后的石蜡燃料。

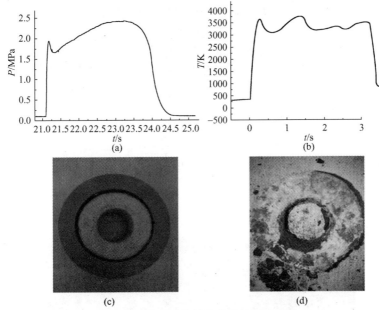

图 5-63　HTPB 燃料熔融特性测试试验

(a) *P-t* 曲线；(b) *T-t* 曲线；(c) 测试前的石蜡燃料；(d) 测试后的石蜡燃料。

表 5-8　熔融试验前后质量对比

| 样本 | 试验前质量/g | 试验后质量/g | 试验损失 Δ*r*/% |
|---|---|---|---|
| 1# 含石蜡燃料 | 168.25 | 132.67 | 21.1 |
| 2# HTPB 燃料 | 166.80 | 144.65 | 13.2 |

通过上面的图表可以得到以下结论：

（1）含石蜡燃料和 HTPB 燃料在高温高压环境下，含石蜡燃料和 HTPB 燃料形状基本没有发生变化，没有发生熔融。充分验证了制备的含石蜡燃料能够适应高温高压环境，为今后应用于混合发动机奠定了很好的基础。

（2）发动机的工作时间为 3s，高温燃气与固体燃料表面发生碳化反应，导致固体燃料质量减少。含石蜡燃料在发动机工作前后质量损失 21.1%；HTPB 燃料在发动机工作前后质量损失 13.2%。因而，含石蜡燃料相对与 HTPB 燃料更有利于燃烧，应用于固液混合发动机可大大提高燃料的退移速率。

## 5.3.5　燃料退移速率测试试验

利用固气矩形混合发动机，对 1#含石蜡燃料和 2#HTPB 燃料进行发动机点火试验。通过测量"压强—时间"曲线确定燃料燃烧的工作时间，利用燃料样品厚度和工作时间的比值得到燃料在当前工况下的平均退移速率。

### 1. 试验方案

试验中所采用的燃料配方为表 5-5 中的 1#和 2#，选择的工作压强为 1～2MPa。

试验系统和混合发动机工作过程如图 5-64 和图 5-65 所示。

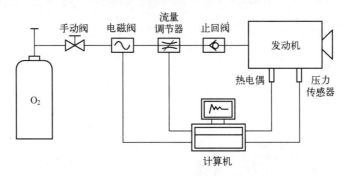

图 5-64　试验系统

图 5-65　混合发动机工作过程的实况

## 2．试验结果分析

1）试验重现性分析

对尺寸相同的石蜡燃料，在氧气质量流率为 40g/s，喷管喉径为 10mm 工况下进行三次退移速率测试点火试验，试验测得的"压强－时间"曲线如图 5-66 所示。

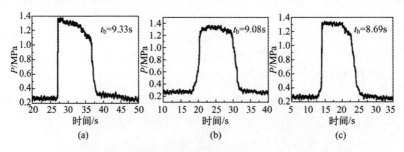

图 5-66　含石蜡燃料重复性实验的 $P$-$t$ 曲线

(a) 第一次试验的 $P$-$t$ 曲线；(b) 第二次试验的 $P$-$t$ 曲线；(c) 第三次实验的 $P$-$t$ 曲线。

"压强—时间"曲线在稳定阶段均没有出现大的跳跃，对每种试验工况都进行3 次重复性实验，3 次实验平均值为 1.11mm/s，3 次实验退移速率相对误差分别为 2.70%、1.80%、4.50%，最大相对误差为 4.50%。因此，可以认为试验结果重现性好、稳定可靠。

2）氧气质量流量对燃料退移速率的影响

在不同氧气质量流率下，对 1# 和 2# 两种配方燃料分别做 4 次点火试验，取其中有效试验的平均值，具体数据如表 5-9 所列。

表 5-9　不同配方下燃料退移速率 r 对比

| $\dot{m}$ /(g/s) | 25 | 30 | 35 | 40 |
|---|---|---|---|---|
| 1# $r$/(mm/s) | 0.79 | 0.92 | 1.00 | 1.11 |
| 2# $r$/(mm/s) | 0.47 | 0.54 | 0.63 | 0.68 |
| 注：$r$ 为退移速率（mm/s）；$\dot{m}$ 为氧气质量流量（g/s） | | | | |

根据表 5-9 可以得到：

（1）在氧气质量流率分别为 40g/s、35g/s、30g/s、25g/s 的条件下，1# 燃料的退移速率比 2# 燃料退移速率分别增加了 63.24%、58.73%、70.37%、68.09%。可见，在相同的质量流率下，含石蜡燃料的退移速率要高于普通的HTPB 燃料。

（2）1# 燃料和 2# 燃料在氧化剂质量流率为 25g/s、30g/s、35g/s 和 40g/s 时，随着每次氧气质量流率的增加，1# 退移速率分别增加了 16.46%、8.70%、11%；2# 的退移速率分别增加了 14.89%、16.67%、7.94%。可见，由于氧化剂质量流率的增加，燃料表面气流速度增大，向固体燃料表面扩散程度加剧，导致固体燃料的表面温度升高、增加表面热反馈、燃烧反应更加剧烈，从而退移速率增加。

**3．氧气质量流量与燃料退移速率的关系**

以往的研究成果表明[19,20]，固液混合火箭发动机的固体燃料退移速率一般受到燃烧室压强影响较小，而受燃料配方、燃烧室结构和氧化剂密流影响较大。其中，燃料退移速率与氧化剂密流之间满足经验关系式[21]：

$$r = aG_o^n, \quad G_o = \dot{m} / A_p$$

式中：$a$，$n$ 为试验得到的经验参数；$G_o$ 为氧化剂密流，$\dot{m}$ 为氧化剂质量流率；$A_p$ 为燃烧通道的横截面积，本书 $A_p$=56cm$^2$。

根据上述试验所得的数据，得到 1# 配方的石蜡燃料和 2# 配方的 HTPB 燃料的退移速率各参数如表 5-10 所列。

表 5-10　燃料退移速率与氧气密流的关系

| $\dot{m}$ /（g/s） | $G_o$/（g/(cm²·s)） | ln $G_o$/（g/(cm²·s)） | 1# ln$\gamma$/（cm/s） | 2# ln $\gamma$/（cm/s） |
|---|---|---|---|---|
| 25 | 0.4464 | −0.8065 | −2.5383 | −3.0576 |
| 30 | 0.5357 | −0.6242 | −2.3860 | −2.9188 |
| 35 | 0.6250 | −0.4700 | −2.3026 | −2.7646 |
| 40 | 0.7143 | −0.3365 | −2.1982 | −2.6883 |

通过拟合表 5-10 中的 $G_o$ 和 ln$\gamma$，得到燃料的退移速率与氧气密流的关系式：

$$r_{1\#} = 0.2491G_o^{0.7103}\mathrm{mm/s} , \quad r_{2\#} = 0.1323G_o^{0.7822}\mathrm{mm/s}$$

由上式可以看到，燃料的退移速率随着氧气质量流率的增加而增加，石蜡燃料的退移速率明显高于 HTPB 燃料的退移速率。

在发动机工作时，氧气与固体燃料反应产生大量的热，使燃料表面熔化形成一层液体薄膜，在液体表面气流的作用下，石蜡燃料表面产生不稳定进而雾化形成液滴进入气相[18]。而 HTPB 燃料燃烧时也产生液膜，但由于黏度太大以至不能有效雾化[22]。由于石蜡液滴的雾化极大地增强了燃料的质量输运，从而大大提高了表面退移速率，这种高退移速率属于石蜡燃料本身的一种自然属性。

### 5.3.6　混合火箭发动机内流场数值仿真

设计加工了含石蜡燃料固液混合火箭发动机，利用 CFD 数值仿真软件模拟含石蜡燃料在混合发动机内点火燃烧情况，获得了含石蜡固液混合发动机内流场参数分布规律。

#### 1. 仿真模型

图 5-67 为设计的固液混合发动机三维结构图，混合发动机（外径为 74mm，总长为 340mm）包括：发动机前端进气口（直径为 12mm）；含石蜡燃料装药（外径为 86mm，内径为 40mm，长 120mm）；喷管（喉径为 10mm）；燃烧室内安装石墨绝热层，并开有测压口和测温口。

图 5-67　混合火箭发动机三维结构图

### 2．仿真方案

由于固液混合发动机工作时，需考虑到固气相转变，气体扩散等复杂因素影响，本文对其燃烧模型进行简化，仅考虑气相间的化学反应过程。文中数值计算采用不可压 Navier-Stokes (N-S)方程，近壁面处理采用标准壁面函数法。燃烧湍流模型选用 Realizable $k$-$\varepsilon$ 模型，压力-速度耦合采用 SIMPLE 方法，扩散项采用二阶迎风差分格式，燃烧模型选用非预混反应模型，通过求解守恒标量（混合分数）输运方程，并从预测的混合分数分布推导出每一组分的浓度，选择适合湍流扩散火焰的模拟。在固液混合发动机中仿真模拟时，设定的边界条件如下：

（1）入口边界条件：第一入口边界为混合发动机前端的进气道截面，采用质量流率入口，组分为 $N_2O$，质量流率为 120g/s，总压为 5MPa，温度为 300K；第二入口边界为含石蜡燃料管状装药的内表面，采用质量流率入口，组分为含石蜡燃料（35%石蜡, 20%HTPB, 25%Mg, 15%Al, 5%C），质量流率为 30g/s，总压为 5MPa，温度 300K。流场计算中假设燃气为理想气体。

（2）出口边界条件：出口边界为喷管的出口截面，采用压力出口条件，出口压强为 0.1MPa。

（3）壁面边界条件：在考虑绝热的情况下，采用无滑移壁面，不考虑热损失。

### 3．仿真结果与分析

在对发动机内流场进行数值仿真时，不考虑发动机壳体的热损失，假设计算条件是绝热等熵的。发动机的内流场仿真结果如图 5-68～图 5-73 所示。

图 5-68　稳态计算下混合发动机工作的温度分度云图

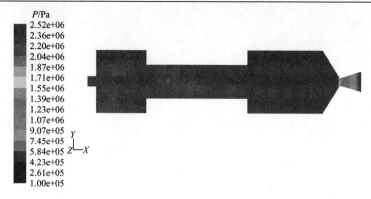

图 5-69　稳态计算下混合火箭发动机内的压强分度云图

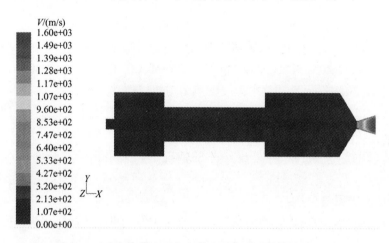

图 5-70　稳态计算下混合火箭发动机内的速度分度云图

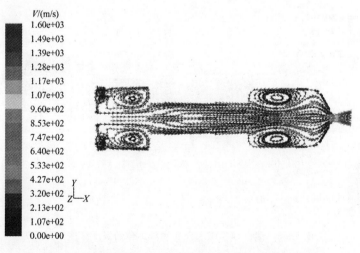

图 5-71　稳态计算下混合火箭发动机内速度矢量分布

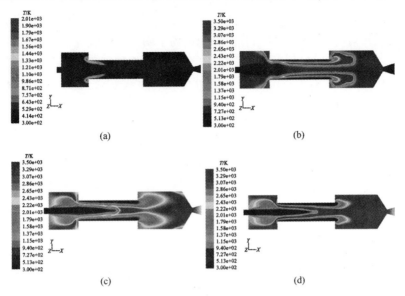

图 5-72　非稳态计算下混合火箭发动机内的压强分度云图
(a) $t$=0.006s；(b) $t$=0.05s；(c) $t$=0.07s；(d) $t$=0.1s。

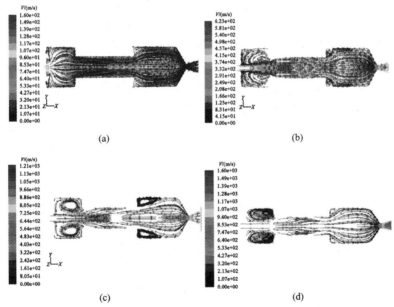

图 5-73　非稳态计算下混合火箭发动机内的压强分度云图
(a) $t$=0.001s；(b) $t$=0.01s；(c) $t$=0.05s；(d) $t$=0.1s。

根据以上各图，可以得到如下结论：

（1）固液混合发动机在喷管喉径为 10mm，石蜡燃料和 $N_2O$ 给定质量流率分别为 120g/s 和 30g/s 的情况下，发动机的工作压强为 2.5MPa，温度为 3500K，出

口速度可达 $1.03 \times 10^3$ m/s。

（2）在发动机前补燃室和后补燃室的流场中均出现漩涡现象。前补燃室的漩涡结构主要是由于 $N_2O$ 的质量流率较大，受到石蜡燃料端面的阻碍，气流形成回流区域；后补燃的漩涡为 $N_2O$ 和石蜡燃料反应生成的燃气，受到发动机收敛段阻碍，在石蜡燃料后端面形成的。

（3）在发动机工作过程中，石蜡燃料并未与氧化剂在燃料表面进行剧烈的化学反应，而是在燃料表面上端和后补燃室进行主要的放热反应。通过分析得到，这主要是由于在石蜡燃料表面 $N_2O$ 与石蜡燃料分解产物并未混合均匀，而在靠近发动机轴部和后补燃室中，石蜡燃料分解产物与 $N_2O$ 充分混合，发生剧烈化学反应，从而产生大量的热。

### 5.3.7  结论

（1）石蜡燃料与 HTPB 燃料与各氧化剂组合的最佳氧燃比基本相同，HTPB 燃料的比冲比石蜡燃料略高，其中 HTPB 燃料与液氧组合的比冲比石蜡燃料的高 64.7 N·s/kg。总的来说，石蜡燃料与 HTPB 燃料能量特性差别不大。

（2）在氮气气氛下，纯石蜡、预处理石蜡和 HTPB 的起始分解温度分别为 182℃、230℃和 336℃。预处理石蜡的起始分解温度比纯石蜡的高，可见预处理石蜡特效发生了变化，预处理石蜡的处理工艺是有效的。

（3）在氧气气氛下，通过不同升温速率，得到了预处理石蜡和含石蜡燃料的动力学参数为：用 Kissinger 法得到预处理石蜡的活化能 $E$=101.72kJ/mol，指前因子 $A$ 为 $4.53382 \times 10^{11}$；用 Ozawa 法得到预处理石蜡的活化能 $E$ 为 108.39kJ/mol。

（4）含石蜡燃料和 HTPB 燃料在高温高压环境下，含石蜡燃料和 HTPB 燃料形状基本没有发生变化，没有发生熔融。在相同条件下，含石蜡燃料的质量损失高于 HTPB 燃料，更有利于燃烧，应用于固液混合发动机可大大提高燃料的退移速率。

（5）在氧气质量流率分别为 25g/s、30g/s、35g/s、40g/s 的条件下，含石蜡燃料的退移速率比 HTPB 退移速率分别增加了 68.09%、70.37%、58.73%、63.24%。在相同的质量流率下，含石蜡燃料的退移速率高于普通的 HTPB 燃料。

（6）混合火箭发动机工作时，前补燃室和后补燃室流场中均出现漩涡；在石蜡燃料内表面上端和后补燃室中，石蜡燃料分解产物与 $N_2O$ 充分混合，发生剧烈的化学反应，并产生大量的热。

**致谢**

非常感谢西北工业大学研究生创业种子基金（No.Z2014032）、中国国家自然科学基金（No.50706040）和西北工业大学基础研究基金（No. NPU-FFR-201221）对本研究的支持。

# 参 考 文 献

1. Tsohas J et al (2009) Development and launch of the Purdue hybrid rocket technology demonstrator. AIAA paper 2009-4842.

2. Dyer J et al (2007) Design and development of a 100 km nitrous oxide paraffin hybrid rocket vehicle. AIAA paper 2007-5362.

3. Howard R D et al (2011) Dream chaser commercial crewed spacecraft overview. AIAA paper 2011-2245.

4. Karabeyoglu et al (2001) Development and testing of paraffin-based hybrid rocket fuels. AIAA paper 2001-4503.

5. Karabeyoglu A et al (2003) Development of high-burning-rate hybrid-rocket-fuel flight demonstrations. AIAA paper 2003-5196.

6. Van Pelt D et al (2004) Overview of a 4-inch OD paraffin-based hybrid sounding rocket program. AIAA paper 2004-3822.

7. Guobiao C et al (2009) Hybrid rocket motor technology. Manned Spaceflight 7(1):15-18.

8. Guobiao C (2012) Development and application of hybrid rocket motor technology: overview and prospect. J Propuls Technol 33(6):831-839.

9. Fanli S et al (2008) Experiments and simulations of a $N_2O$/HTPB hybrid rocket motor. J Tsinghua Univ 48(2):285-288.

10. Xintian L et al (2009) Experimental study on burning rate of sub-scale $H_2O_2$/HTPB hybrid rocket motor grain. J Solid Rocket Technol 34(4):457-461.

11. Wang Pengfei (2013) Research on combustion properties of paraffin-contained fuel. Northwestern Polytechnical University Master degree thesis, pp 40-60.

12. Zhenhao S et al (2007) Thermal decomposition of HTPB/AP and HTPB/AP/Al studied by DSC-FTIR. Chin J Energetic Mater 15(2):105-108.

13. Yang Y et al (2008) Study of instantaneous regression rate in hybrid rocket motor. J Propuls Technol 29(5):533-538.

14. Zhu Chuanzheng, Xu Haihan (2000) Physical chemistry, pp 163-290.

15. Nichita D V et al (2002) Multiphase equilibria calculation by direct minimization of gibbs free energy with a global optimization method. Comput Chem Eng 26(3):1703-1724.

16. Guan Peng (2010) Study on paraffin-based fuel. Northwestern Polytechnical University Master degree thesis, pp 20-30.

17. Kissinger H E (1957) Reaction kinetics in differential thermal analysis. Anal Chem 29(11):1702-1706.

18. Ozawa T et al (1965) A new method of analyzing thermogravimetric data. Bull Chem Soc Jpn 38(11):1881–1886.

19. Karabeyoglu M A et al (2002) Combustion of liquefying hybrid propellants: part 1, general theory. J Propuls Power 18(3):610–620.

20. Evans B et al (2004) Characterization of nano–sized energetic particle enhancement of solidfuel burning rates in an X–Ray transparent hybrid rocket engine. AIAA paper 2004–3821.

21. Marxman G A et al (1963) Fundamentals of hybrid boundary layer combustion. AIAA paper 1963–505.

22. Yufei L et al (2005) Advances in hybrid rocket: paraffin based fuel. J Rocket Propuls 31(4):36–40.

## 5.4  固液混合火箭退移速率增强与内弹道瞬态响应研究

**摘要：** 米兰理工大学的空间推进实验室（SPLab）通过不同的诊断技术得到了端羟基聚丁二烯和石蜡混合燃料在准稳态的瞬态操作条件下的弹道响应。本文主要分析不同配方的燃料在准稳态操作条件下的退移速率（$r_f$）增强效应。含包覆纳米铝端羟基聚丁二烯（HTPB）燃料可有效降低氧化剂质量通量流敏感度，并且退移速率相对于基准而言增加了 40%。固态石蜡燃料表现出更高的退移速率提高效应（微晶石蜡的退移速率提高了 200%），不过它的力学性能较差。基于此，开展将固态石蜡与热塑性聚合物混合来增强燃料力学性能的研究。一个有发展前景的思路是采用雾化处理方法来提高热塑性聚合物的退移速率增加。通过采用节流效应可实现 HTPB 在强制瞬态条件下的弹道响应进行了研究。在测试条件下固体燃料在线性氧化剂质量下降时呈现出非单调特性，观察到的退移速率微弱的震荡有可能是由凝聚相的热延迟引起的。

### 5.4.1  引言

混合火箭发动机机相对于成熟的液体火箭发动机和固体火箭发动机（较高的比冲、安全性能高和操作自由）而言，具有许多优良的特性。而另一方面，混合火箭发动机的发展主要受到它的较低的退移速率（$r_f$）、较低的燃烧效率和在燃烧过程中较低的内在能量转化的限制。

### 5.4.2  技术发展水平

混合推进剂的燃烧是由固态反应物（通常来说是燃料）汽化后在由液态成分（通常来说是氧化剂）流动产生的湍流边界层上的扩散决定的[1-3]。Chiaverini 等对固体燃料的退移过程进行了详细地研究[4]。混合火箭发动机的利用效率的提升主要关键因素在于提高退移速率（为了在高推力水平上应用）、提高燃烧效率以及更好地理解固体燃料在推力节流的情况下的弹道响应。

提高退移速率的方法主要有向固体燃料中添加含能添加剂[5]、熔化的燃料液滴的雾沫[6,7]和非常规的氧化剂注入方法[8,9]。固体燃料药柱的退移速率的增强可以通过向燃料配方中加入含能添加剂如金属材料、氧化剂粉末及氢化物来实现[5,10-20]。这一观点表明，对退移速率增强最有效的添加剂是创新的微米级的合成物/活性粉末[10,19,20]、纳米尺寸的高能材料[10,11]。通过雾沫燃料可以较大地提高退移速率[16-18]，不过它的应用受到其较差的力学性能的限制[21]。通过非常规的氧化剂注入来提高退移速率是非常有效的[8,9]，不过只能应用在尺寸相对较小的发动机上。

尽管混合火箭发动机的节流能力和可重复启停能力非常重要，但是公开的文献对于固液混合系统在强迫瞬变条件下的弹道研究非常少[22-25]。特别的，Karabeyoglu[24]发表了一篇关于聚甲基丙烯酸甲酯（PMMA）和端羟基聚丁二烯（HTPB）基燃料在节流时的瞬时效应的理论研究，这一研究包括了对流换热和边界层暂态的耦合表明了在节流时退移速率可能的上冲/下冲。

为了研究固液混合发动机的燃烧过程，米兰理工大学的空间推进实验室已经研制出相应的测试装备以及诊断技术。空间推进实验室旨在研制出具有足够高的退移速率和适合工业用的一系列特性以及可以在大尺寸发动机上应用（性能、安全性和成本）的固体燃料的配方。

**1. 成分特性**

在这一研究中提到的端羟基聚丁二烯和石蜡燃料都是在实验室尺寸水平上加工的。端羟基聚丁二烯的胶黏剂的配方是由 HTPB R45 HTLO 树脂（79.2%重量百分比），己二酸二辛酯（DOA，13.1%重量百分比）和异氰酸酯（IPDI，7.7%重量百分比）组成。胶黏剂固化水平是（−NCO/−OH）1.04。二乙酸被用作固化催化剂（在配方中多余的催化剂重量百分比小于 0.01%）。

端羟基聚丁二烯配方的相对弹道评级是使用纳米尺寸的铝（nAl）作为含能添加剂的。我们用电爆过程（EEW）在空气中钝化生产了两种纳米尺寸的铝，第一种铝粉是未涂覆材料的（ALEX），第二种铝粉（VF-ALEX）是用 Fluorel 进行包覆的[27]，酯是由 1H，1H-全氟-1-十一烷醇与呋喃-2,5-二酮的酯化反应得到的（最终过滤并快速加热悬浮液）[10,28]。第二种铝粉（VF-ALEX）的包覆过程是在实验室尺寸水平下进行包覆的。测试的两种铝粉的详细特性在文献[10,28]中有详细的描述。

石蜡燃料配方的特性是通过两个相关联的步骤得到的，在这两个步骤中预燃分析和燃烧测试是相结合的。在第一个步骤中，对不同的商业可用的固态石蜡的特性进行测试。在这个研究中测试的固态石蜡的特性总结在表 5-11 中。

表 5-11　制造商提供的石蜡的特性的测试结果[29,30]

| 石蜡编号 | 凝固点/℃ | 含油量/%（质量） | 渗透距离/（25℃，1/10mm） | 运动粘度，mm/s² |
|---|---|---|---|---|
| Wax1 | 58～60 | — | — | — |
| Wax2 | 60～62 | 0～0.5 | 17～20 | — |
| WaxMix | 64～68 | — | 8～13 | 880～920 |
| Wax3 | 66～70 | 0～1 | 16～20 | 6～8 |
| Wax4 | 66～70 | 0～1 | 10～14 | — |
| Micro1 | 83～94 | 0～2 | 4～10 | 8.5～12.5 |

Wax 1、Wax 2、Wax 3 和 Wax 4 都是宏观结晶蜡，然而 Wax Mix 的配方是以石蜡为基，并且添加了添加剂来提升它的力学性能。Micro 1 是具有韧性的微晶蜡，该微晶石蜡的特征在于支化分子和长链长。这些特性使得它相对于宏观结晶蜡而言，有了更高的密度、熔点和更高的液相黏度[29,30,45]。

表 5-11 给出的材料都是用来制造石蜡燃料，它的配方由质量分数 88% 的石蜡、10% 的硬脂酸和 2% 的石墨组成。向混合物中添加硬脂酸的目的是提高它的力学性能[31]，而加入石墨可以增加辐射的吸收率，并且可以因此防止内部受热燃料坍塌的可能性[6]。固态石蜡的配方是通过表 5-11 中的石蜡编号来识别的。

在第二步中，为了克服雾沫生产的石蜡燃料的主要缺陷，即固体药柱的较差力学性能，我们对固态石蜡和热塑性聚合物的不同混合进行了研究。我们选择的石蜡是由一家意大利公司提供的商业石蜡，以下称作 GW。将石蜡与 SEBS-MA 进行混合，SEBS-MA 是一种苯乙烯-乙烯-丁烯-苯乙烯嵌段共聚物，用由 Sigma Aldrich 提供的马来酸酐（以下称作 SEBS）接枝。根据表 5-12 生产了不同成分的燃料，并测试特性。SEBS 和石蜡之间的混合首先是通过在 120℃ 对 50/50 的混合熔体进行搅拌得到的。当该混合物变得均匀，我们需要加入石蜡的最后一部分以将温度降到 90℃。最后要添加的成分是炭黑。一般来说，石蜡混合物的熔点越高，它在模具中冷却过程的收缩作用就越强。

表 5-12　组分以及纯石蜡材料和 SEBS 混合物的理论最高密度（TMD）

| 燃料编号 | 组分 | 理论最高密度(TMD)/(g/cm³) |
|---|---|---|
| GW | 石蜡 | 0.870 |
| SEBS-MA | 30%苯乙烯、2%马来酸酐 | 0.910 |
| S05G | 5%SEBS、94%GW、1%CB | 0.883 |
| S10G | 10%SEBS、89%GW、1%CB | 0.885 |

**2. 热特性**

固态石蜡的热特性是通过差示扫描量热法进行测量的。差示扫描量热法是在升温速率为 10℃/min 的氮气环境下进行的，进行了从 0℃升到 200℃的两个周期试验。在每次试验之前都先要进行清理工作，以避免之前测试残留的材料引起的误差。

用差示扫描量热仪测试的固体石蜡的试验结果如图 5-74 所示。混合物是基于宏观石蜡晶体，Wax1BL, Wax4BL, WaxMixBL, Wax2BL 和 Wax3BL 的主熔点峰值在 62.6℃到 72.1℃的范围之内。Wax1BL 也有一个明显的熔点峰值，在主熔点峰值之前。基于微晶石蜡的混合物 Micro1BL 有着不同的试验现象，这一混合物具有更宽的相变区间和相对较低的比热流。这一现象是受其相对较高的异构烷烃影响的，这导致了热量的逐渐释放。总的来说，微晶石蜡通常有附加的峰值，这也可以作为相似的固-固相变的解释[32]。

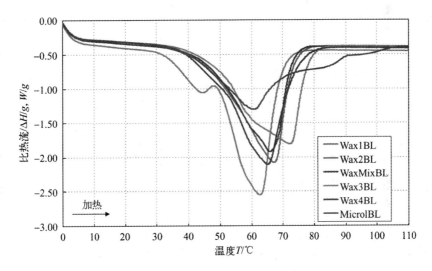

图 5-74　差示扫描量热仪追踪的石蜡混合物融化过程

图 5-75 所示为差示扫描量热仪追踪的凝结过程。宏观石蜡混合物有两个主要的峰值，这与 Micro1BL 是显然不同的。Micro11BL 就像是在融化过程中一样，也有着较为宽的相变区间而没有明显的峰值，峰值通常是出现在 36.8℃到 38.7℃的范围内，与混合物中石蜡的含量无关。

对固态石蜡燃料的热力性质的总结在表 5-13 中给出。

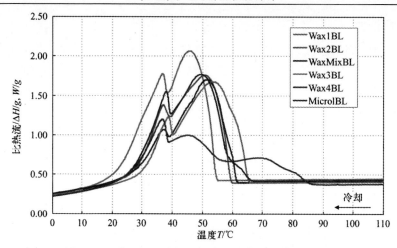

图 5-75　差示扫描量热仪追踪的石蜡混合物凝结过程

表 5-13　固态石蜡燃料热力学性质数据总结

| 燃料编号 | 融化 | | | | 凝结 | | | |
|---|---|---|---|---|---|---|---|---|
| | 峰值温度 $T_{melt}$/℃ | | | 焓 $h_{melt}$/（J/g） | 峰值温度 $T_{freeze}$/℃ | | | |
| | 1 | 2 | 3 | | 1 | 2 | 3 | 4 |
| Wax1BL | 44.5 | 62.6 | — | 183.3 | 45.9 | 36.8 | — | — |
| Wax2BL | 67.2 | — | — | 168.9 | 50.7 | 37.0 | — | — |
| WaxMixBL | 65.9 | — | — | 147.0 | 51.4 | 37.1 | — | — |
| Wax3BL | 72.1 | — | — | 170.2 | 53.5 | 38.7 | — | — |
| Wax4BL | 65.3 | — | — | 179.1 | 50.1 | 37.5 | — | — |
| Micro1BL | 60.8 | 84.7 | 93.7 | 137.1 | 80.8 | 70.2 | 46.05 | 36.9 |

　　用差示扫描量热仪测量在这个试验中用到的 GW 石蜡和它的混合物，温度范围为-10～350℃。作为一种典型的宏观石蜡，GW 石蜡的吸热温度曲线也有两个明显的峰值。较高的一个吸热峰值出现在 190℃到 300℃之间，这是由汽化/分解过程造成的。考虑到表 5-14 中的 SEBS 基共混物，尤其是第三列和第四列，我们可以注意到主吸热峰有一个小的热偏移。SEO 使用 SEBS-MA 和聚酰胺 12 的共混物也观察到了类似的现象[45]。测量到的 GW 的熔点为 56.0℃，温度主峰的微小变化是与热塑性塑料的加入有关的（S05G 和 S10G 分别为 55.3℃和 55.2℃）。这一趋势是由于这种聚合物的非晶性或者说是结晶度非常低造成。当 GW 的含量降低，对所有的配方 $\Delta H_{dec}$ 均降低，这种降低是由于由石蜡含量的降低，同时也是由于聚合物的软链段对链烷烃分子的滞留效应。滞留效应也可以解释化合物的分解需要更高的温度，所以差示扫描量热仪装置不能探测到整个分解过程。

表 5-14　差示扫描量热仪测量的石蜡参数

| 燃料标号 | $T_{m,p1}$/℃ | $T_{m,p2}$/℃ | $\Delta H_m$/(J/g) | $T_{dec}$/℃ | $\Delta H_{dec}$/(J/g) |
|---|---|---|---|---|---|
| GW | 36.8 | 56.0 | 206.2 | 275.4 | 185.4 |
| S05G | 36.7 | 55.3 | 198.3 | 273.2 | 154.9 |
| S10G | 37.4 | 55.2 | 188.6 | 278.2 | 92.1 |

注：温度：$T$；比焓：$\Delta H$；熔化：$m$；分解：dec

**3. 流变特性**

流变特性是就储存弹性模量（$G'$）而言的。流变特性是通过一个直径为 25mm 的平板装置进行测试的。初始样品间隙为 2.3～2.6mm，使用的恒定应变为 1%，剪切扫描速率为 0.5～50Hz。研究的温度范围从 21℃一直到熔点，温度步长为 3℃。图 5-76 是用对数坐标表示的储存弹性模量图。直到 42℃，所有的测试混合物的储存弹性模量都几乎相同。从 42℃开始，可以观测到不同的弹性储存模量。Wax1BL 的储存弹性模量在 42℃开始急剧下降，接下来是 Wax3BL 在 45℃开始下降，Wax2BL 和 Wax4BL 都在 48℃开始下降，在 51℃时，Micro1BL 也开始下降，基于微晶石蜡的混合物可以保持它的弹性能量到较高的温度，这是由它独特的热性能导致的。而 WaxMixBL 表现出完全不同的弹性模量变化趋势：在 60℃以下储存弹性模量随着温度的升高缓慢的下降，在 60℃以上时，迅速下降，这可能是由于为了增强力学性能而加入的添加剂引起的。

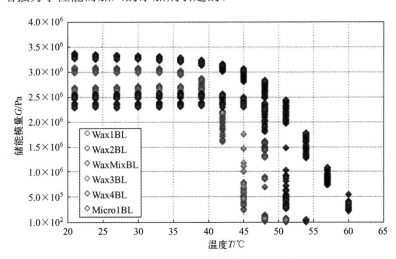

图 5-76　储模能量与温度的线性函数关系剪切扫描速率范围为 0.5～50Hz

表 5-15 所列为在温度范围为 70～160℃，通过库埃特试验装置得到的黏度试验结果。随着温度的上升，配方 S05G 的黏度从 0.5Pa·s 下降到 0.046Pa·s，配方 S10G 从 1.694Pa·s 下降到 0.011Pa·s。在相同的温度下，如 100℃，S05G 的黏度大致比 S10G 的黏度低 3.4 倍。

表 5-15　在 400s$^{-1}$ 下库埃特流变仪测量的黏度值

| 材料 | 黏度/（Pa·s） | | | | | |
|---|---|---|---|---|---|---|
| $T$/℃ | 70 | 80 | 100 | 120 | 140 | 160 |
| S05G | 0.5 | 0.123 | 0.046 | — | — | — |
| S10G | — | 1.694 | 0.157 | 0.044 | 0.023 | 0.011 |

图 5-77 所示为在 15℃ 到 60℃ 范围内，GW 及其混合物的弹性模量变化趋势与差示扫描量热法得到的热谱图的对比。选择 1%的应变值作为需要的应力/应变线性度与试验台灵敏度之间的良好权衡。DSC 曲线的重叠可以来解释宏观晶体石蜡的软化行为。

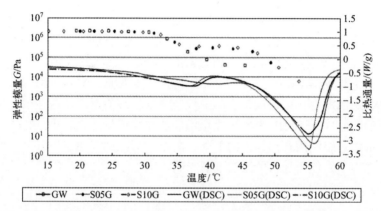

图 5-77　GW 及其混合物的弹性模量变化趋势与差示扫描量热法得到的热谱图的对比

弹性模量变化曲线被两个重要的温度点分成 3 个主要的区域：第一个区域在 31℃ 结束，该温度点是固/固转化的开始点，这是因为所有的测试材料在这一点弹性模量都开始明显下降；第二个区域可以定义为固/固转化和固/液转化之间：对于 GW 是 31℃ 到 43℃，对于混合物是 31℃ 到 37℃。最后一个区域从是固/液转化到极限温度（$T_{lim}$）（DSC 最高测量温度）。差示扫描量热仪测试指出 GW 的融化温度峰值是 54℃，不过 GW 样品在热谱图测试中的极限温度是 46℃。当聚合物的浓度增加，$T_{lim}$ 和 $T_{mp}$ 之间的差距减小：对于 S05G 和 S10G 分别是 1℃ 和 5℃。

SEBS-MA 的弹性模量在 80℃ 时开始下降[46]。我们还对苯乙烯基热塑性弹性体以及它的不同的聚合物和填料的共混物的结构形态[47-50]、黏弹性和热性能进行了研究[51-53]。研究表明，凝胶的流变特性和力学性能受到嵌段共聚物的浓度、摩尔质量、端嵌段比以及与填料的化学相容性的影响。我们从弹道与流变特性的角度对 SEBS-MA 进行了研究，得到了马来酸制剂的最佳配方。

**4. 力学性能**

温度对纯 GW 的最大载荷（0.54～0.2MPa）和断裂伸长率（0.7%～2.7%）有

着很大的影响。GW 对温度很强的敏感性是与该材料在在 15℃开始软化有关的。考虑到在表 5-16 中展示的基于 SEBS 的样品,聚合物的相对分子质量越高,弹性模量也越高。通过向石蜡燃料中引入热塑性聚合物得到的最具有代表性的结果可以通过比较测试材料在较低温度和较高的断裂伸长率下的行为得到。S05G 和 S10G 的典型宏观晶体石蜡的脆性降低了。

表 5-16　在-19℃、8℃和 0.5mm/min、50mm/min 对含 SEBS 的材料配方进行拉伸测试得到的弹性模量

| 速率 $T_{stor}$/mm/min－℃ | 弹性模量/标准差: MPa | | |
| --- | --- | --- | --- |
| | GW | S05G | S10G |
| 0.5/8 | 119±17 | 123±8 | 127±1 |
| 0.5/-19 | — | 143±18 | 141±16 |
| 50/8 | — | 246±24 | 252±19 |
| 50/-19 | — | 334±14 | 327±36 |

## 5.4.3　结果与讨论

在这一节里,我们对弹道结果进行讨论。在讨论强制弹道瞬时响应之前,首先对在准稳态操作条件下不同配方端羟基聚丁二烯和石蜡燃料的相对分级进行介绍。准稳态弹道结果的呈现分为三个小节。每一小节展示由空间推进实验室一个特定的诊断技术得到的一个结果。

**1. 在准稳态条件下的弹道**

1) 2D 径向微型燃烧室和时间分辨 $r_f$

2D 径向微型燃烧室是一个用来提供不同燃料配方在给定操作条件下燃烧的相对分级。图 5-78 给出了该设施的示意图,图 5-79 给出了该燃烧室的喷嘴头。

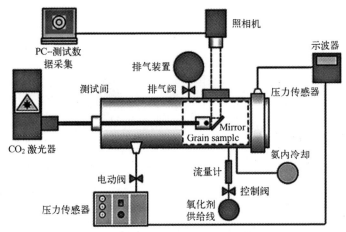

图 5-78　2D 光纤微型燃烧器原理图[10,34]

45°倾角的镜子与注射装置一起实现了主控端可视化。

图 5-79　注射系统详细说明

1—氧化剂入口；2—预注射室；3—密封法兰（开有可通过光线的光纤接口）；

4—控制氧化剂注射（线性/旋涡流）的螺纹喷嘴头；5—放置试样的注射器终端[34]。

文献[10,34]对 2D 径向微型燃烧室的特点进行了描述。这个试验台的原始设计使得在燃烧过程中前端系统可视化。喷射头确保氧化剂的标准和漩涡注入（见图 5-79）。由于前端系统的可视化，固体燃料的时间分辨可以通过在燃烧期间持续追踪退移表面来评估。特别地，文献[10,34]实现了时间分辨数据缩减技术。在这一过程中，药柱中部沿不同径向方向上的直径值被实时采样。直径采样频率通常是 10Hz（取决于可视化质量）。空间平均采样直径（$\bar{D}_i$）系列通过功率法拟合，可以得到直径关于初始直径（$D_0$）随时间的变化规律：

$$\bar{D}(t) - D_0 = a_D \cdot (t - t_0)^{nD}, t \geqslant t_{\text{ign}} > t_0 \tag{5-15}$$

在式（5-15）中，功率法是从点火时间 $t_{\text{ign}}$ 开始有效的。这一参数通过点对点定义的，目的是为使得数据同式（5-15）最为拟合[10,34]。（$t_{\text{ign}} - t_0$）的值同现有文献关于点火延迟模型评估较为吻合。$r_f(t)$ 可以对式（5-15）对时间进行微分得到，即

$$r_f(t) = \frac{1}{2} \frac{\text{d}\lfloor \bar{D}(t) - D_0 \rfloor}{\text{d}t} = \frac{1}{2} a_D n_D \cdot (t - t_0)^{n_D - 1}, t \geqslant t_{\text{ign}} > t_0 \tag{5-16}$$

对所有弹道参数进行推导可以得到类似的式子，如氧化剂的质量流率（$G_{\text{ox}}$）和氧化剂与燃料之比（O/F）。通过激光诱导方法，可以在较宽的 $G_{\text{ox}}$ 范围内一次得到 $r_f$ 的定义。通过式（5-15）推导得到的弹道是受对应的从下一个采样参数和整个燃烧过程中评估得到的厚度随时间变化（TOT）数据的一致性检查控制的[10,34]。

在给定试验条件下对一种燃料配方进行单次燃烧可以在 个时间分辨总体平均进行折叠。这是在单次试验中对 $\bar{D}(t) - D_0$ 进行总体内插得到的。后者与式（5-15）

具有相同的形式。由此看来，可以对系统的时间分辨进行定义。这一总体平均值曲线允许误差线定义。为了适当地评估误差线，我们需要定义合适的 $t$（或者 $G_{ox}$）区间。后者需要考虑所有单次试验中 $\bar{D}(t)$ 曲线定义的限制。在此范围内，误差线是通过单次实验结果的 $\bar{D}$（或者 $r_f$）的平均值为中心的 95% 的置信区间来评估的。最后，$r_f(G_{ox})$ 的总体均值是通过合适的功率公式差值得到的：

$$r_f(G_{ox}) = a_r \cdot G_{ox}(t)^{n_r}, t \geqslant t_{ign} > t_0 \tag{5-17}$$

对减少时间分辨 $r_f$ 数据的具体操作详见文献[10,34]。端羟基聚丁二烯和石蜡燃料配方的相对评级应当考虑对应的采用固话端羟基聚丁二烯的总体平均值作为基线。燃烧在气态氧环境下进行，燃烧室的压强（$p_c$）为 10bar 或者 16bar，加入纳米尺寸铝粉的配方含 10% 重量的添加剂。

在试验条件下，相对于基线（图 5-80(a)），HTPB+ALEX 初始 $r_f$ 增强显著。$r_f$ 相对于基线增长了 54%，达到 $370\,kg/(m^2 \cdot s)$。$G_{ox}$ 使得 $r_f$ 的增长从 42% 的 $350\,kg/(m^2 \cdot s)$ 下降到 6% 的 $150\,kg/(m^2 \cdot s)$。文献[10，35，37]中的试验证据表明这一现象可能是因为凝聚相聚集/附聚现象引起的。HTPB+VF-ALEX 则有着不同的试验现象（图 5-80(b)）。这一燃料配方使 $r_f$ 相对于基准值提高了 30% 到 $350\,kg/(m^2 \cdot s)$。不像 ALEX 基燃料的情形，HTPB+VF-ALEX 的弹道响应由于 $G_{ox}$ 的下降，增长了 44% 达到 $100\,kg/(m^2 \cdot s)$，见表 5-17。这一现象可以由部分的粉末在空气中非等温氧化的证据来解释，VF-ALEX 同 ALEX 相比反应性能降低（对于 $T<600℃$，更高的氧化起点，更低的焓变释放）[28]。这可能会导致在 HTPB+VF-ALEX 的弹道响应中不存在起始的 $r_f$ 值，并且另一方面，它可以限制凝聚相中的聚集/附聚反应，这可能会影响 HTPB+ALEX 的燃烧。最后，在燃烧过程中的高加热速率下，VF-ALEX 包覆层的分解产物可以提供参与到氧化过程中的氟类物质。为了弄清楚这些影响，我们需要进行更加详细的研究。

对于石蜡配方的燃料弹道特性的 2D 径向测试是在 $p_c = 20\,bar$ 的情况下进行测试的。用于相对分级的 HTPB 基线测试是在 $p_c = 19\,bar$ 的情况下进行测试的。为了捕捉可能的各向异性影响，对中部直径的采样是在 4 个径向方向上进行的。如表 5-17 中给出的数据一样，所有的石蜡的配方都显示出比基线显著更高的 $r_f$。在试验条件下，所有固态石蜡燃料的 $r_f$ 都得到了增强；WaxMixBL 的增强较少，这主要是由于夹带的质量传递。WaxMixBL 的不同试验现象是与它的流变特性相关的（图 5-80）。WaxMixBL 的弹道响应受到了为了增强力学性能而加入的添加剂的影响，限制了燃料的雾沫化。

表 5-17　2D 光纤微推进器测试得到的 HTPB 和石蜡推进剂不同配方 $r_f$ 的百分比增长

| 燃料 $G_{ox}$/(kg/(m²·s)) | $r_f$ 相对于基线增加的百分比/% | | | | |
|---|---|---|---|---|---|
| | 150 | 200 | 250 | 300 | 350 |
| HTPB+ALEX | 6 | 12 | 19 | 22 | 42 |
| HTPB+VF−ALEX | 41 | 39 | 37 | 34 | 30 |
| Wax1BL | 202 | 204 | 205 | NA | NA |
| Wax3BL | 168 | 166 | 164 | NA | NA |
| Wax2BL | 200 | 207 | 215 | NA | NA |
| WaxMixBL | 32 | 8 | 6 | NA | NA |
| Micro1BL | 145 | 134 | 123 | NA | NA |
| Wax4BL | 198 | 196 | 195 | NA | NA |

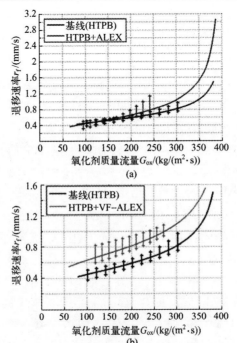

图 5-80　HTPB 燃料的燃烧

(a) HTPB 表现出很强的 $G_{ox}$ 敏感性，由 $n_r = 0.959 \pm 0.022$ 测得（见式（5-17））；

(b) HTPB+VF−ALEX 降低了 $G_{ox}$ 随 $n_r = 0.535 \pm 0.010$ 变化的独立性。

HTPB+ALEX 的弹道定义在 $375 \sim 70 \text{kg/(m}^2 \cdot \text{s)}$，VF−ALEX 的数据范围为 $364 \sim 60 \text{kg/(m}^2 \cdot \text{s)}$。

2）实验室规模混合动试验装置和光纤传感器

光纤传感器是用来测量高速事件的新技术，如用于爆炸中爆轰速度的测量。本节使用空间推进实验室设计和制造的试验室尺寸的混合动力试验装置进行了点火试验。

混合动力燃料的退移速率可以通过商用光纤和相对便宜的商用电子设备的组合来测量。光纤的前端巧妙地封闭在陶瓷材料中，并将其靠在燃烧室内燃料上。用一个包含 16 个光电二极管阵列的电子分析仪把光信号转变为电信号。最后，使用 12 个光信号的光强度随时间的变化趋势来计算退移速率。在这个试验装置中每个光纤都可以看作是一个发光开关：开/关。当发光的燃烧表面接近光纤的前端，光电二极管分别从暗变量亮，可以得到计算燃料退移速率所需要的数据。使用光纤技术得到的本地的、准连续的退移速率测量结果如图 5-81 所示。

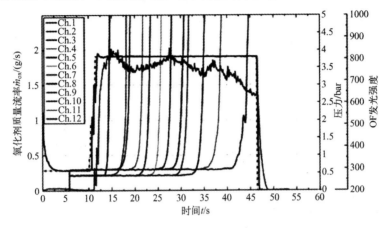

图 5-81　光纤传感器收集的发光信号

表 5-18 指出，使用光纤传感器技术（OF）测量的退移速率比采用质量消耗（$\Delta m$）技术测量的退移速率要高，前者是一种本地的准连续的测试技术，后者是在时间和空间上都采用平均值的技术。点火测试是在液态氧的环境下进行的，当 $G_{ox}$ 增加时，使用光纤传感器技术和使用质量消耗技术测量的退移速率的差距在减小。聚合物含量的增加对退移速率的影响是同黏性增加，至少是和退移速率减小相关的。

　　根据使用光纤传感器技术得到的结果，可以观察到含有较少聚合物的燃料的退移速率在氧化剂通量增加时会下降，这与我们熟知的趋势是相反的。我们对这一行为进行了深入的研究，并与其他研究雾沫效应的试验进行比较，同观察到的聚合物含量较高的趋势进行比较，就像表 5-18 中展示的聚合物含量为 10%（S10G）。当聚合物的含量低于 10% 时，混合物的试验现象同纯石蜡的试验现象相近。在这种情况下，光纤传感器技术的可靠性和精确度是值得商榷的。对此的解释是与熔融层的厚度以及从固体燃料表面运动到液相层的波的震荡有关。如果熔融层的厚度足够容纳 3～4 个或者更多的光纤传感器前端，低黏度的液体燃料的波形可能覆盖/不覆盖光纤并产生与预期不同的顺序，这会导致杂乱、没有规律的光纤信号。在聚合物含量较高的燃料混合物中，当熔融层只能包含一个或者两个光纤传感器前端时，这一现象并不会发生。若共混物中，聚合物含量较低时，退移速率一般较高。不过，另一方面，在火箭上应用的混合物通常都是聚合物含量较高。对于这些组分，用来测量的本地的准连续的退移速率的光纤传感器技术通常是高效的准确的方法。

表 5-18　使用光纤传感器和在点火前后进行质量测试来测量退移速率

| 燃料编号 | $r_f$(FO)/(mm/s) | $r_f(\Delta m)$/(mm/s) | O/F | $G_{ox}$/(kg/(m²·s)) |
|---|---|---|---|---|
| S05G | 2.70 | 1.54 | 1.96 | 72.4 |
| | 2.66 | 1.72 | 2.32 | 90.5 |
| | 2.31 | 1.98 | 2.34 | 108.6 |
| S10G | 2.28 | 1.38 | 2.21 | 72.4 |
| | 2.32 | 1.44 | 2.74 | 90.5 |

**2. 旋流喷射和 $r_f$ 传感器**

　　文献[40]对旋流喷射的影响进行了研究。测试装置确保燃烧是贯穿中心孔的单股燃烧。燃料配方退移速率是通过空间推进实验室设计的一个创新的非介入式光学传感器来测量的。这一装置基于无线切割原理，并且是通过一个电桥连接的。空间实验室的无线切割传感器是实验室尺寸下进行设计和测试的，不过也在 FP7 SPARTAN 项目的混合发动机点火测试中成功进行了测试。

　　在线切割传感器中，许多线被嵌入到燃料药柱中。每根线都连接到一个传感器上。电线是同退移表面平行的，并且当电线接触退移表面时，它就被破坏。在这个电阻阵列中，电阻是彼此并联的，并且整个电阻块是连接到一个电源上的。对探测电阻的电压进行实时监控，并且可以推测汽化表面的退移速率，如图 5-82 所示。

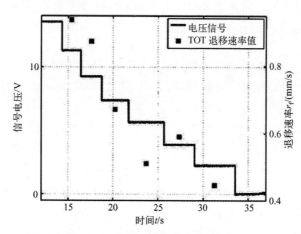

图 5-82　加在线切割传感器探查电阻两端的电压

由于退移平面穿过导线位置，阶跃信号相当于线切割。这些阶跃信号用于 TOT 的 $r_f$ 的评估。

　　通过 TOT 办法对传感器信号进行评估。考虑以下两步来利用电压来探测电阻（对应 $t_{i+1}$ 和 $t_i$），可以使用式（5-20），这是因为电线在燃料药柱中的位置（$\bar{D}_{i+1}$ 和 $\bar{D}_i$）

由传感器几何所已知。一个端羟基聚丁二烯在液态氧中燃烧的典型输出如图 5-82 所示。通过传感器 TOT 数据得到的 $r_f$ 和对应的 $G_{ox}$ 可以通过功率公式得：

$$r_f = 0.237 G_{ox}^{0.360} \tag{5-18}$$

在试验条件下（诱导几何涡流数是 4.75[43]，$\dot{m}_{ox} = 5 \times 10^3 \, \text{kg/s}$，$p_c \approx 1.5 \text{bar}$），涡流得到的 $G_{ox}$ 对 $r_f$ 的敏感度较低。

**3. 强制瞬态条件下的弹道**

对固态燃料在强制瞬态条件下的弹道响应的研究是在 2D 径向微型燃烧室上进行的[10,34]。这里的数据是通过装置的一个特定部分来提供的。特别地，喷射条件的改变将会提高涡流（图 5-79）。并因此使燃烧的可视化质量提高。另外，这将改变入口流动的性质，并影响准稳态 $r_f$ 的值[34]。强制瞬态弹道测试是使用端羟基聚丁二烯在液态氧下燃烧进行的。

所提出的结果集中在节流的情况，典型的运行剖面显示准稳定支架、（SL）紧随其后是瞬态支架（TL），如图 5-83 所示。

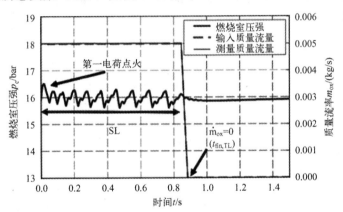

图 5-83　节流试验运行参数与时间曲线

由于电磁阀作用于排气线，燃烧室压强不受 $\dot{m}_{ox}$ 降低的影响。

在 $p_c = 16 \text{bar}$ $\dot{m}_{ox} = 5 \times 10^{-3} \text{kg/s}$ 试验条件下，表征了 SL。瞬态条件通常从 $\dot{m}_{ox}$ 下降到稳态条件下的 99% 是开始，在 $\dot{m}_{ox} = 0 \text{kg/s}$ 时结束。瞬态条件持续的时间是 47ms，并且可以得到 $\mathrm{d}\dot{m}_{ox} / \mathrm{d}t = -11 \times 10^{-2} \text{kg/s}^2$。

由于新的注射技术的实施，端羟基聚丁二烯在瞬态条件下的 $r_f$ 比对应的准稳态条件下的 $r_f$ 平均要高 25%[34]。这是由于喷射器实现了涡流。使用功率公式对 $r_f$ 和 $G_{ox}$ 进行大致拟合可以得到

$$r_f = (0.028 \pm 0.001) G_{ox}^{(0.640 \pm 0.001)}, R^2 = 0.96 \tag{5-19}$$

式（5-19）所示的结果主要是由于新的注射器诱发的涡流导致的，在整个研究范围内增大了 $r_f$ 的值，并且限制了弹道响应对 $G_{ox}$ 的敏感度。用准稳态条件下的

总体平均值来定义混合燃烧过程中的特征时间（表 5-19）。在试验条件下，表面特征时间（$\tau_s$）和气相特征时间（$\tau_g$）比（$t_{TL,fin} - t_{TL,in}$）的时间要短。对于边界层时间（$\tau_{bl}$）也是一样的，但对于凝聚相反应特征时间（$\tau_c$）是不适用的。因此，在研究的节流下，凝聚相会经历暂态现象，为了评估它们对燃烧稳定性的可能影响，必须要研究它对固态燃料弹道响应的影响。

表 5-19　瞬态燃烧的特征时间，SL 在 $t_{fin,SL}$ 的总体均值评估数据

| $\tau_c = \dfrac{K_s}{r_f^2}/s$ | $\tau_s \approx \dfrac{R_u T_s}{E_a}\tau_c /s$ | $\tau_g \approx \dfrac{\rho_g k_g C_s}{\rho_s k_s C_{p\cdot g}}\tau_c /s$ | $\tau_{bl} = c'\dfrac{L_p}{u_e}/s$ |
|---|---|---|---|
| $20\times10^{-2}$ ① | $25\times10^{-3} \sim 5\times10^{-3}$ ② | $75\times10^{-5}$ | $33\times10^{-4}$ ③ |
| ① $K_s = 1\times10^{-7}\,\mathrm{m^2/s}$,$^{[24,38]}$; | | | |
| ② $E_a = 50 \sim 250\,\mathrm{kJ/mol}^{[24]}$; | | | |
| ③ 见文献[39] | | | |

强制瞬态数据的减小是通过前面已经描述过的对中部直径的实时采样来实现的[10,34]。准稳态过程的 $r_f$ 是通过式（5-15）进行评估的，而瞬态条件下数据需要特定的步骤来处理。在节流时，$\bar{D}(t)$ 和 $r_f(t)$ 表现出不可以用式（5-15）来表述的单调行为。因此，在基于 TOT 的方法中使用 $\bar{D}_i$ 和对应的 $t_i$。在瞬态条件下，采样频率高达 $100 \sim 200\mathrm{Hz}$，这主要是取决于燃烧可视化的质量。为了减小因在小的时间范围内使用 TOT 方法带来的数据离散性，对瞬态过程中的 $\bar{D}_i$ 和 $t_i$ 进行了平滑[34]。均线法的步骤依赖于瞬态过程中 $\bar{D}_i$（和 $t_i$）的数量有关，并且有

$$r_{f,i+\frac{1}{2}} = \frac{1}{2}\frac{\bar{D}_{i+1} - \bar{D}_i}{t_{i+1} - t_i} \geqslant 0 \tag{5-20}$$

很明显，考虑到测量的 $\dot{m}_{ox}$，在时间 $t_{i+\frac{1}{2}}$ 时氧化剂质量通量可以表示为

$$G_{ox,i+\frac{1}{2}} = \dot{m}_{ox}\left[t = t_{i+\frac{1}{2}}\right]\bigg/\left[\frac{\pi}{4}(\bar{D}_{i,t_{i+\frac{1}{2}}})^2\right] \tag{5-21}$$

图 5-84 所示为在第一次测试中 $r_f$ 与 $G_{ox}$ 的关系。在图 5-84 中，进行的 4 次瞬态测试的综合平均值作为基线。在第一次测试中，准稳态过程中的 $r_f$ 是非典型单调递减的。在试验条件下，观测到的 $r_f$ 的微弱震荡可能是凝聚相中的热滞后效应引起的。氧化剂的质量流量节流是作用在一个非常小的时间跨度内。由于热扩散系数有限，当操作条件改变时，固相的热分布不能立即修正。而且 $\dot{m}_{ox}$ 的减小会导致对流传热的减小。在这种环境下，对流传热很可能会被阻断，这可能会导致 $r_f$ 降低。反过来，$r_f$ 的降低会阻止这种阻断效果，因此光学传感器捕捉到了微小的震荡。

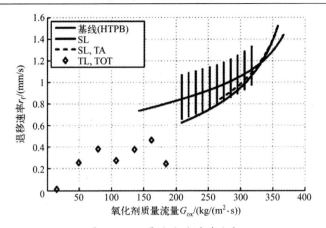

图 5-84　1 号试验的弹道响应

TL 的变化平均阶数为 7，TL 是伴随微弱振动标注的初始 $r_f$ 降低的表征，
TOT 数据的误差线未被列出来以提高可读性。

第一次测试的弹道响应是在试验条件下最容易观测到的情形[34]。另外，在第二次试验中，观测到了不同的 $r_f$（$G_{ox}$）（图 5-85）。在第二次试验的早期，没有观察到明显的 $r_f$ 下降，然而却依然能观察到微弱的震荡。第二次试验的过程受到了较差质量可视化的影响，并且这可能会影响到数据的简化。第二次试验的可视化相对于其他测试，使用了用较低的视频记录速率和图像的空间分辨率。第二个测试条件是为了评估在第二次强制瞬态结束后，$m_{ox}$ 被节流条件下追踪退移表面的可能性。图像记录频率的下降是由于硬件的限制。尽管由于硬件的限制，只有部分瞬态可以被记录下来，但在每次测试中 $\dot{m}_{ox}$ 都会被节流。首先，对于节流，数字流量计对氧化剂供应链的操作会进行参数优化。因此 $\dot{m}_{ox}$ 的增加较慢；其次，燃烧可视化的总体质量导致节流太慢。因此，对节流瞬态的只能进行定性观察。

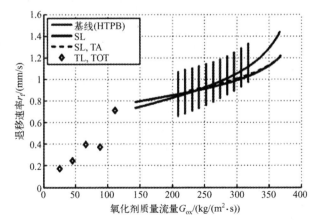

图 5-85　2 号试验的弹道响应。TL 的变化平均阶数为 5，TL 是微弱 $r_f$ 振动的表征，
TOT 数据的误差线未被列出来以提高可读性[34]。

在这方面，观察到的最有趣的现象是跟固态燃料药柱在 $\dot{m}_{ox}$ 消失后重新点火的能力有关，如图 5-86 所示。在操作条件下，从 $t_{fin,TL}$ 后 5～6s，$\dot{m}_{ox} = 0kg/s$。在这个时间区域内，燃料表面的温度由于热扩散会下降[23]，结果是凝聚相会被加热。当 $\dot{m}_{ox}$ 节流开始，热点会引发重新燃烧过程的开始。在重新开始阶段，固体燃料的前端（就像整个退移表面）会有碎片脱落。除此之外，在试验条件下，弹道响应对节流表现出（明显的）的动力学效应[34]。

### 5.4.4 结论

本节重点研究了混合火箭推进的燃料配方准稳态和强制瞬态燃烧。准稳态燃烧的数据解决了端羟基聚丁二烯和石蜡燃料配方的相对分级问题。通过不同条件下进行燃烧测试，从而确保使用不同的诊断技术来简化数据。瞬态燃烧测试重点研究氧化物质量流率节流。

表面包覆纳米铝粉的端羟基聚丁二烯燃料和表面未包覆的石蜡燃料的内弹道是通过持续监控退移表面的光纤技术来评估的[10,34]。HTPB+ALEX 配方燃料显示了一个被标记的初始 $r_f$ 值在超过基准线 54%，$370kg/m^2 \cdot s$ 产生 1%的增长。这一性能的增强同 $G_{ox}$ 密切相关，并在 $100kg/m^2 \cdot s$ 时消失。HTPB+VF-ALEX 燃料配方则表现出完全相反的行为。这种含氟聚合物添加剂产生内弹道响应降低了 $G_{ox}$ 灵敏度（图 5-80(b)）：一方面，在 $G_{ox}$ 较高时涂覆层会降低添加剂的反应活性，限制无包覆层的 ALEX 初始值 $r_f$ 相对于基线的增强；另一方面，涂层分解后，氧化性物质的释放会促进固态燃料弹道对氧化剂流量减小的响应。从这种观点来看，使用空气钝化的纳米铝包覆似乎是一个增强性能很有发展的途径。

6 种不同石蜡燃料的热力学性质、流变特性和弹道特征可作为识别商用产品的特殊性能。一个被认同的特性是同除了特定的 WaxMixBL 混合物以外的基于宏观石蜡的混合物有关：这些混合物都具有较低的熔点，软化温度为 42～48℃，较高的退移速率等。另一个特性是跟基于微晶石蜡的混合物 Micro1BL 有关，它具有较高的熔点，保持其弹性模量直到 51℃，退移速率是介于有较高退移速率的宏观石蜡混合物和有较低退移速率的没有加入添加剂的 HTPB 燃料之间。第三个特性是跟特定的混合物 WaxMixBL 有关，它具有较低的熔点，因为具有很高的弹性模量，所以其储存模量下降得很慢，以及与 HTPB 燃料相当的退移速率。

为了增强石蜡的机械特性，考虑使用热塑性聚合物（聚苯乙烯嫁接顺丁烯二酸酐 SEBS-MA）。为了达到力学性能和弹道性能之间的良好折中，对这些混合物进行了热力性能、流变性能、机械性能和弹道性能的研究分析。DSC 热谱图（SEBS-MA 作为一种无定型聚合物，不能用 DSC 进行探测）与弹性模量图的重叠，确认了临界温度的存在，这可以解释石蜡与不同质量分数的 SEBS-MA 混合的流变特性。测试混合物提高了石蜡的机械特性，因此可以将其应用在推进剂上。

空间推进实验室设计的 $r_f$ 传感器因为其创新设计，在实验室平台和测试架上都表现出良好的性能[41,42]。

氧化剂质量流率节流对弹道响应的研究体现在 HTPB 在液态氧中燃烧[34]。节流是在 $d\dot{m}_{ox}/dt = -11 \times 10^{-2} \text{kg/s}^2$ 下进行的。弹道数据是通过一个修正的 TOT 方法得到的。在试验条件下，凝聚相的热滞后效应会使 $r_f$ 产生微弱的震荡。建议下一步研究 $d\dot{m}_{ox}/dt$ 对观测到的固体燃料可能产生的影响。

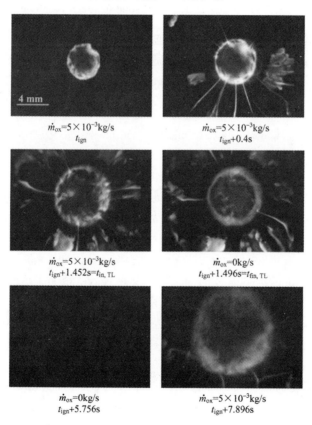

图 5-86　2 号试验，在研究工作条件下固体燃料由热点和
$0 \sim 5 \times 10^{-3}\text{kg/s}$ 的节流触发的二次点火[34]

# 参 考 文 献

1. Marxman G A, Gilbert M (1963) Turbulent boundary layer combustion in the hybrid rocket. In: 9th international symposium on combustion. Academic, New York, pp 371–383.

2. Marxman G A (1967) Boundary layer combustion in propulsion. In: Proceedings of the 11th symposium (international) on combustion. The Combustion Institute. Pittsburgh, pp 269–289.

3. Marxman G A, Wooldridge C E (1968) Research on the combustion mechanism of hybrid rockets. In: Advances in tactical rocket propulsion, AGARD conference proceedings no. 1, pp 421–477.

4. Chiaverini M J (2007) Chapter 2: Review of solid fuel regression rate behavior in classical and nonclassical hybrid rocket motors. In: Chiaverini MJ, Kuo KK (eds) Fundamentals of hybrid rocket combustion and propulsion, vol 218, AIAA Progress in Astronautics and Aeronautics. AIAA, Reston, pp 37–125.

5. Risha G, Evans B J, Boyer E, Kuo K K (2007) Chapter 10: Metals, energetic additives and special binders used in solid fuels for hybrid rockets. In: Chiaverini M J, Kuo K K (eds) Fundamentals of hybrid rocket combustion and propulsion, vol 218, AIAA Progress in Astronautics and Aeronautics. AIAA, Reston, pp 413–456.

6. Karabeyoglu M A, Altman D, Cantwell B J (2002) Combustion of liquefying hybrid propellants: part 1, general theory. J Propuls Power 18:610–620. doi:10.2514/2.5975.

7. Karabeyoglu M A, Cantwell B J (2002) Combustion of liquefying hybrid propellants: part 2, stability of liquid films. J Propuls Power 18:621–630. doi:10.2514/2.5976.

8. Knuth W H, Chiaverini M J, Sauer J A, Gramer D J (2002) Solid-fuel regression rate behavior of vortex hybrid rocket engines. J Propuls Power 18:600–609. doi:10.2514/2.5974.

9. Takashi T, Yuasa S, Yamamoto K (1999) Effects of swirling oxidizer flow on fuel regression rate of hybrid rockets. Am Inst Aeronaut Astronaut. doi:10.2514/6.1999-2323.

10. Paravan C (2012) Ballistics of innovative solid fuel formulations for hybrid rocket engines. PhD dissertation, Politecnico di Milano.

11. Sossi A, Duranti E, ManzoniM, Paravan C, DeLuca L T, Vorozhtsov A B, Lerner M I, Rodkevich N G, Gromov A A, Savin N (2013) Combustion of HTPB-based solid fuels loaded with coated nanoaluminum. Combust Sci Technol 185:17–36.

12. George P, Krishnan S, Varkey P M, Ravindran M, Ramachandran L (2001) Fuel regression rate in hydroxyl terminated polybutadiene/gaseous oxygen hybrid rocket motors. J Propuls Power 17(1):35–42.

13. Frederick R A Jr, Whitehead J J, Knox L R, Moser M D (2007) Regression rates study of

412

mixed hybrid propellants. J Propuls Power 23:175–180. doi:10.2514/1.14327.

14. Maggi F, Gariani G, Galfetti L, DeLuca L T (2012) Theoretical analysis of hydrides in solid and hybrid rocket propulsion. Int J Hydrog Energy, 10th international conference on clean energy 2010, 37:1760–1769. doi:10.1016/j.ijhydene.2011.10.018.

15. Karabeyoglu A M, Arkun U (2014) Evaluation of fuel additives for hybrid rockets and SFRJ systems. Am Inst Aeronaut Astronaut. doi:10.2514/6.2014-3647.

16. Larson D, Boyer E, Wachs T, Kuo K, DeSain J, Curtiss T, Brady B (2011) Characterization of the performance of paraffin/LiAlH4 solid fuels in a hybrid rocket system. Am Inst Aeronaut Astronaut. doi:10.2514/6.2011-5822.

17. DeSain J, Curtiss T, Metzler K, Brady B (2010) Testing hypergolic ignition of paraffin Wax/LiAlH4 mixtures. Am Inst Aeronaut Astronaut. doi:10.2514/6.2010-6636.

18. Galfetti L, Merotto L, Boiocchi M, Maggi F, DeLuca L T (2011) Ballistic and rheological characterization of paraffin-based fuels for hybrid rocket propulsion. Am Inst Aeronaut Astronaut. doi:10.2514/6.2011-5680.

19. Hahma A, Gany A, Palovuori K (2006) Combustion of activated aluminum. Combust Flame 145:464–480. doi:10.1016/j.combustflame.2006.01.003.

20. Maggi F, Dossi S, Paravan C, DeLuca LT, Liljedahl M (2015) Activated aluminum powders for space propulsion. Powder Technol 270(Part A):46–52. doi:10.1016/j.powtec.2014.09.048.

21. Kim S, Lee J, Moon H, Sung H, Kim J, Cho J (2010) Effect of paraffin–LDPE blended fuel on the hybrid rocket motor. Am Inst Aeronaut Astronaut. doi:10.2514/6.2010-7031.

22. Williams F A (1965) Grain design and throttling of hybrid rocket motors. Chem Eng Prog Ser 62(61):86–94.

23. Saraniero M A, Caveny L H, Summerfield M (1973) Restart transients of hybrid rocket engines. J Spacecr Rocket 10(3):215–217.

24. Karabeyoglu M A (2007) Chapter 9: Combustion instability and transient behavior in hybrid rocket motors. In: Chiaverini M J, Kuo K K (eds) Fundamentals of hybrid rocket combustion and propulsion, vol 218, AIAA Progress in Astronautics and Aeronautics. AIAA, Reston, pp 351–411.

25. Lee C, Lee J W, Byun D Y (2003) Transient analysis on hybrid rocket combustion by the Zeldovich–Novozhilov method. KSME Int J 17(10):1572–1582.

26. Advanced Powder Technology LLC, Tomsk. www.nanosized-powders.com.

27. 3M material safety data sheet fc-2175 fluorel brand fluoroelastomer. www.machichemicals.com/pdf/3M FC-2175.pdf.

28. Sossi A, Duranti E, Paravan C, DeLuca LT, Vorozhtsov A B, Gromov A A, Pautova Y I,

Lerner M I, Rodkevich NG (2013) Non-isothermal oxidation of aluminum nanopowder coated by hydrocarbons and fluorohydrocarbons. Appl Surf Sci 271:337-343.

29. Carlo Erba Reagenti Srl, Cornaredo. www.carloerbareagents.com.

30. Sasol wax GmbH hot melt adhesives brochure. www.sasolwax.com.

31. Paravan C, Viscardi M, DeLuca L T, Kazakov A (2009) Regression rates and anisotropy effects in hybrid rockets microburner. 3rd EUCASS (European Conference for Aerospace Sciences) conference, Versailles, 04-07 July 2009.

32. Meyer G, Matthai M, Auge J, Lindow H (2005) Crystallization processes and hardness of paraffin waxes characterized by DSC, ultrasonic, x-ray and needle penetration measurements. SOFW-J 37:131-138.

33. DeLuca L T, Galfetti L, Maggi F, Colombo G, Paravan C, Reina A, Dossi S, Fassina M, Sossi A (2014) Chapter 12: Characterization and combustion of aluminum nanopowders in energetic systems. In: Gromov AA, Teipel U (eds)Metal nanopowders: production, characterization, and energetic applications. Wiley, Weinheim, pp 301-400.

34. DeLuca L T, Maggi F, Dossi S, Fassina M, Paravan C, Sossi A (2016) Prospects of aluminum modifications as energetic fuels in chemical rocket propulsion. In: DeLuca L T, Shimada T, Sinditskii V P, Calabro M (eds) Chemical rocket propulsion: a comprehensive survey of energetic materials. Springer, Cham.

35. Paravan C, Manzoni M, Rambaldi G, DeLuca L T (2013) Analysis of quasi-steady and transient burning of hybrid fuels in a laboratory-scale burner by an optical technique. Int J Energy Mater Chem Propuls 12:385-410. doi:10.1615/IntJ.EnergeticMaterialsChemProp. 2013005756.

36. Ohlemiller T J, Summerfield M (1968) A critical analysis of arc image ignition of solid propellants. AIAA J 6(5):878-886.

37. DeLuca L T, Paravan C, Reina A, Spreafico M, Marchesi E, Maggi F, Bandera A, Colombo G, Kosowski B M (2010) Aggregation and incipient agglomeration in metallized solid propellants and solid fuels for rocket propulsion. Am Inst Aeronaut Astronaut. doi:10. 2514/6.2010-6752.

38. Lengellé G (2007) Chapter 3: Solid fuel pyrolysis phenomena and regression rate, part 1: mechanism. In: Chiaverini M J, Kuo K K (eds) Fundamentals of hybrid rocket combustion and propulsion, vol 218, AIAA Progress in Astronautics and Aeronautics. AIAA, Reston, pp 127-165.

39. Schlichting H, Gersten K (2003) Chapter 21: Unsteady turbulent boundary layers. In: Boundary layer theory. Springer Verlag, Berlin, pp 645-649.

40. Tadini P, Paravan C, Maggi F, Boiocchi M, Colombo G, DeLuca L T (2013) Regression

rate measurements in lab-scale hybrid burners. Presented at the 5th EUCASS, 20-27 July, Munich.

41. Galfetti L, Maggi F, Colombo G (2013) Regression sensor for solid material. Italian patent DAST.13.011.A-MI2013A 002122072013.

42. SPARTAN project homepage. http://www.spartanproject.eu. Available 26 Nov 2014.

43. Beer J M, Chigier N A (1972) Combustion aerodynamics. Applied Science Publishers, London.

44. Seno J, Selvin T P (2006) Thermal and crystallisation behaviours of blends of polyamide 12 with styrene-ethylene/butylene styrene rubbers. Polymer 47:6328-6336.

45. Boiocchi M, Milova P, Galfetti L, Di Landro L, Golovko A K (2013) In: Haidn O J, Zinner W, Calabro M (eds) A wide characterization of paraffin-based fuels mixed with styrene-based thermoplastic polymers for hybrid propulsion. In: 5th European conference for Aerospace Sciences (EUCASS). ISBN: 9788494153105, pp 1-14.

46. Reynders K, Mishenko N, Mortensen K (1995) Stretching-induced correlations in triblock copolymer gels as observed by small-angle scattering. Macromolecules 28:8699.

47. Laurer J H, Bukovnik R, Spontak R J (1996) Morphological characteristics of SEBS thermoplastic elastomer gels. Macromolecules 29:5760.

48. Wilkinson A N, Laugel M L, Clemens V M, Harding VM, Marin M (1999) Phase structure in polypropylene/PA6/SEBS blends. Polymer 40:4971-4975.

49. Asthana S, Kennedy J P (2002) Novel polyisobutylene stars. XXIII. Thermal, mechanical and processing characteristics of poly (phenylene ether)/polydivinylbenzene (polyisobutylene- bpolystyrene) $_{37}$ Blends J Appl Polym Sci 86:2866-2872.

50. Laurer J H, Mulling J, Khan S A, Spontak R, Bukovnik R (1998) Thermoplastic elastomer gels. I. Effects of composition and processing on morphology and gel behavior. J Polym Sci Part B: Polym Phys 36:2379.

51. Laurer J H, Mulling J, Khan S A, Spontak R, Bukovnik R (1998) Thermoplastic elastomer gels. I. Effects of composition and temperature on morphology and gel rheology. J Polym Sci Part B: Polym Phys 36:2513.

52. Wang J, Calhoun M D, Severtson S J (2008) Dynamic rheological study of paraffin Wax and its organoclay nanocomposites. J Appl Polym Sci 108:2564-2570.

53. Benterou J, Udd E (2007) Measurements using fiber-optic bragg grating sensors. EuroPyro. In; 34th international pyrotechnics seminar, Beaune.

# 第6章 新型化学火箭推进

## 6.1 激光增强化学推进的新概念

**摘要**：用于探索太空的激光推进应用已经被研究已久。高能激光产生的激光烧蚀或者激光等离子体推进方式可用于微卫星和飞行器的发射、轨道保持和姿态控制。相比于传统的推进方式，激光烧蚀推进拥有更高的比冲，但是要求其具有轻的质量和较高的激光能量。激光化学联合推进（LACP）可以很容易地使用低能激光控制推力的开关和大小。激光化学联合推进的原理是基于固体推进剂在热辐射下的燃烧，燃烧速率与连续激光的辐射强度成线性关系。激光化学联合推进中使用的一些光敏感但低能量的推进剂，例如硝酸铵（AN）、硝酸胍（GN）、碳酰二胺和 5 氨基四唑（5-ATZ），它们在激光辐照下可以燃烧，并且随着激光辐照的关闭而熄灭。推进的能量来自于化学反应热和激光能量。本文对激光化学联合推进的弹道性能和可行性进行了试验和理论分析。比冲和推力取决于激光辐照能量。比冲的关系式 $I_s \propto 1/\sqrt{\rho b A_t q}$ 表明比冲随辐射通量（$q$）和辐照灵敏系数（$b$）的升高而降低，但推力 $F_{cp} \propto 1/\sqrt{\rho b A_t q}$ 随 $q$ 和 $b$ 的升高而增加。

### 6.1.1 激光化学联合推进的原理

常见的激光推进是使用高能量连续激光或者脉冲激光产生烧蚀气态产物和转移热能量来推动小型太空飞行器。已开展了发射中使用的连续 $CO_2$ 激光推进、姿态调整或轨道控制中使用的脉冲激光推进或激光电能联合推进[1]等激光烧蚀推进的概念方面的研究[2]。高比冲是激光烧蚀推进的一大优点，但其瓶颈在于需要配备重量轻、体积小和高能量的激光器。如果用于发射飞行器使用的是地基激光器，其尺寸、质量和激光系统能量相关的问题是比较容易解决的，但是在空间激光推进技术中，需要的是搭载于飞行器中的一个重量轻、体积小和高能量的激光器。激光化学联合推进（LACP）这种新技术可以克服激光烧蚀推进的缺点。LACP 的原理是基于激光控制燃烧而并非激光烧蚀，其推进能量来自化学能和激光能，所以 LACP 并不需要配备高能量激光器，并且可以容

416

易改变推力。这个新概念的基本原理在 40 年前使用 $CO_2$ 连续激光器对外部辐照[3]下的推进剂燃烧中已被研究[4-7]，其结果表明双基（DB）推进剂的燃速和辐射通量为分段线性函数关系。对燃速和辐射通量在理论上使用傅里叶公式[8,9]进行了分析。早期的研究中，外部辐照下固体推进剂的燃烧主要关注点火和不稳定燃烧，但研究结果可应用于激光控制推进剂的燃烧产生的可变推力和火箭发动机的推力开关。

推进剂的燃烧受激光辐照影响，其燃速和辐射通量呈线性关系，如图 6-1 和图 6-2 所示。双击推进剂的燃速和辐照通量的关系为两个分段线性函数，但 HTPB 的燃速和辐照通量仅成一段线性关系。

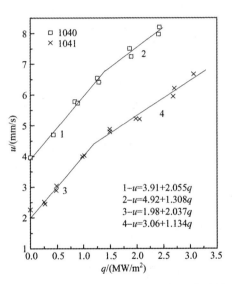

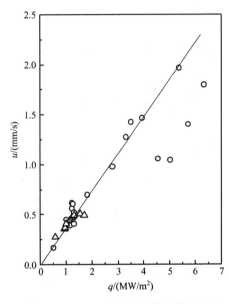

图 6-1　1.49MPa 下 1040 和 1041 推进剂　　　　图 6-2　0.1MPa 的轻微正氧平衡气压下
的燃速，试验数据点[10]近似为分段函数　　　　　　　HTPB 的表面退移速率[11]

燃速和辐射通量的关系为式（6-1），这个公式包含无辐照下和有辐照下的燃烧速率。

$$u = a + bq \qquad (6-1)$$

式中：$u$ 为推进剂的燃烧速率(mm/s)；$a$ 为无辐照下的燃速(mm/s)；$b$ 为辐照灵敏系数；$q$ 为辐照通量((mm/s)/(MW/m$^2$))。

公式 $u = u(a,b,q)$ 近似为一条直线，与试验结果一致。试验结果也很容易用简化的傅里叶方程来简单的表达。

$$m[c(T_s - T_0) - Q_s] = q_g + q \qquad (6-2)$$

或

$$u = a + bq \qquad (6\text{-}3)$$

$$a = \frac{q_g}{\rho[c(T_s - T_0) - Q_s]}, \quad b = \frac{1}{\rho[c(T_s - T_0) - Q_s]} \qquad (6\text{-}4)$$

$$q_g = \frac{a}{b} \qquad (6\text{-}5)$$

式中：$m$ 为质量燃速（$m = pu$）；$c$ 为温度范围在 $T_0$ 到 $T_s$ 区间的平均比热容；$q$ 为外部辐射通量；$q_g$ 为由气相反应损耗产生凝聚相的热通量；$T_s$ 为表面温度；$T_0$ 为初始温度；$Q_s$ 为凝聚相的反应热。

各种推进剂的分段函数中的试验参数在表 6-1 中列出。较高的辐照灵敏系数对 LACP 是有利的。

表 6-1　各种推进剂的分段函数各项参数

| 推进剂 | 线 1 | | 线 2 | | 气压 /MPa | 引用文献 |
|---|---|---|---|---|---|---|
| | $a$ | $b$ | $a$ | $b$ | | |
| HTPB | 0 | 0.34 | — | — | 0.1 | [11] |
| RDX | 0.38 | 0.63 | — | — | 0.1 | [12, 13] |
| HMX | 0.40 | 1.20 | 0.65 | 0.46 | 0.1 | [14] |
| N5 DB | 0.56 | 3.35 | — | — | 0.1 | [15] |
| 1040 DB | 3.91 | 2.06 | 4.92 | 1.31 | 1.5 | [10] |
| 1041 DB | 1.98 | 2.04 | 3.06 | 1.13 | 1.5 | [10] |
| SQ-2 DB | 1.11 | 0.98 | 2.45 | 0.19 | 0.1 | [16] |
| AP/HTPB (50/50) | 0.31 | 0.75 | — | — | 0.1 | [17] |
| | 0.42 | 0.97 | — | — | 0.3 | [17] |
| | 0.32 | 1.02 | — | — | 0.5 | [17] |

注：a 的单位为 mm/s；b 的单位为（mm/s)/（MW/m²）

激光推进要求燃烧产物的清洁性。LACP 推进剂可用的化合物是富氮化合物，例如硝酸铵（AN）、硝酸胍（GN）、碳酰二胺和 5-氨基四唑（5-ATZ），其分子结构和性质在表 6-2 中列出。在 $A_e/A_t$=40 和燃烧室压力为 0.5MPa 时，理论真空比冲（$I_{s,\,vac}$）和绝热火焰温度（$T_f$）由 NASA 的 CEA 程序计算得出。

可行的推进剂配方主要为 AN 和燃料，并加入 1-2% 的炭黑。其中燃料可以选择尿素、5-ATZ 或 GN，炭黑作为吸光剂。

表 6-2　富氮化合物的各项参数

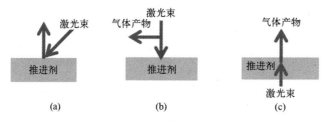

| 化合物种类 | 氧平衡/% | 氮平衡/% | 燃烧热/(kJ/kg) | 爆轰热 $t$/(kJ/kg) | $I_{s,vac}$/s | $T_f$/K |
|---|---|---|---|---|---|---|
| AN | +20.0 | 35 | -2631.25 | 1601 | 185 | 1243 |
| GN | -26.2 | 46 | -7179.70 | 2709 | 248 | 1933 |
| 尿素 | -80.0 | 47 | -10519.15 | none | — | — |
| 5-ATZ | -30.7 | 54 | -8493.56 | 3724 | 253 | 1297 |

## 6.1.2　激光化学联合推进发动机的弹道

现今已有多种模型应用于激光化学联合推进发动机（LACPM），如图 6-3 所示。两个箭头分别表示 LACPM 中的激光束和气流的方向，例如在图 6-3(b)中，激光束辐照于推进剂表面，汽化和燃烧产生的气态产物由激光束垂直方向的喷口喷出。模型(b)的 LACPM 结构示意图如图 6-4 所示，图 6-5 为试验用模型照片。

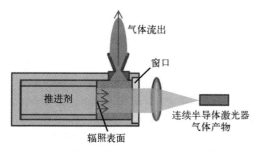

图 6-3　激光化学联合推进发动机的弹道模型
(a) 模型　(b) 模型　(c) 模型

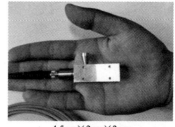

4.5cm×2cm×2cm

图 6-4　模型(b)中 LACPM 结构的示意图　　图 6-5　模型(b)中 ACPM 的试验装置

LACPM 的弹道学与传统固体火箭发动机（SRM）相似，不同之处为推进剂燃速或表面退移速率取决于激光的辐照通量。

由式（6-6）和式（6-7），可以分别计算出气体产物的质量流量及其燃烧和汽化产生的能量：

$$\dot{m}_g = \rho(a+bq)A_r \qquad (6\text{-}6)$$

$$H_g = \rho(a+bq)A_r q_c + A_r q \qquad (6\text{-}7)$$

式中：$\dot{m}_g$ 为辐照表面的质量流量；$A_r$ 为辐照表面的面积；$H_g$ 为来自化学反应和激光辐照的能量总和；$q$ 为辐照通量或辐照强度；$q_c$ 为化学反应热。

在 SRM 的经典内弹道学中，推力和理论比冲可以分别由式（6-8）和式（6-9）计算：

$$F_{cp} = I_s \dot{m}_g \qquad 或 \qquad F_{cp} = I_s \rho A_r (a+bq) \qquad (6\text{-}8)$$

$$I_s = \left[\left(\frac{2k}{k-1}\right)(R^0/\dot{m}_g)T_c\left(1-\left(\frac{P_e}{P_c}\right)^{\frac{k-1}{k}}\right)\right]^{0.5} \qquad (6\text{-}9)$$

$$T_c = \frac{H_g}{\bar{c}\dot{m}_g} + T_0 \qquad (6\text{-}10)$$

式中：$p_c$ 为燃烧室内气压；$p_e$ 为环境压力；$T_c$ 为环境压力；$R^0$ 为通用气体常数；$\bar{c}$ 为温度范围在 $T_0$ 到 $T_c$ 区间的平均比热容。

LACPM 通常应用于空间环境，所以燃烧室内温度取决于辐照通量，并且环境压力近似为 0，或 $p_e = 0$。如果推进剂在没有辐照时停止燃烧，则 $a = 0$。当 $p_c \gg 0$ 时，推力和比冲的计算可以简化为式（6-11）和式（6-12）。

$$F_{cp} = I_s \rho b A_r q \qquad (6\text{-}11)$$

$$I_s = \left[\left(\frac{2k}{k-1}\right)(R^0/\dot{m}_g)T_c\right]^{0.5} \qquad 或 \qquad I_s = \left[\left(\frac{2k}{k-1}\right)\frac{R^0 T_c}{\rho b A_r q}\right]^{0.5} \qquad (6\text{-}12)$$

$$T_c = \left(\frac{q_c}{c} + \frac{1}{\bar{c}\rho b} + T_0\right) \qquad (6\text{-}13)$$

### 6.1.3  结论

LACPM 的推力和比冲取决于辐照通量和辐照灵敏系数。比冲公式 $I_s \propto 1/\sqrt{\rho b A_r q}$ 表明，比冲随辐照通量和辐照灵敏系数的增加而降低，但推力 $F_{cp} \propto \sqrt{\rho b A_r q}$ 随辐射通量和辐照灵敏系数的增加而增加。

辐照灵敏系数（$b$）的提高会使得比冲降低，但会使推力升高。火箭发动机和推进剂追求更高的比冲，但对于姿态和轨道控制，推力的控制能力（打开或关闭）比效率更为重要，所以 LACPM 要求高辐照灵敏系数。

为了防止激光推进中的窗口被污染，使用清洁的推进剂或燃料和正确的光学设计是必要的。富氮化合物可以被选用为推进剂组分，例如 AN 和 5-ATZ。模型（a）和模型（c）也是很好的设计，但其结构比模型（b）更为复杂。

**致谢**：本文的研究由上海航天基金资助（SAST201363）

# 参 考 文 献

1. Horisawa H, Shinohara T, Tei K (2010) Development of compact high-power laser system for laser-electric hybrid propulsion system. 46th AIAA/ASME/SAE/ASEE joint propulsion conference and exhibit, 25-18 July 2010, Nashville: AIAA 2010-6937.

2. Phipps C, Birkan M, Bohn W (2010) Review: laser-ablation propulsion. J Propuls Power 26(4):610-637.

3. Zarko V E, Simonenko V N, Kiskin A B (1992) Study of solid propellant combustion under external radiation. Def Sci J 42(3):183-189.

4. Kondrikov B N, Summerfield M, Ohlemiller T (1970) Ignition and gasification of a doublebase propellant induced by $CO_2$ laser radiation. In: Thirteenth international symposium on combustion, Salt Lake City, 23-29 Aug.

5. Kondrikov B N, Ohlemiller T, Summerfield M (1974) Ignition and gasification of doublebase propellant subjected to radiation of $CO_2$ laser. Voprosy teorii vzryvchatykh vestchestv (Problems of theory of explosives). Proc Mendeleev Inst Chem Technol Moscow 83:67-78.

6. DeLuca L T, Caveny L H, Ohlemiller T J, Summerfield M (1974) Radiative ignition of doublebase propellants: I. Some formulation effects. AIAA J 14(7):940-946.

7. DeLuca L T, Caveny L H, Ohlemiller T J, Summerfield M (1976) Radiative ignition of doublebase propellants: II. Pre-ignition events and source effects. AIAA J 14(81976): 1111-1117.

8. Kondrikov B N, DeLuca L T, Cristoforetti S (2000) Induced gasification of solid propellants under thermal radiation. Space solid propulsion conference, Rome, 21-24 Nov.

9. Shen R, Kondrikov B N (2005) Thermophysical and chemical processes of burning of double-base solid propellants under external irradiation. Propell Explos Pyrot 30(4):256-263.

10. Caveny L H, Ohlemiller T J, Summerfield M (1975) Influence of thermal radiation on solid propellant burning rate. AIAA J 13:202-205.

11. Esker D R, Brewster M Q (1966) Laser pyrolisis of hydroxyl-terminated polybutadiene. J Propuls Power 12(2):296-301.

12. Zenin A (1995) HMX and RDX: combustion mechanism and influence on modern

double-base propellant combustion. J Propuls Power 11:752-758.

13. DeLuca L T, Cozzi F, Germinasi G, Ley I, Zenin A A (1999) Combustion mechanism of an RDX-based composite propellant. Combust Flame 118:248-261.

14. Simonenko V N, Zarko V E, Kiskin A B (1998) Characterization of self-sustaining combustion of cyclic nitramines, energetic materials: production, processing and characterization. In: 29th annual conference of ICT, Karlsruhe.

15. Konev E V, Khlevnoi S S (1966) Burning of a powder in the presence of luminous radiation. Fiz Goreniya Vzryva 2(4):33-41.

16. Qin Z, Shen R, Du J Al (2011) Combustion characteristics of solid propellant under laser irradiation. International autumn seminar of propellants, explosives and pyrotechnics, pp 731-735.

17. Qin Z, Wu J, Shen R, Ye Y,Wu L (2014) Laser-controlled combustion of solid propellant. Adv Mater Res 884.885:87-90.

# 6.2 ADN 固体火箭推进剂的老化性能及其玻璃化转变特性

**摘要:** 以二硝酰胺铵（ADN）作为氧化剂的固体火箭推进剂（SRP）属于"绿色推进剂"和低特征信号推进剂，受到了广泛的关注。本节报道了数个 ADN 基的推进剂配方，不同配方使用了不同的预聚物（聚叠氮缩水甘油醚，GAP；Desmophen D2200），固化剂（丁二酸双丙炔醇酯，BPS；Desmodur N3400）以及填料（铝，Al；奥克托金，HMX）。为进行对比，还制备了以高氯酸铵（AP）为氧化剂的相应配方。在 AP 基的推进剂配方中，用 HMX 替代了 Al。对所制备的固体推进剂样品，利用动态力学分析（DMA）、热重分析以及抗拉强度测试等手段进行了表征。推进剂的加速老化试验在 60～85℃间进行，加速老化时间等效于在 25℃下储存 15 年。

## 6.2.1 引言

目前，西方国家的复合固体火箭推进剂主要为 AP 基推进剂，这是因为 AP 仍然是目前推进剂中最有效的氧化剂，其具有优异的性能，可以使推进剂获得高比冲和高体积比冲。然而，AP 基推进剂的燃烧会生成大量的氯化氢（HCl），导致推进剂排气羽流的特征信号明显，并会严重的腐蚀武器平台。此外，AP 燃烧生成的氯化氢会污染饮用水，其中的氯离子会与甲状腺组织中的氟离子竞争，从而影响甲状腺的功能。在处理接近或已达到服役期限的推进剂中，这一问题的重要性愈加突出[1]。

因此，研究人员在少烟、低特征信号以及环境友好或是污染小的固体推进剂研发方面已开展了大量的工作[2-10]。此外，要求此类推进剂的弹道性能、力学性能和老化特性与目前实用的 HTPB/AP/Al 体系推进剂接近。目前，此类推进剂的研究工作主要集中在寻找替代 AP 的新型氧化剂方面。对新型氧化剂的要求是不含氯元素、毒性低、热稳定性好、与固体推进剂的常见组分相容以及在推进剂服役期间老化性能良好。

待选的新型氧化剂包括硝仿肼（HNF）、硝酸铵（AN）和二硝酰胺铵（ADN）。HNF 与推进剂常见组分间存在相容性问题，而且 HNF 稳定性不佳[12]，已被排除[11]。将 HNF 引入固体推进剂中，发现含 HNF 的固体推进剂的燃速压强指数很高，接近 1；若尝试降低压强指数，会导致严重的不相容问题发生[13,14]。对 ADN 来说，稳定性不是问题，因为能促进其分解的中间产物较为稳定[15]，而且可以通过加入稳定剂的方式抑制中间产物的生成[16]。AN 本身的燃烧性能不佳；此外，即使进行了相稳定处理，AN 在推进剂服役温度下的相变也是一个较大的问题。

由上述结果可知，ADN 是最好的候选氧化剂。ADN 的氧平衡为 25.8%，密度为 1.812 g·mL$^{-1}$；生成焓为 -149.8 kJ·mol$^{-1}$，优于 AP 的 -295.8 kJ·mol$^{-1}$[17]。ADN 不含氯元素，而且 ADN 基推进剂的比冲可达 280 s 以上[18]。此外，在 ADN 基推进剂的燃烧中，ADN 在燃面反应并放出大量的能量，这改善了火焰向燃面的热反馈，从而提高了燃速。

本文利用抗拉强度测试、热重分析和动态力学性能测试（DMA）等手段系统研究了 ADN 基推进剂配方的力学和热学特性以及老化特性。最重要的是，ADN 基推进剂的老化特性与 AP 基推进剂类似。然而，由于 ADN 的氧化性较强，ADN 基推进剂的老化可能更加严重。如图 6-6(a)所示，ADN 中二硝酰胺离子的结构对称性较低，导致 ADN 的反应活性较高而稳定性较差。与 ADN 的情况不同，AP 中高氯酸根为四面体结构（图 6-6(b)），对称性高而能量低，导致其反应活性很低。因此，可以预料，ADN 和 AP 与推进剂常见组分间的反应特性和相容性是不同的。

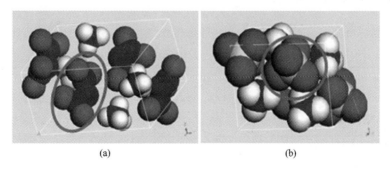

(a)            (b)

图 6-6　(a) ADN 的晶体结构，椭圆区域内为二硝酰胺离子的结构细节以及(b)AP 的晶体结构，圆形区域内为高氯酸根粒子的结构细节

HTPB 胶黏剂中的双键易与 ADN 反应，从而使得 HTPB 链断裂，ADN 颗粒附近的孔隙率增大，因此认为 HTPB 胶黏剂与 ADN 不能混用。当使用 ADN 作为氧化剂时，应使用聚醚-聚酯基胶黏剂体系来构建具有高弹性的聚氨酯网络结构。本文使用了聚缩水叠氮甘油醚（GAP）和 Desmophen® 作为推进剂配方的胶黏剂。此外，所得到的 ADN 基推进剂还与代表"先进"配方的 HTPB/AP/Al 推进剂进行了对比。

## 6.2.2  推进剂配方设计

表 6-3 和表 6-4 给出了不同 ADN 基推进剂的配方，推进剂使用的胶黏剂为聚醚-聚酯基胶黏剂。为了获得 ADN 对推进剂性能的影响，用 AP 替代 ADN，设计了系列推进剂配方作为对照。本文中 ADN 基推进剂的固含量约为 65 m.-%，低于 AP/HTPB 基推进剂的典型值（85 m.-%），这是由目前的技术水平限制所导致的。目前可得的 ADN 为针状晶体。因此，有必要改善 ADN 的形貌结构。为此，研究人员研发了造粒技术，可以在惰性液体的悬浊液或是气流中将 ADN 转变为球形颗粒。本文研究中使用的 ADN 球形颗粒（未包覆、未进行稳定化处理）由 Fraunhofer ICT 制备（制备方法见文献[19]），平均颗粒粒径为 60～120μm。与金属燃料的含量相比，推进剂中氧化剂的种类和颗粒分布对于其弹道性能的影响更大；而金属燃料对推进剂火焰温度影响则更大，向配方中引入金属燃料可以提高火焰温度[20]。近期研究发现，将微反应技术与 ADN 乳液结晶技术结合，可以获得粒径合适的 ADN[21]。然而，在进行此项研究时，尚无法获得多种粒度的 ADN，不能通过级配的方式提高推进剂密度，因此只能通过引入 HMX 和 Al 等填料来提高固含量和密度，并改善推进剂的性能。表 6-3 给出了数种应用不同固化剂的 GAP 推进配方，使用的固化剂包括丁二酸双丙炔醇酯（BPS）和 Desmodur®N100（N100）。

表 6-3　ADN-GAP 推进剂配方组成，固化剂为 BPS，<br>对照组为含 AP 的推进剂

| 组分 | 单位 | ADN-V127 | ADN-V128 | ADN-V129 | AP-13 | AP-14 |
|---|---|---|---|---|---|---|
| ADN 球形颗粒 106μm | (m.-%) | 56 | 56 | 56 | — | — |
| AP 200μm/ AP 45 μm | (m.-%) | — | — | — | 37.54/18.66 | 37.34/18.66 |
| HMX 5μm | (m.-%) | — | — | 10 | 10 | 10 |
| μAl 8μm | (m.-%) | 10 | 5 | — | — | — |
| nAl 100～200nm | (m.-%) | — | 5 | — | — | — |
| GAP diol/triol | (m.-%) | 18.58/3.625 | 18.58/3.625 | 18.58/3.625 | 16.37/3.20 | 18.68 |

（续）

| 组分 | 单位 | ADN-V127 | ADN-V128 | ADN-V129 | AP-13 | AP-14 |
|---|---|---|---|---|---|---|
| BDNPF-A | (m.-%) | 8.1 | 8.1 | 8.1 | — | — |
| TMETN | (m.-%) | — | — | — | 10.8 | 10.8 |
| 稳定剂 | (m.-%) | 1.6 | 1.6 | 1.6 | 1.6 | 1.6 |
| BPS | (m.-%) | 2.095 | 2.095 | 2.095 | 2.03 | — |
| Desmodur®N100 | (m.-%) | — | — | — | — | 2.92 |
| 固含量 | (m.-%) | 66 | 66 | 66 | 66 | 66 |
| Req(C≡C/"OH") | — | 1.00 | 1.00 | 1.00 | 1.10 | — |
| Req NCO/OH | — | — | — | — | — | 1.00 |

注：μAl—微米 Al 粉；nAl—纳米 Al 粉；BDNPF-A—双 2.2-二硝基丙醇缩甲醛/双 2.2-二硝基丙醇缩乙醛；TMETN—三羟甲基乙烷三硝酸酯；Req—活性位点比例，此处考虑到物质的分子结构，Req 指羟基 OH 和 NCO 的比例；"OH"—赝 OH 基团。在固化过程中，BPS 的三键（C≡C）与 GAP 中的叠氮基团发生反应形成交联三唑网络，这种固化反应被称为三唑固化。因此，在 Req 的计算中，也考虑赝 OH 基团

如表 6-4 所列，在第二组配方中，使用聚酯二醇基聚氨酯胶黏剂与含能的 GAP 胶黏剂进行了对比。所用的聚酯二醇胶黏剂为 Desmophen® D2200（D2200）；固化剂为 Desmodur®N3400（N3400），N3400 是一种己烷二异氰酸盐基缩合物。

表 6-4 D2200xx 配方的组成。其中 AP-12 对应于 ADN-V142，二者均含有 HMX；AP-11 对应于 ADN-V144，二者均含有 μAl

| 组分 | 单位 | ADN-V142 | ADN-V144 | AP-11 | AP-12 |
|---|---|---|---|---|---|
| ADN 球形颗粒,106μm | (m.-%) | 56 | 56 | — | — |
| AP, 45μm/200μ | (m.-%) | -/- | -/- | 18.66/37.34 | 18.66/37.34 |
| HMX 5μm | (m.-%) | 10 | — | — | 10 |
| μAl, 8μm | (m.-%) | — | 10 | 10 | — |
| Desmophen®D2200 | (m.-%) | 17.42 | 17.42 | 17.42 | 17.42 |
| TMETN+0.5%NDPA | (m.-%) | 10.8 | 10.8 | 10.8 | 10.8 |
| HX-880 | (m.-%) | 0.14 | 0.14 | 0.14 | 0.14 |
| 稳定剂 | (m.-%) | 1.6 | 1.6 | 1.6 | 1.6 |
| Desmodur®N3400 | (m.-%) | 4.04 | 4.04 | 4.04 | 4.04 |
| 固含量 | (m.-%) | 66 | 66 | 66 | 66 |
| Req(NCO/OH) | — | 1.00 | 1.00 | 0.99 | 0.99 |

制备上述一系列配方的目的是消除配方中复杂组分的影响，获得不同组分各自的效果。

（1）固体填料种类的影响——对比 Al 和 HMX；

（2）胶黏剂种类的影响——对比 GAP/BPS 和 D2200/NX3400；

（3）键合剂 HX-880 对于 ADN 的效果；

（4）改变氧化剂的影响——用 ADN 替代 AP。

为了简便起见，配方将用下列代号表示：

APxx——GAP 基配方；

D2200xx——Desmophen®基配方。

依照所用氧化剂的不同，在上述代号前加上 ADN 或是 AP。

## 6.2.3　老化试验

对推进剂来说，加速老化试验的老化温度和老化时间等效于在 25℃下老化 15 年。试验在 65～85℃、空气中进行，试验环境的相对湿度（RH）小于 10%；此外，试验在无负载的条件下进行，即推进剂不能存在由发动机工作而引起的应力和应变。具体的试验参数利用等效热载荷准则（TEL）确定，确保不同条件下热载荷是相同的。不同试验参数之间的关系可以利用归一化的 van't Hoff 准则[22]（GvH）获得，温度每变化 10℃的换算因子为 2.9。$F$ 因子的大小取决于老化过程的活化能。例如，当活化能为 80～120kJ·mol$^{-1}$，温度范围为 20～90℃时，换算因子为 3。文献[22]中详细论述了 GvH 准则外延的处理以及合适的换算因子的选取。活化能越高，则 $F$ 因子越大，老化时间也越短。由于 ADN 推进剂的老化活化能高于 HTPB 基推进剂配方的活化能[23]，因此 ADN 推进剂的 $F$ 因子应该适当高于 AP/HTPB 推进剂配方的因子（$F$=2.5）[23]，以避免过度缩短加速老化的时间。本文研究的重点是固体火箭推进剂表层的老化，也就是说，研究中不考虑推进剂内部的老化过程。

对于选定的老化温度（$T_T$），为了一定的服役温度（$T_E$）下达到预设的服役时间（$t_E$），老化试验时间（$t_T$）的计算如式（6-14）所示：

$$t_T[d] = 365.25 \cdot t_E[a] \cdot F^{-(T_T - T_E)/\Delta T_F} \qquad (6\text{-}14)$$

式中：365.25 为一年的天数（与闰年平均）；$t_E$ 为 $T_E$ 下的服役时间；$t_T$ 为老化温度 $T_T$ 下的试验天数；$T_T$ 为老化试验温度；$T_E$ 为服役温度；$F$ 为温度每变化 10℃的加速或是降速因子；$\Delta T_F$ 为与 $F$ 因子对应的温度间隔，此处为 10℃。

老化试验参数见表 6-5。表的上半部分预设了 25 ℃下的服役时间。为了通过加速老化使推进剂获得相应的热负载，需在给定的老化温度下储存一定时间。老化试验温度和时间见表 6-5 的下半部分。服役时间与加速老化时间的换算利用 GvH 进行。与基于阿伦尼乌斯公式的换算相比，利用 GvH 的换算得到的老化时间更长。

表 6-5　模拟 25℃下服役 15 年所用的老化试验参数（老化时间和老化温度）

| 自然老化时间/年 | | | |
| --- | --- | --- | --- |
| 服役温度 $T_E$/℃ | 服役时间 $t_E$/年 | | |
| 25 | 5 | 10 | 15 |
| 根据预设的服役时间，利用 TEL 准则确定的加速老化时间，$F$ 因子为 2.9 | | | |
| 老化温度 $T_T$/℃ | 老化时间 $t_T^*$/天 | | |
| 85 | 4 | 8 | 12 |
| 80 | 6 | 12.5 | 20 |
| 70 | 15 | 30 | 45 |
| 65 | 23.5 | 47 | 70.5 |

## 6.2.4　试验方法

### 1. 抗拉强度测试

使用 ZWICK UPM1476 型抗拉强度测试仪研究了推进剂的力学行为。试验中所用试样的尺寸为：长 125mm，宽 25mm，厚 10～12mm；室温和常压下进行单轴拉伸试验，应变速率为 $0.0167s^{-1}$。试验中施加的拉力和试样长度的变化分别使用测力计和应变仪记录。

### 2. 动态力学分析（DMA）

动态力学分析使用 ARES$^{TM}$（Advanced Rheometric Expansion System）型 DMA 测试仪进行，测试时选用扭转模式。ARES$^{TM}$ 型测试仪由 Rheometric Scientific 公司生产。低温和高温试验中使用了液氮冷却的附件。用于 DMA 测试的试样为矩形药条，宽度为 10mm，厚度为 4～5mm，长度为 30mm。试验温度范围为-80～80℃，升温速率为 $1K \cdot min^{-1}$，平衡时间为 28s。实验在 0.1Hz、1.0Hz、10.0Hz 和 30.0 Hz 四个不同的形变频率下进行。与文献[24]中报道的 HTPB/AP/Al 基推进剂相比，ADN 推进剂的固含量更低也更软。因此，对于 ADN 推进剂来说，若要获得较好的 DMA 数据，那么 0.0012 的应变是过低的，特别对于 25℃以上进行的试验来说更是如此。因此，在-80～+15℃，控制应变为 0.00237；在+16～+80℃ 范围内，控制应变为 0.01。本文测试的重复性很好，仅进行了一次测试。但为了避免异常情况，还进行了重复测试。

### 3. 失重测试

失重测试在不同的温度下进行，温度保持恒定不变；样品放置在玻璃管中，并宽松地插上玻璃塞子。将推进剂样品切为 2mm 见方的小方块用于试验。在每个温度下，均进行两次试验。玻璃塞子不用夹具夹紧，也不用油脂密封，这样管内外的气体交换也可以发生。称量样品时使用一台 Mettler-Toledo 公司生产的分析天平进行离线称量，称量的间隔时间至少每周二次。

## 6.2.5　结果与讨论

### 1. 抗拉特性

对于包括含 AP 和 Al 的 HTPB-IPDI 基标准复合推进剂在内的多种推进剂配方，利用式（6-15）计算最大修正应力（$\sigma_{corr}$），利用式（6-16）计算自然应变量或是对数应变量（亨基应变量），结果如图 6-7 所示。计算所用的参数由试验直接测得：线性应变 $\varepsilon_{lin}=\Delta L/L_0$，名义应力 $\sigma_{en}=F/A_0$。

$$\sigma_{corr} = \sigma_{true} = \sigma_{en} \cdot (1 + \varepsilon_{lin}) \tag{6-15}$$

$$\varepsilon_{log} = \varepsilon_{true} = \ln(1 + \varepsilon_{lin}) \tag{6-16}$$

以 GAP-BPS 为胶黏剂的推进剂的强度最低，抗应变能力适中。以 D2200-N3400 为胶黏剂的推进剂强度适中，但抗应变能力较差。图 6-7 中显示的两类 ADN 推进剂的力学性能与 HTPB-IPDI 推进剂相比均有很大差距。

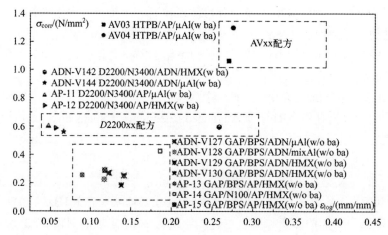

图 6-7　3 种固体推进剂的最大校准应变与最大自然应力的关系，其中 w ba 表示推进剂配方中使用了键合剂，而 w/o ba 则表示推进剂配方中未使用键合剂[8]

### 2. 利用质量损失研究化学稳定性

含能材料的化学稳定性可用多种方法研究。含能材料发生自分解的原因在于其分子中存在活性位点，反应活化能较低而且自分解产物的能量相比反应物更低。在含能材料分子内部或是氧化剂和还原剂的混合物中发生的自分解反应的驱动力主要是氧化还原过程，酸碱的中和作用也是驱动力之一。所有研究化学稳定性的方法都是考察物质的某种在分解过程中会发生变化的性质。性质的变化包括质量损失（ML）、生成气体、放出热量以及均会发生的生成产物或是消耗反应物。

为了研究 ADN 球形颗粒以及相应配方的化学稳定性，采取了质量损失方法。图 6-8，图 6-9 为含有 HMX 和微米 Al 粉的推进剂在 85℃的老化温度下质量损失随老化时间的变化曲线。

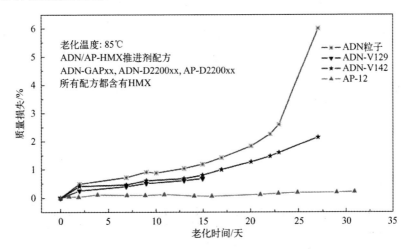

图 6-8　ADN 球形颗粒、ADN 基推进剂和 AP-12 推进剂的质量损失曲线，
图中所有的配方均含有微米 Al 粉[8]

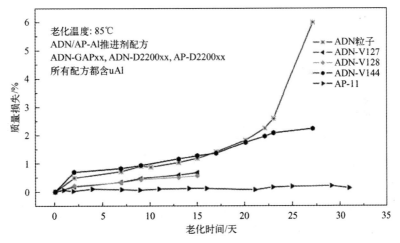

图 6-9　ADN 球形颗粒、ADN 基推进剂和 AP-11 推进剂的质量损失曲线，
图中所有的配方均含有微米 Al 粉[8]

图 6-8 和图 6-9 中，所有的 ADN 基推进剂在保温 10 天后，质量损失速率有所加快。然而，分别对应于 ADN-V144 和 ADN-V142 的 AP-11 和 AP-12 配方仅在起始阶段有稍许失重，随后其失重量一直保持不变。上述结果表明，ADN 正是导致 ADN 推进剂失重量高于 AP 推进剂和失重速率加快的原因。在更低的温度

下，也可以观察到类似的现象[8]。

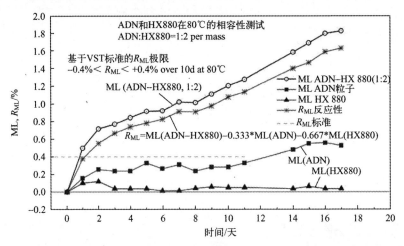

图 6-10　利用质量损失法测得的 ADN 与 HX-880 的化学相容性。按照质量损失相容性（$R_{ML}$）的标准，测试开始 2 天后测得的 $R_{ML}$ 已经高于+0.4%这一临界值，结论是 ADN 与 HX-880 不相容

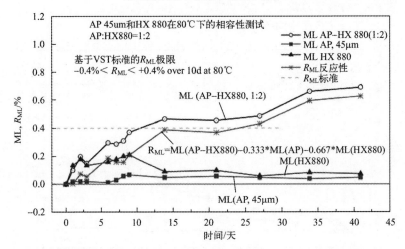

图 6-11　利用质量损失法测得的 AP 与 HX-880 的化学相容性。按照质量损失相容性（$R_{ML}$）的标准，测试开始 15 天后 $R_{ML}$ 仍然低于+0.4%这一临界值，结论是 AP 与 HX-880 相容

　　推进剂配方组分间的相容性对于其长储稳定性和老化行为来说很关键。HX-880，即 N,N-双（2-羟乙基)乙二醇酰胺（也称 BHEGA），可用作含 HMX 和 RDX 推进剂的键合剂。该物质由 MACH I 公司生产，也可以用作 ADN 推进剂的键合剂。然而，HX-880 中含有羟基，在聚氨酯体系中可扮演交联剂的角色，因此引入 HX-880 可能降低推进剂的应变能力。考虑到 HX-880 的组成，

其与 ADN 间可能存在相容性问题。可以用研究推进剂化学稳定性的方法考察组分间的相容性。本节选择的方式是在 80℃下保温，测定质量损失与保温时间的关系。为了实现对相容性的定量表征，测定了两种组分自身及其混合物的数据以进行比对。

在理想的情况下，若组分间不发生相互作用，考虑混合物中两种组分的质量比，则混合物的质量损失减去二种组分各自的质量损失，结果应该是 0。在质量比为 1:1 的混合物中，两种组分的相对质量均为 1[25]。图 6-10 所示为 ADN 和 HX-880 的相容性测试结果。如图 6-10 所示，相容性函数 $R_{ML}(t)$ 通过组分独立的失重而得。为了评价该函数的数值，需要设定相容性标准。之前的文献已报道了相容性标准方面的工作[25]。依据相容性标准，图 6-10 中的 $R_{ML}$ 数值在测试开始两天后即高于+0.4% 的临界值。相容性的定义为在 80℃下保温 10 天，质量损失不超过临界值。因此，认为 ADN 与 HX-880 不相容。图 6-11 给出了 AP 与 HX-880 的相容性数据。图 6-11 中的 $R_{ML}$ 数值在测试开始 15 天后仍然低于+0.4%的临界值。因此，AP 与 HX-880 相容。

**3. DMA 测试以及损耗因子的应用**

图 6-12 所示为一种高能炸药装药，即以 HTPB-IPDI 为胶黏剂的 RDX 炸药的典型 DMA 曲线、储能模量（$G'$）和损耗模量（$G''$）在不同的形变频率下随温度的变化情况。上述数据是利用拉伸 DMA 测试获得的。随着频率的提高，DMA 曲线整体向高温方向移动，导致这一现象的原因是材料的应变率强化。与此高能炸药装药相关的其他数据见文献[26]。

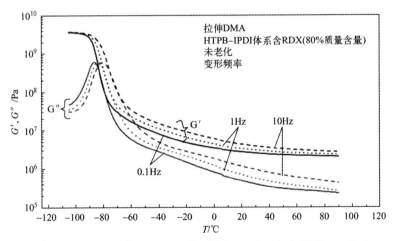

图 6-12　高能炸药装药 HX1 的储能模量（$G'$）和损耗模量（$G''$）在
3 个不同的形变频率下随时间的变化情况[26]

图 6-13 为图 6-12 所示样品的损耗因子曲线 $\tan\delta=G''/G'$。损耗因子可以看作是用储能模量归一化后的损耗模量。在 DMA 测试中，材料受到机械刺激，从而会消耗一定能量（励磁损耗），而损耗因子与该能量消耗成正比。对于 Req 值在 0.8 到 1 范围内的 HTPB-IPDI 胶黏剂体系来说，图 6-13 中的损耗因子曲线形状是典型的。该曲线的特征与所用的 HTPB 胶黏剂种类无关。最常用的 HTPB R45 M 和 HTPB R45 HTLO 两种 HTPB 胶黏剂的损耗因子曲线相同，其他厂家生产的 HTPB 胶黏剂的损耗因子曲线也与此相同。从 HTPB-IPDI 胶黏剂体系的损耗因子曲线上可以看到两个峰：其中一个峰位于低温区，峰强高且峰较窄；另一个峰位于高温区，峰强低而且峰较宽。在曲线的低温端，损耗因子的值较低，接近 0；这是因为在玻璃态或是能量弹性态中，材料的励磁损耗很小甚至接近于 0。在高温侧，损耗因子的值仍然大于 0，这意味着刺激能量在材料内部的损耗。导致上述现象的原因是含有填料的弹性体中胶黏剂和固体填料的摩擦消耗了刺激能量。基于这一原理，损耗因子可以用作材料从玻璃态向高弹态转变中分子重排的指示剂。含固体填料的 HTPB 弹性体的损耗因子曲线结构特征可作如下解释：①低温区损耗因子曲线的主峰属于胶黏剂中不受固体填料约束的部分；填料对胶黏剂的约束越小，则该峰的面积越大，峰强越高；主峰峰值对应的温度随测试条件不会有大的偏移，这是因为峰值部分体现的是纯胶黏剂（不含填料）的特征。②在高温处损耗因子的第二个转变过程应归因于流动受约束的胶黏剂链或是胶黏剂链的一段，这部分的胶黏剂与填料间存在相互作用，而且固化剂附近的胶黏剂链的流动也受到限制。有研究人员把第二个转变过程归因于未交联的 HTPB 分子的爬行。爬行[27]指聚合物分子在体相内部的蛇形运动，在热塑性弹性体的熔化过程中也存在此现象。

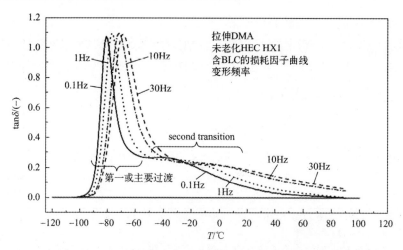

图 6-13　高能炸药装药 HX1 的损耗因子 $\tan\delta=G''/G'$ 在 4 个形变频率下随温度变化的曲线。很明显，曲线上可以监测到两个属于 HTPB-IPDI 胶黏剂的峰[30]

玻璃化转变温度（$T_g$）是损耗因子（$\tan\delta$）最大值所对应的温度，记作 $T_{g,DMA}$。利用差示扫描量热法（DSC）监测材料的玻璃化转变是通过测量样品的比热容 $c_p$ 而进行的，这是因为从能量弹性向熵弹性转变的过程中，$c_p$ 会有所增加。DSC 是一种与 DMA 不同的方法，但是它们监测的都是材料内部相同的变化过程。该变化过程即为自由体积增加和分子间作用力减弱所导致的分子重排过程。在 0.001 Hz 的形变速率下，DSC 法得到的玻璃化转变温度 $T_{g,DSC}$ 与 DMA 法得到的 $T_{g,DMA}$ 基本一致。DMA 法测得的玻璃化转变温度 $T_g$ 与试验所用的形变速率有很大关系。为了体现形变频率对 $T_{g,DMA}$ 的影响，建议在玻璃化转变温度的表示符号中加入形变频率，例如 $T_{g,DMA,0.1Hz}$。

由于 DMA 测试中所使用的形变模式与材料内部的分子转动基本无关，损耗因子曲线也不应该受到形变模式的影响，也就是说 $\tan\delta=G''/G'=E''/E'$。常用的模式包括扭转、拉伸、三点弯曲和伸臂。比较扭转和拉伸试验，可以发现它们的结果之间存在差别。这是因为以拉伸模式进行测试需要对材料进行预处理，会导致预聚物分子的转动，这在材料的玻璃化转变或是高弹态中尤为明显。这对测试有明显影响，会导致扭转和拉伸模式下测试结果的差别；若对材料的预处理值较高，这一差别将更大。

损耗因子是一个合成分布函数（非均一化密度函数），描述了配方中聚合物网络的结构单元的玻璃化转变。如果玻璃化转变对形变频率（速率）较为敏感，则该转变称为弛豫转变，提高形变频率会使得该转变向高温方向移动[28,29]。弛豫指从低温到高温升温中分子的转动过程，是最小自由熵变化所需的条件，之后系统"弛豫"到新的平衡态[30]。

### 4. ADN 推进剂配方的 DMA 测试

比较图 6-14 和图 6-13 可以发现，与 AP/HTPB 推进剂和其他以 HTPB 为胶黏剂的火炸药相比，ADN 基和 AP 基的 GAPxx 和 D2200xx 推进剂的热黏弹性行为有所不同[24]。GAPxx 推进剂的损耗因子曲线上仅有一个明显的峰，该峰在高温区域有拖尾现象。此外，图 6-14 中所示的推进剂配方的玻璃化转变温度都更高，比 HTPB/AP/Al 基推进剂高 40~50℃[24,31]。在 0.1Hz 的形变频率下，BPS 固化的 GAP-ADN 推进剂的玻璃化转变温度高达-25℃。比较 AP-13 和 AP-14 两个含 AP 的推进剂配方，可以发现用 N100 固化 GAP 可以改善 GAP 的玻璃化温度 $T_g$，即使玻璃化温度变得更低。由于 BDNPF-A 和 TMETN 这两种含能的液体填料均是极性的，而且它们的塑化能力很接近，因此可以认为 AP 对胶黏剂分子运动的阻碍能力不如 ADN，因此含 AP 的推进剂的玻璃化温度更低，而且损耗因子更大。如图 6-14 所示，基于 ADN-V-129 和 AP-13 推进剂的结果可以得出上述结果。

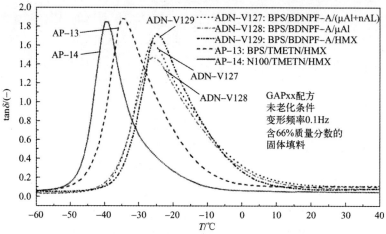

图 6-14 以 GAP-BPS 为胶黏剂的 ADN 推进剂配方的损耗因子曲线，
AP 推进剂用作对照[8]

AP-11 和 ADN-V144 以及 AP-12 和 ADN-V142 两组 D2200-N3400 推进剂配方的损耗因子如图 6-15 所示。很明显，与 ADN 推进剂相比，AP 推进剂的玻璃化温度 $T_g$ 更低，而且损耗因子曲线上的峰更窄。此外，AP 推进剂的损耗因子峰的峰强更高。因此，相比 ADN 推进剂，认为 AP 推进剂中胶黏剂分子的运动受限程度较低。导致这一现象的内在原因在于：ADN 中二硝酰胺根离子的对称性低于 AP 中的高氯酸根离子（图 6-6），因而 ADN 与胶黏剂的极性作用强于 AP 与胶黏剂的极性作用。

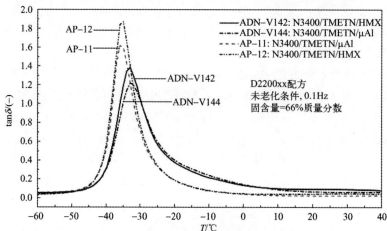

图 6-15 以 Desmophen®N3400 为胶黏剂的两个不同 ADN 推进剂
配方的损耗因子曲线，AP 推进剂用作对照[8]

图 6-16 对比了上述 4 个推进剂配方以及添加塑化剂或是不添加塑化剂（TMETN）的纯胶黏剂的损耗因子。在纯胶黏剂中，塑化剂的含量与配方中一致。因此，由图 6-16 可以获得塑化剂对损耗因子的作用：塑化剂肯定能降低玻璃化转变温度并提高损耗因

子峰的峰强，这是因为只有如此塑化剂才能成功扮演其角色，增加自由体积或是促进胶黏剂分子的运动。此外，塑化剂还应提高材料的抗应变能力。此外，还有一个现象需要注意：AP-xx 推进剂的损耗因子最大值对应的温度与添加塑化剂的纯胶黏剂的峰值温度基本一致，而 ADN 基配方的峰值温度则高于胶黏剂的峰值温度。这进一步证实，ADN 通过极性相互作用对胶黏剂分子运动的阻碍作用强于 AP。

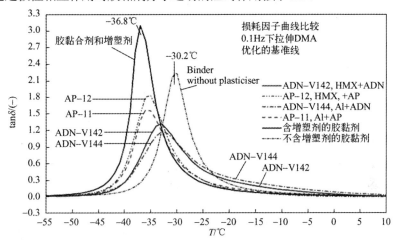

图 6-16　以 Desmophen®N3400 为胶黏剂的两个 ADN 推进剂配方和两个 AP 推进剂配方以及添加或不添加塑化剂（或称为含能液体填料）的胶黏剂的损耗因子曲线比较[32]

　　老化后，AP 推进剂的损耗因子曲线只有很小的变化，但 ADN 推进剂的损耗因子曲线发生了很明显的变化[32]。如图 6-17、图 6-18 所示，老化后，ADN 推进剂损耗因子曲线的峰位基本上没有发生变化，但是高温侧的损耗因子均有所提高。

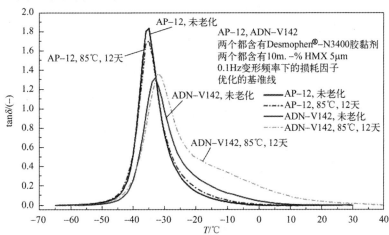

图 6-17　老化处理前后的 AP-12 和 ADN-V142 推进剂的损耗因子比较。老化后，AP-12 的损耗因子曲线仅有稍许变化，但 ADN-V142 推进剂在曲线高温侧的损耗因子则有明显增加

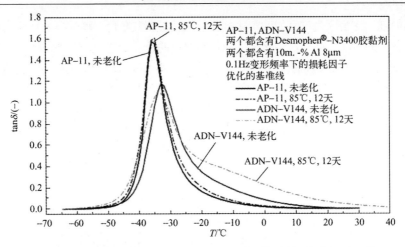

图 6-18  老化处理前后的 AP-11 和 ADN-V144 推进剂的损耗因子比较。
老化后，AP-11 的损耗因子曲线仅有稍许变化，但 ADN-V144
推进剂在曲线高温侧的损耗因子则有明显增加

图 6-19 所示为 ADN-V144 推进剂的损耗因子 tanδ 以及储能模量 $G'$ 在老化后的变化情况：损耗因子曲线的峰宽变大，峰高温侧的损耗因子数值变大。此外，储能模量则随着老化而变小，这与 HTPB/AP/Al 推进剂的行为完全相反，如图 6-20 所示。

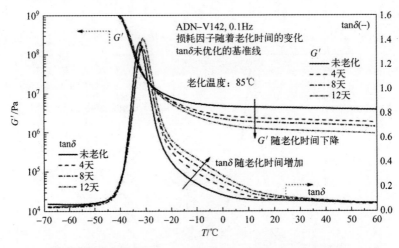

图 6-19  老化处理前后的 ADN-V142 推进剂的损耗因子与储能模量 $G'$ 的对比。
在损耗因子升高的区域，储能模量 $G'$ 有所下降，这说明材料变得更软了[32]

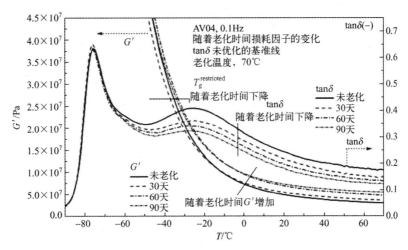

图 6-20　老化处理前后的 HTPB/AP/Al 基推进剂 AV04 的损耗因子与储能
模量 $G'$ 的对比。在损耗因子下降的区域，储能模量 $G'$ 有所升高，
这说明老化使材料变得更硬[24]

对于 ADN-D2200-N3400 推进剂，上述现象可以用断链[33]和（或）界面的去浸润[34]来解释，内在原因则是 ADN 替代了 AP。ADN 的分解产物会与胶黏剂反应，从而导致胶黏剂壳层中的断链。ADN 球形颗粒从胶黏剂中脱落使得壳层中胶黏剂分子受到的约束变小，从而导致与这部分胶黏剂相关的损耗因子变大，这也称为结合橡胶。与 ADN-D2200-N3400 推进剂相反，HTPB/Al/AP 推进剂中胶黏剂的壳层则发生了硬化，这意味着其中发生了新的交联反应，导致胶黏剂分子的运动受限并使得损耗因子曲线上第二个转变过程中损耗因子的减小。此外，如图 6-20 所示，这还导致储能模量的变大。

**5. DMA 损耗因子曲线定量分析方法**

在 DMA 测试中，施加于样品之上的刺激能量在从施力者到样品支架的受力者的传递过程中有一定程度的受限，而且该能量也会部分被样品吸收。上述第二部分能量可以分为两部分组成：一部分属于纯耗散能量，其通过样品内部的摩擦效应转变为热；另一部分能量则用于胶黏剂网络中的分子重排过程。在能量弹性态中，分子重排能量使得胶黏剂链分离，从而使得由熵决定态中存在多种结构；另外，在熵弹性态中，这使得达到能量决定态的优化排布的扩散能垒降低。在玻璃态转变区域以外，能量仅通过耗散的方式消耗。这一过程通常很微弱，对于能量弹性态来说更是如此。对于含填料的弹性体，上述能量耗散过程在熵弹性态中能变得很明显[35]。如图 6-21 所示，损耗因子曲线起始端和末端间基线的偏移即意味着该能量耗散过程的存在。

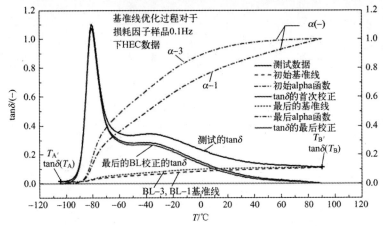

图 6-21　损耗因子曲线的基线校正（BLC），此图为 HTPB-IPDI 基推进剂的数据[26]

为了从分子层面解释损耗因子，需要将上述耗散过程与非耗散过程分开。这可以通过基线校正来进行，所用的校正函数为式（6-17）。损耗因子曲线上基线高度的调整则利用函数 $\alpha(T)$ 进行，该函数可以用损耗因子 $\tan\delta$ 本身来获得，如式（6-18）所示。因此，基线的起点和终点与损耗因子的起点和终点重合。基线校正的步骤见图 6-21 所示，校正循环进行，直至两次校准后的曲线之差达到某临界值。

$$\mathrm{BL}_\alpha(T) = (1 - \alpha(T)) \cdot \tan\delta(T_A) + \alpha(T) \cdot \tan\delta(T_B) \tag{6-17}$$

$$\alpha(T) = \frac{\displaystyle\int_{T_A}^{T} \tan\delta(T)\mathrm{d}t}{\displaystyle\int_{T_A}^{T_B} \tan\delta(T)\mathrm{d}t} \tag{6-18}$$

式中：$\mathrm{BL}_\alpha(T)$ 为基于 $T_A$ 和 $T_B(-)$ 间 $\alpha(T)$ 的基线校正函数；$\alpha(T)$ 为 $\tan\delta(T)(-)$ 的归一化累积分区函数；$T_A$ 为基线的起始温度（℃）；$T_B$ 为基线的结束温度（℃）。

基线校正以后，需对损耗因子曲线进行进一步分析，描述试验数据并确定因不同温度下分子结构变化而造成损耗因子变化的不同区域。正如图 6-14～图 6-18 所示，损耗因子曲线不像高斯分布那样是对称的，这意味着试验数据中仍然存在耗散过程的贡献，而这应该与分子重排过程对损耗因子的贡献区分开来。由于材料中存在随机的潜在过程，损耗因子曲线也可用高斯分布来表示。耗散效应可以用弛豫曲线来描述，该曲线通常表示为指数衰减的函数。将高斯分布与指数函数相结合，可以获得指数修正的高斯分布（EMG），即式（6-19）所示的高斯分布和式（6-20）所示的指数衰减函数的卷积，可用于描述损耗因子函数[36]。这样的 EMG 方程已经成功用于 HTPB/AP/Al 推进剂的研究中[24]。式（6-21）即为 EMG 方程的总和，其用于数据的建模工作。有研究人员考察了多种方程，发现其中 EMG 方程是最合适的[37]。

$$t_\mathrm{G}(T) = \frac{A}{w\sqrt{2\pi}} \cdot \exp\left[-0.5 \cdot \left(\frac{T - T_{C_i}}{w_i}\right)^2\right] \tag{6-19}$$

$$f_E(T) = \exp\left(-\frac{T}{T_{O_i}}\right) \tag{6-20}$$

$$\tan\delta_{BLC} = td_0 + \sum_{i-1}^{N} \frac{A_i}{T_{O_i}} \exp\left[0.5\cdot\left(\frac{w_i}{T_{O_i}}\right)^2 - \frac{T-T_{C_i}}{T_{O_i}}\right]\cdot\left\{1-\mathrm{erf}\left[-\frac{2}{\sqrt{2}}\left(\frac{T-T_{C_i}}{w_i} - \frac{w_i}{T_{O_i}}\right)\right]\right\} \tag{6-21}$$

式中：$T$ 为测试温度（℃）；$\tan\delta_{BLC}$ 为基线校正后的损耗因子数值，为温度的函数；$A_i$ 为第一个 EMG 峰的面积，与第一个高斯峰的面积相等；$w_i$ 为 EMG 峰 $i$ 中高斯分布部分 $i$ 的峰值温度（℃）；$T_{Ci}$ 为 EMG 峰 $i$ 中指数部分 $i$ 的弛豫参数；$td_0$ 为损耗因子数据的偏移，本文的研究设 $td_0$ 为 0；$N$ 为 EMG 拟合函数的数量；erf 为误差函数，该函数为奇函数，即-erf($x$)=erf($x$)。

图 6-22 所示为 ADN-V144 推进剂的损耗因子曲线拟合结果。用两个方程即可对基线校正后的损耗因子曲线进行成功拟合。拟合的曲线与试验数据吻合非常好，相关系数 $R^2$ 很高。在胶黏剂分子重排中的耗散过程用指数衰减函数来描述，与推进剂配方中的胶黏剂分子结构特征密切相关。如图 6-23 所示，通过作出每个 EMG 峰对应的高斯分布峰以及分子运动区域内的 EMG 峰，可以实现对其的定性分析。EMG 峰的峰值总是位于对应的高斯分布曲线上。依照耗散过程对损耗因子的贡献大小，EMG 方程的曲线向低温方向不同程度的偏离高斯分布曲线（高斯分布意味着没有耗散过程）；此外，随着耗散过程贡献的增大，EMG 峰宽和不对称性均增大。确定的是，可以利用 EMG 中指数部分的弛豫参数 $T_{oi}$ 来定量的评价耗散过程的贡献。如果 $T_{oi}$ 为 0，则损耗因子曲线完全服从高斯分布。

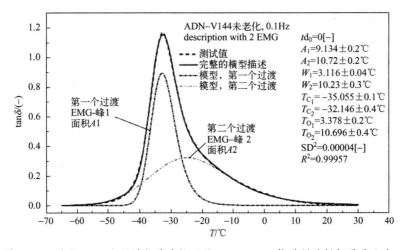

图 6-22　利用 EMG 方程进行基线校正的 ADN-V144 推进剂的损耗因子曲线，
两个 EMG 方程即可以给出非常好的曲线拟合结果[32]

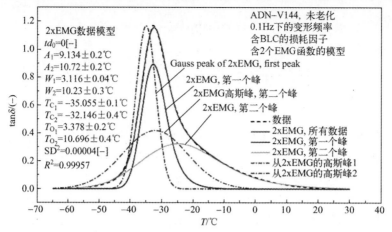

图 6-23　ADN-V144 推进剂的损耗因子曲线的两个 EMG 峰和对应的两个高斯峰。
EMG 峰的峰值总是位于响应高斯分布曲线上。相比 EMG 峰，
EMG-Gauss 峰的峰位温度更低

　　与 HTPB-IPDI/Al/AP 推进剂配方相比，D2200-N3400 基和 GAP-BPS 基配方
的损耗因子曲线上仅有两个副峰存在。第一个峰为预聚物（GAP 或是聚酯型聚氨
酯）运动的主峰；第二个峰则属于包覆 ADN 颗粒、运动受限的聚合物壳体，该
峰随着推进剂老化中胶黏剂的断链和（或）胶黏剂与 ADN 的脱离而变化。
ADN-V144 推进剂损耗因子曲线使用两个高斯分布函数进行了拟合，见图 6-24。
拟合结果成功实现了对材料的定量分析；这一结果证实，胶黏剂中分子的潜在运
动是随机的，服从高斯分布。

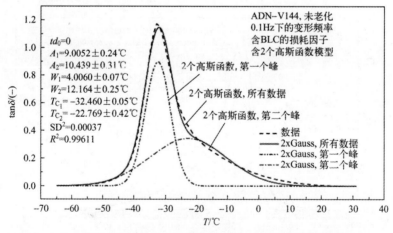

图 16-24　基线校正后的 ADN-V144 损耗因子曲线高斯拟合结果，
用两个高斯函数拟合可以实现对损耗因子曲线的定量分析。这一结果证实，
胶黏剂中分子的潜在运动是随机的，服从高斯分布

## 6. 利用 EMG 方程研究 DMA 测得的损耗因子曲线特征

上文讨论了利用 EMG 方程拟合老化推进剂样品的损耗因子曲线。曲线上的第一个峰记为 $A_1$，其不受老化的影响；另一个峰则记为 $A_2$，受老化影响。$A_1$ 峰主要源于聚酯型聚氨酯分子的运动，而 $A_2$ 峰则属于 ADN 颗粒周围运动受限的胶黏剂壳层。断链和（或）胶黏剂与 ADN 颗粒脱离均会导致 $A_2$ 峰发生变化。在前文的质量损失测试中，对比了 ADN 球形颗粒和含 ADN 以及含 AP 的 Desmophen 基推进剂配方的老化行为。结果显示，ADN 对于配方分解的影响是毋庸置疑的。此外，质量损失测试显示推进剂老化过程中存在加速老化现象，导致这一现象的部分原因是自催化。推进剂配方的质量损失值低于纯的 ADN，这是因为配方中除 ADN 外还含有其他物质。综上所述，ADN 在老化过程会发生分解，同时颗粒粒径变小[8]，从而导致颗粒脱离胶黏剂网络，这一现象也对包覆 ADN 球形颗粒的有效性提出了质疑。

图 6-25 所示为老化 ADN-V144 推进剂损耗因子曲线上 $A_1$ 和 $A_2$ 峰的面积随老化时间的变化曲线。$A_1$ 的面积不随老化时间而变化，$A_2$ 的面积则随老化时间而增加。损耗因子增大意味着 ADN 颗粒附近胶黏剂分子（胶黏剂壳层中）的移动性增大：内在的原因是 ADN 颗粒与胶黏剂网络脱离而且胶黏剂分子链断裂。

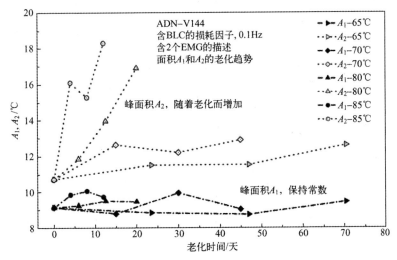

图 6-25　老化 ADN-V144 推进剂损耗因子曲线上 $A_1$ 和 $A_2$ 峰的面积。
峰 $A_1$ 的面积不随老化过程而变化，而 $A_2$ 的面积则随老化而增加

$A_2$ 峰面积的变化速率可以用一个零阶的速率方程表示，即

$$\left( \frac{\mathrm{d}(A_2(t,T))}{\mathrm{d}t} \right)\Big|_T = S \cdot k_{A_2}(T) \tag{6-22}$$

式中：$K_{A2}(T)$ 为 $A_2$ 面积的变化速率（℃·天$^{-1}$）；$S$ 为特征参数，对于面积随时间减小的过程，S=-1；对于面积随时间减小的过程 S=+1。

对式（6-22）进行积分，得

$$A_2(t,T) = A_2(0) + S \cdot k_{A_2}(T) \tag{6-23}$$

在不同的老化温度下，均发现 $k_{A2}$ 与老化时间成线性关系。以速率变化常数（$k_{A_2}$）的自然对数对 $1/T$（单位为 K）作图，如式（6-24）所示，可以得到各配方的老化活化能（$E_a$）和指前因子（$Z$）并列在表 6-6 中。

由于面积 $A_2(t,T)$ 有单位℃，未归一化的下降速率 $k_{A_2}$ 的单位有℃/时间，本文中为℃·天$^{-1}$。

$$\ln(k_{A_2}) = \ln(Z(A_2)) - \frac{E_a(A_2)}{R} \cdot \frac{1}{T} \tag{6-24}$$

表 6-6　ADN-V142 和 ADN-V144 推进剂老化过程中 $A_2$ 峰面积变化速率的阿伦尼乌斯常数

| 推进剂 | 填料 | $A_2(0)$/℃ | $E_a(A_2)$ (kJ·mol$^{-1}$) | Lg(Z($A_2$))/ (℃·天$^{-1}$) | $R^2(A_2)$ |
|---|---|---|---|---|---|
| ADN-V142 | HMX | 10.99 | 171.4±20.5 | 24.706±3.082 | 0.9721 |
| ADN-V144 | μAl | 10.72 | 162.2±2.0 | 23.446±0.308 | 0.9997 |

老化过程中，HTPB/Al/AP 推进剂的活化能约为 70～85kJ·mol$^{-1}$[24]，本节中 ADN 推进剂的活化能则远大于这一范围。可能的原因是：ADN 推进剂的胶黏剂与 HTPB 不同，含有极性基团，ADN 与胶黏剂之前的相互作用强于 AP 与 HTPB 的相互作用。ADN 颗粒的表面与 Desmophen®D2200 中的羧基之间存在偶极-偶极相互作用。此外，由于 ADN 中的离子带有电荷，使得偶极相互作用增强。此外，ADN 的分解反应活化能也在这一范围内[38, 39]。

可用高斯分布的峰值温度分析玻璃化转变温度随老化时间的变化。如图 6-26 所示，ADN-V144 推进剂中第一个转变峰（$T_{C_1}$）不随老化过程发生变化，第二个转变过程则随老化处理时间的增加而增加。考虑到材料中的分子重排符合高斯分布，这一结果是可靠的。

对老化 ADN-V144 推进剂 EMG 函数中的指数部分弛豫参数的分析见图 6-27，图中仅显示了两个较高老化温度下的试验数据。峰 1 的弛豫参数在老化过程中不发生变化，而峰 2 的参数则随着老化的进行而变大。在较低的老化温度下延长老化时间，可以获得和高温老化同样的结果。事实上，在老化的第一个阶段中，峰 2 的弛豫参数也是不变的。根据这一现象，可以认为该推进剂的老化中存在两种不同的反应机理。在老化的第一阶段中，ADN 缓慢自分解，颗粒粒径减小，与胶黏剂网络脱离。在进一步的老化过程中，ADN 更多的氧化了胶黏剂，使得胶黏剂发生分解，造成了更严重的耗散效应。

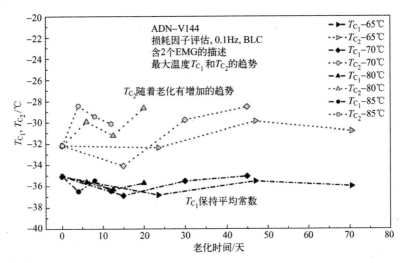

图 6-26　对老化 ADN-V144 推进剂 EMG 函数中的高斯分布部分的分析。
峰 1 的峰值温度在老化过程中不发生变化，而峰 2 的温度则会增加，
这一现象说明胶黏剂分子链之间存在交联作用[32]

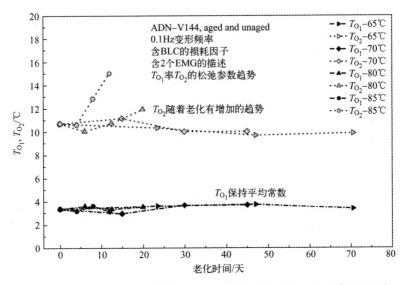

图 6-27　对老化 ADN-V144 推进剂 EMG 函数中的指数部分弛豫参数的分析。
峰 1 的参数在老化过程中保持不变，峰 2 的参数则有所增加，
图中仅给出了两个较高老化温度下的数据

## 6.2.6 结论

以 AP 或是 ADN 为氧化剂的 BPS 固化的先进 GAPxx 推进剂强度较低，抗应变能力较差。以 Desmodur®N3400 固化的 Desmophen®D2200 推进剂的抗应变能力也较差，但是其强度高于 BPS 固化的 GAPxx 推进剂。键合剂 HX-880 对推进剂力学性能的影响则微乎其微；此外，试验结果显示 HX-880 与 ADN 不相容。ADN 推进剂都存在自分解现象，这可以通过等温质量损失试验来研究。

先进 ADN 推进剂配方的动态力学与 HTPB 推进剂的不同。在扭转 DMA 损耗因子（$\tan\delta=G''/G'$）曲线上仅存在一个明显的峰。系统地说，AP 推进剂的玻璃化转变温度低于 ADN 推进剂的玻璃化转变温度，其原因在于 ADN 与胶黏剂分子链之间的相互作用更强，从而使得 ADN 推进剂中胶黏剂分子的运动更加受限。

对 Desmophen 基推进剂配方进行了老化测试。老化温度为 60~85℃，老化时间等效于在 25 ℃下老化 15 年。在老化过程中，AP 推进剂没有发生明显变化，而 ADN 推进剂则发生了明显的衰退。

对于损耗因子曲线，在进行基线校正后，利用指数修正的高斯分布函数进行了拟合。拟合结果显示，在损耗因子曲线拖尾段，存在一个被隐藏的较弱的峰。曲线上的主峰属于胶黏剂预聚物的运动（GAP 或是聚酯型聚氨酯）；而被隐藏的峰则属于 ADN 球形颗粒周围的胶黏剂壳层，在老化过程中，这部分胶黏剂会发生断链和（或）胶黏剂与 ADN 脱离。主峰的面积不随老化过程而变化，而被隐藏的峰的面积则随着老化时间延长而增大。以被隐藏的峰的面积变化率的自然对数对温度的倒数作图，可以获得老化过程的活化能。对于 ADN 推进剂来说，活化能为 160~180 kJ·mol$^{-1}$。证明任何复合推进剂在老化过程中发生变化的有效手段是损耗因子曲线随老化时间的变化。

考虑到键合剂 HX-880 与 ADN 不相容，寻找适合 ADN 的键合剂仍然是一个重要的课题。对于该材料的需求是迫切的，这是因为 ADN 与 AP 或是 RDX 不同，其氧化活性非常高。导致键合剂与 ADN 的键合失效的可能原因是：ADN 颗粒表面发生分解，从而使得键合失效。在使用全包覆的 ADN 颗粒时，也会出现这个问题。即使包覆材料本身没有发生分解，但其中 ADN 颗粒粒径的缩小也会导致这一问题。

**致谢**：本文的部分工作是 Sara Cerri 在 Politecnico di Milano 能源系（意大利）和 Fraunhofer ICT（德国）攻读博士学位时完成的[40]。本文作者对上述两个单位表示感谢。此外，本文作者还想感谢 Klaus Menke 在制备推进剂样品和提供推进剂组分信息方面的帮助。

# 参 考 文 献

1. Cumming A (2008) Recent and current NATO RTO work on munitions disposal. In: Proceedings of the 11th international seminar on new trends and research in energetic materials, University of Pardubice, Czech Republic, 9–11 April 2008.

2. United States Environmental Protection Agency (2005) Perchlorate treatment technology update, May 2005, http://www.epa.gov/tio/download/remed/542-r-05-015.pdf. Accessed 15 Apr 2015.

3. High Performance Solid Propellants for In-Space Propulsion (HISP), FP7 project, reference n. 262099, http://www.foi.se/en/Customer--Partners/Projects/HISP/HISP/ and www.hisp-fp7.eu. Accessed 15 Apr 2015.

4. Johansson M, De Flon J, Petterson A,Wanhatalo M, Wingborg N (2006) Spray prilling of ADN and testing of ADN-based solid propellants. In: Proceedings of the 3rd international conference on green propellants for space propulsion, Poitiers, France, 17–20 September 2006.

5. Nagamachi M Y, Oliveira J I S, Kawamoto A M, Dutra R L (2009) ADN – the new oxidizer around the corner for an environmentally friendly smokeless propellant. J Aerosp Technol Manag 1(2):153–160.

6. Larsson A, Wingborg N (2011) Green propellants based on ammonium dinitramide (ADN). In: Hall J (ed) Advances in spacecraft technologies, Web-based access: InTech, doi:10.5772/13640.

7. Jones D E G, Kwok Q S M, Vachon M et al (2005) Characterization of ADN and ADN-based propellants. Propellants Explos Pyrotech 30(2):140–147.

8. Cerri S, Bohn M A, Menke K et al (2014) Characterization of ADN/GAP-based and ADN/desmophenR-based propellant formulations and comparison with AP analogues. Propellants Explos Pyrotech 39(2):192–204.

9. Landsem E, Jensen T L, Hansen F K et al (2012) Mechanical properties of smokeless composite rocket propellants based on prilled ammonium dinitramide. Propellants Explos Pyrotech 37(6):691–698.

10. Menke K, Heintz T, Schweikert W et al (2009) Formulation and properties of ADN/GAP propellants. Propellants Explos Pyrotech 34(3):218–230.

11. Bohn M A (2007) Thermal stability of hydrazinium nitroformate (HNF) assessed by heat generation rate and heat generation and mass loss. J Pyrotech 26:65–94.

12. Bohn M A (2015) Review of some peculiarities of the stability and decomposition of HNF and ADN. In: Proceedings of the 18th seminar New Trends in Research of Energetic Materials (NTREM), University of Pardubice, Czech Republic, 15–17 April 2015, NTREM-18:4–25.

13. Tummers M J, van der Heijden A E D M, van Veen E H (2012) Selection of burning rate

modifiers for hydrazinium nitroformate. Combust Flame 159:882–886.

14. Welland W H M, van der Heijden A E D M, Cianfanelli S et al (2007) Improvement of HNF and propellant characteristics of HNF based composite propellants. In: Proceedings of the 43$^{rd}$ AIAA/ASME/SAE/ASEE joint propulsion conference & exhibit, Cincinnati, Ohio, USA, 8–11 July 2007, AIAA 2007–5764.

15. Bohn M A, Grillo M E (2006) Quantum mechanical calculations used to reveal decomposition ways of ammonium dinitramide (ADN). In: Proceedings of 37$^{th}$ int. annual conference of ICT, Karlsruhe, Germany, 27–30 June 2006.

16. Bohn M A (2003) Stabilization of the new oxidizer ammonium dinitramide in solid phase. In: Proceedings of the 8$^{th}$ int. seminar EuroPyro 2003 combined with the 30$^{th}$ international pyrotechnics seminar, Saint Malo, France, 23–27 June 2003, pp 274–291.

17. Bohn M A, Aniol J, Pontius H et al (2006) Stability and stabilization of ADN–water solutions suitable as oxidizer investigated by heat generation rate. In: Proceedings of the 33rd international pyrotechnics seminar, Fort Collins, Colorado, USA, 16–21 July 2006.

18. Talawar M B, Sivabalan R, Mukundan T et al (2009) Environmentally compatible next generation green energetic materials (GEMs). J Hazard Mater 16:589–607.

19. Teipel U, Heintz T, Krause H (2000) Spherical ammonium dinitramide (ADN) particles. Propellants Explos Pyrotech 25(2):81–85.

20. Boyars C, Klager K (1969) Propellants manufacture, hazards, and testing. In: Gould RF (ed) American Chemical Society Advances in chemistry series 88. Washington, DC.

21. Heintz T, Fuchs A (2010) Continuous production of spherical ammonium dinitramide particles (ADN–prills) by microreaction technology. In: Proceedings of the 41st international annual conference of ICT, Karlsruhe, Germany, 29 June–2 July 2010.

22. Bohn M A (2009) Prediction of equivalent time–temperature loads for accelerated ageing to simulate preset in–storage ageing and time–temperature profile loads. In: Proceedings of the 40$^{th}$ international annual conference of Fraunhofer ICT, Karlsruhe, Germany, 23–26 June 2009.

23. Celina M, Gillen K T, Assink R A (2005) Accelerated aging and lifetime prediction: review of non–Arrhenius behaviour due to two competing processes. Polym Degrad Stab 90:395–404.

24. Cerri S, Bohn M A, Menke K et al (2013) Aging of HTPB/Al/AP rocket propellant formulations investigated by DMA measurements. Propellants Explos Pyrotech 38(2):190–198.

25. Bohn M A (2012) Generic formulation of performance assessment quantities for stability, compatibility and ageing of energetic materials. In: Proceedings of the 43rd international annual conference of ICT, Karlsruhe, Germany, 26–29 June 2012.

26. Bohn M A (2012) Impacts on the loss factor curve and quantification of molecular rearrangement regions from it in elastomer bonded energetic formulations. In: Armstrong RW, Short JM, Kavetsky RA, Anand DK (eds) Energetics science and technology in central Europe. CALCE EPSC Press, University of Maryland, College Park, pp 195–235.

27. de Gennes P G (1971) Reptation of a polymer chain in the presence of fixed obstacles. J Chem Phys 55:57. doi:10.1063/1.1675789.

28. Ehrenstein G W, Riedel G, Trawiel P (2003) Praxis der Thermischen Analyse von Kunstoffen. Carl Hanser Verlag, Munich.

29. Widmann G, Shawe J, Riesen R (2002) Interpreting DMA curves, Part 1.Thermal Analysis UserCom 15, Mettler Toledo, 1–6 Jan 2002.

30. Bohn M A, Mussbach G, Cerri S (2012) Influences on the loss factor of elastomer binder and its modeling. In: Proceedings of the 43rd int. annual conference of ICT, Karlsruhe, Germany, 26–29 June 2012.

31. Cerri S, Bohn M A, Menke K et al (2009) Ageing behaviour of HTPB based rocket propellant formulation. Cent Eur J Energ Mater 6:149–165.

32. Cerri S, Bohn M A, Menke K et al (2014) Aging of ADN–rocket propellant formulations with desmophenR–based elastomer binder. Propellants Explos Pyrotech 39(4):526–537.

33. Kumar A, Commereuc A, Verney V (2006) Ageing of elastomers: a molecular approach based on rheological characterization. Polym Degrad Stab 85:751–757.

34. Lepie A, Adicoff A (1972) Dynamic mechanical behavior of highly filled polymers: dewetting effect. J Appl Polym Sci 16:1155–1166.

35. Cerri S, Bohn M A, Menke K et al (2010) Ageing of HTPB/Al/AP rocket propellant formulations investigated by DMA measurements, Sol–Gel and GPC analysis. In: Proceedings of the 41st international annual conference of ICT, Karlsruhe, Germany, 29 June– 2 July 2010.

36. Tsagaropoulos G, Eisenberg A (1995) Dynamical mechanical study of the factors affecting the two glass transition behavior of filled polymers. Similarities and differences with random ionomers. Macromolecules 28:6067–6077.

37. Cerri S, Bohn M A, Menke K et al (2009) Ageing behavior of composite rocket propellant formulations. In: Proceedings of the 3rd European conference for aerospace science (EUCASS), Versailles, France, 6–9 July 2009.

38. Bohn M A, Aniol J, Pontius H et al (2007) Thermal stability and stabilization of ADN–water gels. In: Proceedings of 38th international annual conference of ICT, Karlsruhe, Germany, 26–29 June 2007.

39. Bohn M A, Gerber P (2007) Stabilization of solid ADN and liquid (melted) ADN–aluminium mixtures – suitable stabilizing substances investigated by heat generation rate, mass loss and product analyses. In: Proceedings of the 9th international seminar EuroPyro 2007 combined with the 34th international pyrotechnics seminar, Beaune, France, 8–11 October 2007, p 153.

40. Cerri S (2011) Characterisation of the ageing of advanced solid rocket propellants and first step design of green propellants. PhD Thesis, Politecnico di Milano, Dipartimento di Energia, Dottorato di Ricerca in Energetica, XXII ciclo.

# 原书作者 Luigi T. De Luca 教授写给庞维强博士的信

Dear Dr. Pang WeiQiang,

I am sending you the texts of the contract for the edition of our book in Chinese and English languages. Attached please find the English text of "Chemical Rocket Propulsion: A Comprehensive Survey of Energetic Materials", as published last summer by Springer International Publishing AG Switzerland. I hope that the preparation of the Chinese translation of the book will be successful.

I wish you good health and the greatest scientific success. On behalf of the Volume Co-Editors, I would also like to express our sincere appreciation to all the Chinese translators:

*Dr. Pang WeiQiang, Dr. Zhang XiaoHong, Dr. Hu SongQi, Dr. Li JunQiang, Dr. Zhao FengQi, Dr. Fan XueZhong, Ms. Wu QiuZi, Dr.Qin Zhao, Dr. Wang YingLei, Dr. Pei JiangFeng, Dr. Yao ErGang, Dr. Zhang Wei, Dr. Huang HaiTao, Dr. Yan Ning, Dr. Bi FuQiang, Dr. ZhaiLianJie, Dr. Yang YanJing, Dr. Liang DaoLun, Dr. ZhengQiLong, Mr. Li GuoFeng, and Mr. Liu ChangYi.*

for their diligent and patient work.

With deep respect and hope for friendship and further cooperation.

Yours

*[signature: Luigi De Luca]*

Luigi T. De Luca
Milan, 2017 January 23

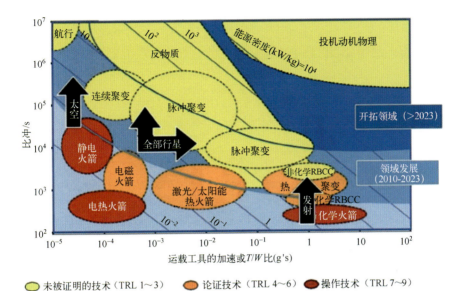

图 1-1　对比几种装置在比冲 VS.装置加速度或推重比方面的表现，
说明推进领域最新进展（由 NASA 提供）

图 1-2　截至 2015 年 5 月，韩国 1999—2020 太空探索战略计划（来源：KARI）

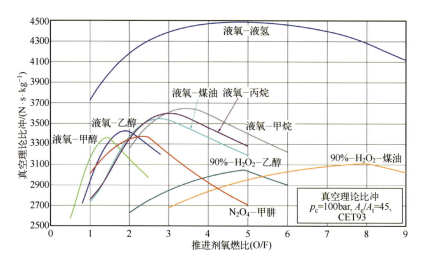

图 1-3　不同液体推进剂配方的理想比冲（来源：NATO RTO）推进剂混合比例 O/F

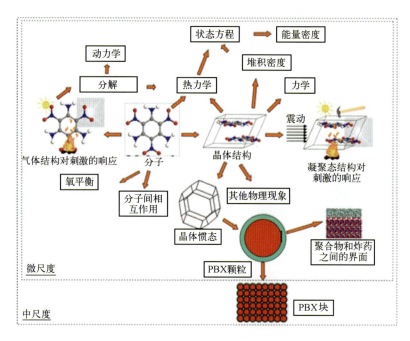

图 1-4　含能材料的典型微观结构，其中包括原子、分子、晶体、微粒子、界面等。这些结构可以称作含能材料的基因。含能材料基因组计划任务之一就是确认这些结构与宏观特性和性能之间的关系

图 1-7　(2004—2020)："嫦娥"1号，2007年10月24日；"嫦娥"2号，2010年10月1日；
　　　"嫦娥"3号，2013年12月2到14日；"嫦娥"4号，待发射（来源：CNSA）

图 1-8　2011年5月5日联合运载火箭（Soyuz）2火箭携带 Meridian 卫星从普列谢茨克航天
　　发射场发射后在叶卡捷琳堡观察到的光学现象。照片拍摄于黄昏，可以看到气体尘埃云的结构，
　　前部似冲击波，尾部像发动机羽流（http://my.mail.ru/bk/vesti.ru/video/society/50252.html）

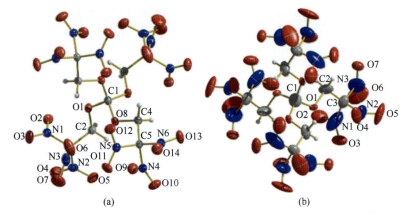

图 2-4　化合物 1 两种相态下晶体结构
(a) 低温下结构；(b) 室温下结构。

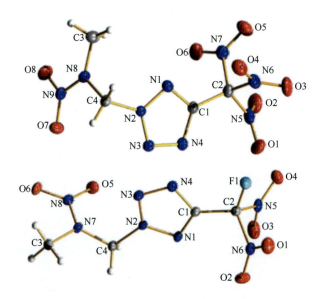

图 2-6　多硝基四唑（3）和（4）的晶体结构，其中的热椭圆体结构置信度水平为 50%[29]

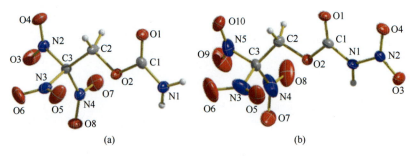

图 2-12　TNC（11）和 TNC-NO₂（12）的晶体结构；其中的热椭圆体结构
置信水平为 50%(a) 和 30%(b)[23]

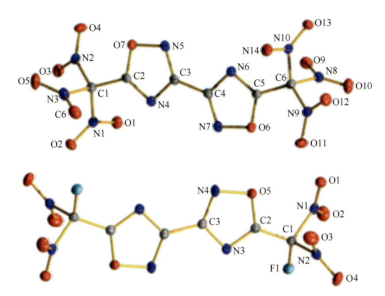

图 2-8　双 -1,2,4- 氧杂二唑化合物（5）和（6）的晶体结构；
其中的热椭圆体结构置信水平为 50%[21]

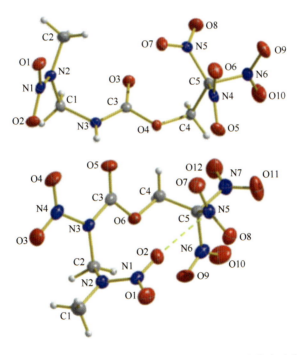

图 2-10　氨基甲酸酯（7）和硝氨基甲酸酯（9）的晶体结构；
其中的热椭圆体结构置信水平为 50%[28]

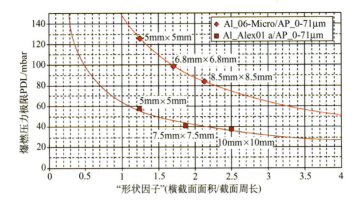

图 3-13　μAl 或 nAl 装填推进剂的 PDL 和形状因子关系 [56]

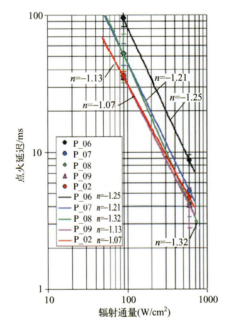

图 3-14　1bar 下几种 AP68%/HTPB17%/Al5% 的配方辐射点火地图显示出 nAl 比
μAl 点火更快（P_06 是用 100% 的片状 μAl 装填的；P_07 用的是 80% 的片状
μAl 和 20%nAl；P_08 用的是 50% 的片状 μAl 和 50%nAl；P_09 用的是 50%
球形 μAl 和 50%nAl；P_02 用的是 100%nAl [37]）

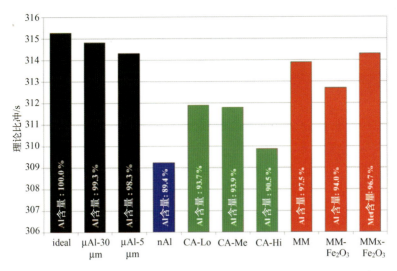

图 3-19　不同金属粉末对 AP/Al/HTPB—68%/18%/14% 固体推进剂理论比冲的影响，
计算考虑的燃烧器压强为 70bar，膨胀速率为 40，真空条件

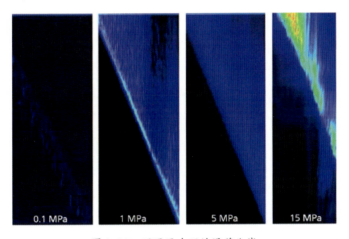

图 3-38　不同压力下的退移曲线

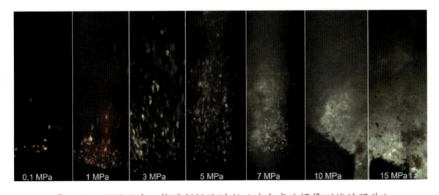

图 3-37　不同压力下推进剂燃烧过程（选自高速摄像测试的照片）

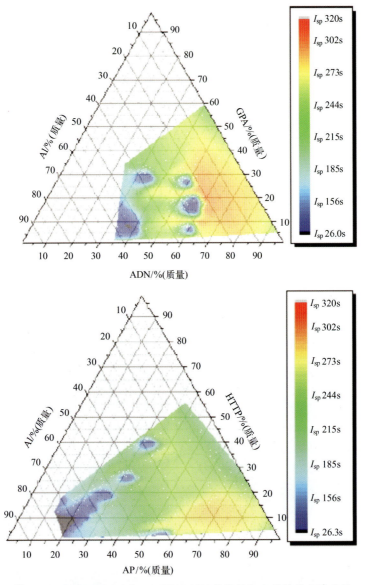

图 3-36 AP/HTPB/Al 和 ADN/GAP/Al 推进剂配方的质量比冲比较

图 3-60 nAl@NA 的激光点火过程

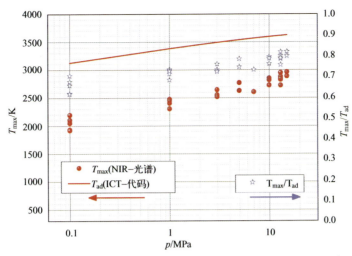

图 3-41　测试的最高温度和 ICT 计算的绝热温度比较—热力学
代码和它们的商作为压力的函数

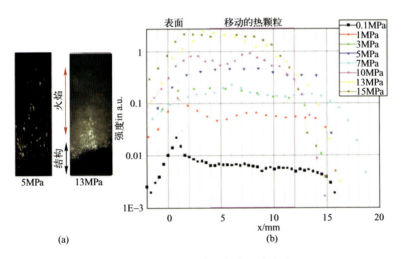

(a)　　　　　　　　　　　(b)

图 3-42　不同压力下轴向强度分布

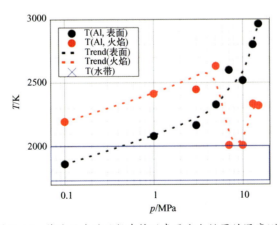

图 3-44　作为压力的函数在接近表面和火焰区的温度测试

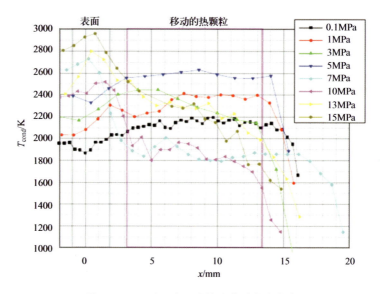

图 3-43  不同压力下连续温度的轴向分布

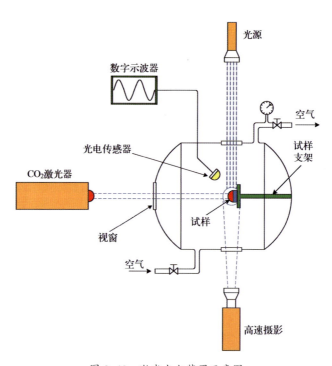

图 3-48  激光点火装置示意图

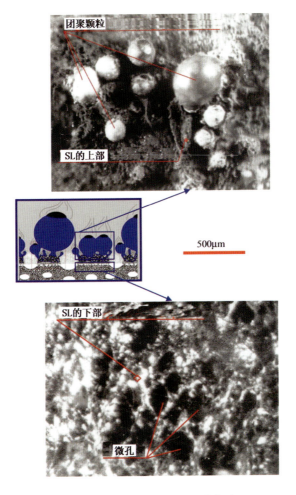

图 4-2　A 类推进剂的 SL 的顶部和底部（AN 基推进剂，$P$=6.0MPa[20]）

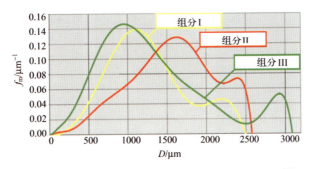

图 4-10　在 6.0MPa 下 3 种 AN 基推进剂 $fm$(d) 函数[20]
（推进剂配方的区别如表 4-1 所列。）

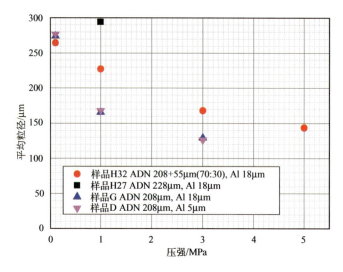

图 3-46　不同造粒氧化剂的团聚平均粒径

(a) 2MPa　　　　　(b) 4MPa　　　　　(c) 6MPa

图 4-29　不同压强下 BGR-5 的火焰照片

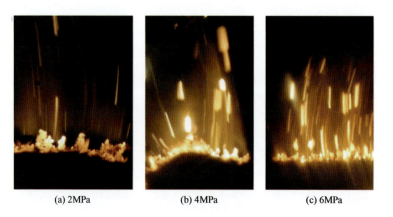

(a) 2MPa　　　　　(b) 4MPa　　　　　(c) 6MPa

图 4-30　不同压强下 BGR-8 的火焰照片

(a) 2MPa　　　　　　(b) 4MPa　　　　　　(c) 6MPa

图 4-31　不同压强下 BGR-9 的火焰照片

(a) 2MPa　　　　　　(b) 4MPa　　　　　　(c) 6MPa

图 4-32　不同压强下 BGR-10 的火焰照片

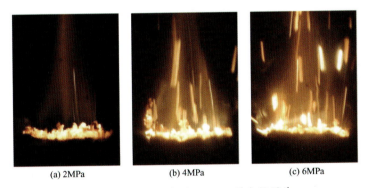

(a) 2MPa　　　　　　(b) 4MPa　　　　　　(c) 6MPa

图 4-33　不同压强下 BGR-11 的火焰照片

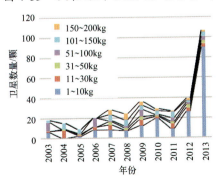

图 5-1　自 2003 年以来 11 年的纳米和微型卫星（1 ～ 200kg）的数量

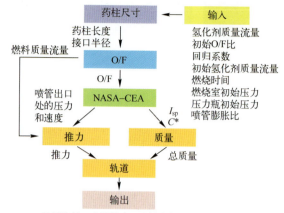

图 5-2　有 HER 的 LV 性能评估流程图[11,12]

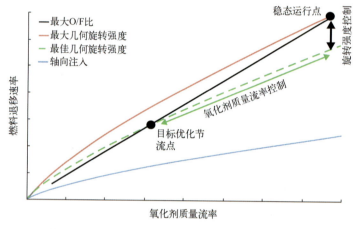

图 5-16　通过改变氧化剂旋流强度控制 O/F 的示意图

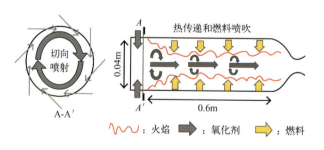

图 5-17　数值方案

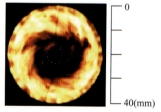

图 5-24　燃烧室前端伴随涡流
PP 燃料的火焰
$P_c$=1.0MPa，$G_{oave}$=12.0kg/（m²·s），
$\varphi$=1.62，曝光时间 =1/8000s。

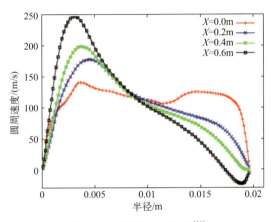

图 5-20 圆周速度分布 [50]

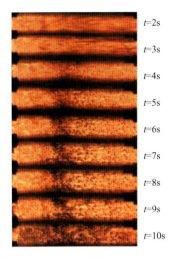

图 5-26 PMMA 燃烧过程中近壁面
流动模式对比变化

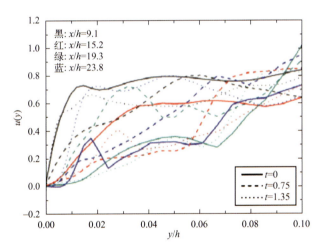

图 5-32 在一个波动周期内瞬时轴向速度分布

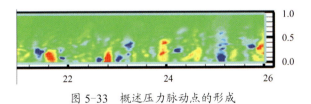

图 5-33 概述压力脉动点的形成

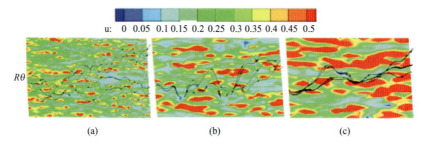

u: 0 0.05 0.1 0.15 0.2 0.25 0.3 0.35 0.4 0.45 0.5

$R\theta$

(a)　　　　　　　　(b)　　　　　　　　(c)

图 5-35　基线下流速的 3D 条纹线分析

(a) 前部 ($x/D$<5)　(b) 中间 (5<$x/D$<10)　(c) 后部 (10<$x/D$<15)

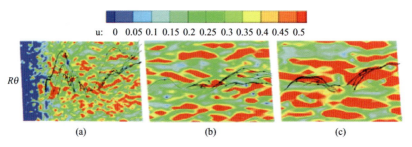

u: 0 0.05 0.1 0.15 0.2 0.25 0.3 0.35 0.4 0.45 0.5

$R\theta$

(a)　　　　　　　　(b)　　　　　　　　(c)

图 5-36　受阻碍时流速的 3D 条纹分析

(a) 前部 ($x/D$<5)　(b) 中间 (5<$x/D$<10)　(c) 后部 (10<$x/D$<15)

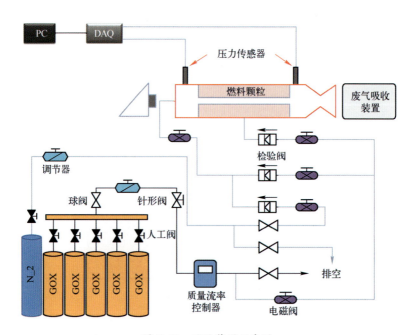

图 5-38　试验装置示意图

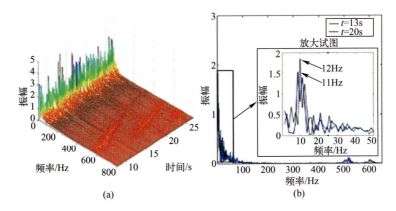

图 5-41　基线频率和峰值频率

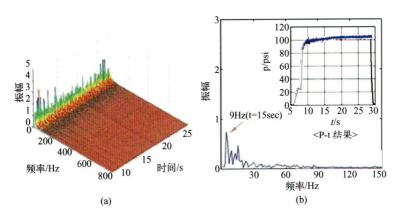

图 5-42　测试 2 的频率极差和峰值频率

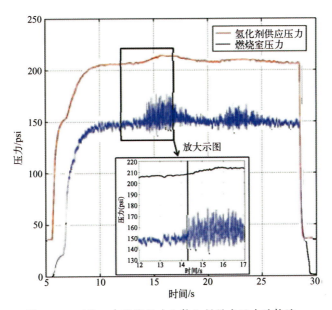

图 5-43　测试 3 中燃烧压力和氧化剂供应压力的轨迹

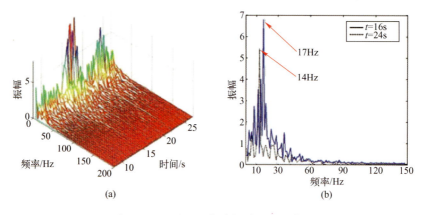

(a)                      (b)

图 5-44　测试 3 的频率极差和振动峰值

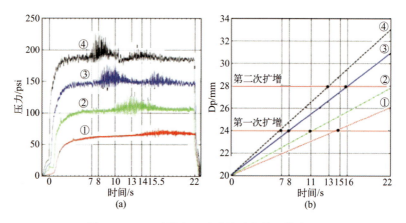

(a)                      (b)

图 5-45　P-t 结果和不同流量时和氧化剂直径
①—测试 6；②—测试 7；③—测试 3；④—测试 8。

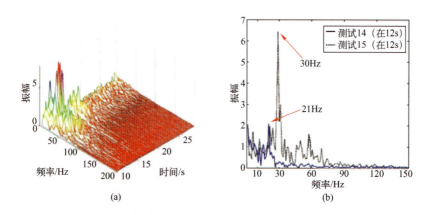

(a)                      (b)

图 5-47　测试 15 中 FFT 的极差和峰值频率

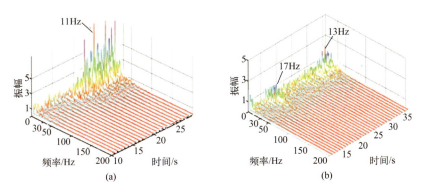

(a)　　　　　　　　　　　　　　(b)

图 5-51　有后挡板时 LFI 下的峰值频率

(a) 测试 9（$\phi$24mm）；(b) 测试 10（$\phi$28mm）

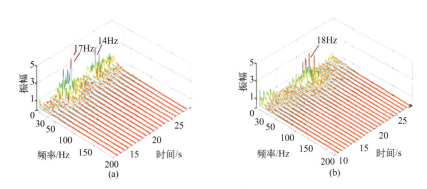

(a)　　　　　　　　　　　　　　(b)

图 5-54　后向台阶时峰值频率的结果

(a) 测试 11（60°）；(b) 测试 12（30°）。

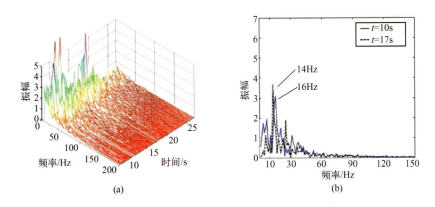

(a)　　　　　　　　　　　　　　(b)

图 5-56　测试 13 中 FFT 极差和峰值频率

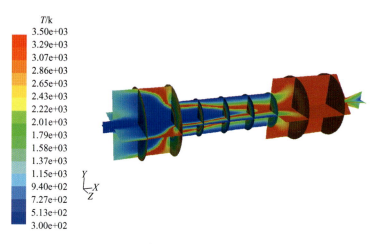

图 5-68  稳态计算下混合发动机工作的温度分度云图

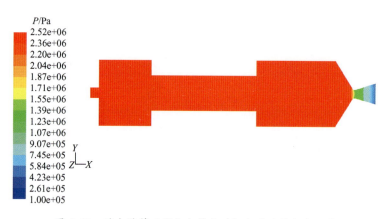

图 5-69  稳态计算下混合火箭发动机内的压强分度云图

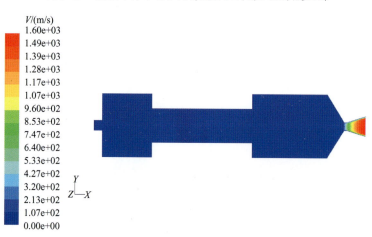

图 5-70  稳态计算下混合火箭发动机内的速度分度云图

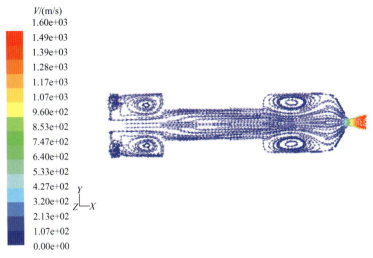

图 5-71　稳态计算下混合火箭发动机内速度矢量分布

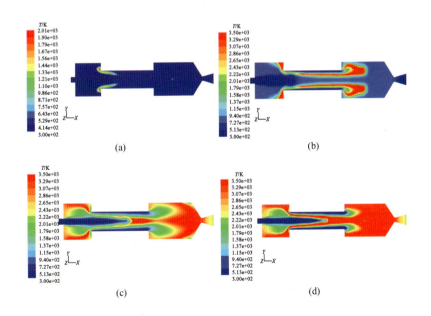

图 5-72　非稳态计算下混合火箭发动机内的压强分度云图
(a) $t$=0.006s；(b) $t$=0.05s；(c) $t$=0.07s；(d) $t$=0.1s。

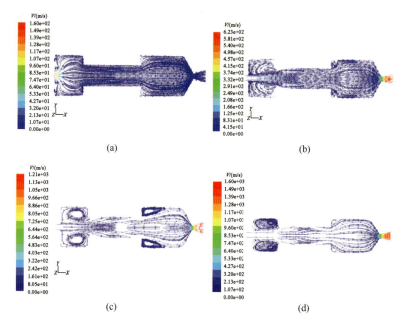

图 5-73　非稳态计算下混合火箭发动机内的压强分度云图

(a) t=0.001s；(b) t=0.01s；(c) t=0.05s；(d) t=0.1s。

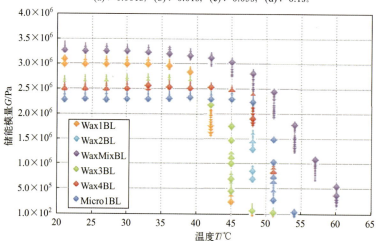

图 5-76　储模能量与温度的线性函数关系剪切扫描速率范围为 0.5 ～ 50Hz

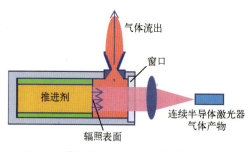

图 6-4 模型 (b) 中 LACPM 结构的示意图

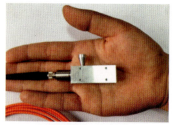

4.5cm×2cm×2cm

图 6-5 模型 (b) 中 ACPM 的试验装置